U0275787

高等学校土木工程专业“十四五”系列教材
高等学校土木工程专业系列教材

现代土木工程施工

周晓敏　林跃忠　张基伟　张　松　编著

中国建筑工业出版社

图书在版编目（CIP）数据

现代土木工程施工 / 周晓敏等编著. — 北京 ：中国建筑工业出版社，2024.2
高等学校土木工程专业“十四五”系列教材　高等学校土木工程专业系列教材
ISBN 978-7-112-29609-5

Ⅰ. ①现… Ⅱ. ①周… Ⅲ. ①土木工程－工程施工－高等学校－教材 Ⅳ. ①TU7

中国国家版本馆 CIP 数据核字（2024）第 017932 号

本书以高等学校土木工程学科专业指导委员会组织制定的《土木工程施工课程教学大纲》为依据，通过对土木工程跨行业领域的综合研究，提炼出“砌筑、土石方、桩墙基、铺设、吊装、统筹”六大主关键词，并以此构建本教材篇章结构。

全书共分七章，第 1 章绪论，论述课程和教材特点，提示了学习方法，贯彻绿色可持续的土木施工基本理念；第 2 章以钢筋混凝土和预应力技术，展示现代土木工程特征和施工技术原理；第 3 章则以土石方技术为核心阐述了地基基础施工技术；后续的第 4、第 5、第 6 章，依据地下建筑、地面路轨、再到地上建筑的空间指向知识线路，逐一阐述以地理空间为特征条件的现代土木工程施工的理论与技术；第 7 章，以统筹数学为基础、以智慧建造为目标，贯通性地进行土木施工的组织和设计理论的学习。

课程学习中，可借助二维码扫描互动，网上冲浪和多媒体，拓展和提升学习效果。既要学习基础理论和流程方法，也要学习工艺流程和工法，构建土木工程师高标准“安全、质量”意识，增强新时代“数字平台”工程能力，提升“统筹组织”的工程智慧。

本教材既可作为研究型大学本科教材，也可作为施工和管理人员研修的参考用书。

本书配备教学课件，请选用此教材的任课教师通过以下方式索取课件：1. 邮箱：jckj@cabp.com.cn 或 jiangongkejian@163.com（邮件请注明书名和作者）；2. 电话：（010）58337439；3. 建工书院：http://edu.cabplink.com.

责任编辑：刘颖超　李静伟　吉万旺
责任校对：张惠雯

高等学校土木工程专业“十四五”系列教材
高等学校土木工程专业系列教材
现代土木工程施工
周晓敏　林跃忠　张基伟　张　松　编著
*
中国建筑工业出版社出版、发行（北京海淀三里河路 9 号）
各地新华书店、建筑书店经销
北京红光制版公司制版
天津画中画印刷有限公司印刷
*
开本：787 毫米×1092 毫米　1/16　印张：24¼　字数：599 千字
2024 年 2 月第一版　2024 年 2 月第一次印刷
定价：**69.00** 元（赠教师课件）
ISBN 978-7-112-29609-5
（42357）

序　一

自人类社会诞生以来，土木工程就伴随着我们的发展。从原始的土方工程、木结构建筑，到现代的高层建筑、高速铁路、城市地下空间，土木工程经历了漫长而丰富的演变过程。土木工程始终服务于人类对美好生活和对科技进步的不懈追求，以及应对来自社会和自然的各种挑战。

当今社会，土木工程专业教育正朝着宽口径厚基础的方向发展，并呈现多学科交叉与融合、多元化人才培养趋势，以服务于现代社会绿色可持续发展。北京科技大学土木工程的人才培养团队正孜孜践行这一奋斗目标，周晓敏教授领衔编著的《现代土木工程施工》新教材就是其中一种新尝试。

本教材首先立足土木工程多学科基础理论和工艺流程原理，跨专业统合土木工程学科的知识和内容，既大大减轻了学生学习压力，又扩大了学生跨专业视野；其次，教材内容重视土木工程施工在新材料、新工艺、新技术等领域的发展；最后，教材基于互联网和多媒体等新形式，增强课程学习的实践性。

现代土木工程施工具有技术复杂、规模庞大、安全质量高等特点。如今我们已经来到了数字化和智能化新时代，BIM、物联网、云技术、先进传感、大数据、人工智能等新技术给土木工程施工注入新活力。并且土木工程施工也离不开材料和结构技术的创新发展，**正所谓“材结融合”，一代新材料研发，将孕育一轮新结构理论和技术发展，并造就新一代工匠大师诞生。**

土木工程行业具有“统筹”发展的优良历史传统。著名数学家华罗庚先生早在20世纪70年代就针对土木工程提出十二字诀——“大统筹、理数据、建系统、策发展”。21世纪中国土木工程必将助力我国“一带一路”迈向成功，走到世界中央。

谨为《现代土木工程施工》新书作序，勉励广大土木工程莘莘学子，坚定土木工程发展信心，让我们一起**“破点立体、协同共赢”，**奋发图强向未来。

岳清瑞

中国工程院院士：岳清瑞

2024年1月30日

序　二

2023年度美国《工程新闻纪录（ENR）》“全球最大250家国际承包商”榜单发布，中国81家入围，继续蝉联各国榜首，中国“基建强国”称号享誉全球。作为中国基建的合作伙伴——德国宝峨集团，见证和助力了改革开放以来中国土木工程发展。

德国宝峨集团是国际领先的基础工程承包商及设备制造商之一，成立于1790年，总部位于德国巴伐利亚州舒本豪森市。宝峨的身影在全球几乎所有最高建筑和最复杂最艰难的项目中都能够看到，中国也不例外。举世瞩目的长江三峡，冶勒电站，润扬长江大桥，上海世博会工程，南水北调穿黄工程、上海中心工程，北京、上海、深圳、广州、武汉等城市地铁。

1991年德国宝峨公司在中国北京设立了代表处，开始对华开展业务，目前中国已经成为宝峨在德国本土之外最大的设备生产和建造基地。在过去的三十年，宝峨公司将国际领先的打桩和地下连续墙装备，旋挖钻机、抓斗、双轮铣等设备，及相应工法引入中国，极大地推动了中国基础工程行业的建设发展。宝峨公司也获得了中国同行，特别是大型央企和国企的高度认可。

当今中国，在无以计数的复杂岩土工程中都展示出了宝峨装备和技术贡献；宝峨BG系列装备从2001年开始，大量应用于青藏铁路的建设，在极端恶劣的自然环境和复杂艰难的地质条件下顺利地完成了许多极为艰巨桩基工程，在青藏线建设中发挥了关键作用。宝峨广泛地参与了中国铁路公路交通建设，成为中国高速铁路和公路发展的贡献者。

“始终坚持把施工工法和设备结合在一起，形成最佳解决方案。”

200多年来，德国宝峨完全有别于全球其他同行的就是“提供的是解决方案，而不仅仅是设备”，这也是宝峨公司屹立全球基础施工领域的成功秘诀。

不止致力于土木工程的机械化、自动化和智能化，德国宝峨追求卓越再出发，已经将可持续发展中的最关键要素——“碳排放”纳入到解决方案中，并升级为工法和设备的设计审核的最核心指标，而不是追求所谓的“高效率”，即最大限度地降低碳排放，确保“环境可持续发展”作为新维度和高标准，引领全球基础施工领域新一波变革浪潮。巧合的是，这一新理念在2024年北京科技大学编著的《现代土木工程施工》教材一书中得到贯通、契合，从学科教材领域来践行土木工程发展最高理想。

《现代土木工程施工》一书跨行业、系统地论述了土木工程前沿施工的理论技术，阐明了先进施工技术和原理、工法和流程，并从统筹理论、组织管理上高屋建瓴，引领基于智能和智慧建造，为广大在校莘莘学子提供了一本全新的跟进现代土木工程的学习教材，也为国内外同行了解和掌握中国土木工程整体解决方案展开了全景视角。

最后，我衷心祝愿广大土木工程领域同行、学者，能为培养一流的土木工程师做出努力，为推动绿色可持续的现代土木工程发展做出更大贡献。

德国宝峨中国总裁：崔旭

2023 年 12 月

前　言

土木工程已经成功发展成为一门宽口径的工科专业，覆盖建筑、交通、矿山、水电、市政等不同领域或行业。在我国土木工程领域科技发展日新月异的形势下，作为土木工程专业的核心学科“土木工程施工”，教材改革和创新的任务十分紧迫。

本课程教材定名为“现代土木工程施工”，致力于完成一部能体现当今时代特征的土木工程专业培养的核心教材，以适应和服务于现代土木工程“智能和智慧建造”方向的专业新发展。

针对现有土木工程施工教材中存在的章节层次繁多、知识点庞杂、覆盖面小、新技术内容滞后等不足，通过土木工程教学实践和全领域学习探索，提炼出了一套理论技术统领、工艺流程先进的教材内容大纲，即概括出以“砌筑、土石方、桩墙基、铺设、吊装、统筹”六大关键词为核心的现代土木施工主体教学内容，深化了本学科理论体系，增强了现代土木工程学科的系统性。不仅跟进了新技术和新规范的时代发展，而且大大精简了土木工程教材内容。

在教材内容安排上，几经调整，最终从体现“现代”特征的“钢筋混凝土”构筑施工开始，“地下→地面→地上”一箭勾勒出现代土木工程施工的知识导图；“地基→基础上部建筑”的三步骤流程图展现出土木工程施工基本原理中所隐含的普世哲理。

教材以专业术语和名词作为基础知识点，以施工原理和流程为教学重点，以二维码扫描和网上冲浪为新技术手段，密切联系我国当今最新土木工程施工的规程、规范和标准，掌握新技术、新工艺和新发展。每章作业，除了术语名词的复习和思考问答题外，还提示了网上冲浪作业，丰富课内外学习内容，虚实结合，以提高学习效率，增强实践素养。

本教程获得了北京科技大学教材建设经费资助以及教务处的全程支持。2014 年周晓敏教授立项编著该书，与历届本科生打磨，至今已时近 10 年；2017 年山东科技大学林跃忠教授加盟，承担起第 2 章任务；2022 年新任教师张基伟副教授，博士后张松加盟，分别助力完成第 6 章和第 5 章教材内容；期间还得到中国中铁电气化局集团有限公司副总工程工师刘招伟，中建国际工程管理部高级经理马成炫、中咨工程有限公司房产与市政事业部总工程师王大帅等专家学者的专业性技术指导和审阅；历届所带研究生也是星星点点地不停帮助，难以一一赘述。在此，对所有帮助过该教材茁壮成长的学生学者、同事同仁，我们真诚地感谢！

当今，在“云计算、大数据、物联网、人工智能、移动互联网”大发展时代下，探索构建“现代土木工程施工”新教材是一项极具挑战的工作。作为首版，教材也难免瑕疵和偏颇，望读者提出宝贵意见，不吝赐教，我们将持续改进，不断完善发展。

目　　录

第 1 章　绪论 ………………………………… 1
1.1　现代土木工程施工学科 ………… 1
1.2　课程研究对象、内容和目的 …… 1
1.3　课程特点和学习方法……………… 3
思考与练习题 ……………………………… 4
第 2 章　砌筑与钢筋混凝土工程 ………… 5
2.1　砌筑设施 …………………………… 5
2.1.1　脚手架及其分类…………………… 5
2.1.2　扣件式钢管脚手架………………… 6
2.1.3　节结式钢管脚手架………………… 9
2.1.4　门式钢管脚手架 ………………… 10
2.1.5　附着升降脚手架 ………………… 11
2.1.6　砌筑运输设施 …………………… 13
2.2　砌体工程 ………………………… 16
2.2.1　材料与构件 ……………………… 16
2.2.2　砖砌体工艺 ……………………… 17
2.2.3　石砌体 …………………………… 19
2.2.4　砌块 ……………………………… 20
2.3　钢筋混凝土工程 ………………… 21
2.3.1　钢筋工程 ………………………… 21
2.3.2　模板工程 ………………………… 32
2.3.3　混凝土工程 ……………………… 39
2.3.4　砌筑专项 ………………………… 44
2.4　预应力混凝土工程 ……………… 46
2.4.1　预应力混凝土概念 ……………… 46
2.4.2　先张法施工 ……………………… 48
2.4.3　后张法施工 ……………………… 55
2.4.4　无粘结预应力施工 ……………… 65
思考与练习题……………………………… 67
第 3 章　土石方与地基基础工程 ……… 69
3.1　岩土分类与分级 ………………… 69
3.1.1　通用岩土分类 …………………… 69
3.1.2　交通岩土分类 …………………… 70
3.1.3　土石方施工分类 ………………… 72
3.2　土石方机械施工 ………………… 73
3.2.1　钻凿机具与设备 ………………… 73
3.2.2　推土机作业 ……………………… 74
3.2.3　装载机及其作业工艺 …………… 75
3.2.4　铲运机及其作业工艺 …………… 76
3.2.5　挖掘机及其作业工艺 …………… 77
3.2.6　平地机及其作业工艺 …………… 79
3.2.7　压实机及其作业工艺 …………… 80
3.3　岩体爆破施工……………………… 84
3.3.1　岩体爆破基础 …………………… 84
3.3.2　起爆方法和器材 ………………… 89
3.3.3　岩体爆破 ………………………… 92
3.4　地基处理施工……………………… 94
3.4.1　置换与垫层法 …………………… 95
3.4.2　强夯法 …………………………… 96
3.4.3　振冲挤密法 ……………………… 97
3.4.4　排水固结法 ……………………… 98
3.4.5　理化改良法 ……………………… 99
3.4.6　土工结构法……………………… 100
3.4.7　复合地基………………………… 101
3.5　建筑浅基础施工 ……………… 101
3.5.1　刚性基础施工…………………… 101
3.5.2　柔性基础施工…………………… 103
3.5.3　建筑浅基础施工………………… 104
3.6　道路路基施工 ………………… 104
3.6.1　道路路基构造…………………… 104
3.6.2　质量与技术要求………………… 106
3.6.3　挖方路基施工工艺……………… 109
3.6.4　填方路基工艺…………………… 113
3.7　轨道路基施工 ………………… 117
3.7.1　铁路路基构造…………………… 117
3.7.2　路基质量技术要求……………… 119
3.7.3　基床以下路堤填筑……………… 122
3.7.4　基床表层路堤填筑……………… 126
思考与练习题 …………………………… 132

第 4 章　桩墙基与地下建筑工程 ········ 134
4.1　桩基工程施工 ························ 134
4.1.1　预制桩施工···························· 134
4.1.2　灌注桩施工···························· 139
4.1.3　搅拌桩施工···························· 144
4.2　墙基工程施工 ························ 146
4.2.1　墙基分类································ 146
4.2.2　RC 地连墙 ····························· 146
4.2.3　板桩排墙································ 150
4.2.4　沉井与沉箱···························· 155
4.3　地下水控制施工 ····················· 158
4.3.1　地下水控制原理······················ 158
4.3.2　疏降水法································ 159
4.3.3　地层冻结法···························· 169
4.4　明盖挖施工 ··························· 176
4.4.1　明盖挖施工设计······················ 176
4.4.2　无内支撑施工························· 177
4.4.3　有内支撑开挖························· 178
4.4.4　盖挖法施工···························· 182
4.4.5　半明半盖································ 185
4.5　浅埋暗挖施工 ························ 186
4.5.1　浅埋暗挖法···························· 186
4.5.2　中小断面施工························· 188
4.5.3　超大断面施工························· 189
4.6　盾构法隧道施工 ····················· 192
4.6.1　构造与选型···························· 192
4.6.2　选型与设计···························· 197
4.6.3　盾构施工································ 200
思考与练习题 ···························· 209
第 5 章　铺设与地面路轨工程 ··········· 211
5.1　道路分类与构造 ····················· 211
5.1.1　纵向线性构造························· 211
5.1.2　横向剖面结构························· 212
5.2　路面铺设 ······························ 215
5.2.1　基层、底基层施工··················· 215
5.2.2　沥青路面施工························· 219
5.2.3　水泥混凝土路面施工················ 229
5.3　轨道分类与构造 ····················· 234
5.3.1　轨道分类分级························· 234
5.3.2　轨道线路构造························· 235
5.3.3　轨道构成与结构······················ 236
5.3.4　无砟轨道································ 240
5.4　轨道铺设 ······························ 241
5.4.1　有砟轨道铺设························· 241
5.4.2　无砟轨道铺设························· 246
5.4.3　城市轨道铺设························· 256
思考与练习题 ···························· 262
第 6 章　吊装与地上建筑工程 ··········· 264
6.1　吊装与建筑工业化 ·················· 264
6.1.1　建筑工业化···························· 264
6.1.2　PS 装配连接技术 ···················· 265
6.1.3　PC 装配连接技术 ···················· 268
6.2　起重吊装设备 ························ 272
6.2.1　起重吊装设施························· 272
6.2.2　索锚机具································ 277
6.3　工业厂房吊装 ························ 279
6.3.1　吊装部署································ 279
6.3.2　构件吊装工艺························· 280
6.3.3　吊装方案································ 285
6.3.4　构件平面布置························· 287
6.4　装配式建筑施工 ····················· 290
6.4.1　构件运输与堆场······················ 290
6.4.2　施工工艺流程························· 291
6.5　大跨网架结构吊装 ·················· 292
6.5.1　分条（块）吊装法··················· 292
6.5.2　整体吊装法 ··························· 294
6.5.3　高空滑移法···························· 295
6.5.4　整体提升法···························· 296
6.5.5　整体顶升法···························· 297
6.6　高耸高层技术 ························ 297
6.6.1　类型与特点···························· 297
6.6.2　高层模架系统························· 299
6.6.3　钢混凝土复合构筑技术············· 304
6.7　桥梁上部建造 ························ 312
6.7.1　架梁法··································· 312
6.7.2　支架现浇法···························· 314
6.7.3　变位法··································· 315
6.7.4　悬臂拼装法···························· 318
思考与练习题 ···························· 320
第 7 章　统筹组织与智慧建造 ··········· 321
7.1　统筹与组织的概念 ·················· 321
7.1.1　工程特征和复杂性··················· 321
7.1.2　施工组织与统筹······················ 324

7.2 统筹数学原理 …………………… 329
7.2.1 流水组织原理…………………… 330
7.2.2 流水组织案例分析……………… 336
7.2.3 网络计划原理…………………… 342
7.2.4 网络图参数计算………………… 347
7.2.5 网络优化………………………… 358
7.3 统筹组织设计 …………………… 361
7.3.1 统筹组织原理…………………… 361
7.3.2 设计类型………………………… 362
7.3.3 设计原则………………………… 363
7.3.4 主体内容………………………… 365
7.4 智慧引领建造 …………………… 365
7.4.1 统筹组织态势…………………… 366
7.4.2 迈上数字孪生…………………… 366
7.4.3 走向智慧建造…………………… 368
思考与练习题 …………………………… 370
参考文献 …………………………………… 372

第1章　绪　　论

土木工程是一个具有历史传统的长线工科专业，作为研究型大学土木工程的核心课程，“现代土木工程施工”应立足当下，紧跟时代发展，探索和构建发展这门课程的学科理论，这有利于我国数字化时代土木工程的理论和技术发展，有利于我国优秀和卓越土木工程人才培养。

1.1　现代土木工程施工学科

土木工程施工是指“建造各类工程设施的科学技术的总称”，既代表工程建设的过程和对象，也涵盖所应用的材料、设备和所进行的勘测设计、施工、保养、维修等技术活动。

土木工程施工是一门历史源远流长的工程学科。在古代，人类活动仅限于地面，草木和岩土成为工程活动的主要材料，“秦砖汉瓦”这一成语最直接的展示了我国古代的土木工程施工取得的历史辉煌。19世纪的40—60年代，欧洲工业革命带来的水泥和钢筋材料，又极大地促进了现代土木工程的发展。

21世纪是人类土木工程大发展的时代，特别是当今的5G＋移动互联网，工业革命4.0正在催生现代土木工程施工的革命性发展。

（1）向更高层建筑发展：高层建筑曾是20世纪60年代土木工程在城市发展的标志，但至今仍然是一种重要的发展方向。

（2）向更深地下空间拓展：地下空间建设和开发也已成为城市发展的必经之路，是解决建筑拥挤、交通堵塞、环境嘈杂污染等病害的关键方法。

（3）向海洋进军：海洋占地球面积的71％以上，要拓展陆地以外的人类生存空间，海洋空间开发值得探索。

（4）向太空探索：登月工程，火星探测的时代已经到来，催生太空土木建设。

（5）土木工程施工正在摆脱劳动密集型生产约束，面向数字化、智慧化的发展。

从远古到现代，描述土木工程施工活动的语言文字逐渐丰富起来。在地下工程中，可通过“破、挖、装、支”等系列动词描述；在地面交通工程中，可通过“铺、设、架、接”来概述；在地上建筑领域，则通过“砌、筑、吊、装”等展示。土木工程施工的具象就是这些活生生的动词，并不深奥和抽象，但展示了工程技术的精巧，科学理论的奥妙，为本学科传授的关键。

1.2　课程研究对象、内容和目的

土木工程施工代表着工程活动，其学科必以土木工程产品的形成过程，即“施工过程”为论述对象。就科学体系来说，土木工程施工课程包含了施工技术和施工组织两个方面。

施工技术是指针对建造对象所采取的技术方案、施工设备、工艺过程、工艺标准或规范，以及相应的技术、安全、环境、质量措施等。施工技术是本课程传授的主要知识内容，按空间位置可分为地上、地面和地下三大部分，见图 1.2-1。

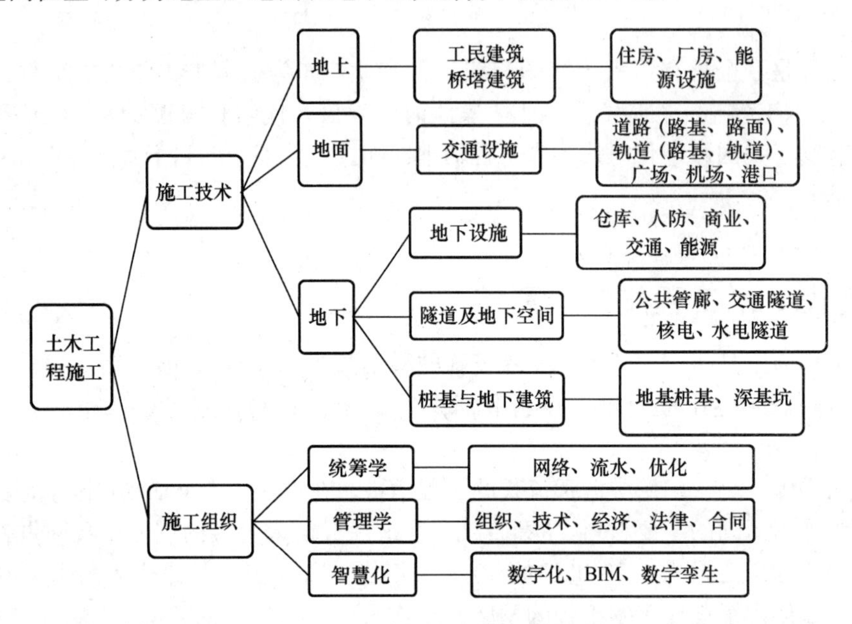

图 1.2-1 土木工程施工课程内容分类 1

施工组织，就是从建造对象出发，以具体施工方案和技术为基础，根据技术原理和工程逻辑关系、方案流程，研究整个施工任务如何分解和分工，材料、物力、人力如何在空间、时间上配置、安排、协调等。这方面包括现代科学和社会学理论，如管理学、统筹学和智慧化平台及工具，见图 1.2-1。

土木工程施工技术按施工对象可分为岩土工程和结构工程两类，按活动特征可用 14 个动词来加以概括，见图 1.2-2。

根据现行土木工程专业指导规范，目前大多数土木工程施工教材一般需要覆盖 12 个单元和 39 个知识点。传统教材的章节一般多达 14 个以上，分别是：土石方工程、地基基

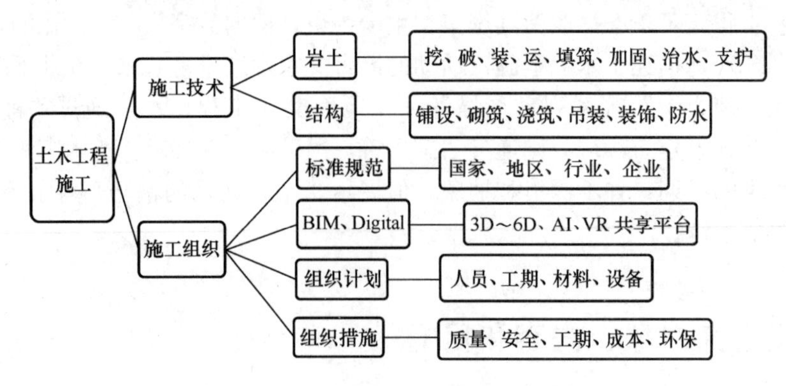

图 1.2-2 土木工程施工课程内容分类 2

础工程、砌体脚手架工程、钢筋混凝土结构工程、预应力混凝土工程、结构安装工程、防水工程、装饰工程、道路桥梁工程、组织概论、流水施工、网络计划、单位施工组织及总施工组织等。

现代土木工程一方面极大地促进了人类的生产和生活进步，另一方面也深刻影响着人类自身环境。工程安全和绿色施工既是学科教学的两大重点，也是思政教学的两大要点。

“绿色可持续”是现代土木工程施工发展永恒不变的目标。所谓绿色施工，就是最大限度地节约资源和减少对环境的负面影响，实现节能、节地、节水、节材和环境保护，实践“四节一环保”的施工活动。

“安全和质量”是现代土木工程施工教学矢志不渝的精神。安全是前提，质量是保障，安全和质量应统一。

土木工程是现代工业发展的重要组成部分。工业化现代发展的一个代表性成果就是流程管理。无论从施工技术还是从施工组织的角度，流程学理论和统筹学理论，均是构建发展现代土木工程施工学科的指导理论，也是“教与学”的万能钥匙。

1.3 课程特点和学习方法

综合本课程特性和难点，在学习方法上有以下几点建议：

（1）内容面广，综合性强。应提纲挈领，举一反三。

土木工程施工实行宽口径教学方针，涉及诸多行业，从市政到矿山，从交通到水利……但学时有限，应从土木专业各科基础理论出发，把握各行共性，融会贯通地学习。

（2）实践性强，阅读性差。应线上线下，增强实践。

书面文句表达是抽象、深奥的。随着多媒体和互联网技术的发展，多媒体教学的作用越来越大。应结合线上、线下不同场景进行多渠道体验式实践，提高学习效率，以达到事半功倍的效果。

（3）规范标准多，行业差异多。要加强工艺流程和标准术语的学习，贯通领会。

施工工艺流程图，简化了教材内容，既揭示了施工技术原理，又展示了科学管理方法；学习规范标准中的术语名词，既能提高专业素养，又服务技术传承。

（4）技术在发展，应用有条件。应实事求是，理论联系实际，与时俱进。

土木工程施工技术和管理方法带有一定的区域地缘和行业特征，既受到区域地质、自然条件、宗教习惯、历史等因素影响，同时也受到各地的技术发展历史阶段和经济水平等因素影响。应广泛而深入地开展调查研究，既能坚守客观科学原则，也能尊重传承和谐发展。

“士不可以不弘毅，任重而道远”，卓越土木工程师的成才之路漫长，需要扎实的理论知识，丰富的工程阅历，踏实的工作心态，高超的工艺技术，超强的工作能力。只有不断实践，不畏艰险，戒骄戒躁，才能从普通走向杰出，由优秀达到卓越。

思考与练习题

一、术语与名词解释

土木工程施工，施工技术，施工组织，绿色施工

二、问答题

[1] 土木工程包含哪些行业和方向？探讨一下自己的兴趣和方向。

[2] 什么是土木工程施工？什么是现代土木工程施工？什么是“绿色施工”？

[3] 找一找国内有关土木工程施工的杂志和网站。

三、网上冲浪学习

[1] 搜索“绿色施工”网页和视频。

[2] 搜索国内土木工程的学习网站，如“筑龙网”“隧道网”等。

第 2 章　砌筑与钢筋混凝土工程

现代土木工程以混凝土、钢筋混凝土的“浇筑”施工为技术特征的，而预应力技术则代表该工艺技术的一种前沿性发展，不仅在地面建筑工程而且在地下岩土工程都得到了广泛应用。而“砌筑”一词却能体现从传统到现代土木工程建造活动发展。

2.1　砌筑设施

为了满足砌筑施工基本条件，需要搭设施工平台，如脚手架平台等，也需要配套各种机具设备，称之为砌筑施工设施。

2.1.1　脚手架及其分类

脚手架（scaffold falsework）是由杆件、配件，通过可靠连接而组成，能承受相应施工荷载，且具有安全防护功能，为建筑施工提供作业条件的结构架体或工作平台。

脚手架的种类很多，按在建筑物中的位置关系，分为外脚手架、里脚手架两大类。

1. 外脚手架

外脚手架按建筑物外立面墙面设置。按承载类型，脚手架架体分为落地、悬挑、吊挂、附着升降等四种基本形式，状态如图 2.1.1-1 所示。

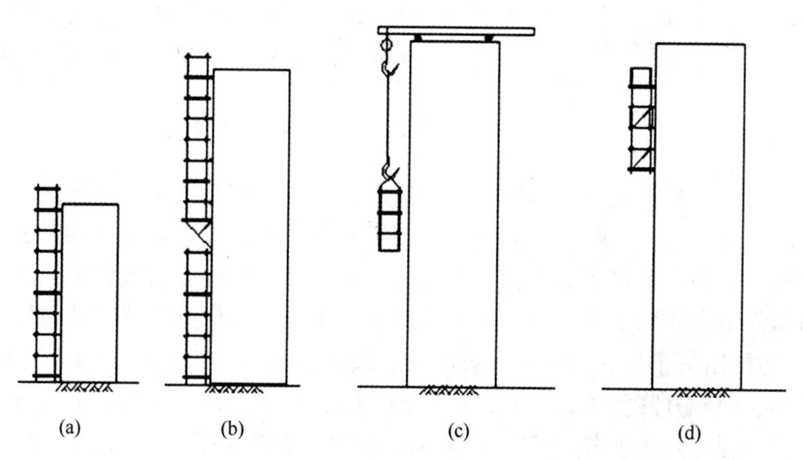

图 2.1.1-1　外脚手架的四种基本形式

（a）落地式；（b）悬挑式；（c）吊挂式；（d）附着升降式

上述四大类外脚手架各有其特点和适用条件，具体见二维码 2.1.1。

二维码2.1.1

2. 里脚手架

里脚手架搭设于建筑物内部。楼房每砌完一层墙后，即将其转移到上一层楼面。里脚手架既用于室内砌筑，也用于室内装饰施工。

里脚手架装拆较频繁，要求轻便灵活，装拆方便。通常将其做成工具式，结构形式有折叠式、支柱式和门架式。

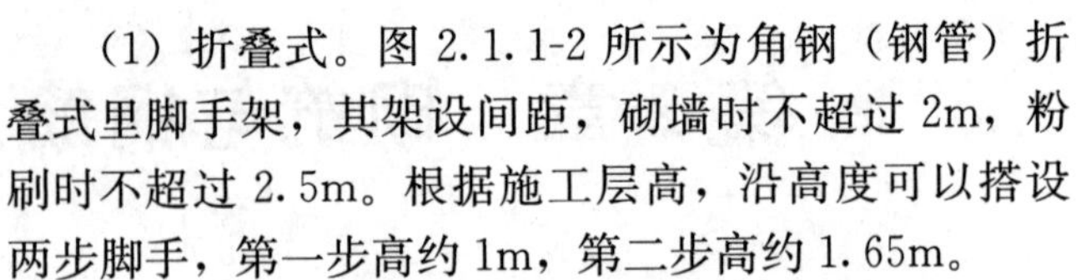

(1) 折叠式。图 2.1.1-2 所示为角钢（钢管）折叠式里脚手架，其架设间距，砌墙时不超过 2m，粉刷时不超过 2.5m。根据施工层高，沿高度可以搭设两步脚手，第一步高约 1m，第二步高约 1.65m。

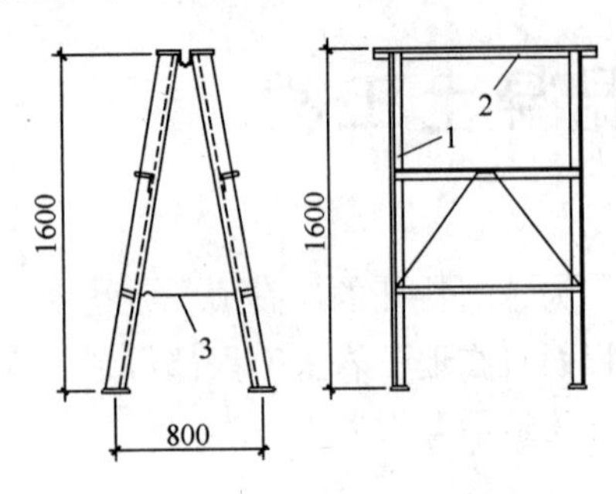

图 2.1.1-2　角钢（钢管）折叠式里脚手架

1—立柱；2—横楞；3—挂钩

(2) 支柱式。图 2.1.1-3 所示为套管式支柱，它是支柱式里脚手架的一种，将插管插入立管中，以销孔间距调节高度，在插管顶端的凹形支托内搁置方木横杆，横杆上铺设脚手架。架设高度为 1.5～2.1m。

(3) 门架式。门架式里脚手架由两片 A 形支架与门架组成（图 2.1.1-4）。其架设高度为 1.5～2.4m，两片 A 形支架间距 2.2～2.5m。

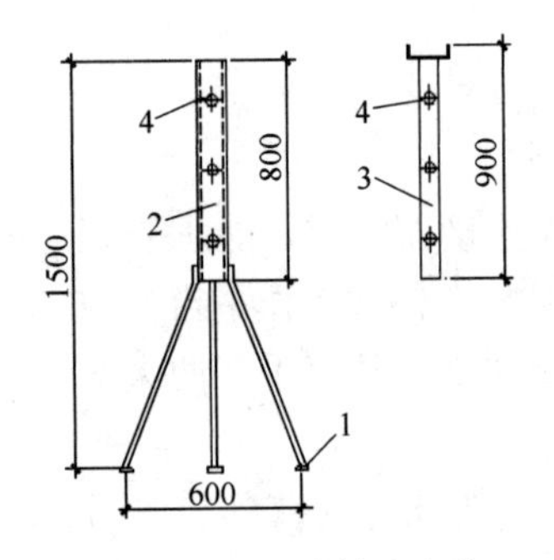

图 2.1.1-3　套管式支柱

1—支脚；2—立管；3—插管；4—销孔

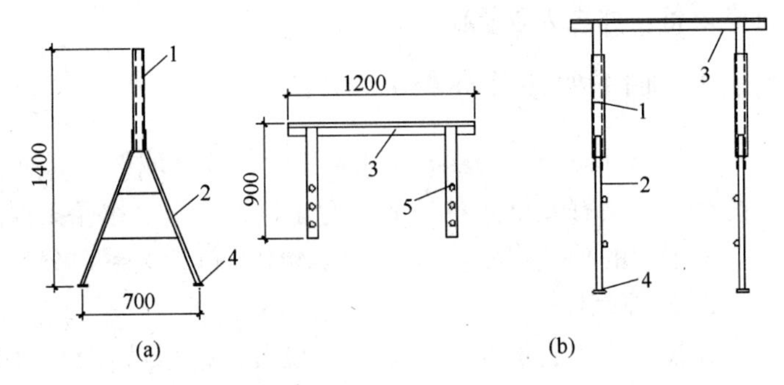

图 2.1.1-4　门架式里脚手架

(a) A 形支架与门架；(b) 安装示意

1—立管；2—斜管；3—横管；4—支脚；5—销孔

3. 其他分类

脚手架按通用性和使用性，可划分为一般搭设和工具性脚手架；按是否可移动分为移动脚手架和固定脚手架；按脚手架的设置排列特征分为单排脚手架、双排脚手架、满堂脚手架、交圈脚手架和特形脚手架；按构架受力方式划分为杆件组合式脚手架、框架组合式脚手架、格构件组合式脚手架和台架等；按施工性质分为操作脚手架（结构作业和装修作业脚手架）、防护用脚手架、承重支撑脚手架、模板支架等；按搭拆和移动方式划分为人工装拆脚手架、附着升降脚手架、整体提升脚手架、水平移动脚手架和电动升降桥架。

此外，脚手架按封闭遮挡面积大小分为敞开式、局部封闭、半封闭、全封闭、开口型、封圈型等；其他特殊类型的脚手架还有移动挂梯、挂篮软梯等。

对脚手架的基本要求是：其宽度应满足工人操作、材料堆置和运输的需要；坚固稳定；装拆简便；能多次周转使用。

2.1.2　扣件式钢管脚手架

扣件式钢管脚手架属于多立杆式外脚手架中的一种，主材是钢管。多立杆式外脚手架，由立杆、大横杆、小横杆、斜撑、脚手板等组成。其特点是每步架高可根据施工需要灵活布置，取材方便，钢、木、竹等均可应用（图 2.1.2-1）。

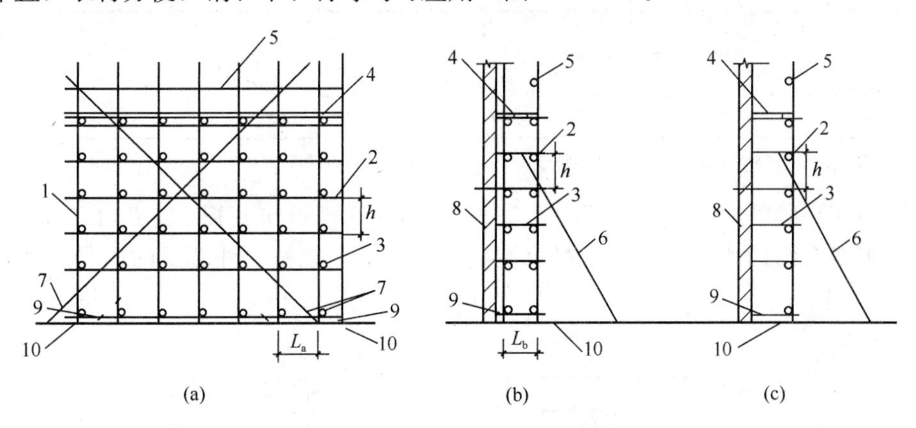

图 2.1.2-1 扣件式多立杆脚手架

（a）立面；（b）侧面（双排）；（c）侧面（单排）

1—立杆；2—大横杆；3—小横杆；4—脚手板；5—栏杆；6—抛撑；7—斜撑；8—墙体；9—扫地杆；10—垫层（板）；h—步距：误差±≤20mm；L_a—纵距：误差±≤50mm；L_b—横距：误差±≤20mm

1. 基本构造

其特点是：杆配件数量少；装卸方便，利于施工操作；搭设灵活，可搭设高度大；坚固耐用，使用方便。

扣件式脚手架由标准的钢管杆件（立杆、横杆、斜杆）和特制扣件组成的脚手架骨架与脚手板、防护构件、连墙件等组成，是目前最常用的一种脚手架。

（1）钢管杆件一般采用外径 48mm、壁厚 3.5mm 的焊接钢管或无缝钢管，外径也有 50～51mm 的。用于立杆、大横杆、斜杆的钢管最大长度不宜超过 6.5m，最大重量不宜超过 250kN，以便适合人工搬运。用于小横杆的钢管长度宜在 1.5～2.5m，以适应脚手板的宽度。

（2）扣件用可锻铸铁铸造或用钢板制造，有回转、对接和直角三种类型（图 2.1.2-2）；扣件质量应符合有关规定，当扣件螺栓拧紧力矩达 20N·m 时扣件不得破坏。

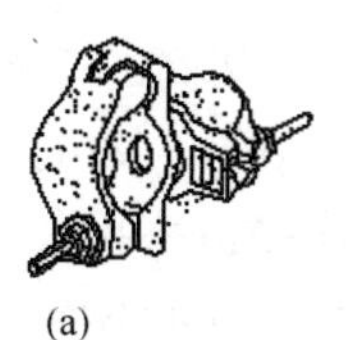

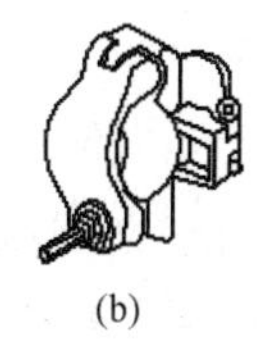

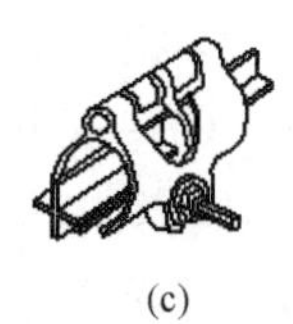

图 2.1.2-2 扣件形式

（a）回转扣件；（b）直角扣件；（c）对接扣件

（3）脚手板一般用厚 2mm 的钢板压制而成，长度 2～4m，宽度 250mm，表面应有防滑措施。也可采用厚度不小于 50mm 的杉木板或松木板，长度 3～6m，宽度 200～250mm；或者采用竹脚手板，有竹笆板和竹片板两种形式。

（4）连墙件将立杆与主体结构连接在一起，可用钢管、型钢或粗钢筋等，其间距如表 2.1.2-1所示。

每个连墙件抗风荷载的最大面积应小于 $40m^2$。连墙件需从底部第一根纵向水平杆处开始设置，附墙件与结构的连接应牢固，通常采用预埋件连接。

连墙杆布置最大间距 **表 2.1.2-1**

脚手架高度（m）		竖向间距	水平间距	每根连墙件覆盖面积（m^2）
双排	≤50	$3h$	$3la$	≤40
	>50	$2h$	$2la$	≤27
单排	≤24	$3h$	$3la$	≤40

注：h—脚手架大横杆竖向步距；la—脚手架大立杆纵距。偏离主节点的距离小于 300mm。

（5）底座一般采用厚 8mm，边长 150～200mm 的钢板作底板，上焊 150mm 高的钢管。底座形式有内插式和外套式两种（图 2.1.2-3），内插式、外套式的内径与立杆外径差值 2mm 左右。

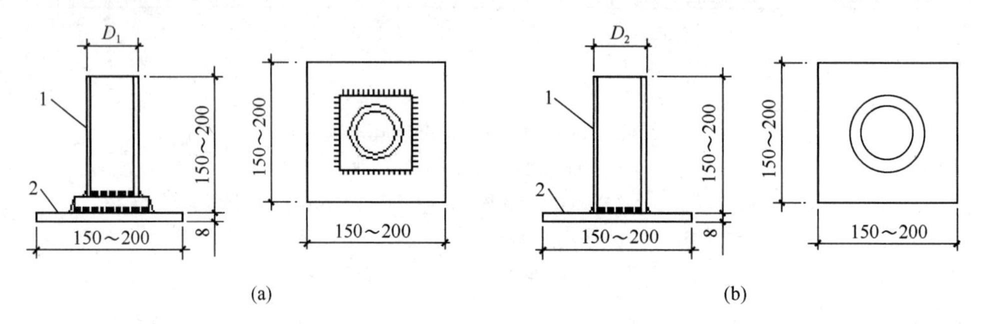

图 2.1.2-3 扣件钢管架底座

（a）内插式底座；（b）外套式底座

1—承插钢管；2—钢板底座

2. 搭设要求

（1）钢管扣件脚手架搭设中应注意地基平整坚实，设置底座和垫板，并有可靠的排水措施，防止积水浸泡地基。

（2）立杆之间的纵向间距，当为单排设置时，立杆离墙 1.2～1.4m；当为双排设置时，里排立杆离墙 0.4～0.5m，里外排立杆间距为 1.5m 左右。相邻立杆接头要错开，对接时需用对接扣件连接，也可用长度为 400mm、外径等于立杆内径、中间焊法兰的钢管套管连接。立杆的垂直偏差不得大于架高的 1/200。

（3）上下两层相邻大横杆的间距为 1.8m 左右。大横杆杆件之间的连接应位置错开，并用对接扣件连接，如采用搭接连接，搭接长度不应小于 1m，并用三个回转扣件扣牢。与立杆应用直角扣件连接，纵向水平高差不应大于 50mm。

（4）小横杆的间距不大于 1.5m。当为单排设置时，小横杆一端进入墙内不少于 240mm，另一端搁于大横杆上，至少伸出 100mm；当为双排设置时，小横杆端头离墙距离为 50～100mm。小横杆与大横杆之间用直角扣件连接。每隔三步的小横杆应加长，并与墙拉结。

（5）纵向支撑的斜杆，即剪力撑，与地面的夹角宜在 45°～60°范围内，利用回转扣件将一根斜杆扣在立杆上，另一根斜杆扣在小横杆的伸出部分上，这样可以避免两根斜杆相交时把钢管别弯。斜杆用扣件与脚手架扣紧的连接接头距脚手架节点（即立杆和横杆的交点）不大于 200mm。除两端扣紧外，中间尚需增加 2～4 个扣节点。为保证脚手架的稳定性，斜杆的最下面一个连接点距地面不宜大于 500mm。斜杆的接长同立杆、水平杆。

2.1.3 节结式钢管脚手架

其他连接形式的钢管脚手架有碗扣型和销键型，根据销插原理不同，又分盘销式、键槽式、插接式、轮扣式等（表 2.1.3-1）。

其他连接类型的钢管脚手架节点 **表 2.1.3-1**

碗扣型	销键型			
	盘销式 	键槽式 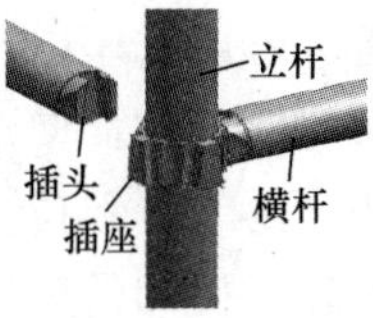	插接式 	轮扣式 

1. 碗扣型

碗扣型钢管脚手架是我国自行研制的一种多功能脚手架，基本构造由钢管立杆、横杆、碗扣接头等组成。其基本构造和搭设要求与扣件式钢管脚手架类似，不同之处主要在于碗扣接头。

碗扣接头（图 2.1.3-1）由上碗扣、下碗扣、横杆接头和上碗扣的限位销等组成。在立杆上焊接下碗扣和上碗扣的限位销，将上碗扣套入立杆内。在横杆和斜杆上焊接插头。组装时，将横杆和斜杆插入下碗扣内，压紧和旋转上碗扣，利用限位销固定上碗扣。碗扣间距 600mm，碗扣处可同时连接 9 根横杆，可以互相垂直或偏转一定角度。可组成直线形、曲线形、直角交叉形等多种形式。碗扣接头具有很好的强度和刚度，下碗扣轴向抗剪的极限强度为 166.7kN，横杆接头的抗弯能力好，在跨中集中荷载作用下达 6～9kN·m。

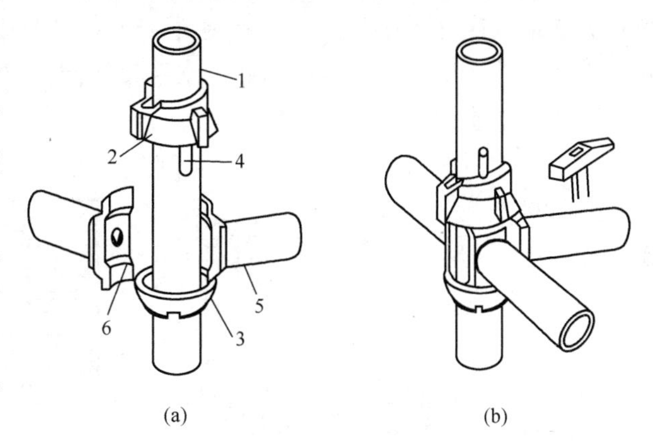

图 2.1.3-1 碗扣接头

（a）连接前；（b）连接后

1—立杆；2—上碗扣；3—下碗扣；4—限位销；5—横杆；6—横杆接头

碗扣脚手架的构件全部轴向连接，其连接可靠，组成的脚手架整体性好，不存在扣件丢失问题。广泛用于房屋、桥梁、涵洞、隧道、烟囱、水塔、大坝、大跨度棚架等多种工程施工中，取得了显著的经济效益。

2. 键销型

键销型钢管脚手架主要特征在于其键销节点形式，其他与扣件式和碗扣式类似；锁接结构设计存在不同，管材也可能有所不同，常见的有盘销式钢管脚手架。

盘销式钢管脚手架的立杆上每隔一定距离焊有圆盘，横杆、斜拉杆两端焊有插头，通过敲击楔形插销将焊接在横杆、斜拉杆上的插头与焊接在立杆上的圆盘锁紧。

盘销式钢管脚手架分为 ϕ60mm 系列重型支撑架和 ϕ48mm 系列轻型脚手架两大类。

ϕ60mm 系列重型支撑架的立杆为 ϕ60mm×3.2mm 焊管制成（材质为 Q345、Q235）；立杆规格有：1、2、3m，每隔 0.5m 焊有一个圆盘；横杆及斜拉杆均采用 ϕ48mm×3.5mm 焊管制成，两端焊有插头并配有楔形插销；搭设时每隔 1.5m 搭设一步横杆。

ϕ48mm 系列轻型脚手架的立杆为 ϕ48mm×3.5mm 焊管制成（材质为 Q345）；立杆规格有：1、2、3m，每隔 1m 焊有一个圆盘；横杆及斜拉杆均为采用 ϕ48mm×3.5mm 焊管制成，两端焊有插头并配有楔形插销；搭设时每隔 2m 搭设一步横杆。

盘销式钢管脚手架一般与可调底座、可调托座以及连墙撑等多种辅助件配套使用。

安全可靠、拆卸快、管理简单，系列标准化，便于仓储、运输和堆放。

适应性强，除搭设一些常规架体外，由于有斜拉杆的连接，盘销式脚手架还可搭设悬挑结构、跨空结构、整体移动、整体吊装、拆卸的架体。

合金和表面热处理材料，强度高，寿命长，节材高效、绿色环保。

2.1.4 门式钢管脚手架

门式钢管脚手架是一种现场搭设的工具性脚手架，它不仅可作为外脚手架，也可作为内脚手架或满堂脚手架。

门式钢管脚手架基本单元是由一副门式框架、两副剪刀撑、一副水平梁架和四个连接器组合而成（图 2.1.4-1）。若干基本单元通过连接器在竖向叠加，扣上臂扣，组成一个多层框架。在水平方向，用加固杆和水平梁架使相邻单元连成整体，加上斜梯、栏杆柱和横杆组成上下步相通的外脚手架。

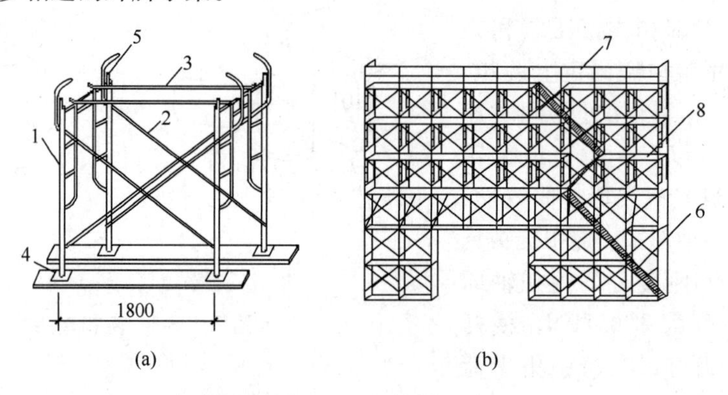

图 2.1.4-1 门式钢管脚手架

（a）基本单元；（b）门式外脚手架

1—门式框架；2—剪刀撑；3—水平梁架；4—螺旋基脚；

5—连接器；6—梯子；7—栏杆；8—脚手板

门式钢管脚手架的搭设一般只要根据产品目录所列的使用荷载和搭设规定进行施工，不必再进行验算。如果实际使用情况与规定有不同，则应采用相应的加固措施或进行验算。通常门式钢管脚手架搭设高度限制在 45m 以内，采取一定措施后可达到 80m 左右。施工荷载取值一般为：均布荷载 1.8kN/m^2，或作用于脚手板跨中的集中荷载 2kN。

2.1.5 附着升降脚手架

附着升降脚手架是指搭设一定高度并附着于工程结构上，依靠自身的升降设备和装置，可随工程结构逐层爬升或下降，具有防倾覆、防坠落装置的外脚手架；附着升降脚手架主要由架体结构、附着支座、防倾装置、防坠落装置、升降机构及控制装置等构成。附着升降脚手架总体可划分为分片式和整体式两大类，分片式又可分为自升降式和互升降式。随施工进程，脚手架可沿外墙升降，结构施工时由下往上逐层提升，装修施工时由上往下逐层下降。

近年来，随着各类高层建筑的发展，又出现了多种形式变化。按动力源可分为捯链、液压升降、卷扬升降三种形式；按支撑机构，分为导轨式、导座式、导框（管）式、挑轨式、套轨式、吊轨式、吊套式爬架。

1. 自升降式脚手架

自升降式脚手架主要由活动架、固定架、附墙螺栓和捯链构成，见图 2.1.5-1。升降运动是通过捯链交替对活动架和固定架进行升降来实现的。从升降架的构造来看，活动架和固定架之间能够进行上下相对运动。当脚手架工作时，活动架和固定架均用附墙螺栓与墙体锚固，两架之间无相对运动；当脚手架需要升降时，活动架与固定架中的一个架子仍然锚固在墙体上，用捯链对另一个架子进行升降，两架之间便产生相对运动。通过活动架和固定架交替附墙，互相升降，即可沿着墙体上的预留孔逐层升降。自升降式脚手架在窗墙和转角处有些特殊布置要求：

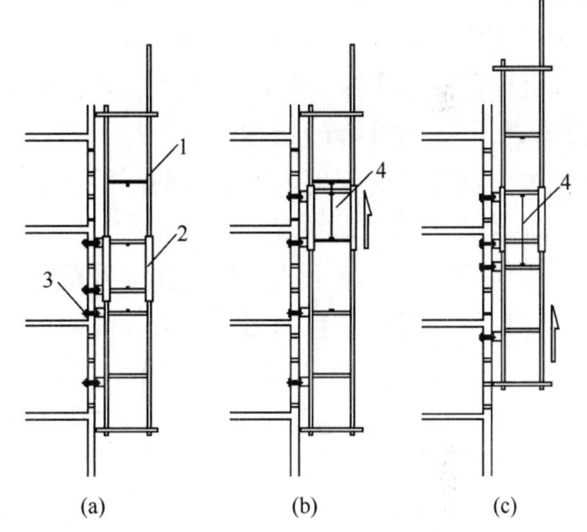

图 2.1.5-1 自升降式脚手架爬升过程

(a) 爬升前的位置；(b) 活动架爬升（半个层高）；(c) 固定架爬升（半个层高）

1—活动架；2—固定架；3—附墙螺栓；4—捯链

（1）窗间墙墙面：每两片升降架由大横杆连接，组成一跨独立的升降单元体，沿建筑物的外墙面鱼贯布置。两片升降架的间距不宜超过 3m，大横杆可向两端升降架适当外伸，各升降单元体之间留有 100mm 左右的间隙，以防升降操作时互相碰撞。

（2）转角墙面：为使脚手架在转角墙面处贯通，可将一个墙面的脚手架伸至墙面转弯角处，将另一墙面的脚手架大横杆外伸与其接通，外伸量不宜大于 1200mm，并设斜拉杆加强外伸部位的刚度。

注意事项：应根据建筑物的平面、立面、剖面和结构施工图绘制升降脚手架平面布置图。脚手架的附墙支座应避开建筑的内隔墙、高层建筑的中间水箱、管道井和垃圾井，结构上应避开配筋密集处以及梁的支座等部位。

2. 互升降式脚手架

互升降式脚手架将脚手架分为甲、乙两种单元，通过捯链交替对甲、乙两单元进行升降，见图 2.1.5-2。当脚手架需要工作时，甲单元与乙单元均用附墙螺栓与墙体锚固，两

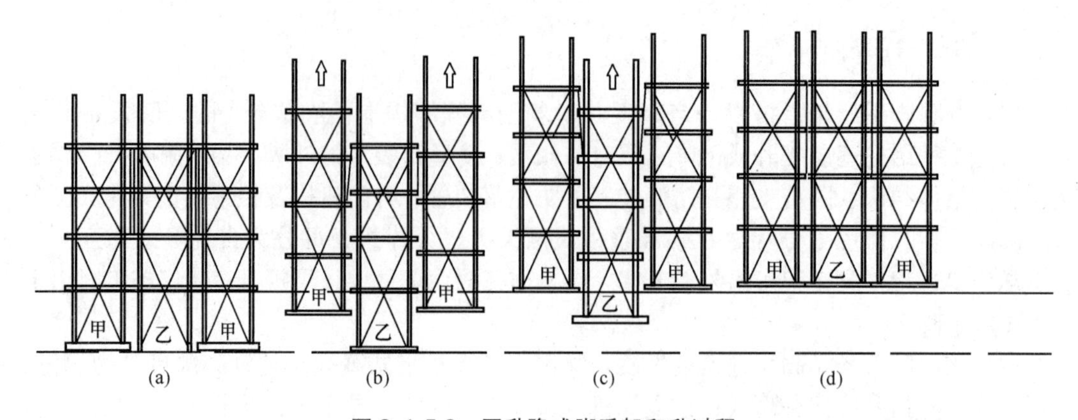

图 2.1.5-2 互升降式脚手架爬升过程

(a) 第 n 层作业；(b) 提升甲单元；(c) 提升乙单元；(d) 第 $n+1$ 层作业

架之间无相对运动；当脚手架需要升降时，一个单元仍然锚固在墙体上，使用捯链对相邻的架子进行升降，两架之间便产生相对运动。通过甲、乙两单元交替附墙，相互升降，脚手架即可沿着墙体上的预留孔逐层升降。

互升降式脚手架的性能特点是结构简单，易于操作控制；架子搭设高度低，用料省；操作人员不在被升降的架体上，增加了操作人员的安全性；脚手架结构刚度较大，附墙的跨度大。适用于框架剪力墙结构的高层建筑、水坝、筒体等施工。

3. 整体升降式脚手架

整体升降式外脚手架以捯链为提升机，使整个外脚手架沿建筑物外墙或框柱整体向上爬升。搭设高度依建筑物施工层的层高而定，一般取建筑物标准层 4 个层高加 1 步安全栏的高度为架体的总高度。脚手架为双排，宽以 0.8～1m 为宜，里排杆离建筑物净距 0.4～0.6m。脚手架的横杆和立杆间距都不宜超过 1.8m，可将 1 个标准层高分为 2 步架，以此步距为基数确定架体横、立杆的间距。架体设计时可将架子沿建筑物外围分成若干单元，每个单元的宽度参考建筑物的开间而定，一般在 5～9m 之间。如图 2.1.5-3 所示。

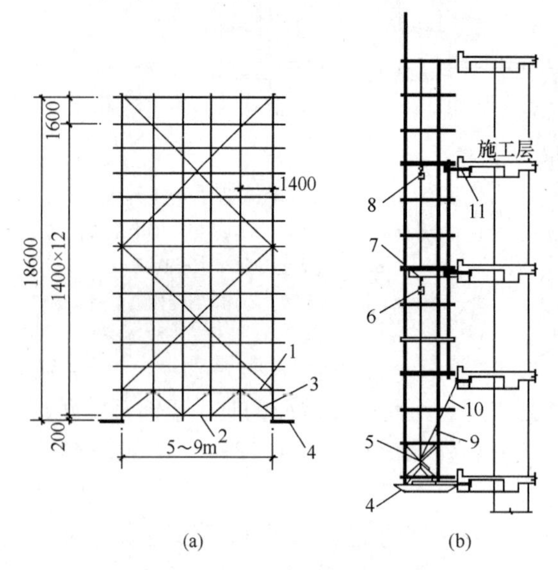

图 2.1.5-3 整体升降式脚手架

(a) 立面图；(b) 侧面图

1—上弦杆；2—下弦杆；3—承力桁架；4—承力架；5—斜撑；6—捯链；7—挑梁；8—捯链；9—花篮螺栓；10—拉杆；11—螺栓

另有一种液压提升整体式的脚手架——模板组合体系，它通过设在建（构）筑物内部的支承立柱及立柱顶部的平台桁架，利用液压设备进行脚手架的升降，同时也可升降建筑的模板。

4. 电动桥式脚手架

电动桥式脚手架是一种导架爬升式工作平台，沿附着在建筑物上的三角立柱支架，通过齿轮齿条传动方式实现平台升降。电动桥式脚手架可替代普通脚手架及电动吊篮。

优点是平台运行平稳，使用安全可靠，且可节省大量材料。用于建筑工程施工，特别适合装修作业。见图 2.1.5-4。

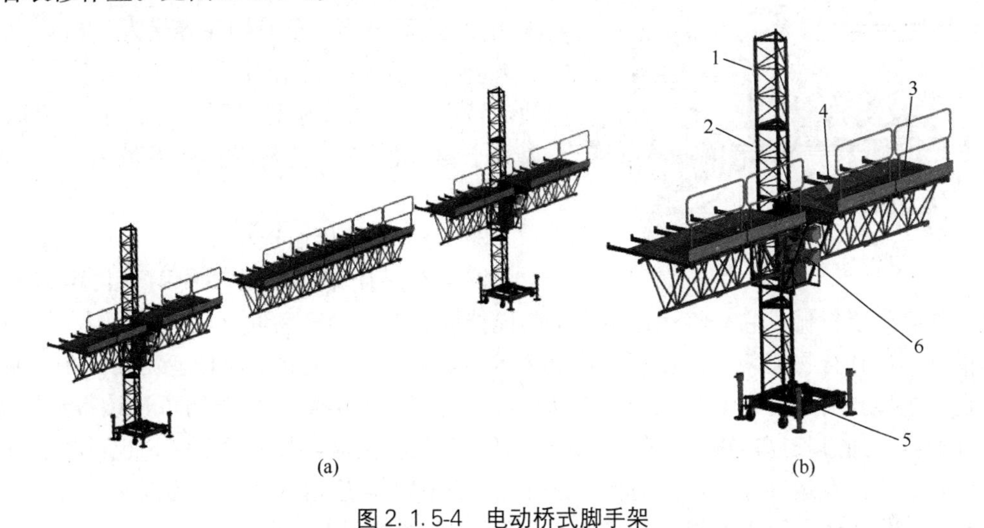

图 2.1.5-4 电动桥式脚手架

(a) 单柱双柱任意组合；(b) 单柱结构图

1—顶立柱；2—标准立柱；3—1m 平台；4—1.5m 平台；5—底座；6—双电机驱动器

电动桥式脚手架由驱动系统、附着立柱系统、作业平台系统三部分组成。驱动系统由钢结构框架、电动机、防坠器、齿轮驱动组、导轮组、智能控制器等组成。附着立柱系统由带齿条的立柱标准节、限位立柱节和附墙件等组成。作业平台系统由三角格构式横梁节、脚手板、防护栏、加宽挑梁等组成。

在每根立柱的驱动器上安装两台驱动电机，负责电动施工平台上升、下降。

在每一个驱动单元上都安装了独立的防坠装置，当平台下降速度超过额定值时，能阻止施工平台继续下坠，同时启动防坠限位开关切断电源。当平台沿两个立柱同时升降时，附着式电动施工平台配有智能水平同步控制系统，控制平台同步升降。电动桥式脚手架还有最高自动限位、最低自动限位、超越应急限位等智能控制。

平台最大长度：双柱型为 30.1m，单柱型为 9.8m；最大高度为 260m，当超过 120m 时需采取卸荷技术措施；额定荷载：双柱型为 36kN，单柱型为 15kN；平台工作面宽度为 1.35m，可伸长加宽 0.9m；立柱附墙间距为 6m。编制施工组织设计时，应计算出所需的立柱、平台等部件的规格与数量。

2.1.6 砌筑运输设施

建筑物不断往上生长，靠的是人力、物力进行水平和垂直的做功，将设计所需的各种材料和构件构筑到位。

1. 水平运输

1）手推车

手推车是施工工地上普遍使用的水平运输工具，具有小巧、轻便等特点，不但适用于一般的地面水平运输，还能在脚手架、施工栈道上使用；也可与塔式起重机、井、架等配合使用，进行垂直运输。

2）机动翻斗车

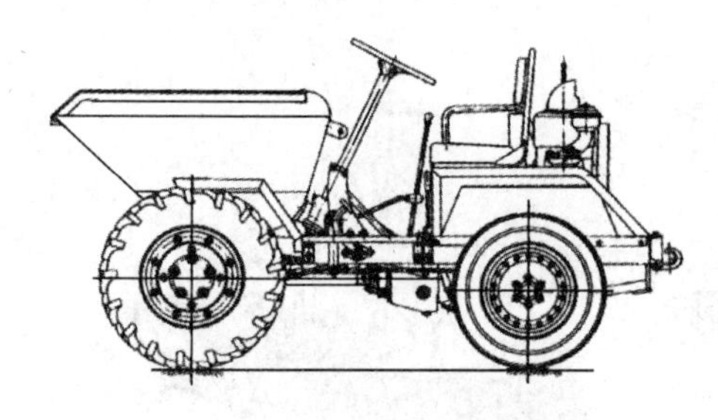

图 2.1.6-1 机动翻斗车

机动翻斗车是用柴油机装配而成，最大行驶速度达 35km/h。车前翻斗容量为 400L，载重 1000kg。自卸料，操作维护简便，具有轻便灵活、转弯半径小、速度快等特点。适用于短距离水平运输混凝土以及砂、石等散装材料，见图 2.1.6-1。

3）混凝土搅拌输送车

混凝土搅拌输送车是一种用于长距离输送混凝土的高效能机械，它是将运送混凝土的搅拌筒安装在汽车底盘上，而以混凝土搅拌站生产的混凝土拌合物灌装入搅拌筒内，直接运至施工现场，满足浇筑作业需要。在运输途中，混凝土搅拌筒始终在不停地慢速转动，从而使筒内的混凝土拌合物可连续得到搅动，以保证混凝土通过长途运输后，仍不致产生离析现象。在运输距离很长时，也可将混凝土干料装入筒内，在运输途中加水搅拌，这样能减少由于长途运输而引起的混凝土坍落度损失。目前，常用的混凝土搅拌运输车如图 2.1.6-2～图 2.1.6-4 所示。

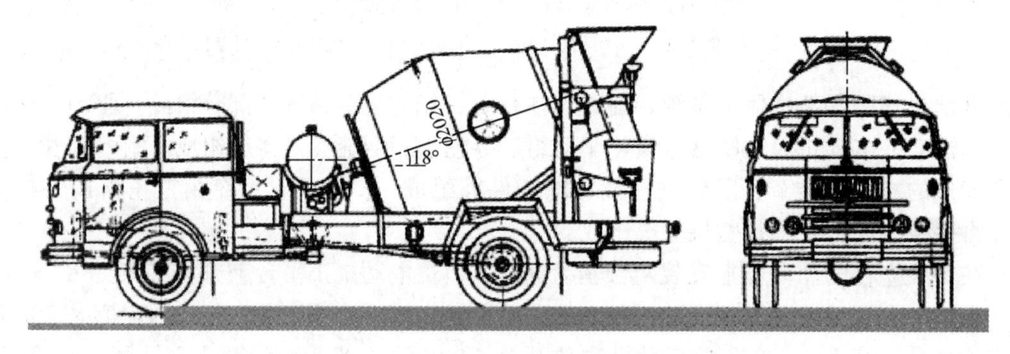

图 2.1.6-2 国产 JC-2 型混凝土搅拌运输车

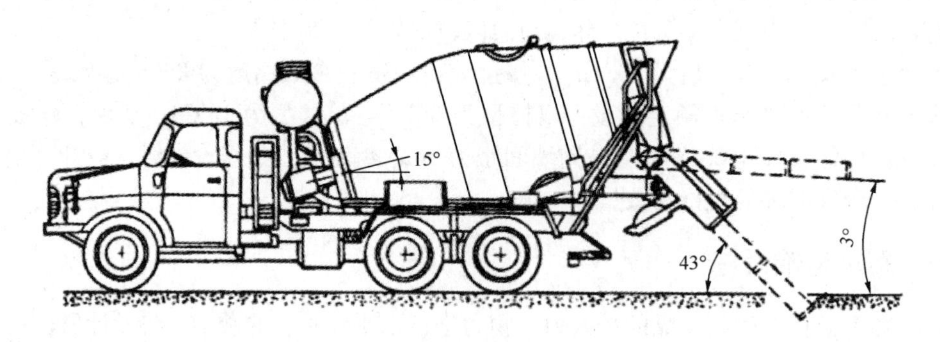

图 2.1.6-3 TATRA 混凝土搅拌运输车

2. 垂直运输

垂直运输设施为在建筑施工中担负垂直运、输送材料设备和人员上下的机械设备和设施，它是施工技术措施中不可缺少的重要环节。

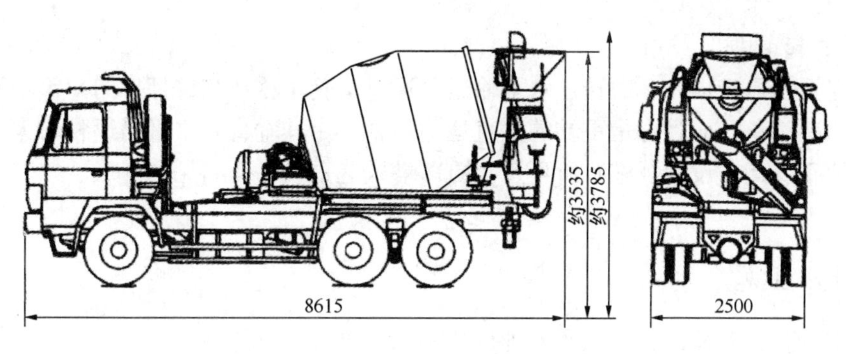

图 2.1.6-4 MR45-T 型混凝土搅拌运输车

1）垂直运输设施的一般设置要求

垂直运输设施的布置应在以安全保障为首要问题的前提下，考虑以下方面：

①覆盖面和供应面；②供应能力；③提升高度；④水平运输手段；⑤同时考虑与其配合的水平运输手段。

2）垂直运输设施的分类

凡具有垂直（竖向）提升（或降落）物料、设备和人员功能的设备（施）均可用于垂直运输作业，种类较多，可大致分为施工电梯、物料提升架、混凝土泵、小型起重机和塔式起重机五大类。

（1）施工电梯

多数施工电梯为人货两用，少数为仅供货用。电梯按其驱动方式可分为齿条驱动和绳轮驱动两种：齿条驱动电梯又有单吊箱（笼）式和双吊箱（笼）式两种，并装有可靠的限速装置，适于20层以上建筑工程使用；绳轮驱动电梯为单吊箱（笼），无限速装置，轻巧便宜，适于20层以下建筑工程使用。

（2）物料提升架

物料提升架包括井式提升架（简称“井架”）、龙门式提升架（简称“龙门架”）、塔式提升架（简称“塔架”）和独杆升降台等，它们的共同特点为：

① 提升采用卷扬，卷扬机设于架体外。

② 安全设备一般只有防冒顶、防坐冲和停层保险装置，因而只允许用于物料提升，不得载运人员。

③ 用于10层以下时，多采用缆风绳固定；用于超过10层的高层建筑施工时，必须采取附墙方式固定，成为无缆风绳高层物料提升架，并可在顶部设液压顶升构造，实现井架或塔架标准节的自升接高。

3）混凝土泵

它是水平和垂直输送混凝土的专用设备，用于超高层建筑工程时则更显示出它的优越性。混凝土泵按工作方式分为固定式和移动式两种；按泵的工作原理则分为挤压式和柱塞式两种。目前，我国已使用混凝土泵施工高度超过300m的电视塔。

4）小型起重机

这类物料提升设施由小型（一般起重量在1t以内）起重机具如捯链、滑轮、小型卷扬机等与相应的提升架、悬挂架等构成，形成墙头吊、悬臂吊、摇头扒杆吊、台灵架等。常用于多层建筑施工或作为辅助垂直运输设施。

5）塔式起重机

塔式起重机具有提升、回转、水平输送（通过滑轮车移动和臂杆仰俯）等功能，不仅是重要的吊装设备，而且也是重要的垂直运输设备，用其垂直和水平吊运长、大、重的物料仍为其他垂直运输设备（施）所不及。更多塔式起重设备介绍见第6章。

2.2　砌体工程

砌体工程是指各种砖、石块和各种块体的砌筑施工。

2.2.1　材料与构件

1. 块体材料

砖块、砌块为常见的人造块体材料；石块为自然材料，分为原状和人工加工两类。

1）砖块

（1）烧结普通砖：其规格为240mm×115mm×53mm（长×宽×高），强度等级可以分为MU30、MU25、MU20、MU15、MU10。

（2）烧结多孔砖：是以黏土、页岩、煤矸石等为主要原料，经过焙烧而成的承重多孔砖。其规格有190mm×190mm×90mm和240mm×115mm×90mm两种。分为MU30、MU25、MU20、MU15、MU10五个强度等级。

（3）烧结空心砖：是以黏土、页岩、煤矸石等为主要材料，经焙烧而成的空心砖。长度有240、290mm，宽度有140、180、190mm，高度有90、115mm。强度等级分为MU5、MU3、MU2，因而一般用于非承重墙体。

（4）煤渣砖：是以煤渣为主要原料，掺入适量石灰、石膏，经混合、压制成型、蒸养或蒸压而成的实心砖。规格为240mm×115mm×53mm（长×宽×高）。分为MU20、MU15、MU10、MU7.5四个强度等级。

2）砌块

砌块是用水泥等新粘结材料替代传统烧结砖块的新型建筑物块体材料。砌块按使用目的可以分为承重砌块与非承重砌块。按是否有孔洞可以分为实心砌块与空心砌块，按砌块大小可以分为小型砌块（块材高度小于380mm）和中型砌块（块材高度380～940mm）；按使用的原材料可以分为普通混凝土砌块、粉煤灰硅酸盐砌块、煤矸石混凝土砌块、浮石混凝土砌块、火山渣混凝土砌块、蒸压加气混凝土砌块等。

3）石块

砌筑用石有毛石和料石两类。毛石又分为乱毛石和平毛石。料石按其加工面的平整度分为细料石、粗料石和毛料石三种。强度等级划分为MU100、MU80、MU60、MU50、MU40、MU30、MU20、MU15和MU10。

2. 砂浆

砂浆是用于粘结各种块体的材料，俗称“灰”。

1）砂浆分类和性能

（1）砌筑砂浆分为：水泥砂浆、混合砂浆和非水泥砂浆。水泥砂浆仅在要求高强度砂浆与砌体处于潮湿环境下时使用；混合砂浆是一般砌体中最常使用的砂浆类型；非水泥砂浆仅用于强度要求不高的砌体，譬如临时设施、简易建筑等。

（2）砂浆的强度是以边长为 70.7mm 的立方体试块，在标准养护（温度 20±5℃、正常湿度条件、室内不通风处）环境下，经过 28d 龄期后的平均抗压强度值。强度等级划分为 M15、M10、M7.5、M5、M2.5、M1 和 M0.4 七个等级。

（3）砂浆应具有良好的流动性和保水性。一般实心砖墙和柱，砂浆的流动性宜为 70～100mm；砌筑平拱过梁、毛石及砌块宜为 50～70mm；空心砖墙、柱宜为 60～80mm。

2）砂浆的制备

砌筑砂浆应采用机械搅拌，搅拌机械包括活门卸料式、倾翻卸料式或立式砂浆搅拌机，其出料容量一般为 200L。每一种砂浆都应有合理的搅拌时间。

3）砂浆的使用

水泥砂浆和水泥混合砂浆应分别在拌成后 3h 和 4h 内使用完毕；当施工期间最高气温超过 30℃时，必须分别在拌成后 2h 和 3h 内使用完毕；对掺用缓凝剂的砂浆，其使用时间可根据具体情况延长。

2.2.2 砖砌体工艺

1. 砖的组砌方式

我国传统普通黏土砖的标准尺寸的长、宽、高分别为 240、115、53mm，砖砌体施工缝 8～12mm，平均控制在 10mm。$1m^3$ 含灰缝砌体用砖为 512 块。砌墙体按厚度分 120、240、370、490mm 墙。

砖的组砌原则是：上下错缝，内外搭接，避免垂直通缝和包心砌法。120mm 墙采用全顺砌筑；240mm 墙、370mm 墙采用一顺一丁、梅花丁、三顺一丁砌筑；490mm 墙采用一顺一丁等砌筑形式。图 2.2.2-1 所示即为常见砖墙的组砌方式。

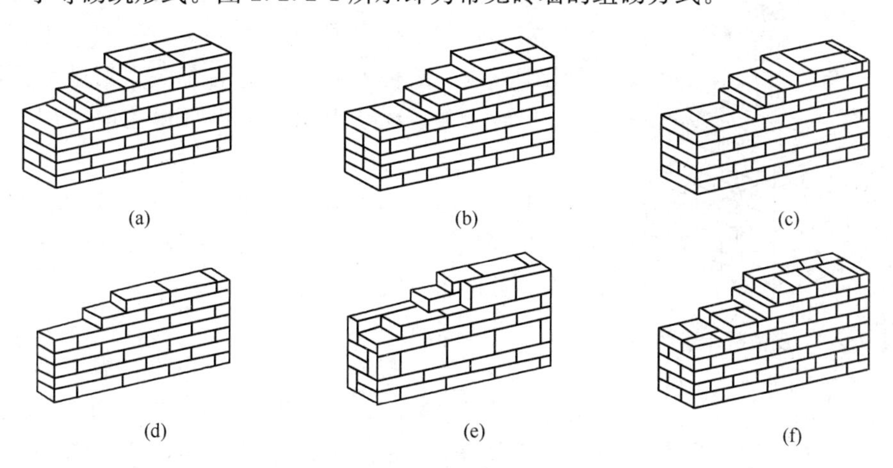

图 2.2.2-1 砖的组砌方式

（a）240mm 砖墙，一顺一丁式；（b）240mm 砖墙，多顺一丁式；（c）240mm 砖墙，十字式；（d）120mm 砖墙；（e）180mm 砖墙；（f）370mm 砖墙

2. 砖砌筑工艺

砌筑施工通常包括抄平、放线、摆砖样、立皮数杆、盘角挂准线、铺灰、砌筑等工序。如是清水墙，则还要进行勾缝。

1）抄平

砌墙前先在基础面或楼面上按标准的水准点定出各层标高，并用水泥砂浆或细石混凝土找平。

2）放线

建筑物底层墙身可以龙门板上轴线定位钉为准拉麻线，沿麻线挂下线锤，将墙身中心轴线放到基础面上，并据此墙身中心轴线为准弹出纵横墙身边线，并定出门洞口位置。为保证各楼层墙身轴线的重合，并与基础定位轴线一致，可利用在外墙面上的墙身中心轴线，借助于经纬仪把墙身中心轴线引测到楼层上去；或用线锤挂，对准外墙面上的墙身中心轴线，从而向上引测。轴线的引测是放线的关键，必须按图纸要求尺寸用钢皮尺进行校核。然后，按楼层墙身中心线，弹出各墙边线，划出门窗洞口位置。

3）摆砖样

按选定的组砌方法，在墙基顶面放线位置试摆砖样，此过程不铺砂浆，俗称生摆，尽量使门窗垛符合砖的模数，偏差小时可通过竖缝调整，以减小斩砖数量，并保证砖及砖缝排列整齐、均匀，以提高砌筑效率。摆砖样在清水墙砌筑中尤为重要。

4）立皮数杆

立皮数杆（图 2.2.2-2）可以控制每皮砖砌筑的竖向尺寸，并使铺灰、砌筑的厚度均匀，保证砖皮水平。皮数杆上划有每皮砖和灰缝的厚度，以及门窗洞、过梁、楼板等的标高。它立于墙的转角处，其基准标高用水准仪校正。长墙上可每隔 10～20m 再立一根。

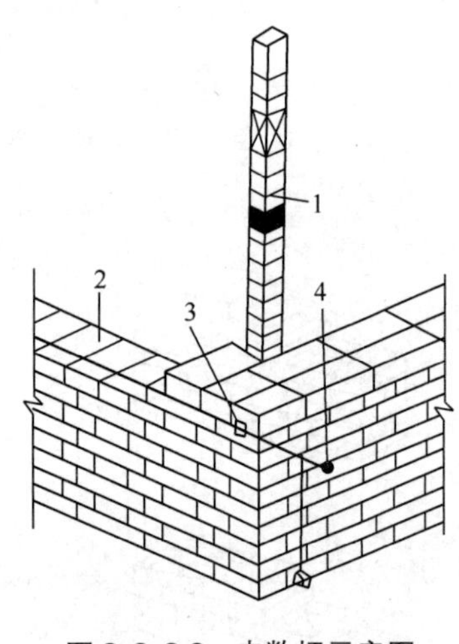

图 2.2.2-2 皮数杆示意图

1—皮数杆；2—准线；3—竹片；4—铁钉

5）铺灰砌筑

铺灰砌筑，即铺设砂浆和块体垒砌，操作方法很多，与各地区的操作习惯和工具有关。常用的有满刀灰砌筑法（也称提刀灰）、夹灰砌法、大铲铺灰法及单手挤浆法。实心砖砌体大多采用一顺一丁、三顺一丁、梅花丁等组砌方法。砖柱不得采用包心砌法。每层承重墙的最上一皮砖、梁或梁垫下面等关键部位均应采用丁式砌层砌筑。

砌砖体通常先在墙角以皮数杆进行盘角，然后将准线挂在墙侧，作为墙身砌筑的依据，每砌一皮或两皮，准线向上移动一次。

3. 砌筑质量要求

砌体砌筑工程质量的基本要求是：横平竖直、砂浆饱满、灰缝均匀、上下错缝、内外搭砌、接槎牢固。

（1）对砌筑工程，要求每一皮的灰缝横平竖直、砂浆饱满。上面砌体的重量主要通过砌体之间的水平灰缝传递到下面，水平灰缝不饱满往往会使砖块折断。为此，规定实心砖砌体水平灰缝的砂浆饱满度不得低于 80%。竖向灰缝的饱满程度，会影响砌体抗透风和抗渗水的性能。水平缝厚度和竖缝宽度规定为 10±2mm，过厚的水平灰缝容易使砖块浮滑，墙身侧倾，过薄的水平灰缝会影响砌体之间的粘结能力。

（2）上下错缝是指砖砌体上下两皮砖的竖缝应当错开，以避免上下通缝。在垂直荷载作用下，砌体会由于“通缝”丧失整体性而影响砌体强度。同时，内外搭砌使同皮的里外砌体通过相邻上下皮的砖块搭砌而组砌得牢固。

(3)"接槎"是指砌体结构不能一气呵成完成的临时间断，即指于先砌体与后砌体之间的接合。为使接槎牢固，须保证接槎部分的砌体砂浆饱满，砖砌体应尽可能砌成斜槎，斜槎的长度不应小于高度的 2/3（图 2.2.2-3a)。临时间断处的高度差不得超过 1 步脚手架的高度。当留斜槎确有困难时，可从墙面凸引出不小于 120mm 长的直槎（图 2.2.2-3b)，并沿高度间距不大于 500mm 加设拉结筋，拉结筋每 120mm 墙厚放置 1 根 ϕ6mm 钢筋，埋入墙的长度每边均不小于 500mm。但砌体的 L 形转角处，不得留直槎。

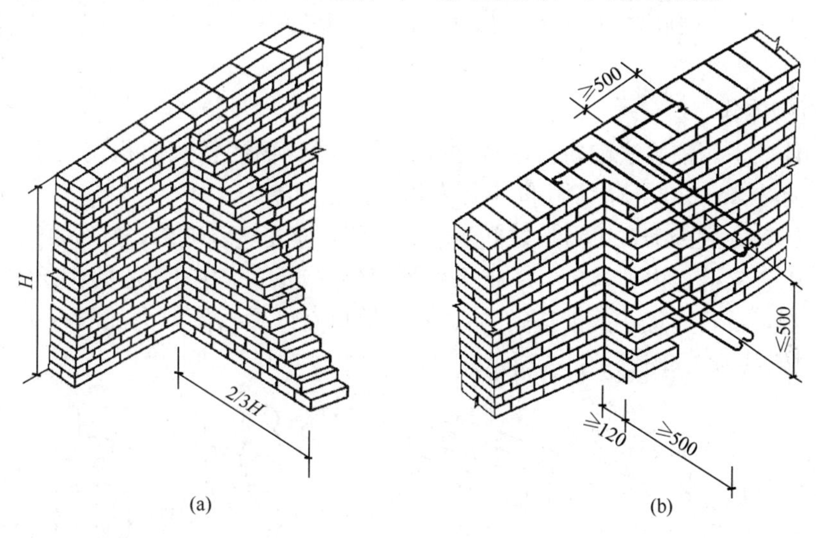

图 2.2.2-3 墙体接槎

(a) 斜槎砌筑；(b) 直槎砌筑

2.2.3 石砌体

对石材按加工后外形的规整程度，分为料石和毛石。料石又分为细料石、粗料石和毛料石（即块石)。石砌体一般分为料石砌体（图 2.2.3-1a)、毛石砌体（图 2.2.3-1b）和毛石混凝土砌体（图 2.2.3-1c)。

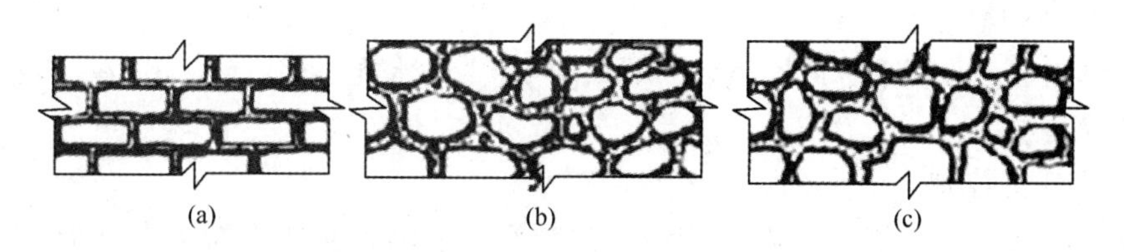

图 2.2.3-1 石砌体分类

(a) 料石砌体；(b) 毛石砌体；(c) 毛石混凝土砌体

料石砌体和毛石砌体用砂浆砌筑。毛石混凝土砌体是在横板内先浇灌一层混凝土，后铺砌一层毛石，交替浇灌和砌筑而成。料石砌体还可用来建造某些构筑物，如石拱桥、石坝和石涵洞等。精细加工的重质岩石如花岗岩和大理石，其砌体质量好，又美观，常用于建造纪念性建筑物。毛石混凝土砌体的砌筑方法比较简便，在一般房屋和构筑物的基础工程中应用较多，也常用于建造挡土墙等构筑物。

料石砌体也应该采用铺浆法砌筑。料石砌体的砂浆铺设厚度应略高于规定的灰缝厚度，其高出厚度：细料石宜为 3～5mm；粗料石、毛料石宜为 6～8mm。砌体的灰缝厚度：细料石砌体不宜大于 5mm；粗料石、毛料石砌体不宜大于 20mm。

料石基础的第一皮料石应坐浆丁砌，以上各层料石可按一顺一丁进行砌筑。料石墙体厚度等于一块料石宽度时，可采用全顺砌筑形式；料石墙体等于两块料石宽度时，可采用两顺一丁或丁顺组砌的形式，如图 2.2.3-2 所示。

在料石和毛石或砖的组合墙中，料石砌体、毛石砌体、砖砌体应同时砌筑，并每隔 2～3 皮料石层用“丁砌层”与毛石砌体或砖砌体拉结砌合。“丁砌层”的长度宜与组合墙厚度相同。

1. 毛石砌体施工

毛石砌体应采用铺浆法砌筑。砂浆必须饱满，叠砌面的粘灰面积应大于 80%；砌体的灰缝厚度宜为 20～30mm，石块间不得有相互接触现象。

毛石砌体宜分皮卧砌，毛石块之间的较大空隙，应先填塞砂浆，然后再嵌实碎石块。

毛石应上下错缝、内外搭砌，不得采用外面侧立毛石、中间填心的砌筑方法；同时，也不允许出现过桥石（仅在两端搭砌的石块）、铲口石（尖石倾斜向外的石块）和斧刃石（尖石向下的石块），如图 2.2.3-3 所示。

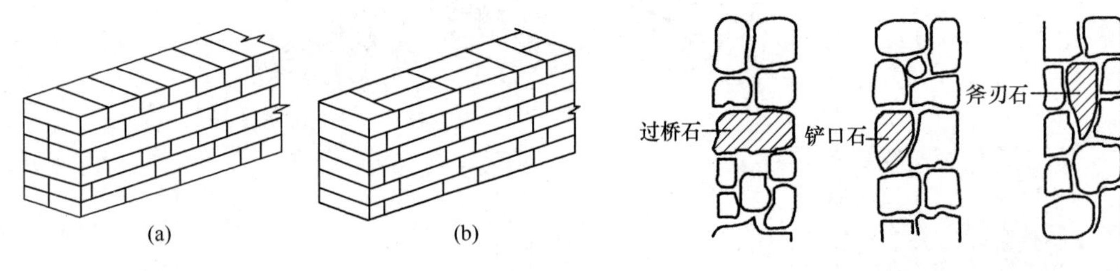

图 2.2.3-2 料石墙体砌筑方式

（a）两顺一丁；（b）丁顺组砌

图 2.2.3-3 毛石砌体不允砌筑示意图

砌筑毛石基础的第一皮石块应坐浆，并将石块的大面向下。同时，毛石基础的转角处、交接处和洞口等位置均应采用较大的平毛石。

2. 石砌体勾缝

石砌体勾缝多采用平缝或凹缝，一般采用 1∶1 的水泥砂浆。毛石砌体一般要保持砌合的自然缝美观。

3. 组砌质量控制

砌筑要求是：内外搭砌，上下错缝，拉结石、丁砌石交错设置；在 0.7m^2 毛石墙面中，拉结石不应少于 1 块。按施工规范的主控项目和一般项目进行质量验收。

2.2.4 砌块

砌块包括混凝土空心砌块、粉煤灰砌块、加气砌块等。

砌块砌体的主要施工流程包括：铺浆、吊装砌块就位、校正、灌缝和镶砖等。质量控制要求：

（1）在水平灰缝中设置 2 根直径 6mm 的钢筋或直径 4mm 的钢筋网片，钢筋长度不应少于700mm。

（2）砌块墙的转角处，纵、横墙砌块应隔皮相互搭接。

（3）砌块墙与承重墙或柱交接处，应在承重墙或柱的水平灰缝内预埋拉结钢筋。拉结钢筋沿墙或柱布置为2ϕ6mm@1000mm（带弯钩），同时其埋置于砖块墙水平灰缝中的长度不小于700mm。

（4）砌块砌体的水平灰缝厚度应为10～20mm；当水平灰缝中有配筋或柔性拉结条时，其厚度应为20～25mm。砌块砌体的竖直灰缝宽度应为15～20mm；当竖缝宽度大于30mm时，应该采用强度等级不低于C20的细石混凝土填实；当竖缝宽度大于或等于150mm时，要用黏土砖镶砌。

（5）对于混凝土小型空心砌块砌体，应在墙体的下列部位设置芯柱：

在外墙转角处、楼梯间四角的纵横墙交接处等部位的三个孔洞，均应设置素混凝土芯柱。5层及5层以上的房屋，则应在上述部位设置钢筋混凝土芯柱（图2.2.4-1），芯柱截面不宜小于120mm×120mm，芯柱应沿房屋的全高贯通，并与各层圈梁整体现浇。

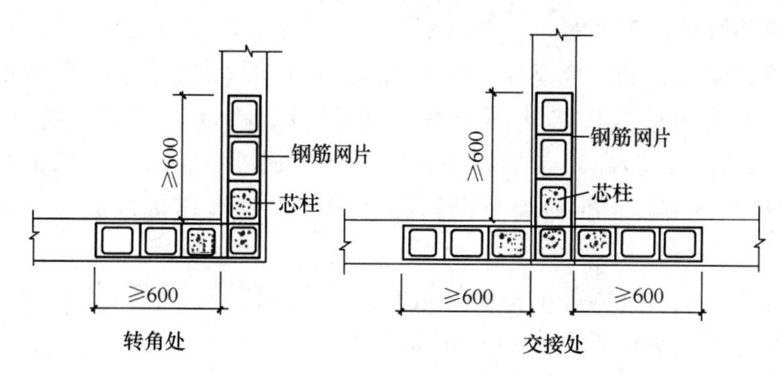

图2.2.4-1 钢筋混凝土芯柱

2.3 钢筋混凝土工程

将受力筋、架立筋、箍筋等钢筋浇筑在混凝土内，构成钢筋混凝土的基本构件，如墙、柱、梁等，按项目工程内容划分为钢筋工程、模板工程和混凝土工程。

2.3.1 钢筋工程

钢筋工程是隐蔽工程，钢筋验收、钢筋加工和布设质量对钢筋混凝土工程至关重要。

钢筋混凝土用钢筋按生产工艺分为热轧光圆钢筋、热轧带肋钢筋、余热处理钢筋、冷轧带肋钢筋、冷轧扭钢筋、冷轧螺旋钢筋、冷轧低碳钢筋等。

热轧光圆钢筋是经热轧成型的表面光滑的成品钢筋，多为圆形截面，公称直径范围为8～20mm，俗称盘条。牌号由HPB+屈服强度特征值构成，如HPB300（HPB是Hot-rolled Plain Steel Bar的英文缩写），见图2.3.1-1。

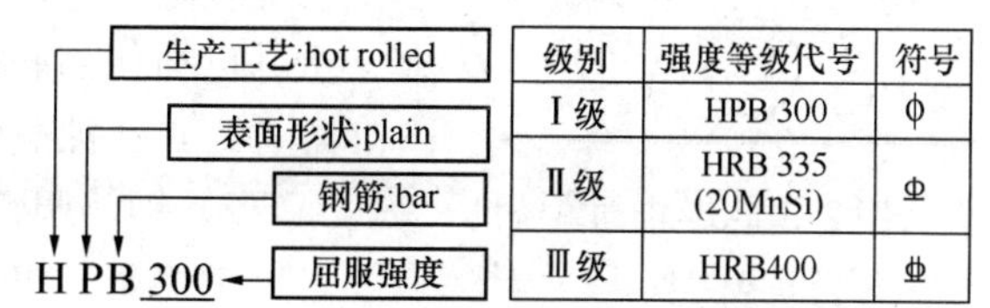

级别	强度等级代号	符号
Ⅰ级	HPB 300	ɸ
Ⅱ级	HRB 335 (20MnSi)	Φ
Ⅲ级	HRB400	Φ

图2.3.1-1 钢筋牌号及级别符号

热轧带肋钢筋有HRB400、HRB500

两种，是经热轧成型且表面带肋的混凝土结构用钢材，多为圆形截面。牌号由 HRB＋屈服强度的特征值构成（HRB 是 Hot-rolled Ribbed Steel Bar 的英文缩写）。

余热处理钢筋，牌号为 RRB，是经热轧后立即穿水，进行表面冷却控制，然后利用芯部余热自身完成回火处理的成品带肋钢筋，公称直径范围为 8～40mm。

钢筋按其化学成分可分为低碳钢筋和普通低合金钢筋。HPB300 级热轧钢筋属于低碳钢，HRB400 级、HRB500 级、RRB400 级属于普通低合金钢筋。

HRBF（Hot-rolled Ribbed Bars Fine），是细晶粒热轧带肋钢筋，牌号为 HRBF400、HRBF500。在热轧过程中，通过控轧和控冷工艺形成的细晶粒钢筋，可以在不增加合金含量的基础上大幅提高钢材的强度、韧性等力学性能。

1. 钢筋验收

钢筋验收包括工地进场验收和现场安装验收。

进场验收主要检验钢筋的品种、规格、数量、外观、出厂标识等，此外还需进行材料抽样复试。钢筋出厂，每捆（盘）应挂有 2 个标识：①标牌，上注厂名、生产日期、钢号、炉罐号、钢筋级别、直径等；②合格证：出厂质量证明书或试验报告书。

依据《钢筋混凝土用钢》等系列国家标准，分批抽取试件作力学性能检测。工地按品种、批号及直径分批验收，热轧钢筋每批数量不超过 60t，冷轧带肋钢筋为 50t，冷轧扭钢筋为 10t。抽样检验项目包括屈服强度、抗拉强度、伸长率、弯曲性能及单位长度偏差等。当无牌号或不能准确判断钢筋的品牌时，应增加化学成分、晶粒度等检查项目。

现场安全验收，应检查构件中钢筋的品种、规格、数量、位置；钢筋的连接方式、接头位置、接头数量、接头面积百分率；钢筋的弯钩、锚固长度；构件的尺寸、标高、位置、保护层厚度；箍筋的间距、加密区范围；弯起钢筋、吊筋的弯起位置及角度等。

2. 钢筋加工与下料

钢筋加工包括冷拉、冷拔、调直、除锈、下料剪切、接长、弯曲等工作。随着施工技术的发展，钢筋加工已逐步实现机械化和联动化。

1）钢筋除锈

为了保证钢筋与混凝土之间粘结牢固，在钢筋使用前，应将其表面的油渍、漆污、铁锈等清除干净。钢筋的除锈，一是在钢筋冷拉或调直过程中除锈，这对大量钢筋除锈较为经济；二是采用电动除锈机除锈，对钢筋局部除锈较为方便；三是采用手工除锈（用钢丝刷、砂盘），喷砂和酸洗除锈等。

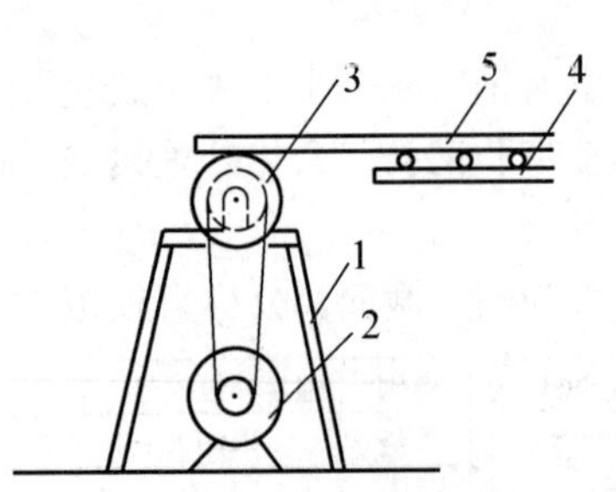

图 2.3.1-2 电动除锈机

1—支架；2—电动机；3—圆盘钢丝刷；4—辊轴台；5—钢筋

电动除锈机，转速为 1000r/min 左右，电动机功率为 1.0～1.5kW。为了减少除锈时灰尘飞扬，应装设排尘罩和排尘管道。如图 2.3.1-2 所示。

在除锈过程中发现钢筋表面的氧化铁皮鳞落现象严重并已损伤钢筋截面，或在除锈后钢筋表面有严重的麻坑、斑点伤蚀截面时，应降级使用或剔除不用。

2）钢筋调直

钢筋调直可利用冷拉进行。若冷拉只是为了调直，而不是为了提高钢筋的强度，则调直冷拉率控制为：

HPB300级钢筋不宜大于4%，HRB400、HRB500级钢筋不宜大于1%。如所使用的钢筋无弯钩弯折要求时，调直冷拉可适当放宽，HPB300级钢筋不大于6%，HRB400、HRB500级钢筋不超过2%。

除利用冷拉调直外，粗钢筋还可采用捶直和扳直的方法；直径为4～14mm的钢筋可采用调直机进行调直。目前，常用的钢筋调直机主要有GJ4-4/14（TQ4-14）和GJ6-4/8（JQ4-8）两种型号，它们具有钢筋除锈、调直和切断三项功能。

图2.3.1-3、图2.3.1-4所示分别为GT3/8型钢筋调直机外形和数控钢筋调直切断机工作原理图。

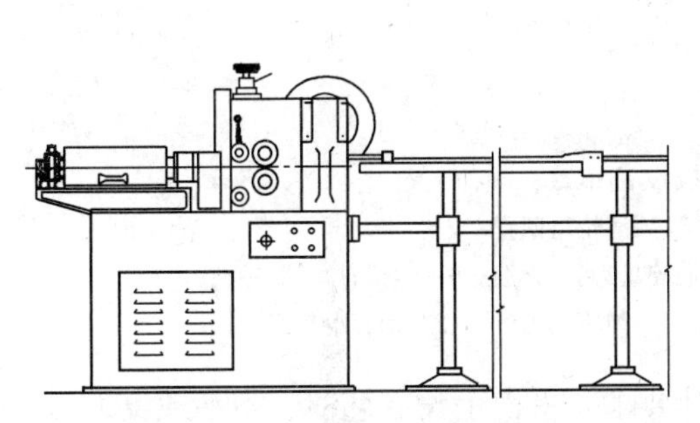

图2.3.1-3 GT3/8型钢筋调直机

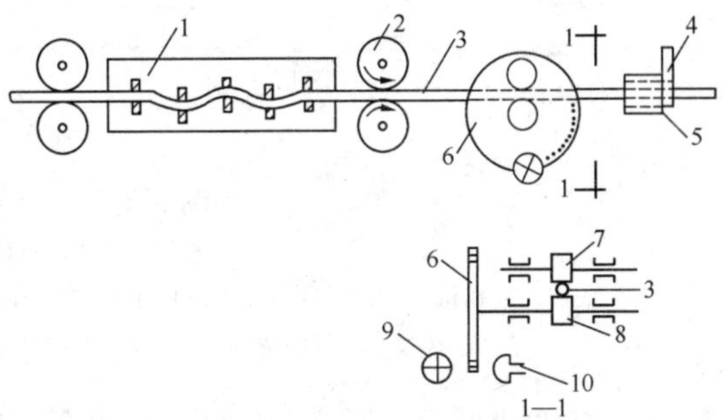

图2.3.1-4 数控钢筋调直切断机工作原理图

1—调直装置；2—牵引轮；3—钢筋；4—上刀口；5—下刀口；6—光电盘；7—压轮；8—摩擦轮；9—灯泡；10—光电管

调直机分普通型和数控型。钢筋数控调直切断机是在原有调直机的基础上应用电子控制仪，准确控制钢丝断料长度，并自动计数，断料精度高（偏差仅1～2mm），并实现了钢丝调直切断自动化。采用数控调直机时，要求钢丝表面光洁，截面均匀，以免钢丝移动时速度不匀，影响切断长度的精确性。

3）钢筋冷拉

钢筋冷拉是常温下通过卷扬机、滑轮组等设备对钢筋进行强力拉伸，拉应力超过其原始屈服应力，使得钢筋产生塑性变形，达到调直钢筋、提高强度、节约钢材的目的。设备装置见图2.3.1-5所示，分荷重架回程和滑轮组回程两种。

4）钢筋切断

钢筋下料时须按下料长度切断。钢筋剪切可采用钢筋切断机或手动切断器。后者一般只用于切断直径小于12mm的钢筋；前者可切断直径40mm的钢筋；直径大于40mm的钢筋常用氧乙炔焰或电弧割切或锯断。钢筋的下料长度应力求准确，其允许偏差为±10mm。

5）钢筋弯曲

钢筋下料后，应按弯曲设备特点及钢筋直径和弯曲角度进行画线，以便弯曲成设计所要求的尺寸。如弯曲钢筋两边对称时，画线工作宜从钢筋中线开始向两边进行，当为弯曲形状比较复杂的钢筋时，可先放出实样，再进行弯曲。钢筋弯曲宜采用弯曲机和弯箍机。弯曲机可弯直径6～40mm的钢筋。直径小于25mm的钢筋，当无弯曲机时也可采用扳钩弯曲。

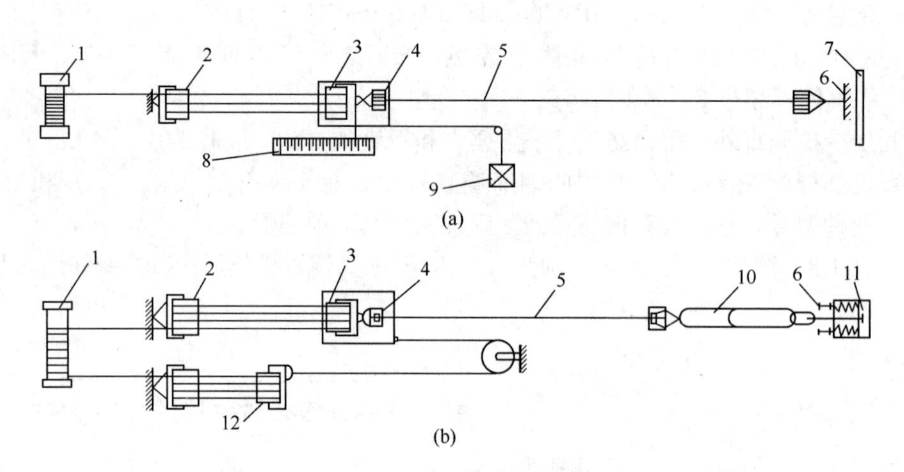

图 2.3.1-5 冷拉设备布置

(a) 用荷重架回程；(b) 用滑轮组回程

1—卷扬机；2—滑轮组；3—冷拉小车；4—钢筋夹具；5—钢筋；6—地锚；7—防护壁；

8—标尺；9—回程荷重架；10—连接杆；11—弹簧测力计；12—回程滑轮组

钢筋弯曲成型后，形状、尺寸必须符合设计要求，平面上没有翘曲、不平现象。

(1) 受力钢筋

HPB300 级钢筋末端应做 180°弯钩，其弯弧内直径不应小于钢筋直径的 2.5 倍，弯钩的弯后平直部分长度不应小于钢筋直径的 3 倍。

当设计要求钢筋末端需做 90°弯钩时，HRB400 级、HRB500 级钢筋的弯弧内直径不应小于钢筋直径的 4 倍，弯钩的弯后平直部分长度应符合设计要求。

钢筋作不大于 135°的弯折时，弯折处的弯弧内直径不应小于钢筋直径的 5 倍。

(2) 箍筋

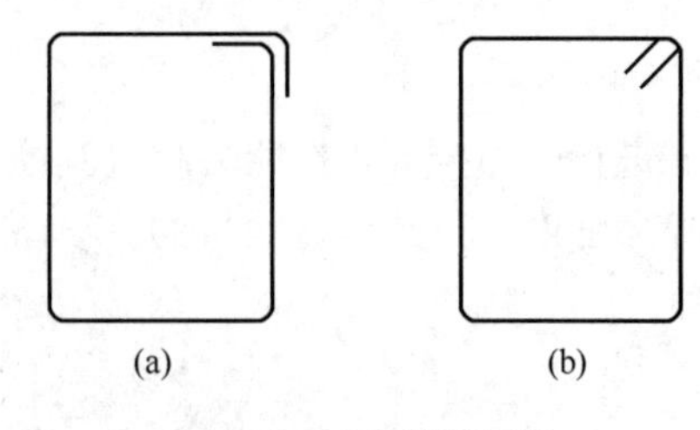

图 2.3.1-6 箍筋示意

(a) 90°/90°；(b) 135°/135°

除焊接封闭环式箍筋外，箍筋的末端应做弯钩。弯钩形式应符合设计要求；当设计无具体要求时，应符合下列规定：

箍筋弯钩的弯弧内直径应不小于受力钢筋的直径。箍筋弯钩的弯折角度：对一般结构，不应小于 90°；对有抗震等要求的结构应为 135°（图 2.3.1-6）。箍筋弯后的平直部分长度：对一般结构，不宜小于箍筋直径的 5 倍；对有抗震等要求的结构，不应小于箍筋直径的 10 倍。

钢筋弯曲成型后的允许偏差见表 2.3.1-1。

钢筋弯曲成型允许偏差 **表 2.3.1-1**

项数	项目	允许偏差（mm）	项数	项目	允许偏差（mm）
1	顺长度方向全长	±10	3	弯起高度	±5
2	弯起点位移	±20	4	矩形边长	±5

6）钢筋下料计算

下料尺寸：是指钢筋沿轴向的长度。

外包尺寸：设计图中，标注的钢筋的外轮廓尺寸，即钢筋外皮到外皮的尺寸。

量度差：外包尺寸与轴线尺寸之差，也称之为弯起调整值。

端头弯钩增加值：为结构端部钢筋增加锚固作用，在钢筋末端弯曲后并加长部分。

钢筋下料＝外包尺寸－量度差＋弯钩增加值。

（1）量度差计算公式

量度差计算见图 2.3.1-7。

当弯起角 $\alpha \leqslant 90^\circ$ 时

$$\Delta = 2\left(\frac{D}{2}+d\right)\tan\left(\frac{\alpha}{2}\right)-(D+d)\pi\frac{\alpha}{360^\circ}$$

当弯起角 $\alpha > 90^\circ$ 时

$$\Delta = 2\left(\frac{D}{2}+d\right)\left[1+\tan\left(\frac{\alpha-90^\circ}{2}\right)\right]-(D+d)\pi\frac{\alpha}{360^\circ}$$

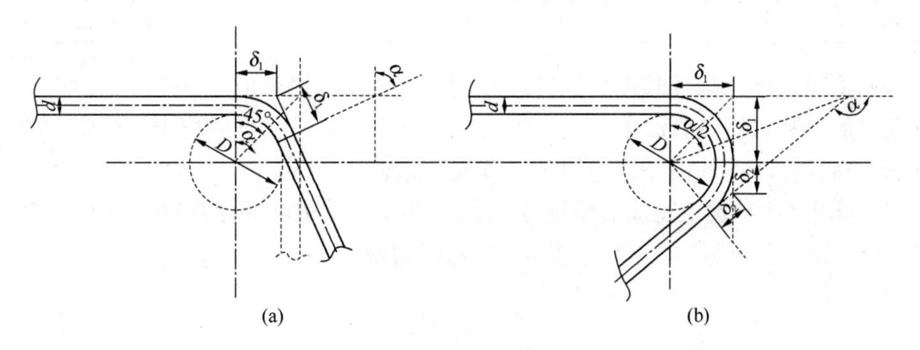

图 2.3.1-7 量度差计算原理图

（a）$\alpha \leqslant 90^\circ$的弯折；（b）$90^\circ < \alpha \leqslant 180^\circ$的弯折

（2）弯钩增加值计算

弯钩增加值等于弯起的钢筋轴线弧长加上直线段增加值。见图 2.3.1-8。

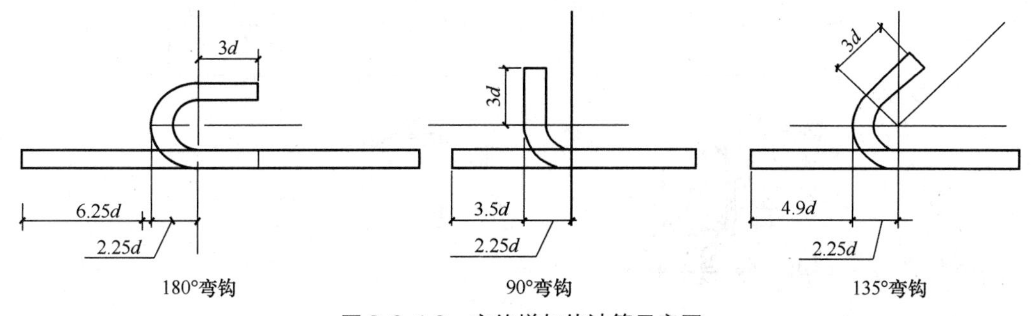

图 2.3.1-8 弯钩增加值计算示意图

弯钩增加值＝平段增加值(大于 $3d$)＋弯起弧度－外包圆的半径

弯 180°时：平直段长度 $3d+0.5\pi(D+d)-(0.5D+d)\approx 3d+3.5d=6.25d$

弯 135°时：平直段长度 $3d+0.375\pi(D+d)-(0.5D+d)\approx 3d+1.9d=4.9d$

弯 90°时：平直段长度 $3d+0.25\pi(D+d)-(0.5D+d)\approx 3d+0.5d=3.5d$

综合量度差和弯钩增加值计算，得到表 2.3.1-2。

量度差和弯钩增加值计算参考表 **表 2.3.1-2**

钢筋弯曲角度（°）	30	45	60	90	135	180
端头弯钩增加长度	—	—	—	3.5d	4.9d	6.25d
弯曲度量差	0.3d	0.5d	1d	2d	2.5d	—
备注	D=2.5d					

（3）箍筋下料计算

箍筋下料采用简化的计算，即用内、外包尺寸直接加上调整值，见表 2.3.1-3。

箍筋调整值 **表 2.3.1-3**

箍筋量度方法	箍筋直径（mm）			
	4～5	6	8	10～12
量外包尺寸	40	50	60	70
量内包尺寸	80	100	120	150～170

直钢筋下料长度＝构件长度－保护层厚度＋末端弯钩增长值

弯起钢筋下料长度＝直线段长度＋斜段长度－弯曲处的量度差值＋末端弯钩增长值

箍筋下料长度＝箍筋内(外)包周长＋箍筋调整值

例题 2.3.1-1：某建筑物简支梁配筋如图 2.3.1-9 所示，试计算钢筋下料长度。钢筋保护层厚取 25mm。(梁编号为 L_1，共 10 根，弯钩均为 180°)

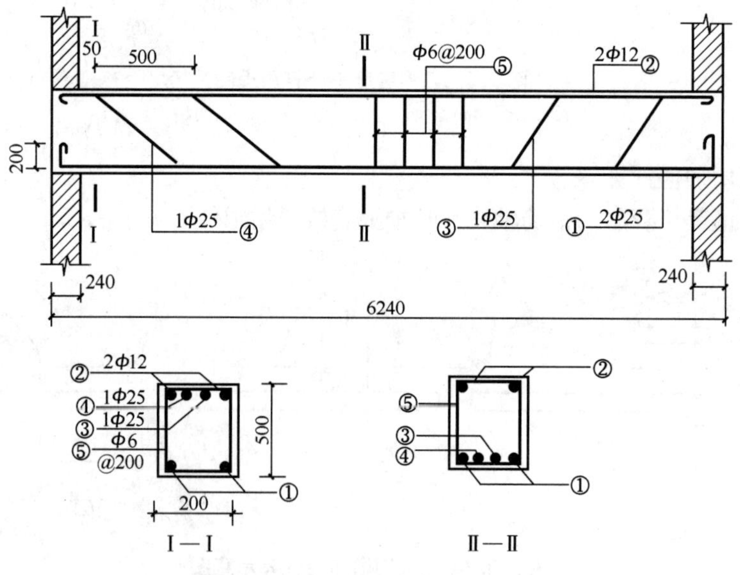

图 2.3.1-9 某建筑物构件设计图

① 号钢筋下料长度（受力钢筋）：

$$(6190+2\times200)-2\times2\times25+2\times6.25\times25=6802(\text{mm})$$

② 号钢筋下料长度（架立钢筋）：

6190＋2×6.25×12＝6340(mm)

③ 号弯起钢筋下料长度：

上直段钢筋长度：240＋50＋500－25＝765(mm)

斜段钢筋长度：(500－2×25)×1.414＝636(mm)

中间直段长度：6240－2×(240＋50＋500＋450)＝3760(mm)

下料长度：(765＋636)×2＋3760－4×0.5×25 ＋ 2×6.25×25＝6562－50＋312.5＝6824.5(mm)

④ 号钢筋下料长度计算类同③，为 6824.5mm。

⑤ 号箍筋下料长度：

外包宽度：200－2×25＋2×6＝162(mm)；外包高度：500－2×25＋2×6＝462(mm)

下料长度：(162＋462)×2＋50＝1298(mm)

见表 2.3.1-4。

钢筋下料计算表　　　　表 2.3.1-4

构件名称	钢筋编号	简图	钢号	直径 (mm)	下料长度 (mm)	单根根数	合计根数	质量 (kg)
L_1 (共 10 根)	①	200 6190	ϕ	25	6802	2	20	523.75
	②	6190	ϕ	12	6340	2	20	112.60
	③	765 636 3760	ϕ	25	6824.5	1	10	262.72
	④	265 636 4760	ϕ	25	6824.5	1	10	262.72
	⑤	162 462	ϕ	6	1298	32	320	91.78
	合计	ϕ6mm：91.78kg；ϕ12mm：112.60kg；ϕ25mm：1049.19kg						

3. 钢筋连接

钢筋的连接主要有三种方式：焊接、机械连接和绑扎连接。

1）钢筋的焊接

钢筋焊接分为压焊和熔焊两种形式。压焊包括闪光对焊、电阻点焊和气压焊；熔焊包括电弧焊和电渣压力焊。此外，钢筋与预埋件 T 形接头的焊接应采用埋弧压力焊，也可用电弧焊或穿孔塞焊，但焊接电流不宜大，以防烧伤钢筋。

各种焊接连接总结在一起，见表 2.3.1-5。

钢筋焊接类型图示及适用情况 **表 2.3.1-5**

焊接方法		接头形式	适用范围	
			钢筋级别	钢筋直径（mm）
电阻点焊		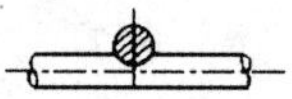	HPB300 级、HRB335 级	6～14
			冷轧带肋钢筋	5～12
			冷拔光圆钢筋	4～5
闪光对焊		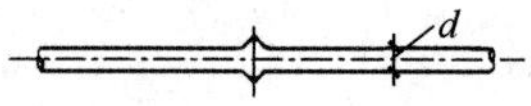	HPB300 级、HRB335 级及 HRB400 级	10～40
			RRB400 级	10～25
电弧焊	帮条双面焊	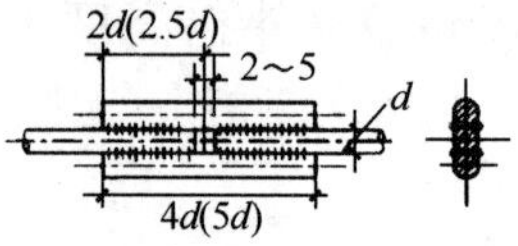	HPB300 级、HRB335 级及 HRB400 级	10～40
			RRB400 级	10～25
	帮条单面焊	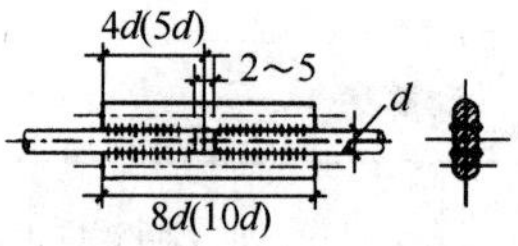	HPB300 级、HRB335 级及 HRB400 级	10～40
			RRB400 级	10～25
电弧焊	搭接双面焊	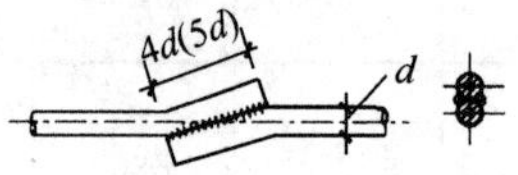	HPB300 级、HRB335 级及 HRB400 级	10～40
			RRB400 级	10～25
	搭接单面焊	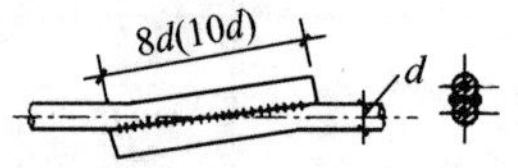	HPB300 级、HRB335 级及 HRB400 级	10～40
			RRB400 级	10～25
	熔槽帮条焊	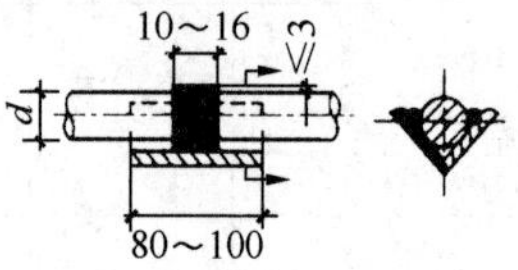	HPB300 级、HRB335 级及 HRB400 级	20～40
			RRB400 级	20～25
	剖口平焊		HPB300 级、HRB335 级及 HRB400 级	18～40
			RRB400 级	18～25
	剖口立焊		HPB300 级、HRB335 级及 HRB400 级	18～40
			RRB400 级	18～25
	钢筋与钢板搭接焊	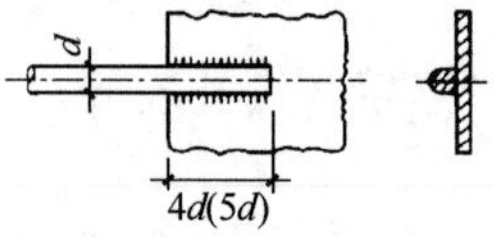	HPB300 级、HRB335 级	8～40
	预埋件角焊	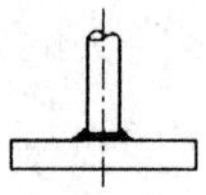	HPB300 级、HRB335 级	6～25

续表

焊接方法		接头形式	适用范围	
			钢筋级别	钢筋直径（mm）
电弧焊	预埋件穿孔塞焊		HPB300 级、HRB335 级	20～25
电渣压力焊			HPB300 级、HRB335 级	14～40

2）钢筋的机械连接

钢筋的机械连接是指通过连接件的机械咬合作用或钢筋端面的承压作用，将一根钢筋中的力传递至另一根钢筋的连接方法。近 10 年来该方法在我国迅速应用，它具有以下优点：接头质量稳定可靠，不受钢筋化学成分的影响，人为因素的影响也小；操作简便，施工速度快，且不受气候条件影响；无污染，无火灾隐患，施工安全等。在粗直径钢筋连接中，钢筋机械连接方法有广阔的发展前景。

（1）钢筋机械连接方法分类及适用范围

钢筋机械连接包括套筒挤压和螺纹套管连接，是近年来大直径钢筋现场连接的主要方法，详细分类及适用范围见表 2.3.1-6。

钢筋机械连接方式及使用条件　　表 2.3.1-6

机械连接方法				适用钢筋级别或参数条件	
				钢筋级别	钢筋直径（mm）
1	套筒挤压	径向挤压		HRB400、HRB500	16～40
		轴向挤压		RRB400	16～40
2	螺纹连接	锥螺纹套筒		HRB400、HRB500、RRB400	16～40
		镦粗直螺纹套筒		HRB400、HRB500	16～40
		滚压直螺纹套筒	直接滚压	HRB400、HRB500	16～40
			挤肋滚压		16～40
			剥肋滚压		16～50

① 钢筋挤压连接

钢筋挤压连接亦称钢筋套筒冷压连接。它是通过挤压力使连接用钢套筒塑性变形与带肋钢筋紧密咬合形成的接头。它适用于竖向、横向及其他方向的较大直径变形钢筋的连接。与焊接相比，它具有节省电能、不受钢筋可焊性好坏影响、不受气候影响、无明火、

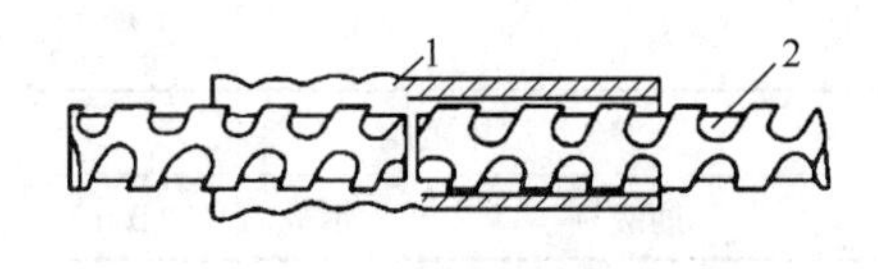

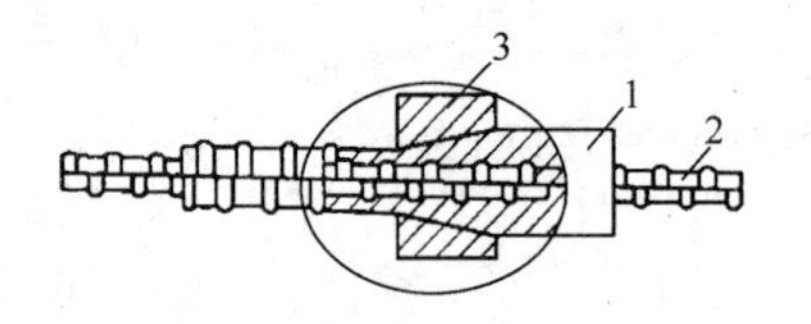

图 2.3.1-10 钢筋径向挤压连接图

1—被挤压的钢套筒；2—被连接的钢筋；3—径向挤压模具

施工简便和接头可靠度高等特点。连接时将需变形钢筋插入特制钢套筒内，利用液压驱动的挤压机进行径向或轴向挤压，使钢套筒产生塑性变形，紧紧咬住变形钢筋实现连接（图 2.3.1-10）。

钢筋挤压连接的工艺参数，主要是压接顺序、压接力和压接道数。压接顺序应从中间逐道向两端压接。压接力要能保证套筒与钢筋紧密咬合，压接力和压接道数取决于钢筋直径、套筒型号和挤压机型号。

② 钢筋螺纹套管连接

螺纹套管连接分锥螺纹连接与直螺纹连接两种。它是把钢筋的连接端加工成螺纹（简称丝头），通过螺纹连接套把两根带丝头的钢筋，按规定的力矩值连接成一体的钢筋接头（图 2.3.1-11）。其他创新套筒连接件如图 2.3.1-12 所示。

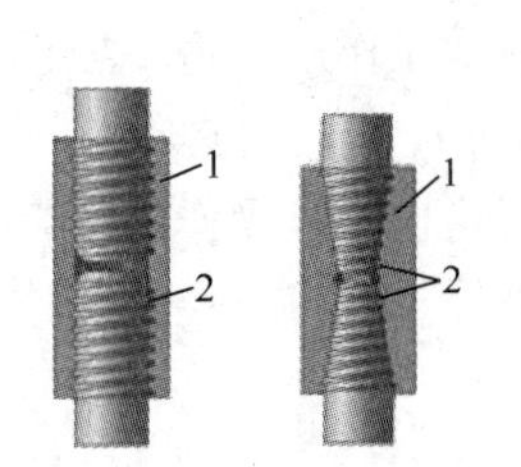

图 2.3.1-11 钢筋螺纹套筒连接

1—内螺纹套筒；3—拧入的螺纹钢筋

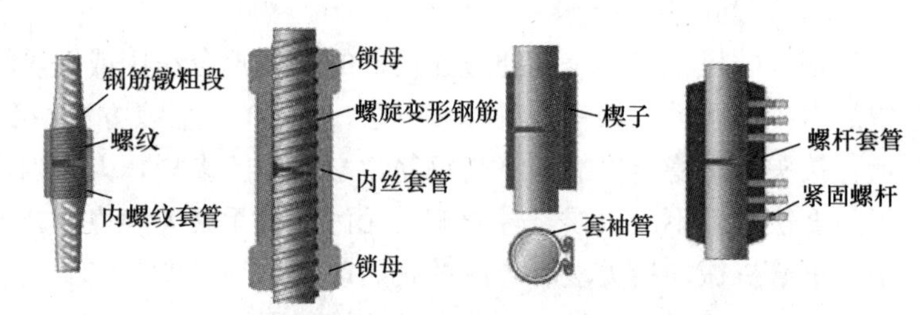

图 2.3.1-12 其他钢筋螺纹套筒连接

3）钢筋接头质量检验

为确保钢筋连接质量，钢筋接头应按有关规定进行质量检查与评定验收。

采用焊接连接的接头，评定验收其质量时，除按《钢筋焊接及验收规程》JGJ 18—2012 中规定的方法检查其外观质量外，还必须进行拉伸或弯曲试验。

对套筒冷压接头，要求从每批成品（每 500 个相同规格、相同制作条件的接头为一批，不足 500 个仍为一批）中，切取 3 个试件作拉伸试验，每个试件实测的抗拉强度值均为不应小于该级别钢筋抗拉强度标准值的 1.05 倍或该试件钢筋母材的抗拉强度。

对锥形螺纹钢筋接头，要求从每批成品（每 300 个相同规格接头为一批，不足 300 个仍为一批）中，取 3 个试件作拉伸试验，每个试件实测的屈服强度值不小于钢筋的屈服强度标准值，并且抗拉强度实测值与钢筋屈服强度标准值的比值不小于 1.35 倍。

4）钢筋的绑扎连接

绑扎目前仍为钢筋连接的主要手段之一。钢筋绑扎时，钢筋交叉点用钢丝扎牢；板和墙的钢筋网，除外围两行钢筋的相交点全部扎牢外，中间部分交叉点可相隔交错扎牢，保证受力钢筋位置不产生偏移；梁和柱的箍筋应与受力钢筋垂直设置，弯钩叠合处应沿受力钢筋方向错开设置。受拉钢筋和受压钢筋接头的搭接长度及接头位置应符合施工及验收规范的规定。

单根钢筋经过上述加工后，即可成型为钢筋骨架或钢筋网。钢筋成型应优先采用焊接，并在车间预制好后直接运往现场安装，只有当条件不足时，才在现场绑扎成型。

钢筋绑扎和安装前，应先熟悉图纸，核对钢筋配料单和料牌，研究与有关工种的配合，确定施工方法。钢筋绑扎一般采用20～22号钢丝，要求绑扎位置准确、牢固；在同一连接区段的截面内，绑扎接头的钢筋面积在受压区中不得超过50%，在受拉区中不得超过25%（图2.3.1-13）。

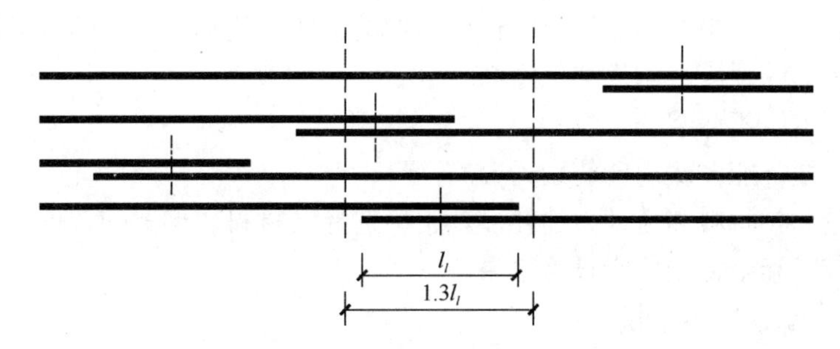

图2.3.1-13 同一连接区段内纵向受拉钢筋的绑扎接头控制概念图

不在同一截面中的绑扎接头，中距不得小于搭接长度，搭接长度及绑扎点位置应符合下列规定：

（1）同一纵向受力钢筋不宜设置两个或两个以上接头，接头末端至钢筋弯起点处的距离不得小于钢筋直径的10倍，也不宜位于构件最大弯矩处。

（2）受拉区域内，HPB300级钢筋绑扎接头的末端应做弯钩，HRB335、HRB400级钢筋可不做弯钩；受压区域内，HPB300级钢筋不做弯钩。

（3）直径等于和小于12mm的受压HPB300级钢筋末端，以及轴心受压构件中，任意直径的受力钢筋末端，可不做弯钩，但搭接长度不应小于钢筋直径的35倍。

（4）钢筋搭接处，应在中心和两端用钢丝扎牢。

（5）绑扎钢筋的搭接长度应符合表2.3.1-7的规定。

绑扎钢筋搭接长度要求 **表2.3.1-7**

钢筋种类	混凝土强度等级			
	C15	C20～C25	C30～C35	≥C40
HPB300级光圆钢筋	45d	35d	30d	25d
HRB400级带肋钢筋	55d	45d	35d	30d
HRB500级带肋钢筋	—	55d	40d	35d

注：1. 受压钢筋绑扎接头的搭接长度应为表中数值的0.7倍；

2. 在任何情况下，纵向受拉钢筋的搭接长度不应小于300mm，受压钢筋搭接长度不应小于200mm；

3. 两根直径不同的钢筋其搭接长度以较细钢筋直径计算。

钢筋混凝土保护层的厚度，可用水泥砂浆垫块或塑料卡垫在钢筋与模板之间进行控制。垫块应成梅花形布置，其相互间距不大于1m。上下双层钢筋之间的尺寸可用绑扎短钢筋来控制。钢筋安装完毕后，应根据设计图纸检查钢筋的钢号、直径、根数、间距是否正确，特别要注意负筋的位置。同时，检查钢筋接头的位置、搭接长度及混凝土保护层是否符合要求；钢筋绑扎是否牢固，有无松动变形现象；钢筋表面是否有不允许的油渍、漆污和颗粒状（片状）铁锈等。钢筋绑扎位置的偏差技术要求，具体见二维码 2.3.1。

二维码2.3.1

2.3.2 模板工程

模板工程是混凝土浇筑成型用的模板及其支架的设计、安装、拆除等一系列工作和完成实体的总称。模板系统由模板、支撑和紧固件等构成。对模板总的技术要求是：

（1）在设计与施工中要求能保证结构和构件的形状、位置、尺寸的准确性。

（2）具有足够的强度、刚度和稳定性。

（3）接缝严密、不漏浆。

（4）装拆方便，能多次周转使用；

模板工程量大，材料和劳动力消耗多，正确选择其材料、形式和合理组织施工，对加速混凝土工程施工和降低造价有显著效果。

1. 模板分类与结构

按面板材料分：有木模板、胶合模板、竹胶板模板、钢模板、钢框木、（竹）胶合板模板、塑料模板、玻璃钢模板、铝合金模板等。

按建筑部位分：有基础模板、柱模板、梁模板、楼梯模板、楼板模板、墙模板、壳模板、烟囱模板、桥墩模板。

按施工工艺分：有组合式模板、大模板、滑升模板、爬升模板、永久性模板、飞模、模壳、隧道模等。

组合模板是一种工具式的定型模板，由具有一定模数的若干类型的板块、角模、支撑和连接件组成，拼装灵活，通用性强，适应各类建筑物的梁、柱、板、墙、基础等构件的施工需要，也可拼成大模板、隧道模和台模等。

1）板块与角模

板块是定型组合模板的主要组成构件，它由边框、面板和纵横肋构成。组合模板的板块有钢的，亦有钢框木（竹）胶合板的。

钢模板（图 2.3.2-1）我国所用者多以 2.75～3mm 厚的钢板为面板，55mm 或 70mm 高、3mm 厚的扁钢为纵横肋，边框高度与纵横肋相同。

钢框木（竹）胶合模板的板块，由钢边框内镶可更换的木胶合板或竹胶合板组成。胶合板两面涂塑，经树脂覆膜处理，所有边缘和孔洞均经有效的密封材料处理，以防吸水受潮变形。

板块的模数尺寸关系到模板的使用范围，是设计定型组合模板的基本问题之一。确定时应以数理统计方法确定结构各种尺寸使用的频率，充分考虑我国的模数制，并使最大尺寸板块的重量便于工人安装。目前，我国应用的组合钢模板板块长度为 1500mm、1200mm、900mm 等。板块的宽度为 600mm、300mm、250mm、200mm、150mm、100mm 等。各种型号的模板有所不同。进行配板设计时，如出现不足 50mm 的空缺，则用木方补缺，用钉子或螺栓将木方与板块边框上的孔洞连接。

组合钢模板的面板由于和肋是焊接的，计算时，一般按四面支承板计算；纵横肋视其与面板的焊接情况，确定是否考虑其与面板共同工作；如果边框与面板一次轧成，则边框可按与面板共同工作进行计算。

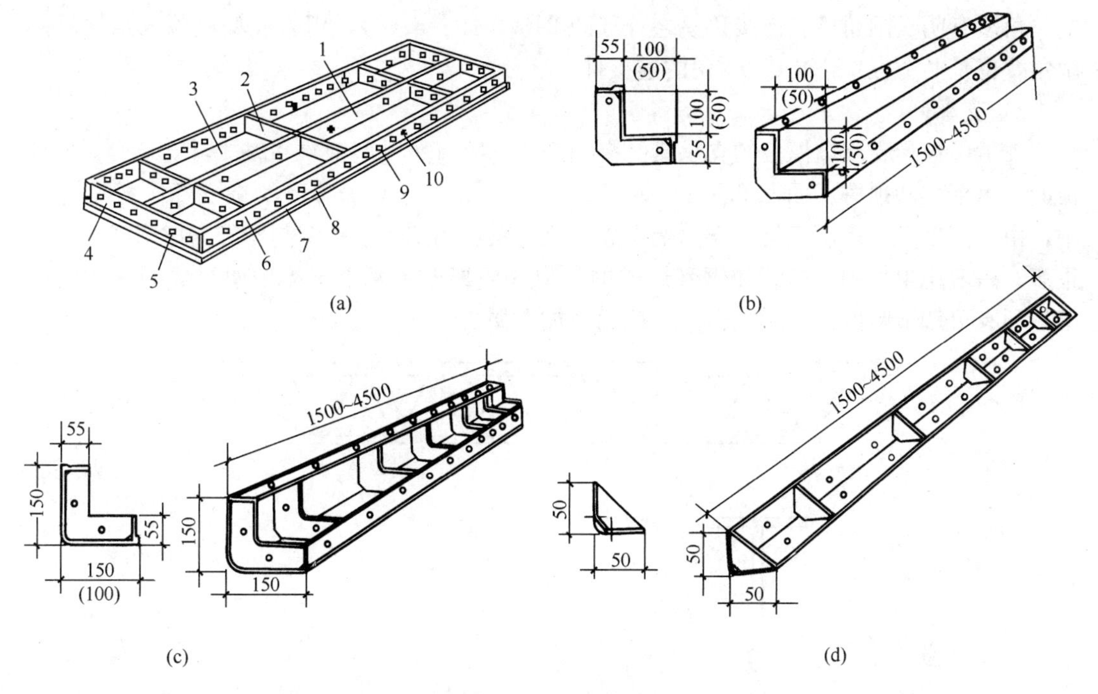

图 2.3.2-1 钢模板类型

(a) 平面模板；(b) 阳角模板；(c) 阴角模板；(d) 连接模板

1—中纵肋；2—中横肋；3—面板；4—横肋；5—插销孔；6—纵肋；7—凸棱；8—凸鼓；9—U 形卡孔；10—钉子孔

为便于板块之间的连接，边框上有连接孔，边框无论长向和短向其孔距都为 150mm，以便横竖都能拼接。孔形取决于连接件。板块的连接件有钩头螺栓、U 形卡、L 形插销、紧固螺栓（拉杆）（图 2.3.2-2）。

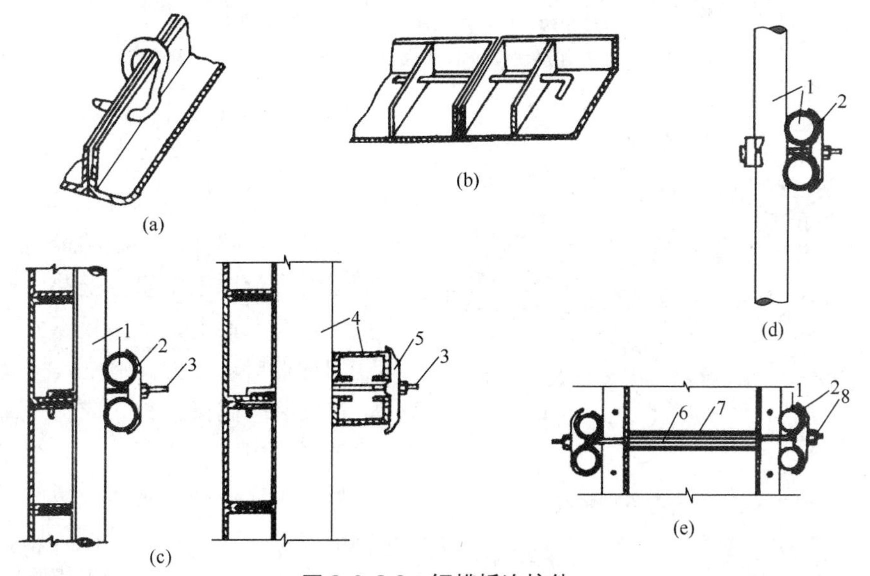

图 2.3.2-2 钢模板连接件

(a) U 形卡；(b) L 形插销；(c) 钩头螺栓；(d) 紧固螺栓；(e) 对拉螺栓

1—圆钢管钢楞；2—3 型扣件；3—钩头螺栓；4—内卷边槽钢钢楞；5—蝶形扣件；6—对拉螺栓；7—塑料套管；8—螺母

角模有阴、阳角模和连接角模之分（图 2.3.2-1b、c、d），用来成型混凝土结构的阴阳角，也是两个板块拼装成 90°角的连接件。

2）支承件

支承件包括支承墙模板的支承梁（多用钢管和冷弯薄壁型钢）和斜撑，支承梁、板模板的支撑桁架和顶撑（图 2.3.2-3）等，还可用多功能门架式脚手架来支撑。桥梁工程中，由于高度大，多用工具式支撑架支撑。梁托架可用钢管或角钢制作。支撑桁架的种类很多，一般用由角钢、扁铁和钢管焊成的整榀式桁架或由两个半榀桁架组成的拼装式桁架，还有可调节跨度的伸缩式桁架，使用更加方便。

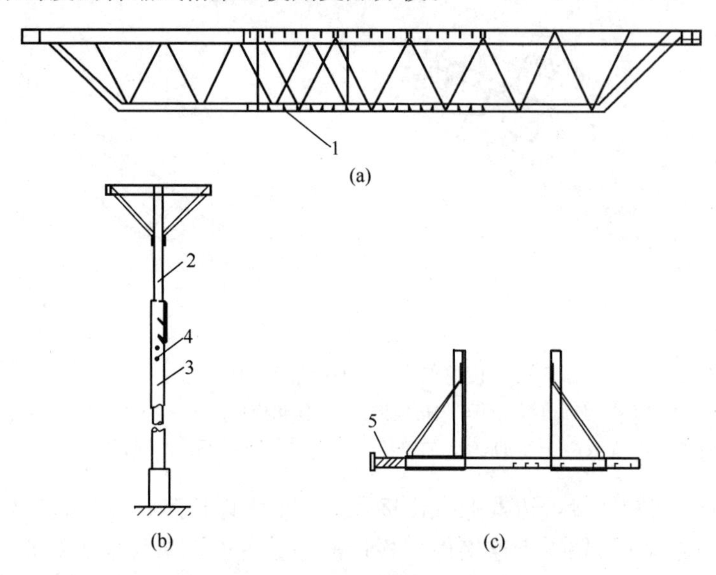

图 2.3.2-3 组合模板的工具式支承件

(a) 支撑桁架；(b) 钢支柱（顶撑）；(c) 梁托架

1—桁架伸缩销孔；2—内套钢管；3—外套钢管；4—插销孔；5—调节螺栓

3）基础模板

基础的特点是高度小而体积较大。独立基础模板常用形式如图 2.3.2-4 所示。如土质良好，阶梯形基础的最下一级可不用模板而进行原槽浇筑。安装阶梯形基础模板时，要保证上、下模板不发生相对位移，如有杯口还要在其中放入杯口模板。

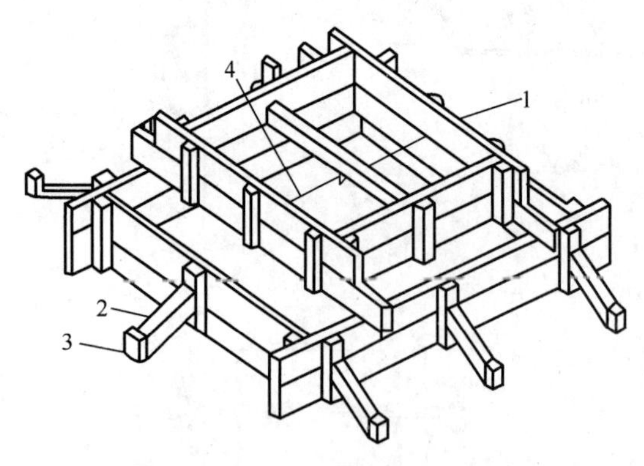

图 2.3.2-4 阶梯基础模板

1—拼板；2—斜撑；3—木桩；4—钢丝

在安装基础模板前，应将地基垫层的标高及基础中心线先行核对，弹出基础边线。如系独立柱基，则将模板中心线对准基础中心线；如系带形基础，则将模板对准基础边线。然后，再校正模板上口的标高，使其符合设计要求。经检查无误后将模板钉（卡、拴）牢撑稳。在安装柱基础模板时，应与钢筋工配合进行。

4）柱模板

柱子的特点是断面尺寸不大但较高。因此，柱模主要解决垂直度、施工时的侧向稳定及抵抗混凝土的侧压力等问题，同时也应考虑钢筋绑扎、混凝土浇筑、清理垃圾等问题。图 2.3.2-5 所示为矩形柱模板。

在安装柱模板前应先绑扎好钢筋，同时在基础面上或楼面上弹出纵横轴线和四周边线，固定小方盘；然后立模板，并用临时斜撑固定；再由顶部用垂球校正，检查其标高位置无误后，即用斜撑卡牢固定。柱高不小于 4m 时，一般应四面支撑；当柱高超过 6m 时，不宜单根柱支撑，宜几根柱同时支撑连成构架。对通排柱模板，应先装两端柱模板，校正固定，再在柱模板上口拉通长线校正中间各柱模板。

5）梁模板

梁的特点是跨度较大而宽度一般不大，梁高可到 1m 左右，工业建筑有的高达 2m 以上。梁的下面一般是架空的，因此混凝土对梁模板有横向侧压力，又有垂直压力。这就要求梁模板及其支撑系统稳定性要好，有足够的强度和刚度，不致超过规范允许的变形。图 2.3.2-6所示即为 T 形梁模板。

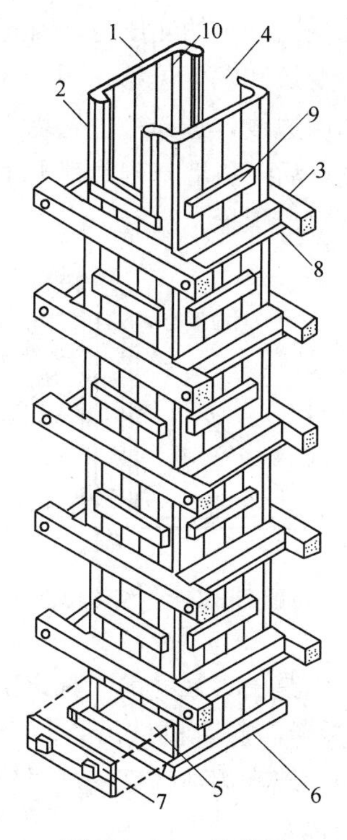

图 2.3.2-5 柱模板

1—内拼板；2—外拼板；3—柱箍；4—梁缺口；5—清理孔；6—木框；7—盖板；8—拉紧螺栓；9—拼条；10—三角木条

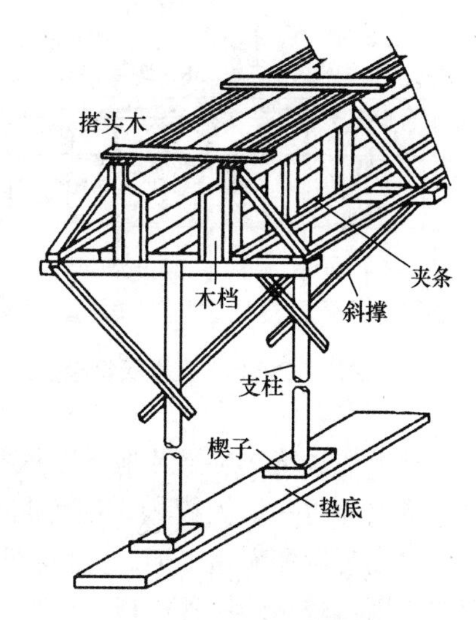

图 2.3.2-6 T 形梁模板

梁模板应在复核梁底标高、校正轴线位置无误后进行安装。当梁的跨度不小于 4m 时，应使梁底模中部略为起拱，以防止由于灌注混凝土后跨中梁底下垂：如设计无规定时，起拱高度宜为全跨长度的 1/1000～3/1000。支柱（琵琶撑）安装时应先将其下土面拍平夯实，放好垫板（保证底部有足够的支撑面积）和楔子（校正高度）；支柱间距应按设计要求，当设计无要求时，一般不宜大于 2m；支柱之间应设水平拉杆或剪刀撑，使其互相拉撑成一整体，离地面 50cm 设一道，以上每隔 2m 设一道；当梁底地面高度大于 6m 时，宜搭排架支模，或满堂脚手架支撑；上下层模板的支柱，一般应安装在同一条竖向中心线上，或采取措施保证上层支柱的荷载能传递至下层的支撑结构上，防止压裂下层构件。梁较高或跨度较大时，可留一面侧模，待钢筋绑扎完后再安装。

6）板模及大模板

楼板的特点是面积大而厚度一般不大，水平布置，横向侧压力很小，模板及其支撑系统主要用于抵抗混凝土的垂直荷载和其他施工荷载，保证板不变形下垂。图 2.3.2-7 所示即为有梁楼板钢模板示意图。

板模板安装时，首先复核板底标高，搭设模板支架，然后用阴角模板从四周与墙、梁模板连接，再向中央铺设。为方便拆模，木模板宜在两端及接头处钉牢，中间尽量少钉或不钉；钢模板，拼缝处采用 U 形卡即可；支柱底部应设长垫板及木楔找平。挑檐模板必须撑牢拉紧，防止向外倾覆，确保安全。

7）墙体模板

墙体的特点是高度大而厚度小，其模板主要承受混凝土的侧压力。因此，必须加强墙体模板的刚度，并设置足够的支撑，以确保模板不变形和发生位移。图 2.3.2-8 所示即为钢模板墙模。墙体模板安装时，要先弹出中心线和两边线，选择一边先装，设支撑，在顶部用线坠吊直，拉线找平后支撑固定；待钢筋绑扎好后，将墙基础清理干净，再竖立另一边模板。为了保证墙体的厚度，墙板内应加撑头或对位螺栓。

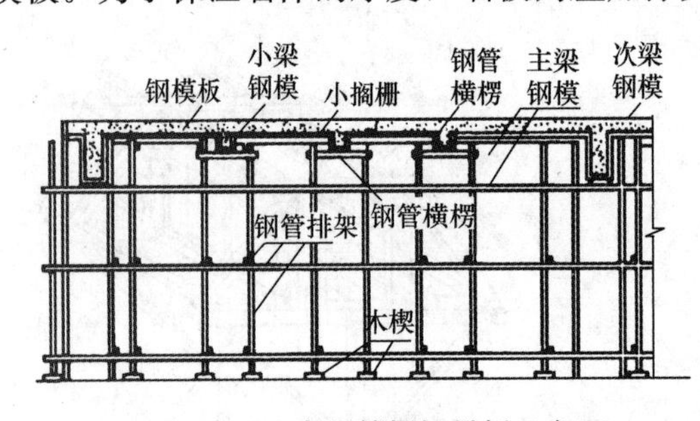

图 2.3.2-7 有梁楼板钢模板示意图

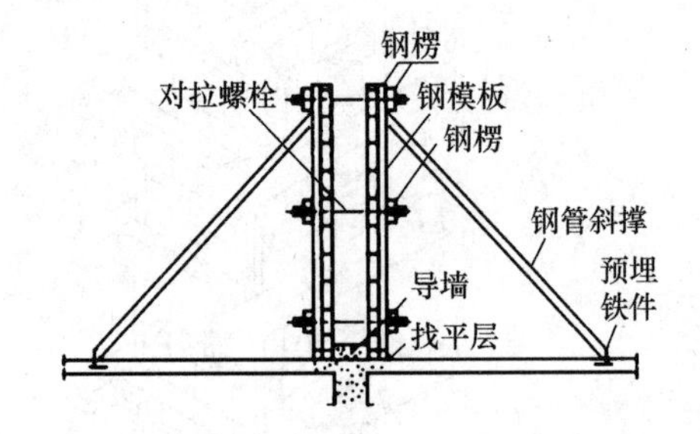

图 2.3.2-8 墙体模板（钢模板）

大模板在建筑、桥梁及地下工程中广泛应用，它是一大尺寸的工具式模板，如建筑工程中一块墙面用一块大模板。因为其质量大，装拆皆需起重机械吊装，可提高机械化程度，减少用工量和缩短工期。大模板是目前我国剪力墙和筒体体系的高层建筑、桥墩、筒仓等施工用得较多的一种模板，已形成工业化模板体系。

一块大模板由面板、次肋、主肋、支撑桁架、稳定机构及附件组成。图 2.3.2-9 所示为大模板构造示意图。

面板要求平整、刚度好，可用钢板或胶合板制作。钢面板厚度根据次肋的布置而不同，一般为 3～5mm，可重复使用 200 次以上。胶合板面板常用 7 层或 9 层胶合板，板面用树脂处理，可重复使用 50 次以上。面板设计一般由刚度控制，按照加劲肋布置的方式，分单向板和双向板。

次肋的作用是固定面板，把混凝土的侧压力传递给主肋。面板若按双向板计算，则不

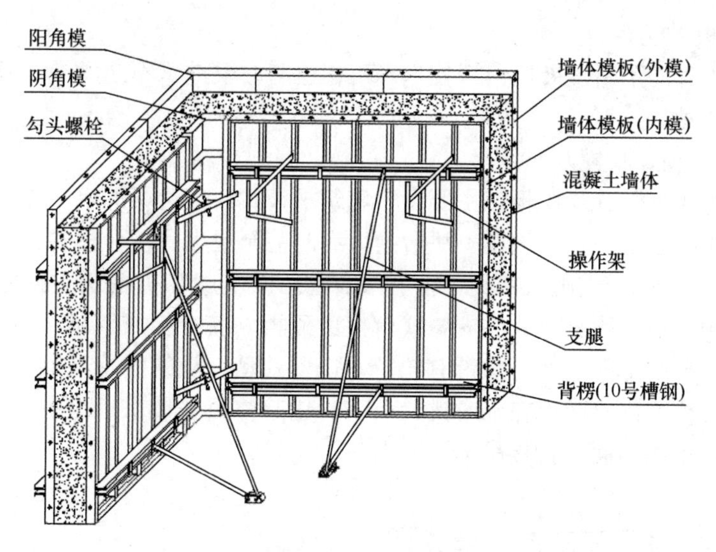

图 2.3.2-9 大模板结构图

分主次肋。单向板的次肋一般用∟65 角钢或［65 槽钢，间距一般为 0.3～0.5m。次肋受面板传来的荷载，主肋为其支承，按连续梁计算。为降低耗钢量，设计时应考虑使之与面板共同作用，按组合截面计算截面抵抗矩，验算强度和挠度。

主肋承受的荷载由次肋传来，由于次肋布置一般较密，可视为均布荷载以简化计算，主肋的支承为对销螺栓。主肋也按连续梁计算，一般用相对的两根［65 或［80 槽钢，间距为 1～1.2m。

大模板的转角处多用小角模方案（图 2.3.2-10），亦可是大角模方案（图 2.3.2-11）。

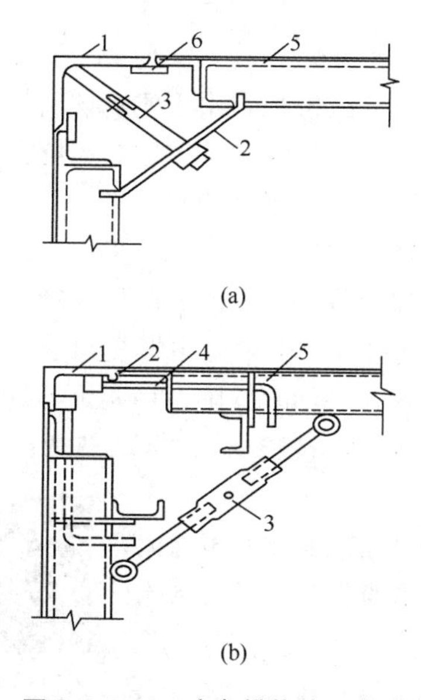

图 2.3.2-10 小角模构造示意图

(a) 不带铰链的小角模；(b) 带铰链的小角模

1—小角模；2—铰链；3—花篮螺栓；4—转动铁拐；5—平模；6—扁铁

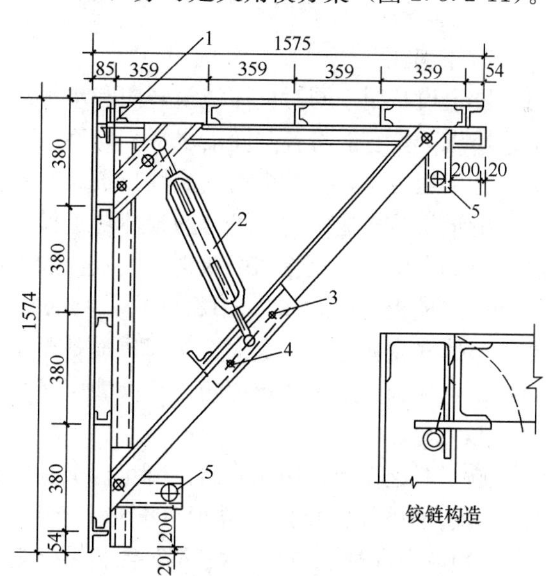

图 2.3.2-11 大角模构造示意图

1—铰链；2—花篮螺栓；3—固定销子；4—活动销子；5—地脚螺栓

2. 其他模板、模架

随着土木工程的不断发展，模板技术和工程也与时俱进，不断发展。模板类型除上述外，还有以下几种。

1）台模（飞模、桌模）

台模是一种大型工具式模板，主要用于浇筑平板式或带边梁的水平结构，如用于建筑施工的楼面模板，它是一个房间用一块台模，有时甚至更大。按台模的支承形式分为支腿式（图 2.3.2-12a）和无支腿式两类。前者又有伸缩式支腿和折叠式支腿之分；后者是悬架于墙上或柱顶，故也称悬架式。支腿式台模由面板（胶合板或钢板）、支撑框架、檩条等组成。支撑框架的支腿底部一般带有轮子，以便移动。浇筑后待混凝土达到规定强度，落下台面，将台模推出墙面放在临时挑台上，再用起重机整体吊运至上层或其他施工段。亦可不用挑台，推出墙面后直接吊运。

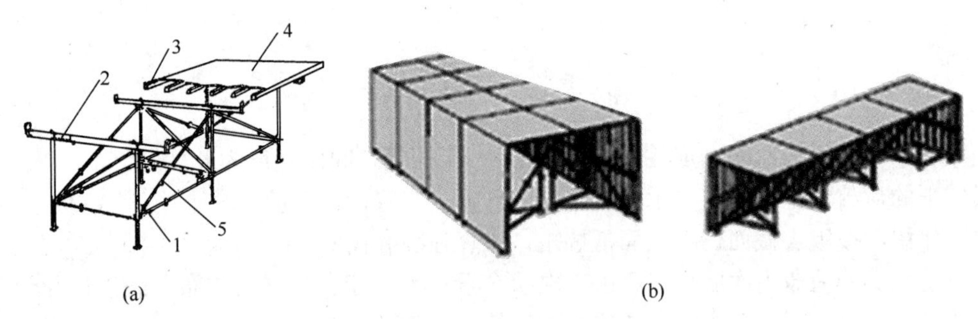

图 2.3.2-12　台模与隧道模

（a）支腿式台模；（b）隧道模

1—支腿；2—可伸缩的横梁；3—檩条；4—面板；5—斜撑

2）隧道模

隧道模是用于同时整体浇筑竖向和水平结构的大型工具式模板，用于建筑物墙与楼板的同步施工，它能将各开间沿水平方向逐段整体浇筑，故施工的结构整体性好、抗震性能好、施工速度快，但模板的一次性投资大，模板起吊和转运需要较大的起重机。

隧道模按构造不同，可分为整体隧道模和半隧道模两类，图 2.3.2-12b 左所示的整体隧道模是由两块墙模板和一块楼板模板，加上连接件、支撑件等组合而成的形同隧道状的大型空间模板；如图 2.3.2-12（b）右所示的半隧道模是由若干个单元角形模组成，它克服了整体式全隧道模自重大、对起重设备要求高、使用不够灵活等缺陷。用两个半隧道模对拼即可成为一个整体隧道模，目前我国较多采用半隧道模。视频见二维码 2.3.2。

3）永久式模板

二维码2.3.2

施工时起模板作用而浇筑混凝土后又是结构本身组成部分之一的预制模板，目前国内外常用的有异形（波形、密肋形等）金属薄板（亦称压型钢板）、预应力混凝土薄板、玻璃纤维水泥模板、小梁填块（小梁为倒 T 形，填块放在梁底凸缘上，再浇混凝土）、钢桁架型混凝土板等。预应力混凝土薄板在我国已在一些高层建筑中应用，铺设后稍加支撑，然后在其上铺放钢筋浇筑混凝土形成楼板，施工简便，效果较好。压型金属薄板我国土木工程施工中亦有应用，施工简便，速度快，但耗钢量较大。

除上述各种类型模板外，还有各种玻璃钢模板、铝模板、塑料模板、提模、艺术模板和专门用途的模板等。

模板工程与脚手架工程相结合，形成了可移动模架工程技术，例如在桥梁工程中，出现了可水平移动的模架，即架桥机；在高耸高大建筑中相应发展了滑升模板、爬升模板、翻升（提升）模板、顶升模板。

3. 模板安装与拆除

混凝土成型并养护一段时间、当强度达到一定要求时，即可拆除模板。模板的拆除日期取决于混凝土硬化的快慢、模板的用途、结构的性质及环境温度。及时拆模可提高模板周转率，加快工程进度；过早拆模，混凝土会变形、断裂，甚至造成重大质量事故。现浇结构的模板及支架的拆除，如设计无规定时，应符合下列规定。

1）非受力模板

对于非受力的侧面模板可在混凝土强度能保证其表面及棱角不因拆模板而受损坏时拆除，一般在 $3d$ 以后可拆除；对后张法预应力混凝土结构构件，侧模宜在预应力张拉前拆除。

2）受力模板

对于受力的底模及支架拆除时的混凝土强度应符合设计要求，设计无要求时，应在与结构同条件养护的混凝土试块达到表 2.3.2-1 的规定时拆除。

底模及支架拆除时的混凝土强度要求 **表 2.3.2-1**

构件类型	构件跨度（m）	达到设计的混凝土立方体抗压强度标准值的百分率（%）
板	≤2	≥50
	>2，≤8	≥75
	>8	≥100
梁、柱、壳	≤8	≥75
	>8	≥100
悬臂构件	—	≥100

2.3.3 混凝土工程

1. 制备与运输

1）混凝土的制备强度

混凝土的施工配合比，应保证结构设计对混凝土强度等级及施工对混凝土和易性的要求，并应符合合理使用材料、节约水泥的原则。必要时，还应符合抗冻性、抗渗性等要求。

混凝土制备之前按下式确定混凝土的施工配制强度，以达到 95%的保证率：

$$f_{cu,0} = f_{cu,k} + 1.645\sigma \tag{2.3.3-1}$$

式中 $f_{cu,0}$——混凝土的施工配制强度（N/mm^2）；

$f_{cu,k}$——设计的混凝土强度标准值（N/mm^2）；

σ——施工单位的混凝土强度标准差（N/mm^2）。

当施工单位具有近期的同一品种混凝土强度的统计资料时，σ 可按下式计算

$$\sigma = \sqrt{\frac{\sum f_{cu,i}^2 - N\mu_{f_{cu}}^2}{N-1}} \tag{2.3.3-2}$$

式中 $f_{cu,i}$——统计周期内同一品种混凝土第 i 组试件强度（N/mm^2）；

$\mu_{f_{cu}}$——统计周期内同一品种混凝土 N 组强度的平均值（N/mm^2）；

N——统计周期内相同混凝土强度等级的试件组数，$N \geqslant 25$。

当混凝土强度等级为C20或C25时，如计算得到的 $\sigma < 2.5N/mm^2$；当混凝土强度等级高于C25时，如计算得到的 $\sigma < 3N/mm^2$，取 $\sigma = 3N/mm^2$。

对预拌混凝土厂和预制混凝土的构件厂，其统计周期可取为1个月；对现场拌制混凝土的施工单位，其统计周期可根据实际情况确定，但不宜超过3个月。

施工单位如无近期同一品种混凝土强度统计资料时，σ 可按表2.3.3-1取值。

混凝土强度标准值 σ **表2.3.3-1**

混凝土强度等级	C25～C35	高于C35
σ（N/mm^2）	5	6

注：表中 σ 值，反映我国施工单位的混凝土施工技术和管理的平均水平，采用时可根据本单位情况作适当调整。

2）混凝土运输

（1）对混凝土拌合物运输的基本要求是：不产生离析现象，保证浇筑时规定的坍落度和在混凝土初凝之前能有充分时间进行浇筑和捣实。

此外，运输混凝土的工具要不吸水、不漏浆，且运输时间有一定限制。

（2）混凝土运输分为地面水平运输、垂直运输和高空水平运输三种情况。

混凝土地面水平运输如采用预拌（商品）混凝土且运输距离较远时，多用混凝土搅拌运输车。混凝土如来自工地搅拌站，则多用小型翻斗车，有时还用皮带运输机和窄轨翻斗车，近距离亦可用双轮手推车。

混凝土垂直运输多采用塔式起重机、混凝土泵、快速提升斗和井架。用塔式起重机时，混凝土多放在吊斗中，这样可直接进行浇筑。

混凝土高空水平运输，一般可将料斗中的混凝土直接卸在浇筑点；如用混凝土泵则用布料机布料；如用井架等，则以双轮手推车为主。

混凝土搅拌运输车为长距离运输混凝土的有效工具，它有一搅拌筒斜放在汽车底盘上。在混凝土搅拌站装入混凝土后，由于搅拌筒内有两条螺旋状叶片，在运输过程中搅拌筒可进行慢速转动进行拌合，以防止混凝土离析，运至浇筑地点，搅拌筒反转即可迅速卸出混凝土。搅拌筒的容量一般为2～10m^3。

混凝土泵是一种有效的混凝土运输和浇筑工具，它以泵为动力，沿管道输送混凝土，可以一次完成水平及垂直运输，将混凝土直接输送到浇筑地点，是一种高效的混凝土运输方法。常用的混凝土输送管为钢管、橡胶和塑料软管，直径为75～200mm，每段长约3m，还配有45°、90°等弯管和锥形管。

将混凝土泵装在汽车上便成为混凝土泵车，在车上还装有可以伸缩或弯折的“布料杆”，其末端是一软管，可将混凝土直接送至浇筑地点，使用十分方便。

泵送混凝土工艺对混凝土的配合比提出了要求：碎石最大粒径与输送管内径之比一般不宜大于1∶3，卵石可为1∶2.5；泵送高度在50～100m时宜为1∶3～1∶4，泵送高度在100m以上时宜为1∶4～1∶5，以免堵塞。如用轻骨料则以吸水率小者为宜，并宜用水预湿，以免在压力作用下强烈吸水，使坍落度降低而在管道中形成阻塞。砂宜用中砂，通过孔径 0.315mm 筛孔的砂应不少于 15%。砂率宜控制在 38%～45%，如粗骨料为轻骨料还可适当提高。水泥用量不宜过少，否则泵送阻力增大，最小水泥用量为 300kg/m³。水灰比宜为 0.4～0.6。泵送混凝土的坍落度根据不同泵送高度可参考表 2.3.3-2 选用。

不同泵送高度入泵时混凝土坍落度选用值 **表 2.3.3-2**

泵送高度（m）	30 以下	30～60	60～100	100 以上
坍落度（mm）	100～140	140～160	160～180	180～200

混凝土泵宜与混凝土搅拌运输车配套使用，且应使混凝土搅拌站的供应能力和混凝土搅拌运输车的运输能力大于混凝土泵的泵送能力，以保证混凝土泵能连续工作，保证不堵塞。进行输送管线布置时，应尽可能直，转弯要缓，管段接头要严，少用锥形管，以减少压力损失。如输送管向下倾斜，要防止因自重流动使管内混凝土中断、混入空气而引起混凝土离析，产生阻塞。为减小泵送阻力，用前先泵送适量的水和水泥浆或水泥砂浆以润滑输送管内壁，然后进行正常的泵送。在泵送过程中，泵的受料斗内应充满混凝土，防止吸入空气形成阻塞。混凝土泵排量大，在浇筑大面积混凝土时，最好用布料机进行布料，泵送结束要及时清洗泵体和管道。

2. 浇筑施工

混凝土浇筑要保证混凝土的均匀性和密实性，要保证结构的整体性、尺寸准确和钢筋、预埋件的位置正确，拆模后混凝土表面要平整、光洁。

浇筑前，应做好充分准备。浇筑前应检查模板、支架、钢筋和预埋件的正确性，并进行验收。由于混凝土工程属于隐蔽工程，因而对混凝土量大的工程、重要工程或重点部位的浇筑，以及其他施工中的重大问题，均应随时填写施工记录。

混凝土浇筑应注意以下问题。

1）防止离析

浇筑混凝土时，混凝土拌合物由料斗、漏斗、混凝土输送管、运输车内卸出时，如自由倾落高度过大，由于粗骨料在重力作用下，克服黏着力后的下落动能大，下落速度较砂浆快，因而可能形成混凝土离析。为此，混凝土自高处倾落的自由高度不应超过 2m，在竖向结构中限制自由倾落高度不宜超过 3m，否则应沿串筒、斜槽或振动溜管等下料，以达到缓冲的目的。

2）正确留置施工缝

混凝土结构多要求整体浇筑，如因技术或组织上的原因不能连续浇筑，且停顿时间有可能超过混凝土的初凝时间时，则应事先确定在适当的位置设置施工缝。由于混凝土的抗拉强度约为其抗压强度的 1/10，因而施工缝是结构中的薄弱环节，宜留在结构剪力较小而且施工方便的部位。

（1）柱子的施工缝宜留置在基础顶面、楼板顶面与柱子交接处的水平面上，或梁的下面、吊车梁牛腿的下面、吊车梁的上面、无梁楼盖柱帽的下面。在框架结构中如果梁下有加腋的或梁负筋向下弯入柱内的施工缝也可设置在这些钢筋的下部，以方便梁钢筋的安装。

（2）与板连成整体的大截面钢筋混凝土梁的水平施工缝，宜留置在楼板底面以下 20～30mm 处。当板下有梁托时，可留在梁托的下部。

（3）单向平板的施工缝，可留在平行于短边的任何位置处。

（4）对于有主、次梁的楼板结构，混凝土宜顺着次梁方向浇筑，施工缝应留在次梁的跨度中间的1/3范围内。

（5）砖混结构和框架结构的楼梯施工缝，应设在梯段长度中间的1/3范围内，楼梯栏板施工缝与梯段施工缝相对应，栏板混凝土与梯段踏步板一起浇筑。对于剪力墙结构的楼梯，应考虑到剪力墙模板的支设方便，先浇筑完剪力墙部分，楼梯同楼板同时浇筑施工，施工缝可留置于楼梯休息平台的中间1/3范围内和楼梯梁的中间部位，要注意对楼梯梁的箍筋作加密处理。

（6）墙的施工缝可留置在门窗洞口过梁跨中的1/3范围内，也可留在纵横墙交接处。

（7）双向受力楼板，大体积混凝土结构及其他复杂结构应尽量少留置施工缝，如确需留置施工缝要按设计要求和混凝土施工技术方案的要求留置，更不能随意留置，以防对结构的安全性产生不良影响。

（8）对于承受动力作用的设备基础、吊车梁等构件，原则上不应留置施工缝。当必须留置时，应符合设计要求并按混凝土施工技术方案执行。

3）密实与振捣

混凝土拌合物浇筑之后，需经密实成型才能赋予混凝土结构一定的外形和内部结构。强度、抗冻性、抗渗性、耐久性等皆与密实成型的好坏有关。

混凝土拌合物密实成型的途径有三：一是借助于机械外力，如机械振动；二是在拌合物中适当多加水以提高其流动性，使之便于成型，成型后用分离、真空等作业法将多余的水分和空气排出；三是在拌合物中掺入高效减水剂，使其坍落度大大增加，可自流浇筑成型。

振动密实的效果和生产率，与振动机械的结构形式和工作方式（插入振动或表面振动）、振动机械的振动参数（振幅、频率、激振力）以及混凝土拌合物的性质（骨料粒径、坍落度等）密切相关。

振动机械按其工作方式分为：内部振动器、表面振动器、外部振动器和振动台（图2.3.3-1）。内部振动器又称插入式振动器（图2.3.3-1a），其工作部分是一棒状空心圆柱体，内部装有偏心振子，在电动机带动下高速转动而产生高频微幅的振动。多用于振实梁、柱、墙、厚板和大体积混凝土结构等。

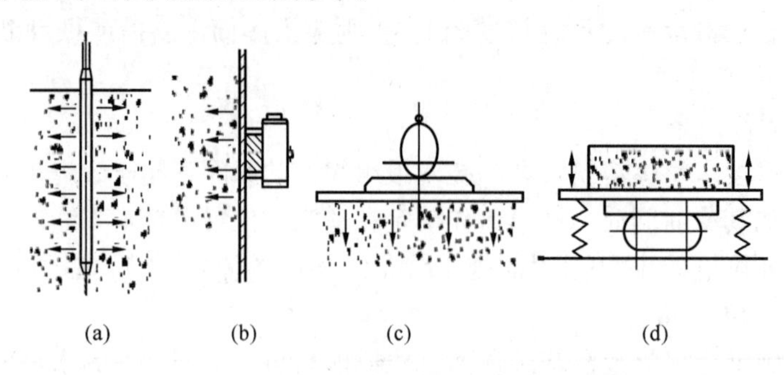

图2.3.3-1 振动机械

（a）内部振动器；（b）外部振动器；（c）表面振动器；（d）振动台

用内部振动器振捣混凝土时，应垂直插入，并插入下层尚未初凝的混凝土中50～100mm，以促使上下层结合。插点的分布有行列式和交错式两种（图2.3.3-2）。对普通

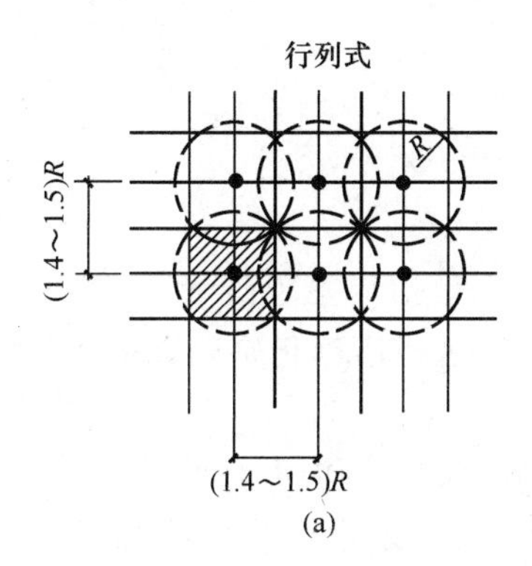

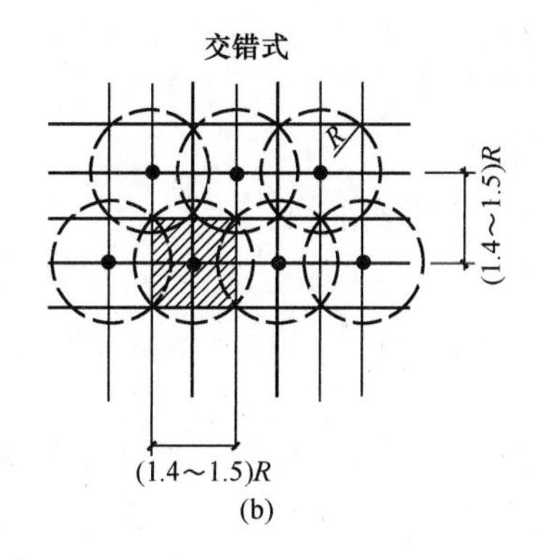

图 2.3.3-2 插点的分布

（a）行列式；（b）交错式

混凝土插点间距不大于 1.5R（R 为振动器作用半径），对轻骨料混凝土，则不大于 1R。

表面振动器又称平板振动器，它由带偏心块的电动机和平板（木板或钢板）等组成。其作用深度较小，多用在混凝土表面进行振捣，适用于楼板、地面、道路、桥面等薄型水平构件。

外部振动器又称附着式振动器，它通过螺栓或夹钳等固定在模板外部，通过模板将振动传给混凝土拌合物，因而模板应有足够的刚度。它宜于振捣断面小且钢筋密的构件，如薄腹梁、箱形桥面梁等以及地下密封的结构，无法采用插入式振动器的场合。其有效作用范围可通过实测确定。

3. 混凝土养护

混凝土养护包括人工养护和自然养护，现场施工多采用自然养护。所谓混凝土的自然养护，即在平均气温高于＋5℃的条件下于一定时间内使混凝土保持湿润状态。

混凝土浇筑后，如天气炎热、空气干燥，不及时进行养护，混凝土中的水分会蒸发过快，出现脱水现象，使已形成凝胶体的水泥颗粒不能充分水化，不能转化为稳定的结晶，缺乏足够的粘结力，从而会在混凝土表面出现片状或粉状剥落，影响混凝土的强度。此外，在混凝土尚未具备足够的强度时，其中水分过早的蒸发还会产生较大的收缩变形，出现干缩裂纹，影响混凝土的整体性和耐久性。所以，混凝土浇筑后初期阶段的养护非常重要。混凝土浇筑完毕 12h 以内就应开始养护，干硬性混凝土应于浇筑完毕后立即进行养护。自然养护分洒水养护和喷涂薄膜养生液养护两种。

（1）洒水养护即用草帘等将混凝土覆盖，经常洒水使其保持湿润。普通硅酸盐水泥和矿渣硅酸盐水泥拌制的混凝土，不少于 7d；掺有缓凝型外加剂或有抗渗要求的混凝土不少于 14d。洒水次数以能保证湿润状态为宜。

（2）喷涂薄膜养生液养护适用于不易洒水养护的高耸构筑物和大面积混凝土结构。它是将过氯乙烯树脂溶液用喷枪喷涂在混凝土表面上，在混凝土表面形成一层塑料薄膜，阻止其中水分的蒸发以保证水化作用的正常进行。在夏季，薄膜成型后要防晒，否则易产生裂纹。地下建筑或基础，可在其表面涂刷沥青乳液以防止混凝土内的水分蒸发。

混凝土必须养护至其强度达到 1.2N/mm^{2}以上，才准在其上通行或安装模板和支架。

2.3.4　砌筑专项

1. 冬期施工

1）混凝土冬期施工

相关规范定义了混凝土浇筑冬期施工的条件，是指当室外连续5d的平均气温低于+5℃的情况为冻结施工，相应采取冬期施工措施。这些措施包括防冻措施和混凝土的质量保障措施。

冬期施工技术措施的原理是基于水结冰过程的控制。当温度较低时，混凝土硬化速度较慢，特别是接近0℃时，混凝土硬化就更慢，强度也更低。当温度低于−3℃时，混凝土中的水会结冰，水泥颗粒不能和冰发生化学反应，水化作用几乎停止，强度也就无法增大。甚至因为混凝土中水结冰发生冻胀，而使得混凝土失去强度。因此，为确保混凝土结构工程质量，应收集工程所在地多年气温资料，制订好冬期施工的专项施工措施。

（1）混凝土材料选择及要求

配制冬期施工的混凝土，应优先选用硅酸盐水泥或普通硅酸盐水泥。水泥强度等级不应低于42.5，最小水泥用量不宜少于300kg/m^3，水灰比不应大于0.6。使用矿渣硅酸盐水泥，宜采用蒸汽养护；使用其他品种水泥，应注意其中掺合材料对混凝土抗冻、抗渗等性能的影响。掺用防冻剂的混凝土，严禁使用高铝水泥。

冬期浇筑的混凝土，宜使用无氯盐类防冻剂。对抗冻性要求高的混凝土，宜使用引气剂或引气减水剂。掺用防冻剂、引气剂或引气减水剂的混凝土施工，应符合《混凝土外加剂应用技术规范》GB 50119—2013的规定。

在钢筋混凝土中掺用氯盐类防冻剂时，氯盐掺量应严格控制，混凝土必须振捣密实，不宜采用蒸汽养护。

（2）混凝土原材料的加热

冬期拌制混凝土时应优先采用加热水的方法，当水加热仍不能满足要求时，再对骨料进行加热。水及骨料的加热温度应根据热工计算确定。当选用水泥的强度等级小于52.5时，水泥加热温度不超过80℃，骨料不超过60℃；当水泥的强度等级大于等于52.5时，水泥加热温度不超过60℃，骨料不超过40℃。

（3）混凝土的搅拌

搅拌前，应用热水或蒸汽冲洗搅拌机，搅拌时间应较常温延长50%。投料顺序为先投入骨料和已加热的水，然后再投入水泥。水泥不应与80℃以上的水直接接触，避免水泥假凝。混凝土拌合物的出机温度不宜低于10℃，入模温度不得低于5℃。对搅拌好的混凝土应常检查其温度及和易性，若有较大差异，应检查材料加热温度和骨料含水率是否有误，并及时加以调整。在运输过程中，要防止混凝土热量的散失和冻结。

（4）混凝土的浇筑

混凝土在浇筑前，应清除模板和钢筋上的冰雪和污垢，并不得在强冻胀性地基上浇筑混凝土；当在弱冻胀性地基上浇筑混凝土时，基土不得遭冻；当在非冻胀性地基上浇筑混凝土时，混凝土在受冻前，其抗压强度不得低于临界强度。

临界强度：新浇筑的混凝土在受冻前达到某一初期强度值后遭到冻结，恢复正温养护后混凝土强度还能增长，再经28d标养后，其后期强度如能达到设计等级的95%以上，那么受冻前的初期强度，称为混凝土允许受冻临界强度。

当分层浇筑大体积结构时，已浇筑层的混凝土温度，在被上一层混凝土覆盖前，不得低于按热工计算的温度，且不得低于2℃。

对加热养护的现浇混凝土结构，混凝土的浇筑程序和施工缝的位置，应能防止在加热养护时产生较大的温度应力；当加热温度在40℃以上时，应征得设计人员的同意。

对于装配式结构，浇筑承受内力接头的混凝土或砂浆，宜先将结合处的表面加热到正温，浇筑后的接头混凝土或砂浆在温度不超过45℃的条件下，应养护至设计要求强度；当设计无专门要求时，其强度不得低于设计的混凝土强度标准值的75%；浇筑接头的混凝土或砂浆，可掺用不致引起钢筋锈蚀的外加剂。

（5）混凝土冬期养护方法

混凝土冬期养护方法有蓄热法、蒸汽加热法、电热法、暖棚法以及掺外加剂法等。但无论采用什么方法，均应保证混凝土在冻结以前，至少应达到受冻临界强度。

2）砌体的冬期施工

当预计连续10d的连续气温低于5℃时，砖石工程的施工应按冬期施工的要求进行砌筑。冬期施工所用的材料应符合如下规定：砖和石材在砌筑前，应清除冰霜；砂浆宜采用普通硅酸盐水泥拌制；石灰膏、黏土膏和电石膏等应防止受冻，如遭冻应融化后使用；拌制砂浆所用的砂，不得含有冰块和直径大于1cm的冰结块；拌合砂浆时，水的温度不得超过80℃，砂的温度不得超过40℃。普通砖在正温条件下砌筑应适当浇水润湿，在负温条件下砌筑时，如浇水有困难则须适当加大砂浆的稠度，且不得使用无水泥配制砂浆。砖基础施工和回填土前，均应防止地基遭受冻结。砖石工程的冬期施工应以采用掺盐砂浆法为主。对保温、绝缘、装饰等方面有特殊要求的工程，可采用冻结法或其他施工方法。冬期施工中，每日砌筑后应在砌体表面覆盖保温材料。

2. 大体积混凝土施工

1）大体积混凝土施工的概念

大体积混凝土是指混凝土结构物实体最小尺寸不小于1m的大体量混凝土，或预计会因混凝土中胶凝材料水化引起的温度变化和收缩而导致有害裂缝产生的混凝土。

大体积混凝土结构在土木工程中常见，如工业建筑中的设备基础；高层建筑中的地下室底板、结构转换层；各类结构的厚大桩基承台或基础底板以及桥梁的墩台等。

大体积混凝土往往伴有大的荷载，对混凝土承载能力和整体性要求高，往往不允许留施工缝，要求一次连续浇筑完毕。

大体积混凝土结构浇筑后水泥的水化热量大，由于体积大，水化热聚积在内部不易散发，浇筑初期混凝土内部温度显著升高，而表面散热较快，这样形成较大的内外温差，混凝土内部产生压应力，而表面产生拉应力，如温差过大则易于在混凝土表面产生裂纹。浇筑后期混凝土内部逐渐散热冷却产生收缩时，由于受到基底或已浇筑的混凝土的约束，接触处将产生很大的剪应力，在混凝土结构正截面形成拉应力。当拉应力超过混凝土当时龄期的极限抗拉强度时，便会产生裂缝，甚至会贯穿整个混凝土结构断面，由此带来严重的危害。大体积混凝土结构的浇筑，上述两种裂缝（尤其是后一种裂缝）都应设法防止。

2）大体积混凝土裂缝防治措施

要防止大体积混凝土结构浇筑后产生裂缝，就要降低混凝土的温度应力，这就必须减少浇筑后混凝土的内外温差。为此应优先选用水化热低的水泥，降低水泥用量，掺入适量的粉煤灰；降低浇筑速度和减小浇筑层厚度；浇筑后宜进行测温，采取蓄水法或覆盖法进行降温或进行人工降温措施，控制内外温差不超过 25℃。

如要保证混凝土的整体性，必要时应经过计算和取得设计单位同意后可留施工缝而分段分层浇筑，保证使每一浇筑层在初凝前就被上一层混凝土覆盖并捣实成为整体。为此要求混凝土按不小于下述的浇筑强度（单位时间的浇筑量）进行浇筑：

$$Q = FH/T \tag{2.3.4-1}$$

式中 Q——混凝土单位时间最小浇筑量（m^3/h）；

F——混凝土浇筑区的面积（m^2）；

H——浇筑层厚度（m），取决于混凝土捣实方法；

T——下层混凝土从开始浇筑到初凝为止所容许的时间间隔（h），一般等于混凝土初凝时间减去运输时间。

大体积混凝土结构的浇筑方案，可分为全面分层、分段分层和斜面分层三种（图 2.3.4-1）。全面分层法要求的混凝土浇筑强度较大，斜面分层法要求的混凝土浇筑强度较小。工程中可根据结构物的具体尺寸、捣实方法和混凝土供应能力，通过计算选择浇筑方案。

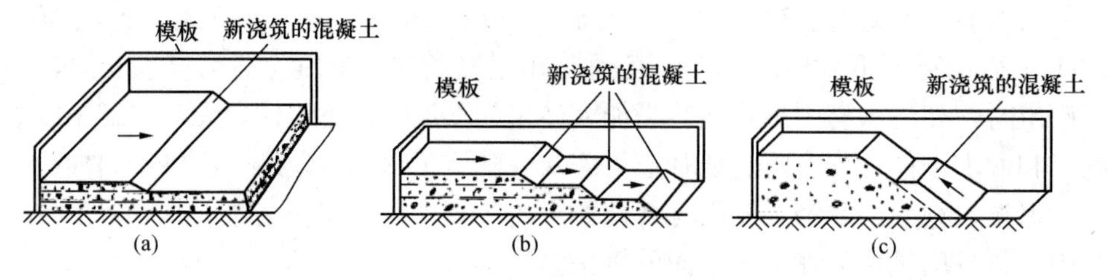

图 2.3.4-1 大体积混凝土浇筑方案

（a）全面分层；（b）分段分层；（c）斜面分层

2.4 预应力混凝土工程

2.4.1 预应力混凝土概念

1. 原理与类型

预应力混凝土是指钢筋混凝土构件在承受工作外荷载作用前，预先在其内必要部位建立内应力的混凝土构件技术。一般是在混凝土结构或构件受拉区域，通过对预应力筋进行张拉、锚固、放松，借助钢筋的弹性回缩，使受拉区混凝土事先获得预压应力。预压应力的大小和分布应能减少或抵消外荷载所产生的拉应力。

预应力混凝土按预应力的大小或范围可分为全预应力混凝土和部分预应力混凝土。按对预应力筋施加时机或方式，总体可分为先张法、后张法和自预应力三大类预应力混凝土。按预应力筋与混凝土的粘结状态可分为有粘结和无粘结预应力混凝土。按工程施工方法又可分为预制预应力混凝土、现浇预应力混凝土和叠合预应力混凝土等。

预应力混凝土与普通钢筋混凝土相比较，可以更有效地利用高强度钢材，提高使用荷载下结构的抗裂度和刚度，减小结构构件的截面尺寸，自重轻、质量好、材料省、耐久性好。

2. 预应力钢筋

为了获得较大的预应力，预应力筋常用高强度钢材，目前较常见的有以下六种：

（1）冷拔低碳钢丝：是由直径 6～10mm 的 HPB235 级钢筋在常温下通过拔丝模冷拔而成，一般拔至直径 3～5mm。冷拔钢丝强度比原材料屈服强度显著提高，但塑性降低，是适用于小型构件的预应力筋。

（2）冷拉钢筋：是将Ⅱ～Ⅲ级热轧钢筋在常温下通过张拉到超过屈服点的某一应力，使其产生一定的塑性变形后卸荷，再经时效处理而成。这样钢筋的塑性和弹性模量有所降低而屈服强度和硬度有所提高，可直接用作预应力筋。

（3）碳素钢丝：是由高碳钢盘条经淬火、酸洗、拉拔制成。为了消除钢丝拉拔中产生的内应力，还需经过矫直回火处理。钢丝直径一般为 3～8mm，最大为 12mm，其中 3～4mm 直径钢丝主要用于先张法，5～8mm 直径钢丝用于后张法。钢丝强度高，表面光滑，用作先张法预应力筋时，为了保证高强钢丝与混凝土具有可靠的粘结性，钢丝的表面需经过刻痕处理，如图 2.4.1-1 所示。

（4）钢绞线：一般是由 6 根碳素钢丝围绕一根中心钢丝在绞丝机上绞成螺旋状，再经低温回火制成。图 2.4.1-2 所示为预应力钢绞线截面图。钢绞线的直径较大，一般为 9～15mm，比较柔软，施工方便，但价格比钢丝贵。钢绞线的强度较高，目前已有标准抗拉强度接近 2000N/mm^2 的高强、低松弛的钢绞线应用于工程中。

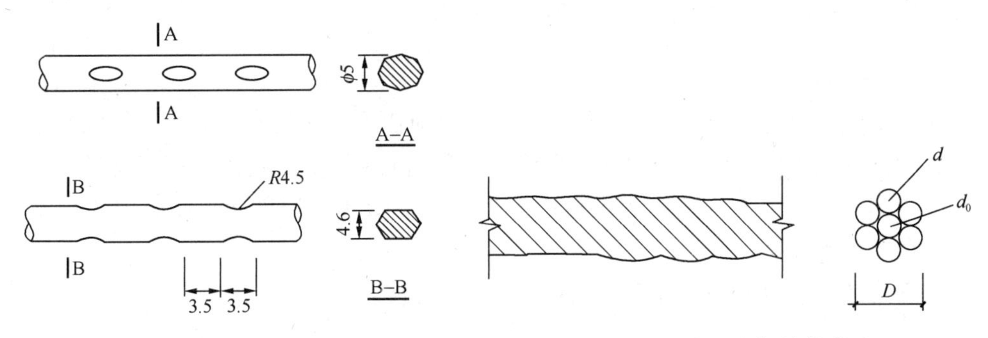

图 2.4.1-1　钢丝表面刻痕处理

图 2.4.1-2　预应力钢绞线截面图

D—钢绞线直径；d_0—中心钢丝直径；d—外层钢丝直径

（5）热处理钢筋：由普通热轧中碳合金钢筋经淬火和回火调质热处理制成。具有高强度、高韧性和高粘结力等优点，直径为 6～10mm。成品钢筋为直径 2m 的弹性盘卷，开盘后自行伸直，每盘长度为 100～120m。

热处理钢筋的螺纹外形，有带纵肋和无纵肋两种，如图 2.4.1-3 所示。

（6）精轧螺纹钢筋：是用热轧方法在钢筋表面上轧出不带肋的螺纹外形，如图 2.4.1-4 所示。

钢筋的接长用连接螺纹套筒，端头锚固用螺母。这种高强度钢筋具有锚固简单、施工方便、无须焊接等优点。目前，国内生产的精轧螺纹钢筋品种有 ϕ25mm 和 ϕ32mm，其屈服点为 750MPa 和 900MPa。

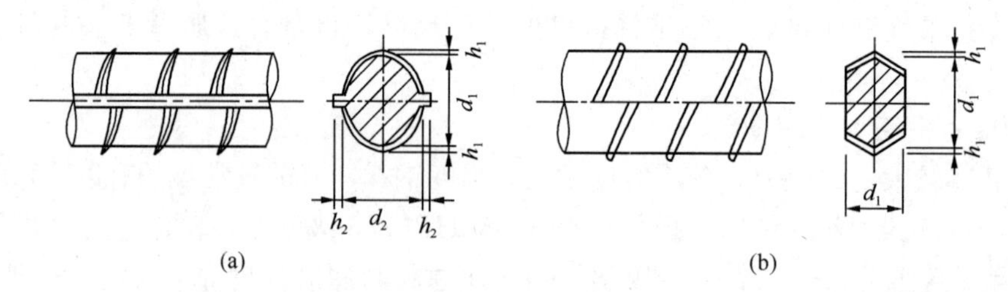

图 2.4.1-3 热处理钢筋外形

(a) 带纵肋；(b) 无纵肋

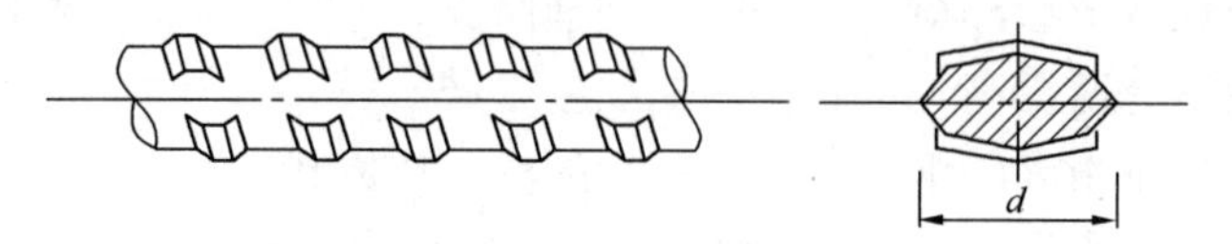

图 2.4.1-4 精轧螺纹钢筋的外形

3. 预应力对混凝土的要求

在预应力混凝土结构中，一般要求混凝土的强度等级不低于 C30。当采用碳素钢丝、钢绞线、Ⅴ级钢筋（热处理）作预应力钢筋时，混凝土的强度等级不低于 C40。目前，在一些重要的预应力混凝土结构中，已开始采用 C50～C60 的高强混凝土，并逐步向更高强度等级的混凝土发展。

2.4.2 先张法施工

1. 原理与流程

先张法是在台座上先张拉预应力筋并用夹具临时固定，再浇筑混凝土，待混凝土达到一定强度后，放张预应力筋，通过预应力筋与混凝土的粘结力使混凝土产生预压应力的施工方法（图 2.4.2-1）。先张法一般仅适用于生产中小型预制构件，多在固定的预制厂生产，也可在施工现场生产。

先张法生产构件可采用长线台座法，台座长度在 100～150m 之间，或在钢模中采用

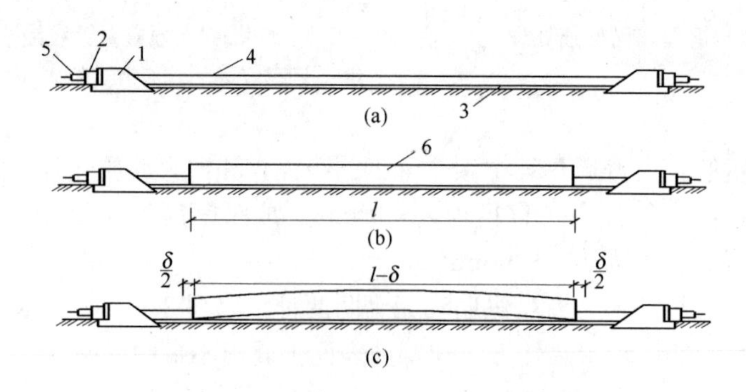

图 2.4.2-1 先张法预应力混凝土施工原理

(a) 张拉预应力筋；(b) 浇筑混凝土；(c) 放张预应力筋

1—台座；2—横梁；3—台座面；4—预应力筋；

5—夹具；6—混凝土构件

机组流水法。先张法工艺流程见图 2.4.2-2。其过程涉及台座、张拉机具和夹具及施工工艺，下面分别叙述。

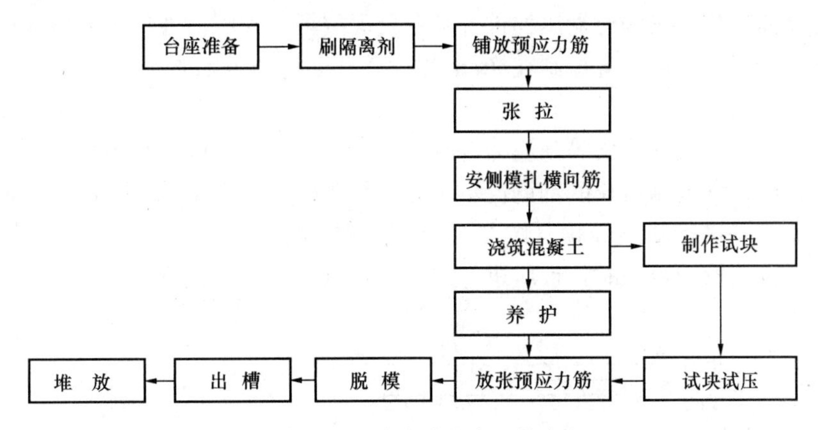

图 2.4.2-2 先张法生产工艺流程

2. 台座

先张法台座应具有足够的强度、刚度和稳定性，以免因台座变形、倾覆和滑移而引起预应力的损失。台座按构造形式不同，可分为墩式台座和槽式台座。这两种台座一般可成批生产预应力构件。

1）墩式台座

用台座法生产预应力混凝土构件时，预应力筋锚固在台座横梁上，台座承受全部预应力的拉力，故台座应有足够的强度、刚度和稳定性，以避免台座变形、倾覆和滑移而引起的预应力的损失。

台座由台面、横梁和承力结构等组成。根据承力结构的不同，台座分为墩式台座、槽式台座、桩式台座等。

以混凝土墩台作为承力结构称墩式台座，一般用以生产中小型构件。台座长度较长，张拉一次可生产多根构件，从而减少因钢筋滑动引起的预应力损失。

当生产空心板等平面布筋的小型构件时，由于张拉力不大，可利用简易墩式台座，它将卧梁和台座浇筑成整体，充分利用台面受力。锚固钢丝的角钢用螺栓锚固在卧梁上。

设计墩式台座时，应进行台座的稳定性和强度验算 G_1 和 G_2 为重心处重力，稳定性是指台座的抗倾覆能力。抗倾覆验算的计算简图如图 2.4.2-3 所示，台座的抗倾覆稳定性按下式计算：

$$K_0 = M'/M \qquad (2.4.2\text{-}1)$$

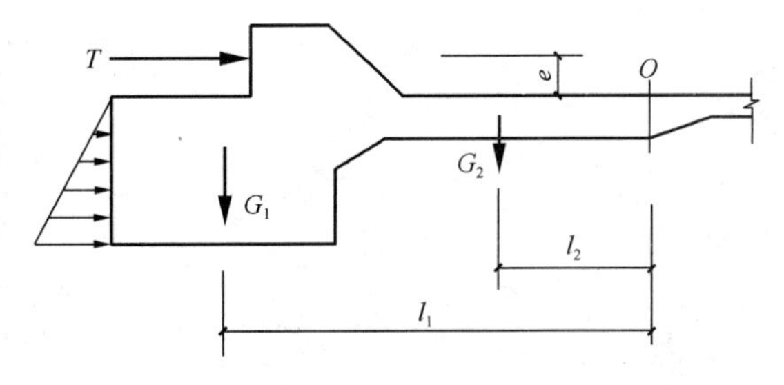

图 2.4.2-3 抗倾覆验算的计算简图

式中 K_0——台座的抗倾覆安全系数；

M——由张拉力产生的倾覆力矩（kN·m），按下式计算：

$$M = Te \qquad (2.4.2\text{-}2)$$

e——张拉力合力 T 的作用点到倾覆转动点 O 的力臂（m）；

M'——抗倾覆力矩（kN·m），如忽略土压力，则 $M' = G_1 l_1 + G_2 l_2$

进行强度验算时，支承横梁的牛腿，按柱子牛腿的计算方法计算其配筋；墩式台座与台面接触的外伸部分，按偏心受压构件计算；台面按轴心受压杆件计算；横梁按承受均布荷载的简支梁计算，其挠度应控制在 2mm 以内，并不得产生翘曲。

2）槽式台座

生产吊车梁、屋架、箱梁等预应力混凝土构件时，由于张拉力和倾覆力矩都较大，大多采用槽式台座。它依靠通长的钢筋混凝土底座承受较大的张拉力和倾覆力矩，其上加砌砖墙，加盖后还可进行蒸汽养护（图 2.4.2-4）。槽式台座多低于地面，方便混凝土运输和蒸汽养护。设计槽式台座时，也应进行抗倾覆稳定性和强度验算。

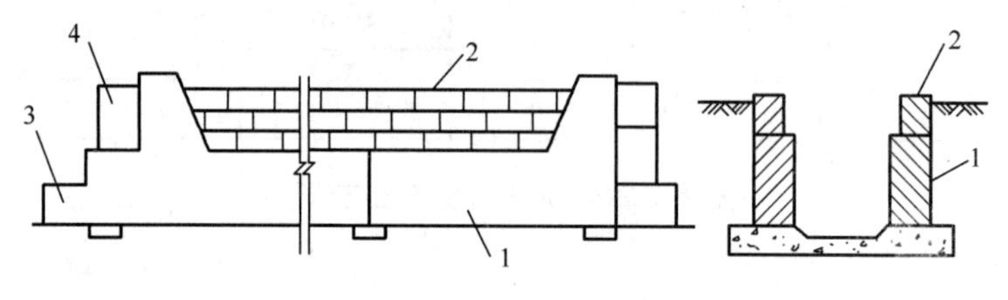

图 2.4.2-4 槽式台座

3）钢模台座

钢模台座即定制“钢模板”台架，具有足够强度与刚度的模板，并开设了用于预应力筋张拉的孔（槽），配以张拉设备固定的机构。“定制钢模板”一般用于生产预应力楼板，它多适用于单件板块制作，便于放入养护池或养护窑中进行蒸汽养护。

3. 张拉机具

1）先张法的夹具

不同的预应力筋，张拉所用夹具不同。

（1）钢丝夹具

先张法中的钢丝夹具分两类：一类是将预应力筋锚固在台座或钢模上的锚固夹具；另一类是张拉时夹持预应力筋用的夹具。锚固夹具与张拉夹具都是重复使用的工具。

圆锥齿板式夹具及圆锥形槽式夹具（图 2.4.2-5），适用于锚固直径 3～5mm 的冷拔低碳钢丝，也适用于锚固直径 5mm 的碳素（刻痕）钢丝。单根钢丝夹片夹具（图 2.4.2-6），适用于单根钢丝。

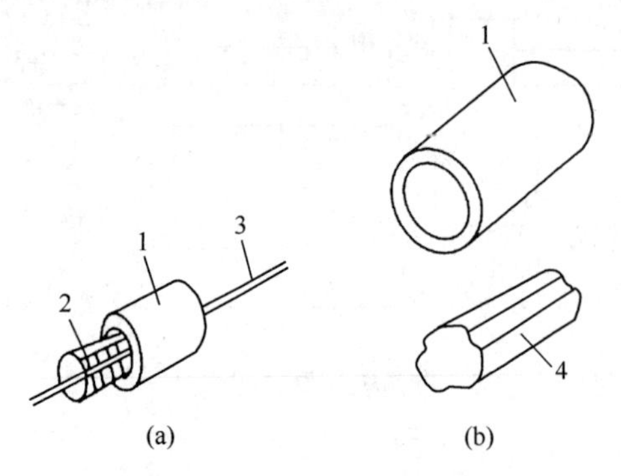

图 2.4.2-5 圆锥齿板式夹具

（a）圆锥齿板式；（b）圆锥形槽式

1—套筒；2—齿板；3—钢丝；4—锥塞

（2）钢筋夹具

钢筋锚固多用螺栓端杆锚具、镦头锚和销片夹具等。张拉时可用连接器与螺栓端杆锚具连接，或用销片夹具等。

螺栓端杆锚具，螺栓端杆锚具适用于直径不大于 36mm 的预应力螺纹钢筋。它是由螺栓端杆、螺母和垫板组成，如图 2.4.2-7 所示。

销片夹具由圆套筒和圆锥形销片组成，套筒内壁呈圆锥形，与销片锥度吻合，销片有两片式和三片式，钢筋就夹紧在销片的凹槽内。

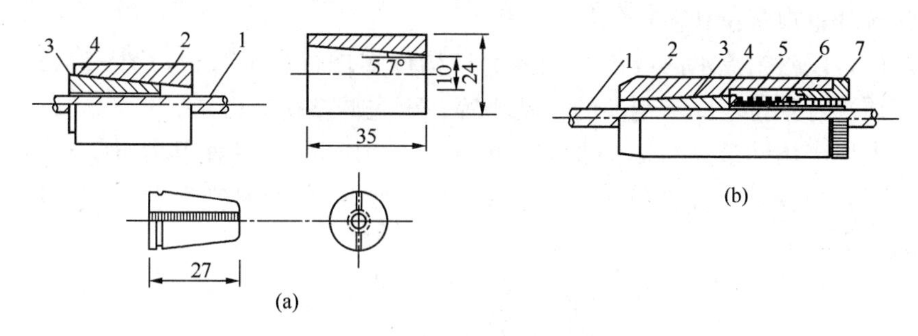

图 2.4.2-6　单根钢丝夹片夹具

(a) 固定端夹片夹具；(b) 张拉端夹片夹具

1—钢丝；2—套筒；3—夹片；4—钢丝圈；5—弹簧圈；6—顶杆；7—顶盖

圆套筒二片式夹具适用于夹持直径 12～16mm 的单根冷拉 HPB300～RRB500 级钢筋，由圆形套筒和圆锥形夹片组成，如图 2.4.2-8 所示。

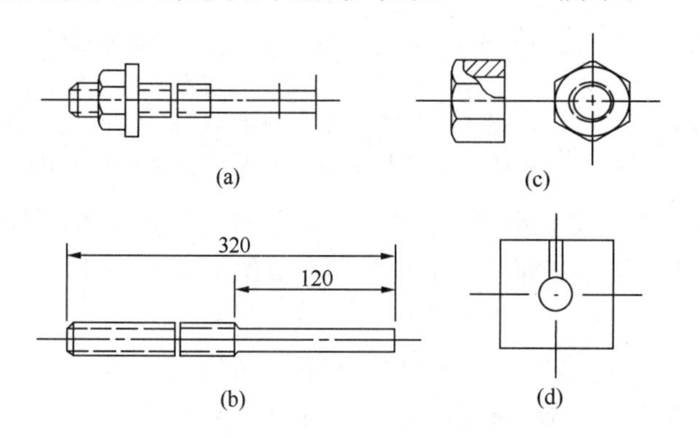

图 2.4.2-7　螺栓端杆锚具

(a) 螺栓端杆锚具；(b) 螺栓端杆；(c) 螺母；(d) 垫板

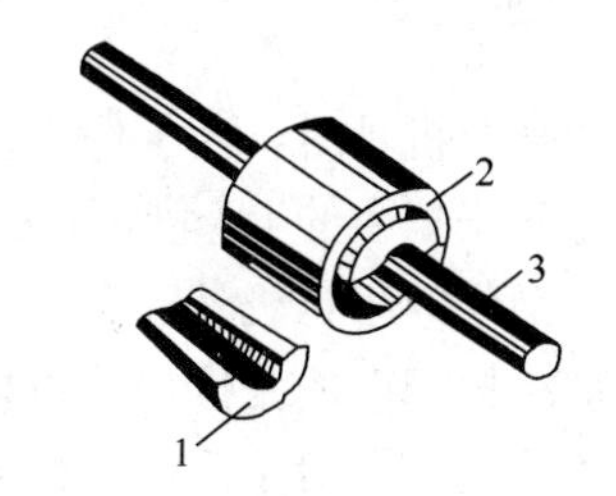

图 2.4.2-8　圆套筒二片式夹具

1—夹片；2—套筒；3—钢筋

钢筋镦头（图 2.4.2-9），直径 22mm 以下的钢筋用对焊机熟热或冷镦，大直径钢筋可用压模加热锻打或成型。镦过的钢筋需经过冷拉，以检验镦头处的强度。

先张法用夹具除应具备静载锚固性能，还应具备下列性能：

① 在预应力夹具组装件达到实际破断拉力时，全部零件均不得出现裂缝和破坏；

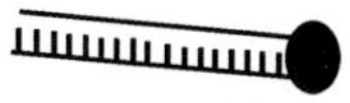

图 2.4.2-9　钢筋镦头

② 应有良好的自锚性能；

③ 应有良好的放松性能。

需大力敲击才能松开的夹具，必须证明其对预应力筋的锚固无影响，且对操作人员安全不造成危险。夹具进入施工现场时必须检查其出厂质量证明书，以及其中所列的各项性能指标，并进行必要的静载试验，符合质量要求后方可使用。

(3) 夹具自锁、自锚

夹具本身须具备自锁和自锚能力。自锁即利用锥销、齿板或楔块打入后不会反弹而脱出；自锚即预应力筋张拉中能可靠地锚固而不被从夹具中拉出来。

2) 张拉机具

(1) 钢丝的张拉机具

钢丝张拉分单根张拉和多根张拉。

用钢台模，以机组流水法或传送带法生产构件多进行多根张拉，图 2.4.2-10 所示是用油压千斤顶进行张拉，要求钢丝的长度相等，事先调整初应力。

在台座上生产构件多进行单根张拉，由于张拉力较小，一般用小型电动卷扬机张拉（图 2.4.2-11），以弹簧、杠杆等简易设备测力。用弹簧测力时宜设置行程开关，以便张拉到规定的拉力时能自行停车。

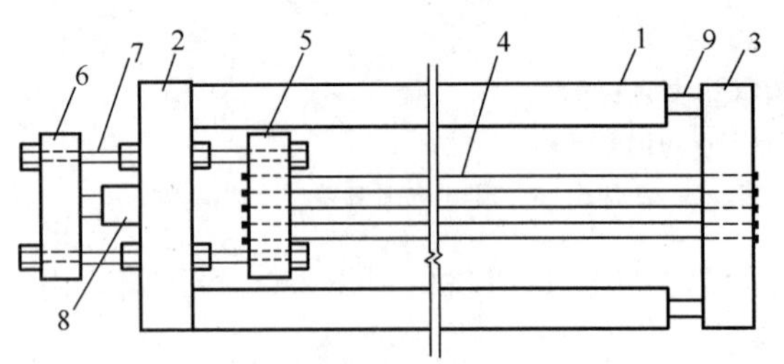

图 2.4.2-10 四横梁式多根张拉装置

1—台座；2、3—前后横梁；4—钢筋；5、6—拉力架；7—大螺栓杆；8—油压千斤顶；9—放松装置

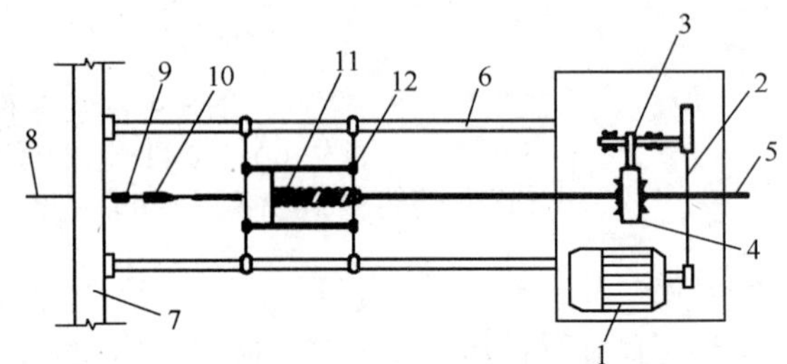

图 2.4.2-11 电动卷扬机张拉单根钢丝

1—电动机；2—皮带传动；3—齿轮；4—齿轮螺母；5—螺杆；6—顶杆；7—台座横梁；8—钢丝；9—锚固夹具；10—张拉夹具；11—弹簧测力器；12—滑动架

选择张拉机具时，为了保证设备、人身安全和张拉力准确，张拉机具的张拉力应不小于预应力筋张拉力的 1.5 倍，张拉行程应不小于预应力筋张拉伸长值的 1.1～1.3 倍。

（2）钢筋的张拉机具

先张法粗钢筋的张拉，分单根张拉和多根成组张拉。由于在长线台座上预应力筋的张拉伸长值较大，一般千斤顶行程多不能满足，故张拉较小直径钢筋可用卷扬机。

张拉直径 12～20mm 的单根钢筋、钢绞线或钢丝束，可用 YC20 型穿心式千斤顶（图 2.4.2-12）。用 YC20 型穿心式千斤顶张拉时，高压油泵启动，从后油嘴进油，前油嘴回油，被偏心夹具夹紧的钢筋随液压缸的伸出而被拉伸。YC20 型穿心式千斤顶的最大张

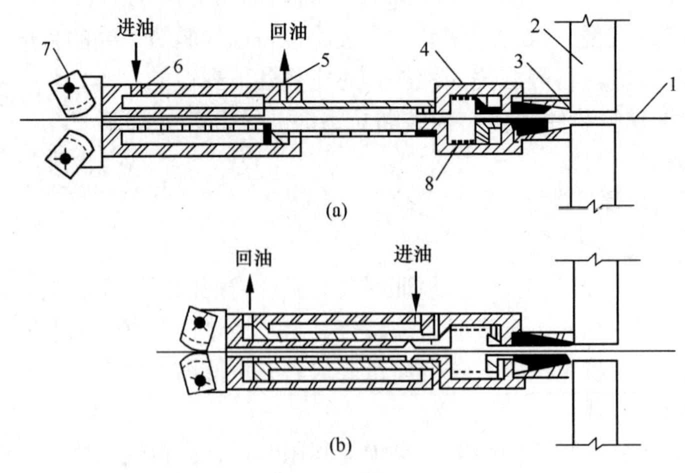

图 2.4.2-12 YC20 型穿心式千斤顶

（a）张拉；（b）复位

1—钢筋；2—台座；3—穿心式夹具；4—弹簧顶压头；5、6—油嘴；7—偏心式夹具；8—弹簧

拉力为 20kN，最大行程为 200mm。适用于用圆套筒三片式夹具张拉锚固直径 12～20mm 的单根冷拉 HRB400 和 RRB400 钢筋。此外，YC18 型穿心式千斤顶张拉行程可达 250mm，亦可用于张拉单根钢筋或钢丝束。

4. 施工工艺

1）预应力筋的张拉程序

预应力筋张拉一般可按下列程序之一进行：

$$0 \rightarrow 105\%\sigma_{con}(\text{持荷 2min}) \rightarrow \sigma_{con} \quad (2.4.2\text{-}3)$$

或

$$0 \rightarrow 103\%\sigma_{con} \quad (2.4.2\text{-}4)$$

式中 σ_{con}为预应力筋的张拉控制应力（kN）。

交通运输部规范中对粗钢筋及钢绞线的张拉程序分别取：

$$0 \rightarrow \text{初应力}(10\%\sigma_{con}) \rightarrow 105\%\sigma_{con}(\text{持荷 5min}) \rightarrow 90\%\sigma_{con} \rightarrow \sigma_{con} \quad (2.4.2\text{-}5)$$

或

$$0 \rightarrow 105\%\sigma_{con}(\text{持荷 5min}) \rightarrow 0 \rightarrow \sigma_{con} \quad (2.4.2\text{-}6)$$

建立上述张拉程序的目的是减少预应力的松弛损失。

2）最大张拉应力的控制

控制应力的数值影响预应力的效果。控制应力高，建立的预应力值则大。但控制应力过高，预应力筋处于高应力状态，导致构件出现裂缝的荷载与破坏荷载接近，破坏前无明显的预兆，这是不允许的。此外，为减少松弛等原因造成的预应力损失，一般要进行超张拉，如果原定的控制应力过高，再加上超张拉就可能使钢筋的应力超限。为此，《混凝土结构工程施工质量验收规范》GB 50204—2015 规定了预应力筋的最大超张拉应力，如表 2.4.2-1所示。

最大张拉控制应力允许值 **表 2.4.2-1**

钢　　种	张拉方法	
	先张法	后张法
碳素钢丝、刻痕钢丝、钢绞线	$0.8f_{ptk}$	$0.75f_{ptk}$
热处理钢筋、冷拔低碳钢丝	$0.75f_{ptk}$	$0.70f_{ptk}$
冷拉钢筋	$0.95f_{pyk}$	$0.90f_{pyk}$

注：f_{ptk}为预应力筋极限抗拉强度标准值；f_{pyk}为预应力筋屈服强度标准值。

3）先张法施工工艺

（1）钢筋的张拉

预应力筋张拉应根据设计要求进行。当进行多根成组张拉时，应先调整各预应力筋的初应力，使其长度和松紧一致，以保证张拉后各预应力筋的应力一致。

台座法张拉中，为避免台座承受过大的偏心压力，应先张拉靠近台座截面重心处的预应力筋。

多根预应力筋同时张拉时，必须事先调整初应力，使相互间的应力一致。预应力筋张拉锚固后的实际预应力值与设计规定检验值的相对允许偏差为±5%。

张拉完毕锚固时，张拉端的预应力筋回缩量不得大于设计规定值；锚固后，预应力筋对设计位置的偏差不得大于5mm，并不大于构件截面短边长度的4%。

另外，施工中必须注意安全，严禁正对钢筋张拉的两端站立人员，防止断筋回弹伤人。冬期张拉预应力筋，环境温度不宜低于15℃。

(2) 混凝土的浇筑与养护

确定预应力混凝土的配合比时，应尽量减少混凝土的收缩和徐变，以减少预应力损失。收缩和徐变都与水泥品种和用量、水灰比、骨料孔隙率、振动成型等有关。

预应力筋张拉完成后，钢筋绑扎、模板拼装和混凝土浇筑等工作应尽快跟上。混凝土应振捣密实。混凝土浇筑时，振动器不得碰撞预应力筋。混凝土未达到强度前，也不允许碰撞或踩动预应力筋。

混凝土可采用自然养护或湿热养护。但必须注意，当预应力混凝土构件在台座上进行湿热养护时，应采取正确的养护制度，以减少由于温差引起的预应力损失。预应力筋张拉后锚固在台座上，温度升高，预应力筋膨胀伸长，使预应力筋的应力减小。在这种情况下混凝土逐渐硬结，而预应力筋由于温度升高而引起的预应力损失不能恢复。因此，采用先张法在台座上生产预应力混凝土构件，其最高允许的养护温度应根据设计规定的允许温差(张拉钢筋时的温度与台座养护温度之差)计算确定。当混凝土强度达到7.5N/mm^2(粗钢筋配筋)或10N/mm^2(钢丝、钢绞线配筋)以上时，则可不受设计规定的温差限制。以机组流水法或传送带法用钢模制作预应力构件，湿热养护时钢模与预应力筋同步伸缩，故不引起温差预应力损失。

(3) 预应力筋的放张

预应力筋的放张或放松，即断开两端对预应力筋的锚固，使得预应力筋靠弹性回缩。放张时要求混凝土强度达到设计规定的数值，一般不小于混凝土标准强度的75%，才可放松预应力筋。过早会由于混凝土弹性模量不足引起较大的预应力损失。预应力筋放松应根据配筋情况和数量，选用正确的方法和顺序，否则易引起构件翘曲、开裂和断筋等现象。

当预应力筋采用钢丝时，配筋不多的中小型钢筋混凝土构件，钢丝可用砂轮锯或切断机切断等方法放松。配筋多的钢筋混凝土构件，钢丝应同时放松；如逐根放松，则最后几根钢丝将由于承受过大的拉力而突然断裂，易使构件端部开裂。放张可采用放张横梁来实现，横梁可用千斤顶或预先设置在横梁支点处的放张装置(砂箱或楔块等)来放张。采用湿热养护的预应力混凝土构件宜热态放张，不宜降温后放张。

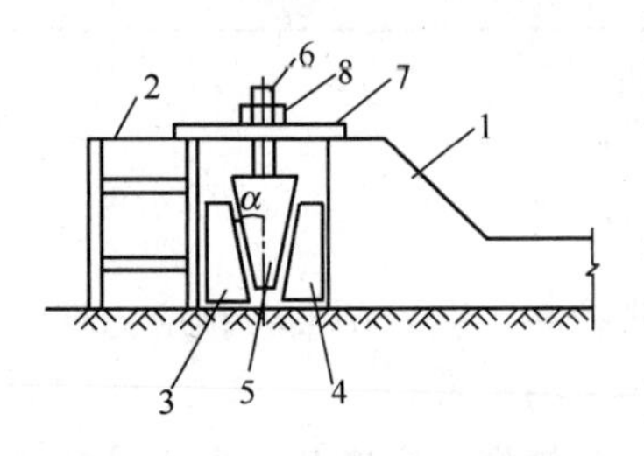

图2.4.2-13 楔块放张示意图
1—台座；2—横梁；3、4—钢块；5—钢楔块；6—螺杆；7—承力板；8—螺母

图2.4.2-13所示为采用楔块放张的例子。在台座与横梁间设置楔块5，放张时旋转螺母8，使螺杆6向上移动，使楔块5退出，达到同时放张预应力筋的目的。楔块放张装置宜用于张拉力不大的情况，一般以不大于300kN为宜。当张拉力较大时，可采用砂箱放张。图2.4.2-14所示砂箱由钢制套箱及活塞(套箱内径比活塞外径大2mm)等组成，内装石英砂或铁砂。采用砂箱放张时，能控制放张速度，工作可靠，施工方便。

预应力筋为钢筋时，对热处理钢筋及冷拉 RRB400 级钢筋不得用电弧切割，宜用砂轮锯或切断机切断。数量较多时，也应同时放松。多根钢丝或钢筋同时放松时，可用油压千斤顶、砂箱、楔块等。

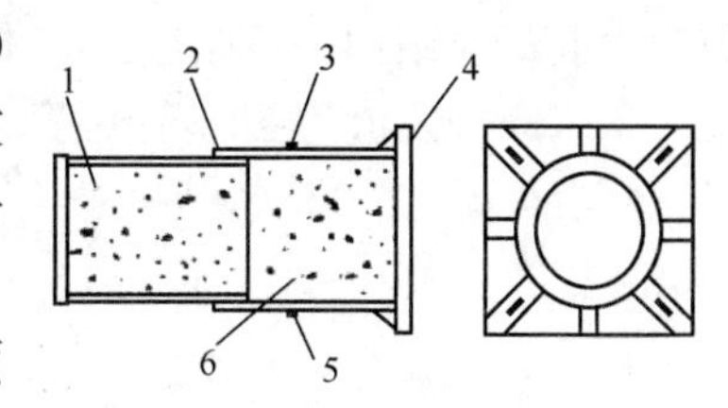

图 2.4.2-14　砂箱放张示意图

1—活塞；2—套箱；3—进砂口；4—套箱底板；5—出砂口；6—砂

采用湿热养护的预应力混凝土构件，宜热态放松预应力筋，而不宜降温后再放松。

4）先张法预应力施工注意事项

（1）在确定预应力筋的张拉顺序时，应尽可能减少倾覆力矩和偏心力，应先张拉靠近台座截面重心处的预应力筋。宜分批、对称进行张拉。

（2）预应力筋超张拉时，其最大超张拉力应符合下列规定：冷拉 HRB335、HRB400、RRB400 级钢筋为屈服点的 95%；碳素钢丝、刻痕钢丝及钢绞线为强度标准值的 80%。

（3）控制应力法张拉时，尚应校核预应力筋的伸长值。当实际伸长值大于计算伸长值 10%或小于计算伸长值 5%时，应暂停张拉，查明原因并采取措施予以调整后，方可再行张拉。

（4）多根预应力筋同时张拉时，必须事先调整初应力，使应力一致，张拉中抽查应力值的偏差，不得大于或小于一个构件全部钢丝预应力总值的 5%。

（5）结构中预应力钢材（钢丝、钢绞线或钢筋）断裂或滑脱的数量，对后张法构件，严禁超过结构同一截面钢材总根数的 3%，且一束钢丝只允许一根；对先张法构件，严禁超过结构同一截面钢材总根数的 5%，且严禁相邻两根预应力钢材断裂或滑脱。先张法构件在浇筑混凝土前发生断裂或滑脱的预应力钢材必须予以更换。

（6）锚固时，张拉端预应力筋的回缩量不得大于施工规范规定。张拉锚固后，预应力筋对设计位置的偏差不得大于 5mm，且不得大于构件截面短边尺寸的 4%。

2.4.3　后张法施工

1. 原理与流程

后张法是在构件中或结构中混凝土达到一定强度时，张拉预应力筋，并用锚具永久固定，使混凝土产生预压应力的施工方法。详见二维码 2.4.3-1。

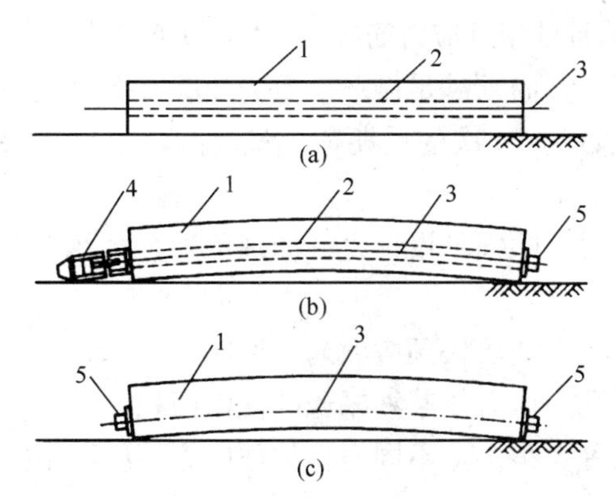

图 2.4.3-1　后张法预应力施工示意图

（a）制作混凝土构件或结构；（b）张拉预应力筋；（c）锚固及孔道灌浆（有粘结）

1—混凝土构件或结构；2—预留孔道；3—预应力筋；4—千斤顶；5—锚具

后张法预应力施工的特点是直接在构件或结构上张拉预应力筋，在预应力筋张拉过程中混凝土受到预压力而完成弹性压缩，因此，混凝土的弹性压缩不直接影响预应力筋有效预应力值的建立。后张法预应力是一种现场施工工艺，不需要台座设备，灵活性大，广泛用于施工现场预制和浇筑大型

二维码2.4.3-1

预应力混凝土结构。后张法工艺本身要预留孔道、穿筋、张拉、灌浆等，故施工工艺较复杂。施工原理及流程图分别见图 2.4.3-1、图 2.4.3-2。

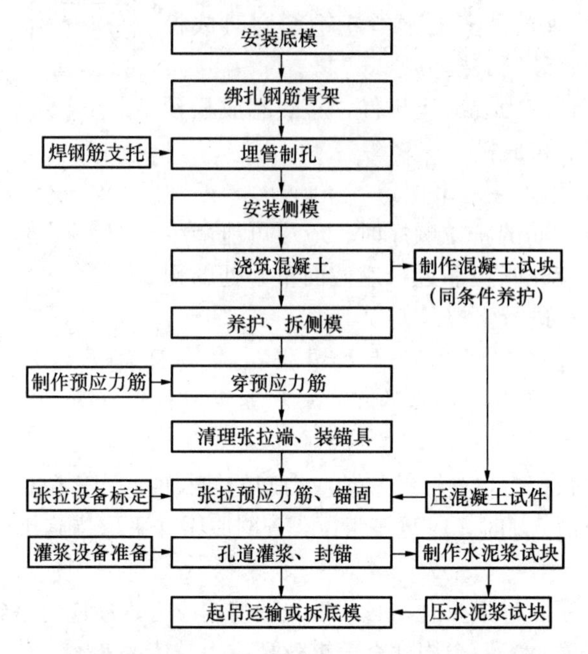

图 2.4.3-2 后张法有粘结预应力施工工艺流程（穿预应力筋也可以在浇筑混凝土前进行）

后张法除可作为一种预加应力的工艺方法外，还可以作为一种预制构件的拼装手段。大型构件可以预制成小型构件，运至施工现场后，通过预加应力的手段拼装成整体；或各种构件安装就位后，通过预加应力手段，拼装成整体预应力结构。后张法预应力的传递主要依靠预应力筋两端的锚具，锚具作为预应力筋的组成部分，永远留置在构件上，不能重复使用。

2. 锚具

锚具按锚固性能分为Ⅰ、Ⅱ类。Ⅰ类锚具：适用于动、静荷载都存在的预应力构件；Ⅱ类锚具：仅适用于有粘结预应力的混凝土结构，且锚具处于预应力筋应力变化不大的部位。

Ⅰ类锚具组装件，除必须满足静载锚固性能外，尚须满足循环次数为 200 万次的疲劳性能试验。如用在抗震结构中，还应满足循环次数为 50 次的周期荷载试验。除上述要求外，锚具尚应具有下列性能：

(1) 在预应力锚具组装件达到实测极限拉力时，除锚具设计允许的现象外，全部零件均不得出现肉眼可见的裂缝或破坏；

(2) 除能满足分级张拉及补张拉工艺外，宜具有能放松预应力筋的性能；

(3) 锚具或其附件上宜设置灌浆孔道，灌浆孔道应有使浆液畅通的截面面积。

锚具的进场验收同先张法中的夹具。锚具的种类很多，不同类型的预应力筋所配用的锚具不同，常用的锚具有以下几种。

1) 螺栓端杆锚具

由螺栓端杆、螺母和垫板三部分组成。型号有 LMl8～LM36，适用于直径 18～36mm 的 HRB335、HRB400 级预应力钢筋，如图 2.4.3-3 所示。锚具长度一般为 320mm，当为一端张拉或预应力筋的长度较长时，螺杆的长度应增加 30～50mm。

螺栓端杆与预应力筋用对焊连接，焊接应在预应力筋冷拉之前进行。预应力筋冷拉时，螺母置于端杆顶部，拉力应由螺母传递至螺栓端杆和预应力筋上。

2）帮条锚具

帮条锚具由帮条和衬板组成。帮条采用与预应力筋同级别的钢筋，衬板采用普通低碳钢的钢板。帮条锚具的三根帮条应成120°均匀布置，并垂直于衬板与预应力筋焊接牢固，如图2.4.3-4所示。帮条焊接亦宜在钢筋冷拉前进行，焊接时需防止烧伤预应力筋。

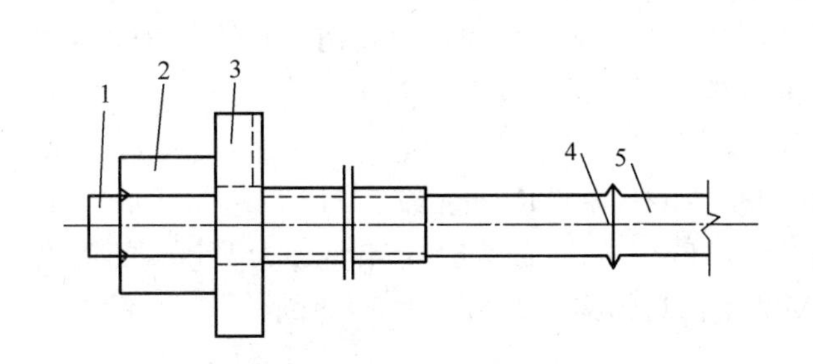

图2.4.3-3 螺栓端杆锚具

1—螺栓端杆；2—螺母；3—垫板；4—焊接接头；5—钢筋

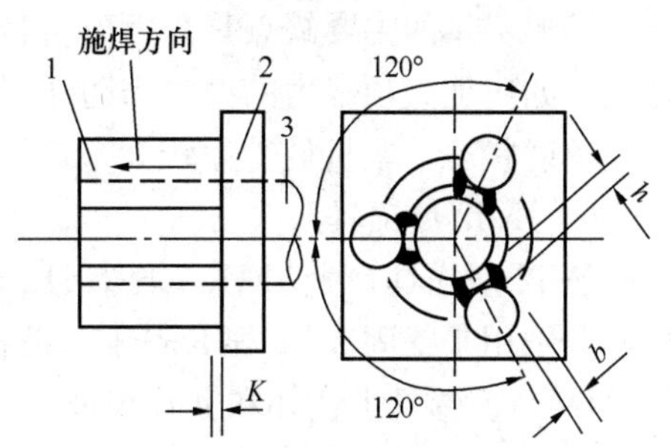

图2.4.3-4 帮条锚具

1—帮条；2—衬板；3—预应力筋

3）镦头锚具

用于单根粗钢筋的镦头锚具一般直接在预应力筋端部热镦、冷镦或锻打成型。镦头锚具也适用于锚固任意根数的ϕ5mm与ϕ7mm钢丝束。镦头锚具的形式与规格，可根据需要自行设计，常用的钢丝束镦头锚具分A型与B型。A型由锚环与螺母组成，可用于张拉端；B型为锚板，用于固定端，其构造见图2.4.3-5。镦头锚具的滑移值不应大于1mm。镦头锚具的镦头强度，不得低于钢丝规定抗拉强度的98%。

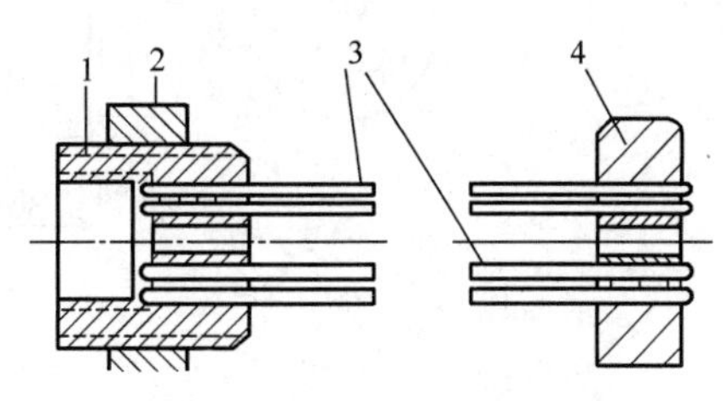

图2.4.3-5 钢丝束镦头锚具

1—A型锚环；2—螺母；3—钢丝束；4—B型锚板

锚环的内外壁均有丝扣，内丝扣用于连接张拉螺栓杆，外丝扣用于拧紧螺母锚固钢丝束。锚环和锚板四周钻孔，以固定镦头的钢丝，孔数和间距由钢丝根数而定。钢丝用LD10型液压冷镦器进行镦头。钢丝束一端可在制束时将头镦好，另一端则待穿束后镦头，故构件孔道端部要设置扩孔。

张拉时，张拉螺栓杆一端与锚环内丝扣连接，另一端与拉杆式千斤顶的拉头连接，当张拉到控制应力时，锚环被拉出，则拧紧锚环外丝扣上的螺母加以锚固。

镦头锚具用YC60千斤顶（穿心式千斤顶）或拉杆式千斤顶张拉。

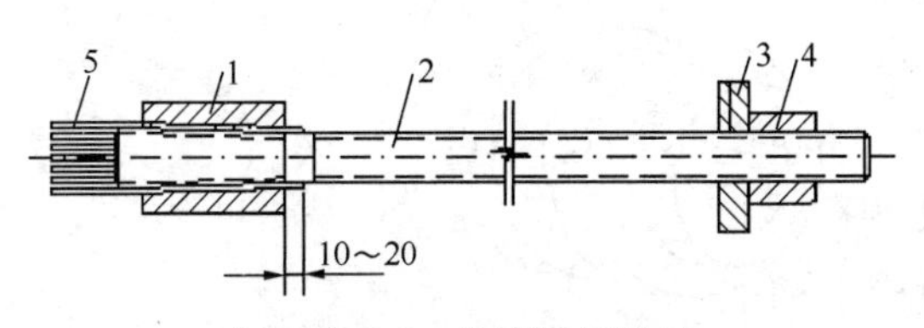

图2.4.3-6 锥形螺杆锚具

1—套筒；2—锥形螺杆；3—垫板；4—螺母；5—钢丝束

4）锥形螺杆锚具

锥形螺杆锚具与YL60、YL90拉杆式千斤顶配套使用，由锥形螺杆、套筒、螺母等组成（图2.4.3-6），用于锚固14～28根直径5mm的钢丝束。穿心式千斤顶

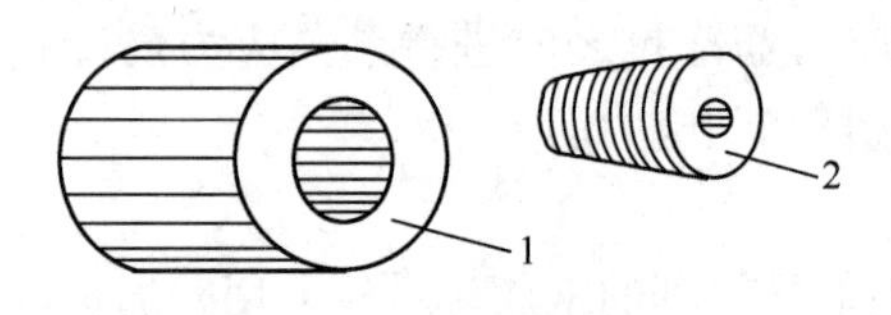

图 2.4.3-7 钢质锥形锚具
1—锚环；2—锚塞

亦可用。

5）钢质锥形锚具

由锚环和锚塞（图 2.4.3-7）组成，用于锚固以锥锚式双作用千斤顶张拉的钢丝束。锚环内孔的锥度应与锚塞的锥度一致。锚塞上刻有细齿槽，夹紧钢丝，防止滑动。

锥形锚具的主要缺点是当钢丝直径误差较大时，易产生单根滑丝现象，且滑丝后很难补救，如用加大顶锚力的办法来防止滑丝，过大的顶锚力易使钢丝咬伤。此外，钢丝锚固时呈辐射状态，弯折处受力较大。钢质锥形锚具用锥锚式双作用千斤顶进行张拉。

6）JMl2 型锚具

JMl2 型锚具有光 JM12-3～JM12-6、螺 JMl2-3～JM12-6、绞 JM12-5～JM12-6 等十种，分别用来锚固 3～6 根 RRB400 级直径为 12mm 的钢筋和 5～6 束直径为 12mm 的钢绞线。JMl2 型锚具由锚环和夹片组成。JMl2 型锚具的构造如图 2.4.3-8 所示。

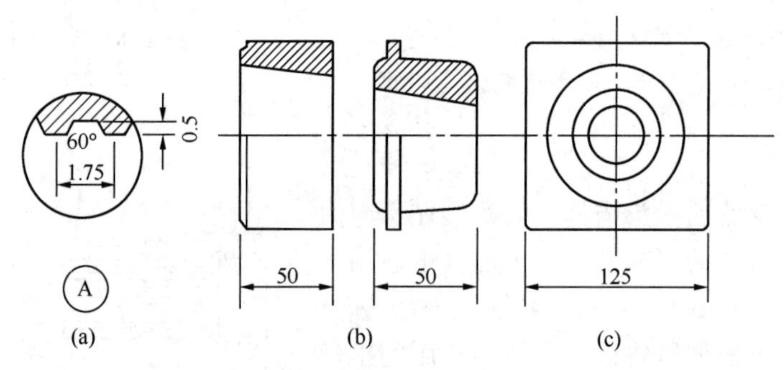

图 2.4.3-8 JM12 型锚具
(a) JM12 型锚具；(b) JM12 型锚具的夹片；(c) JM12 型锚具的锚环

JM12 型锚具性能好，锚固时钢筋束或钢绞线束被单根夹紧，不受直径误差的影响，且预应力筋是在呈直线状态下被张拉和锚固，受力性能好。因此，为适应小吨位高强钢丝束的锚固，近年来还发展了锚固 6～7 根 ϕ5mm 碳素钢丝的 JM5-6 和 JM5-7 型锚具，其原理完全相同。为降低锚具成本，还开发了精铸 JM12 型锚具。

JMl2 型锚具是一种利用楔块原理锚固多根预应力筋的锚具，它既可作为张拉端的锚具，又可作为固定端的锚具或作为重复使用的工具锚。JM12 型锚具宜选用相应的 YC60 型穿心式千斤顶来张拉预应力筋。

7）KT-Z 型锚具

一种可锻铸铁锥形锚具，其构造如图 2.4.3-9 所示。可用于锚固钢筋束和钢绞线束。如锚固 3～6 根直径为 12mm 的 HRB400 级钢筋和直径为 12mm 的 RRB400 级钢筋束以及锚固 3～6 根 ϕ_j12mm（7ϕ4mm）的钢绞线束。KT-Z 型锚具由锚塞和锚环组成。均用可锻铸铁成型。该锚具为半埋式，使用时先将锚环小头嵌入承压钢板中，并用断续焊缝焊牢，然后共同预埋在构件端部。使用该锚具时，

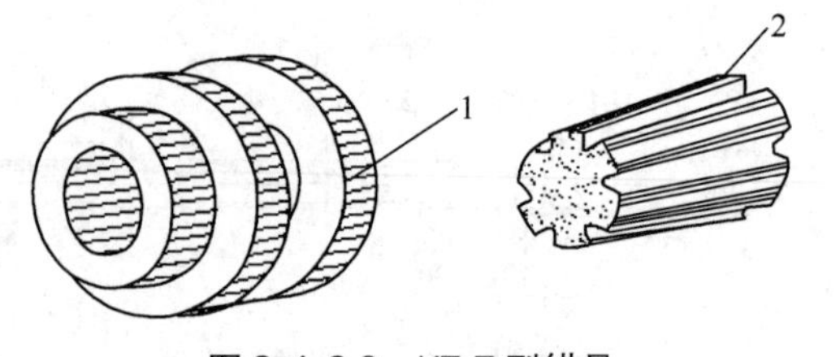

图 2.4.3-9 KT-Z 型锚具
1—锚环；2—锚塞

预应力筋在锚环小口处易形成弯折，产生摩擦损失。对控制应力钢筋束，σ_{con}损失值为4%；对钢绞线束则约为控制应力σ_{con}的2%。KT-Z型锚具用于螺纹钢筋束时，宜用锥锚式双作用千斤顶张拉；用于钢绞线束，则宜用YC60型双作用千斤顶张拉。

8）多孔夹片锚具

这是在一块多孔的锚板上，利用每个锥形孔，安装一副夹片，夹持一根钢绞线的一种楔紧式锚具。这种锚具的优点是任何一根钢绞线锚固失效，都不会引起整束锚固失效，并且每束钢绞线的根数不受限制，但构件端部需要扩孔。该锚具广泛应用于现代预应力混凝土工程，主要的产品有以下几种。

（1）XM型锚具

这是一种新型锚具，由锚板与三片夹片组成，如图2.4.3-10所示。它既适用于锚固钢绞线束，又适用于锚固钢丝束；既可锚固单根预应力筋，又可锚固多根预应力筋，适用于锚固3～7根直径15mm的钢绞线束或3～12根直径5mm的钢丝束。当用于锚固多根预应力筋时，既可单根张拉、逐根锚固，又可成组张拉、成组锚固。另外，它还既可用作工作锚具，又可用作工具锚具。近年来，随着预应力混凝土结构和无粘结预应力结构的发展，XM型锚具已得到广泛应用。其具有通用性强、性能可靠、施工方便、便于高空作业的特点。

XM型锚具锚板上的锚孔沿圆周排列，间距不小于36mm，锚孔中心线的倾斜度为1∶20。锚板顶面应垂直于钻孔中心线，以利夹片均匀塞入。夹片采用三片式，按120°均分开缝，沿轴向有倾斜偏转角，倾斜偏转角的方向与钢绞线的扭角相反，以确保夹片能夹紧钢绞线或钢丝束的每一根外围钢丝，形成可靠的锚固。

（2）QM型锚具

适用于锚固4～31根ϕ_j12.7mm的钢绞线或3～19根ϕ_j15mm的钢绞线。该锚具由锚板与夹片组成，如图2.4.3-11所示。QM型锚固体系配有专门的工具锚，以保证每次张拉后的退楔方便，并减少工具锚安装时间。

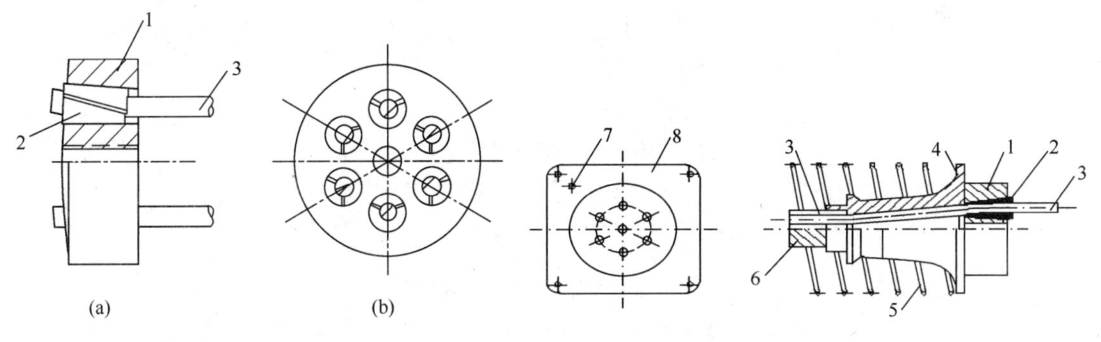

图2.4.3-10　XM型锚具

（a）装配图；（b）锚板

1—锚板；2—夹片；3—钢绞线

图2.4.3-11　QM型锚具及配件

1—锚板；2—夹片；3—钢绞线；4—喇叭形铸铁垫板；5—弹簧管；6—预留孔道用的螺旋管；7—灌浆孔

OVM型锚具是在QM型锚具的基础上，将夹片改为两片式，并在夹片背部上部锯有一条弹性槽，以提高锚固性能。

（3）BS型锚具

适用于锚固3～55根ϕ_j15mm的钢绞线，锚下采用钢垫板、焊接喇叭管与螺旋筋。灌

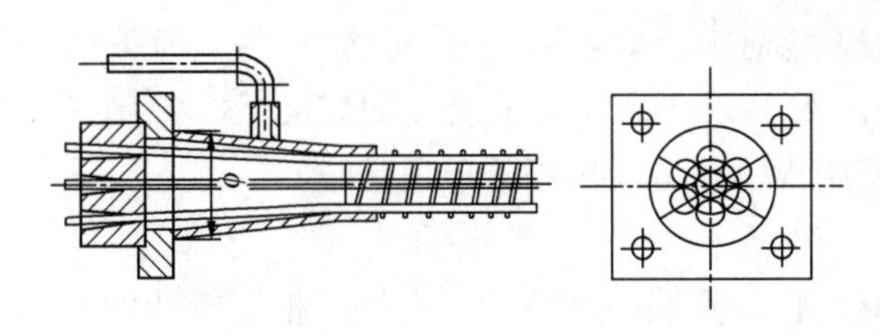
图 2.4.3-12 BS 型锚固体系

浆孔设置在喇叭管上，由塑料管引出，如图 2.4.3-12 所示。

9）压花锚具

当需要把后张法预应力传至混凝土时，可采用 H 形固定端锚具，它包括带梨形自锚头的一段钢绞线、支托梨形自锚头用的钢筋支架、螺旋筋、约束圈等，如图 2.4.3-13 所示。钢绞线梨形自锚头采用专用的压花机挤压成型。压花机是制作 H 形固定端锚具的专用挤压设备。YH30 型压花机具有体积小、质轻、操作方便等特点。

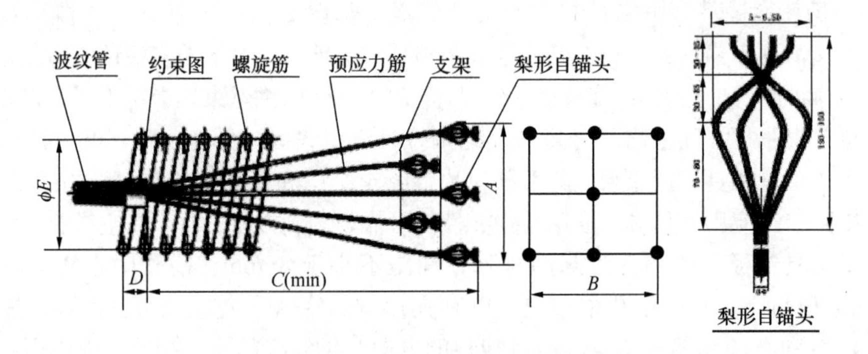

图 2.4.3-13 H 形固定端压花锚具构造图

3. 张拉机具

1）拉杆式千斤顶

拉杆式千斤顶由主油缸、主缸活塞、回油缸、回油活塞、连接器、传力架、活塞拉杆等组成。图 2.4.3-14 所示是用拉杆式千斤顶张拉时的工作示意图。

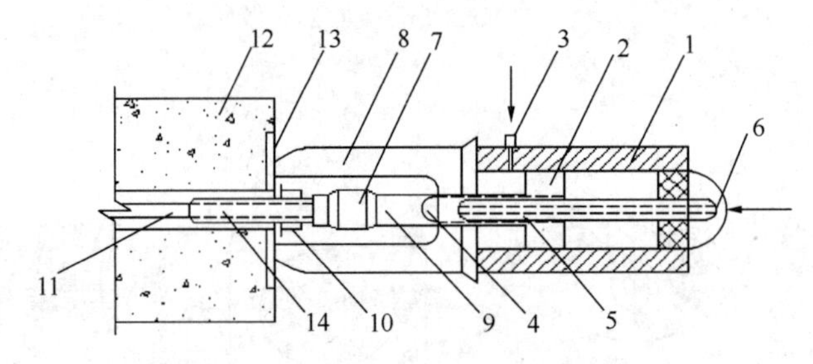

图 2.4.3-14 拉杆式千斤顶张拉原理

1—主油缸；2—主缸活塞；3—进油孔；4—回油缸；5—回油活塞；
6—回油孔；7—连接器；8—传力架；9—拉杆；10—螺母；
11—预应力筋；12—混凝土构件；13—预埋铁板；14—螺栓端杆

目前，常用的是 YL60 型拉杆式千斤顶。另外，还生产 YL400 型和 YL500 型千斤顶，其张拉力分别为 4000kN 和 5000kN，主要用于张拉力大的钢筋张拉。

2）穿心式千斤顶

穿心式千斤顶是利用双液压缸张拉预应力筋和顶压锚具的双作用千斤顶。穿心式千斤顶适用于张拉带 JM 型锚具的钢筋束或钢绞线束，配上撑脚与拉杆后，也可作为拉杆式千斤顶张拉带螺栓端杆锚具和镦头锚具的预应力筋。

图 2.4.3-15 所示为 YC60 型千斤顶构造图，主要由张拉油缸、顶压油缸、顶压活塞、穿心套、保护套、端盖堵头、连接套、撑套、回弹弹簧和动、静密封圈等组成。该千斤顶具有双重作用，即张拉与顶锚两个作用。大跨度结构、长钢丝束等延伸量大者，用穿心式千斤顶为宜。

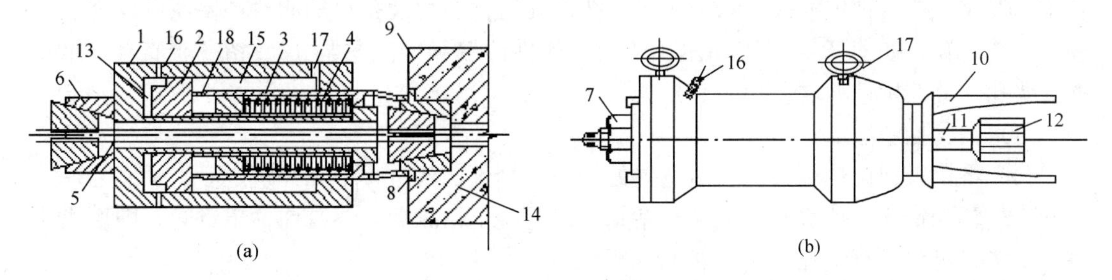

图 2.4.3-15 YC60 型千斤顶

(a) 构造与工作原理；(b) 加撑脚后的外形

1—张拉油缸；2—顶压油缸；3—顶压活塞；4—弹簧；5—预应力筋；6—工具锚；7—螺母；8—锚环；9—构件；10—撑脚；11—张拉杆；12—连接器；13—张拉工作油室；14—顶压工作油室；15—张拉回程油室；16—张拉缸油嘴；17—顶压缸油嘴；18—油孔

3）锥锚式千斤顶

锥锚式千斤顶是具有张拉、顶锚和退楔功能三重作用的千斤顶，用于张拉带钢质锥形锚具的钢丝束。系列产品有：YZ38、YZ60 和 YZ85 型千斤顶。

锥锚式千斤顶由张拉油缸、顶压油缸、退楔装置、楔形卡环、退楔翼片等组成（图 2.4.3-16）。其工作原理是当张拉油缸进油时，张拉缸被压移，使固定在其上的钢筋被张拉。钢筋张拉后，改由顶压油缸进油，随即由副缸活塞将锚塞顶入锚圈中。张拉缸、顶压缸同时回油，则在弹簧力的作用下复位。

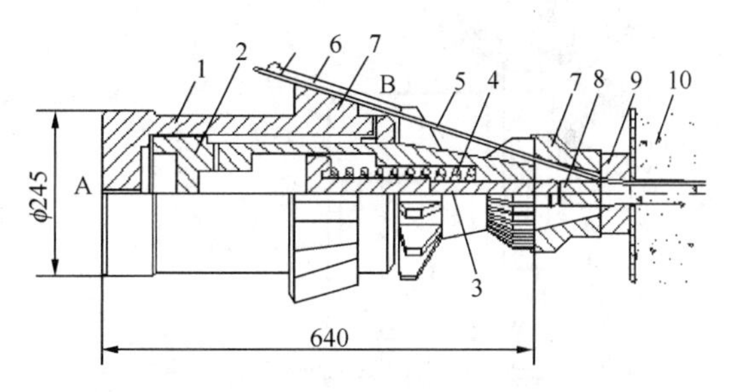

图 2.4.3-16 锥锚式千斤顶

1—张拉油缸；2—顶压油缸；3—顶压活塞；4—弹簧；5—预应力筋；6—楔块；7—对中套；8—锚塞；9—锚环；10—构件

4）高压油泵

高压油泵分手动和电动两类，目前常使用的有：ZB4-500 型（图 2.4.3-17）、ZB10/320～4/800 型、ZB0.8-500 与 ZB0.6-630 型等几种，其额定压力为 40～80MPa。高压油泵是向液压千斤顶各个油缸供油，使其活塞按照一定速度伸出或回缩的主要设备。油泵的额定压力应等于或大于千斤顶的额定压力。

用千斤顶张拉预应力筋时，张拉力的大小是通过油泵上的油压表的读数来控制的。油压表的读数表示千斤顶张拉油缸活塞单位面积的油压力。在理论上如已知张拉力 N，活塞面积 A，则可求出张拉时油表的相应读数 P。

4. 施工工艺

1）预留孔道

后张法施工步骤是先制作构件，预留孔道；待构件混凝土达到规定强度后，在孔道内穿放预应力筋，预应力筋张拉并锚固；最后孔道灌浆。

孔道留设是后张法构件制作中的关键工作。孔道留设方法有钢管抽芯法、胶管抽芯法和预埋波纹管法。预埋波纹管法只用于曲线形孔道。在留设孔道的同时还要在设计规定位置留设灌浆孔，如图 2.4.3-18 所示。一般在构件两端和中间每隔 12m 留一个直径 20mm 的灌浆孔，并在构件两端各设一个排气孔。

（1）钢管抽芯法

预先将钢管埋设在模板内孔道位置处，在混凝土浇筑过程中和浇筑之后，每间隔一定时间慢慢转动钢管，使之不与混凝土粘结，待混凝土初凝后、终凝前抽出钢管，即形成孔道。该法只可留设直线孔道。

钢管要平直，表面要光滑，安放位置要准确。一般用间距不大于 1m 的钢筋井字架固定钢管位置，如图 2.4.3-19 所示。每根钢管的长度最好不超过 15m，以便于旋转和抽管，较长构件则用两根钢管，中间用套管连接。钢管的旋转方向两端要相反。

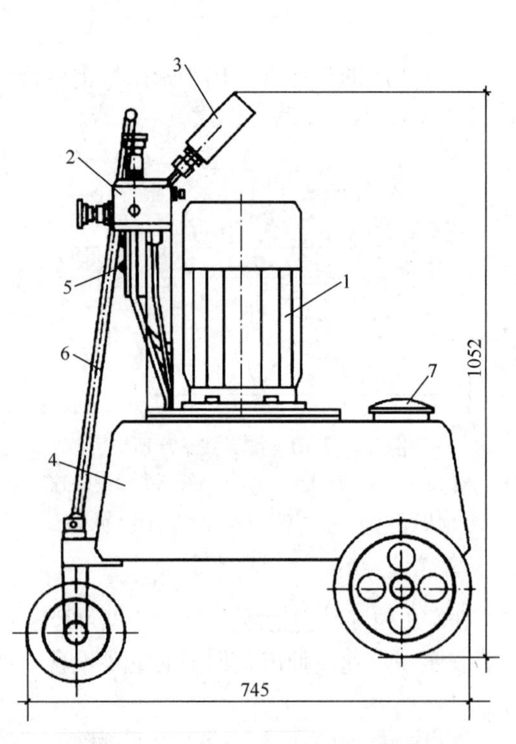

图 2.4.3-17 ZB4-500 型高压油泵

1—电动机及泵体；2—控制阀；3—压力表；4—油箱小车；5—电气开关；6—拉手；7—加油口

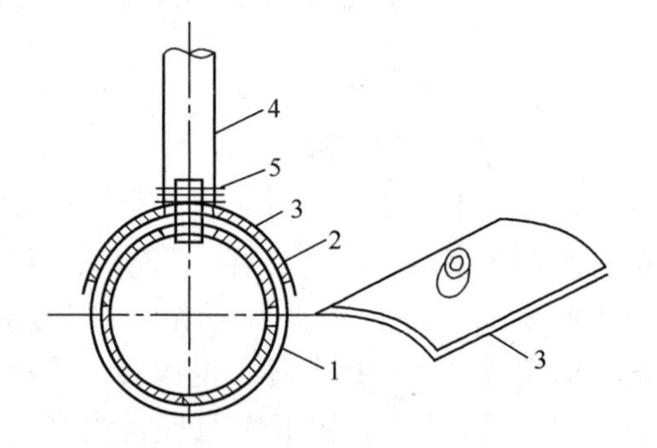

图 2.4.3-18 灌浆孔留设

1—螺旋管；2—海绵垫；3—塑料弧形压板；4—塑料管；5—钢丝扎紧

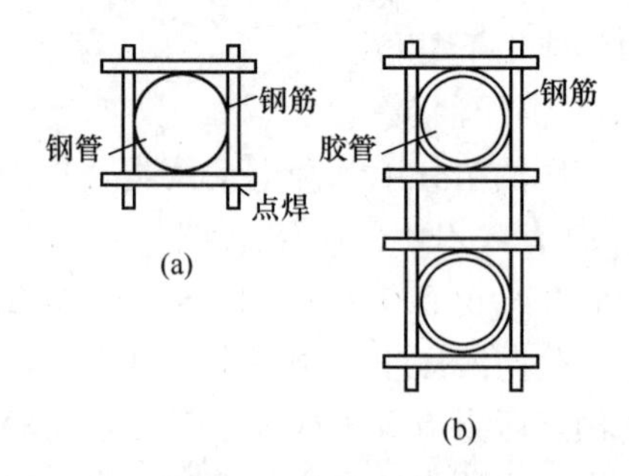

图 2.4.3-19 井字架

（a）单孔井字架；（b）双孔井字架

恰当掌握抽管时间很重要。过早会坍孔，太晚则抽管困难。一般在初凝后、终凝前，以手指按压混凝土不粘浆又无明显印痕时则可抽管。为保证顺利抽管，混凝土的浇筑顺序要密切配合。抽管顺序宜先上后下，抽管可用人工或卷扬机，抽管要边抽边转，速度均匀，与孔道成一直线。

（2）胶管抽芯法

胶管有布胶管和钢丝网胶管两种。用间距不大于0.5m的钢筋井字架固定位置，见图2.4.3-19。浇筑混凝土前，胶管内充入压力为0.6～0.8N/mm^{2}的压缩空气或压力水，此时胶管直径增大3mm左右，胶管密封如图2.4.3-20所示。待浇筑的混凝土初凝后，放出压缩空气或压力水，管径缩小而与混凝土脱离，便于抽出。后者质硬、具有一定弹性，留孔方法与钢管一样，只是浇筑混凝土后不需转动，由于其有一定弹性，抽管时在拉力作用下断面缩小易于拔出。采用胶管抽芯留孔，不仅可留直线孔道，而且可留曲线孔道。

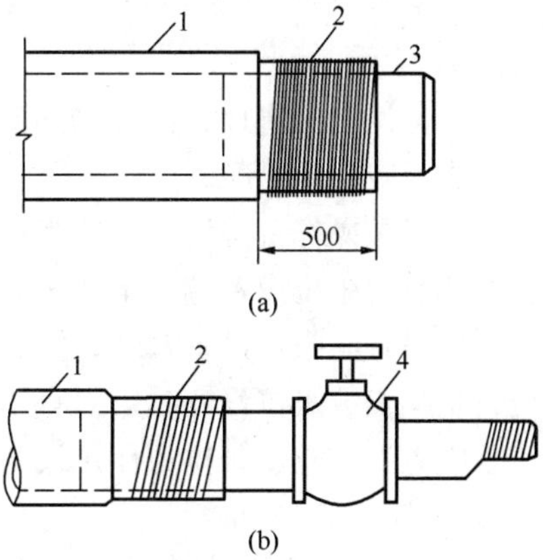

图2.4.3-20 胶管密封

（a）胶管封端；（b）胶管与阀门连接

1—胶管；2—20号钢丝密缠；3—钢管堵头；4—阀门

（3）预埋波纹管法

波纹管为特制的带波纹的金属管，它与混凝土有良好的粘结力。波纹管预埋在构件中，浇筑混凝土后不再抽出，预埋时用间距不宜大于0.8m的钢筋井字架固定。

波纹管外形按照每两个相邻的折叠咬口之间凸出部（波纹）的数量分为单波纹和双波纹，如图2.4.3-21所示。

波纹管内径为40～100mm，每5mm递增；波纹高度：单波为2.5mm，双波为3.5mm。波纹管长度，由于运输关系，每根为4～6m；波纹管用量大时，生产厂可带卷管机到现场生产，管长不限。

波纹管的连接，采用大一号的同型波纹管。接头管的长度为200～300mm，用热塑管或密封胶带封口，如图2.4.3-22所示。

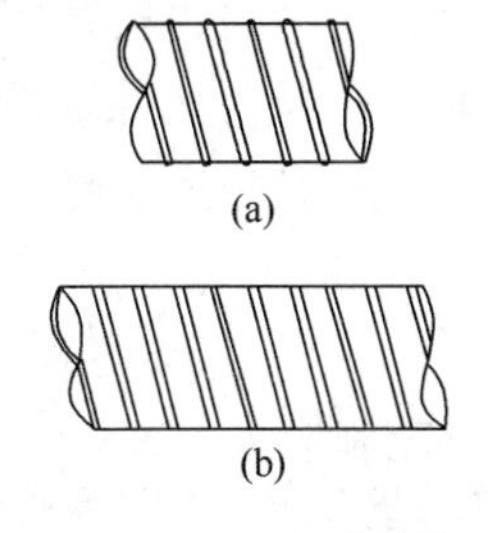

图2.4.3-21 波纹管外形

（a）单波纹；（b）双波纹

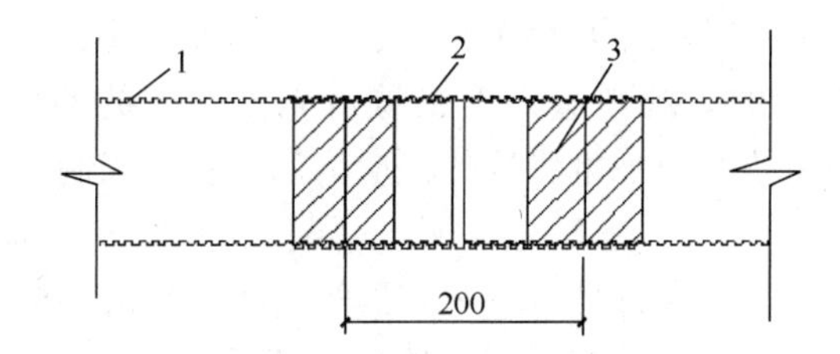

图2.4.3-22 波纹管的连接

1—波纹管；2—接头管；3—密封胶带

波纹管的安装，应根据预应力筋的曲线坐标在侧模或箍筋上划线，以波纹管底为准。波纹管的固定，可采用钢筋托架（图2.4.3-23），间距为600mm。钢筋托架应焊在箍筋上，箍筋下面要用垫块垫实。波纹管安装就位后，必须用钢丝将波纹管与钢筋托架扎牢，

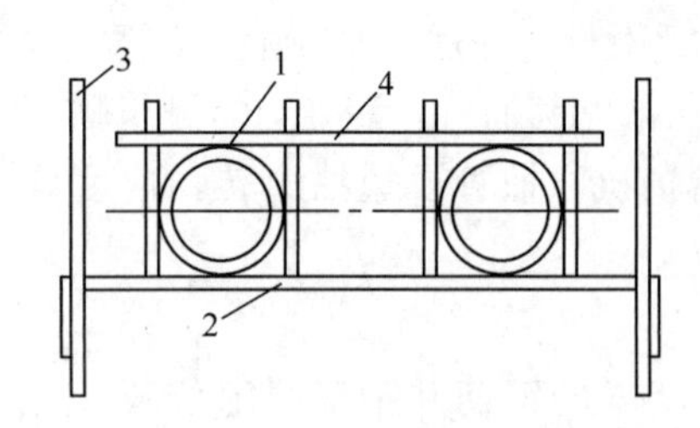

图 2.4.3-23 波纹管的固定

1—波纹管；2—托架；3—箍筋；4—后绑的钢筋

以防浇筑混凝土时波纹管上浮而引起的质量事故。

2）张拉前准备

（1）计算张拉力和张拉伸长值。根据张拉设备标定结果确定油泵压力表读数。

（2）钢筋下料，应根据孔道长度、张拉机具条件，精确计算钢筋下料长度，详见二维码 2.4.3-2。

（3）混凝土强度检验。预应力筋张拉时，混凝土强度应符合设计要求；当设计无具体要求时，不应低于设计混凝土强度等级的 75%。

二维码2.4.3-2

（4）构件端头清理。构件端部预埋钢板与锚具接触处的焊渣、毛刺、混凝土残渣等应清除干净。

（5）张拉操作台搭设。高空张拉预应力筋时，应搭设可靠的操作平台。为了减轻操作平台的负荷，张拉设备应尽量移至靠近的楼板上，无关人员不得停留在操作平台上。

（6）锚具与张拉设备安装。锚具进场后应经过检验合格，方可使用；张拉设备应事先配套校验。安装张拉设备时，对直线预应力筋，应使张拉力作用线与孔道中心线重合；对曲线预应力筋，应使张拉力作用线与孔道中心线末端的切线重合。

3）预应力筋张拉

后张法预应力筋的张拉程序，与所采用的锚具种类有关。为减少松弛损失，张拉程序一般与先张法相同。后张法预应力筋的张拉应注意下列问题：

（1）对平卧叠浇的预应力混凝土构件，上层构件的重量产生的水平摩阻力，应从工艺上消除上下构件张拉预应力的相互影响，确保构件预应力水平的精准。

（2）考虑到预应力筋在预留孔孔壁内摩擦引起的应力损失，对抽芯成型孔道的曲线形预应力筋和长度大于 24m 的直线预应力筋，应采用两端张拉；长度等于或小于 24m 的直线预应力筋，可一端张拉，但张拉端宜分别设置在构件两端。对预埋波纹管孔道，曲线形预应力筋和长度大于 30m 的直线预应力筋宜在两端张拉；长度等于或小于 30m 的直线预应力筋可在一端张拉。用双重作用千斤顶两端同时张拉钢筋束、钢绞线束或钢丝束时，为减少顶压时的应力损失，可先顶压一端的锚塞，而另一端在补足张拉力后再行顶压。

（3）配有多根预应力筋的构件，应分批对称地进行张拉，避免张拉时构件呈现过大的偏压。要考虑后批预应力筋张拉对先批张拉的预应力筋的张拉应力产生影响。按公式（2.4.3-1）计算第一批张拉的预应力筋的张拉控制应力 σ'_{con}：

$$\sigma'_{con} = \sigma_{con} + \alpha_E \sigma_{pc} \tag{2.4.3-1}$$

式中 σ_{con} ——设计控制应力，即第二批张拉的预应力筋的张拉控制应力；

α_E ——钢筋与混凝土的弹性模量比；

σ_{pc} ——第二批预应力筋张拉时，在已张拉预应力筋重心处产生的混凝土法向应力。

例题 2.4.3-1：某预应力混凝土屋架，混凝土强度等级为 C40，$E=3.25\times10^4\text{N/mm}^2$，下弦配置 4 束钢丝束预应力筋，$E=2.05\times10^5\text{N/mm}^2$；张拉控制应力 $\sigma_{con}=0.75f_{ptk}=0.75\times1570=1177.5\text{N/mm}^2$，采用对角线对称分两批张拉，则第二批两根预应力筋的张拉控制

应力 $\sigma_{con}=1177.5\text{N/mm}^2$，又知 $\sigma_{pc}=12\text{N/mm}^2$，计算得第一批预应力筋的张拉控制应力为：

$$\sigma'_{con}=1177.5+\frac{2.05\times10^5}{3.25\times10^4}\times12=1253.2\text{N/mm}^2$$

（4）较长的多跨连续梁可采用分段张拉方式。在后张传力梁等结构中，为了平衡各阶段的荷载，可采用分阶段张拉方式；也可采用在早期预应力损失基本完成后再进行补偿张拉的方式。

（5）当采用应力控制方法张拉时，应校核预应力筋的伸长值，如实际伸长值比计算伸长值大10%或小5%，应暂停张拉，在采取措施予以调整后，方可继续张拉。

4）孔道灌浆

预应力筋张拉后，应随即进行孔道灌浆，尤其是钢丝束，张拉后应尽快进行灌浆，以防锈蚀与增加结构的抗裂性和耐久性。

灌浆宜用强度等级不低于42.5的普通硅酸盐水泥调制的水泥浆，对空隙大的孔道，水泥浆中可掺适量的细砂，但水泥浆和水泥砂浆的强度不宜低于20N/mm²，且应有较大的流动性和较小的干缩性、泌水性。水灰比一般为0.4～0.45。为使孔道灌浆密实，可在灰浆中掺入0.05‰～0.1‰的铝粉或0.25%的木质素磺酸钙，搅拌后3h的泌水率宜控制在2%。

灌浆顺序应先下后上。灌浆前，用压力水冲洗和润湿孔道。灌浆过程中，水泥浆应均匀缓慢地注入，不得中断。灌满孔道并封闭气孔后，宜再继续加注至0.5～0.6MPa，并稳压一定时间。对不掺外加剂的水泥浆，可采用两次灌浆法来提高灌浆的密实性。曲线孔道灌浆宜由最低点注入水泥浆，至最高点排气孔排尽空气并溢出浓浆为止。

2.4.4 无粘结预应力施工

无粘结预应力混凝土是一种后张法预应力混凝土施工方法，是将无粘结预应力筋像普通布筋一样先铺设在支好的模板内，然后浇筑混凝土，待混凝土达到设计规定的强度后进行张拉锚固的施工方法。

1. 无粘结预应力筋的制作

无粘结预应力筋用防腐润滑油脂涂敷在预应力筋表面，并外包塑料护套制成，如图2.4.4-1所示。涂料层的作用是使预应力筋与混凝土隔离，减少张拉时的摩擦损失，防止预应力筋腐蚀等。防腐润滑油脂应具有良好的化学稳定性，不透水、不吸湿、无侵蚀作用，润滑性能好；在规定温度范围内高温不流淌，低温不变脆，并有一定韧性。成型后的整盘无粘结预应力筋可按工程所需长度、锚固形式下料，进行组装。

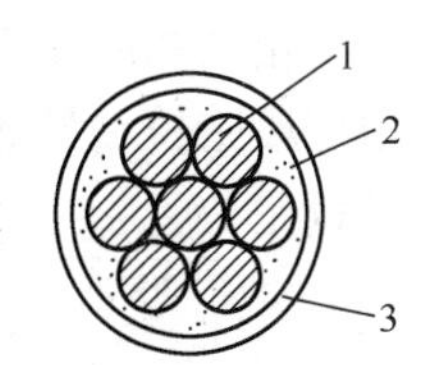

图2.4.4-1 无粘结预应力筋

1—钢绞线或钢丝；2—油脂；3—塑料护套

2. 无粘结预应力筋的铺设

在单向板中，无粘结预应力筋的铺设比较简单，与非预应力筋铺设基本相同。在双向板中，无粘结预应力筋需要配置成两个方向的悬垂曲线，要相互穿插，施工操作较为困难，必须事先编出无粘结筋的铺设顺序。其方法是将各向无粘结筋各搭接点的标高标出，对各搭接点相应的两个标高分别进行比较，若一个方向某一无粘结筋的各点标高均分别低于与其相交的各筋相应点标高时，则此筋可先放置。按此规律编出全部无粘结筋的铺设顺序。

无粘结预应力筋的铺设，通常是在底部钢筋铺设后进行。水电管线一般宜在无粘结筋铺设后进行，且不得将无粘结筋的竖向位置抬高或压低。支座处负弯矩钢筋通常是在最后铺设。

无粘结预应力筋应严格按设计要求的曲线形状就位并固定牢靠。无粘结筋竖向位置，宜用支撑钢筋或钢筋马凳进行控制，间距为1～2m。应保证无粘结筋的曲线顺直。在双向连续平板中，各无粘结筋曲线高度的控制点用铁马凳垫好并扎牢。在支座部位，无粘结筋可直接绑扎在梁或墙的顶部钢筋上；在跨中部位，可直接绑扎在板的底部钢筋上。

对无粘结预应力筋混凝土单向多跨连续梁、板，在设计中宜将无粘结预应力筋分段锚固，或增设中间锚固点（图 2.4.4-2）。

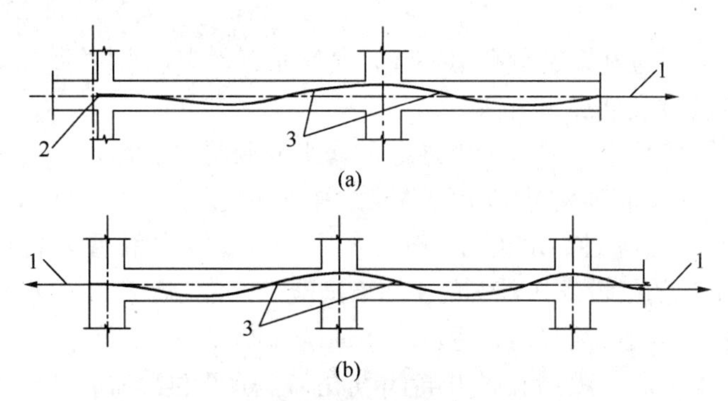

图 2.4.4-2　无粘结预应力筋曲线反弯点示意图

(a) 两跨无粘结筋；(b) 三跨无粘结筋

1—张拉端；2—锚固端；3—反弯点

3. 无粘结预应力筋张拉

无粘结预应力筋张拉程序等有关要求基本上与有粘结后张法相同。

无粘结预应力混凝土楼盖结构宜先张拉楼板，后张拉楼面梁。板中的无粘结筋，可依次张拉。板中的无粘结筋一般采用前卡式千斤顶单根张拉，并用单孔夹片锚具锚固。

无粘结曲线预应力筋的长度超过 35m 时，宜采取两端张拉；当筋长超过 70m 时，宜采取分段张拉。如遇到摩擦损失较大时，宜先松动一次再张拉。在梁板顶面或墙壁侧面的斜槽内张拉无粘结预应力筋时，宜采用变角张拉装置。

4. 端部处理

无粘结预应力筋的锚固区，必须有严格的密封防护措施，严防水汽进入，锈蚀预应力筋。

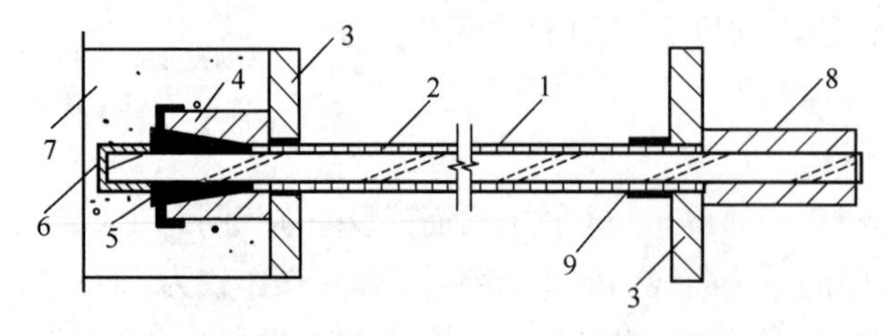

图 2.4.4-3　无粘结预应力筋全密封构造

1—护套；2—钢绞线；3—承压钢板；4—锚环；5—夹片；6—塑料帽；7—封头混凝土；8—挤压锚具；9—塑料套管或橡胶带

无粘结预应力筋锚固后的外露长度不小于 30mm，多余部分宜用手提砂轮锯切割，但不得采用电弧切割。在锚具与锚垫板表面涂以防水涂料。为了使无粘结筋端头全封闭，在锚具端头涂防腐润滑油脂后，罩上封端塑料盖帽（图 2.4.4-3）。

对凹入式锚固区，锚具表面经

上述处理后，再用微胀混凝土或低收缩防水砂浆密封。对凸出式锚固区，可采用外包钢筋混凝土圈梁封闭。对留有后浇带的锚固区，可采取二次浇筑混凝土的方法封锚。

无粘结预应力束，一般采用镦头锚具，钢丝束两端应在构件上预留有一定长度的孔道，其直径略大于锚具的外径。钢丝束张拉锚固以后，应加以处理，保护预应力钢丝，如图 2.4.4-4 所示。目前常采用两种方法：第一种方法系在孔道中注入油脂并加以封闭，如图 2.4.4-4（a）所示。第二种方法系在两端留设的孔道内注入环氧树脂水泥砂浆，其抗压强度不低于 35MPa。灌浆时同时将锚头封闭，防止锈蚀，如图 2.4.4-4（b）所示。

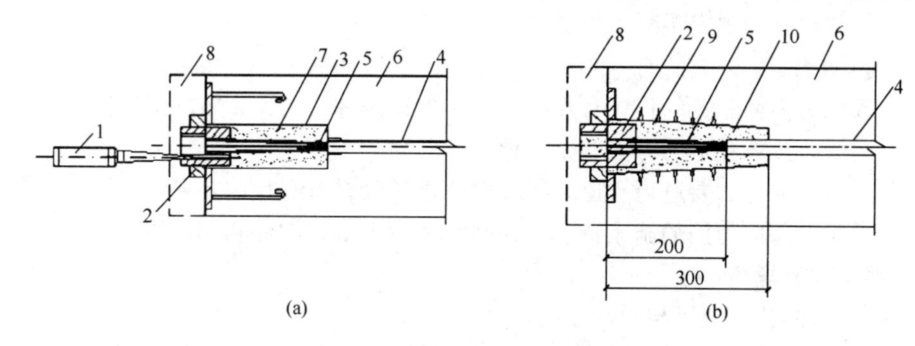

图 2.4.4-4 锚头端部处理方法

1—油枪；2—锚具；3—端部孔道；4—有涂层的无粘结预应力束；5—无涂层的端部钢丝；6—构件；7—注入孔道的油脂；8—混凝土封闭；9—端部加固螺旋钢筋；10—环氧树脂水泥砂浆

预留孔道中注入油脂或环氧树脂水泥砂浆后，用 C30 级的细石混凝土封闭锚头部位。

思考与练习题

一、术语与名词解释

脚手架工程、井架、施工升降机、施工电梯、砌体结构、砂浆保水性、皮数杆、“三一”砌筑法、可砌高度、抄平、混凝土结构、自密实混凝土、先张法、后张法、施工缝、后浇带。

二、问答题

[1] 试述砌筑用脚手架的类型。对脚手架的基本要求有哪些?

[2] 建筑材料运输所使用的设备有哪些?

[3] 砖和砌块有哪些种类? 简述其区别和适用范围。

[4] 简述砌筑砂浆的种类、适用范围和使用时间。

[5] 简述砖砌体的施工工艺和质量要求。

[6] 砖墙临时间断处的接槎方式有哪些? 有何要求?

[7] 试述钢筋的种类。

[8] 钢筋进场验收主要有哪些内容?

[9] 钢筋隐蔽工程验收的内容包括哪些?

[10] 钢筋绑扎搭接长度的确定主要考虑哪些因素?

[11] 模板由几部分构成? 论述模板系统的基本要求。

[12] 现浇混凝土的模板拆卸时应注意哪些问题?

[13] 混凝土现场配制时如何根据现场材料进行配料比的换算？
[14] 混凝土搅拌制度包括哪些内容？
[15] 什么是施工缝？留设施工缝的原则和处理方法是什么？
[16] 什么是自然养护？有哪几种方法？
[17] 冬期施工的定义是什么？何谓“混凝土受冻临界强度”？冬期需采取哪些措施？
[18] 大体积混凝土浇筑应注意什么问题？浇筑方案有哪几种？
[19] 混凝土振捣机械的工作方式有哪几种？
[20] 如何检查和评定混凝土质量？
[21] 施加预应力的方法有哪几种？其预应力值是如何建立和传递的？
[22] 预应力钢筋张拉的程序有几种？适用什么条件；为什么要超张拉？
[23] 后张法预留孔道的方法有哪几种？
[24] 后张法为什么要进行孔道灌浆？对孔道灌浆材料有什么要求？
[25] 无粘结预应力筋的施工特点是什么？适用于哪些构件和结构？

三、网上冲浪学习

[1] 砖砌体的施工流程与质量控制。
[2] 钢筋混凝土施工常见质量事故与防治措施。
[3] 大体积混凝土施工工艺。
[4] 砌体、钢筋混凝土等土木工程冬期施工。
[5] 先张法、后张法、无粘结预应力混凝土施工工艺。

第3章　土石方与地基基础工程

土石方是土方和石方的总称，是涉及土木工程中开挖、支护、填筑等施工的岩土工程，特点是工作量大，范围广。“地基”或“基础”工程是典型的土石方工程，涵盖不同行业，是所有土木工程产品建造的起点，也是土木人的职业“起点”。

3.1　岩土分类与分级

岩土既是工程施工的对象，也是主要的工程材料，本章学习，首先需要温习一下有关岩土工程的基本理论知识，掌握岩土力学或相关规范中与施工密切相关的岩土力学性能参数，如密度、含水率、渗透性数、抗剪强度等，详见二维码3.1。

3.1.1　通用岩土分类

二维码3.1

经过长期实践，我国各个行业的岩土分类，如《公路工程地质勘察规范》JTG C20—2011、《建筑地基基础设计规范》GB 50007—2011、《工程岩体分级标准》GB/T 50218—2014、《岩土工程勘察规范》GB 50021—2001等，正在逐渐趋于一致。但由于不同行业或地区的岩土工程特殊性需要，还存在行业或地方性差异。应跟踪不同标准和规范的历史更新发展，以便更好地服务于各行业和各个地区的岩土工程。

作为建筑地基的岩土，主要是为了评定地基和基础的承载能力，《建筑与市政地基基础通用规范》GB 55003—2021、《建筑地基基础设计规范》GB 50007—2011将岩土划分为七类：岩石、碎石土、砂土、粉土、黏性土、人工填土和特殊土。其中，岩石的坚硬程度应根据岩块的饱和单轴抗压强度 f_{rk} 划分为坚硬岩、较硬岩、较软岩、软岩和极软岩。岩石的风化程度可分为未风化、微风化、中等风化、强风化和全风化。

碎石土是指粒径大于2mm的颗粒含量超过全重50%的土。碎石土可按表3.1.1-1分为漂石、块石、卵石、碎石、圆砾和角砾。

碎石土的分类　　表3.1.1-1

土的名称	颗粒形状	粒组含量
漂石	圆形及亚圆形为主	粒径大于200mm的颗粒含量超过全重的50%
块石	棱角形为主	
卵石	圆形及亚圆形为主	粒径大于20mm的颗粒含量超过全重的50%
碎石	棱角形为主	
圆砾	圆形及亚圆形为主	粒径大于2mm的颗粒含量超过全重的50%
角砾	棱角形为主	

砂土为粒径大于 2mm 的颗粒含量不超过全重 50%、粒径大于 0.075mm 的颗粒超过全重 50%的土。砂土可分为砾砂、粗砂、中砂、细砂和粉砂。

人工填土根据其组成和成因，可分为素填土、压实填土、杂填土、冲填土。素填土为由碎石土、砂土、粉土、黏性土等组成的填土。经过压实或夯实的素填土为压实填土。杂填土为含有建筑垃圾、工业废料、生活垃圾等杂物的填土。冲填土为由水力冲填泥砂形成的填土。特殊土主要定义了膨胀土和湿陷性土两种。

作为建筑地基基础施工，最应掌握的是地基承载力特征值的概念及其试验、现场测试方法。

<u>地基承载力特征值</u>（Characteristic value of subgrade bearing capacity）：正常使用极限状态下的地基承载能力，即在保证地基稳定的前提下，变形不超过允许值的地基承载力。由载荷试验测定的地基土压力变形曲线线性变形段内规定的变形所对应的最大比例界限压力值。

3.1.2　交通岩土分类

1. 公路土料

我国公路交通工程用标准将岩土划分为四大类十二小类，即巨粒土、粗粒土、细粒土和特殊土，如图 3.1.2-1 所示。一般根据土的颗粒粒径（增加了 60mm 这个档）、组成特征、土的塑性指标和土中有机质存在的情况进行土类划分。

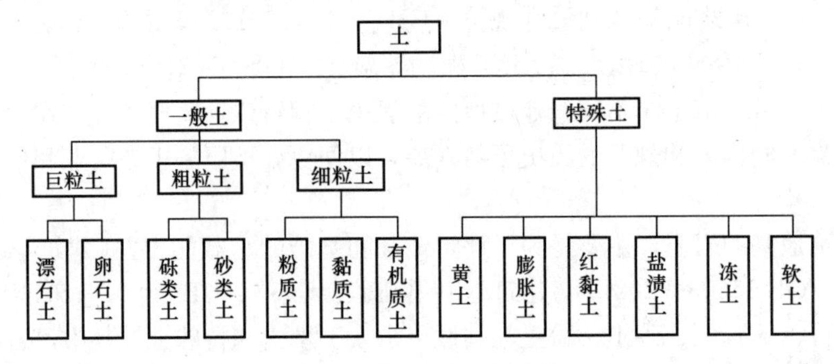

图 3.1.2-1　公路土料分类

《土的工程分类标准》GB/T 50145—2007 按土的颗粒直径分为三个组：巨粒组、粗粒组、细粒组，以 60mm、0.075mm 粒径和含量 50%作为三组的分界点。黏粒也纳入细粒组，0.002mm 粒径是粉砂与黏粒的区分界点，粗粒组又细分了砾粒和砂粒两个小组，如表 3.1.2-1 所示。

不同粒组的划分界点及范围　　表 3.1.2-1

粒径（mm）	200	60	20	5	2	0.5	0.25	0.075	0.002
巨粒组		粗粒组						细粒组	
漂石（块石）	卵石（小块石）	砾（角砾）			砂			粉粒	黏粒
		粗	中	细	粗	中	细		

根据岩体爆破工程普氏系数的十六分级，公路土石工程又有表 3.1.2-2 所示分类。

公路岩土分类 **表 3.1.2-2**

公路工程定额分类	松土	普通土	硬土	软石	次坚石	普坚石	特坚石
对应于十六分级	Ⅰ～Ⅱ	Ⅲ	Ⅳ	Ⅴ～Ⅵ	Ⅵ～Ⅷ	Ⅸ～Ⅹ	Ⅺ～ⅩⅥ

在公路路基施工中，常用的是“加州承载比 CBR”（CBR 是英文 California Bearing Ratio 的缩写），其是表征路基土、粒料、稳定土强度的一种指标。定义为：标准试件在贯入量为 2.5mm 时所施加的试验荷载与标准碎石材料在相同贯入量时所施加的荷载之比值，以百分率表示。

2. 铁路填料

铁路轨道领域，用于路基施工的工程材料定义为“填料”，其主体是岩土材料，岩土材料又细分为普通填料、物理改良土、化学改良土和级配碎石。此外，路基填料还包括混凝土砂浆、有机材料等。每一类材料都有严格的定义和质量指标。

普通填料（original soil）：颗粒级配及技术性能满足填料要求，可直接填筑的原土料或经简单筛分、拌合后能满足填筑要求的原土料。

普通填料粒组划分应按表 3.1.2-3 确定，其母岩饱和单轴抗压强度小于 20MPa 的粗粒和巨粒，在粒组划分时按细粒考虑。

普通填料粒组划分 **表 3.1.2-3**

粒组	颗粒名称		粒径范围（mm）
巨粒	漂石		$200\leqslant d<300$
	卵石		$60\leqslant d<200$
粗粒	砾粒	粗砾	$20\leqslant d<60$
		中砾	$5\leqslant d<20$
		细砾	$2\leqslant d<5$
	砂粒	粗砂	$0.5\leqslant d<2$
		中砂	$0.25\leqslant d<0.5$
		细砂	$0.075\leqslant d<0.25$
细粒	粉粒		$0.005\leqslant d<0.075$
	黏粒		$d<0.005$

普通填料按工程性能及级配特征可分为 A、B、C、D 组，详见《铁路路基设计规范》TB 10001—2016 第 5 章，各种填料用于路基工程的质量控制见《铁路路基工程施工质量验收标准》TB 10414—2018 第 4 章。

物理改良土（physically-improved soil）：原土料经过破碎、筛分或掺入砂、砾（碎）石等材料并拌合均匀，以改变填料的颗粒级配、改善工程性能的混合土料。

化学改良土（chemically-improved soil）：通过在土中掺入石灰、水泥、矿物掺合料等材料改变填料的化学成分，以改善其工程性能的混合料。

级配碎石（graded crushed stone）：由开挖岩体的块石、天然卵石或砂砾石经破碎筛选而成，其粒径、颗粒级配及性能符合技术条件规定的粗、细碎石集料和石屑各占一定比例的混合料。

铁路路基材料分类，涉及用地基系数 K_{30} 评价铁路路基承载能力的基础概念，其定义是：通过试验测得的直径 30cm 荷载板下沉 1.25mm 时对应的荷载强度（MPa）与其下沉量（mm）的比值。

3.1.3 土石方施工分类

普氏系数是传统评价土石方开挖难易程度的技术指标，并依此将岩土划分成了十六个等级，Ⅰ～ⅩⅥ。在这一分级方法的基础上，我国的爆破工程统一消耗量定额又重新进行了划分，Ⅰ～Ⅳ为土壤类；Ⅴ～ⅩⅥ为岩石类，并又划分为四类：Ⅴ为松石（软石），Ⅵ～Ⅷ为次坚石，Ⅸ～Ⅹ为普坚石，Ⅺ～ⅩⅥ为特坚石，见表 3.1.3-1。对着这八类岩土，加上可松性指标及相应的定性描述，作为土石方工程承包单价、编制招标投标的依据。

土石方工程的岩土分类 **表 3.1.3-1**

土的分类	土的名称	土的可松性		普氏系数 f	现场鉴别方法
		最初可松性	最终可松性		
一类土 松软土	砂，砂质粉土，冲积砂土层，种植土，泥炭（淤泥）	1.08～1.17	1.01～1.03	≤0.6	能用锹、锄头挖掘
二类土 普通土	粉质黏土，潮湿的黄土，夹有碎石、卵石的砂，种植土，填筑土及砂质粉土	1.14～1.28	1.02～1.05	0.6～0.8	用锹、锄头挖掘，少许用镐翻松
三类土 坚土	软及中等密实黏土，重粉质黏土，粗砾石，干黄土及含碎石、卵石的黄土、粉质黏土，压实的填筑土	1.24～1.3	1.04～1.07	0.8～1	要用镐，少许用锹、锄头挖掘，部分用撬棍
四类土 砂砾坚土	重黏土及含碎石、卵石的黏土，粗卵石，密实的黄土，天然级配砂石，软泥灰岩及蛋白石	1.26～1.32	1.06～1.09	1～1.5	整个用镐、撬棍，然后用锹挖掘，部分用楔子及大锤
五类土 软石	硬石炭纪黏土，中等密实的页岩、泥灰岩、白垩土，胶结不紧的砾岩，软的石灰岩	1.3～1.45	1.1～1.2	1.5～2	用镐或撬棍、大锤挖掘，部分使用爆破方法
六类土 次坚石	泥岩，砂岩，砾岩，坚实的页岩，泥灰岩，密实的石灰岩，风化花岗岩，片麻岩	1.3～1.45	1.1～1.2	2～8	用爆破方法开挖，部分用风镐
七类土 坚石	大理岩，辉绿岩，玢岩，粗、中粒花岗岩，坚实的白云岩、砂岩、砾岩、片麻岩、石灰岩，具有风化痕迹的安山岩、玄武岩	1.3～1.45	1.1～1.2	6～8	用爆破方法开挖

续表

土的分类	土的名称	土的可松性		普氏系数 f	现场鉴别方法
		最初可松性	最终可松性		
八类土 特软石	安山岩，玄武岩，花岗片麻岩，坚实的细粒花岗岩、闪长岩、石英岩、辉长岩、辉绿岩、玢岩	1.45～1.5	1.2～1.3	8～25	用爆破方法开挖

3.2 土石方机械施工

土石方工程施工机械装备主要用于钻凿开挖、挖掘填筑、装载运输等机械化作业。

3.2.1 钻凿机具与设备

钻凿设备，按破岩挖土原理可分为钻具和凿具，钻具主要基于旋转破土，而凿具是基于冲击破碎。根据机理，凿岩可分为切削、冲凿、碾压和削磨四种（图 3.2.1-1）。

1. 机具破岩基本原理

对于软土，通常采用刀刃切削破土方法，而对于坚硬的岩石，有效的方式是冲凿，或者是几种破岩方法的组合。在机具的运动形式上，可分为冲击过程和回转过程两大类，三种组合方式：

（1）回转切削式：以切削方式破土，比如刮刀钻头，适用于土层和软岩。

（2）冲击回转式：以冲击来破碎岩石，回转来转动岩位，用于钻凿较坚硬的岩石，如各种风钻、液压锤等冲击钻。

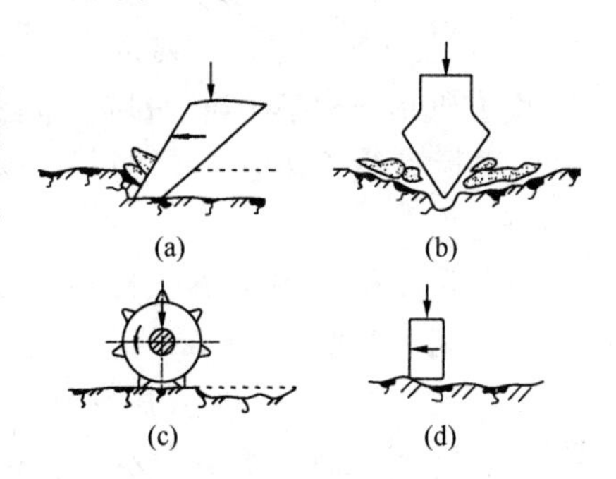

图 3.2.1-1 机具破岩机理

(a) 切削；(b) 冲凿；(c) 碾压；(d) 削磨

（3）碾磨冲击式：以碾压削磨为主，回转冲击为辅，破碎岩石。适用于中等到坚硬岩石，主要指牙轮钻具。

2. 钻凿机具与设备

钻凿设备按功能分凿岩和钻探两大类。凿岩机所钻凿的孔眼直径相对较小，而钻探类的钻孔直径相对较大。钻凿设备一般由主机、钻具和卡具等部件构成。钻具主要包括钻头和钻杆，而凿岩的机具分钎杆和钎头，见图 3.2.1-2。钻凿主机设备按驱动机构类型可划分为顶驱动、孔底驱动等；按动力可分为电动、液压、内燃和气动等；按使用场所分为露天、地下（矿井下）和水下等；按移动行走方式分为滑橇式、履带式、轮轨式等。凿岩设备的型号命名一般能体现出钻进能力，如钻孔直径和深度等，有的也能解读出钻机原产的行业门类。井巷或隧道的钻爆施工，钻孔直径 30～70mm，一般采用小直径的钻凿岩设备；露天爆破可采用大直径的钻孔设备，钻孔直径达到 70～200mm。

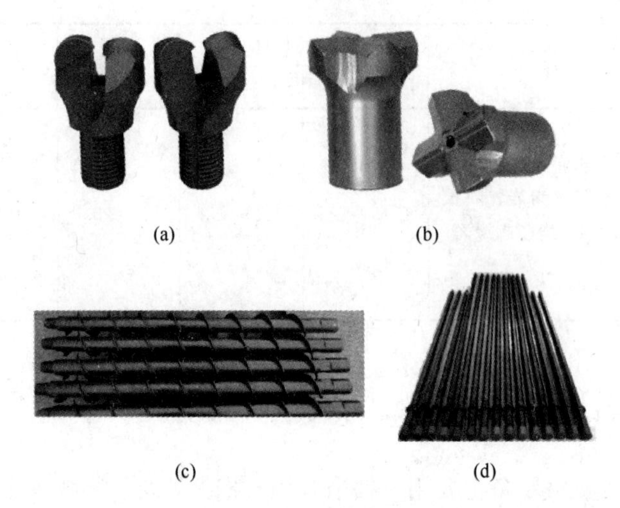

图 3.2.1-2 钻凿机具
(a) 钻孔钻头；(b) 凿孔钎头；(c) 钻孔钻杆；(d) 凿孔钎杆

3.2.2 推土机作业

1. 推土机的用途、分类

推土机是一种多用途的自行式施工机械。可完成铲土、运土、填土、平地、松土、压实以及清除杂物等作业，还可以给铲运机和平地机助铲、预松土，以及牵引各种拖式施工机械进行作业。

常用推土机，按功率可分为小型（<44kW)、中型（59～103kW)、大型（118～235kW)、特大型（>235kW)；按行走方式可分为履带式和轮胎式；按铲刀类型可分为直铲和角铲。推土机的型号用字母 T 表示，L 表示轮胎式（无 L 时表示履带式)，Y 表示液力机械式，后面的数字表示发动机功率，单位一般是马力。例如，TY180 型推土机，表示发动机功率为 180 马力的履带式液力机械式推土机。

2. 推土机作业技术

推土机可独立地完成铲、运、卸三个工作，以及空载返回过程，如图 3.2.2-1 所示。

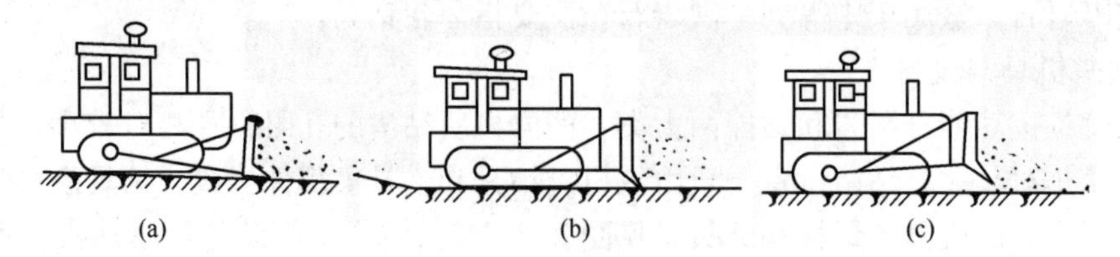

图 3.2.2-1 推土机的作业状态
(a) 铲土；(b) 运土；(c) 卸土

推土机的作业形式可分为以下几种：

(1) 直铲作业：是推土机最常用的作业方式，用于推送土壤和石碴及平整场地作业。其经济运输距离，小型履带式推土机一般为 50m 以内；中型履带式推土机为 50～100m，最远不宜超过 120m；大型履带式推土机为 50～100m，最远不宜超过 150m；轮胎式推土机为 50～80m，最远不宜超过 150m。

（2）侧铲作业：用于傍山铲土、单侧弃土。此时推土板的水平面回转角一般为 25 °左右。作业时能一边切削土壤，一边将土壤移至另一侧。侧铲作业的经济运输距离一般比直铲作业短，生产率也低。

（3）斜铲作业：主要应用在坡度不大的斜坡上铲运硬土及挖沟等作业，推土板可在垂直面内上下各倾斜 9°。工作时，场地的纵向坡度应不大于 30°，横向坡度应不大于 25°。

（4）松土器作业：一般大中型履带式推土机的后部均悬挂有液压式松土器，松土器有多齿和单齿两种。

推土设备选型与使用技术详见二维码 3.2.2。

二维码3.2.2

3.2.3 装载机及其作业工艺

1. 装载机的用途、分类

装载机可以用来铲装、搬运、卸载、平整散状物料，也可以对岩石、硬土等进行轻度的铲掘工作，如果换装其他工作装置，也能进行一些推土、起重、装卸等作业。因此，它被广泛应用，对减轻劳动强度、加快工程建设速度、提高工程质量、降低工程成本，具有重要作用。

装载机按行走装置分为履带式和轮胎式两大类，轮胎式又分整体式和铰接式两种；按传动方式分为机械传动、液压机械传动、液压传动、电传动；按功率分为小型、中型（74～147kW）、大型（147～515kW）和特大型。

国产装载机的型号用字母 Z 表示，第二个字母 L 代表轮胎式，无 L 代表履带式，Z 或 L 后面的数字代表额定载重量。例如，ZL50 表示额定载重量为 5t 的轮胎式装载机。

2. 装载作业工艺

装载机作业由铲装、转运、卸料和返回四个过程组成，并称之为一个工作循环。能实现对松散堆料的铲装，停机面以下物料及土丘的挖装。

用装载机向自卸汽车进行装载工作时，其工作效率在很大程度上与其施工作业方式有关，常用的施工作业方式或工艺有以下几种（图 3.2.3-1）。

（1）“V”形作业法：自卸汽车与工作面布置成 50°～55°角，而装载机的工作过程则根据本身结构和形式的不同而有所不同，见图 3.2.3-1（a）、（b）。

（2）“I”形作业法：自卸汽车平行于工作面适时地往复前进和后退，而装载机则穿梭地垂直于工作面前进和后退，所以亦称之为穿梭作业法，见图 3.2.3-1（c）。

（3）“L”形作业法：自卸汽车垂直于工作面，装载机装满物料后，倒退并调头 90°，然后向前驶向自卸汽车卸载，空载的装载机后退并调头 90°，然后向前驶向料堆，进行下一次的铲装作业，见图 3.2.3-1（d）。这种作业方式在运距较短，而作业场地比较宽广时，装载机可同时与两台自卸汽车配合工作。

（4）“T”形作业法：自卸汽车平行于工作面，但距离工作面较远，装载机装满物料后，倒退并调头 90°，然后再向相反方向调头 90°并驶向自卸汽车卸料，见图 3.2.3-1（e）。

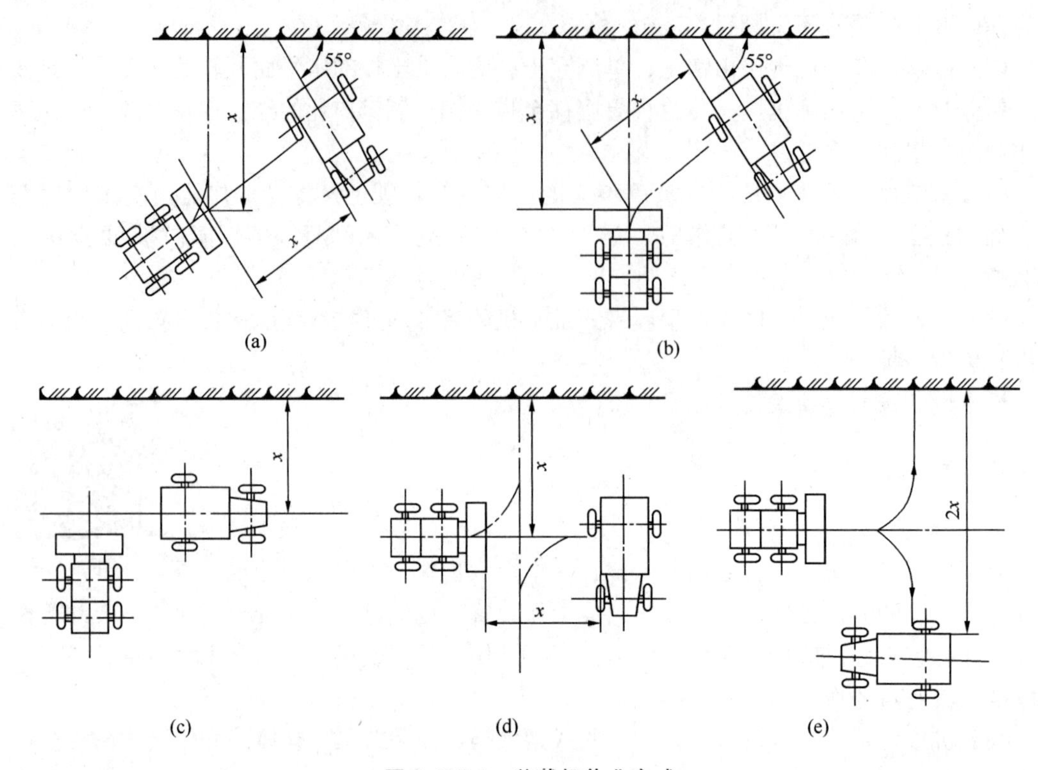

图 3.2.3-1 装载机作业方式

3.2.4 铲运机及其作业工艺

1. 铲运机的用途、分类

铲运机是一种利用装在前后轮轴或左右履带之间的铲斗，在行进中依次进行铲装、运载和铺卸等作业的工程机械。常用铲运机的分类如表 3.2.4-1 所示。

铲运机的分类 **表 3.2.4-1**

分类	特点	分类	特点
按斗容量分	小型：铲斗容量＜5m³ 中型：铲斗容量＝5～15m³ 大型：铲斗容量＝15～30m³ 特大型：铲斗容量＞30m³	按卸土方式分	自由卸土式 半强制卸土式 强制卸土式
按行走方式分	拖式 自行式	按传动方式分	机械传动式 液力机械传动式 电传动式 液压传动式
按行走装置分	轮胎式 履带式	按工作装置的操纵方式分	机械式 液压式

铲运机的型号用字母 C 表示，L 表示轮胎式，无 L 表示履带式，T 表示拖式，后面

的数字表示铲运机的铲斗几何容量，单位为 m^3。例如，CL7 表示铲斗几何容量为 $7m^3$ 的轮胎式铲运机。

2. 铲运机的主要特点

（1）多功能。可以用来进行铲挖和装载，在土方工程中可直接铲挖Ⅰ～Ⅱ级较软的土，对Ⅲ～Ⅳ级较硬的土，需先把土耙松才能铲挖。

（2）快速、长距离、大容量运土能力。它的经济运距在 100～1500m，最大运距可达几公里。拖式铲运机的最佳运距为 200～400m；自行式铲运机的合理运距为 500～5000m。当运距小于 100m 时，采用推土机施工较有利；当运距大于 5000m 时，采用挖掘机或装载机与自卸汽车配合的施工方法较经济。

3. 铲运机的作业工艺

铲运机主要有铲装、装载运输、卸土、空车回驶四种工作状态。卸土方式有强制式卸土、半强制式卸土、自由式卸土，如图 3.2.4-1 所示。

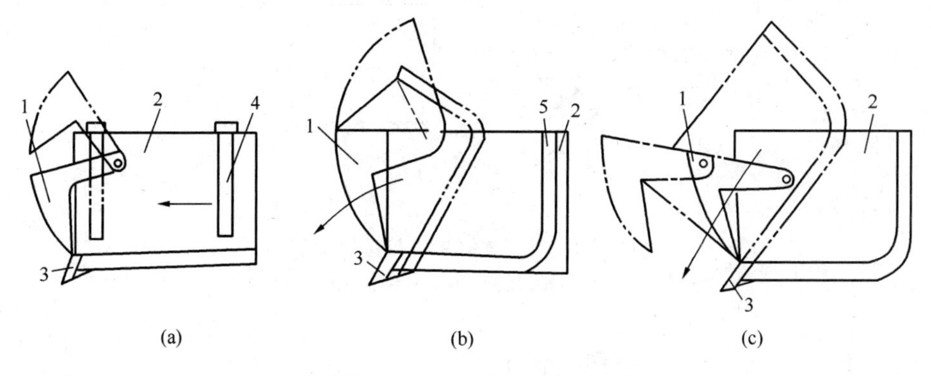

图 3.2.4-1 铲运机的卸土方式

（a）强制式卸土；（b）半强制式卸土；（c）自由式卸土

1—斗门；2—铲斗；3—刀片；4—后壁；5—斗底与后壁

规划铲运机施工运行路线时，要综合考虑施工效率、地形条件、机械磨损等因素，以达到运距短、坡道平缓和修筑通道的工作量小等要求。在填筑路堤和开挖路堑工程中，常用的运行路线有环形运行路线、“8”字形运行路线、“之”字形运行路线、穿梭式运行路线、螺旋形运行路线。

铲运机设备类型、使用技术与选型参考二维码 3.2.4。

二维码3.2.4

3.2.5 挖掘机及其作业工艺

1. 单斗挖掘机的用途、分类

挖掘机是以挖掘为主要目的的工程机械，通常单斗，但也有两斗或者加装其他机具的。除了挖掘外，也兼作装卸、安装、起重、打桩夯实等施工作业。

按驱动方式分单斗挖掘机有机械式和液压式，挖掘机的编号一般以字母 W 开头，以 4 种特性代号加斗容积表示，D 代表电动，Y 代表液压，B 代表长臂式，S 代表隧道式，L 代表轮胎式行走。

2. 单斗挖掘机的使用技术

单斗挖掘机是循环作业式机械，每一工作循环包括挖掘、回转、卸料和返回四个工作过程。按作业原理和方式，分为正铲、反铲、拉铲和抓铲四种类型，同时也可兼作起重设备。机械式挖掘机如图 3.2.5-1 所示，液压式挖掘机如图 3.2.5-2 所示。

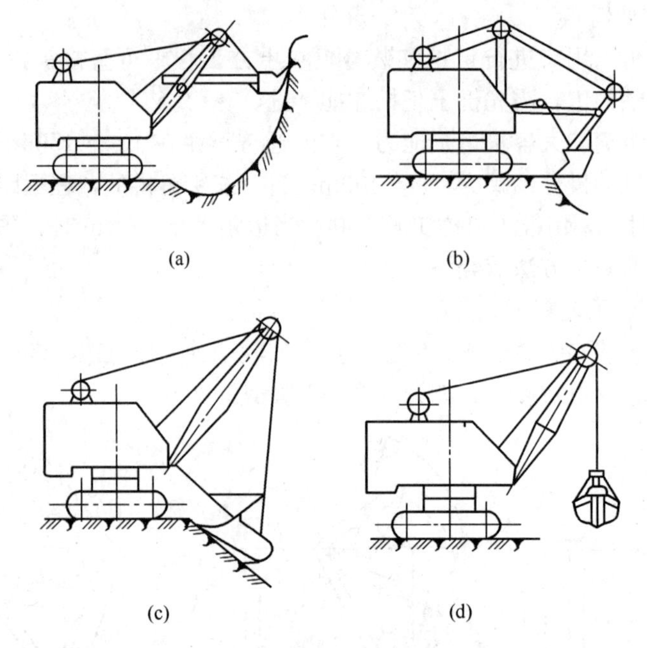

图 3.2.5-1 机械式单斗挖掘机类型

(a) 正铲；(b) 反铲；(c) 拉铲；(d) 抓铲

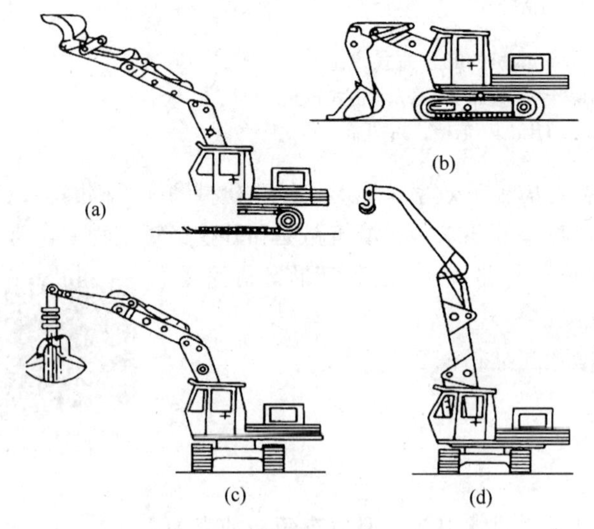

图 3.2.5-2 液压式单斗挖掘机类型

(a) 反铲；(b) 正铲或装载；(c) 抓铲；(d) 起重

正铲：施工特点是，挖掘机必须停在开挖工作面上，挖掘停机面前方的土。“前进向上，强制切土”。正铲挖掘机的基本作业方法有侧向开挖和正向开挖两种。适合Ⅰ～Ⅳ类土和无流水涌入情况。

反铲：施工特点是，挖掘机必须停在开挖工作面上，挖掘停机面下方的土。“后退向下，强制切土”。有沟端开行转斗卸土和沟侧开行转斗卸土两种方式，适合Ⅰ～Ⅲ类土。

抓铲：施工特点是，挖掘机必须停在开挖工作面上，挖掘停机面下方的土。“直上直下，自重切土”。它适用于开挖较松软的土或爆破松动后的岩土，还可用于挖取水中淤泥，装卸碎石、矿渣等松散材料。适合于施工面狭窄而深的基坑、深槽、深井等场所。抓铲也有采用液压传动操纵抓斗作业的。

拉铲：拉铲挖土机的铲斗悬挂在钢丝绳下，土斗借重力切入土中。“后退向下，自重切土”。可用于开挖Ⅰ～Ⅱ类土，开挖深度和宽度较大。由于开挖的精确性较差，边坡要留更多的土，且大多用于将土弃于土堆。

液压式挖掘机一般只带正铲、反铲、抓铲和起重工作装置，其工作循环和机械式挖掘机基本相同。由于其挖掘、提升和卸料等动作是靠油缸来实现的，因此其工作能力比同级机械式挖掘机要高。

由于正铲、拉铲、抓铲挖掘机的通用性不及反铲挖掘机，因此，在公路建设中以全液压反铲挖掘机的应用居多。

挖掘机工艺与设备选型详见二维码 3.2.5。

二维码3.2.5

3.2.6 平地机及其作业工艺

1. 平地机的用途、分类

平地机的机具是铲土刮刀，主要功能是进行土的切削、刮送和整平作业。它可以进行砂、砾石路面、路基路面的整形和维修，表层土或草皮的剥离，挖沟，修刮边坡等整平作业，也还可完成散料的混合、回填、推移、摊平作业。

平地机可装配其他多种辅助作业装置，工作能力和使用范围进一步提高和扩大，被广泛应用于公路、铁路、机场、停车场等大面积场地的整平作业。

平地机主要由发动机、传动系统、制动系统、车架、行走转向装置、工作装置、操纵及电气系统等组成，如图 3.2.6-1 所示。平地机的发动机一般采用柴油机，有风冷、水冷两种，且多数采用了废气涡轮增压技术。

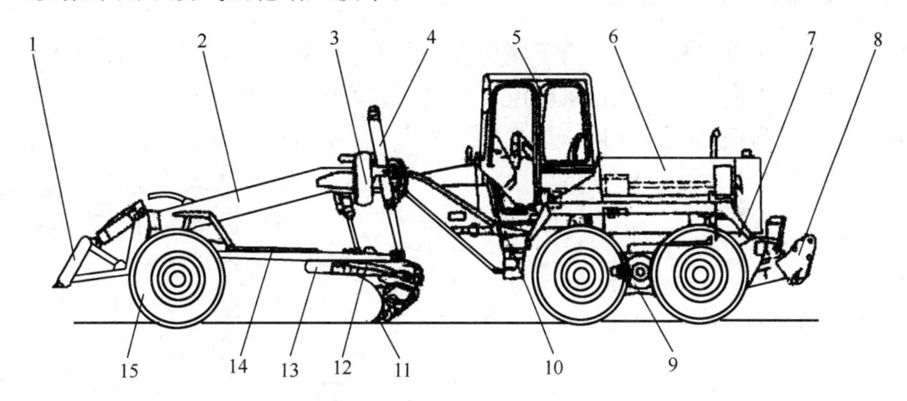

图 3.2.6-1 平地机的总体构造

1—前铲；2—前车架；3—摆架；4—刮刀升降油缸；5—驾驶室；6—发动机；7—后车架；8—后松土器；9—后桥；10—铰接转向油缸；11—刮刀；12—切削角调节油缸；13—回转圈；14—牵引架；15—前轮

平地机按行走方式的不同可分为自行式及拖式两种。自行式平地机机动灵活、生产率高，应用广泛。自行式平地机按行走车轮数可分为四轮式及六轮式两种。四轮式为轻型平地机，六轮式为大中型平地机。按转向方式的不同可分为前轮转向式、全轮转向式和铰接转向式三种。

平地机还可按刮刀长度和发动机功率分为轻、中、重型三种，如表 3.2.6-1 所示。

平地机按刮刀长度和发动机功率分类 **表 3.2.6-1**

类型	刮刀长度（m）	发动机功率（kW）	质量（kg）	车轮数
轻型	＜3	44～66	5000～9000	四轮

续表

类型	刮刀长度（m）	发动机功率（kW）	质量（kg）	车轮数
中型	3～3.7	66～110	9000～14000	六轮
重型	3.7～4.2	110～220	14000～19000	六轮

平地机型号用字母 P 表示，Y 表示液力机械传动式，数字表示发动机功率，单位为马力，如 PY180 表示 180 马力液力机械传动式平地机。平地机的使用技术见二维码 3.2.6。

二维码3.2.6

2. 提高平地机生产率的措施

影响平地机生产率的因素有工作地段长度、刮刀工作角度、刮刀长度、平地机工作速度、工作行程次数、机械调头时间以及时间利用系数等。除了加强工地管理，制订合理的施工组织等外，一般可针对性地采取措施，以提高其生产率。

平地机工作地段长度，拟以一个台班中能完成的工作量来考虑，一般应不少于 1km。刮刀的工作角度因作业不同，经常需要停机调整，费时较多。若能采用多台（2～3 台）平地机联合作业，合理分工，可使每台班中尽量不调或少调刮刀的工作角度。刮刀长度影响移土距离，若能装用延长刀，将减少移土和平整行程次数，对生产率的提高十分有利。

3.2.7 压实机及其作业工艺

土体扰动后，难以恢复原状，为了提高岩土构筑物的强度、刚度和承载能力，需要对松散岩土做功，即密实工作。根据机械压实做功方式可分为碾压、振动、夯实三种基本形式，而且碾压也可与振动组合作用，形成如图 3.2.7-1 所示的作业原理。

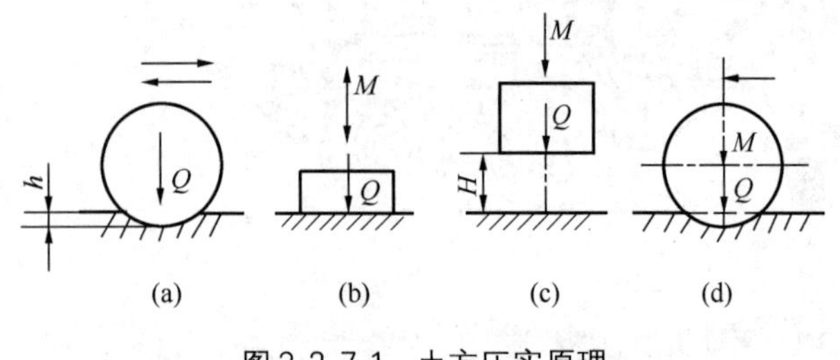

图 3.2.7-1 土方压实原理

（a）碾压；（b）振动；（c）夯实；（d）振碾

1. 碾压式

碾压机械按行走方式，可分为拖式、自行式两种。

（1）拖式碾压机一般用拖拉机牵引，常用的有平碾和羊足碾两种，如图 3.2.7-2 所示，广泛用于大面积压实黏性或非黏性土。

羊足碾就是在光面碾轮的表面上装上许多突起状的，俗称“羊足”的构件。羊足碾特别适用于黏性土体，不适于非黏性或松土的碾压。

（2）自行式碾压设备就是驱动自身的钢质碾压轮进行行走，所以一般是光轮的，刚度大。按轮轴数量，主要有二轮二轴式、三轮二轴式和三轮三轴式等三种类型，如图 3.2.7-3所示。光轮压路机一般采用液压转向，机械传动行走。该机型广泛适用于砾石、碎石、沥青混凝土、砂石混合料、低黏性土壤和石灰、煤渣等基础压实和路面碾压。

（3）轮胎式压路机，是一种与光轮压路机相似的多轮胎特种车辆，主要利用传给轮胎的机身重量对岩土工作面进行静力压实，如图 3.2.7-4 所示。轮胎式压路机能增减配重和改变轮胎充气压力，对砂质土、黏质土及混合土均能起到良好的压实效果，且无假压现

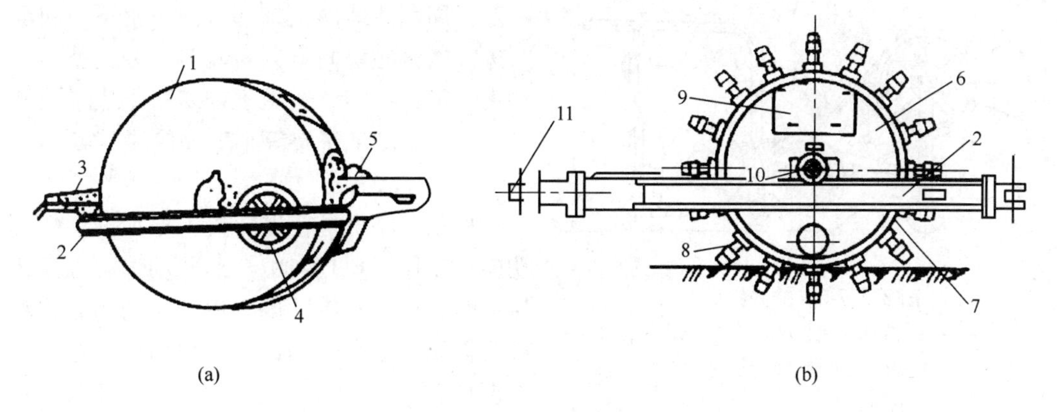

图 3.2.7-2 拖式压路机

(a) 平碾；(b) 羊足碾

1—光面碾压轮；2—机架；3—拖挂设备；4—填料孔；5—刮土器；

6—滚筒；7—羊足滚箍；8—羊足；9—装料口；10—轴承；11—挂环

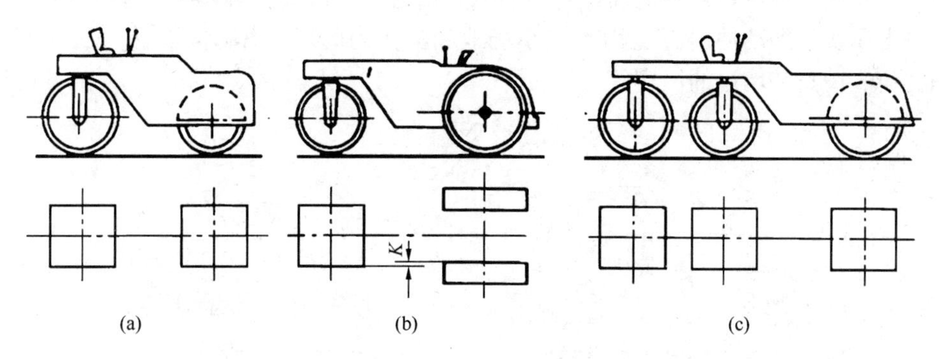

图 3.2.7-3 自行式压路机

(a) 二轮二轴；(b) 三轮二轴；(c) 三轮三轴

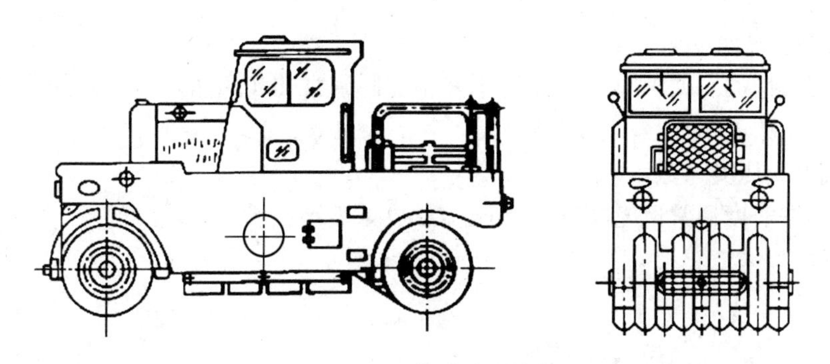

图 3.2.7-4 轮胎式压路机

象；压实沥青路面时，路面形成快，密实度好。既适用于各种松散土石层，也适合混凝土与沥青等人工材料；既适用于建筑基础，也适用于路基的静态碾压。

2. 夯击式

主要利用自重落体作用的原理，常见的有蛙式打夯机，如图 3.2.7-5 所示。工作时大带轮驱动偏心块旋转；偏心块产生周期变化的离心力，使夯架、夯头以及底盘的前部一起

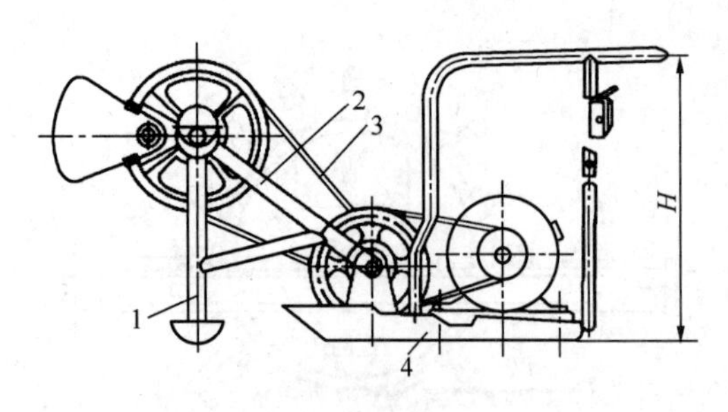

图 3.2.7-5 蛙式打夯机

1—夯头；2—带两块偏心块的轴、电动机、夯架；3—两级带传动装置；4—底盘

一落，周期性地向上抬起，向下落下，向前跃进。当偏心块向下方转动时，夯头就向下冲击，进行夯实。适用于夯实灰土或素土地基、地坪，场地平整等小工程量的夯实。

3. 振碾式

振动压路机是在碾压机上增加振动作用功能。工作原理是当由马达驱动偏心轴高速转动时，振动轮借助偏心块产生的离心力和静力碾压的综合作用，在工作面上一边作圆周振动，一边滚动，将基础土方或表层材料压实，如图 3.2.7-6 所示。适用于振实低黏性土、砾石、碎石、砂石混合料和沥青混凝土，但不适于黏性土。

其他复合式压实机，如振动平板夯、振动冲击夯等，如图 3.2.7-7 所示。如燃烧所产生的爆发力将整个夯机抬升到最高点，然后以自由落体的形式下落，夯击地面，形成振动冲击，将土压实。振动冲击夯适用于窄小场地和沟槽内的压实作业，屋内地面的局部压实，如柱角、屋角和墙边的压实等。

图 3.2.7-6 振动压路机

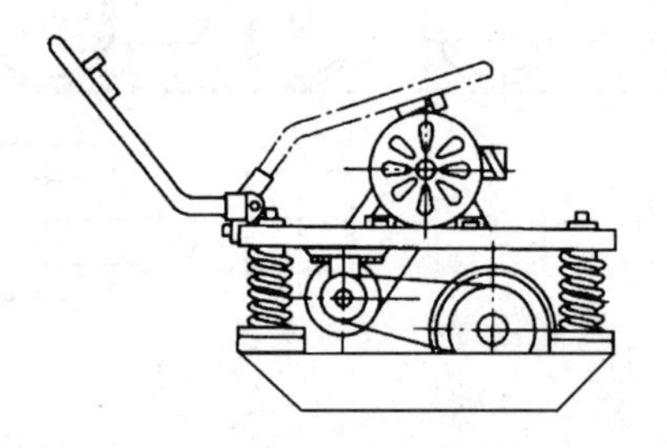

图 3.2.7-7 振动平板夯

4. 填筑压实原理

土体开挖后松动，回填时，土体体积并不能回到它的初始密实状态。压实过程通常用密实度或密实系数来描述。

1) 密实度或压实系数

土的回填密实度通常以密实度，即压实系数 λ_c 表示：

$$\lambda_c = \frac{\rho_d}{\rho_{dmax}} \tag{3.2.7-1}$$

式中 ρ_d ——实测土的干密度（kg/m^3）；

ρ_{dmax} ——土体的最大干密度（kg/m^3）。

最大干密度 ρ_{dmax} 与土体的含水量有关，存在最佳含水率，通过标准压实方法确定。常见土的最佳含水率可见表 3.2.7-1。

2) 可松性系数与土方计算

可松性系数是描述开挖和填筑中体积变化的参数，也间接反映岩土开挖的难易程度。土的可松性系数分为最初可松性系数和最终可松性系数。

最初可松性系数 K_s 是指自然状态下的土，经开挖成松散状态后，其体积的增加（图 3.2.7-8），用最初可松性系数表示。最终可松性系数 K'_s 是指自然状态下经开挖成松散状态后，经过填筑夯实，夯实后的体积与原自然状态下的体积之比。其定义表达式如下：

$$K_s = \frac{V_s}{V_t},\ K'_s = \frac{V_f}{V_o} \tag{3.2.7-2}$$

式中　V_t、V_s、V_f——分别是原状土体积（m^3）、开挖后松散状态的体积（m^3）、压实后的体积（m^3）。

若在原挖方体积内填筑压实，其高度增加值 Δh 计算表达式如下：

$$\Delta h = \frac{V_w(K'_s - 1)}{F_T + F_w \cdot K'_s} \tag{3.2.7-3}$$

式中　V_w、F_w——分别为挖方体积（m^3）和面积（m^2）；

F_T——填方面积（m^2）。

3）最佳含水率和最大干密度

土体压实后的密实度或体积变化和土体性质及含水率有关，理论上存在最佳含水率及与其相关联的最大密实度的规律（图 3.2.7-9），即土的含水控制率若达到最佳含水率，就能获得最佳密实度，大于或小于最佳含水率时，密实度都小于最大密实度。表 3.2.7-1 所示为常见土的最佳含水率和最大干密度。

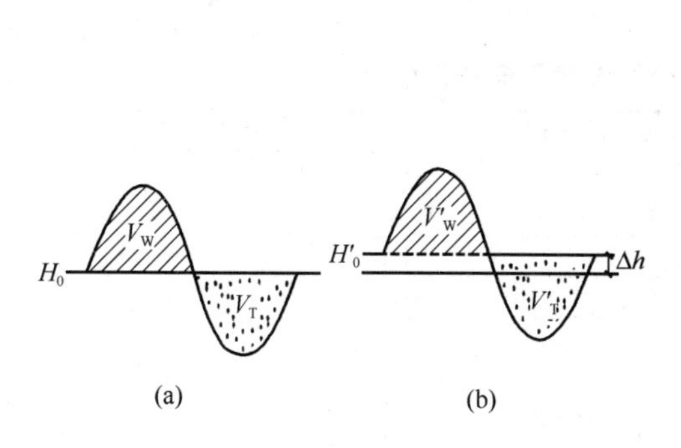

图 3.2.7-8　土的可松性引起标高变化原理图

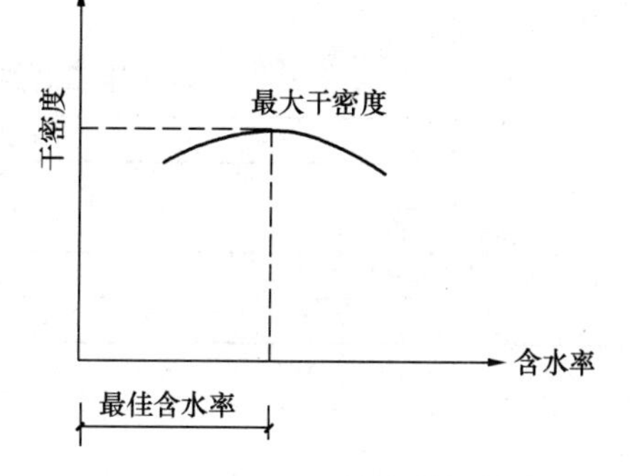

图 3.2.7-9　土的干密度和含水率的关系

土的最佳含水率和最大干密度参考表　　表 3.2.7-1

项次	土的种类	变动范围	
		最佳含水率（%）（质量比）	最大干密度（g/cm³）
1	砂土	8～12	1.80～1.88
2	黏土	19～23	1.58～1.70
3	粉质黏土	12～15	1.85～1.95
4	粉土	16～22	1.61～1.80

土体的干密度 ρ_d 和含水率 w 的换算公式如下：

$$\rho_d = \frac{\rho_w}{1 + 0.01w} \tag{3.2.7-4}$$

式中　ρ_w——水的密度（kg/m^3）。

4）填筑压实的影响因素

（1）土料影响

土体的密实度与其原始土质和组分有关。如碎石类土或爆破石碴用作填料时，其最大粒径不得超过每层铺填厚度的 2/3。当使用振动碾时，不得超过每层铺填厚度的 3/4。

（2）压实功

土体填筑的密实度和受到的压实功成正比。而压实功与压实机具、压实遍数、作用时间等因素有关。压实功与土的密实度的示意关系如图 3.2.7-10 所示。

压实作用沿深度变化如图 3.2.7-11 所示，因此压实施工时分层铺土厚度应在压实设备作用深度范围内，见表 3.2.7-2。

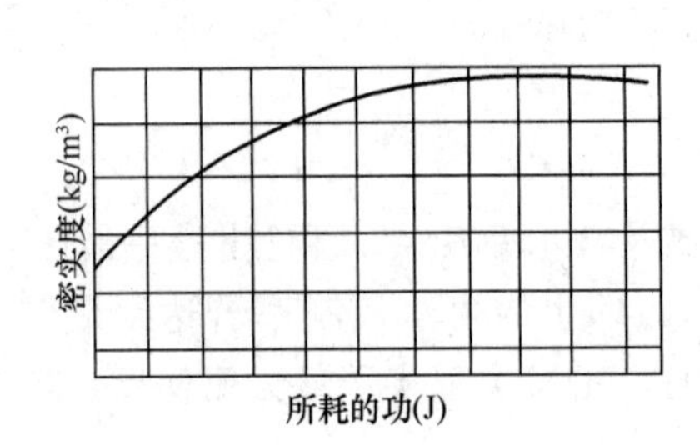

图 3.2.7-10 密实度与功耗的关系示意

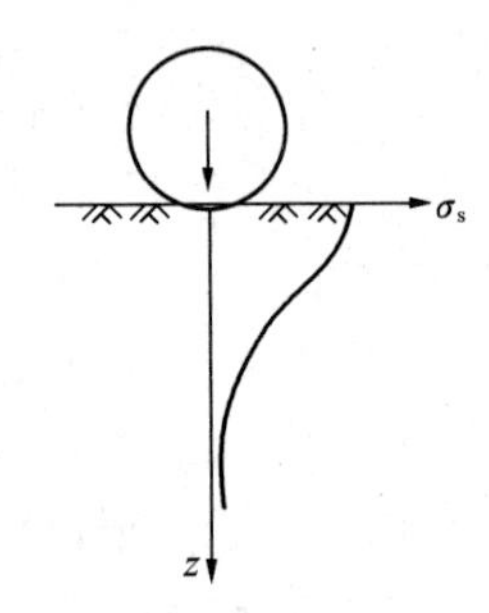

图 3.2.7-11 压实作用沿深度变化

填土施工时的分层厚度及压实遍数 **表 3.2.7-2**

压实机具	分层厚度（mm）	每层压实遍数
平碾	250～300	6～8
振动压实机	250～350	3～4
柴油打夯机	200～250	3～4
人工打夯	<200	3～4

3.3 岩体爆破施工

岩体爆破施工就是利用各种炸药爆炸原理进行岩体破碎开挖的施工方法，可极大地提高了岩体开挖的施工效率。但岩体爆破施工存在一定的危险性，需要专业化施工。

3.3.1 岩体爆破基础

爆炸是在短时间释放大量能量的物理化学反应现象，按成因可分为物理爆炸、核爆炸和化学爆炸三大类，较常用的是炸药化学爆炸。由于炸药的安全性限制，近年来物理爆炸破岩也在发展中，如二氧化碳爆破等。

1. 炸药爆炸及爆轰波

炸药是在特定外界能量的作用下，能快速剧烈地进行化学反应，并产生高温高压气体，对周围介质起破坏、压缩和抛掷等作用的化工材料。

爆轰波是炸药在岩体中爆炸产生对周边介质扰动的传播，爆炸导致周边介质状态参数升高的扰动波称为压缩波，反之则为稀疏波。爆轰波可以通过爆炸物（气体）的质量、动量能量守恒方程建立数学模型和加以描述。

爆炸冲击波是指产生化学反应的扰动在介质中超声速地进行传播，引起周边介质的状态参量发生阶跃的一种压缩波。

炸药是载氧体，由碳 C、氢 H、氧 O、氮 N 四种元素组成，化学通式可以用 $C_aH_bO_cN_d$ 表示，其中 a、b、c、d 代表碳、氢、氧、氮原子的数量。炸药爆炸可用化学反应的氧平衡来描述，实质是极速和猛烈的氧化还原反应过程，主要生成的是二氧化碳 CO_2 和水 H_2O，并伴随体积急速膨胀，产生大量热量。

炸药爆炸反应中所含氧与所含可燃元素碳、氢的数量相匹配的关系称为炸药反应的氧平衡，为此划分成三种情况：

零氧平衡：指炸药中的含氧量刚刚能够满足可燃元素的完全氧化。

正氧平衡：指炸药中的含氧量能够满足可燃元素的完全氧化后还有剩余。

负氧平衡：指炸药中的含氧量不足以满足可燃元素的完全氧化。

对于掺入其他可燃元素的炸药，即 $C_aH_bO_cN_dX_e$，X 为任意一种可燃元素，e 为该元素的原子量。一般用氧平衡值来判断是爆炸反应是零氧、正氧还是负氧平衡。氧平衡值用每克炸药多余和不足的氧的克数来表示：

$$\text{氧平衡} = \frac{[c - 2(2a + b/2 + me)] \cdot 16}{M} \tag{3.3.1-1}$$

式中 16——氧原子的相对原子量（g）；

M——炸药的相对分子量（g）；

e——可燃元素的相对原子质量；

m——可燃元素完全燃烧时，氧原子数与该原子数之比。

氧平衡值是炸药配方设计的重要参数，是反映爆炸化学反应充分性和热量大小的重要指标，也是衡量炸药爆破产生有害气体多少和原因的一个参数指标。

2. 炸药的爆炸性能参数

炸药是爆炸物，但也具有一定的稳定性，即需要足够的外部能量激发才能爆炸，就有了炸药起爆概念。常见引起爆炸的能源，按其性质和来源，可分为热能、机械能（撞击/摩擦）、爆炸能等，并构成炸药起爆的三大理论，分别为热起爆、灼热起爆和冲击起爆。

衡量炸药爆炸性能的指标主要有感度、爆速、爆力、猛度、殉爆、沟槽效应、聚能效应等。这些指标表明了炸药的优劣。同时，说明该炸药产品合格与否，及失效状态。在进行较大的爆破工程之前，应对这些性能指标进行必要的测定。

（1）感度：衡量炸药被引发爆炸的难易程度称为感度，用起爆能量的大小来衡量，起爆能越小，则炸药的感度大，越危险；反之，则感度小，越安全。

感度通常通过测量炸药对温度、火焰、机械摩擦、爆轰、冲击波、电火花等引起的爆炸敏感极限参数来描述。例如，温度感度就是引起爆炸时的最低温度；火焰感度用两个指标，就是发火的最大距离和不发火的最小距离；其他还有机械感度、爆轰感度、冲击波感度、电火花感度等。

（2）爆速：是指爆炸爆轰波在炸药中的传播速度，和炸药爆炸的化学反应速度是本质不同的概念，爆速值大小和稳定性反映了炸药爆炸的稳定性，也是爆破功率的衡量指标。

爆速受装药密度、药卷直径和约束条件等因素影响，一种炸药通常有一个理想爆速。

药卷直径增大，爆速提高，但有极限值，即存在最大爆速的临界药卷直径；药卷直径减小，爆速降低；在直径较小的情况下，增加对药卷的约束，也能提高爆速，但临界药卷直径减小。

一般地，爆速随着炸药密度的增加而增大。就工业炸药而言，当药柱直径一定时，存在有使爆速达最大值的密度值，即最佳密度。再继续增大密度，就会导致爆速下降。当爆速下降至临界爆速，爆轰波就不再能够稳定传播，最终会导致熄爆。炸药粒度减小一般能提高炸药的反应速度和爆速。

（3）爆力：即炸药的做功能力，是相对衡量炸药威力的重要指标之一，通常以爆炸产物作绝热膨胀直到其温度降至炸药爆炸前的温度时，对周围介质所做的功来表示。炸药的做功能力取决于爆热及气体爆炸产物的体积。

（4）猛度：爆轰波及爆炸气体对直接接触物的局部破碎能力。爆速大，猛度高。猛度越大，粉碎越厉害，局部变形量越大。

（5）殉爆距离：一个药包爆炸，引起另外一个与它不接触的药包爆炸的现象叫殉爆。殉爆距离是衡量这一指标的参数，它的影响因素有：装药密度、药量与直径、约束条件、连接方式和摆放位置等。

（6）沟槽效应：也称管道效应、间隙效应，就是当药卷与炮孔壁间存在有月牙形空间时，爆炸药柱所出现的自抑制现象，即爆炸能量逐渐衰减直至拒（熄）爆的现象。实践表明，在小直径炮孔爆破作业中，这种效应相当普遍地存在着，是影响爆破质量的重要因素之一。沟槽效应也被视为工业炸药的一项重要性能指标。实践发现，乳化炸药的沟槽效应是相对较小的，也就是说在小直径炮孔中，乳化炸药的传爆长度是相当长的。

3. 工业炸药的分类

工业炸药通常又被称为民用炸药，是指非军事的炸药。工业炸药的管理非常严格，有不同的安全性或使用分类。

1）按作用分类

有起爆炸药和破坏炸药两种。

起爆炸药是烈性炸药，敏感性极高，常用的有二硝基重氮酚 DDNP、叠氮铅 P6N6、黑索金、雷汞。

破坏炸药又称次发炸药或猛炸药，有一定的稳定性，只有在引爆药的激发下才能发生爆炸。如 TNT（三硝基甲苯）、硝化甘油炸药、NT 炸药、黑火药。

猛炸药按化学组分，又可分为单质猛炸药、混合炸药、发射炸药、焰火剂等。

2）按其许可条件分类

工业炸药是以氧化剂和可燃剂为主体，按照氧平衡原理构成的爆炸性混合物，有成本低廉、制作简单、使用方便和能量高效等特点。按应用的限制条件分为三类。

第一类炸药：准许在一切地下和露天爆破作用中使用的炸药，包括有瓦斯和矿尘爆炸危害的矿山，又称安全炸药或煤矿许用炸药。

第二类炸药：不能用于瓦斯和矿尘爆炸场所（地下和露天）。

第三类炸药；专用于露天爆破的炸药。

3）按化学成分分类

工业炸药按化学成分分类，主要有三类：硝铵炸药、铵油炸药和乳化炸药。

4. 岩体爆破原理

炸药在岩体内爆炸，形成对岩体介质的作用，称为爆破作用。

由于药包爆炸时产生的主要能量为高温高压爆轰气体和冲击波，一般认为首先是应力波的作用，然后是爆轰气体的压缩、楔入作用。

1）岩体爆破的内部作用

当药包埋置在地表以下很深处时，药包爆破产生的作用在地表面没有显现出爆破痕迹，这一爆破作用叫作内部作用，如图 3.3.1-1 所示。按岩石破坏的特征，将爆破范围内的岩石划分为三个圈，分别为：压缩圈、破裂圈和振动圈。

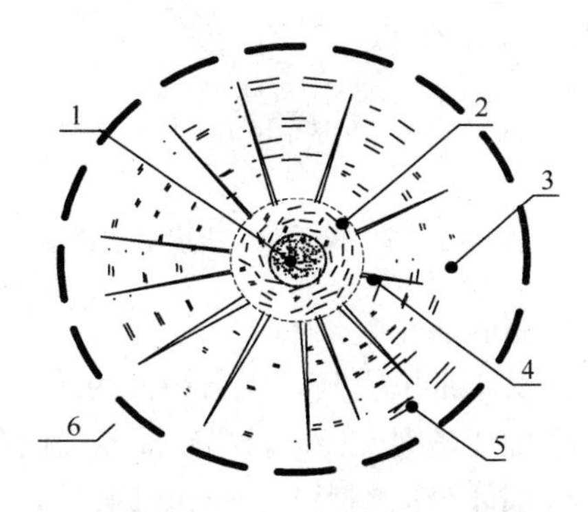

图 3.3.1-1 岩体爆破的内部作用
1—药包；2—压缩圈；3—破裂圈；
4—径向裂隙；5—环向裂隙；6—振动圈

压缩圈也称粉碎圈。这是高温高压气体导致的岩石破坏，半径不大，只有药卷直径的几倍，并在岩体中激起冲击应力波的扰动传播。

当冲击波通过粉碎区以后，继续向外层岩石中传播，冲击波传播范围扩大，岩石单位面积的能流密度降低，冲击波衰减为压缩应力波，岩石不能直接被压碎。但它可使岩石质点产生径向位移，在外围岩石层中产生径向扩张和切向拉伸应变，就会产生径向和环向裂隙，形成破裂圈或破裂区。

裂隙区以外的岩体中，由于应力波引起的应力状态和爆轰气体产生的扰动作用均不足以使岩石破坏，只引起岩石质点作弹性振动，直到弹性振动波的能量被岩石完全吸收为止，这个区域叫作弹性振动区。

2）岩体爆破的外部作用

当药包埋置深度接近地表时，药包爆破除了使岩石破裂和震动外，被破裂的岩块由于碎胀，导致地表的隆起，或被抛离出地表，形成一个爆破坑或爆破漏斗，这种情况叫作爆破的外部作用，如图 3.3.1-2 所示。有关爆破的外部作用有以下几个术语。

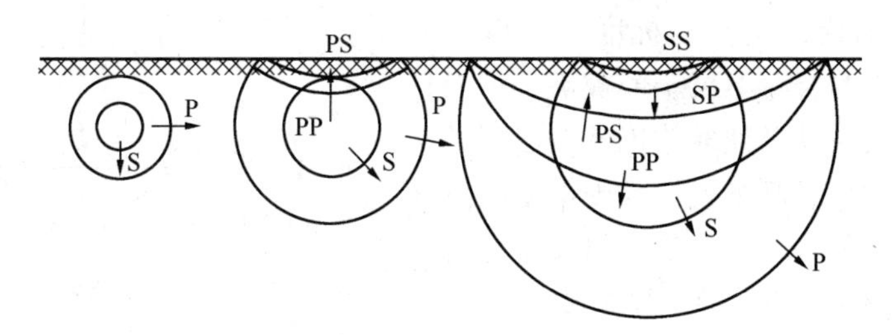

图 3.3.1-2 外部作用
（自由面附近的应力波反射过程描述）

（1）自由面

又称之为临空面，通常是指被爆岩体与空气的交界面，也是爆破作用能使爆破碎岩抛向临空和发生移动的岩面。

自由面的数目、大小、与炮孔的夹角以及自由面间的相对位置等，都对爆破作用程度产生不同的影响。自由面越多，对爆破的挟持作用就变小，破岩越容易，爆破效果也越好，炸药单位体积耗能量也将降低。

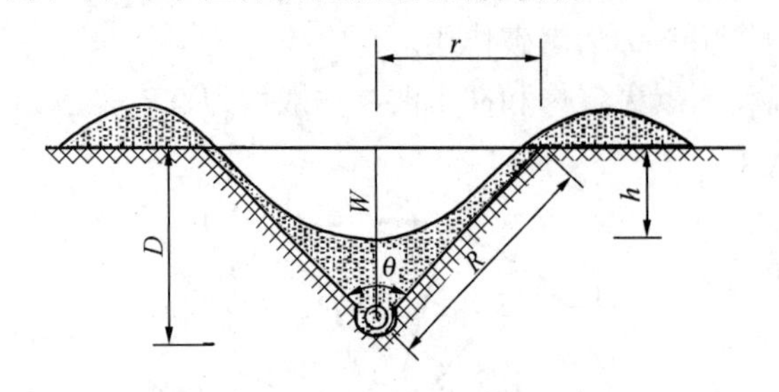

图 3.3.1-3 爆破漏斗及其设计参数

(2) 最小抵抗线

通常将药包中心或重心到最近自由面的最短距离称为最小抵抗线，一般常用 W 表示。最小抵抗线代表了爆破时岩石阻力最小的方向，所以在此方向上岩石运动速度最高，爆破作用最集中。

(3) 爆破漏斗参数

爆破漏斗由下列要素构成（图 3.3.1-3）：

① 爆破漏斗半径 r。

② 最小抵抗线 W。在自由面为水平的情况下，它近似于药包的埋置深度。

③ 漏斗破裂半径 R。爆破漏斗的侧向边线长。

④ 漏斗可见深度 D。药包爆破后，一部分岩块被抛掷到漏斗以外，一部分又回落到漏斗内，形成一个可见漏斗。从自由面到漏斗内岩块堆积表面的最大深度。

⑤ 漏斗张开角 θ。即爆破漏斗的锥角，它表示漏斗的张开程度。

(4) 爆破作用指数 n 及爆破漏斗的分类

对于一定的岩石性质和爆破环境条件，当装药量不变而改变药包的埋置深度，或药包埋置深度固定不变而改变装药量时，都可发现爆破漏斗的尺寸和效果发生了变化。这种变化可用爆破漏斗半径 r 与最小抵抗线 W 的比值参数 $n=r/W$ 来表示，这一比值定义为爆破作用指数。根据 n 的不同值，将爆破效果或爆破漏斗进行如下分类（图 3.3.1-4）：

① 标准抛掷爆破漏斗。爆破作用指数 $n=1$ 时，定义该爆破形成的漏斗为标准抛掷爆破漏斗。此时，漏斗中的岩石不仅全部被破碎，而且有相当数量的岩块被抛掷到漏斗以外，出现了明显的漏斗坑，且漏斗底圆半径 r 等于最小抵抗线 W，漏斗张开角 θ 等于 90°。形成这种标准抛掷爆破漏斗的爆破作用，称为标准抛掷爆破。

② 加强抛掷爆破漏斗。即 $1<n<3$ 时，所形成的漏斗底圆半径 r 大于最小抵抗线 W，漏斗张开角 θ 也大于 90°，爆破后漏斗中的大部分岩石将被抛掷到漏斗以外。这种漏斗称为加强抛掷爆破漏斗，形成这种漏斗的爆破作用叫作加强抛掷爆破。

③ 减弱抛掷爆破漏斗。即 $0.75<n<1$ 时，

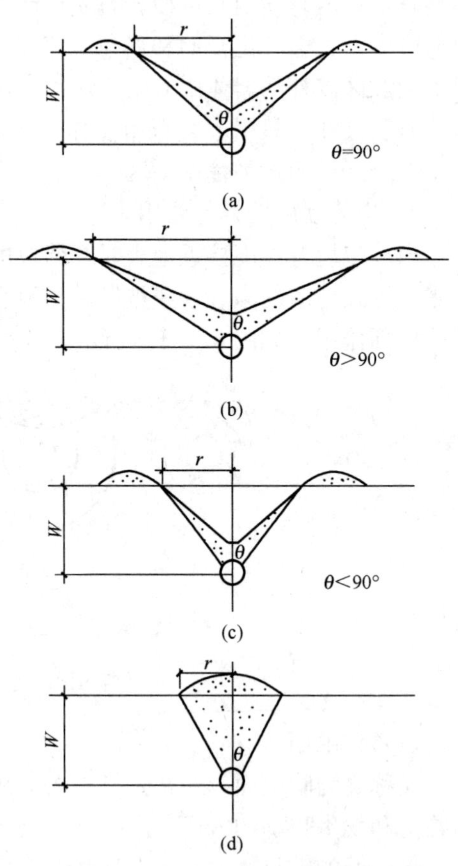

图 3.3.1-4 爆破漏斗类型

药包爆破后所形成的漏斗底圆半径 r 小于最小抵抗线 W，漏斗张开角 θ 也小于 90°，漏斗范围的岩石遭受到破坏，但只有少部分岩块被抛掷到漏斗以外。这种漏斗称为减弱抛掷漏斗，或加强松动爆破漏斗。其爆破作用叫减弱抛掷爆破或加强松动爆破。

④ 松动爆破漏斗。即 $0.4<n<0.75$ 时，药包爆破后只是使漏斗范围内的岩石破碎，基本上没有抛掷作用，在水平地表上只看到鼓包现象，而看不到爆破漏斗。这样的漏斗称为松动爆破漏斗，其爆破作用叫作松动爆破。松动爆破由于装药量较小，爆堆比较集中，几乎不产生飞石，因此在工程爆破中，使用比较广泛。

由此可见，爆破作用指数 n 在控制爆破设计和施工中的作用或意义非常明显。

3.3.2 起爆方法和器材

在岩体爆破工程中，炸药爆炸通常有四大类起爆方式：导火索起爆法、电力起爆法、导爆索起爆法、导爆管系统起爆法。

1. 导火索起爆法

导火索起爆法也称火雷管起爆法，是最具传统历史的起爆方法。它利用导火索传递火焰，点燃火雷管进而起爆炸药。所需材料主要是点火材料、导火索、火雷管。

火雷管由管壳、正副装药、加强帽组成。管壳的一端开口，另一端封闭并带有凹槽，起聚能作用，结构如图 3.3.2-1 所示。

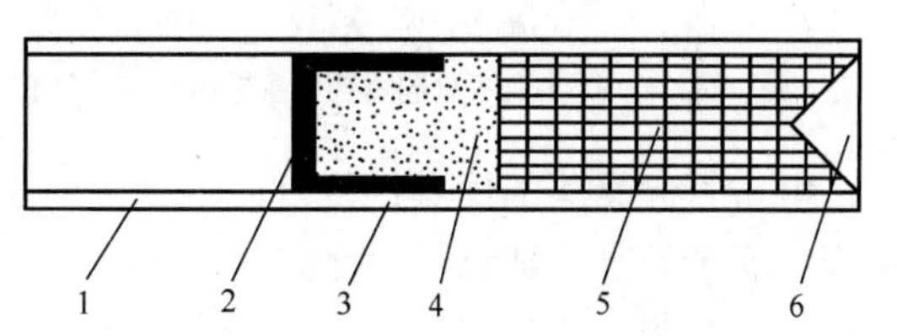

图 3.3.2-1 火雷管结构示意图

1—管壳；2—传火孔；3—加强帽；4—DDNP 正起爆药；5—加强药；6—聚能穴

火雷管起爆的优点是操作简单、灵活，使用方便，成本较低。应用规模较小，安全性较差，原因是不能多处装药和同时起爆，也不能准确控制爆破时间；爆区的有毒气体也较多，在淋水工作面无法可靠起爆，也无法用仪器检查网路等。这种起爆法逐渐被其他起爆法所取代，不少发达国家已取消这种起爆方法。

2. 电力起爆法

就是通过电导线输送电能引爆电雷管起爆。电雷管分瞬发电雷管（图 3.3.2-2）、延期电雷管及特殊电雷管。延期电雷管又分秒延期电雷管（图 3.3.2-3）和毫秒延期电雷管（图 3.3.2-4）。

常见雷管的延期时间参数见二维码 3.3.2，特殊雷管分为抗杂散电流毫秒电雷管和抗静电起爆电雷管。

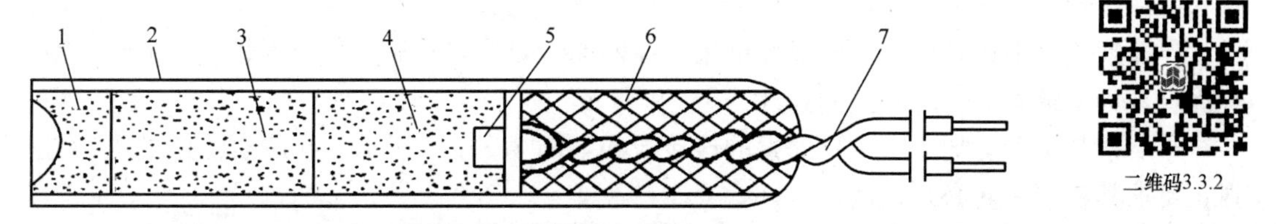

二维码3.3.2

图 3.3.2-2 瞬发电雷管

1—副起爆药（头遍药）；2—纸管壳；3—副起爆药（二遍药）；4—正起爆药；5—桥丝；6—硫磺；7—脚线

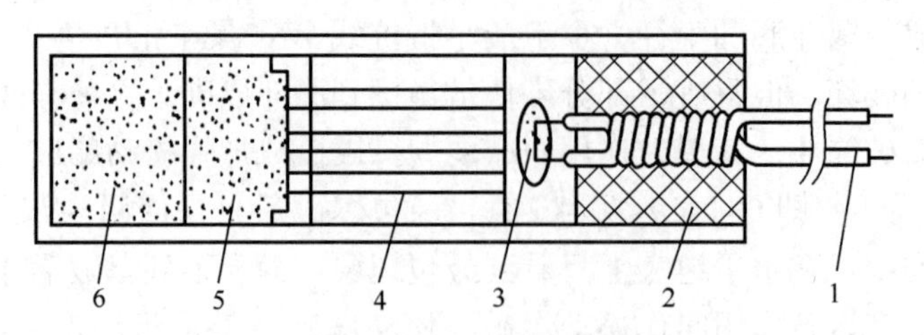

图 3.3.2-3 秒延期岩石电雷管

1—脚线；2—铜管壳；3—引火药头；4—铅延期体；5—正起爆药；6—副起爆药

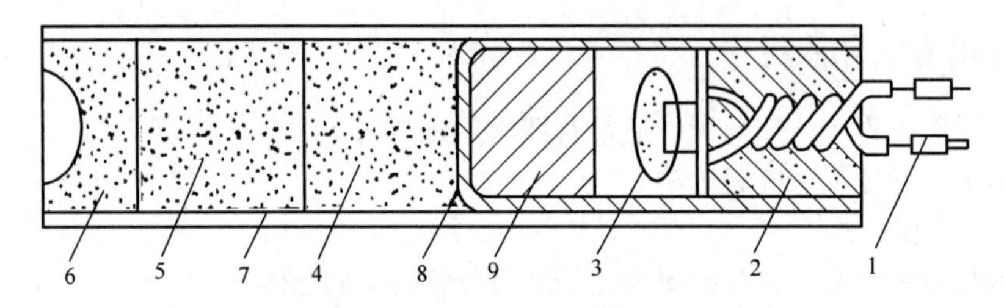

图 3.3.2-4 毫秒延期岩石电雷管

1—脚线；2—硫磺；3—引火药头；4—正起爆药；5—副起爆药（二遍药）；
6—副起爆药（头遍药）；7—纸管壳；8—内铜管；9—延期引爆药

电雷管起爆法的优点：可以远距离精准地控制各个孔内的炸药起爆时间，爆破网路可检查，安全可靠。缺点是有杂散电流引爆的风险。因此，在杂散电流达 50mA 的地点禁止使用，雷雨天不能用。此外，还应关注是否存在瓦斯防爆问题。爆破施工要求专责人员把守，严格的技术和安全管理。

电爆网路采用导线进行串联、并联或者串并联形成，但各支路电阻要基本相等，网路要平衡验算。导线一般采用绝缘良好的铜线或铝线，在深孔爆破中孔内的端线有时也选用足够面积、绝缘良好的铁线。在中小爆破中，常选用多股铜芯软胶质线。在大型爆破网路中，常将导线按其位置和作用划分为：端线、连接线、区域线和主线。

电力起爆常用的电源有干电池、蓄电池、起爆器、移动式发电机、照明电源和动力电源。

3. 导爆索起爆法

导爆索是由芯线、芯药（黑索金）及数层棉线和纸包缠制成的绳线状引爆用具，导爆索的外径为 5.2～6mm，通常每卷为 50m。其表皮为红色，以区别于导火索。

导爆索起爆法，首先采用雷管起爆导爆索，导爆索再直接起爆工业炸药。对于不太敏感的惰性炸药，如铵油炸药，采用导爆索结也可顺利起爆。

导爆索通过继爆管连接，组成导爆索起爆网路，具有操作简单、可靠性高、安全性好等优点，其中继爆管为时间控制元件。

导爆索与雷管、导爆索与导爆索的连接方式如图 3.3.2-5 所示。导爆索传爆的方向性强，要求其连接方向必须正确。

4. 导爆管系统起爆法

导爆管，全称为“塑料导爆管”，塑料导爆管内涂抹有黑索金等高能炸药与铝粉。导爆管起爆是一种非电雷管的起爆系统，由“塑料导爆管”和“非电雷管”两部分组成。非

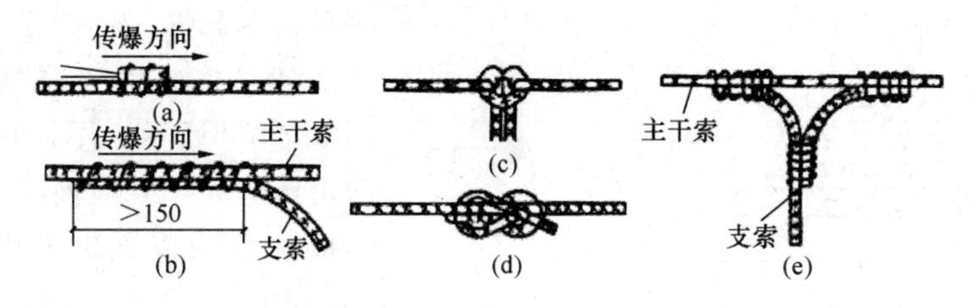

图 3.3.2-5　几种正确的导爆索连接方法

（a）雷管与导爆索的连接；（b）导爆索之间的连接；（c）导爆索之间 T 形结；（d）导爆索之间水手结；（e）导爆索之间双向搭接

电雷管的结构示意图见图 3.3.2-6。被火雷管、电雷管、非电导爆系统、导爆索、炸药、发令枪等引爆后，以冲击波形式将爆炸能量高速传递至非电雷管，进而起爆炸药，塑料导爆管本身无任何变化。

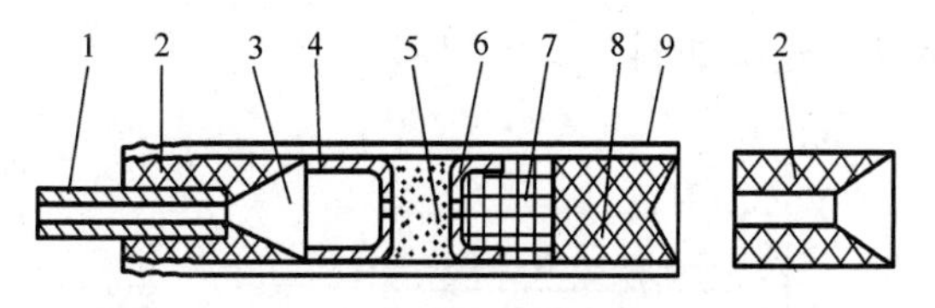

图 3.3.2-6　非电毫秒雷管结构示意图

1—塑料导爆管；2—塑料连接套；3—消爆空腔；4—空信帽；5—延期药；6—加强帽；7—正起爆药 DDNP；8—副起爆药 RDX；9—金属管壳

塑料导爆管结构如图 3.3.2-7 所示，管壁材料为高压聚乙烯，外径 2.95±0.15mm，内径 1.4±0.1mm，有一定的抗拉强度，在 50～70N 的拉力作用下不会变细。每米涂炸药量为 14～16mg，混合炸药中含 91%的奥克托今或黑索金，9%的铝粉。

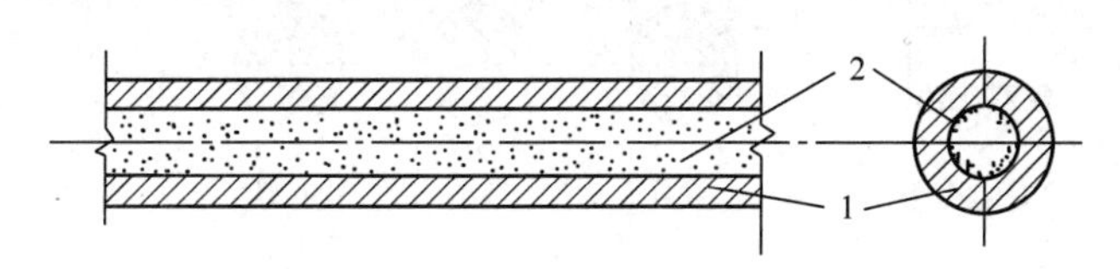

图 3.3.2-7　塑料导爆管结构

1—高压聚乙烯塑料管；2—炸药粉末

导爆管起爆网路的基本组成部分有：击发元件、传爆元件、连接装置、起爆雷管等。

1）击发元件

是用来激发导爆管的，符号为 ⁄Z⁄，主要有导爆管雷管、电容激发器、击发枪、普通雷管或导爆索。

2）传爆元件

就是导爆管，它一头与击发元件连接，一头与连接装置连接。

除了在有瓦斯和矿尘爆炸危险的环境中不能采用外，其他各种条件下均可应用。优点是操作简单安全，不受外部杂散电流影响（雷电除外）、成本低，可以实现等间隔微差起爆，并且起爆段数和炮孔数不受雷管段数限制。缺点是起爆前无法用仪表检查，爆区太长或延期段数太多时，采用孔外延迟网路容易被空气冲击波或地震、飞石破坏；在高寒地区塑料管硬化会恶化导爆管的传爆性能。

3）导爆管连接元件

（1）连接雷管。连接雷管的导爆管绑在起爆雷管上，由药包引出的非电雷管的导爆管绑在连接雷管上，实现远距离传爆或多雷管传爆。连接雷管用毫秒非电雷管时，可以实现

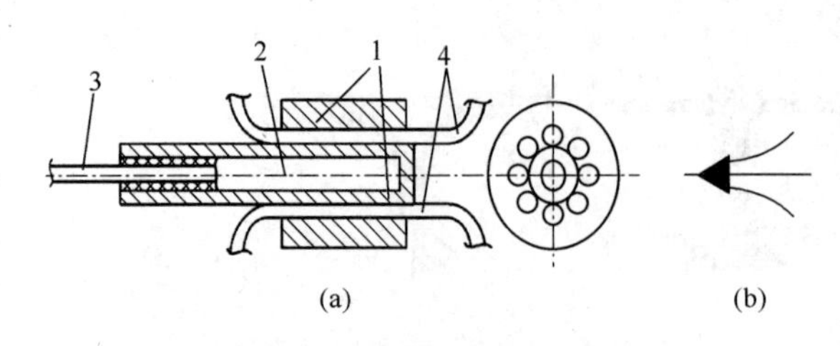

图3.3.2-8 连接块及导爆管连通装配图

1—塑料连接块主体；2—传爆雷管；3—主爆导爆管；4—插被爆导爆管外套

毫秒延期起爆。

（2）连接块。连接块的构造如图3.3.2-8所示，不同的连接块，一次可传爆8～20根被爆导爆管。如果连接块中的传爆雷管用毫秒延期雷管，也可以实现毫秒延期爆破。

（3）连通管。连通管形式很多，有三通、四通、五通，用聚氯乙烯压铸成，使用方便，在拆除爆破中应用较为广泛，如图3.3.2-9所示。

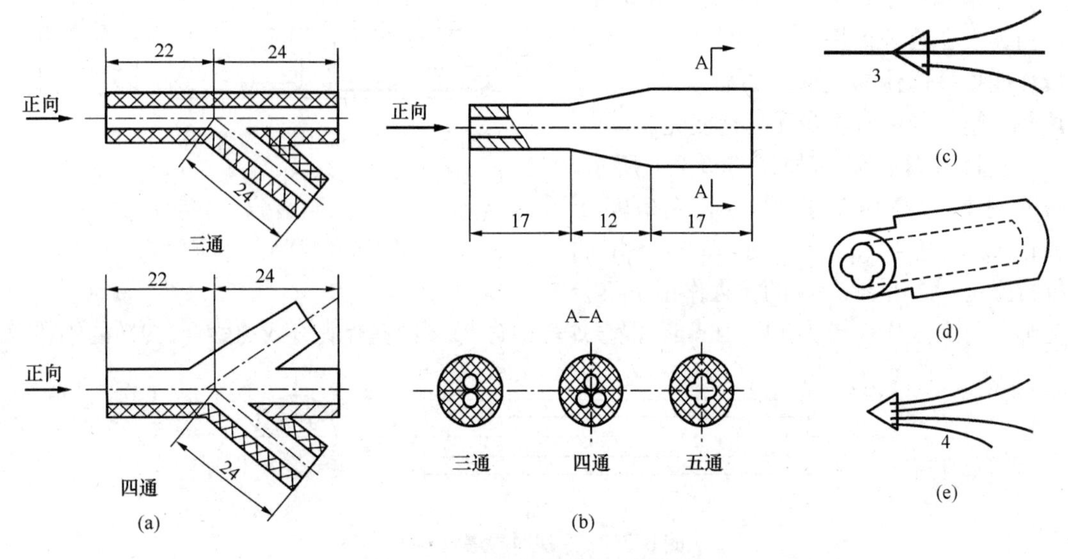

图3.3.2-9 连通器的类型与图例

（a）分岔式连通器；（b）集束式连通器；（c）正向分流式连接点图示法图例；（d）单向反射式四通连通器示意图；（e）单向反射式连接点图示法图例

4）起爆网路

导爆管起爆网路类型较多，如导爆索起爆非电导爆管网路、传爆雷管簇联网路、连通管网路等。导爆管起爆网路常用的连接形式有：簇联法、串联法和并联法。

3.3.3 岩体爆破

岩体爆破的应用非常广泛，是我国采矿工程的主要技术手段，特别是金属矿产的开采。钻爆法，也称为矿山法，是我国交通隧道、水利水电工程等地下工程的最主要工法。

岩体爆破工程，按项目类型可分为：场平爆破、隧道爆破、路基爆破、基坑爆破、沟槽爆破、孔桩爆破、边坡爆破、井巷掘进爆破等。

按技术预测效果可分为：光面爆破、预裂爆破、定向爆破、松动爆破等。

按爆破深度和药量可分为：裸露爆破、浅孔爆破、深孔爆破、药壶爆破、洞室爆破等。

1. 浅孔爆破法

一般用轻便的凿岩机具钻孔，炮孔直径通常用 35mm、42mm、45mm、50mm 几种。为有较多临空面，炮孔深度 L 一般在 5m 以内，最小抵抗线 $W=(0.6\sim0.8)H$，炮孔间距 $a=(0.8\sim2)W$。炮孔布置一般为交错梅花形，依次逐排起爆，炮孔排距 $b=(0.8\sim1.2)W$。

浅孔爆破法设备和施工简单，容易掌握；炸药消耗量少，爆渣飞石距离较近，岩石破碎均匀，便于控制开挖面的形状和尺寸，可在各种复杂条件下施工，在爆破作业中被广泛采用。但爆破量较小，钻孔工作量大。适于在各种地形和施工现场比较狭窄的工作面上作业，如场地平整、露天小台阶采矿、沟槽基础开挖、边坡危岩处理、冻土或岩石松动、二次破碎、露天石材开采、地下浅孔崩落采矿、井巷隧洞掘进等。

2. 深孔台阶爆破法

深孔爆破法是将药包放在直径 75～300mm、孔深 L 为 5～30m 的钻孔中进行的爆破。爆破前宜先将地面用浅孔爆成倾角大于 55°的阶梯形，然后用轻、中型露天潜孔钻钻进垂直、倾斜或水平的大炮孔。布置钻孔如图 3.3.3-1 所示，设台阶高度为 H，底盘的抵抗线为 W，参数一般如下：

图 3.3.3-1　浅孔或深孔爆破示意图

L—钻孔深度；l_c—装药长度；

h—超深；b—排距；W_d—底盘抵抗线；

B—在台阶面上从钻孔中心至坡顶线的安全距离

孔深：$L=(1.1\sim1.15)H$

孔间距：$a=(0.8\sim1.2)W$

排距：$b=(0.7\sim1)W$

装药采用分段或连续。爆破时，边排先起爆，后排依次起爆。

深孔爆破法单位岩石体积的钻孔量少，耗药量少，生产效率高。一次爆落石方量多，操作机械化，可减轻劳动强度。适用于料场、深基坑的松爆，场地整平以及高阶梯中型爆破各种岩石。

3. 隧（巷）道爆破

钻爆法是传统的隧道或巷道施工方法。根据围岩地质条件、断面形状和大小，有全断面、台阶式等不同工艺方式。掘进循环一个流程是：炮眼钻进→装药→起爆→通风→装矸排渣。

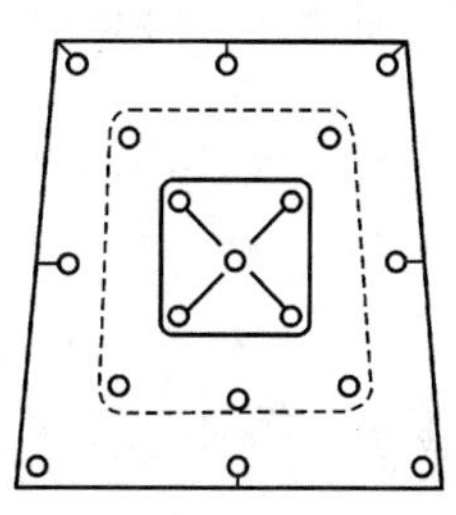

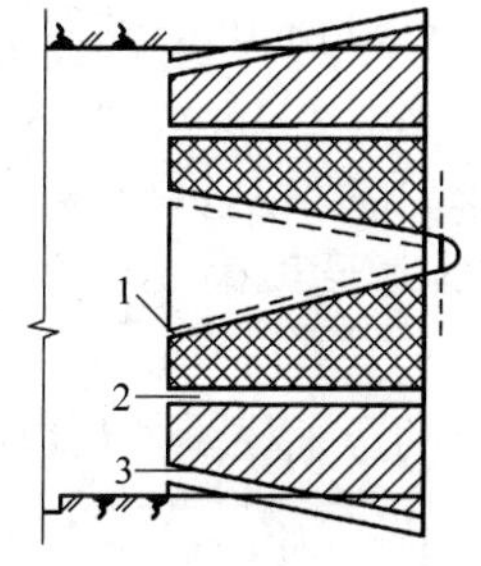

图 3.3.3-2　隧道巷道爆破布置钻孔示意图

1—掏槽眼；2—辅助眼；3—周边眼

1）炮眼的种类与作用

隧道爆破的一般采用浅孔爆破，爆破钻孔的直径为 35～55mm。炮眼按分布和作用分为掏槽眼、辅助眼和周边眼三大类，如图 3.3.3-2 所示。

（1）掏槽眼：针对隧道开挖面只有一个临空面的特点，为提高爆破效果，宜先在开挖断面中间适当位置，一般在中央偏下部，布置的领先起爆、钻孔较深、装药量较大的炮孔。其作用是先在开挖面上炸出一个槽腔，为后续炮眼的爆破增加了新临空面。

掏槽方式：指的是掏槽眼的布孔特点，如有直眼掏槽、V形掏槽、楔形掏槽等。

（2）辅助眼：位于掏槽眼与周边眼之间的炮眼称为辅助眼。其作用是利用掏槽眼爆破后创造的自由面，扩大爆破区，实现岩体开挖破碎，并为周边眼爆破创造临空面。

（3）周边眼：沿隧道周边布置的炮眼称为周边眼，其作用是炸出较平整的隧道断面形状、大小和轮廓，使之符合设计要求。按其所在位置的不同，又可分为帮眼、顶眼、底眼。

2）循环进尺

一次开挖爆破的隧道纵向前进的尺寸。

3）炮眼利用率

实际循环进尺与炮眼深度之比。

4. 工程爆破安全

岩体爆破安全工作极为重要，应服从国家治安和安全生产的管理，严格遵守《爆破安全规程》GB 6722—2014。爆破作业主要关注以下几个问题：

（1）爆破器材应有合法合规的存放地点和仓储设施条件，存、出库、运输等有严格的管理制度。

（2）爆破作业是专业工作，必须由有资质和职业经历条件的岗位人员负责，专业化操作。

（3）爆破时，应画出警戒范围，立好标志，现场人员应处在安全区域，并有专人警戒，以防爆破飞石、爆破地震、冲击波以及爆破毒气对人身造成伤害。

（4）爆破作业时，邻近的建筑、建筑基础、地下重要管线等均有被振动破坏的风险，应采取各种专业的保护措施。

（5）爆破作业中难免发生一些钻孔内的装药未能引爆的情况，俗称瞎炮，须查明拒爆原因，合理处置。

3.4 地基处理施工

一切土木工程建造起始于地基，无论是建筑基础还是道路、铁路基础。自然界的岩土地基是千变万化的，或可选定条件好的，或无可选择的余地。工程勘察就是要提供工程实施前的地基条件，不良地基应进行改良施工，目标是提高地基承载力，如强度、刚度或稳定性，一般从以下5个方面着手：

（1）改善剪切特性：由于土体的强度主要是指其抗剪强度，土体的破坏是受剪破坏，而不是受压破坏，所以改善剪切特性实际上是提高土体强度（两个重要指标就是c、φ值）。

（2）改善压缩特性：主要是提高地基土的压缩模量，借以减少地基土的沉降。简而言之，即提高地基抗变形特性。

（3）改善透水特性：主要是解决由于地下水的运动而出现的问题。如流砂、管涌等。

（4）改善地基的动力特性：地震时饱和松散粉细砂（包括部分黏质粉土）将会发生液

化。主要解决地基的振动特性，提高抗震性能。

（5）改善特殊土的不良特性：一些特殊地基处理，如黄土地基，主要是消除或减少黄土的湿陷性和膨胀土的胀缩性。

地基处理的分类方法多种多样，详见图 3.4-1，也可以概括成为“挖、填、换、压、夯、挤、拌、注”8 个动词。按时间，可分为临时处理和永久处理；按处理深度，可分为浅层处理和深层处理；按处理土性对象，可分为砂性土处理和黏性土处理，饱和土处理和非饱和土处理等。下面介绍一下常见的分类方法，主要是按照地基处理工法分。

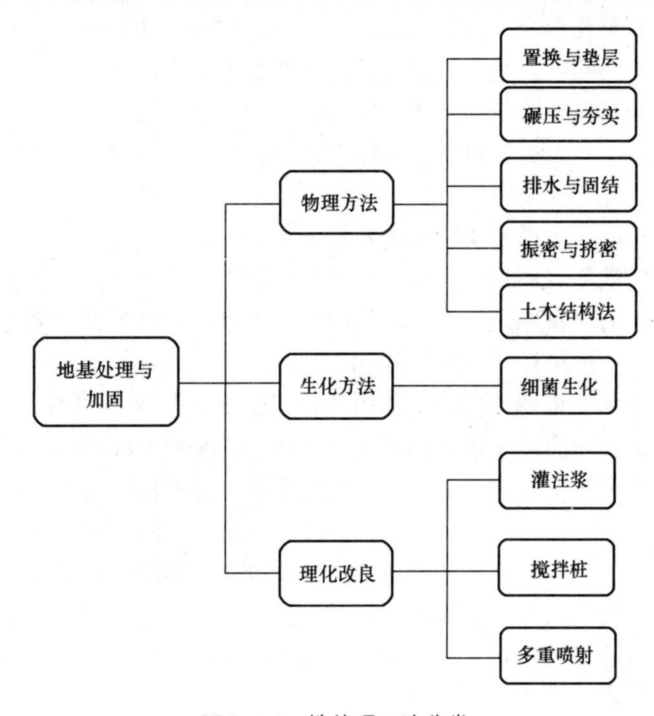

图 3.4-1　地处理工法分类

3.4.1　置换与垫层法

置换与垫层法，就是把不符合地基设计承载能力和使用要求的土层挖掉，或者替换掉，用上符合地基性能要求的材料，然后分层夯实，作为基础的持力层。置换与垫层法适用于浅层软弱地基及不均匀地基的处理。按其换填材料的功能不同，又分为垫层法和褥垫法。

（1）垫层法：又称开挖置换法、换土垫层法，简称换土法。通常指当软弱土地基的承载力和变形满足不了建（构）筑物的要求，而软弱土层的厚度又不很大时，将基础底面以下处理范围内的软弱土层的部分或全部挖去，然后分层换填强度较大的砂（碎石、素土、灰土、矿渣、粉煤灰）或其他性能稳定、无侵蚀性的材料，并压（夯、振）实至设计要求的密实度。

（2）褥垫法：是将基础底面下一定深度范围内局部压缩性较低的岩土挖掉，换填上压缩性较大的材料，然后以分层夯实的垫层作为基础的部分持力层，使基础整个持力层的变形相互协调。褥垫法是我国近年来在处理山区不均匀的岩土地基中常采用的简便易行又较为可靠的方法。

换填施工注意点：一是根据项目特点和行业规范要求正确选择填土的材料，二是选择合理的置换工艺。

3.4.2 强夯法

强夯法又称动力固结法，是法国梅那尔公司于20世纪60年代后期创造的一种地基加固方法。它是在重锤夯实基础上发展起来的动力加固地基的新方法。它是指将十几吨至上百吨的重锤，从几米至几十米的高处自由落下，对土体进行动力夯击，使土产生强制压密而减少其压缩性、提高强度，是一种深部地层密实的施工方法。

首先需要确定的是强夯法是在重锤夯实法的基础上发展起来的一种地基处理方法，但就其加固原理、实用土质、施工设备、操作工艺和加固效果而言，又和重锤夯实法有着很大的区别：

（1）加固原理不同：重锤夯实法夯击能量较小，一般不超过500kN·m，夯锤重复夯实的是地基表面，使地基表面形成一层比较密实的硬壳层。强夯法加固多孔隙、粗颗粒非饱和土时，是基于动力压密原理；强夯法加固饱和土时，则是借助于动力固结的理论。强夯法冲击能力较大，一般可达2000～10000kN·m。

（2）适用土质不同：重锤夯实法主要用来夯实厚度不大于3m的回填土，特别适用于砂性较大的黏质粉土、粉质黏土构成的素填土。强夯法是使土体受夯击后产生很大的孔隙水压力，孔隙水可由裂缝中流出，从而改变土的结构。强夯法既适合非饱和土，也适合饱和土。

（3）施工机具和施工工艺差别：重锤夯实法的锤重一般2～4t，落距一般3～5m，施工方法采用满夯搭接的形式。而强夯法所用锤重至少8t，落距大于6m，施工方案一般采用跳夯。因为强夯法能量大，每个夯坑的沉降大，除竖向压缩外还有侧向挤出，因此两个夯坑必须保持一定距离。

强夯法的设备、工艺、操作简单，适用土质范围广；处理后土粒结合紧密，有较高的结构强度，地基变形沉降量小，压缩性可降低2～10倍，加固影响深度可达6～10m。

夯击点的布置应根据基础形式和加固要求而定。对大面积地基，一般采用等边三角形、等腰三角形或正方形布置夯点；对条形基础，可成行布置夯点；对独立柱基础，可按柱网，在基础下面布置夯点，采取单点或成组的方式布置。

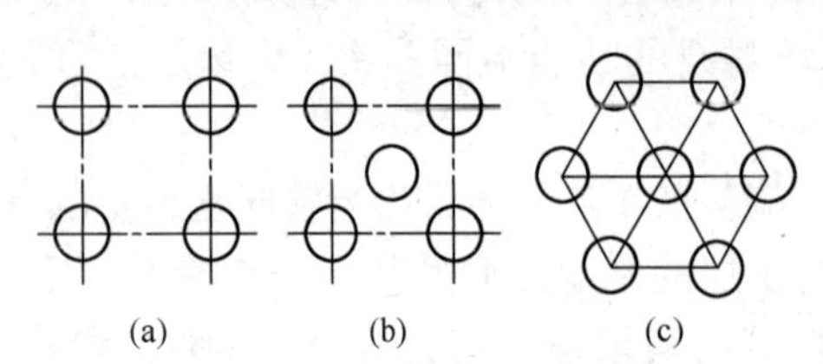

图3.4.2-1 地基夯点布置形式

（a）正方形；（b）梅花形；（c）正三角形

夯击点间距通常可取夯锤直径的3倍，第一遍夯击点间距为5～9m，以后可适当减小。对处理深度较大或单击夯击能较大的工程，第一遍夯击点间距宜适当增大。夯点布置一般有如图3.4.2-1所示的几种。

每次夯击之间应有一定的时间间隔，以利于土中超静孔隙水应力的消散，待地基稳定后再夯下遍，一般时间间隔为1～4周。透水性较差的黏性土不少于3周；对无地下水或地下水位在地面以下5m，含水率较低的碎石类土和透水性强的砂性土，可取1～2d的间隔时间，甚至不需间隔时间，夯完一遍后，即可将土推平，进行连续夯击。

施工中应检查落距、夯击遍数、夯点位置、夯击范围。施工结束后，检查被夯地基的强度并进行承载力检验。

3.4.3 振冲挤密法

即通过振捣钻孔深入土层内部振动并挤压土体，提高土体密实度。分加填料和不加填料两种方法。加料挤密桩与被挤压土体一起组成复合地基，承载力和刚度大幅提高。

振冲挤密法的主要施工机具和设备有振冲器、起重机、排浆泵、供水泵。每台振冲器备用一台水泵，关键设备是振冲器，如图 3.4.3-1 所示。

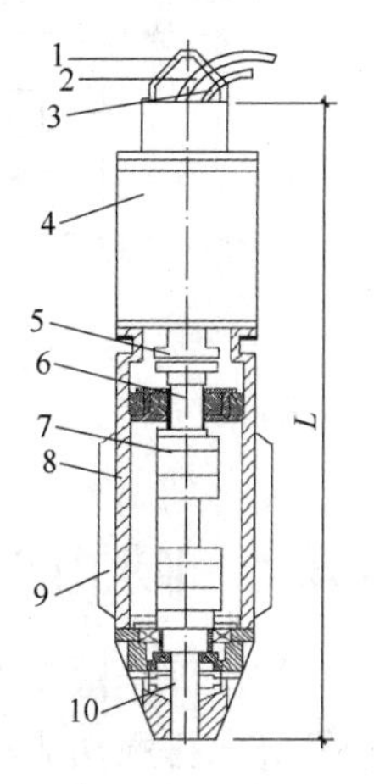

图 3.4.3-1 振冲挤密器结构示意图

1—吊具；2—水管；3—电缆；4—电机；5—联轴器；6—轴；7—偏心块；8—壳体；9—翅片；10—水管

振冲挤密法按施工工艺差异，分为沉管挤密桩法和爆破挤密桩法，其中沉管挤密桩法又分为振动挤密成桩法和冲击挤密成桩法。

振冲挤密法按桩体填充材料，分为碎石（砂）桩法、石灰桩法、土或灰土挤密桩法。

不加填料振冲法适用于处理黏粒含量不大于 10%的中、粗砂地基。而加填料的振冲碎石桩法适用于处理砂土、粉土、粉质黏土、素填土和杂填土等地基。

对于处理黏性土和饱和黄土地基，应在施工前通过现场试验确定其适用性。

挤密桩和周围土体之间的相互作用有五种类型的原理去理解，即：①侧向挤密作用；②振密作用；③置换作用；④排水固结作用；⑤化学加固作用。

振冲器的起吊设备：8～15t 的履带式起重机、轮胎式起重机、汽车式起重机或轨道式自行塔架等。

控制设备：包括控制电流操作台、150A 电流表、500V 电压表以及供水管道、加料设备（起重机或翻斗车）等。

填料设备：常用装载机、起重机、翻斗车、人力车。

振冲挤密施工的工艺过程如图 3.4.3-2 所示。

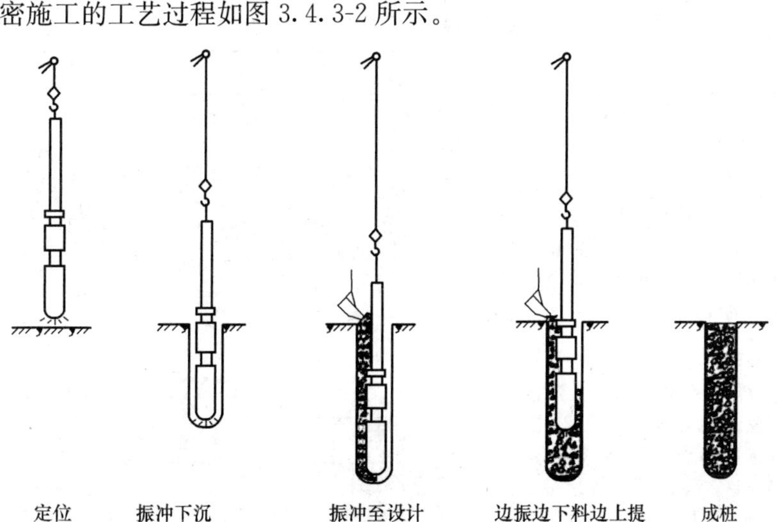

图 3.4.3-2 振冲法施工工艺过程

振冲碎石桩施工参数包括：加固范围及加固布置桩形式、桩长、桩径和间距。桩体布置范围应根据建筑物基础形式而定，对于筏形基础、交叉条形基础、柔性基础应在轮廓线内满堂布置，轮廓线外还需假设 2～3 排保护桩；而其他类型基础应在轮廓线外设 1～2 排保护桩。

对大面积满堂布置，宜采用等边三角形梅花布置；对独立柱基、条形基础等，宜采用正方形、矩形布置，如图 3.4.3-3 所示。

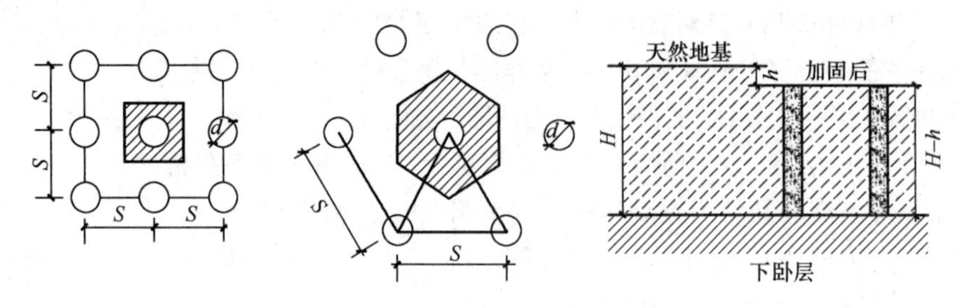

图 3.4.3-3 振冲挤密桩桩点布置

3.4.4 排水固结法

排水固结法又称预压法，是在建造基础前，先在天然地基里设置了导渗井、塑料排水带等竖向排水功能材料，再对场地进行预加载加压，使土体中的孔隙水排出，提前完成地基土体的固结沉降，从而增强了原始地基的承载能力。

预压法由加压系统和排水系统两部分组成。加压系统可实现在原位对地基施加荷载，使地基地层总应力增加，孔隙水系产生压力差，使水从饱和地基中排出，土体产生固结；排水系统则是用功能性材料，有效加快地层孔隙水的排出，缩短排水固结时间，使地基完成预期沉降量，提高地基土承载强度。该工法适用于处理淤泥、淤泥质粉砂、粉细砂等细粒饱和黏性土地基。

按照加压或地层排水方式，有堆载预压法、降水预压法、真空预压法、电渗排水法或者各种组合工法等，详见表 3.4.4-1。

排水固结地基加固主要工法和原理　　表 3.4.4-1

方法	简要原理	图示	适用性
加载（超载）预压法	在地基中设置排水通道系统（砂垫层、普通砂井、袋装砂井、塑料排水带竖向排水系统），按设计荷载或超载，对地基加载，促使地基地层加速排水后固结，地基承载力提高，工后的沉降减小	排水砂垫层 堆载 软土层 堆载产生超静水压力 排水砂井 砂井堆载预压排水团结示意图	适用于道路路堤、土坝、机场跑道、工业建筑、油罐、码头、岸坡等有堆载条件的大型土方工程，但应确保地层不失稳
真空联合堆载预压法	在软黏土地基中设置排水体系（同加载预压法，覆盖不透气密封膜），接下来通过不断地对地层抽真空，在地基中形成负压区，促使地基排水固结，达到超前提高地基承载力，减小工后沉降量	大气压力 (101kPa) 抽真空装置 围埝 砂垫层 真空滤管 密封膜 80kPa 塑料排水板	适用于均质黏性土及含薄粉砂夹层黏性土等，尤其适用于新吹填土地基，但应隔断水的补给，也可与堆载预压联合使用

续表

方法	简要原理	图示	适用性
降低地下水位法	通过抽水井，降低地下水位，降低地基土孔隙水压力，提高有效应力，其效果如同预压加载，使地基土产生排水固结，达到加固目的	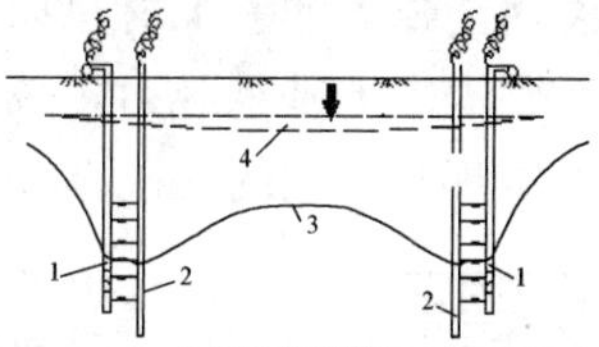 管井和电渗井点降水 1—管井降水；2—电渗井点；3—地下水位线；4—地层沉降线	管井降水适合于渗透系数大的砂砾地层；电渗适合小渗透系数的黏土地层

3.4.5 理化改良法

通过各种物理的或机械的方法，将一些有机或无机材料掺入软弱地层中去，使之与土体进行理化反应，形成新的改良土体，提高土体密实度和承载能力，同时还可降低渗透性等。常见地层理化改良方法，按材料划分有普通水泥注浆加固、超细水泥注浆加固、化学溶液注浆加固等。按施工工艺特征分为注浆法、灌浆法、搅拌桩法、高压旋喷法等，见表 3.4.5-1。

地层理化改良工法 **表 3.4.5-1**

理化改良工法	示意图	工艺原理描述	适用条件
灌注浆法	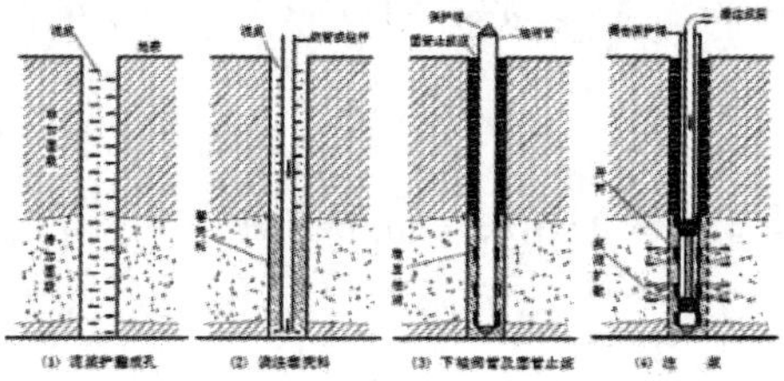	利用钻孔和注浆管，通过一定的压力，将浆液渗流进软弱地基土体，填充孔隙、裂隙，或挤压土体，与土颗粒产生化学反应	中粗砂、砾石地基
搅拌桩法	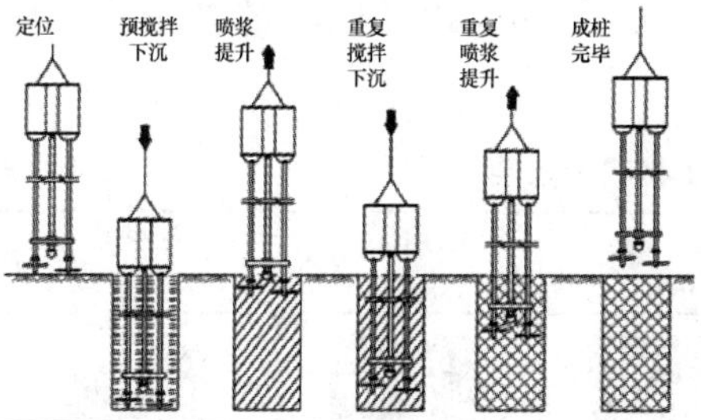 定位 预搅拌下沉 喷浆提升 重复搅拌下沉 重复喷浆提升 成桩完毕	通过钻孔和刀具切割，将水泥浆或水泥粉与土原位搅拌，形成水泥土桩，或者形成格栅状或连续墙式等结构式复合地基	淤泥、淤泥质土、黏性土和粉土等软土地基
喷射注浆法	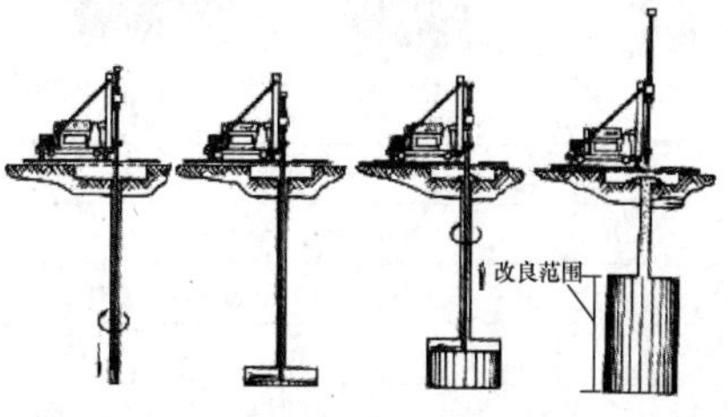 改良范围 (a) 就位井钻孔至设计深度 (b) 高压喷射开始 (c) 边喷射、边提升 (d) 高压喷射结束准备移位	先钻孔，通过高压单管或多重管，对土体进行高压气、水或浆液的旋转、喷射、切割，使浆液与土体反应形成水泥土	淤泥、淤泥质土、黏性土、粉土、黄土

3.4.6 土工结构法

通过在地基土层中布设功能强大的土工材料如格栅、拉筋、杆件、无纺布等，形成共体作用的地基基础，从而达到提高地基承载力，减小沉降，确保建筑物稳定的地基处理方法。土工材料的结构设置可实现其不同的功能，分别是以下几种。

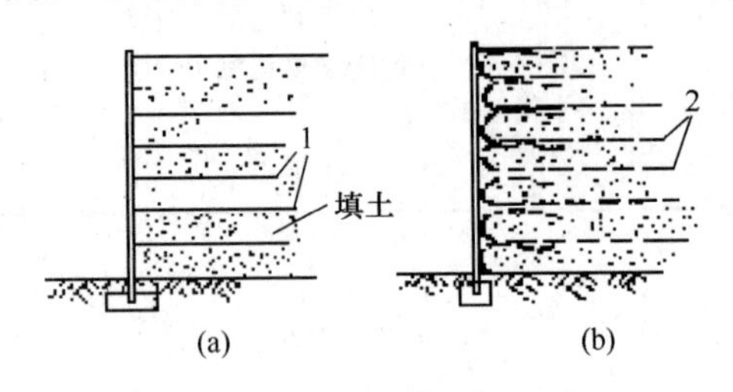

图 3.4.6-1 加筋的结构示意图

（a）锚杆；（b）土钉

1—锚杆；2—土钉

1. 结构力学作用

即利用土工材料的强度和耐久性等特性优势，形成网架、加筋、锚固等结构力学作用，从而提高地基的整体稳定性和承载能力。如锚杆和土钉的加筋结构作用，如图 3.4.6-1所示。

2. 排水作用

具有一定厚度的土工合成材料具有良好的三维透水特性，利用这一特性可以使土体内的自由水经过土工合成材料迅速排泄出去。

3. 过滤和反滤作用

地下水沿水力梯度可进行顺向或反向通过的同时，不允许骨架土颗粒随水流流失的作用。

4. 隔离作用

即具有将两种不同的材料分隔使其不混合的功能。例如，将铁路轨道下道砟碎石和地基细粒土隔开。用于隔离的材料常为土工织物或土工膜，通过隔离可保持介质和结构的完整性与稳定性。

5. 抗渗作用

利用土工材料阻隔地下水流动或起防止流失的作用，常用的防渗材料有土工复合膜和GCL 等。

6. 防护作用

利用合适材料防护岩土体免受环境影响导致破坏的作用。常用的防护材料有土工织物、土工膜、土工网等，见表 3.4.6-1。

土工材料的功能 表 3.4.6-1

土工材料	土工织物（GT）	土工格栅（GG）	土工网（GN）	土工膜（GM）	土工垫块（GCL）	复合土工材料（GC）
图片						
隔离	P	—	—	S	S	P或S
加筋	P	P	S	—	—	P或S
反滤	P	—	—	—	—	P或S
排水	P	—	P	—	—	P或S
防渗	P	—	—	P	P	P或S
防护	S	S	P	S	—	P或S

注：P—主要功能；S—次要功能。

3.4.7 复合地基

复合地基是指天然地基在地基处理过程中部分土体得到增强，或被置换，或在天然地基中设置加筋材料，加固区是由原地基土体和增强体两部分组成的人工地基。

复合地基的作用机理按其结构功能包括桩体作用、排水作用、挤密作用、加筋作用、垫层作用；按材料性质、力学相应和加强方向，可有多种分类，如图 3.4.7-1 所示。

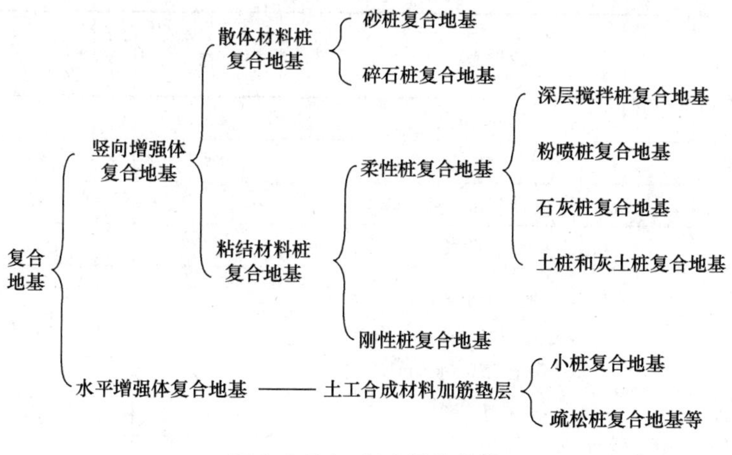

图 3.4.7-1 复合地基分类

3.5 建筑浅基础施工

基础（Foundation）指建筑底部与地基接触的承重构件，它的作用泛指把建筑上部的荷载传给地基。工程结构物地面以下的部分结构构件，用来将上部结构荷载传给地基，是房屋、桥梁、码头及其他构筑物的重要组成部分。

3.5.1 刚性基础施工

受“刚性角”或基础台阶的容许“宽高比”限制的基础称为刚性基础，也称无筋扩展基础。所谓刚性角，就是指基础放宽的引线与墙体垂直线之间的夹角，如图 3.5.1-1 中的 α 角，图中 B_i 为任一台阶宽度（m），H_i 为相应台阶高度（m）；tan α 为台阶宽高比的允许值，参照表 3.5.1-1 所示的规定值选用。

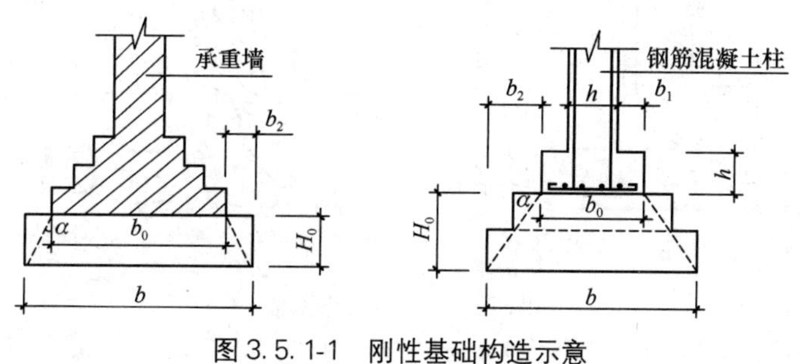

图 3.5.1-1 刚性基础构造示意

地基的强度和变形模量一般都远远小于上部建筑物基础，为了适应上部建筑结构载荷安全传递，就有必要按地基承载力，扩大基础与地基的接触面积，以满足地基强度和变形要求。所以，将这类建筑基础又称扩展基础。

常用的扩展基础有混凝土填础、砖基础、毛石基础、毛石混凝土基础、灰土基础、三合土基础(表 3.5.1-1)。这些岩土类建筑材料的抗拉及抗剪强度值远小于抗压强度值。

建筑基础台阶高宽比的允许值 **表 3.5.1-1**

基础材料	质量要求	台阶宽高比允许值		
		$p_k \leqslant 100$	$100 < p_k \leqslant 200$	$200 < p_k \leqslant 300$
混凝土基础	C15 混凝土	1∶1	1∶1	1∶1.25
毛石混凝土基础	C15 混凝土	1∶1	1∶1.25	1∶1.5
砖基础	砖不低于 MU10，M15 砂浆	1∶1.5	1∶1.5	1∶1.5
毛石基础	M15 砂浆	1∶1.25	1∶1.5	—
灰土基础	最小干密度： 粉土：1550kg/m^3； 粉质黏土：1500kg/m^3； 黏土：1450kg/m^3	1∶1.25	1∶1.5	—
三合土基础 （石子、砂、骨料）	每层约须铺 220mm，夯至 150mm	1∶1.5	1∶1.2	—

施工中应尽力使基础放大脚与基础材料的刚性角相一致，其目的是确保基础底面不产生拉应力，并最大限度地节约基础材料。

（1）砖基础：剖面通常扁砌成阶梯形，称为放大脚。有等高式和间隔式两种。等高式是两皮收 1/4 砖长，即 120mm；间隔式是交替进行，两皮一收和一皮一收，一收是 1/4 砖，阶梯高度分别为 120、60mm；砖最低强度等级 M7.5，参见图 3.5.1-2（a)。

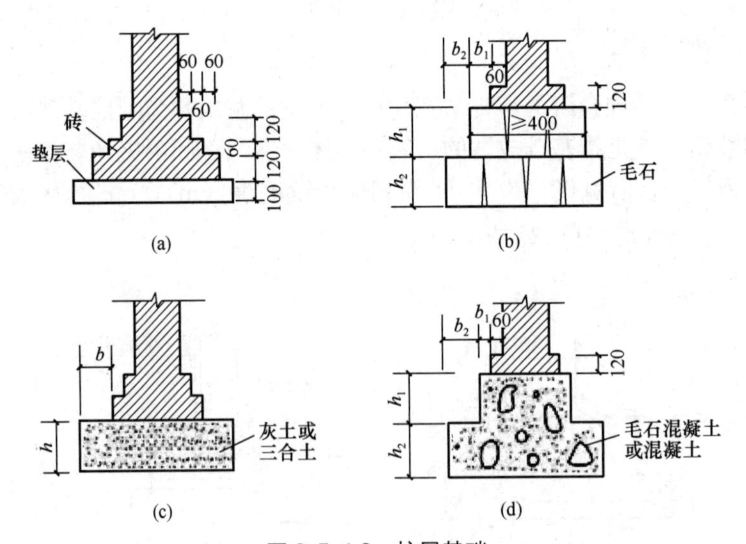

图 3.5.1-2 扩展基础

(a) 砖基础；(b) 毛石基础；(c) 灰土或三合土基础；(d) 毛石混凝土或混凝土基础

（2）毛石基础：具有强度较高、抗冻、耐水、经济等特点。注意：基础位于地下水位以下时则应采用水泥砂浆材料砌筑。如图 3.5.1-2（b）所示。

（3）灰土基础：主要在我国华北和西北地区使用，适用于 5 层以下建筑。灰土是用黏土和石灰混合而成，体积比一般为 3∶7 或者 2∶8。拌合均匀，加适量水分层夯实。虚铺 22～25cm，夯实至 15cm，施工时要保持早期干燥，如图 3.5.1-2（c）所示。

（4）三合土基础：该基础在我国南方常用，按重量配合比，石灰∶砂子∶骨料＝1∶2∶4或 1∶3∶5。骨料中矿渣最好，具有水硬性；碎砖次之，碎石即河卵石因不易夯实质量较差。同样可参见图 3.5.1-2（c）。

（5）混凝土或毛石混凝土基础：采用水泥作为胶凝材料的基础耐久性和抗冻性都较好。即在毛石基础砌筑缝隙中灌注水泥砂浆或者用混凝土浇筑基础，如图 3.5.1-2（d）所示。

3.5.2 柔性基础施工

当无筋扩展基础的刚性角不能满足，而且基础面扩大也导致地基的附加应力时，可采用钢筋混凝土基础，即在基础的混凝土中配上钢筋，使得基础抗弯抗剪能力提高，并可使得基础厚度减薄。此时，基础尺寸不再受到刚性角的限制，基础剖面呈现扁平形状，用较小的基础高度就可适应上部载荷向地基的传递。与无筋扩展基础相比，基础的造价提高。有筋扩展基础也称柔性基础，根据配筋构造，又分为有肋和无肋两种，如图 3.5.2-1所示。

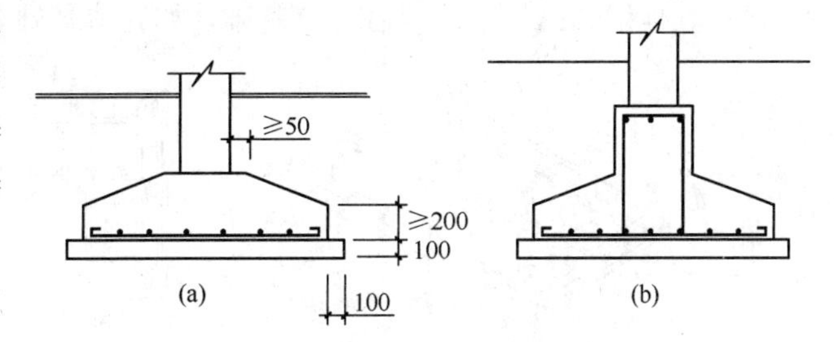

图 3.5.2-1 墙下钢筋混凝土扩展基础

（a）无肋；（b）有肋

常见的有筋扩展基础设计有墙下钢筋混凝土条形基础和柱下钢筋混凝土独立基础两种，柱下独立基础也有台阶形、锥台形和杯口形等几种外形，如图 3.5.2-2 所示。

梯形钢筋混凝土基础断面最薄处高度不小于 200mm；阶梯形的每个踏步高 300～500mm。通常情况下，钢筋混凝土基础下面设有厚度 100mm 左右的 C7.5 或 C10 素混凝

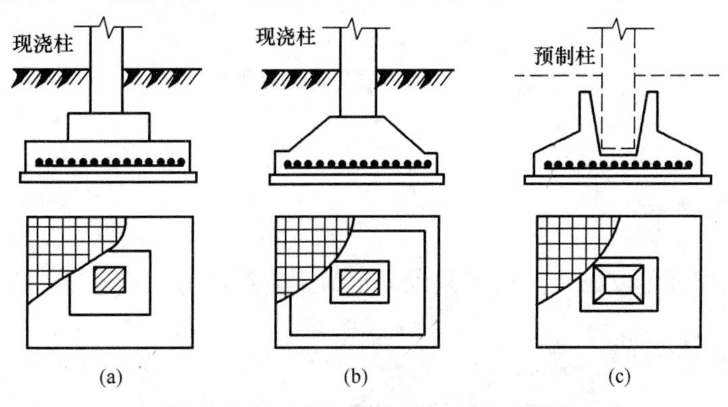

图 3.5.2-2 柱下钢筋混凝土独立基础

（a）台阶形；（b）锥台形；（c）杯口形

土垫层；无垫层时，钢筋保护层厚为 75mm，以保护受力钢筋不受锈蚀。

3.5.3 建筑浅基础施工

常用的建筑浅基础按结构构造有独立基础、条形基础、筏形基础、井格基础、箱形基础、桩基础等几种形式。

（1）条形基础：是指基础长度远大于基础宽度的基础形式，分墙下条形基础和柱下条形基础，如图 3.5.3-1（a）所示。

（2）柱下十字交叉基础：当上部荷载较大，柱下条形基础不能满足基础设计要求时，可采用双向的柱下钢筋混凝土十字交叉条形基础，提高了抗地基不均匀沉降能力，如图 3.5.3-1（b)所示。

（3）筏形基础：如地基软弱而荷载又很大，采用十字基础仍不能满足要求或相邻基槽距离很近时，可用钢筋混凝土做成整块的筏形基础，如图 3.5.3-1（c）所示，可分为平板式和梁板式两种。

（4）箱形基础：它的主要特点是刚性大，减少了基础底面的附加应力，适用于地基软弱土层厚、荷载大和基础面积小的一些重要建筑物，如图 3.5.3-1（d）所示。

（5）其他形式的浅基础或者复合基础，如壳体基础等。

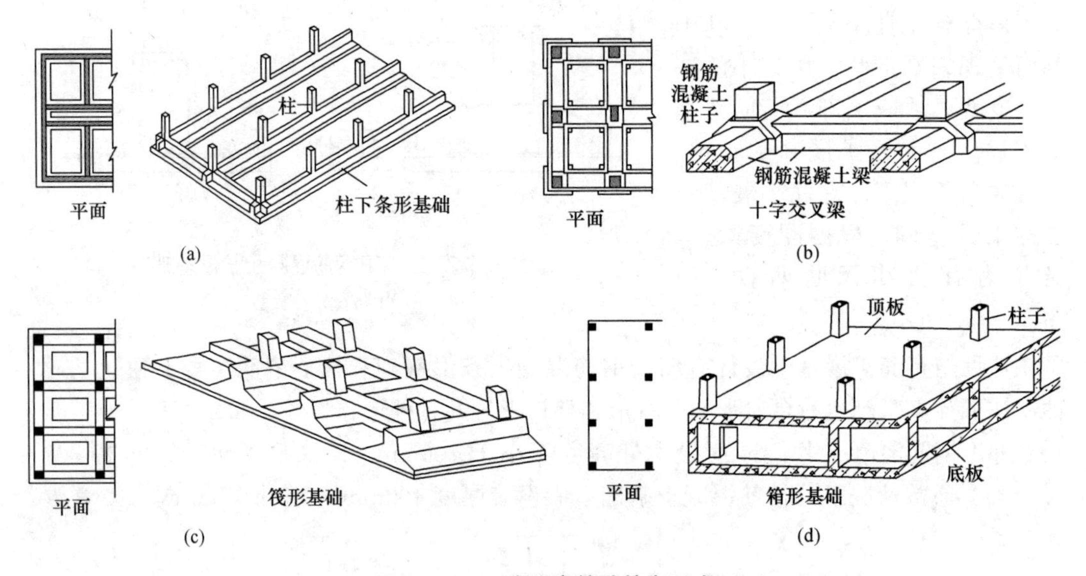

图 3.5.3-1 建筑浅基础基本形式

3.6 道路路基施工

路基是道路路面的基础，其施工是以岩土为主体材料的工程建设，也是线型工程。

3.6.1 道路路基构造

我国将路基工程分为一般路基和特殊路基两大类。特殊路基是指位于特殊土、岩地段、不良地质地段，或受水、天气等自然因素影响强烈的路基。特殊路基列举了 19 种类型，需要专门或特殊的设计和施工。

一般路基按其横截面的几何和施工特征，可分为路堤、路堑、半路堤、半路堑、半填半挖、不填不挖路基六种基本形式，如图 3.6.1-1 所示。

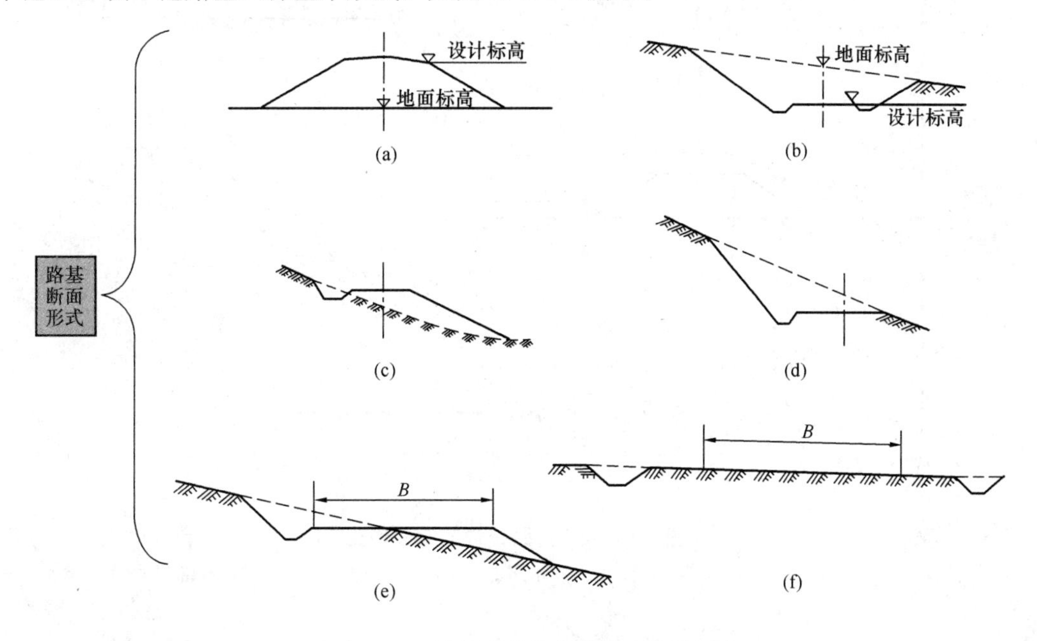

图 3.6.1-1　道路路基的六种基本构造形式

(a) 路堤；(b) 路堑；(c) 半路堤；(d) 半路堑；(e) 半填半挖路基；(f) 不填不挖路基

1. 路床

路床（roadbed）是指公路路面结构层以下 0.8m 或 1.2m 范围内的路基部分。路床被认定为承受道路交通载荷作用和自然环境影响部分的重要基础部位，又分上路床、下路床两大分部，上路床定义厚度 0.3m，下路床厚度定义取决于道路等级，对于轻、中等及重交通公路，下路床厚度为 0.5m，对于特重、极重交通公路，下路床厚度定义为 0.9m。

2. 路堤

路堤（embankment）是在天然地面上，用土或石填筑的具有一定密实度的线路建筑物，如图 3.6.1-1（a）所示。因高低和周边地势不同，路堤本身就有多种分类，常用横断面形式如图 3.6.1-2 所示，有：①矮路堤（填土高度低于 1m 者）或高路堤（填土高度大于 18m（土质）或 20m（石质））；②一般路堤（填土高度介于矮、高路堤之间）；③浸水路堤；④护脚路堤；⑤挖沟填筑路堤。

3. 路堑

路堑（cutting）是指全部在原地面开挖而成的路基或低于原地面的挖方路基。路堑横断面的几种基本形式如图 3.6.1-3 所示。

4. 半填半挖路基

当原地面横坡大，且路基较宽，需一侧开挖另一侧填筑时，为挖填结合路基，也称半填半挖路基。在丘陵或山区公路上，挖填结合是路基横断面的主要形式，如图 3.6.1-4 所示。

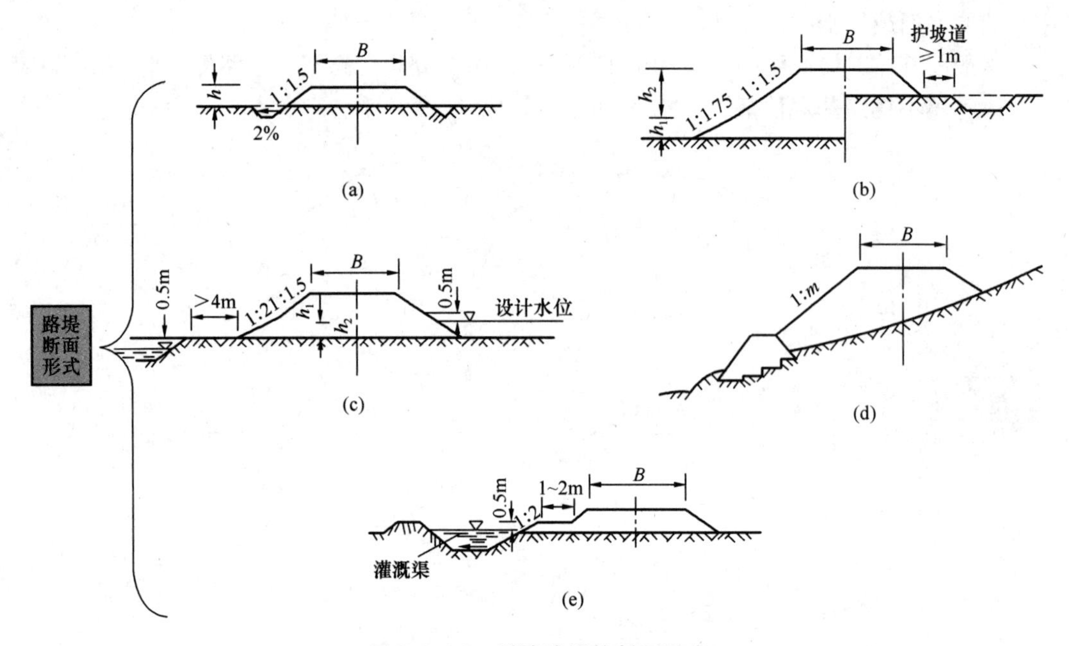

图 3.6.1-2 道路路堤的断面形式

(a) 矮路堤；(b) 一般路堤；(c) 浸水路堤；(d) 护脚路堤；(e) 挖沟填筑路堤

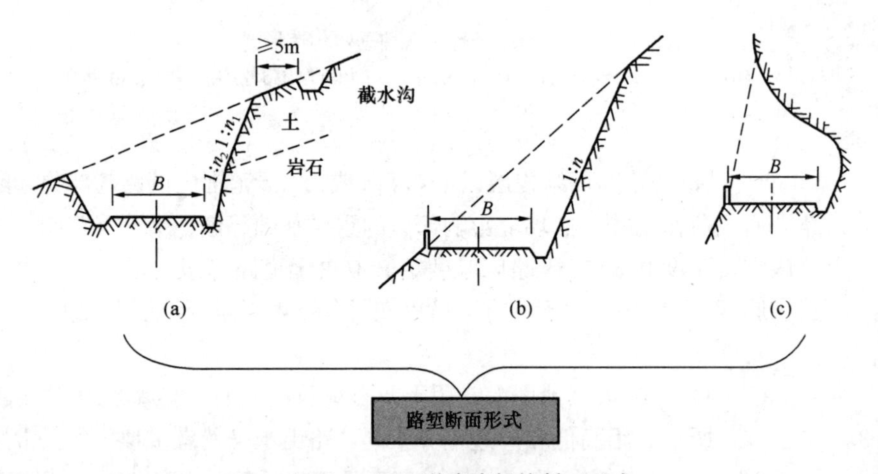

图 3.6.1-3 道路路堑的断面形式

(a) 全挖路堑；(b) 台口式路堑；(c) 半山洞路堑

3.6.2 质量与技术要求

路基工程是道路工程里的关键分项工程，其施工质量对路面的结构安全以及路用性能有着非常大的影响。路基工程的主体是土石方工程，此外还包括路基排水工程、路基防护和支挡工程。

一般路基工程，按岩土材料可区分为：填土路基（堤）、填石路堤、土石路堤、粉煤灰路堤、土工泡沫塑料路堤、泡沫轻质路堤、煤矸石路堤、工业废渣路堤和填砂路堤等。除了一般路基外，还包括 19 种特殊路基施工，分别是滑坡地段、崩塌与岩堆、雪害、涎

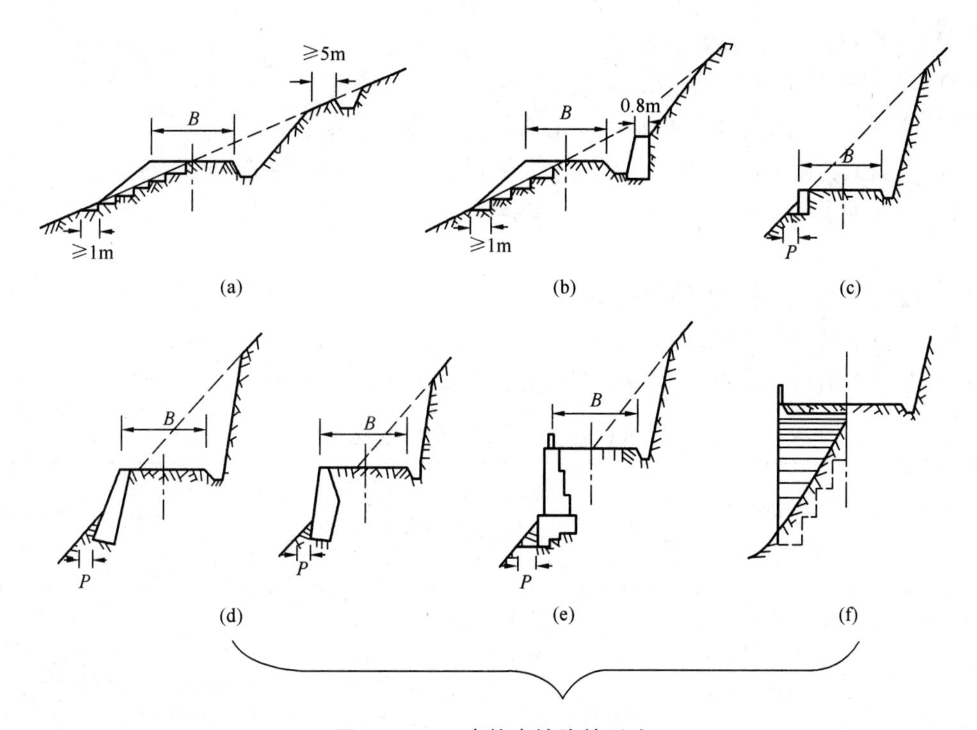

图 3.6.1-4 半挖半填路基形式

(a) 一般填挖路基；(b) 矮挡土墙路基；(c) 护肩路基；
(d) 砌石路基；(e) 挡墙路基；(f) 半山桥路基

流冰、沿河等地段路基，泥石流、岩溶、软土、红黏土与高液限土、膨胀土、黄土、盐泽土、多年冻土、风砂、采空区、滨海、水库、季节性冻土等地区路基。路基的干湿状态对路基的稳定性和承载能力影响极大，一般路基划分为干燥、中湿、潮湿、过湿四种类型。

1. 施工技术总要求

(1) 整体稳定性：路基成型后，改变了原地面的天然平衡状态。有可能会因挖方路基边坡失稳而坍塌，或填方路堤因自重和荷载作用而滑动或滑移，使路基整体失去稳定性。在这种情况下必须采取一定的工程技术措施进行支挡或加固，以保证路基的整体稳定性。

(2) 承载力：道路上的行车荷载通过路面结构层传递给路基，在荷载的作用下路基会产生一定的变形。当变形超过一定的值时，路面结构层就会产生破坏。因此，成型路基要具有足够的承载力。压实度与弯沉值是路基承载能力的关键指标。

(3) 水温稳定性：路基成型后，在地面和地下水的作用下，强度会有明显降低。在季节性冰冻地区，在水温作用下还会发生周期性的冻融，造成路基冻胀和翻浆。因此，路基要有一定的水温稳定性。主要有两个途径：一是选用水稳性高的路基材料，并控制好施工质量；二是采取合适的措施，如完善公路的内、外排水系统以减少水分侵入路基，并在冻融区实施防冻融措施等。

路基施工的技术准备包括全面熟悉图纸、施工测量、复查和试验、场地清理、试验段试验等。其中，施工测量的工作内容包括导线、中线、水准点复测，横断面检查与补测，增设水准点等。

2. 路基填料选择与要求

(1) 宜选用级配好的砾类土、砂类土等粗粒土作为填料。

(2) 含草皮、生活垃圾、树根、腐殖质的土严禁作为填料。

(3) 泥炭土、淤泥、冻土、强膨胀土、有机质土及易溶盐超过允许含量的土等，不得直接用于填筑路基；确需使用时，应采取技术措施进行处理，经检验满足要求后方可使用。

(4) 粉质土不宜直接用于填筑二级及二级以上公路的路床，不得直接用于填筑冰冻地区的路床及浸水部分的路堤。

(5) 路基填料最小承载比和最大粒径应符合表 3.6.2-1 的规定。

路基填料最小承载比和最大粒径要求 **表 3.6.2-1**

<table>
<tr><th colspan="4" rowspan="3">填料应用部位（路面底面以下深度）(m)</th><th colspan="3">填料最小承载比（CBR,%）</th><th rowspan="3">填料最大粒径（mm）</th></tr>
<tr><th rowspan="2">高速公路
一级公路</th><th rowspan="2">二级公路</th><th rowspan="2">三、四级公路</th></tr>
<tr></tr>
<tr><td rowspan="7">填方路基</td><td colspan="2">上路床</td><td>0～0.3</td><td>8</td><td>6</td><td>5</td><td>100</td></tr>
<tr><td rowspan="2">下路床</td><td>轻、中及重交通</td><td>0.3～0.8</td><td rowspan="2">5</td><td rowspan="2">4</td><td rowspan="2">3</td><td rowspan="2">100</td></tr>
<tr><td>特重、极重交通</td><td>0.3～1.2</td></tr>
<tr><td rowspan="2">上路堤</td><td>轻、中及重交通</td><td>0.8～1.5</td><td rowspan="2">4</td><td rowspan="2">3</td><td rowspan="2">3</td><td rowspan="2">150</td></tr>
<tr><td>特重、极重交通</td><td>1.2～1.9</td></tr>
<tr><td rowspan="2">下路堤</td><td>轻、中及重交通</td><td>1.5 以下</td><td rowspan="2">3</td><td rowspan="2">2</td><td rowspan="2">2</td><td rowspan="2">150</td></tr>
<tr><td>特重、极重交通</td><td>1.9 以下</td></tr>
<tr><td rowspan="3">零填及挖方路基</td><td colspan="2">上路床</td><td>0～0.3</td><td>8</td><td>6</td><td>5</td><td>100</td></tr>
<tr><td rowspan="2">下路床</td><td>轻、中及重交通</td><td>0.3～0.8</td><td rowspan="2">5</td><td rowspan="2">4</td><td rowspan="2">3</td><td rowspan="2">100</td></tr>
<tr><td>特重、极重交通</td><td>0.3～1.2</td></tr>
</table>

注：1. 表列承载比是根据路基不同填筑部位压实标准的要求，按《公路土工试验规程》JTG 3430—2020 试验方法规定浸水 96h 确定的 CBR。

2. 三、四级公路铺筑沥青混凝土和水泥混凝土路面时，应采用二级公路的规定。

3. 表中上、下路堤填料最大粒径 150mm 的规定不适用于填石路堤和土石路堤。

3. 路床技术要求

(1) 路床填料应符合表 3.6.2-1 的规定。高速公路、一级公路路床填料宜采用砂砾、碎石等水稳性好的粗粒料，也可采用级配好的碎石土、砾石土等；粗粒料缺乏时，可采用无机结合料改良细粒土。

(2) 零填、挖方路段的路床范围原状土符合要求的，可直接进行成型施工。路床范围为过湿土时应进行换填处理，设计有规定时按设计厚度换填，设计未规定时按以下要求换填：高速、一级公路换填厚度宜为 0.8～1.2m，若过湿土的总厚度小于 1.5m，则宜全部换填；二级公路的换填厚度宜为 0.5～0.8m。高速公路、一级公路路床范围为崩解性岩石或强风化软岩时应进行换填处理，设计有规定时按设计厚度换填，设计未规定时换填厚度宜为 0.3～0.5m。

(3) 路床填筑，每层最大压实厚度宜不大于 300mm，顶面最后一层压实厚度应不小于 100mm。

4. 土质路基压实标准

土质路基压实度应符合表 3.6.2-2 的规定。

土质路基压实标准　　表 3.6.2-2

<table>
<tr><th colspan="4" rowspan="2">填筑部位（路面底面以下深度）
（m）</th><th colspan="3">压实度（%）</th></tr>
<tr><th>高速、
一级公路</th><th>二级公路</th><th>三、
四级公路</th></tr>
<tr><td rowspan="7">填方路基</td><td colspan="2">上路床</td><td>0～0.3</td><td>≥96</td><td>≥95</td><td>≥94</td></tr>
<tr><td rowspan="2">下路床</td><td>轻、中及重交通</td><td>0.3～0.8</td><td rowspan="2">≥96</td><td rowspan="2">≥95</td><td>≥94</td></tr>
<tr><td>特重、极重交通</td><td>0.3～1.2</td><td>—</td></tr>
<tr><td rowspan="2">上路堤</td><td>轻、中及重交通</td><td>0.8～1.5</td><td rowspan="2">≥94</td><td rowspan="2">≥94</td><td>≥93</td></tr>
<tr><td>特重、极重交通</td><td>1.2～1.9</td><td>—</td></tr>
<tr><td rowspan="2">下路堤</td><td>轻、中及重交通</td><td>>1.5</td><td rowspan="2">≥93</td><td rowspan="2">≥92</td><td rowspan="2">≥90</td></tr>
<tr><td>特重、极重交通</td><td>>1.9</td></tr>
<tr><td rowspan="3">零填
及挖方
路基</td><td colspan="2">上路床</td><td>0～0.3</td><td>≥96</td><td>≥95</td><td>≥94</td></tr>
<tr><td rowspan="2">下路床</td><td>轻、中及重交通</td><td>0.3～0.8</td><td rowspan="2">≥96</td><td rowspan="2">≥95</td><td rowspan="2">—</td></tr>
<tr><td>特重、极重交通</td><td>0.3～1.2</td></tr>
</table>

注：1. 表列压实度以《公路土工试验规程》JTG 3430—2020 所列重型击实试验法为准。
2. 三、四级公路铺筑水泥混凝土路面或沥青混凝土路面时，其压实度应采用二级公路的规定值。
3. 路堤采用特殊填料或处于特殊气候地区时，压实度标准在保证路基强度要求的前提下根据试验路段和当地工程经验确定。
4. 特殊干旱地区的压实度标准可降低 2%～3%。

5. 其他路基施工质量要求

除了上述施工质量要求外，《公路路基施工技术规范》JTG/T 3610—2019 中，还分门别类地阐述了挖方路基、填土路堤、填石路堤、土石路堤、高路堤与陡坡路堤、台背与墙背填筑、粉煤灰路堤、土工泡沫塑料路堤、泡沫轻质土路堤、煤矸石路堤、工业废渣路堤、填砂路堤等路基，提出了施工质量要求。

3.6.3 挖方路基施工工艺

路堑开挖前，应先进行相关土工试验，并做好土方调配计划。开挖时需按土方调配计划，挖方与填方进行协调施工，最大限度地利用可利用的土方，减少借土量。路堑开挖应与边坡防护同步，按照“边开挖、边防护”的原则进行施工。路堑开挖也应和排水工程进行同步施工，随着开挖及时完善边坡截水沟、平台沟、急流槽、路基边沟等排水系统，避免路基在雨季遭受浸泡与严重冲蚀。个别挖方区若地下水较丰富，在采取地下排水措施后仍有可能存在地下水入侵路面结构层的情况下，可进行移挖换填的处理，以此减小路基及路面结构层被地下水入侵后强度降低的风险。

1. 土质路堑开挖

路堑开挖不论开挖工程量和深度大小，均应自上而下分层进行，不得乱挖超挖，严禁掏洞取土。表层土可利用推土机配合挖掘机预先给予清除。路堑开挖有如下方法：

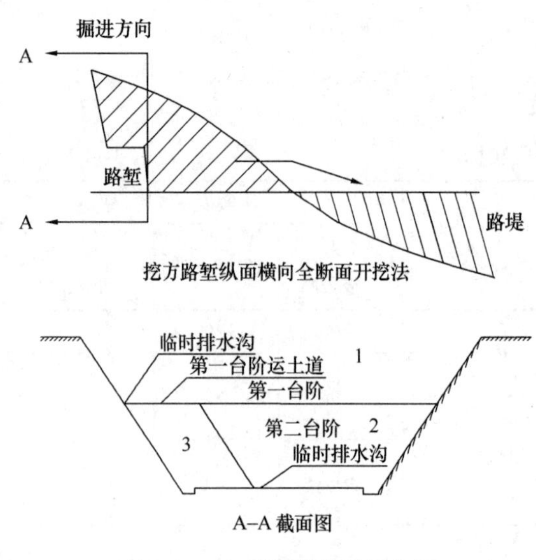

图 3.6.3-1 路堑横挖法示意图

（1）横挖法：适合短而深的路堑开挖采用，即以路堑整个横断面的宽度和深度，从一端或两端逐渐向前开挖的方式。若就近填土，采用推土机推土。若填土（弃土）较远，宜用挖掘机配合自卸汽车进行，每层台阶高度为3～5m，边坡采用人工分层修刮平整，施工方法如图 3.6.3-1 所示。

（2）通道纵向开挖法：适合长而深且两端地面纵坡较缓的路堑采用。先沿路堑纵向挖掘一条通道，然后将通道向两侧拓宽，上层通道拓宽至路堑边坡后，再开挖下层通道，如图 3.6.3-2 所示。

（3）分层纵挖法：沿路堑以全宽深度不大的纵向分层挖掘前进时采用，如图 3.6.3-3 所示。

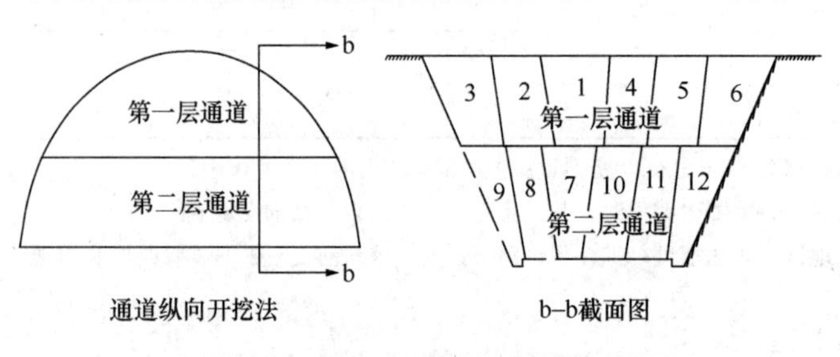

图 3.6.3-2 路堑通道纵向开挖法示意图

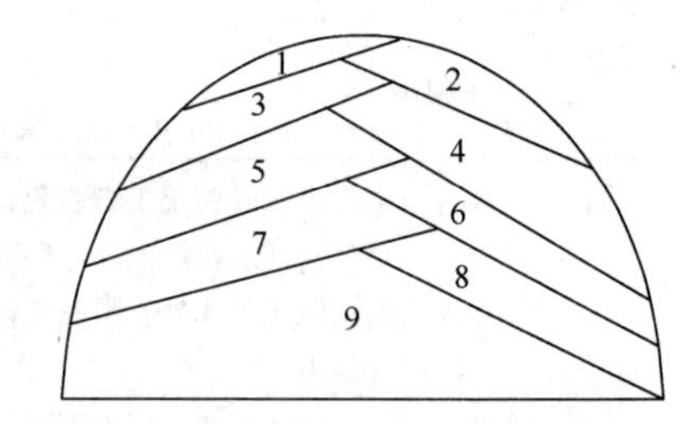

图 3.6.3-3 路堑分层纵挖法示意图

（4）分段纵挖法：当路堑的一侧堑壁较薄，路堑过长，弃土运程过远时，沿路堑纵向选择一个或几个适宜处将堑壁较薄处横向挖穿，使路堑分成两段或数段，各段再纵向开挖，如图 3.6.3-4 所示。

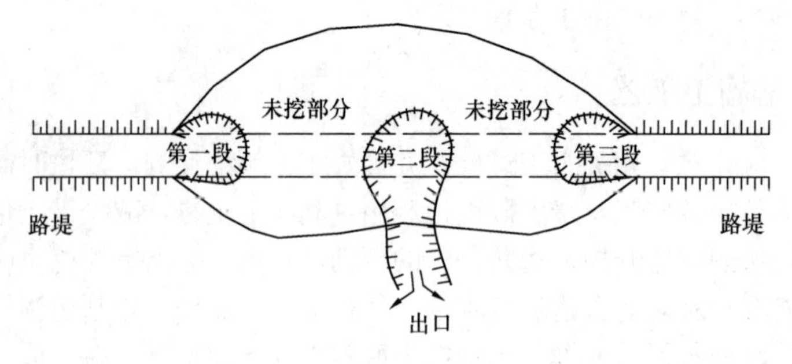

图 3.6.3-4 路堑分段纵挖法示意图

（5）混合式开挖：当路线纵向长度和挖深均很大时采用，即将横挖法和通道纵挖法混合使用。先沿线路路堑纵向开挖通道，然后沿横向坡面开挖。每个坡面应设置一个施工小组或一台机械作业。施工方法如图 3.6.3-5 所示。

路堑开挖常用推土机、铲运机、挖掘机、装载机，一种或几种机械联合作业。推土机

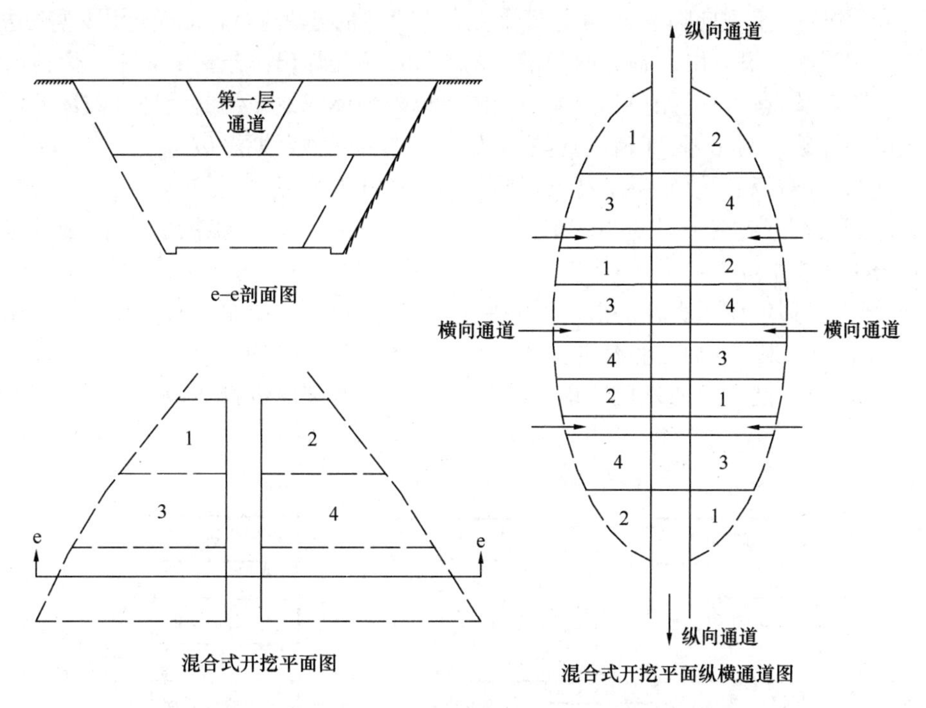

图 3.6.3-5 路堑混合式开挖示意图

适用于开挖长度小于 100m，深度小于 3m，坡度陡的路堑。铲运机适用于开挖长度大于 100m 的路堑。

施工至路床顶面，考虑其压实下沉量，挖方路基施工标高比设计标高抬高 2～5cm 。

路堑开挖中，如遇土质变化，需要修改施工方案及边坡坡度时，及时与监理、设计及甲方协商沟通，不得私自改变设计。

2. 石质路堑开挖

路基线路通过山区、丘陵时，往往会遇到集中的或分散的岩石区域，这就必须进行石方的破碎、挖掘作业。开挖石方应根据岩石的类别、风化程度和节理发育程度等确定开挖方式。对于软石和强风化岩石，采用人工、机械或爆破法开挖，但应优先采用机械化、自动化施工。

1）机掘法施工

通常砂岩、石灰岩、页岩以及砾岩等呈层状结构，且比较松软，适宜于用松土器作业。片麻岩、石英岩等，当岩层较薄（小于 15cm）时，亦可采用松土器施工。花岗岩、玄武岩、安山岩等火成岩或较厚的片麻岩、石英岩，松开较为困难，一般需经预裂爆破后方可进行松土器施工作业。

松土时机械行驶的方向，应与岩纹垂直，破碎效果较好。若顺着岩纹作业，可能出现松土器经过的地方劈成沟状，而其余部分仍没有松开或松开很少。另外，应尽可能利用下坡进行松土作业，以提高松土效果。

2）钻爆法施工

山区高等级公路路基石方工程最大，而且集中，一般占土石方总量的 45%～75%，目前爆破仍然是石方路基施工最有效的方法。常用爆破方法有：

（1）光面爆破：有侧向临空面，用控制抵抗线和药量的方法进行，形成光滑平整的边坡。

（2）预裂爆破：没有侧向临空面和最小抵抗线，预先炸出一条裂缝，使拟爆体与山体分开，作为隔震减震带，起保护和减弱开挖限界以外山体或建筑物的受地震破坏的作用。

（3）微差爆破：两相邻、前后药包依次起爆，亦称毫秒延期爆破。

（4）定向爆破：利用爆破将土石方定向搬移到位并堆积成路堤。

爆破法开挖石方应按图 3.6.3-6 所示流程进行，爆破后对石质路堑边坡清刷及路床的检验应符合下列要求：

1）石质挖方边坡应顺直、圆滑、大面平整；2）边坡上不得有松石、危石，凸出于设计边坡线的石块，其凸出尺寸不应大于 20cm，起爆凹进下沉尺寸也不应大于 20cm；3）对于软质岩石，凸出及凹进尺寸均不应大于 10cm，否则应进行清理。

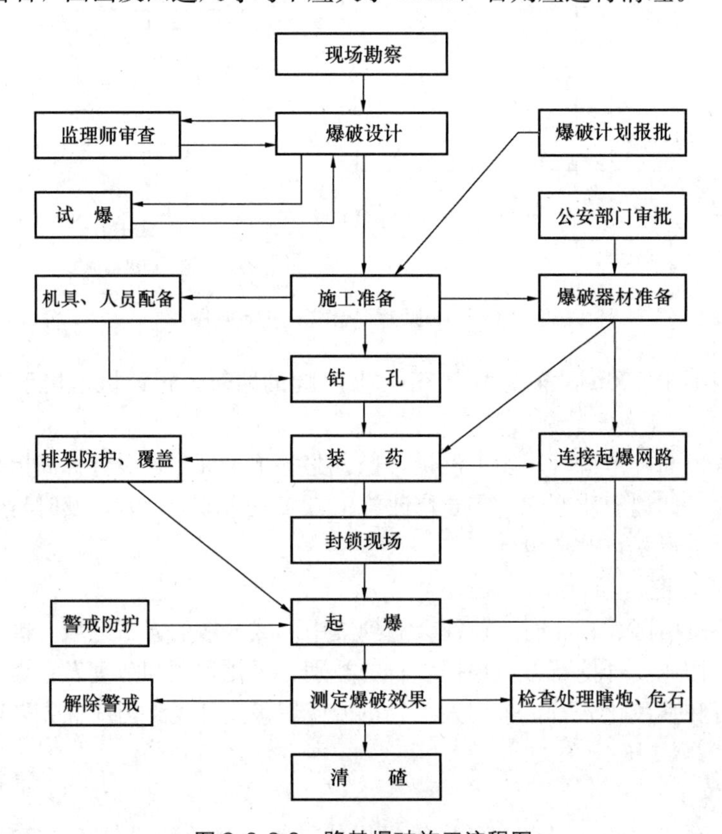

图 3.6.3-6　路基爆破施工流程图

石质挖方边坡应顺直、圆滑、大面平整。边坡上不得有松石、危石，凸出于设计边坡线的石块，其凸出尺寸不应大于 20cm，起爆凹进下沉尺寸也不应大于 20cm。对于软质岩石，凸出及凹进尺寸均不应大于 10cm，否则应进行清理。

挖方边坡应从开挖面往下分级清刷边坡，下挖 2～3m 时，应对新开挖边坡进行刷坡，对于软质岩石边坡可用人工或机械清刷，对于坚石和次坚石，可使用炮眼法、裸露药包法爆破清刷边坡，同时清除危石、松石。清刷后的石质路堑边坡不应陡于设计规定。石质路堑边坡如因过量超挖而影响上部边坡岩体稳定时，应用浆砌片石补砌超挖的坑槽。如石质路堑边坡系易风化岩石，还应砌筑碎落台。石质路堑路床底高应符合设计要求，开挖后的路床基岩标高与设计标高之差应符合规范要求。如过高，应凿平；过低，应用开挖的石屑或灰土碎石填平并碾压密实。石质路堑路床顶面宜使用密集小型排炮施工，炮眼底标高宜低于设计标高10～15cm，装药时宜在孔底留5～10cm空眼，装药量按松动爆破计算。石质路床超挖大于10cm的坑洼有裂隙水时，应采用渗沟连通。渗沟宽不宜小于10cm，渗沟底略低于坑洼底，坡度不宜小于0.6%，使可能的裂隙水或地表渗水由浅坑洼渗入深坑洼，并与边沟连接。如渗沟底低于边沟底，则应在路肩下设纵向渗沟，沟底应低于深坑洼底至少10cm，宽不宜小于60cm；纵向渗沟由填方路段引出；渗沟应填碎石，并与路床同时碾压到符合规定的要求。

3.6.4 填方路基工艺

路堤填筑施工应按地基和路基岩土材料性质和环境条件部署专项的施工工艺方法。为了保护好生态环境，减少从外借土量，应在详细的地质勘察的基础上确定出挖方区的可利用方量，并编制科学的土方调配计划。需从外借土时，应根据路基排水、当地的土地规划及环境保护的要求进行，不得随意挖取。借土场使用完成后应进行恢复。

当需要弃土时，也应根据路基排水、当地的土地规划及环境保护的要求进行，不得随意丢弃。弃土场使用完成后应进行恢复。

路基填筑施工，既要保证压实均匀，也要保证成型路基的材料均匀，避免日后产生较大的不均匀沉降而危害路面结构层。填方路基的施工应该和涵洞、桥梁等结构物的施工结合起来，尽量减少土方设备的来回调动，充分发挥设备的施工效率。路基的施工也应和路面结构层的施工进行统筹安排，在路面结构层施工前路基应有充分的沉降期。当沉降期无法保证时，在填筑过程中应采取强夯等措施。

路堤填筑施工工艺流程如图3.6.4-1所示，概括为三阶段、四区段、八流程。

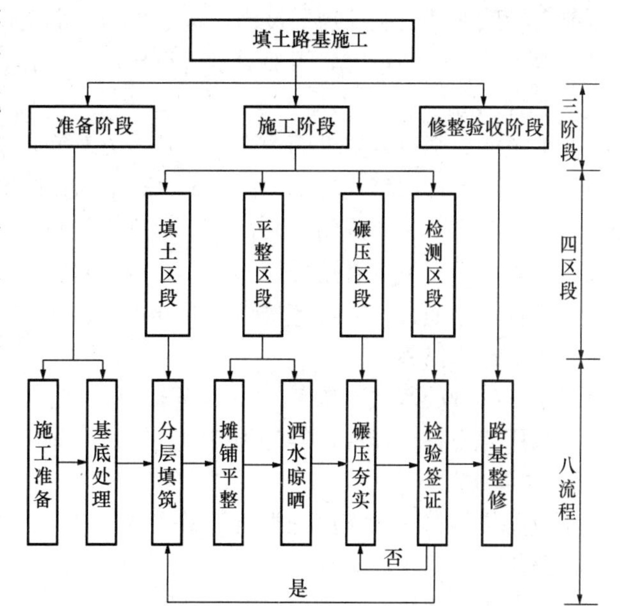

图3.6.4-1 路堤填筑工艺流程图

1. 土质路堤填筑施工

1）清荒清表

清荒，指的是将公路施工影响范围之内的树木、荆棘等清除并运送到指定地点。清表，指将路基施工影响范围内基底表层30cm厚的腐殖土清除，并储存至指定地点，以便用于项目日后的绿化工程。清表及其他原有构筑物处理、坑穴填平等完成之后，对清表后的原地面进行复测并进行填前压实。

2）基底处理

与填方路基接触的原地面可称之为填方基底。为了避免填方路基产生过大的不均匀沉

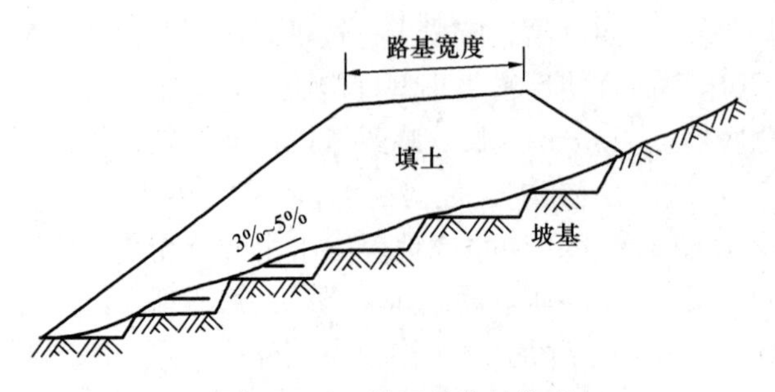

图 3.6.4-2 坡面基底的处理

降及变形，需对基底进行处理。基底处理主要包括原地面台阶设置、对地表及地下水进行引流及导排、对承载力不满足要求的基底进行换填并在特殊路段进行碎石桩、搅拌桩等处理。

填方路堤，如基底为坡面时（图 3.6.4-2），在荷载作用下极易失稳而沿坡面产生滑移，因此在施工前必须注意对基底坡面处理后方能填筑。经验表明，当坡度较小（在 1∶1～1∶1.5之间）时，只需清除坡面上的树、草等杂物后，将翻松的表层压实后即可保证坡面的稳定；但当坡度较大（在1∶1.5～1∶2.5 之间）时，应将坡面做成台阶形。一般宽度不宜小于 2m，高度最小为 1m，而且台阶顶面应做成向堤内倾斜 4%～6%的坡度。如果基底坡面超过 1∶2.5 时，则应采用修护墙、护脚等措施对外坡脚进行特殊处理。

填方路基成型后，改变了原地面的水文状况，可能会阻断泉眼或改变原地面渗水的流向；同时，在某些降雨量大的地方，地下水的浸润线会随着降雨而上升。上述两种情况都有可能会导致路基及基底遭受浸泡，进而导致承载力降低，造成路基病害。所以，在某些地表及地下水丰富的地方，需要对水进行导流、导排，可采用的措施主要有设置地表截水沟、地下盲沟等。

对承载能力不符合要求的浅层填方及挖方基底，应挖除后回填符合要求的材料，并进行分层压实，处理深度通常不超过 3m。根据现场的条件可采用土质换填及石质换填。在经济合理的条件下，宜采用水稳性好、强度高的材料。土质换填可选择砂性土、天然粒料或改良土等；石质换填可选择碎石、片石等。对淤泥较多较厚的区域，可采用抛石挤淤的方法进行置换。通常，需换填的地方同样也是地下水较为丰富的区域，换填区同样需做好地表及地下排水措施。

对于需处理的基底范围较大，软基较厚，进行大范围换填既不经济、又不环保的路段，可采用碎石桩、搅拌桩等处理方式。基底处理完成之后，可进行路基的填筑。

3）填筑方法

土质路堤填筑一般按照挖掘机反铲挖装、自卸汽车运输上料、推土机初平、平地机精平、压路机压实等工序进行。

土质路堤（包括石质土），按填土顺序一般有分层平铺和竖向填筑等两种方案，此外还有横向填筑或联合填筑等方案。分层平铺是基本的方案，如符合分层填平和压实的要求，则效果较好，且质量有保证，有条件时应尽量采用。竖向填筑是在特定条件下局部路堤采用的方案。

（1）分层平铺

路堤填土应在全宽范围内，分层填平，充分压实，分层厚度视压实工具而定，一般压实厚度为 20～30cm。图 3.6.4-3 所示为不同用土的组合方案，其中正确方案的要点是：性质不同的填料，必须水平分层、分段填筑，分层压实；同一水平分层路基的全宽采用同一种填料，不得混合填筑；每种填料的填筑层压实后的连续厚度不宜小于 500mm；潮湿

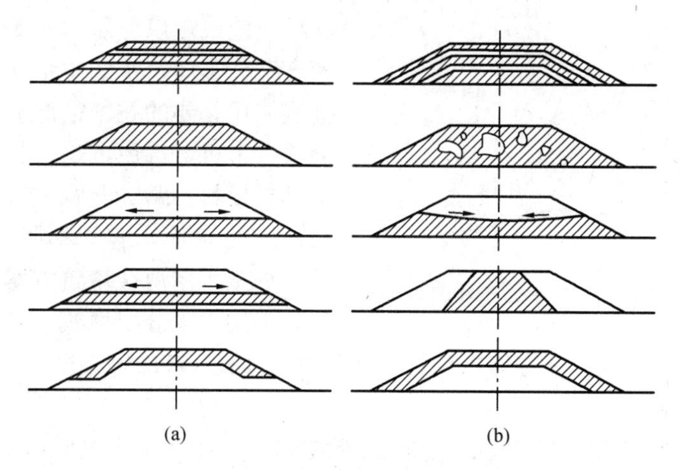

图 3.6.4-3 土质路基水平分层填筑

（a）正确；（b）不正确

等敏感性小的填料应填筑在路基上层，强度较小的填料应填筑在下层；在有地下水的路段或临水路基范围内，宜填筑透水性好的填料；填筑路床顶最后一层时，压实后的厚度应不小于 100mm；填方分几个作业段施工时，接头部位如不能交替填筑，则先填路段应按 1∶1坡度分层留台阶；如能交替填筑，则应分层相互交替搭接，搭接长度不小于 2m；填土表面成双向横坡，有利于排除积水，防止水害。

不正确的方案主要是指：未进行水平分层，有反坡积水，夹有冻土块和粗大石块，以及有陡坡斜面等，其主要问题在于强度不均匀和排水不利。此外，还应注意用土不含有害杂质（草木、有机物等）及未经处治的劣质土（细粉土、膨胀土、盐渍土与腐殖土等）。桥涵、挡土墙等结构物的回填土，以砂性土为宜，防止不均匀沉降，并按有关操作规程堆积回填和夯实。

对于旧路改建工程路基的填筑方法是（图 3.6.4-4）：应采用分层填筑，逐层压实的方法。为使新旧路基紧密结合，加宽之前，沿旧路边坡须挖成阶梯形，然后分层填筑，层层夯实，不允许将薄层新填土层贴在原路基的表面。阶梯宽一般为 1m 左右，阶梯高约 0.5m。

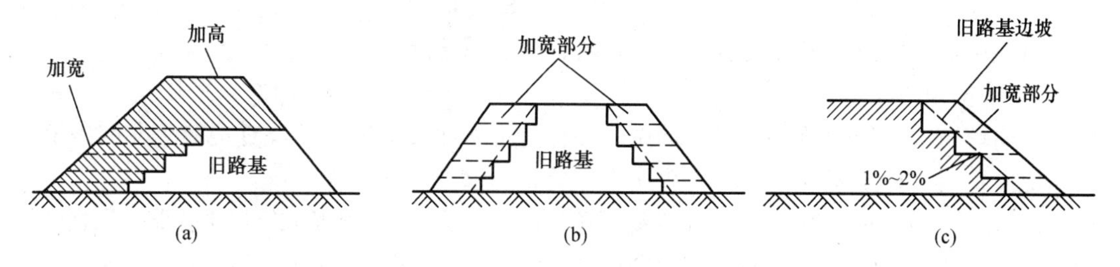

图 3.6.4-4 旧路改建工程路基填筑方案

（2）竖向填筑

纵向分层填筑时依路线纵坡方向分层，逐层向上填筑。常用于地面纵坡大于 12%，用推土机从路堑取料，填筑距离较短的路堤。竖向填筑缺点是不易碾压密实。

竖向填筑是指沿路中心线方向逐步向前深填（图 3.6.4-5）。路线跨越深谷或池塘时，地面高差大，填土面积小，难以水平分层卸土，以及陡坡地段上半挖半填路基，局部路段

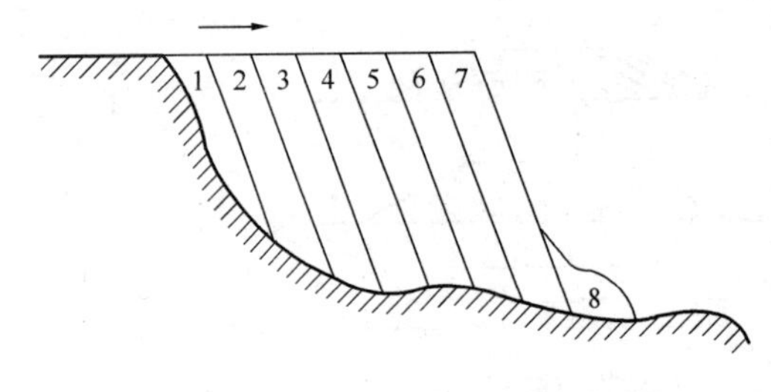

图 3.6.4-5　竖向填筑方案示意图

横坡较陡或难以分层填筑等，可采用竖向填筑方案。竖向填筑的质量在于密实程度，为此宜采用必要的技术措施。如选用振动式或锤式夯击机，选用沉陷量较小及粒径较均匀的砂石填料。路堤全宽一次成型，暂不修建较高级的路面，容许短期内自然沉落。此外，尽量采用混合填筑方案，即下层竖向填筑，上层水平分层填筑，必要时可考虑参照地基加固的注入、扩孔或强夯等措施，以保证填土具有足够的密实度。

(3) 横向填筑

即从路基一端或两端按横断面全高逐步推进填筑。由于填土过厚，不易压实，仅用于无法自下而上填筑的深谷、陡坡、断岩、泥沼等机械无法进场的路堤。

(4) 联合填筑

即下层用横向填筑，而上层用水平分层填筑。适用于因地形限制或填筑堤身较高，不宜采用水平分层填筑或横向填筑法进行填筑的情况。单机或多机作业均可，一般沿线路分段进行，每段距离以 20～40m 为宜，多在地势平坦，或两侧有可利用的山地土场的场合采用。

2. 石质路堤施工方法

在山丘地区，石质路堤是一种常见的路基形式。填石路堤的施工，除应考虑石料性质、石块大小、填筑高度和边坡坡度等因素外，还应注意选择正确的填筑方法。正确的填筑方法是保证路堤达到应有的密实度与稳定性的重要条件。

填石路堤的石料来源主要是路堑和隧道爆破后的石料，施工时要注意其强度和风化程度是否符合要求。石料强度是指饱水试件的极限抗压强度，填石路堤要求其强度值不小于 15MPa，用于填石路堤的石料在粒径上也有要求。一般情况下，最大粒径不宜超过层厚的 2/3。在高速公路及一级公路填石路堤路床顶面以下 50cm 范围内，填料最大粒径不得大于 10cm，其他等级公路填石路堤，路床顶面以下 30cm 范围内，填料最大粒径不应大于 15cm。

填石路堤的填筑施工方式有竖向填筑法、分层填筑压实法。

1) 竖向填筑法

竖向填筑法又称为倾填法或抛填法。一种是将岩面爆破后的石块直接散落在准备填筑的路堤内；另一种是用推土机将石块从堆积处，运输推入路堤内。

倾填法的填筑路堤的压实，稳定性等问题较多，主要用于二级及二级以下公路，用在陡峻山坡施工特别困难或大量以爆破方式挖开填筑的路段，以及无法自下而上分层填筑的陡坡、断岩、泥沼地区和水中作业的填石路堤，以路基一端按横断面的部分或全部高度自上往下倾卸石料，逐步推进填筑。但倾填路堤在路床底面下不小于 1m 范围内仍应分层填筑压实。

高速公路、一级公路和铺设高级路面的其他等级公路的填石路堤不宜采用倾填式施工，而应采用分层填筑、分层压实的方法。

2) 分层填筑压实法

自下而上水平分层，逐层填筑，逐层压实，是普遍采用并能保证填石路堤质量的方法。

采用分层填筑方式施工时有机械作业和人工作业两种方法。机械施工分层填筑时，高速公路及一级公路分层松铺厚度一般为 50cm，其他公路为 100cm。施工中应安排好石料运行路线，专人指挥，按水平分层，先低后高、先两侧后中央卸料。由于每层填筑厚度较大，故摊铺平整工作必须采用大型推土机进行，个别不平处应配合人工用细石块、石屑找平，如果石块级配较差、粒径较大、填层较厚，石块间的空隙较大时，可在每层表面的空隙里扫入石渣、石屑、中砂、粗砂，再以压力水将砂冲入下部，反复数次，使空隙填满。人工摊铺、填筑填石路堤，当铺填粒径在 25cm 以上的石料时，应先铺填大块石料，大面向下，小面向上，摆平放稳，再用小石块找平，用石屑塞填，最后压实；铺填粒径在 25cm 以下的石料时，可直接分层摊铺，分层碾压。

3. 其他及特殊路基施工技术

其他土料，如土石路基、填砂路基、粉煤灰等工业废渣路基、泡沫轻质填筑路基，或高路基、陡坡、涵洞、桥梁、台背等专项填筑施工，19 种特殊区段的路基施工，详见《公路路基施工技术规范》JTG/T 3610—2019。

3.7 轨道路基施工

3.7.1 铁路路基构造

铁路路基工程也是由轨道路基主体、防护和加固结构设施、排水设施等组成。

轨道路基横断面结构分类与公路路基一致，如图 3.7.1-1 所示。铁路路基的横断面外形和道路路基极其类似，但分部结构、名称和功能不同，由路基面、路肩、基床、基底、边坡等构成，见图 3.7.1-1。施工的填料类型、施工工艺和质量要求不同。

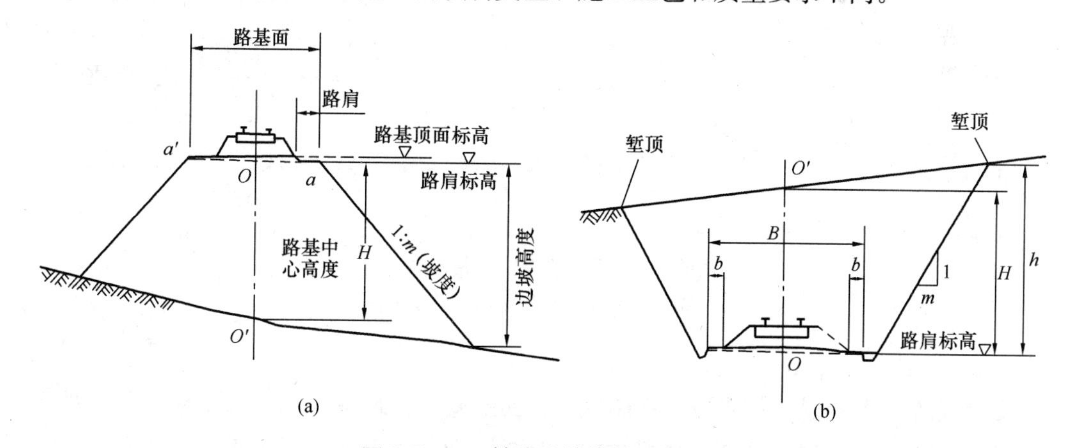

图 3.7.1-1 铁路路基横断面构造图

铁路路基面宽度＝路肩宽度＋道床覆盖宽度，是根据铁路等级、正线数目、线间距、远期采用的轨道类型、路基面形状、曲线加宽等来设计计算而成。路基中线向两侧设 4％的人字坡，加宽时仍需保持三角形。根据路基面的形状、部位，有以下术语名称。

1. 路肩

铁路路基顶面中，道床覆盖以外的部分称为路肩。路肩的作用是保护路堤的稳定性，防止道砟失落，保持路基面的横向排水，供养护维修人员作业行走、避车，放置养护机具，防洪抢险临时堆放砂石料，埋设各种标志、通信信号、电力给水设备等。

Ⅰ级、Ⅱ级铁路路堤的路肩宽度不应小于0.8m，路堑的路肩宽度不应小于0.6m。高速铁路的路肩宽度为1.2～1.8m。由于曲线外轨设置超高，外侧道床加厚，道床坡脚外移，因此外侧路基面要适当加宽。

2. 基床

铁路“基床”和公路“路床”在概念或定义上有些类似，都是指路基的上部分划分，该分部有一定的厚度要求，且应重点考虑承受轨道、列车的动静载作用，并受水文、气候变化影响。基床部分又有基床表层与基床底层两部分之分，参见表3.7.1-1及图3.7.1-2。

常用路基基床结构厚度 表3.7.1-1

铁路等级		基床总厚度（m）	基床表层（m）	基床底层（m）
客货共线铁路		2.5	0.6	1.9
城际铁路	有砟轨道	2	0.5	1.5
	无砟轨道	1.8	0.3	1.5
高速铁路	Ⅲ	3	0.7	2.3
	Ⅳ	2.7	0.4	2.3
重载铁路	设计轴重250、270kN	2.5	0.6	1.9
	设计轴重300kN	3	0.7	2.3

资料来源：《铁路路基设计规范》TB 10001—2016。

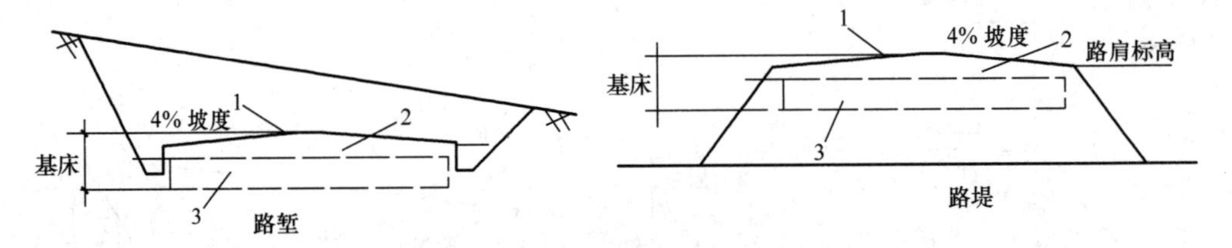

图3.7.1-2 铁路轨道路基基床

1—路基表面；2—基床表层；3—基床底层

3. 路基基底

是指地基内与路基接触部分。在路堤中，是指路堤下地基内承受路堤及轨道、列车等荷载作用的部分称为路堤基底。在路堑中，是指在地基内以开挖卸荷方式形成的，对路堑本体的稳定及路堑体变形起重要作用，承担上部道床、轨道、列车载荷作用的部分。

4. 路基边坡

在路堤的路肩边缘以下和在路堑路基面两侧的侧沟外，因填挖而形成的斜坡面称为路基边坡。

边坡的坡形常修筑成单坡形、折线形和阶梯形，如图3.7.1-3所示。每一坡段坡面的

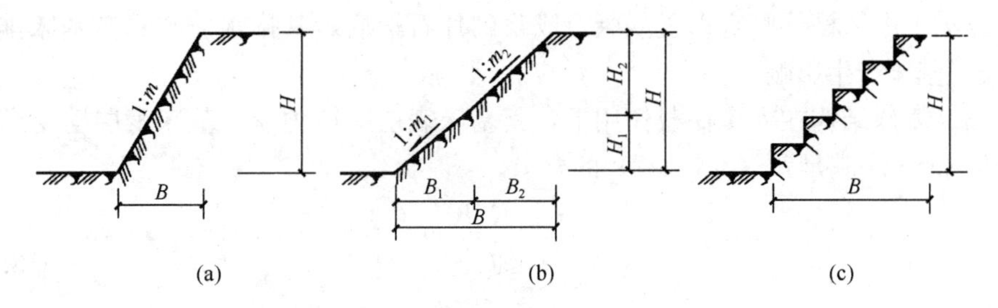

图 3.7.1-3 路基坡度与放坡形式

斜率以边坡断面上取上下两点间的高差与水平距离之比表示。当高差为 1 单位长时，水平距离经折算为 m 单位长，则斜率为 1∶m。路基工程中，以 1∶m 方式表示的斜率称为坡度，m 称为坡率。在路基本体构造中，边坡的形状和坡度的大小与本体的稳定和工程经济关系极大，所以必须十分重视。

3.7.2 路基质量技术要求

和道路路基一样，铁路路基的主要构筑材料也是岩土，包括以此为基础发展出来的物理和化学改良材料，如混凝土和砂浆材料等。轨道路基必须承担轨道、道床、列车的动静荷载，抵抗风力、雨水、冰箱等露天自然作用，因此应具有足够的强度、稳定性和耐久性。

现有两个铁路轨道路基设计规范（《铁路路基设计规范》TB 10001—2016、《铁路特殊路基设计规范》TB 10035—2018）和两个施工验收标准（《铁路路基工程施工质量验收标准》TB 10414—2018、《高速铁路路基工程施工质量验收标准》TB 10751—2018），对铁路轨道路基施工质量进行了控制。本节主要对路基基床、基床以下路堤的填筑施工进行土石方施工原理的阐述。有关铁路地基处理、过渡段和特殊地段的路基施工可在今后的工作中继续学习。

3.7.2.1 基床质量技术

1. 基床设计规范

1）路基基床结构应满足强度和变形的要求，保证其在列车荷载、降水、干湿循环及冻融循环等因素的影响下具有长期稳定性。

2）基床底层范围内的天然地基基本承载力要求：设计速度 200km/h 及以上的有砟轨道铁路、无砟轨道铁路及重载铁路均不小于 180kPa；设计速度 200km/h 以下的有砟轨道铁路不小于 150kPa。

3）路堑基床范围内的土质、密实度、承载力等不满足要求或受地下水影响时，应采取换填或适宜的加固处理措施。

4）基床分层填筑的上下层填土的颗粒结构应符合式（3.7.2-1）的要求。当不符合时，应采取过渡措施，或铺设起反滤和隔离作用的土工合成材料。当填料为化学改良土时，可不受此项规定限制。

$$D_{15} < 4d_{85} \tag{3.7.2-1}$$

式中 D_{15}——较粗一层土小于该粒径的质量占总质量的 15%的颗粒粒径（mm）；

d_{85}——较细一层土小于该粒径的质量占总质量的 85%的颗粒粒径（mm）。

5）路肩上电缆槽外侧宜设置混凝土或浆砌片石护肩，其排水应与路基基床排水相协调，防止对基床产生影响。

6）路基基床结构在列车荷载作用下，其基床表层动应力σ、基床表层动变形ω、基床底层动应变ε应满足式（3.7.1-2）的要求。

$$\left.\begin{aligned}\sigma &\leqslant R/K\\ \omega &\leqslant C_{w}\\ \varepsilon &\leqslant C_{\varepsilon}\end{aligned}\right\} \tag{3.7.2-2}$$

式中　R——基床表层承载能力（kPa）；

K——安全系数；

C_{w}——变形限制值（mm），有砟轨道取1mm，无砟轨道取0.22mm；

C_{ε}——临界应变。

7）填料的选择。

基床底层填料根据表3.7.2-1选择，表层填料按表3.7.2-2选择。

基床底层填料选择标准　　**表3.7.2-1**

铁路等级及设计速度（km/h）		粒径限值（mm）	可选填料类别
客货共线铁路及城际铁路	200	≤100	砾石类、碎石类及砂类土中的A、B组填料或化学改良土
	160	≤200	砾石类、碎石类及砂类土中的A、B组填料或化学改良土
	≤120	≤200	砾石类、碎石类及砂类土中的A、B、C1、C2组填料或化学改良土
	无砟轨道	≤60	砾石类、砂类土中的A、B组填料或化学改良土
高速铁路		≤60	砾石类、砂类土中的A、B组填料或化学改良土
重载铁路		≤100	砾石类、碎石类及砂类土中的A、B组填料或化学改良土

注：1. 有砟轨道及严寒寒冷地区无砟轨道冻结深度影响范围内基床地层填料的细粒含量不应大于5%，渗透系数应大于5×10^{-5}m/s。

2. 在有可靠资料和工程经验的情况下，采取加固或者封闭措施，设计速度160km/h的铁路基床底层可采用C组填料。

基床表层填料选择标准　　**表3.7.2-2**

铁路等级及设计速度（km/h）		粒径限值（mm）	可选填料类别
客货共线铁路及城际铁路	200	≤60	级配碎石
	160	≤100	宜选用砾石类、碎石类中的A1、A2组填料；当缺乏A1、A2组填料时，经经济比选后可采用级配碎石
	≤120	≤100	宜选用砾石类、碎石类中的A1、A2组填料；其次为砾石类、碎石类、砂类土中的B1、B2组填料，有经验时可选用化学改良土
	无砟轨道	≤60	级配碎石
高速铁路		≤60	级配碎石
重载铁路		≤60	应采用级配碎石及A1、A2组填料

注：1. 有砟轨道及非冻土地区无砟轨道基床表层采用Ⅰ型级配碎石。

2. 冻结深度大于0.5m的冻土地区一级多雨地区无砟轨道基床表层采用Ⅱ型级配碎石。

8）路堑基床：

（1）不易风化的硬质岩石基床，路基面应设不小于4%的人字排水坡。

（2）土质、易风化的软质岩、强风化硬质岩路堑的基床表层填料应符合《铁路路基设计规范》TB 10001—2016第6.3.1条的规定；基床底层的土质、天然密实度、承载力等应符合《铁路路基设计规范》TB 10001—2016第6.1.2条、第6.3.2条、第6.5.3条的规定，否则应采取措施进行处理。

（3）膨胀土（岩）、黄土、风砂、冻土等地区的路堑基床处理应符合《铁路特殊路基设计规范》TB 10035—2018的有关规定。

9）压实标准：

无砟轨道铁路、高速铁路及重载铁路采用的级配碎石、砾石类、碎石类及砂类土应采用压实系数K、地基系数K_{30}、动态变形模量E_{vd}作为控制指标；其余铁路采用的级配碎石、砾石类、碎石类及砂类土应采用压实系数K、地基系数K_{30}作为控制指标。化学改良土应采用压实系数K及7d饱和无侧限抗压强度作为控制指标，见《铁路路基设计规范》TB 10001—2016中表6.5.2的规定。

2. 基床施工验收标准

《铁路路基工程施工质量验收标准》TB 10414—2018中第9章，按9.1基床底层和9.2基床表层两个小节，从一般规定、主控项目、一般项目三个方面制定了验收标准条款。除了《铁路路基工程施工质量验收标准》TB 10414—2018外，还颁布了《高速铁路路基工程施工质量验收标准》TB 10751—2018，高铁路基的压实标准见表3.7.2-3及表3.7.2-4。

基床表层级配碎石压实标准 **表3.7.2-3**

填料	压实标准		
	地基系数K_{30}	动态变形模量E_{vd}	压实系数K
级配碎石	≥190	≥55	≥0.97

基床底层压实标准 **表3.7.2-4**

填料	压实标准		
	化学改良土	砂类土和细砾土	碎石类及粗砾石
地基系数K_{30}	—	≥130	≥150
动态变形模量E_{vd}	—	≥40	≥40
压实系数K	≥0.95		
7d饱和无侧限抗压强度	≥350(550)		

注：括号内数字为寒冷地区数值。

3.7.2.2 基床以下路堤质量技术

1. 路堤设计规范

1）基床以下填料选择应符合表3.7.2-5的规定，最大粒径应符合表3.7.2-6的规定。

填料级别或类别选择　　　　表 3.7.2-5

条件	道砟类型	设计时速	填料级别
重载铁路	有砟轨道	<200	A、B、C、化学改良土
	有砟轨道	>200	A、B、C1、C2、化学改良土
	无砟轨道	<200	在采用D组时应采取改良或加固措施
路堤浸水部位			应结合铁路等级、轨道类型等采用水稳性好的填料或采取封闭、隔水措施，长期浸水部分应采用渗水土填料
寒冷地区			冻胀不敏感填料

填料最大粒径　　　　表 3.7.2-6

轨道等级	道砟类型	设计时速（km/h）	最大粒径（mm）	与摊铺厚度之比
重载铁路	有砟轨道	<200	<300	<2/3
	有砟轨道	=200	<150	—
	无砟轨道	≥200	<75	—

2）路堤采用不同填料填筑时应符合下列规定：

（1）渗水性土填在非渗水性土上时，非渗水性土层顶面应向两侧设4%的人字排水横坡。

（2）上下两层填料的颗粒不满足 $D_{15} < 4d_{85}$ 时，应在分界面上设置隔离垫层或采用其他措施；下层填料为化学改良土时，不受本条限制。

（3）基床以下路堤填料采用C2组中的砂类土及C3组时，应采取加强防护措施。

3）路堤压实质量要求：

细粒土、砂类土、砾石类土、碎石类土、块石类土等应采用压实系数 K 和地基系数 K_{30} 作为控制指标；改良土应采用压实系数和7d饱和无侧限抗压强度作为控制指标；采用C3组及化学改良土填筑时，填料的含水率应接近最优含水率，否则可采取疏干晾晒或加水湿润等措施；路堤边坡高度大于15m时，应根据填料、边坡高度等加宽路基面，详见《铁路路基设计规范》TB 10001—2016中7.0节和表单。

2. 路堤施工验收标准

《铁路路基工程施工质量验收标准》TB 10414—2018，6.1～6.5节分别从一般要求、主控项目、一般项目三个方面，定义了：①普通填料及物理改良土；②化学改良土；③加筋土；④特殊土地基上的路堤填筑；⑤路堤边坡成型等的质量验收标准。

《高速铁路路基工程施工质量验收标准》TB 10751—2018中，第6章中没有将特殊土地基的填筑质量验收问题设定独立章节，而是在6.1节的一般规定中，就加筋土、软土、松软土、膨胀土、黄土、盐渍土、浸水等地段路基填筑的关键工艺技术提出了明确要求。

3.7.3　基床以下路堤填筑

路堤填筑应按“三阶段、四区段、八流程”的施工工艺组织施工，填土作业区段划分原则是保证施工互不干扰，每一作业区段以200～300m为宜。

路堤填土施工顺序按下层面处理→卸填料土→推土机摊铺整平→轻型压路机静压→重型压路机振压→平地机精平→重型压路机终压，具体施工顺序如图3.7.3-1所示。

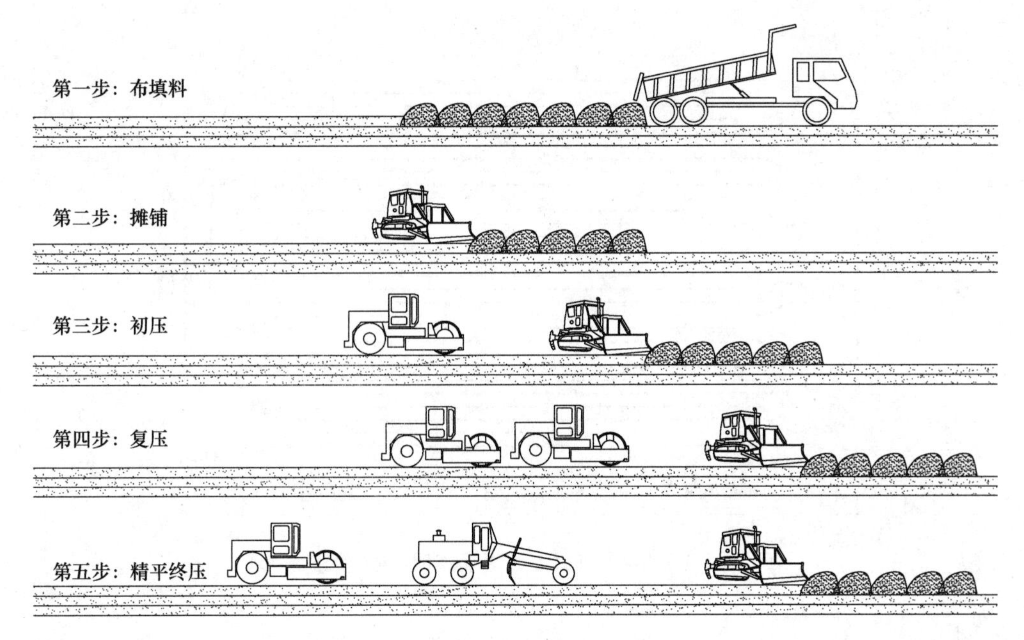

图 3.7.3-1 压实层纵向施工顺序示意图

不同性质的填料应分层填筑，不得混填，每一水平层的全宽应用同一种填料填筑，每种填料层累计总厚度不宜小于 50cm。

填土区段按照网格化布料，用推土机或平地机摊铺平整，使填层在纵向和横向平顺均匀，以保证压路机碾压轮表面能基本均匀地接触层面进行压实，达到最佳碾压效果。

推土机摊铺平整的同时，应对路肩进行初步压实，保证压路机进行压实时，压到路肩而不致滑坡。初压工序之后用平地机精平，局部凹坑采用人工修整。

应根据工艺性试验确定的虚铺厚度确定分层填筑厚度。路堤填筑细粒土虚铺厚度一般按 35～40cm；填筑砂类土一般按 40cm；填筑块石按 0.5～0.8m。碎石类土分层的最大压实厚度不大于 40cm，砂类土分层的最大压实厚度不大于 30cm，分层填筑的最小分层厚度不小于 10cm。填料摊铺时，应在已压实好的路基面上设置方格网（石灰），控制填料摊铺数量，虚铺厚度应采用路基两侧设标杆和红色施工绳等措施给予控制。

进行碾压前对填筑层的分层厚度和大致平整程度应进行检查，确认层厚和平整程度符合要求；碾压前向压路机司机进行技术交底，内容包括：碾压里程范围、压实遍数、机械走行速度、压实顺序、压实时纵横向重叠长度及有关安全注意事项。

碾压顺序：

直线地段：先两侧后中间，先慢后快，先静压后振动，如图 3.7.3-2 所示；曲线地段：从曲线内侧向外侧，先慢后快，先静压后振动，如图 3.7.3-3 所示。第一遍采取静压使填土表面平整度较好，振动压实效果比未采取静压的效果好，故按照静压、弱振、强压、静压四步骤进行。各种压路机的最大碾压行驶速度不宜超过 4km/h，纵向搭接长度不小于 2m，上下层填筑接头应错开 3m。压路机按图 3.7.3-2、图 3.7.3-3 所示路线走行，相邻两行碾压轮迹至少重叠 40cm，保证不漏压。

路基路肩部分采用斜向进退碾压法。斜向进退碾压法是将压路机的走向与边线成约

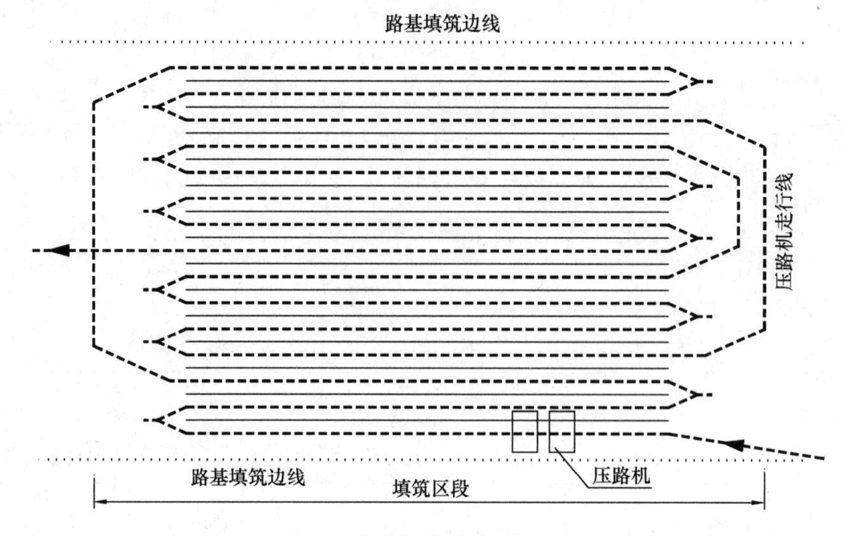

图 3.7.3-2 直线段路堤填筑碾压顺序图

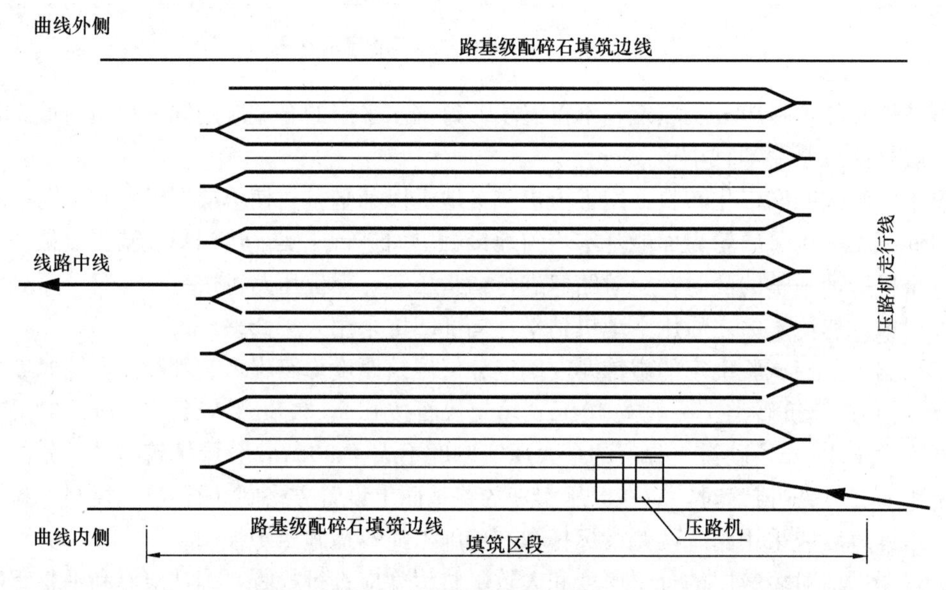

图 3.7.3-3 曲线段压路机碾压走行路线图

45°的交角走行，至前轮缘外端 1/4 悬空后即行后退，如此反复进退碾压，压实至要求的密实度为止。采用斜向进退碾压法碾压路肩时，压路机下必须设专人指挥进退，防止翻车。

碾压遍数：按照不少于填筑工艺性试验确定的压实遍数进行压实。对细粒土和砂类土一般先采用轻型压路机静压 2 遍，再用重型振动压路机碾压 4～6 遍；对碎石土填料采用重型振动压路机碾压 5～7 遍。

填方断面边坡线按每侧超宽不宜小于 50cm 进行控制，为保证断面几何尺寸准确无误，直线段边桩设置间距 20m，曲线段边桩设置间距 10m。每隔 20～50m 用标杆和红色施工绳做成标准几何断面，如图 3.7.3-4 所示。

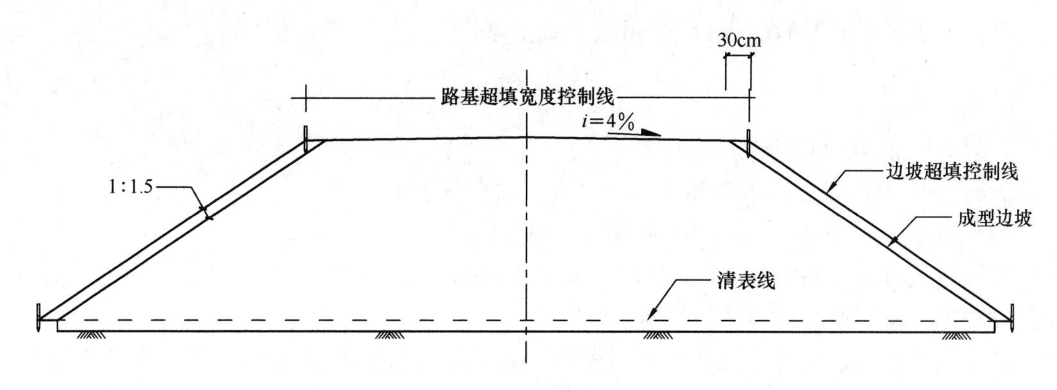

图 3.7.3-4 路基横断面控制图

地面自然横坡或纵坡陡于 1∶2.5～1∶5 时，应将原地面挖成台阶，台阶宽度大于 1m。纵向搭接时，采用人力开挖宽度大于 2m 的搭接平台，进行台阶处理，如图 3.7.3-5 所示。

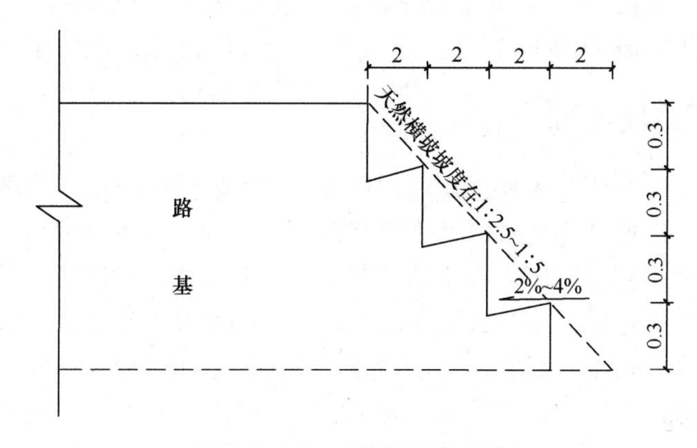

图 3.7.3-5 斜坡处理大样图

当上、下两填层采用不同种类或颗粒条件的填料时，其粒径应符合 $D_{15}/d_{85} \leqslant 4$（渗水土间）或 $D_{15} \leqslant 0.5$mm（非渗水土间）的要求，否则应铺设具有隔离作用的土工合成材料。

当填料含水量过高时，在碾压过程中填层会出现侧挤、“弹簧”等现象，填层难以压实。一般处理方法：

(1) 在取土坑四周挖设深沟降低水位，土场内拉槽控水，降低土源含水率。

(2) 将填料运至路堤摊铺晾晒处理；已碾压的土层采用松土器拉松、翻拌晾晒，应将压实层翻挖至少 10cm 深，再补填压实。

(3) 直接在取土坑的填料中加入干土、生石灰粉等翻拌混合，降低填料含水率。当采用掺加生石灰粉降低填料含水率时，应在翻拌均匀后 3～4h，待生石灰水化膨胀基本完成后才能挖装、运填、碾压。

(4) 适当减薄填层厚度，但最小压实厚度不得小于 10cm。

当填料含水率过低时，填层压实时易产生起层、干裂纹、疏松现象，压实度也难以达到。一般处理方法如下：

（1）人工洒水润湿的加水量 M_w 可按下式估算：

$$M_w = \frac{M_s}{1+\omega_n}(\omega_{opt} - \varphi_n) \tag{3.7.3-1}$$

式中 M_s——所取填料的湿重（kg）；

ω_{opt}、φ_n——填料最佳含水率和天然含水率，以小数表示。

（2）先挖弃上层表土，取用含水率适中的下层土。

每层填筑时，应向路基两侧做4%的人字横向排水坡。在路堤本体最后几层施工时逐步进行刷坡，将刷坡土再利用作填料。

平地机整平修正时易将粗集料刮到表面，造成离析和粗细集料成“窝”或“带”，平地机来回刮平的次数越多，离析现象越严重，平整时应设2～3人的小组负责消除平地机整形后的“窝”或“带”。

当路堤高度小于基床厚度（3m）时，应按设计进行整平、碾压、夯实、翻挖、回填、换填或其他加固措施。

基床以下填料压实质量必须随分层填筑碾压施工分层检测。有砟轨道采用 K_{30} 和 K（或 n）作为控制指标；无砟轨道采用 K_{30}、K（或 n）和 E_{v2} 作为控制指标。

3.7.4 基床表层路堤填筑

高速铁路以变形控制作为主要控制因素设计，基床表层的材质和强度应能承受列车荷载的长期作用，刚度应使列车运行时产生的弹性变形控制在一定范围内，厚度应使扩散到其底层面上的动应力不超出基床底层土的承载能力，并能防止道砟压入基床及基床土进入道床，防止地表水侵入基床土中导致基床软化及产生翻浆冒泥等基床病害。

在客运专线有砟轨道中，路基面上应设置沥青混凝土防渗层，一般情况下基床表层由5～10cm厚的沥青混凝土和65～60cm厚的级配碎石组成，有砟轨道路基面全宽设置。无砟轨道基床表层厚度与混凝土支撑层的总厚度不小于0.7m，在混凝土支撑层至路肩和两线间路基面设置沥青混凝土防渗层。

3.7.4.1 基床表层级配碎石填筑

1. 级配碎石搅拌和储运

级配碎石优先采用厂拌法生产。一般采用稳定土厂拌设备，装载机配合上料，电脑程控计量。在生产厂、搅拌场、搅拌设备料斗内，集料储备应分类存放、相互隔开。其中，石屑应现用现备，防止因多备造成下雨水化板结失去胶粘力。

为确保材料清洁，在堆放场地要防止黏土、杂物及粉尘渗入；装料时，要防止将泥土铲入；装车前车内要进行清扫，车厢应严密，防止小颗粒渗漏。

为防止拌合好的材料在装料至汽车时发生离析，尽量保持拌合机出料口位于自卸车车斗的中部，并且尽量减小出料口与车斗的高度。在高温及风大的天气情况下施工，当运输路程较远或道路运输状况不良时，应将混合料表面进行覆盖，减少水的蒸发（挥发）。运输途中，尽量保持汽车平稳行进，不得突然大起大落、剧烈颠簸，以防止加速集料离析。搅拌的混合料要现拌现用，严禁存放。施工中拌合能力、运输能力、摊铺能力要相互匹配、相互衔接。

拌合中须根据配比要求，结合天气、运输等条件，认真掌握好含水率，含水率对级配碎石的质量影响极大，水少难以压实，水多造成离析。

2. 级配碎石配合比的设计

级配碎石的级配范围应满足规定。实际工作中，最有效的判定方法是配比的筛分结果，应达到或接近规范要求的级配中值，为最佳配比。特别是在0.075、0.5、1、16mm几个点上要力求达到中值。

配比筛分结果应满足颗粒不均匀系数 $C_u=\frac{d_{60}}{d_{10}}\geqslant 5$ 及曲率系数 $C_c=\frac{d_{30}^2}{d_{10}d_{60}}$ 。

为防止道砟及下部土层颗粒嵌入基床表层，基床表层与上部道砟及下部填土之间的颗粒级配均应满足太沙基的反滤准则，即 $D_{15}<4\,d_{85}$ ，如不能满足反滤准则，基床表层可采用颗粒级配不同的双层结构，或在基床底层表面铺设土工合成材料。

为了验证理论配合比的正确性，应按照《铁路工程土工试验规程》TB 10102—2023进行四项试验：①颗粒密度试验，求出颗粒密度 P_s，以计算空隙率；②颗粒分析试验，制定级配范围；③界限含水率试验，判定液限 ω_L；④重击试验，确定最佳含水率 w_{opt} 及最大干密度 P_{max}。级配碎石一般可选取一个合适的含水率范围（如5%～7%）为宜。

根据理论配合比实施工程的试验段，调整配比，以确定实用的最佳配比及工艺参数。

（1）调整含水率。级配碎石填筑中可能有多次补水过程（搅拌、摊铺碾压、养护），应根据天气等现实条件及实际经验，反复试验确定。施工过程中的含水率是保证级配碎石路面质量极为重要的因素。

（2）调整颗粒集料含量。在理论配比计算中常常大颗粒偏高，易于离析，造成路面观感差，空隙率高，粗细颗粒应根据实际情况作局部调整，如增加细颗粒，减少大颗粒含量。调整后的配比，除作工程检测外，关键指标仍需通过试验进行判定。

3. 填筑施工工艺

1）填筑前的准备

（1）做好前道工序的验收工作。基床表层填筑前应对基床底层的路基系数 K_{30}、压实度 K、E_{vd} 模量进行核对。

（2）根据路基标高、中线、纵横坡平整度等项指标组织工序间的验收。在路基基床底层表面恢复线路中线，测设中心桩和级配碎石填筑宽度边桩（设计宽度向外移20～30cm设置），在直线地段每隔20m设一组（3根），曲线地段每隔10m设一组。在桩上测设虚铺填筑高程并作出标记，以准确控制松铺厚度，在填筑施工时每个断面桩分别用细绳按所作标记挂线控制。在填筑最后一层级配碎石时，应在桩上标识出基床表层顶面设计高程，用以控制基床表层的厚度、高程和表面的平整度。

（3）认真做好级配碎石的试验段，具备条件时力争多作对比试验，通过填筑压实试验与质量检测试验，确定填筑工艺参数，制订施工工艺，送监理审查同意后再大规模施工。

（4）根据设计要求，填筑路基施工时，应与接触网基础、电缆沟槽同步施工。

2）工艺流程

施工顺序一般按“四区段”“六流程”进行，如图3.7.4-1所示。

3）摊铺工艺

对于有砟轨道，基床表层下层可用平地机，配合推土机进行施工，上层应采用摊铺机摊铺；对于无砟轨道，应采用摊铺机摊铺。长度以100～200m为宜。

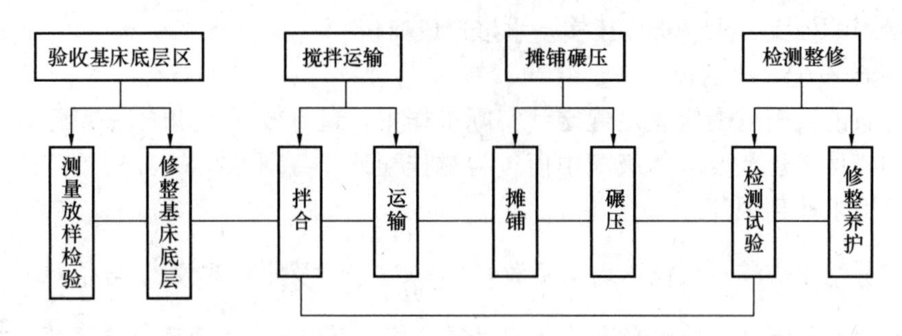

图 3.7.4-1 基床表层施工工艺流程图

(1) 均匀卸车。

由专人负责指挥卸车。用平地机摊铺时应采用方格网控制填料量，方格网纵向桩距不得大于10m，并结合“挂线法”控制虚铺厚度。用摊铺机时，采用“挂线法”控制虚铺厚度，虚铺厚度应按填筑工艺性试验确定的参数严格执行，虚铺厚度基床表层一般 20～35cm，每层的填筑压实厚度不得大于 30cm，最小填筑压实厚度不得小于 15cm。

(2) 推土机初平（不采用摊铺机摊铺或摊铺机摊铺在级配碎石底层施工时采用）。

卸料后及时用推土机将混合料均匀摊铺，推土机摊铺时按桩位所示高程的虚铺厚度粗略摊平，目测局部有较大凹凸不平或局部未覆盖级配碎石的采用人工横向拉线，将不平的地方人工用铁锹找平，同时人工对级配碎石边线进行粗略顺直调整，力求表面平整、边线基本顺直。

(3) 平地机精平（不采用摊铺机摊铺或摊铺机摊铺在级配碎石底层施工时采用）。

用平地机将摊铺基本均匀平整的混合料进行精平，施工时，调整平地机刮刀的高程和倾斜角度，以便按规定的路拱坡度和虚铺厚度进行精确摊铺。用压路机在已精平的路段上快速碾压一遍，以暴露潜在的不平整，及时人工局部平整。

(4) 摊铺机摊铺

摊铺采用双机联铺，方法如图 3.7.4-2 所示，前后机位相距 10m，熨平板重叠8～10cm。

双机联铺时虽然没有施工缝，但是两机布料在交缝区的均匀性和一致性会比单机布料范围内的均匀性、一致性稍差。因此，两台摊铺机的布料宽度不能绝对相等，保持上下基层交缝区错开，如图 3.7.4-3 所示，保证基层整体性良好。

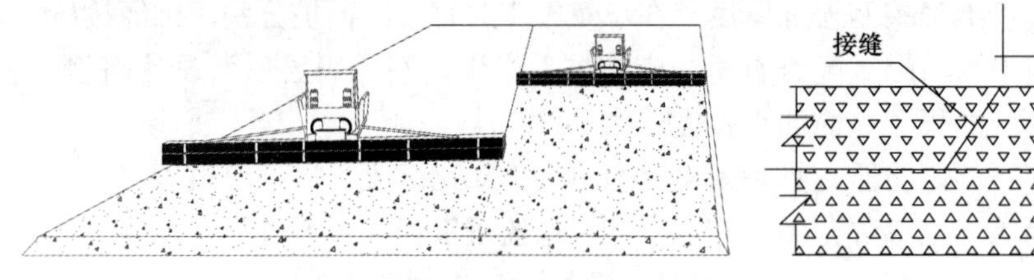

图 3.7.4-2 基床表层双机联铺示意图

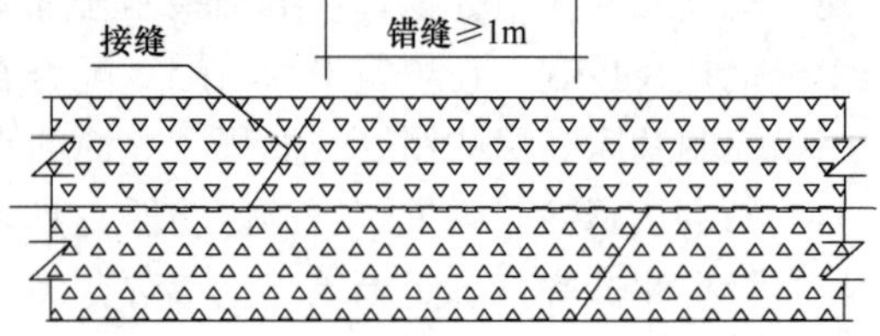

图 3.7.4-3 纵向交缝区上下层错缝示意图

根据工艺试验确定的松铺系数，算出松铺厚度作为摊铺控制标准。在路肩边线处用张紧钢丝引导法控制标高、层厚、横坡。

联铺时中间接缝处安装一组传感器控制两侧标高，如图 3.7.4-4 所示。碾压过程中安排一个测量小组进行跟踪测量、检测。

联机摊铺的摊铺强度控制在 400t/h 左右，与拌合站的能力保持匹配。摊铺间隔时间不得超过 30min，超过 30min 时应按接缝处理。摊铺速度控制在 1.5～2m/min，施工过程中摊铺机不得随意变速、停机，保持摊铺的连续性和匀速性，防止过快造成混合料离析。

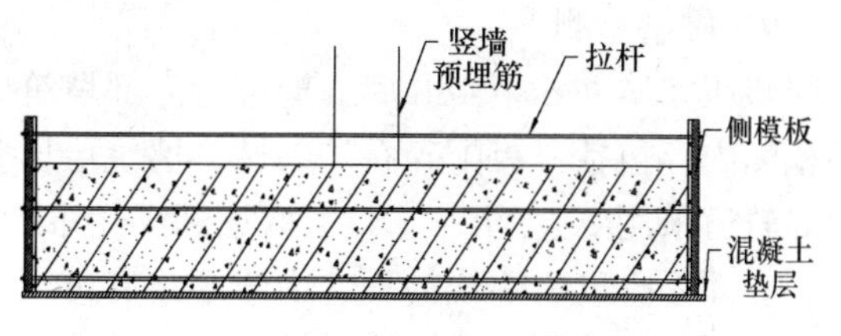

图 3.7.4-4 双机联铺接缝处标高控制示意图

摊铺时混合料的含水率宜高于最佳含水率 1%，以补偿摊铺和碾压过程中的水分损失。在摊铺机后面设专人消除粗细集料离析现象，特别是粗集料窝或粗集料带应该铲除，并用新混合料填补或补充细混合料且拌合均匀。

两作业段的横缝衔接处应搭接拌合碾压，第一段在末端只留 0.5m 进行初步碾压，第二段施工时，前段留下的未压实部分混合料必须铲除，再将已碾压密实且高程符合要求的末端挖成一横向（与路面垂直）向下的断面，然后再摊铺新的混合料，并同第二段一起碾压。

（5）机械摊铺平整后，要派足够的人力辅助整治，这是一个重要环节。对个别低凹或离析处人工找平，除去较大的颗粒，补平用料应选用小粒径碎石及石粉现场拌合为宜，不宜用大骨料。

4）碾压工艺

（1）碾压设备一般选用自行式振动压路机（如 SD15C 型、YZ18 型等）。一般应遵循先轻后重、先慢后快的原则，如先静压 2 遍使大面平整，人工修整找平，然后重振 2～3 遍，轻振 1～2 遍，最后静压 1～2 遍收光，具体程序及遍数，应由填筑工艺性试验确定，不能照搬照套，既要防止碾压遍数不足，又要密切注意振动对表层的破坏作用，防止出现过剩压实。

（2）整形后当表面尚处于湿润状态时应立即进行碾压，以防止水分丢失。直线段由两侧向中间碾压，曲线段由内侧向外侧碾压。碾压时横向重叠不小于 0.4m；纵向衔接处搭接长度不小于 2m；各区段交接处，纵向搭接压实长度不小于 2m（接缝处填料应翻开并与新铺填料混合均匀后再进行碾压），上下层填筑接头应错开不小于 3m。对靠电缆沟槽附近的级配碎石，应采用冲击夯补压夯实。

（3）碾压中应控制好含水率，一般控制在 5%～7%较易达到碾压标准。碾压前检测含水率，当含水率大于最佳含水率 1%时，应适当晾晒；当含水率小于最佳含水率时应洒水（考虑碾压过程中的水分损失），采用人工洒水方式，可用喷雾器喷洒水雾，以求均匀并容易控制含水率。洒水后静置 3h 左右，等水分充分浸润集料后再进行碾压。

5）养生及保护

（1）对碾压成型的级配碎石层，由于石粉的水化粘结作用，有一定的板结过程，一般 1d 的强度可达 60%左右，3d 可达 70%左右，7d 可达 85%左右，因此养护期以 7d 为宜。

（2）养护期内禁止跑车扰动；保持含水率，按时喷雾洒水；防止大雨冲淋、细粒渗漏，如用草帘子、塑料布等进行覆盖养护。

（3）养护期后要做好成品保护工作，应严格限制车辆、控制车速，严禁在已完成的或正在碾压的路段上调头或急刹车。

6）质量检测

碾压完毕并养生 48h 后立即进行内部填筑质量检测和外形几何尺寸检查，填筑质量主要检测内容包括：级配碎石均匀性、填筑层压实质量（有砟轨道采用 K_{30}、E_{vd}、K 控制；无砟轨道采用 K_{30}、E_{vd}、E_{v2}、K 控制）；外形几何尺寸检查主要内容包括：分层填筑厚度、表面平整度、中线高程、中线至路肩边缘距离、宽度、路拱横坡等。

级配碎石检测项目、质量控制指标有地基系数 K_{30}、动态变形模量 E_{vd}（MPa）、压实系数 K、化学改良土压实系数和 7d 饱和无侧限抗压强度。

3.7.4.2 基床表层沥青混凝土施工

沥青混凝土施工应按照配合比设计、拌制、运输、摊铺、碾压的工序流程进行。不得在气温低于 10℃、雨天、路面潮湿的情况下施工。

热拌沥青混凝土的施工温度应按试验确定，无条件的可参照表 3.7.4-1 确定。

热拌沥青混凝土的施工温度（℃） **表 3.7.4-1**

施工工序		石油沥青的标号			
		50 号	70 号	90 号	110 号
沥青加热温度		160～170	155～165	150～160	145～155
矿料加热温度	间歇式拌合机	集料加热温度比沥青温度高 10～30			
	连续式拌合机	矿料加热温度比沥青温度高 5～10			
沥青混凝土出料温度		150～170	145～165	140～160	135～155
沥青混凝土储料仓储存温度		储料过程中温度降低不超过 10			
沥青混凝土废弃温度		200	195	190	185
运到现场的温度不低于		150	145	140	135
摊铺温度不低于	正常施工	140	135	130	125
	低温施工	160	150	140	135
开始碾压的沥青混凝土内部温度	正常施工	135	130	125	120
	低温施工	150	145	135	130
碾压终了的表面温度不低于	钢筒式压路机	80	70	65	60
	轮胎式压路机	85	80	75	70
	振动式压路机	75	70	60	55
可通车的表面温度不高于		50	50	50	45

1. 沥青混凝土配合比设计

（1）规范采用马歇尔配合比设计方法，应具有良好的高温稳定性、水稳定性、低温抗裂性及防渗水性等。

（2）配合比设计应通过目标配合比设计、生产配合比设计及生产配合比验证三个阶段，确定矿料级配及最佳沥青用量。

2. 沥青混凝土拌制要求

（1）沥青混凝土必须在拌合厂采用拌合机械拌制。拌合厂选址应考虑运输距离和运输道路因素，确保混合料温度下降不超过规定要求以及确保混合料和温度不离析。拌合厂应设置防雨顶棚，料场及道路应给予硬化，拌合厂应做好排水设施。

（2）沥青混凝土可采用间歇式或连续式拌合机，必须配置计算机控制系统，连续式拌合机使用的集料必须稳定不变，如从多处进料、料源或质量不稳定时，不得采用连续式拌合机。拌合设备的各种传感器必须经鉴定合格后方可使用，鉴定周期为一年。

（3）烘干集料的残余含水率不得大于1%，每天开始的几盘集料应提高加热温度，并干拌几锅集料废弃，再正式加沥青拌合混凝土料。

（4）沥青混凝土出厂时应逐车检验重量和温度，记录出厂时间，签发运料单。

3. 沥青混凝土运输

应尽量采用较大吨位的运输车辆运输，不得在级配碎石路面上急刹车、急掉头，应匀速行驶。

运输车辆每次使用前后必须清扫干净，车厢板上涂一薄层防止沥青粘结的隔离剂或防粘结剂。从拌合机向运料车装料时，应多次挪动汽车位置，平衡装料，减少混合料离析。运料车运输混合料应覆盖保温、防雨、防污染。运料车每次卸料必须倒尽。

4. 沥青混凝土防渗层摊铺要求

沥青混凝土的松铺系数应按工艺试验确定。对于有砟轨道沥青混凝土防渗层施工，应采用摊铺机摊铺，压路机碾压工序；对于无砟轨道沥青混凝土防渗层施工，由于空间受限，施工时采用小型配套机具设备配合人工。有砟轨道沥青混凝土防渗层施工工艺如下：

（1）沥青混凝土采用摊铺机摊铺，摊铺机的受料斗应涂刷薄层隔离剂或防粘结剂。

（2）沥青混凝土表层分两幅摊铺，采用热搭接方法，两幅之间搭接宽度应有30～60mm。

（3）摊铺机开工作业前提前30～60min预热熨平板至不低于100℃。铺填过程中熨平板振捣或夯锤夯击应选择适宜的频率，以提高路面的初始压实度。熨平板加宽连接应仔细调节，确保摊铺的混合料没有明显的离析痕迹。

（4）摊铺机必须缓慢、匀速、连续不间断地摊铺，摊铺速度控制在2～6m/min。

（5）摊铺机应采用自动找平方式，可采用钢丝绳引导、平衡梁或雪橇式等摊铺厚度控制方法。

（6）局部机械作业不能到位部分可采用人工摊铺。人工摊铺时，沥青混凝土应卸在钢板上，摊铺时应用铁锹布料。铁锹等工具应涂防粘结剂或加热使用；边摊铺边刮板整平，摊铺不得中间停顿。如不能及时碾压，应停止摊铺，并对卸下的料覆盖保温，低温施工时，每次卸下的料均需及时覆盖保温。

5. 沥青混凝土碾压规定

（1）应配备足够的压路机，选择合理的压路机组合方式及初压、复压、终压的碾压步骤，以达到最佳碾压效果。低温、风大、薄层碾压时压路机数量应适当增多。

（2）压实层最大厚度不宜大于10cm。压路机应以慢而均匀的速度碾压，压路机的碾压线路、方向不应突然改变，碾压速度应符合表3.7.4-2的规定。

沥青混凝土碾压速度（km/h） **表3.7.4-2**

压路机类型	初压		复压		终压	
	适宜	最大	适宜	最大	适宜	最大
钢筒式	2～3	4	3～5	6	3～6	6
轮胎式	2～3	4	3～5	6	4～6	8
振动式	2～3	4	3～5	6	3～6	6
	静压或振动	静压或振动	振动	振动	静压	静压

(3) 碾压在尽可能高的温度下进行，不得在低温状况下反复碾压，碾压温度应有规定。

(4) 压路机不得在未碾压成型的路段转向、掉头、加水或停留。初压应紧跟摊铺机进行，并保持较短的间隔区段，复压紧跟初压后进行，不得随意停顿，碾压长度控制在60～80m内。终压紧跟复压后进行，且不少于2遍，至无明显轮迹为止。

(5) 当天成型的沥青混凝土路面上不得停放各种机械设备或车辆，不得散落矿料、油料等杂物。

(6) 沥青混凝土接缝必须紧密、平顺，不得产生明显的接缝离析。上下层纵缝应错开，热接缝错开15cm，冷接缝错开30～40cm。相邻两幅及上下层的横向接缝应错开1m以上。

思考与练习题

一、术语与名词解释

土的可松性、干密度、最大干密度、密实度、地基、基础、路基、验槽、地基承载力、岩芯RQD、压实系数、最佳含水率、雷管、炸药、爆轰波、殉爆距离、最小抵抗线、爆破作用指数、路堤、路堑、路床、基床、CBR、K_{30}。

二、问答题

[1] 阐述和土石方工程紧密相关的岩土工程性质参数。

[2] 土石方工程施工和工程预算中将岩土分为哪几类？与可松性系数有什么联系？

[3]《工程岩体分级标准》GB/T 50218—2014是如何对岩体质量进行分级的？

[4] 机具破土凿岩的机理主要有哪四种？

[5] 简述推土机的作业方式或功能，作业过程及其作业方法。

[6] 什么是铲运机，能完成哪些作业？

[7] 简述单斗装载机的类型及其工作原理。

[8] 挖掘机按切土方式有哪四种？分别是哪四种别称？

[9] 炸药的爆炸性能参数有哪些？

[10] 简述岩体爆破的作用机理，并对药包爆破的漏斗参数进行说明。

[11] 岩体爆破效果的影响因素有哪些？

[12] 简述炸药爆炸的起爆方法有哪些？

[13] 什么是电力起爆？简述雷管的种类。

[14] 隧道爆破的炮眼按位置和作用分有哪几类？解释其含义。

[15] 简述土方填筑压实的目的及四种基本原理。

[16] 简述几种土方压实机械的种类和名称。

[17] 土方填筑的作业参数有哪些？

[18] 按理化科学原理，分类简述地基处理的常见方法。

[19] 复合地基中土工结构物通常有哪些功能或作用？

[20] 什么是路基工程，按横截面的几何形状、构造特点分哪些类型？

[21] 什么是公路路基路床？有哪些技术要求？

[22] 土质路基填筑有哪些方法?

[23] 公路路基施工质量验收常用哪些技术指标?

[24] 什么是铁路路基基床?有哪些技术要求?

[25] 铁路路基施工质量验收常用哪些技术指标?

[26] 对比研究道路与铁路的路基异同。

[27] 简述公路和铁路路基施工的一般过程。

三、网上冲浪学习

[1] 强夯法、振冲法、CFG 法等地基处理施工。

[2] 隧道爆破掘进施工。

[3] 道路路基机械化施工视频。

[4] 轨道地基处理视频。

[5] 轨道路基机械化施工视频。

第 4 章　桩墙基与地下建筑工程

桩、墙是两种可以直接构筑到地层中的构件即地下桩、地下墙。随着地下工程向深部进一步拓展，桩与墙在“地基”“基础”中的作用越来越大，“桩墙基”组词展示了地下工程核心技术的发展趋势，也体现了土木工程学科向地下空间发展的理论内涵。

4.1　桩基工程施工

桩是建造在地层中的细长构件，桩基是由桩和连接桩顶的桩承台（简称承台）组成的深基础。

桩类型很多，按桩径大小分有小桩（＜250mm）、中等直径桩（250～800mm）、大直径桩（＞800mm）；按使用功能分有受压桩、抗拔桩、横向受荷桩、锚桩。桩的类型还可从施工方法、材料、断面形式、承载原理等方面进行分类，按成桩施工的工艺特征：可分为预制桩、灌注桩和搅拌桩三大类，见图 4.1-1，以下各节将予以分述。

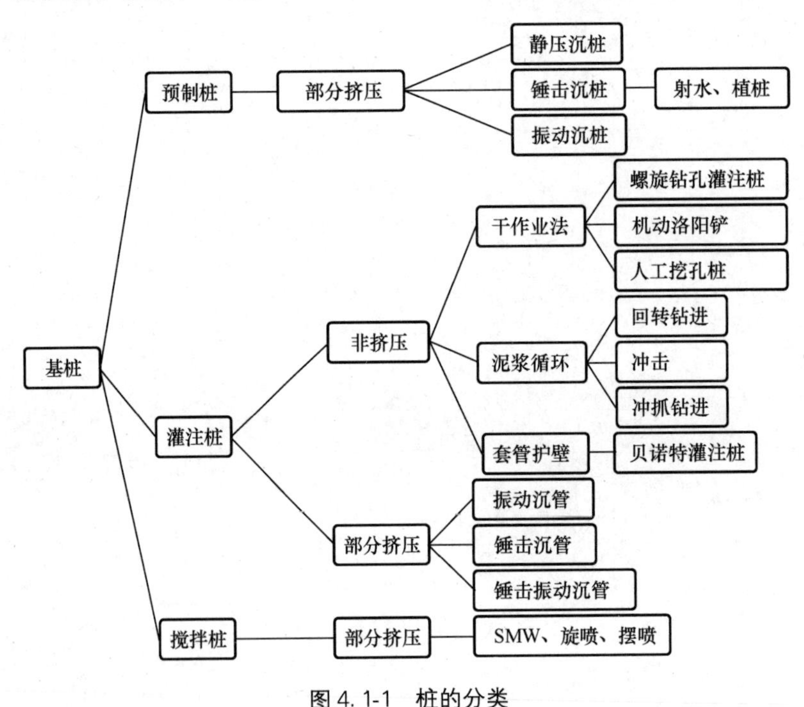

图 4.1-1　桩的分类

4.1.1　预制桩施工

预制桩施工，是通过工厂化预制各种成品桩体，然后运送到工地现场，打入地层中形成桩体的工程施工技术，按施工原理可分为锤击沉桩、静力压桩、射水沉桩和振动沉桩等。

4.1.1.1 预制与运输

常见的预制桩分钢筋混凝土预制桩和钢桩。钢桩又分为钢管桩、H 型钢桩和压型钢板桩，其中压型钢板桩可应用于支护和基坑围护。

钢筋混凝土预制桩按截面形式可分方形和圆形两类，或实心和管型两类，按结构受力性能可分普通桩和预应力桩。预应力桩就是通过钢筋预张拉，提高桩体混凝土的抗拉性能，从而提高桩体的整体承载性能。

钢筋混凝土桩的特点是刚度大、耐久性好、施工速度快，是广泛应用的桩型之一，需重点掌握的内容包括预制、运输、堆放和成桩施工等工艺。

1. 钢筋混凝土实心桩

钢筋混凝土实心方桩截面尺寸一般为 200mm×200mm～600mm×600mm。现场预制桩的长度一般在 25～30m 以内。限于桩架高度或者运输条件，工厂预制桩桩长一般不超过 12m，若较长则应分节预制，然后在打桩过程中予以接长，但接头不宜超过 2 个。

混凝土性能要求：钢筋混凝土实心桩所用混凝土的强度等级不宜低于 C30（30MPa）。预应力混凝土桩的混凝土的强度等级不宜低于 C40。采用静力压桩时，等级可适当降低。

配筋方面：主筋根据桩断面大小及吊装验算确定，一般为 4～8 根，直径 12～25mm；箍筋直径为 6～8mm，间距不大于 200mm，打入桩的桩顶（2～3）d（桩径）长度范围内箍筋应加密，并设置钢筋网片。预制桩纵向钢筋的混凝土保护层厚度不宜小于 30mm。桩尖处可将主筋合拢焊在桩尖辅助钢筋上，在密实砂和碎石类土中，可在桩尖处包以钢板桩靴，加强桩尖。

2. 混凝土管桩

混凝土管桩，按桩混凝土强度等级及壁厚分为：预应力高强混凝土管桩（代号 PHC）、预应力混凝土管桩（代号 PC）、预应力混凝土薄壁管桩（代号 PTC）。PHC 桩混凝土强度等级不低于 C80，PC 桩和 PTC 桩混凝土强度等级不高于 C80 但不低于 C60。PHC、PC 桩壁厚一般为 75～130mm，大直径桩壁厚可达 150mm；PTC 桩壁厚较小，一般为 55～70mm。

管桩按外径主要分为 300、400、500、550、600、800、1000mm 等规格。

管桩按抗弯性能或有效预压应力值分为 A 型、AB 型、B 型和 C 型等，其有效预压应力值分别为 4、6、8、10MPa。

3. 混凝土桩的运输和起吊

打桩前，桩从制作处运到现场，应根据打桩顺序随打随运。桩的运输方式，在运距不大时，可用起重机吊运；当运距较大时，可采用轻便轨道小平台车运输。严禁在场地上直接推拉桩体。

堆放桩的地面必须平整、坚实，垫木间距应与吊点位置相同，各层垫木应位于同一垂直线上，堆放层数一般不宜超过四层，管桩堆放层数不超过三层，不同规格的桩应分别堆放。底层管桩边缘应用楔形木块塞紧，以防滚动。

钢筋混凝土预制桩应在混凝土达到设计强度的 70%后方可起吊，达到设计强度的 100%时才能运输和打桩。如提前吊运，必须采取措施并经过验算合格后才能进行。

起吊时，必须合理选择吊点，防止在起吊过程中过弯而损坏。当吊点少于或等于 3 个时，其位置按正负弯矩相等的原则计算确定；当吊点多于 3 个时，其位置按反力相等的原则计算确定；长 20～30m 的桩，一般采用 3 个吊点。如图 4. 1. 1-1 所示。

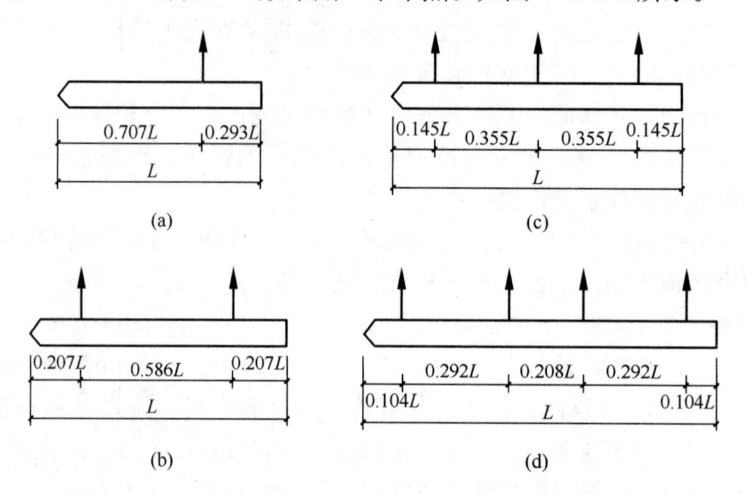

图 4. 1. 1-1 预制混凝土梁的吊装

预应力管桩达到设计强度后方可出厂，混凝土管桩应达到设计强度的 100%及 14d 龄期后方可运到现场打桩。预应力管桩在节长小于等于 20m 时宜采用两点捆绑法，大于 20m 时采用四吊点法。

预应力管桩在运输过程中应满足两点起吊法的位置，并垫以楔形垫木，防止滚动，严禁层间垫木出现错位。

4. 1. 1. 2 锤击沉桩

预制混凝土桩沉桩施工工艺流程如图 4. 1. 1-2 所示。

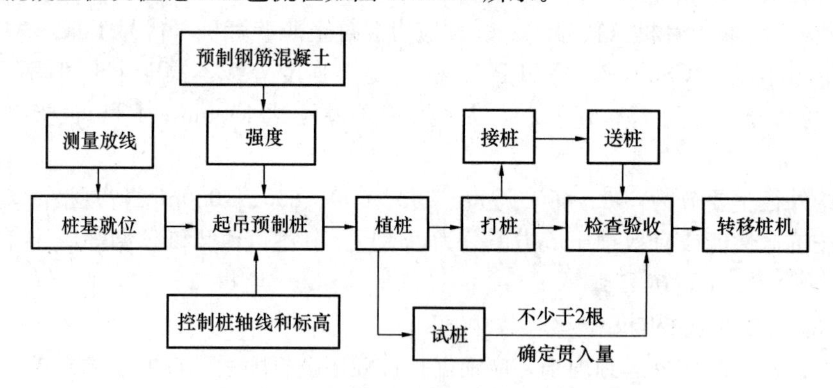

图 4. 1. 1-2 预制混凝土桩沉桩施工工艺流程

1. 打桩设备

桩锤的类型有落锤、单动汽锤、双动汽锤、柴油锤、液压锤等。

(1) 落锤。落锤也称为自落锤，一般是生铁铸成，锤重一般为 5～20kN。可用人力、卷扬机来提升，利用脱钩装置或松开卷扬机刹车放落，使桩锤自由落到桩头上，反复锤击，桩体逐渐被打入土中。

（2）单动汽锤。单动汽锤是利用蒸汽或压缩空气的压力将锤头上举，然后由锤的自重向下冲击沉桩。单动汽锤锤重为30～150kN，冲击力大，打桩速度比落锤快，锤击60～80次/min，适用于在各类土层中施工。

（3）双动汽锤。双动汽锤是利用蒸汽或压缩空气的压力将锤上举及下冲，增加夯击能量。双动汽锤的冲击力更大，频率更快，可锤击100～200次/min，锤重为6～60kN，适用于打各种桩体，并能用于水下，以及斜桩和拔桩等特殊施工。

（4）柴油锤。柴油锤可分为导杆式、活塞式和管式三类。柴油锤是利用燃油爆炸推动活塞往复运动进行锤击打桩。柴油锤使用方便，不需外部动力设备，是应用较多的一种桩锤。但在过软的土中存在贯入度过大的缺点。柴油锤的锤重为22～150kN，锤击40～80次/min。

（5）液压锤。液压锤是一种新型的桩锤，液压动力驱动。具有低噪声、无油烟、能耗省、冲击频率高、沉桩效果好等优点，并能用于水下打桩，是一种理想的冲击式打桩设备。

用锤击沉桩时，为防止桩头桩体受冲击应力过大而损坏，力求采用"重锤轻击"。如采用轻锤重击，锤击动能很大一部分被桩身吸收，桩不易打入，且桩头容易打碎。

2. 打桩工艺

打桩前应做好下列准备工作：清除妨碍施工的地上和地下的障碍物；平整施工场地；定位放线；设置供电、供水系统；安装打桩机等。

桩基轴线的定位点及水准点，应设置在不受打桩影响的地点，水准点设置不少于2个。在施工过程中可据此检查桩位的偏差以及桩的入土深度。

根据桩群的密集程度，可选用图4.1.1-3所示的几种打桩顺序。

打桩顺序合理与否，影响打桩速度、打桩质量及周围环境。当桩的中心距小于4倍桩径时，打桩顺序尤为重要。

还应考虑打桩架移动的方便与否来确定打桩顺序。打桩顺序确定后，还应考虑打桩机是往后"退打"还是往前"顶打"，这涉及桩的布置和运输问题，避免二次搬运。

预制锤击桩质量控制及事故处置见二维码4.1.1。

二维码4.1.1

4.1.1.3 静力压桩

静力压桩是利用静压力将桩压入土中，施工中虽然仍然存在挤土效应，但没有振动和噪声，适用于软弱土层和邻近有怕振动的建（构）筑物的情况。

静力压桩机有机械式和液压式之分，目前使用的多为液压式静力压桩机，压力可达5000kN。图4.1.1-4所示为液压式静力压桩机。

压桩一般是分节压入，逐段接长。为此，桩须分节预制。当第一节桩压入土中，其上端距地面2m左右时将第二节桩接上，继续压入。对每一根桩的压入，各工序应连续。

如初压时桩身发生较大移位、倾斜，压入过程中桩身突然下沉或倾斜，桩顶混凝土破坏或压桩阻力剧变时，应暂停压桩，及时研究处理。

4.1.1.4 射水沉桩

射水沉桩法往往与锤击、振动法同时使用。在砂夹卵石层或坚硬土层中，一般以射水为主，以锤击或振动为辅；在粉质黏土或黏土中，为避免降低承载力，一般以锤击或振动为主，以射水为辅，并应适当控制射水时间和水量。下沉空心桩，一般用单管内射水。当

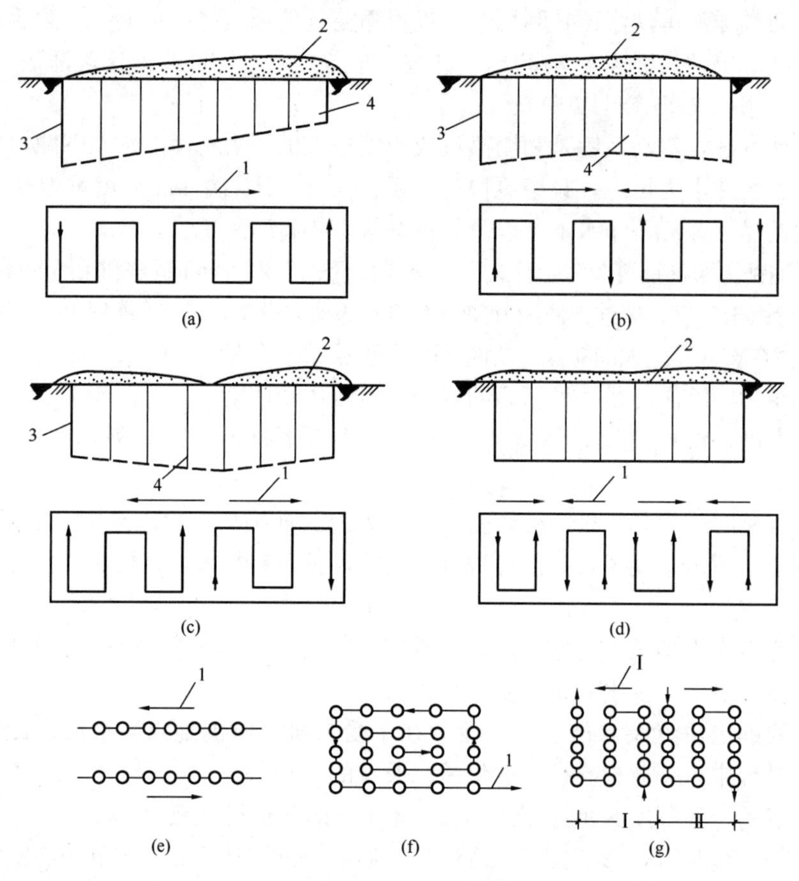

图 4.1.1-3 打桩顺序

(a) 逐排单向打设；(b) 两侧向中心打设；(c) 中部向两侧打设；(d) 分段相对打设；(e) 逐排打设；(f) 自中部向边沿打设；(g) 分段打设

1—打设方向；2—土的挤密情况；3—沉降量大；4—沉降量小

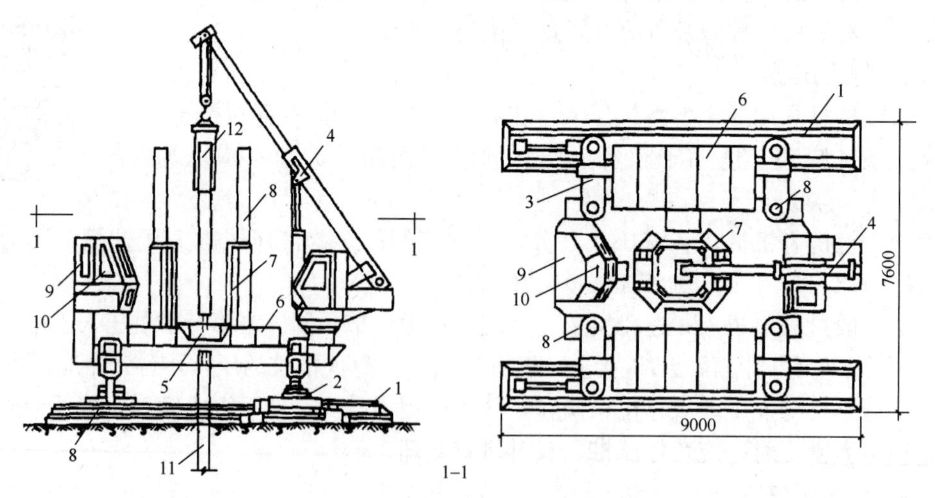

图 4.1.1-4 液压式静力压桩机

1—长船行走机构；2—短船行走及回转机构；3—支腿式底盘结构；4—液压起重机；5—夹持与压板装置；6—配重铁块；7—导向架；8—液压系统；9—电控系统；10—操纵室；11—已压入下节桩；12—吊入上节桩

下沉较深或土层较密实时，可用锤击或振动，配合射水。下沉实心桩，将射水管对称地装在桩的两侧，并能沿着桩身上下自由移动，以便在任何高度上射水冲土。必须注意，不论采取任何射水施工方法，在沉入最后阶段 1～1.5m 至设计标高时，应停止射水，用锤击或振动沉入至设计深度，以保证桩的承载力。图 4.1.1-5 所示为射水沉桩的射水管。

4.1.1.5 振动沉桩

振动法是利用振动锤沉桩，将桩与振动锤（图 4.1.1-6）连接在一起，振动锤产生的振动力通过桩身带动土体振动，使土体的内摩擦角减小、强度降低而将桩沉入土中。振动沉桩适用于砂质黏土、黏土和软土地区的施工，不宜用于砾石层和密实的黏土层。

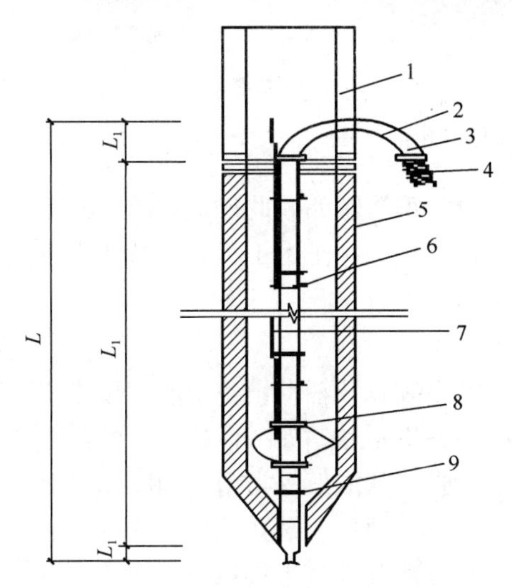

图 4.1.1-5 射水沉桩的射水管

1—送桩管；2—加强的圆钢；3—弯管；4—胶管；5—桩管；6—射水管；7—保险钢丝绳；8—导向环；9—挡砂板

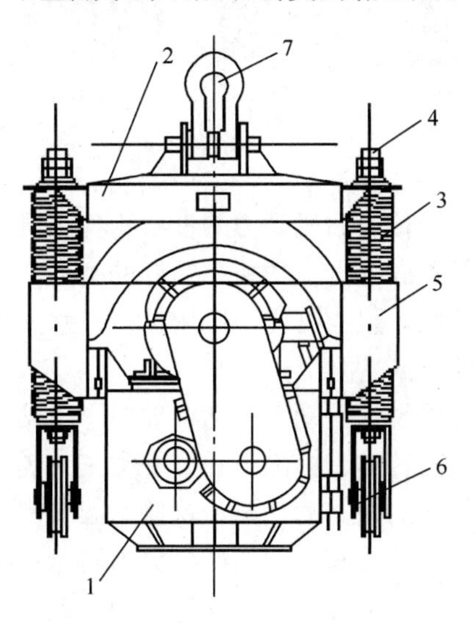

图 4.1.1-6 振动锤

1—振动器；2—弹簧；3—竖轴；4—横梁；5—起重环；6—吸振器

振动锤，按动力可分电动式和液动式；按作用原理分为振动式和冲击振动式；按频率值可分为低频、中频、高频和超高频四种；按结构类型有刚性振动锤、柔性振动锤和振动冲击锤三种形式，其中以刚性振动锤应用最多，效果最好。其施工要点主要有以下几点：

（1）了解地层和地质情况，选择适合的振动锤，选择振动沉桩锤时，应验算振动上拔力对桩身结构的影响。

（2）振动沉桩机、机座、桩帽应连接牢固；沉桩机和桩中心轴线应尽量保持在同一直线上。

4.1.2 灌注桩施工

灌注桩是通过各种钻进工艺，在施工现场的桩位上就地成孔，然后在孔内灌注桩体材料形成。灌注桩与预制桩相比，避免了锤击应力，无须接桩及截桩。灌注桩的特点是：适用性强，无须接桩，桩长、桩径不受限制，但工艺复杂。

根据灌注材料不同有素混凝土、CFG、钢筋混凝土等灌注桩；灌注桩可应用于桩基础、边坡支护和深基坑围护。

4.1.2.1 机具设备

1. 钻头和钻杆

地层中成孔需要用到钻杆和钻头两个关键机具，钻杆传递压力和扭矩，为钻头破土碎岩提供动力。灌注桩钻机常用的几种钻头如图 4.1.2-1 所示。

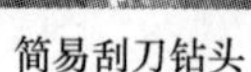

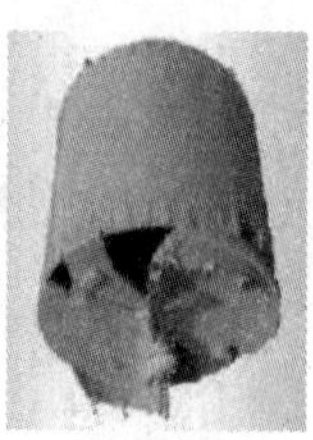

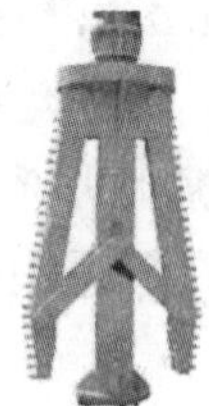

简易刮刀钻头　套筒钻头　冲抓钻头　旋挖钻头　螺旋钻头　夯击钻头　扩底钻头

图 4.1.2-1　灌注桩成孔常见钻头

钻杆是传递钻机动力的杆状构件工具，一般为钢管制品。此外，有的钻杆兼有护壁功能，或者下放混凝土功能。钻杆的类型与钻机直接相关。土木工程岩土行业常用钻机也称为工程钻机，但也可应用矿用钻机、水文地质钻机等。

2. 钻机与钻架

钻机提供钻进动力和钻杆导向，由钻架、动力装置和辅助设备组成。按施工工艺，钻机可分为回转类、冲击类和旋挖类三大类。有的钻机是和钻架一体的，有的还需要另外安装用于悬吊的独立的钻架，这些钻架有门形、三脚架和塔架等类型，如图 4.1.2-2 所示。

按动力源及其原理，钻机分为转盘钻机、动力头钻机、潜孔钻机、冲击钻机。按动力来源分为电动和液压、风动等类型。动力头钻机按数量可分为双动力头和单动力头，按动力头位置可分为顶驱动、底驱动和抱驱动。按主体功能，服务于套管施工的有搓管钻机、回转套管钻机、振动套管钻机，服务于挖土的抓头钻机、旋挖钻机、回转钻进钻机等。

4.1.2.2 成孔

灌注桩施工首先是造孔，需要根据钻孔孔径、深度、穿越的地层条件选择成孔方案。灌注桩施工的钻孔直径范围一般为 300～2000mm，深度一般在 100m 左右。成孔工艺及适用条件参见表 4.1.2-1。

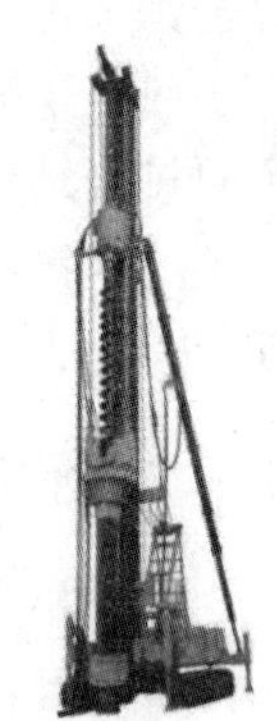

三脚钻架　门形钻架　塔形钻架　旋挖钻机　套钻挖一体机

图 4.1.2-2　常见工程钻机与钻架

灌注桩成孔工艺及其适用水文地质条件 **表 4.1.2-1**

序号	分类	工法名称	适应条件
1	干作业	螺旋钻孔	无水条件下的砂土、黏土、回填土，10～30m
		旋挖钻孔	砂土、黏土、回填土，深度 50～70m
		机动洛阳铲成孔	浅孔、无水条件下的砂土、黏土，2～5m
		人工挖孔	无水和排水（无流砂）的各种土层条件
		爆扩	无水条件下的各种地层
2	泥浆护壁正反循环	潜水钻成孔	表土地层
		冲击、冲抓成孔	各种土层、软岩和风化岩
		回转钻进成孔	
		旋挖钻孔	
3	套（护）管	振动沉管	非大卵石的表土各种地层
		冲击沉管	
		静压沉管	
		人工挖孔	排水无流砂

1. 干作业成孔

干作业成孔，是指钻孔孔壁的土质坚固密实，无流砂地层和形成条件，钻进时钻孔孔壁能自立自稳。干成孔的特点是：工艺简单，施工成本低。在有地下水且有流砂风险时，应采取降低地下水位的方法，确保无流砂或坍孔风险。

干作业钻孔机械主要有螺旋钻机和旋挖钻机，即需要按钻孔直径选定钻机型号。螺旋钻机设备笨重，钻进深度和效率有限，而旋挖钻机设备灵活，钻孔能力较大，适应性好。

干成孔的优势：除了工艺简单、施工成本低外，还能避免湿式作业成孔时遭遇黏性膨胀地层的缩径、粘连钻头等影响钻进效率问题。

干成孔的缺点：地层钻进阻力提升，出现倒渣困难，加剧钻齿损耗及钻杆振动。

2. 泥浆护壁成孔

泥浆护壁成孔也称为湿作业成孔，是指借助泥浆循环实现成孔。泥浆的关键作用是护壁和排渣，能确保钻孔孔壁稳定，同时起到润滑和冷却钻头钻具的作用。

泥浆护壁一般服务于回转钻进工艺。工艺原理见图 4.1.2-3。按泥浆循环路径方向，分正循环钻进和反循环钻进成孔工艺，两种工艺所选钻机也不同。正循环钻进即新鲜泥浆通过钻杆流动到钻头，清洗钻头排渣，通过钻杆与钻孔壁间隙流出钻孔，回到泥浆池；反循环钻进的泥浆循环流向则正好相反。反循环钻进需要的钻杆直径比正循环的要大。泥浆循环动力可借助泥浆泵，或采用孔内泥浆加气的方式进行。

泥浆循环系统由泥浆池、沉淀池、泥浆输出管、泥浆回收管、制浆机、活动振动筛、除渣设备等组成，并应设有排水、排废浆等设施。

泥浆循环钻进的开孔部位通常需要设置护筒，用以保护开孔孔位，防止孔口坍方，确保钻机平稳。护筒一般用 4～8mm 厚的钢板卷制而成，其内径应大于钻头直径 150mm。护筒的顶部应开设溢浆口，并高出地面不小于 200mm。护筒用挖埋的方法埋置。挖埋时，护筒与坑壁之间用黏性土填实，护筒中心应与桩位中心重合，偏差不得大于 50mm，护筒

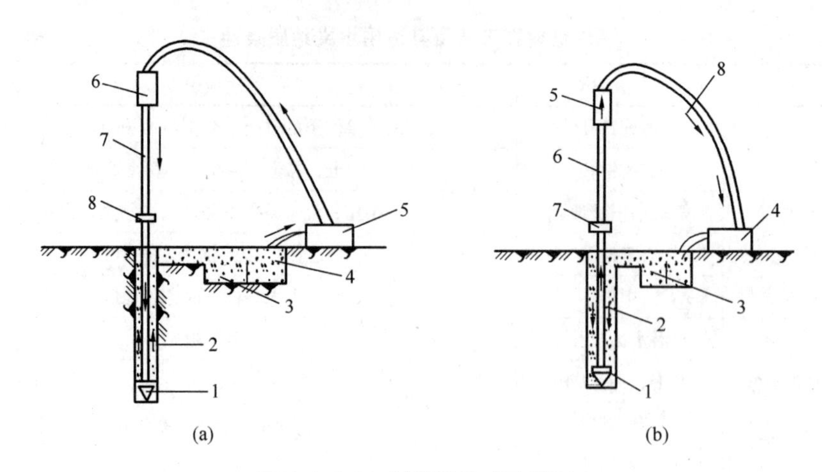

图 4.1.2-3 泥浆护壁成孔循环

(a) 正循环；(b) 反循环

1—钻头；2—泥浆；3—泥浆池；4—泥浆泵；5—水龙头；6—钻杆；7—驱动转盘

埋置深度在黏性土中不宜小于 1m，在砂土中不宜小于 1.5m。

3. 套管护壁成孔

套管成孔灌注桩是利用锤击法或振动打桩法，将带有桩靴的钢套管沉入土中，然后边灌注混凝土，边用卷扬机拔管或边振动边拔管成桩。

套管成孔灌注桩利用套管保护成孔，其工艺特点是：能适应较复杂地层，能用小径桩管打较大截面桩，提高桩的承载力；有套管护壁，可避免坍孔、瓶颈、断拉、移位、脱空等缺陷，质量可靠；能沉管能拔管，施工速度快，效率高，操作简便安全。套管护壁成孔工艺可采用螺旋钻机，也可采用旋挖钻机。

旋挖钻进采用静态泥浆护壁或依靠孔壁的自稳性，通过钻斗取土的钻孔工艺，因此分为干式成孔和湿式成孔两种。旋挖钻机钻孔取土时，依靠钻杆和钻头自重切入土层，斜向斗齿在钻斗回转时切下土块向斗内推进而完成钻孔取土；遇硬土，自重力不足以使斗齿切入土层时，可通过加压油缸对钻杆加压，强行将斗齿切入土中，完成钻孔取土。钻斗内装满土后，由起重机提升钻杆及钻斗至地面，拉动钻斗上的开关即打开底门，钻斗内的土依靠自重作用自动排出。钻杆下放关好斗门，再回转到孔内进行下一斗的挖掘。

旋挖干作业成孔工艺流程和长螺旋成孔工艺过程类似，主要区别是旋挖钻进过程中需要反复提钻卸渣土，而长螺旋钻进过程不用。湿作业过程和回转钻进成孔灌注桩工艺类似。

4. 特殊成孔

除了上述几种外，灌注桩成孔方法还有特殊钻孔设备，如孔底扩径、多级扩径的桩孔，螺旋钻孔等。对于直径 1～2m 的成孔，人工挖孔桩还有一定的优势，地层适应性强，设备简单。

4.1.2.3 浇筑成桩

钢筋混凝土灌注桩，在钻孔内就地浇筑，孔内通常存在地下水和泥浆，需要进行专项的水下浇筑混凝土。

1. 钢筋笼制作

钢筋笼宜在平整的地面钢筋圈制台上制作。制作质量必须符合设计和有关规范要求，钢筋净距必须大于混凝土粗骨料粒径 3 倍以上。加劲箍设在主筋外侧，钢筋笼的内径应比导管接头处外径大 100mm 以上，钢筋保护层 50～80mm，外径应比钻孔设计直径小 140mm。

分段制作钢筋笼，以保证钢筋笼在吊装时不变形为原则。两段钢筋笼搭接符合相关规范要求，其接头应互相错开，35 倍钢筋直径区段范围内的接头数不得超过钢筋总数的一半。

在钢筋笼主筋外侧设置定位钢筋环、砂浆垫块，其间距竖向为 2m，横向圆周不得少于 4 处，并均匀布置。钢筋笼顶端应设置吊环。

钢筋笼可用起重机或钻机吊装，吊装时应防止钢筋笼变形，安装时要对准孔位，吊直扶稳，缓慢下沉，避免碰撞孔壁。钢筋笼下放到设计位置后立即固定，防止移动。

2. 水下混凝土浇筑

施工主要机具设备包括输送混凝土用的导管、导管进料用的漏斗、隔水胆与混凝土挡板、输送混凝土用的搅拌车等。

灌注混凝土的施工顺序：安设导管→使隔水栓与导管内水面紧贴→灌注首批混凝土→连续灌注直至桩顶，如图 4.1.2-4 所示。

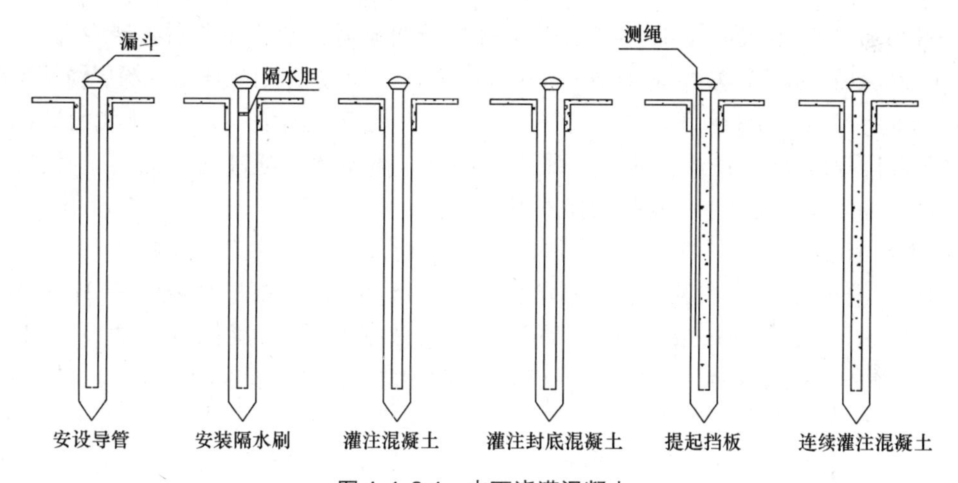

图 4.1.2-4 水下浇灌混凝土

3. 钢筋笼下放

钻孔达到深度后，传统上，先将钢筋笼下放到钻孔中，再在孔内浇筑混凝土；但后来又发展了一种先浇筑混凝土，在混凝土初凝之前，通过振动棒下沉钢筋笼的新工艺，这一工艺改进需有流态混凝土技术作保障。后下钢筋笼的优势是：

（1）成孔结束时，利用钻杆提升过程直接灌注混凝土，无须单独下放下料管，简化了工序；穿硬土层能力强，成孔成桩一机一次完成，操作简便，成桩速度快，施工效率高。

（2）桩尖无虚土，防止了断桩、缩径、坍孔等施工通病，施工质量容易得到保证。

（3）超流态混凝土流动性好，摩擦系数低，石子能在混凝土中悬浮而不下沉，不会产生离析，放入钢筋笼容易。

（4）适用性强，既能应用于无水条件下的各类土层施工，亦适用于有地下水的各类土层情况，即可在软土层、流砂层等不良地质条件下成桩，扩大了长螺旋桩的应用范围。

（5）不受地下水位影响，泥浆排污少，环境影响小，节水低耗，功效高。

混凝土灌注桩质量验收标准和技术、质量、安全措施详见二维码4.1.2。

二维码4.1.2

4. CFG桩

CFG桩即为水泥粉煤灰碎石桩的灌注桩，CFG是英文Cement Fly-ash Gravel的缩写，由碎石、石屑、砂、粉煤灰掺水泥加水拌合，用各种成桩机械制成的可变强度桩。

通过调整水泥掺量及配比，其强度等级在C5～C25之间变化，是介于刚性桩与柔性桩之间的一种桩型。CFG桩是在碎石桩、套管灌注桩、长螺旋钻孔灌注桩等的技术和工艺基础上发展起来的复合桩基技术。桩和桩间土一起通过褥垫层形成复合地基。

CFG桩一般不用配筋，若利用工业废料粉煤灰和石屑作掺合料，能变废为宝综合利用，且进一步降低了工程造价。CFG桩对独立基础、条形基础、筏形基础都适用，适用范围很广，在砂土、粉土、黏土、淤泥质土、杂填土等地基均有大量成功的实例。

4.1.3 搅拌桩施工

成孔过程中对地层原位加入胶凝固化材料，就地搅拌形成的桩体，英文简称MIP（Mixed in place）。如水泥搅拌桩（Cement Mixing Pile）、旋喷桩（Jet Pile）、深层搅拌工法桩（Deep Mixing Method Pile）等，这搅拌工艺起始和发展于20世纪40—70年代的日本、美国、欧洲各国等西方国家，利用水泥、石灰等材料作为固化剂，通过机具或高压射流等，将软土和固化剂（浆液或粉体）强制搅拌，固化剂和土体之间产生一系列的物理-化学反应，使软土硬结固化致密，整体性、水稳定性、抗渗性和承载能力等性能大幅提高。

在施工方法上，按其使用加固材料的状态，可分为浆液搅拌法（湿法）和粉体搅拌法（干法）两种施工类型；根据破土原理，分机械搅拌和射流搅拌，如图4.1.3-1、图4.1.3-2所示。机械搅拌分为单轴、双轴、三轴和多轴搅拌，如图4.1.3-1、图4.1.3-3所示。高压射流搅拌成桩如图4.1.3-2、图4.1.3-4所示，分单管CCP工法（Chemical-Churning-Pile）、双管JSG工法（Jumbo-Jet-Special Grout Method）和三管CJG工法

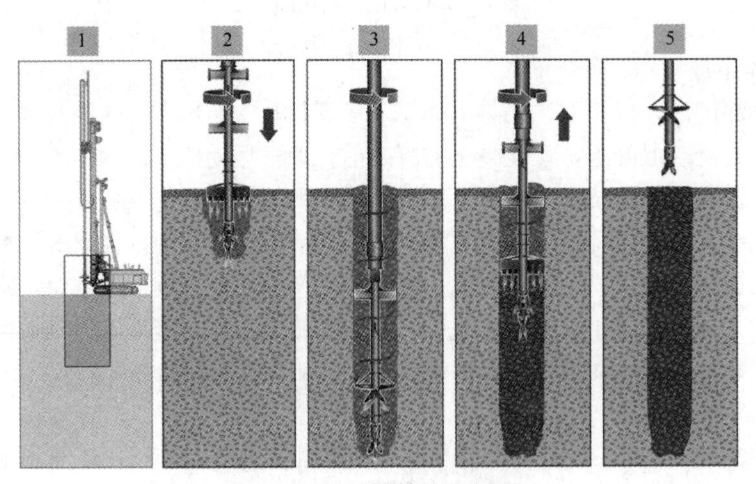

图4.1.3-1 搅拌桩示意图

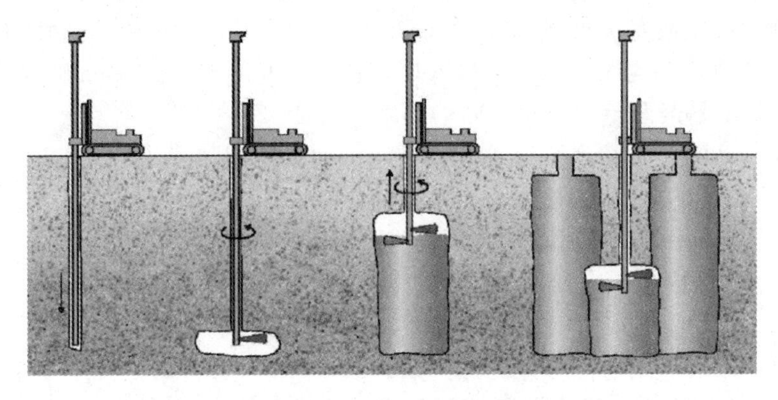

图 4.1.3-2 旋喷桩示意图

(Column Jet-Grout Method)、机械和射流混合搅拌 RAS-JET 工法等。

图 4.1.3-3 三轴搅拌桩钻机及施工

图 4.1.3-4 旋喷桩钻机及地基加固

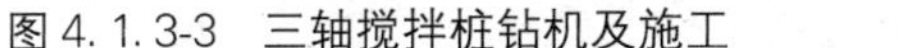

上述工法均基于对土体的搅拌，固化材料分为固化剂和外加剂。固化剂可选用水泥或火山灰掺料等，外加剂如速凝剂、早强剂和减水剂等。搅拌桩中水泥加固土包含如下三种反应过程：

(1) 水泥的水解和水化反应；

(2) 黏土颗粒与水泥水化物的作用，包括离子交换的团粒作用、凝固和硬化反应作用；

(3) 水泥土的碳酸化作用。

上述反应新生成的化合物最终形成不同的水泥土，其结构较原状土致密，水泥与土颗粒相互联结，形成纤维状结晶的空间网状结构，具有足够的强度和水稳定。具体是：

(1) 重度比软土大 0.7%～2.3%；相对密度约比原状土增大 4%。

(2) 含水率：随水泥掺合量的增大而降低，降低值为 15%～18%。

(3) 渗透系数：随水泥掺合量的增大而降低，为 10^{-9}～10^{-8}cm/s。

(4) 无侧限抗压强度 q_u 达到 0.5～4.0MPa。抗拉强度：当 $q_u = 1 \sim 2$MPa 时，抗拉强度 $\sigma_t = 0.1 \sim 0.2q_u$；当 $q_u = 2 \sim 4$MPa 时，抗拉强度 $\sigma_t = 0.08 \sim 0.5q_u$。抗剪强度：$\tau_f = 0.33 \sim 0.5q_u$，黏聚力 $c=0.2 \sim 0.3q_u$，内摩擦角 $\varphi=20° \sim 30°$。

(5) 养护 50d 的变形模量 E_{50}：淤泥质土，$E_{50}=120 \sim 150q_u$；含砂率在 10%～15%的黏性土，$E_{50}=400 \sim 600q_u$；泊松比 $\mu = 0.3 \sim 0.45$；压缩系数 $a_{1\text{-}4}=(2 \sim 3.5) \times 10^{-5}$ kPa^{-1}，压缩模量 $E_0=60 \sim 100MPa^{-1}$。

4.2 墙基工程施工

构筑地下墙体构件是一现代地下工程技术，从各种桩墙到板墙，地下施工装备日新月异。

4.2.1 墙基分类

地下连续墙，简称地连墙，起初就是指地下槽挖后浇筑的钢筋混凝土墙，用于地下深基坑围护结构，但为了适应地下施工的不同目的，地下墙的概念、结构形式和施工工艺有了更加丰富的发展。按目的或作用可分为防渗墙、截水墙、基坑围护墙、基础承重墙；按施工工艺原理，可将地下墙分为现浇墙、预制墙、SMW 墙、沉井或沉箱等；按材料可分为 RC 连续墙（Reinforcement Concrete 钢筋混凝土连续墙）、钢板桩墙、素混凝土桩墙、SMW 墙（Soil Mixed Wall）等；当然，还可以按厚薄分，按深度分等。

本节重点讲述地下连续墙，各种排桩、钢板桩构筑的板桩墙及其他地下特殊墙体的施工。

4.2.2 RC 地连墙

RC 地连墙就是钢筋混凝土地下连续墙，主要通过现代各种槽挖机械，采用泥浆护壁、循环排渣的方式挖掘地下槽壁，下放钢筋笼或排架，在水下浇灌混凝土，形成地下连续墙体的施工技术。地下连续的钢筋混凝土墙壁可作为截水、防渗、承重、挡水结构。

4.2.2.1 施工流程

地下连续墙的施工主要包括以下几个工序：导墙施工、钢筋笼制作、泥浆制作、成槽、钢筋笼吊放和导管浇筑混凝土。其工艺流程如图 4.2.2-1 所示。

1. 槽段划分

施工前，预先沿墙体长度方向把地下连续墙划分为许多某种长度的施工单元，这种施工单元称为单元槽段，每一单元也称一幅，根据不同位置形状，可分为平幅、转角幅、T 形幅、Z 形幅等。地下连续墙的挖槽是按一个个的单元槽段进行挖掘的。将单元槽段的形状和长度标明在场地平面图上，它是地下连续墙施工组织设计中的一个重要内容。槽段长度通常 5～7m，有的特殊情况可以到达 10m 以上。单元槽段划分或长度确定时应考虑下述各因素：

(1) 工程设计概况、工程量大小、工期、连续墙的深度和宽度。

(2) 工程地质和环境条件，特别应考虑地层自稳情况。当地层稳定性较差时，若槽段过长，那么单位槽段施工时间拉长，将会影响到槽壁的稳定安全。

(3) 根据施工装备能力和施工计划协调。槽段的划分还与钢筋笼的起重能力和地面泥

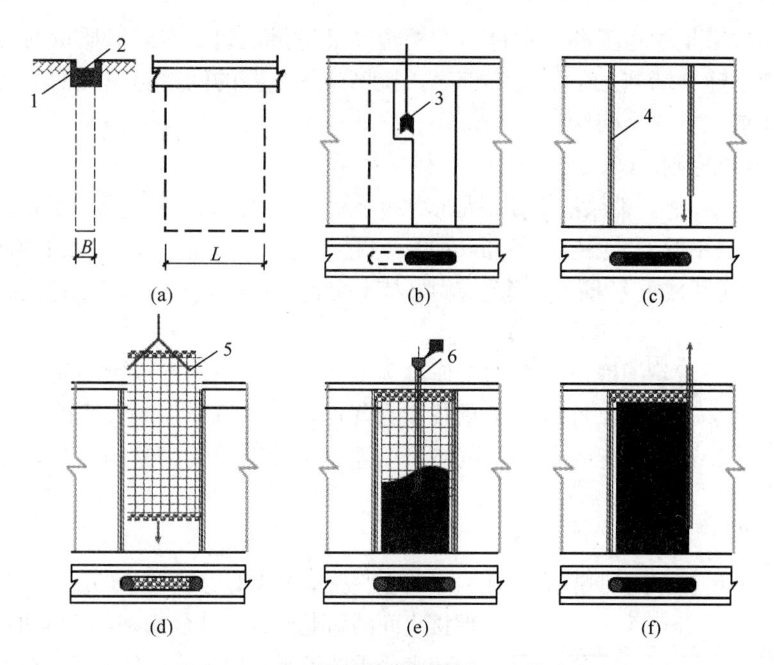

图 4.2.2-1 地下连续墙的施工工艺流程

1—导墙；2—泥浆液面；3—挖槽机具；4—接头管；5—钢筋笼；6—导管

浆存储能力有关。

(4) 槽段的划分还需要考虑整个基础连续墙的整体性，避免拐角和转接角的位置。

2. 导墙施工

第一步导墙施工，它的作用有：①用作浅部地层保护和挡土墙；②测量基准；③作为重物的支承；④存蓄泥浆；⑤单元槽段位置划分。

现浇钢筋混凝土导墙的施工顺序为：平整场地→测量定位→挖掘及处理弃土→绑扎钢筋→支模板→浇筑混凝土→拆模并设置横撑→导墙外侧回填土。

3. 钢筋笼制作

钢筋笼的制作是地下连续墙施工的一个重要环节，地连墙的钢筋笼不同于钻孔钢筋笼，是一个深长、幅宽、窄扁的板型钢筋框架构件，由于钢筋直径小、柔度大，整体稳定性极差，极其容易变形和失稳，槽段内下放控制的难度极大。单元槽段的钢筋笼应装配成一个整体，要预先确定浇筑混凝土用导管的位置和下放速度，应根据地下连续墙体配筋图和单元槽段的划分来制作。钢筋笼制作的质量和进度是两个关键问题。

4. 泥浆制作与处理

泥浆是地下连续墙施工中槽壁控制土层稳定的关键技术之一。地连墙深槽是在泥浆护壁下进行挖掘的，泥浆在成槽过程中有护壁、携渣、冷却和润滑作用。

制备泥浆是在挖槽前利用专用设备制备好泥浆，挖槽时输入沟槽。膨润土泥浆是制备泥浆中最常用的一种，它的主要成分是膨润土和水，另外，还要适当地加入外加剂。常用的外加剂有分散剂（碱类、木质素磺酸盐类、复合磷酸盐类和腐殖酸类四类）、增黏剂（一般常用羧甲基纤维素 CMC）、加重剂、防漏剂。

5. 成槽

挖槽的主要工作即挖槽机的运行工作。挖槽工时约占地下连续墙施工工期的一半，因此提高挖槽的效率是缩短工期的关键。挖槽精度又是保证地下连续墙质量的关键之一。因此，挖槽是地下连续墙施工中的关键工序。挖槽施工主要的问题是单元槽段划分和挖槽机械选择。具体有以下几个问题。

1）泥浆液面控制

成槽的施工工序中，泥浆液面控制是非常重要的一环。只有保证泥浆液面的高度高于地下水位的高度，并且不低于导墙以下500mm时，才能够保证槽壁不坍方。泥浆液面控制是全过程的，一时疏忽可造成重大事故，因此应做好技术交底，确保全程泥浆液面稳定。

2）清底

在挖槽结束后清除槽底沉淀物的工作称为清底，清底是地下连续墙施工中的一项重要工作。沉渣过多会造成地下连续墙的承载能力降低，墙体沉降加大，影响墙体底部的载水防渗能力，产生管涌的隐患；此外，沉渣过多还有可能造成钢筋笼的上浮，影响钢筋笼沉放不到位等。

3）刷壁

已施工的地下连续墙的侧面往往附着了许多泥土，刷壁是必不可少的工作，这项工作能确保接头面的新老混凝土结合紧密，否则可能造成两墙之间产生严重的渗漏，地下连续墙的整体性也下降。一般来说，刷壁刷到铁刷上没有泥才能停止，大概需20次。

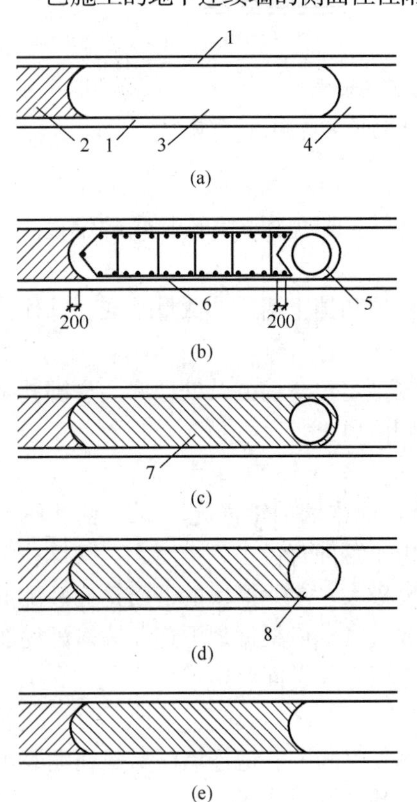

图4.2.2-2 接头管技术

（a）开挖槽段；（b）下放钢筋笼和接头管；（c）浇筑混凝土；（d）拔接头管；（e）下一段槽挖形成接头

1—导墙；2—已完成槽段；3—开挖槽段；4—未开挖槽段；5—接头管；6—钢筋笼；7—浇筑混凝土；8—接头管拔出后的孔

6. 钢筋笼起吊和下放

钢筋笼的起吊、运输和吊放应制订周密的施工方案，主要解决好两个问题：一是吊放过程中不能使钢筋笼产生不可恢复的永久变形；二是插入过程中不要造成槽壁坍塌。钢筋笼下放过程中出现问题是不可弥补的，因此一定要精心组织实施，确保起吊下放的绝对安全。

钢筋笼起吊应用横吊梁或吊梁，吊点布置和起吊方式要防止起吊时钢筋笼变形。起吊时应先将钢筋笼水平地直接吊离地面，然后通过主机和辅助起重机的协调操作进行平移，对准槽口。插入钢筋笼时，吊点中心必须对准槽段中心，缓慢垂直落入槽内，此时须注意不要让起重臂摆动，防止钢筋笼产生横向摆动造成坍塌。钢筋笼插入槽内后，应检查其顶端高度是否符合设计要求，然后将主筋用弯钩固定在导墙上。

7. 接头技术

由于地下连续墙是按槽单元施工的，导致每幅单元之间的施工缝和连接钢筋的间断，不仅影响到整体强度，而且也是地下水渗流的薄弱环节，因此接头处理是关键技术之一。通常有圆形接头管（图4.2.2-2）、隔板式、预制结构和接头箱等四种技术。

8. 水下浇筑混凝土

水下浇筑混凝土工艺详见二维码 4.2.2。

二维码4.2.2

4.2.2.2　装备及工艺

由于地基的工程地质和水文地质条件、建筑物的功能、施工机械的技术性能不同，地下连续墙的施工工法和所用机械设备也是各不相同的，新技术、新设备、新工艺不断出现。到目前为止，地下连续墙的施工工法已有不下几十种。

1. 冲击钻进工艺

世界上最早出现的地下墙都是用冲击钻进工法建成的，从不连续的孔桩墙，到连续的槽壁墙。冲击钻进工艺具有设备简单、各种地层适应性强的特点，当今尽管在地下连续墙施工中已不占主导地位，但是如果它与现代施工技术和设备相结合，仍然有不可忽视的优点（图 4.2.2-3）。

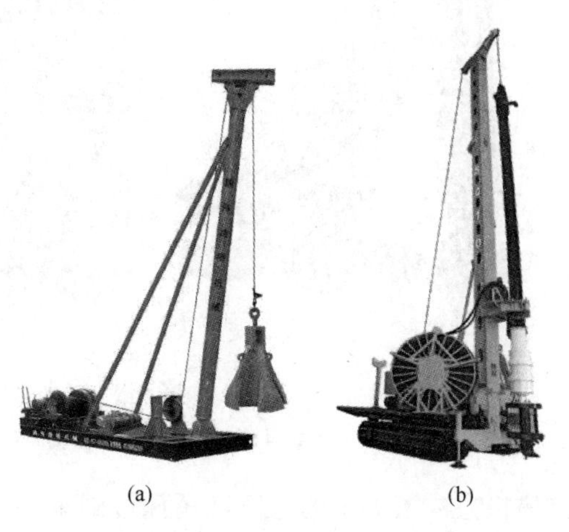

(a)　(b)

图 4.2.2-3　冲击成槽设备

(a) 落锤成槽钻机；(b) 潜孔锤钻机

典型的冲击成槽工法有意大利的 ICOS 冲击钻进工法，中国的钻劈法和钻吸法、集束潜孔锤冲击开槽。

2. 抓斗挖槽工艺

利用抓斗挖槽。按抓斗的机械结构特点分为钢丝绳抓斗、液压导板抓斗、导杆式抓斗和混合式抓斗。它们的共同特点是，抓斗既是挖槽成孔的设备，又是出渣的设备。泥浆在槽孔中不循环，作用只是固壁，泥浆的用量要少得多。抓斗式挖槽机是地下连续墙工法形成后发展的一种先进设备，工作效率较高。适用范围比较广泛，除大块的漂卵石、基岩外，一般的表土层均可。先进的液压导板抓斗机，成槽质量高，速度快，在砂卵石地基开挖深达 150m，厚达 3m。

3. 垂直多头回转钻成孔工艺

垂直多头回转钻，利用多个潜水电机，通过传动装置带动几个钻头旋转，切削土层，用泵吸反循环的方式排渣。多头钻施工时无振动、无噪声，可连续进行挖槽和排渣，施工效率高。它不需要反复提钻，因此施工质量较好，而且开挖深度较大。日本的 BW 型多头钻已能挖深 130m，墙厚达 1.5m。但这种钻机只能掘削不太坚硬的细颗粒地层，因而使用受到限制。一次下钻挖成的槽段称为掘削段，几个掘削段构成一个单元槽段。单元槽段内掘削段的组合形式根据地质与现场情况或有关设计方案而不同。

4. 双轮铣槽钻进工艺

水平多轴回转钻机，实际上只有两个轴（轮），所以也称为双轮铣槽机。根据动力来源的不同分为电动和液压两种机型。

双轮铣槽机的特点是：对地层适应性强，淤泥、砂、砾石、卵石、砂岩、石灰岩均可掘削，配用特制的滚轮铣刀还可钻进抗压强度为 200MPa 左右的坚硬岩石。利用电子测斜装置和导向调节系统、可调角度的鼓轮旋铣器来保证挖槽精度，精度可高达 1‰～2‰。由于铣槽机的优越性能，它已广泛应用于地下连续墙的施工中（图 4.2.2-4）。日本利用

(a) (b) (c)

图 4.2.2-4 地下混凝土连续墙成槽设备

(a) 抓斗成槽机；(b) 多垂轴回转反循环成槽机；(c) 多横轴铣挖成槽机

铣槽机完成了大量的超高和超深基础工程，最深已达 150m，厚度达 2.8～3.2m，试验开挖深度已达 170m。

4.2.3 板桩排墙

板桩排墙，是通过一个个单桩或板桩施工，借助腰梁和冠梁，构建连续或不连续的地下墙体结构的施工技术和工法，常用于深基坑围护或地层稳定的地下结构，也可作为建筑深基础部分。按桩材料和施工工艺可分为钢筋混凝土桩墙、搅拌桩墙和钢板桩墙等；按桩排数量可分为单排和双排桩墙；按桩之间的搭接方式可分为连续或非连续桩墙。

4.2.3.1 钢筋混凝土桩墙

钢筋混凝土桩一字排开，间隔或相切、相交，或两排和交联，形成多种形式和厚度的排桩墙体结构，如图 4.2.3-1 所示。本节重点要讲解咬合桩的施工技术，一种基于套管灌注桩技术发展而成的咬合桩墙技术。咬合桩的排列方式有两种，一种为一个素混凝土桩（A 桩）和一个钢筋混凝土桩（B 桩）间隔（图 4.2.3-2a）；另一种排列方式为一个钢筋笼为矩形的混凝土桩（A 桩）和一个钢筋笼为圆形的混凝土桩（B 桩）间隔布置（图 4.2.3-2b）。

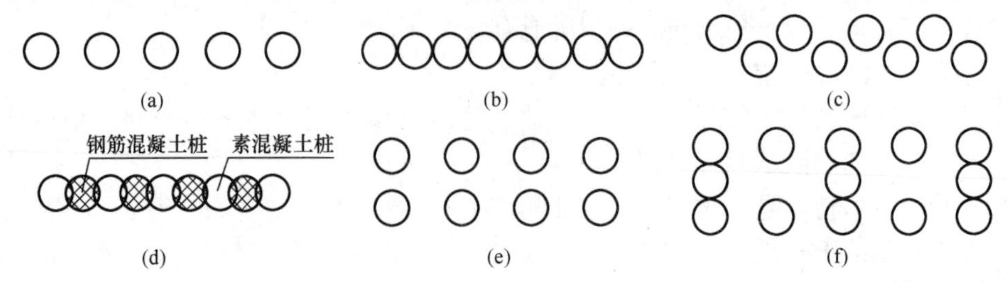

(a) (b) (c) (d) (e) (f)

图 4.2.3-1 排桩墙结构

(a) 间隔式；(b) 相切式；(c) 交错式；(d) 咬合式；(e) 双排间隔；(f) 格栅式

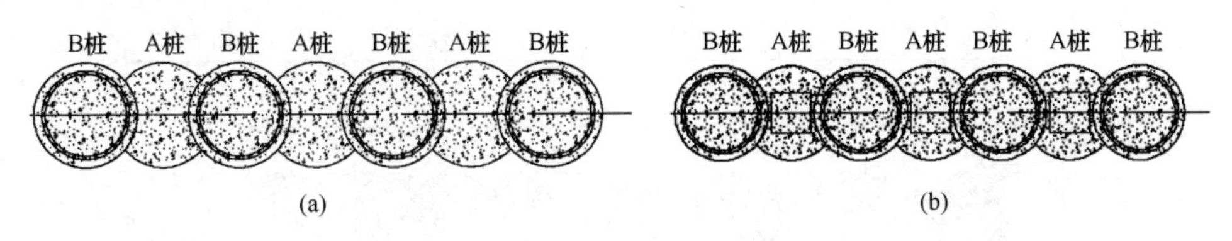

图 4.2.3-2 钢筋混凝土咬合桩

(a) 间隔配筋咬合桩；(b) 方圆配筋间隔咬合桩

根据设计的桩径和桩长、水文地质条件等，咬合桩施工的机械装备有多种，工艺过程也有差异。例如，全套管钻孔咬合桩施工方法，先设置导墙，采用超前钢套管护壁，抓斗或旋挖钻机挖孔，到达设计标高后，采用导管法灌注混凝土，钢套管随混凝土灌注逐段上拔，直至成桩。全程超前钢套管护壁，近于干法，成孔质量高，无泥浆，无坍孔，无冲击，无振动，噪声小，安全性好，混凝土强度高，且能有效地防止咬合桩灌注混凝土时出现管涌。

套管钻进工艺可采用搓管机＋（抓斗、旋挖）；全套管回转钻机＋（抓斗、旋挖）、全套管旋挖钻机、全套管多功能钻机等设备和工艺组合。旋挖钻机施工常见问题及处理措施详见二维码 4.2.3。

二维码4.2.3

4.2.3.2 搅拌桩墙

深层搅拌技术应用于地下墙可分为两类，一类是桩基和复合地基；另一类是基坑围护墙体。按工法原理和装备，分为 SMW 工法和 TRD 工法，前者是 Soil Mixing Wall 的缩写，其布置和结构形式如图 4.2.3-3 所示，后者是 Trench cutting Re-mixing Deep wall 的缩写。

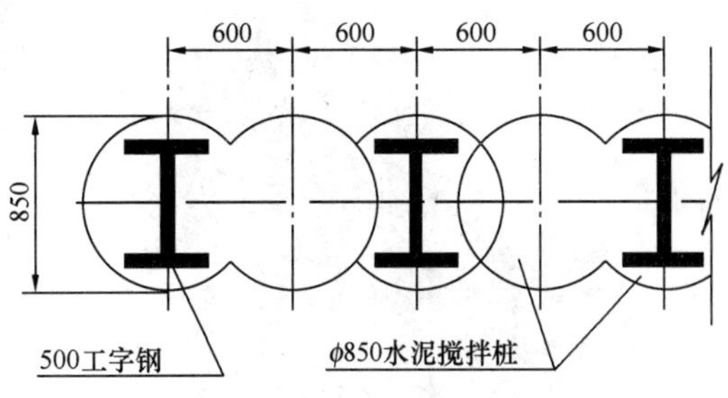

图 4.2.3-3 SMW 墙结构图

1. SMW 工法

SMW 工法 1976 年在日本问世，亦称水泥土搅拌桩墙，即在搅拌桩基础上发展起来的桩墙施工技术。通过在搅拌桩墙内插入 H 型钢、钢管或拉森式钢板桩等，将承受荷载与防渗挡水结合起来，形成具有一定强度和刚度、连续完整、无接缝的地下连续墙体，该类墙体既可单独施工，也可与混凝土排桩联合施工，作为地下开挖基坑的挡土和止水结构。其主要特点是构造简单，止水性能好，工期短，造价低，环境污染小，适用于淤泥质土、黏性土、粉砂土等软土地层，搅拌深度不超过 32m 的水泥土搅拌桩，且基坑周边无重要建筑物、构造物，对围护结构变形要求不很高的基坑围护。特别适合城市中的深基坑工程。

SMW 工法桩工艺流程：施工放样→开挖导槽→设置导向定位型钢→桩机就位→制备水泥浆液→喷浆、喷气搅拌下沉至桩底标高→喷浆、喷气搅拌提升至桩顶标高→H 型钢垂直起吊、定位（H 型钢涂减摩剂）→校核 H 型钢垂直度→插入 H 型钢→固定 H 型钢。

为了保证墙体的连续性和接头的施工质量，保证桩与桩之间充分搭接，以达到止水作用，SMW 工法施工采用跳槽式双孔全套复搅式连接形式，施工顺序如图 4.2.3-4 所示，图中阴影部分为重复套钻部分。

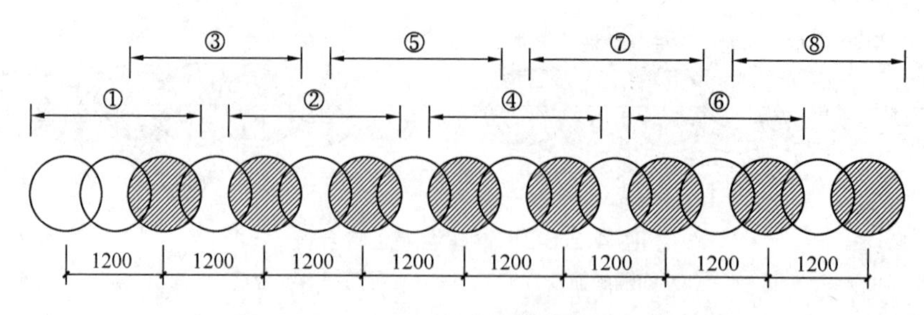

图 4.2.3-4 SMW 工法的搅拌桩施工顺序

2. TRD 工法

TRD 工法也是日本于 20 世纪 90 年代初开发的工法和装备，适合于各类土层，包括复杂、困难的砂砾石层。其原理是利用链锯式刀具箱，竖直插入地层中作水平横向运动，同时由链条带动刀具作上下回转运动，搅拌混合原位土，并灌入水泥浆，经固化形成一定厚度的构筑墙体。主要特点是成墙连续、表面平整、厚度一致、墙体均匀性好。可应用在各类地下建筑工程、护岸工程、大坝、堤防的基础加固、防渗处理等方面（图 4.2.3-5、图 4.2.3-6）。

图 4.2.3-5 TRD 链锯式搅拌机

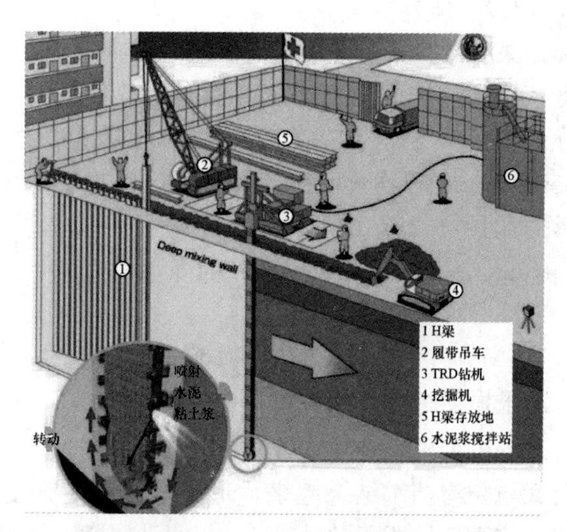

图 4.2.3-6 TRD 工法示意图

与 SMW 相比较，TRD 是一种更加精准连续施工水泥土的装备系统和工法。有三大施工步骤：①施工准备和导沟；②切割箱体插入既定深度；③纵向切割，横向移动成槽、成墙。

TRD 工法的优点和特点如下。

1）设备小，施工深度大

主机机高仅 8.7～12m，重心低，稳定性好。施工深度大，最大深度 80m，墙宽 550～1200mm，国内已有多个深度达 60～70m 的施工案例。

2）适应地层广

与传统工法比较，适应地层范围更广。可在砂、粉砂、黏土、砾石等一般土层及 N 值不超过 50 的硬质地层（鹅卵石、黏性淤泥、砂岩、石灰岩等）施工。

3）施工精度高，成墙质量好

与传统工法比较，水泥土墙上下搅拌均匀，等厚，无接缝，可连续施工，止水效果好，离散性小，厚度和深度精准，确保墙体高连续性和高止水性。可在任意间距插入H型钢等芯材，可节省施工材料，提高施工效率。

4）对周边土体影响较小

TRD工法在搅拌成墙、喷注水泥浆液过程中压力比SMW工法小，特别是基坑围护紧邻保护建筑物或者管线、地铁时，对于周边土体影响较小。

4.2.3.3 钢板桩墙

钢板桩墙是以预制系列钢板打桩施工技术，构筑地下薄壁型墙体结构的工法，应用也非常广泛。

世界各国钢板桩的横截面类型是多种多样的，我国主要生产的截面类型有：直线形、U形和Z形钢板桩等（图4.2.3-7）。其中，以U形钢板桩（又称为拉森钢板桩），使用最

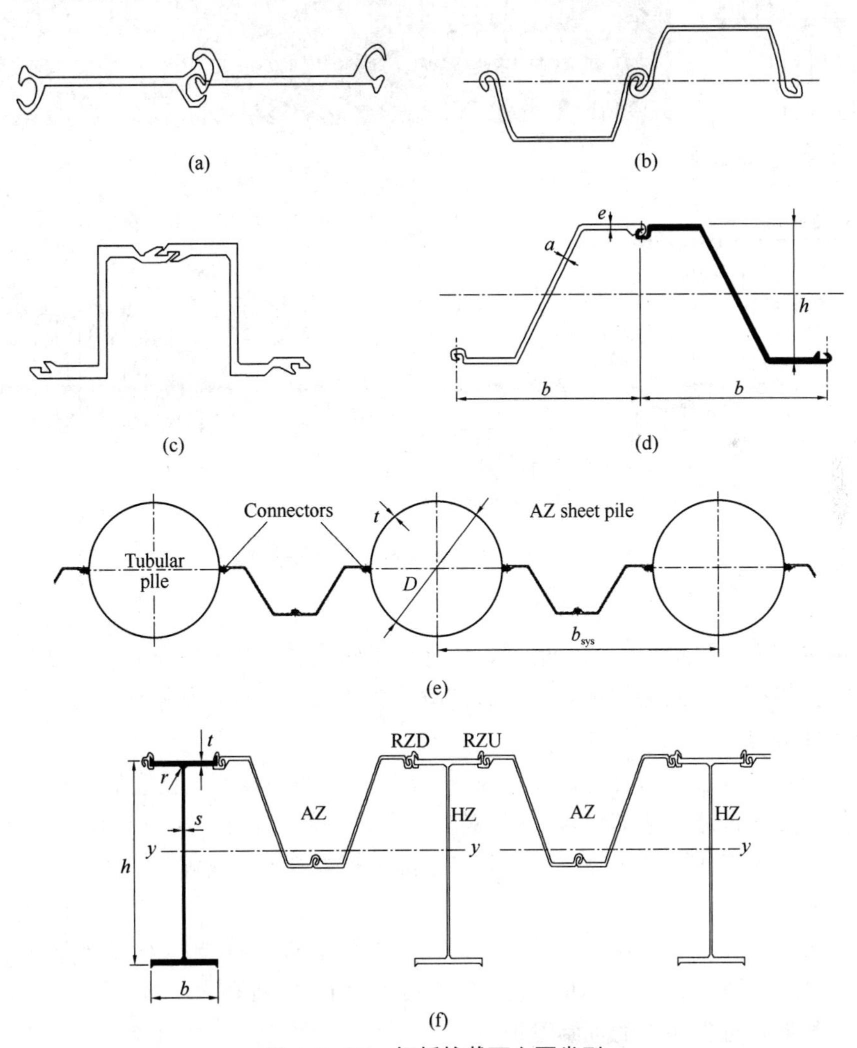

图4.2.3-7 钢板桩截面主要类型

（a）直线形钢板桩；（b）U形钢板桩；（c）Z形钢板桩；

（d）阿塞洛Z形钢板桩；（e）钢管组合型；（f）工字钢组合型

广。钢板桩有施工方便、快速、可重复使用等技术优点，广泛应用于基坑围护结构中。可用于4～5m深、无支撑的基坑，对于有支撑的基坑深度可达到8m以上。钢板桩的类型和连接方式也在不断发展中。

钢板桩一般采用履带式打桩机，例如KH100、IPD90，通常有以下三种打桩方法。

1. 钢板桩的打入

打钢板桩可采用冲击打入、振动打入、静力压入等方式。冲击打入采用的桩锤包括柴油锤、蒸汽锤、落锤和振动锤。在人口密集的城市中，为避免产生噪声和对其周围建筑的振动损害，往往采用低噪声、低振动的方法，如液压锤和静压法。

钢板桩打入方法分为单桩打入法和复式打入法，复式打入法又称屏风式打入法（图4.2.3-8）。

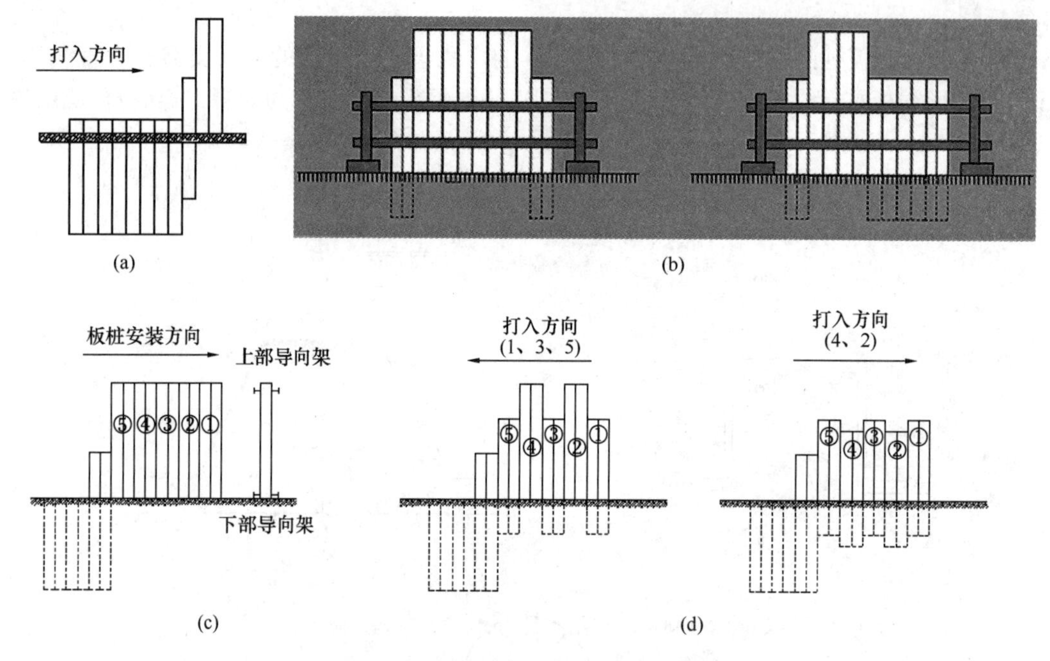

图4.2.3-8 钢板桩墙施工方法示意图

（a）单打法；（b）（复打法）屏风打法；（c）顺序打法；（d）跳打法

（1）单桩打入法是指将1或2根桩，插打至正确位置，然后打至最终深度，如此重复直至最后一根桩打完。此法的优点是所需桩锤的功率较小，缺点是钢板桩可能容易发生倾斜、扭转或曲折。

（2）屏风式打入法是指首先将20～30根桩打入足够的深度，使它们不需要导向架也能立稳，然后先在桩墙的两端打入1～2根桩，再将中间的桩也打入相同深度。重复以上操作，将整个打桩工作分几次完成，最后将全部钢板桩打至最终深度。每次打桩的入土深度应限在2～3m内。

（3）对于难以打桩的土壤，可采用“跳打”方法。即在导架间安装钢板桩，先打1、3、5号桩，然后打2、4号桩。如果是非常密实的砂土、砂砾或岩石，可对1、3、5号桩的桩尖进行加强，桩尖加强的桩始终先施工。

2. 钢板桩围堰

构建在江河湖海中的帷幕墙被称为钢板桩围堰，应符合实际施工需要，一般有矩形、多边形及圆形，分单层围堰与双层围堰。

当钢板桩围堰内土方开挖或排水深度较大时，应随着土方开挖或排水深度的增加逐层安装围囹和支撑。围囹多采用工字钢、槽钢或H型钢，支撑多采用钢管。

矩形或多边形围堰尺寸较小或排土排水深度较小的情况下可只安装围囹和角撑，但在围堰尺寸较大或排水排土深度较大的情况下应严格按结构受力要求安装围囹、角撑和中部支撑。

3. 钢板桩辅助措施

1）射水法

桩尖设置高压水喷头。高压水射流使土壤疏松，并带走松散的土石，使桩尖的阻力降低，并降低桩表面及锁扣处的摩擦力，从而易于沉桩，减少桩、设备的损坏。

2）预钻孔法

一般在组桩宽度的中心钻直径约为30mm的孔，或者用麻花钻疏松土壤，也很有效。这样可降低土层阻力。

4.2.4 沉井与沉箱

沉井法又称沉箱法（shaft or caisson sinking method）。沿着设计的基础周边，通过在顶部施加垂直作用力，将地面预制的筒体或箱体穿越松软不稳定地层，沉入地下到设计深度位置的地下基础施工方法。

4.2.4.1 构造与分类

通常将这种地面预制构件的四周有壁、下部无底、上部无盖、侧壁下部有刃脚的筒形结构物的下沉工程称为沉井，把封闭的构件下沉施工称为沉箱，或者压气沉箱，如图4.2.4-1所示。沉箱和沉井工法广泛应用于江河湖海地基基础的施工中。

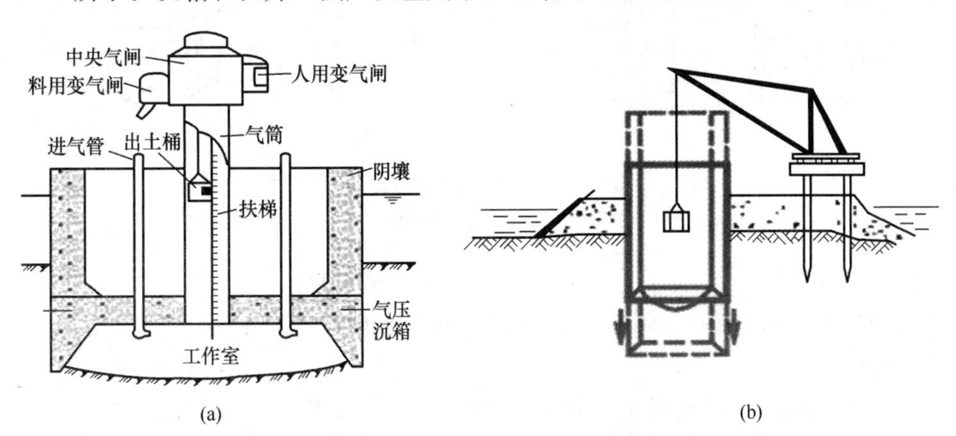

图4.2.4-1 沉箱法与沉井法施工

（a）沉箱；（b）沉井

沉井构筑物的一般构造主要由井壁、刃脚、隔墙、井孔、凹槽、射水管、封底和盖板等组成，如图4.2.4-2所示。对于浮运压气沉箱，还包括钢气筒等部件。

（1）井壁：沉井的外壁，是沉井的主要部分。它应有足够的强度，以便承受沉井下沉过程中及使用时的荷载；同时还要求有足够的重量，使沉井在自重作用下能顺利下沉。

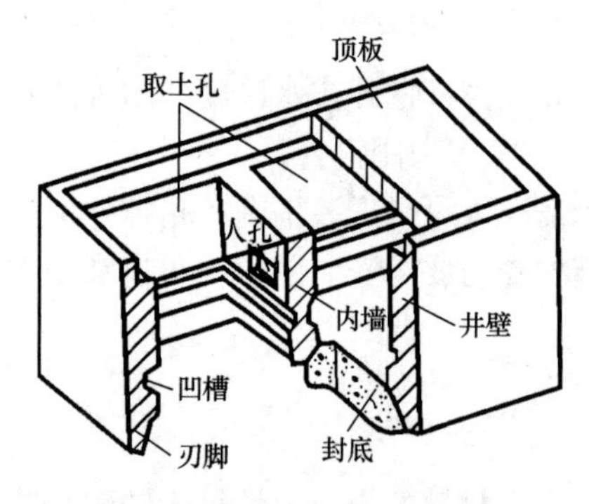

图 4.2.4-2 沉井构筑物构造

(2) 刃脚：位于井壁的最下端，多做成有利于切入土中的形状。此外，还要求有一定的强度，以免挠曲或损坏。刃脚下部的水平面称为踏面，其宽度视土质的软硬和井壁重量、厚度而定。

(3) 隔墙：为了加强沉井的刚度，或由于使用需要设置隔墙。

(4) 凹槽：位于刃脚的上方，使混凝土底板能和井壁更好地连接。

(5) 封底：下沉到设计标高后，在沉井底面用素混凝土封底，作地下建筑物的基础，再在底部凹槽处，水下灌筑钢筋混凝土底板。

(6) 顶盖：作为地下建筑物，在修筑好满足内部使用要求的各种结构后，还要修筑顶盖。

按构筑物的材料，分为混凝土、钢筋混凝土和钢板混凝土沉井；按水陆施工地点，分为浮运和陆地沉井；按构筑平面形状，分为圆筒壁、矩形筒壁、异形筒壁沉井；按孔数，分为单孔、双孔、多孔沉井；按构筑物纵向截面形状，分为直壁柱型、外壁单阶型、外壁多阶型、内壁多阶型沉井等，详见图 4.2.4-3。

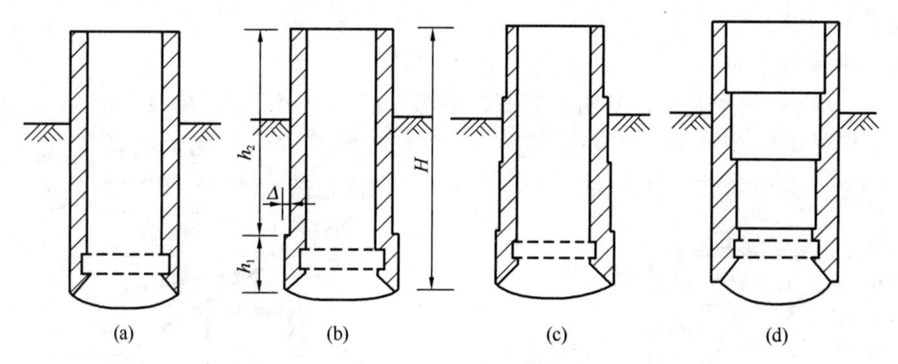

图 4.2.4-3 沉井、沉箱构筑物的平面结构

(a) 直壁柱型；(b) 外壁单阶型；(c) 外壁多阶型；(d) 内壁多阶型

4.2.4.2 工艺类型

沉井施工类型按地域一般可分为旱地施工、水中筑岛施工及浮运施工三大类。

1. 旱地施工

沉井可就地制造，通过挖土下沉、到底后封底、充填井孔以及浇筑顶板完成，如图 4.2.4-4所示。

2. 水中筑岛施工

当水深小于 3m，流速不大于 1.5m/s 时，可采用砂或砾石在水中筑岛，如图 4.2.4-5 (a) 所示，周围用草袋围护；若水深或流速加大，可采用围堤防护筑岛，如图 4.2-5 (b) 所示；当水深较大（通常<15m）或流速较大时，宜采用钢板桩围堰筑岛，如图 4.2.4-5 (c) 所示。

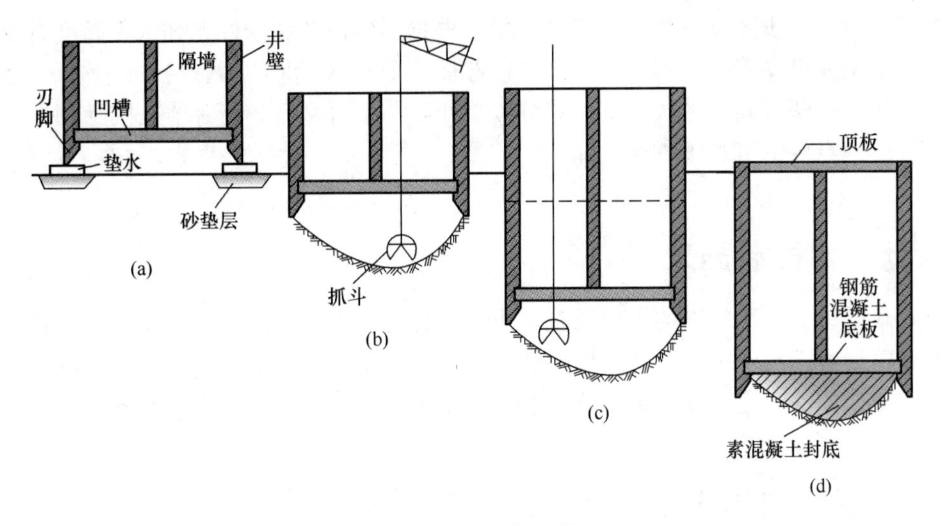

图 4.2.4-4 旱地沉井施工顺序示意图

（a）浇筑井壁；（b）挖土下沉；（c）接高井壁，继续挖土下沉；

（d）下沉到设计标高后，浇筑封底混凝土、底板和沉井顶板

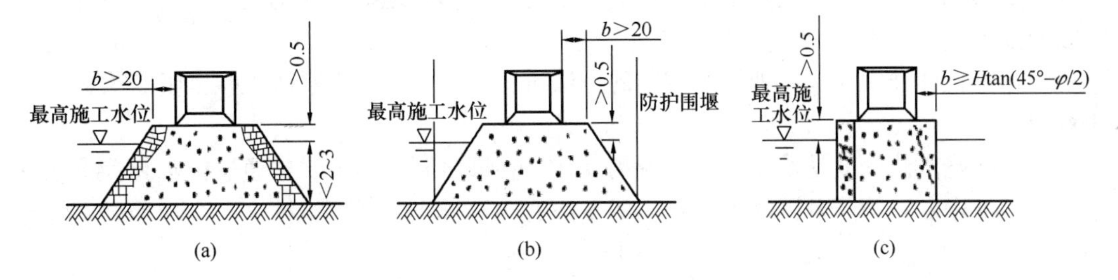

图 4.2.4-5 水中筑岛下沉沉井

（a）无围堰防护土岛；（b）有围堰防护土岛；（c）围堰筑岛

3. 浮沉施工

当水深超过 10m 时，可采用岸上预制、水中浮沉的方法进行施工。预制的箱体通过驳船拖运到预定位置，通过灌水下沉箱体，如图 4.2.4-6 所示，这种工法与沉管隧道工法原理一样。

图 4.2.4-6 浮沉法沉井施工现场照片

由此，可进一步区分一些工艺工序变化。根据不同情况和条件，如沉井高度、地基承载力、施工机械设备等，可采取的沉井工艺有：①一次制作（灌筑），一次下沉到底；②分段制作、不断接高，一次下沉；③分段制作，与下沉交替进行；④在陆上制作，浮运至水中沉放地点后下沉和接高。

4.3 地下水控制施工

地下水是地下工程施工的主要风险，当地层遭遇地下水渗入时，土体弱化，极易发生边坡滑塌，当开挖地下水位以下遭遇粉细砂层时，极易发生流砂涌入和坍方。因此，如何分析水文地质条件，应用各种物理或化学的施工方法和技术，对提高工程技术能力是非常重要的。

4.3.1 地下水控制原理

地下水在含水层中的流动称之为渗流，达西定律是描述地下水线性渗流的一个基本定律，此外还有非线性渗流，以及根据动量和质量守恒定律建立的地下水渗流偏微分方程，可通过解析和数值方法研究地下水渗流的数学模型，掌握地下水流动规律，研究各种地下水控制技术。

根据理论和技术原理，地下水控制的方法可分三大类：疏降水法、帷幕阻断法、压气平衡法。

（1）疏降水法：就是基于地下水流动规律，在即将开挖的地层中通过抽水装置将地下水排除，或限制在施工范围之外。相应的工法有明沟排水、集水坑抽水、泄水涵洞、管井抽水等。

（2）帷幕阻断法：即在含水地层中，采取物理、机械或化学的方法，在开挖工作面四周的地下水径流路径上设置不透水的挡墙帷幕，阻断地下水的流动，从而遏制工作面涌水。方法有注浆法、冻结法、板桩排墙法、地下连续墙法等。

图 4.3.1-1 展示了搅拌桩、旋喷桩、灌注桩等帷幕方法。地层冻结法也是一种帷幕方法，将在第 4.3.3 节阐述。

（3）压气平衡法：通过机械密封原理或者用压气平衡地层水压的方法来控制地下水流

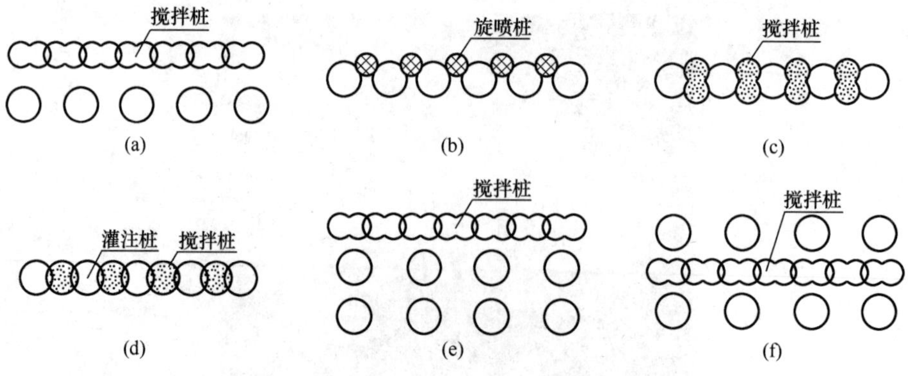

图 4.3.1-1 止水帷幕墙结构

（a）连续型；（b）分离式；（c）咬合型 1；（d）咬合型 2；（e）双排式滞水 1；（f）双排式滞水 2

进工作面，如压气顶管或盾构法隧道施工。第 4.6 节中将详细论述盾构法隧道施工工法，这里先从地层疏降水工法开始，介绍这种最常用的地下水的控制原理和方法。

4.3.2 疏降水法

疏降水法可分为明排、轻型井点、喷射井点和深井降水等方法。

4.3.2.1 常见方法

岩土疏降水方法可根据工程范围、水文地质情况、降水深度、周围环境、基坑支护结构等条件来进行选择，表 4.3.2-1 提供了几种工法及其适应条件，供参考。

地下水控制方法及适用条件 **表 4.3.2-1**

方法名称	土类	渗透系数（m/d）	降水深度（m）	水文地质特征
明排	填土、粉土、黏性土、砂土	7～20	<5	上层滞水或水量不大的潜水
轻型井点		0.1～20	单级<6，多级<20	
喷射井点			6～20	
深井	粉土、砂土、碎石、含水岩层	1～200	>10	含水丰富的潜水、承压水、裂隙水

1. 明排

明排就是利用明沟、明渠、集水井等进行地下施工排水。例如基坑，可在坑内四周或两侧设置排水明沟，每隔 30～40m 设置集水井，坑内渗水汇集于集水井内，然后用水泵将其排出基坑外，如图 4.3.2-1 所示。

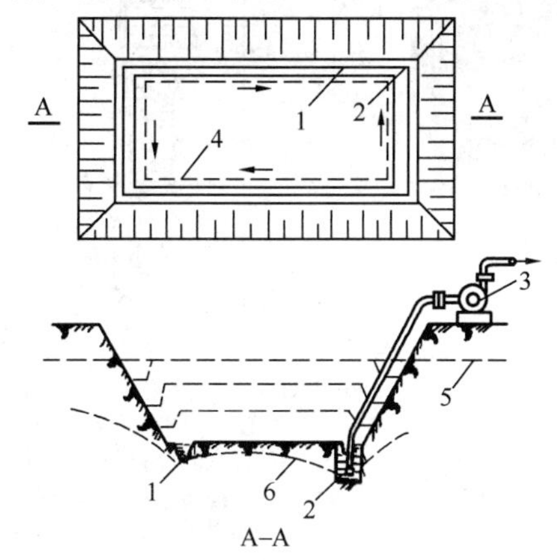

1—排水明沟；2—集水井；3—离心式水泵；4—设备基础或建筑物基础边线；5—原地下水位线；6—降低后地下水位线

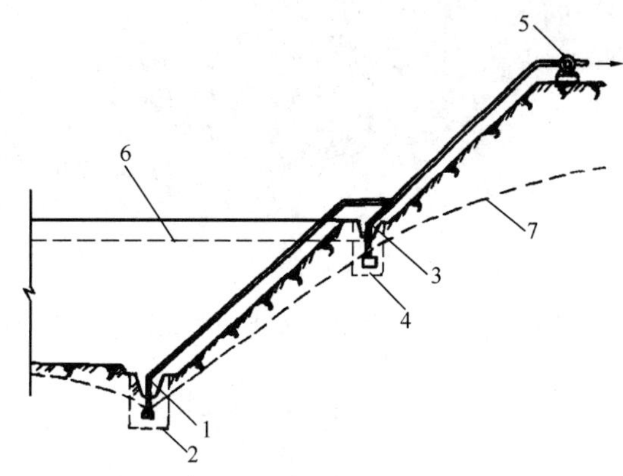

1—底层排水沟；2—底层集水井；3—二层排水沟；4—二层集水井；5—水泵；6—原地下水位线；7—降低后地下水位线

图 4.3.2-1 明沟、集水井排水方法

排水明沟的底面应比工作面挖土面低 0.3～0.4m 以上。集水井深度应比沟底面低 0.5m 以上，排水明沟宜布置在拟建建筑基础边 0.4m 以外，沟边缘离开边坡坡脚应不小于 0.3m。集水明排常用的水泵有潜水泵、离心泵和泥浆泵等。沟、井的截面应根据排水量确定，排水泵的总量 $Q_{排}$ 应不小于 1.5 倍的基坑涌水量 Q，即

$$Q_{排} \geqslant 1.5Q \tag{4.3.2-1}$$

2. 轻型井点

轻型井点法就是利用真空原理，抽吸井点管内的空气，进而驱使地下水连续地进入井点管，进而实现地下水位的不断降低。施工方法是首先在即将开挖区周边打设地下井点管；然后将井点管与地面管路密封连接，形成抽水管路系统；再然后开动真空泵，连续运行，在大气压力和地层压力作用下，地下含水层内的地下水就源源不断地通过井点管流出到地面总管路而被排除，使得地下水位不断降低，如图 4.3.2-2 所示。

井点管的内直径约 50mm，垂直布置在距离基坑边 1～1.5m 处，井点管下部是长 1.2m 左右的滤水器管节，如图 4.3.2-3 所示。轻型井点的地下水降深一般在 6m 左右，当地下水位较深时，可以通过分台阶，实施分级井点降水，见图 4.3.2-2。

井点降水管路系统和设备由诸多钻孔内的井点管、滤水管和地面的集水总管、弯联管和真空抽水泵站组成。井管为直径 38～50mm，长 5～7m（常用 6m）的无缝钢管，丝扣连滤管；滤水管为直径 38～51mm，长 1～1.5m 的钢管，管子上开孔直径 12mm，开孔率 20%～25%，外加多层包滤网，见图 4.3.2-3。

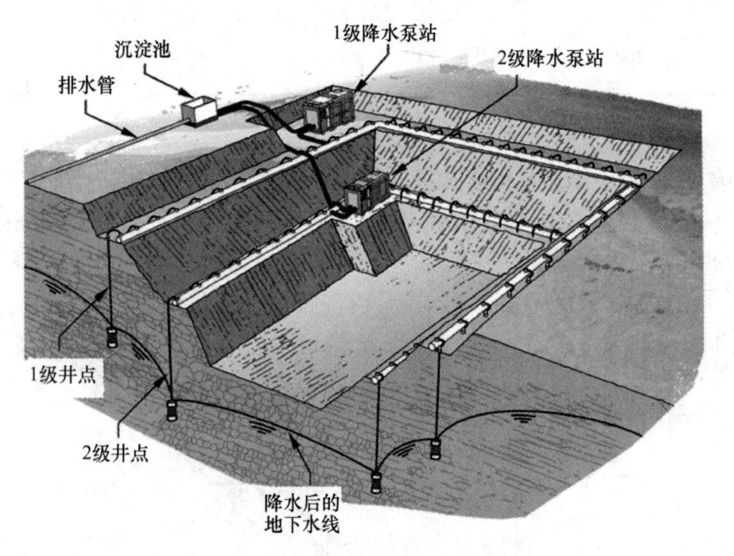

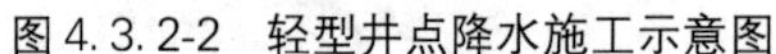
图 4.3.2-2 轻型井点降水施工示意图

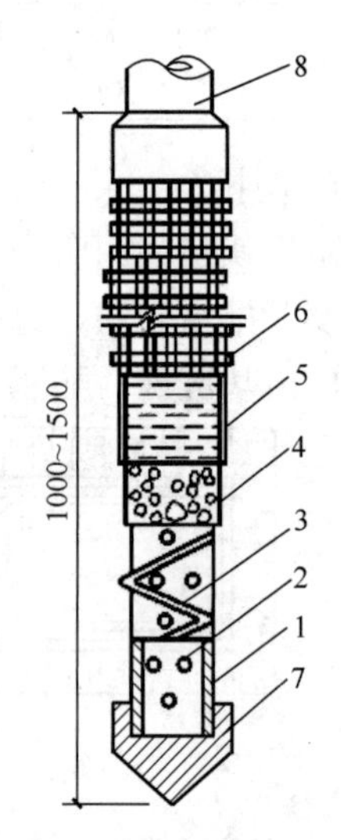

图 4.3.2-3 井点管滤水器结构
1—钢管；2—管壁上的小孔；3—缠绕的钢丝；4—细滤网；5—粗滤网；6—粗钢丝保护网；7—铸铁头；8—井点管

总管：为内直径 127mm 的无缝钢管，每节 4m，每隔 0.8、1 或 1.2m 有一短接口。

弯联管：使用透明塑料管、胶管或钢管，宜有阀门。

抽水泵站：一般采用往复式真空泵（图 4.3.2-4a），或者真空辅助离心泵（图 4.3.2-4b）。

轻型井点在砂砾地层中可实现 5～6m 的降深，细粒土中则在 3.5～4.5m 之内。该工法灵活性好，安装快，井点孔的间距 1.5～2m 时，降水效率较高。

3. 喷射井点

喷射井点是采用射流器技术（图 4.3.2-5），根据射流引水原理进行井点管路系统的抽降水施工方法。喷射井点系统由喷射井管、高压水泵及供水管路、低压排水泵及其集回

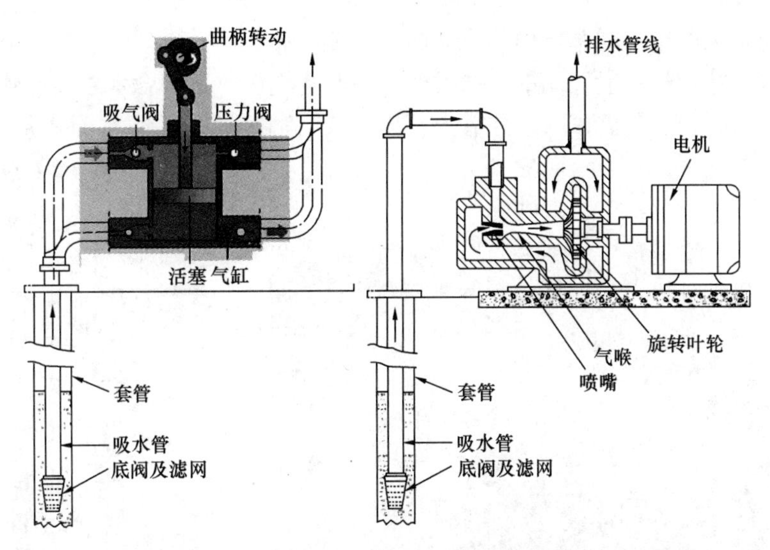

图 4.3.2-4 轻型井点降水常用两种真空泵抽水原理

(a) 往复式真空泵；(b) 真空辅助离心泵

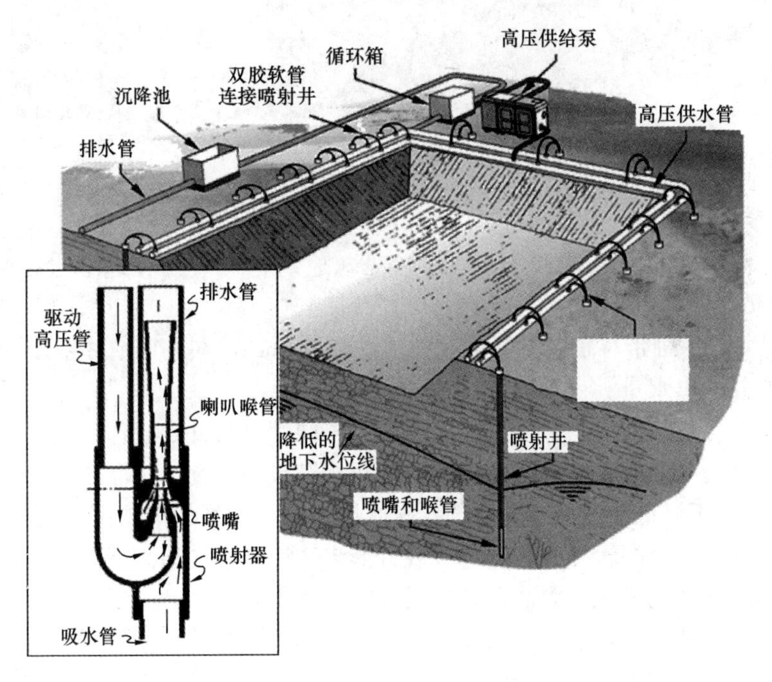

图 4.3.2-5 喷射井点降水原理图

水管路等组成。

射流井点需要在轻型井点管路的基础上在地面增加一趟供水高压管路，射流器直接下放井点孔底部，可提高吸程，加大地下水降深，经验上降深可达到 8～20m。对渗透系数小的地层效用更显著，但对于渗透性大的地层，降深效率提高弱些。

4. 深井

深井降水就是在地层中布置比井点管直径大的降水井，每个井内单独安装一台抽水泵，一般采用潜水泵。这个降水工艺更加方便，降水范围更大，深度更深。降水井既可布置在基坑四周，也可布置在基坑内部，如图 4. 3. 2-6 所示。

深井降水的井管与一般民用的水井类似，但服务期短。下部含水层处井管采用的是可透水的筛孔井管，包了过滤网，井管与孔壁之间间隙充填了滤水石，形成了滤水通道(图 4. 3. 2-7)。

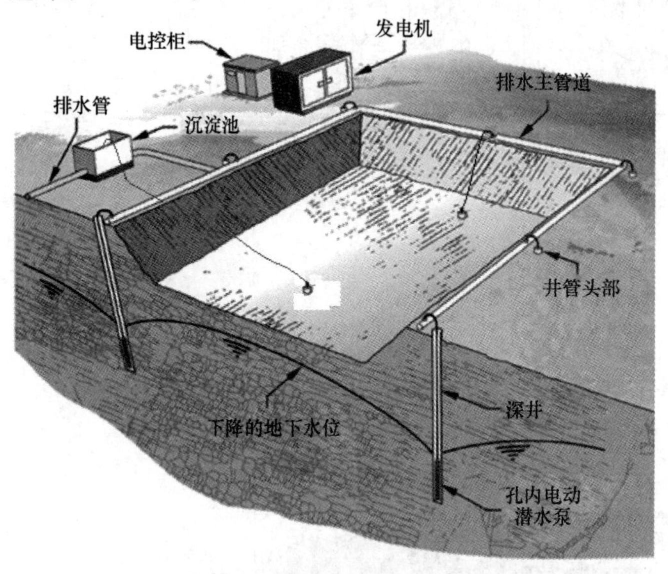

图 4. 3. 2-6 深井井点降水系统示意图

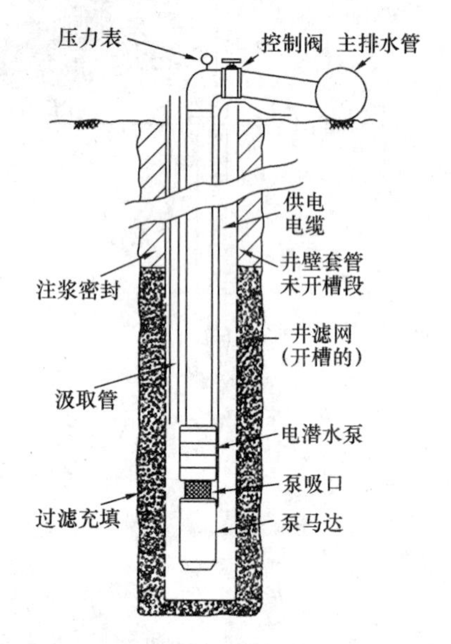

图 4. 3. 2-7 管井结构图

5. 其他方法

其他地下降水和排水系统或工法，可参见《建筑与市政工程地下水控制技术规范》JGJ 111—2016。

(1) 辐射井。一种带有辐射横管的大井。井径 2～6m，在井底或井壁按辐射方向打进滤水管以增大井的出水量。

(2) 电渗井点。该技术与轻型井点配合使用，原理是将井点管作为负极，以打入钢管或钢筋作为正极，当通入直流电后，土颗粒向负极移动（电泳），而水则自正极向负极移动（电渗）。适用于极低渗透性土壤中的孔隙水压力控制或增加极软土壤的抗剪强度。

(3) 砂渗井。打设的管井穿越隔水层或者低渗透地层，沟通到下部透水层中，利用水压自流，排泄和降低地下水。因此，井内无须安装排水泵。

(4) 定向水平井井点降水，适用于处理深度有限的大型挖沟或管道项目。

(5) 斜坡排水和虹吸排水，排水隧道和平硐、水平井和排水沟降水。

(6) 人工地下水反灌系统。为了控制地下水降低导致的地层不均匀沉降，应控制降水区域，因此需要对一部分地层的地下水进行反灌施工。

4. 3. 2. 2 降水设计

1. 涌水量计算

降水施工设计，首先需要估计开挖处的地层涌水。涌水量计算和基坑深度、基坑面积、含水层性质、厚度等参数有关，计算理论来源于地下水动力学中的有关井流计算公式。

工程降水的计算理论非常复杂。图 4. 3. 2-8 (a) 展示了水平径向流的简化理论模型，又分为承压含水层和潜水含水层两种情况，图 4. 3. 2-8 (b)、图 4. 3. 2-8 (c) 所示分别为其径向流剖面。

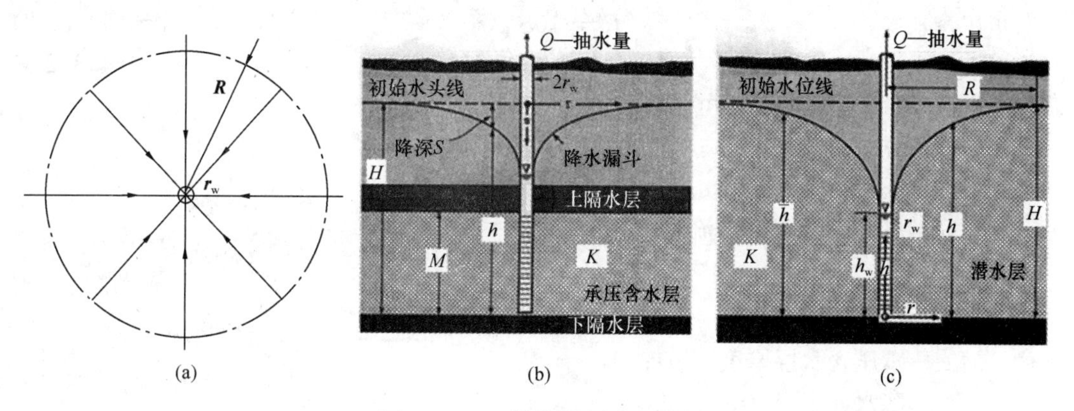

图 4.3.2-8 单井降水漏斗曲线

(a) 单井平面径向流示意图；(b) 承压含水层径向流剖面图；(c) 潜水含水层径向流剖面图

实际深基坑降水工程都是群井共体作用，即群井干扰或降水叠加作用下的水位分布。在抽降水平衡时的最大涌水量计算，采用大井法的稳态理论公式，即将诸多降水井等效于一个大直径降水井的降水来计算。

按照井流理论，依据井点或管井花管在含水层的位置，最大稳态抽水量计算公式分为完整井和非完整井两大类共 4 种组合（表 4.3.2-2），即潜水完整井、潜水非完整井、承压完整井、承压非完整井，第 5 种是承压转潜水公式，即在抽水过程中，降深标高已降到了隔水层上标高，水井附近承压性质已经转化为潜水性质。

如图 4.3.2-9 所示降水漏斗中的参数 R，定义为降水影响等效半径，是一个经验判断

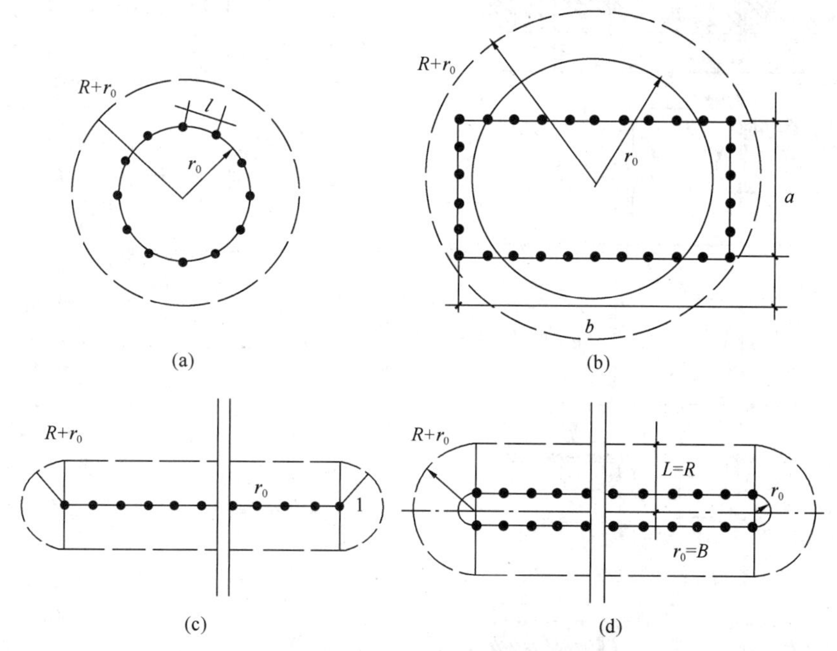

图 4.3.2-9 不同布置下的等效半径计算方法示意图

(a) 圆形基坑群井降水井布置；(b) 矩形基坑群井降水井布置；

(c) 单排布孔降水井布置；(d) 双排布孔降水井布置

值，取决于工程原始水位观测精度。我国降水工程中，提供了参数 R 的以下经验公式：

承压含水层： $$R=10S\sqrt{K} \tag{4.3.2-2}$$

潜水含水层： $$R=2S\sqrt{KH} \tag{4.3.2-3}$$

式中 K——地层渗透系数（m/d）；

H——潜水含水层厚度（m）；

S——基坑最大降深（m）。

承压完整井单井稳定降水流量计算公式为

$$Q=\frac{2\pi KMS}{\ln\left(\frac{R+r_w}{r_w}\right)} \tag{4.3.2-4}$$

式中 M——承压含水层厚度（m）；

r_w——降水井半径（m）。

潜水完整井单井稳定降水流量计算公式如下，其他计算公式见表4.3.2-2。

$$Q=\frac{2\pi K(2H-S)S}{\ln\left(\frac{R+r_w}{r_w}\right)} \tag{4.3.2-5}$$

对于群井降水工程，采用大井法计算，即把群井等效于一个大直径的井降水。图4.3.2-9中展示了几种群井的大井法等效大井半径 r_e 的计算示意图。

常用基坑降水涌水量计算公式表 **表 4.3.2-2**

排序	类型	原理图	稳定流量 Q 计算公式	备注
1	承压完整井	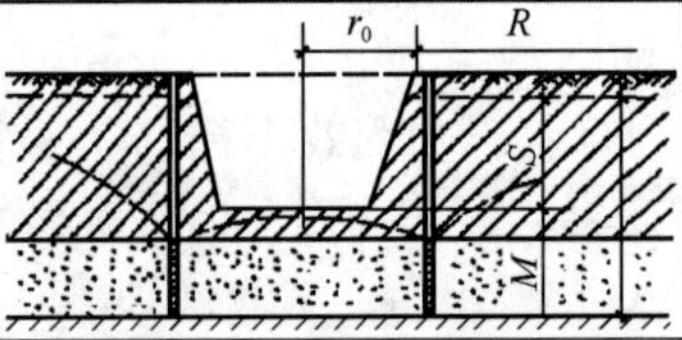	$Q=\frac{2\pi KMS}{\ln\left(\frac{R+r_0}{r_0}\right)}$	Q：基坑计算涌水量（m^3/d）； M：含水层厚度（m）； K：含水层渗透系数（m/d）； H：潜水含水层厚度（m）； h：降水井底的水头高度（m）； M：承压水含水层厚度（m）； S：设计降深（m）； R：影响半径（m）； H：基坑动水位至基坑底板距离（m）； $\bar{h}$：平均动水位，$\bar{h}=\frac{H+h}{2}$； l：滤水管有效长度（m）； r_0：等效大井半径（m）
2	承压非完整井	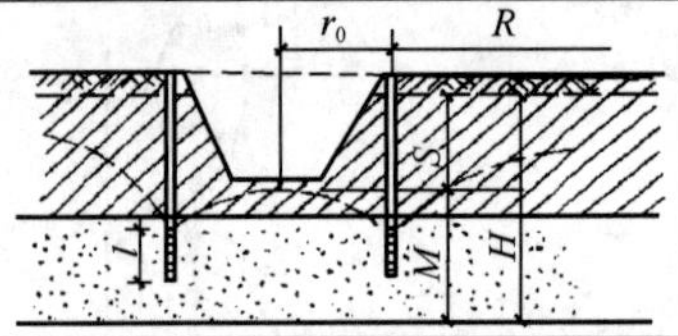	$Q=\frac{2\pi KMS}{\ln\left(\frac{R+r_0}{r_0}\right)+\frac{M-l}{l}\ln\left(1+\frac{0.2M}{r_0}\right)}$	
3	潜水完整井	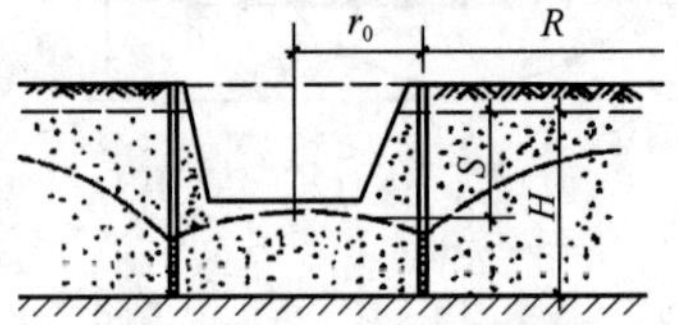	$Q=\frac{2\pi K(2H-S)S}{\ln\left(\frac{R+r_0}{r_0}\right)}$	
4	潜水非完整井	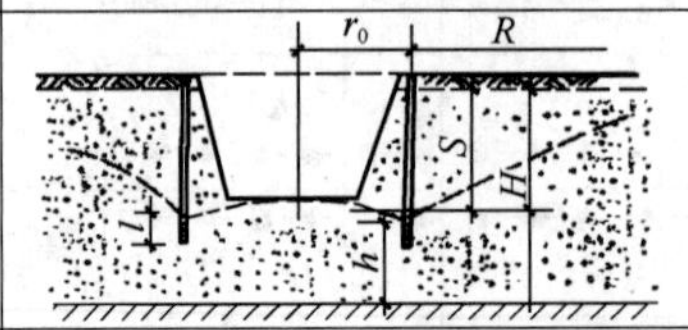	$Q=\frac{2\pi K(2H-S)S}{\ln\left(\frac{R+r_0}{r_0}\right)+\frac{\bar{h}-l}{l}\ln\left(1+\frac{0.2\bar{h}}{r_0}\right)}$	
5	混合井/承压转潜水完整井	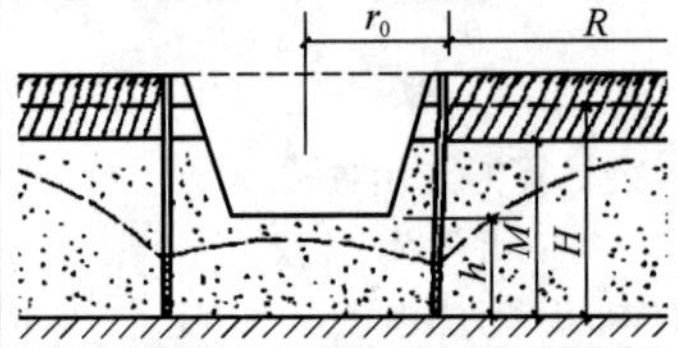	$Q=\frac{2\pi K(2HM+M^2-h^2)}{\ln\left(\frac{R+r_0}{r_0}\right)}$	

例如：一个圆形基坑，在半径为 r_0 的圆周上布置 n 个间距 l 的降水井，设降水管井的半径为 r_w，降水井的影响半径为 R。计算基坑涌水等效面积半径 $r_e = r_0 + R$，代入式（4.3.2-4）中的 r_w。

对于一个方形或接近方形的基坑，如图 4.3.2-9（b）所示，$R \gg r_0$，边长 $a/b \leqslant 1.5$，其工程面积 $A_e = ab$，其等效的降水半径为：

$$r_e = \sqrt{\frac{A}{\pi}} = \sqrt{\frac{ab}{\pi}} \tag{4.3.2-6}$$

我国有关规范建议的大井法基坑降水范围等效直径，按下式计算：

$$r_e = \eta \frac{a+b}{4} \tag{4.3.2-7}$$

式中 η——经验概化系数，按表 4.3.2-3 取值。

基坑等效半径计算的概化系数 η 经验取值表 **表 4.3.2-3**

a/b	0.1～0.2	0.2～0.3	0.3～0.4	0.4～0.6	0.6～1
η	1	1.12	1.14	1.16	1.18

2. 降水井数计算

降水井数量 n 按下式计算：

$$n = 1.1\frac{Q}{q} \tag{4.3.2-8}$$

式中 Q——基坑总涌水量（m^3）；

q——单井点或管井的出水量（m^3）。

对于深井降水，可根据选定的潜水泵抽水量和扬程的关系，确定单井抽水量 q。

对于轻型井点，单井出水量 q 可按 36～60m^3/d 的经验值确定，或按下述经验公式确定：

$$q = 120\pi r_w l \sqrt[3]{k} \tag{4.3.2-9}$$

式中 r_w——过滤器半径（m）；

l——过滤器进水部分长度（m）；

k——含水层的渗透系数（m/d）。

3. 轻型井点布置

轻型降水井点位置的平面布置如图 4.3.2-10 所示，有如下布置形式：

（1）单排布置：当基坑（槽）宽度小于 6m、降水深度大于 5m 时可采用单排布置。井点管应布置在地下水的上游一侧，两端的延伸长度不宜小于坑槽的宽度。

（2）双排布置：当基坑（槽）宽度大于 6m 时采用。

（3）环形或 U 形布置：当基坑面积较大时，应采用环形布置。注意：考虑施工机械进出基坑时宜采用 U 形布置。

挖土运输设备出入道可不封闭，间距可达 4m，一般留在地下水下游方向。井点管距坑壁不应小于 1～1.5m，距离太小，易漏气。井点间距一般为 0.8～1.6m。集水总管标高宜尽量接近地下水位线并沿抽水水流方向有 0.25%～0.5%的上仰坡度，水泵轴心与总管齐平。

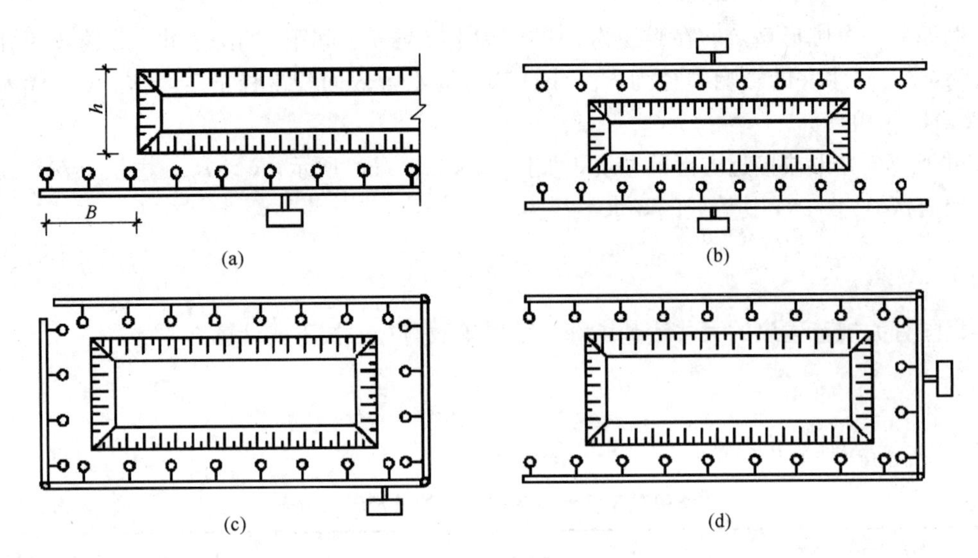

图 4.3.2-10 井点降水的平面布置

(a) 单排布置；(b) 双排布置；(c) 环形布置；(d) U形布置

垂直（高程）布置及参数计算，如图 4.3.2-11 所示：

$$H \geqslant H_1 + h + iL + l \tag{4.3.2-10}$$

式中 H——井点管的埋置深度（m）；

H_1——井点管埋设面至基坑底面的距离（m）；

h——基坑中央最深挖掘面至降水曲线最高点的安全距离（m），一般为 0.5～1m，人工开挖取下限，机械开挖取上限；

i——降水曲线坡度，与土层渗透系数、地下水流量等因素有关，根据扬水试验和工程实测确定。对环状或双排井点可取 1/15～1/10；对单排线状井点可取 1/4；对环状降水取 1/10～1/8；

L——井点管中心至基坑中心的短边距离（m）；

l——滤管长度（m）。

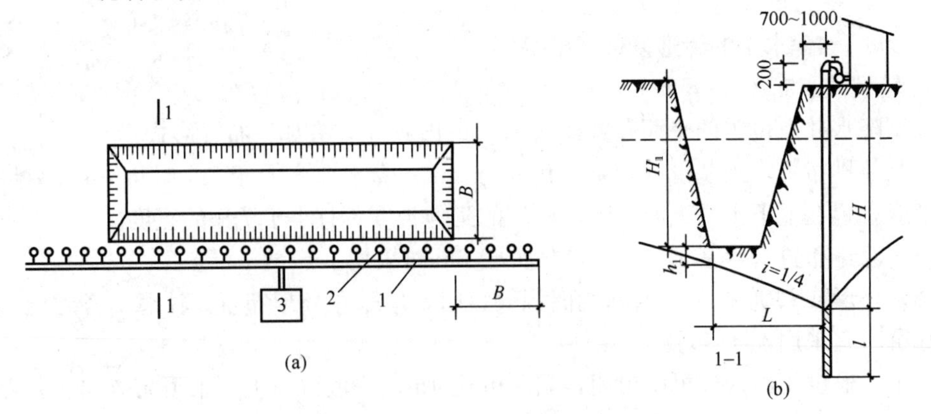

图 4.3.2-11 单排井点布置参数

(a) 平面布置；(b) 高程布置

1—总管；2—点管；3—抽水设备

计算出 H 后，为确保安全，一般再增加1/2滤管长度。

一套真空抽水设备总的滤水管长度一般不大于100～120m。当主管过长时，可采用多套抽水设备；井点系统可以分段，各段长度应大致相等，宜在拐角处分段，以减少弯头数量，提高抽吸能力；分段宜设阀门，以免管内水流紊乱，影响降水效果。

采用二级井点排水（降水深度可达7～10m），即先挖去第一级井点排干的土，然后再在坑内布置第二级井点，以增加降水深度。抽水设备宜布置在地下水的上游，并设在总管的中部。

4. 深井管井布置

深井管井降水孔位较为灵活，除了沿着基坑周边布置外，还可以根据需要在基坑内布置。

井点一般沿工程基坑周围离边坡上缘0.5～1.5m呈环形布置；当基坑宽度较窄时，亦可在一侧呈直线形布置；当为面积不大的独立深基坑时，亦可采取点式布置。井点宜深入到透水层6～9m，通常还应比所需降水的深度深6～8m，间距一般相当于埋深，一般10～30m。

4.3.2.3 降水施工

降水施工内容包括：降水井或井点孔钻进施工，水井或井点管及地面管路系统与设备安装，以及降水系统运行。

1. 井点降水施工

井点孔较浅，一般常用简易的水冲法和小型钻孔设备就能完成。但要重视垂直度或偏斜控制。

水冲法就是用水枪管破土和下沉，伴有降水井管下沉。起重设备先将直径50～70mm的冲管吊起，并插在井点位置上，然后开动高压水泵，将土冲松。冲孔时，冲管应垂直插在土中，并作上下左右摆动，边冲边沉。冲孔深度应比滤管底深50cm左右，以防止管拔出时，部分土颗粒沉于坑底而触及滤管底部。

下井管前，按设计要求配制好井管，由沉淀管＋过滤器＋井管总成。井管分段编号，按顺序排列，逐根下入。连接要可靠，确保过滤器的位置准确。井管应成直线，避免弯曲。下管时应仔细检查过滤器的包扎质量，并避免碰撞磨损，以免因井点漏砂而报废。

井管下入后，立即倒入粒径5～30mm石子，使井管的底部有50mm垫高，再沿井点管四周均匀投放粒径2～4mm粗砂，上部1～1.5m深度内，改用黏土逐层填入捣实。

2. 管井降水施工

管井降水的钻孔直径较大，钻孔直径一般达到300～600mm。利用各类钻机钻探成孔。当采用泥浆护壁钻孔法时，钻孔直径比滤水管井外径大200mm以上。

下井管的施工顺序为：包扎滤网缠丝→配制井管→探孔深→下井管。

（1）包扎滤网缠丝：除特殊过滤器外，一般均应在滤管包扎滤网或缠丝，滤网的选择应与含水层相适应。一般为单层，网目数太小时，也可包扎两层以上。滤网外以镀锌钢丝绑扎。

（2）配制井管：按照设计的单井结构图要求，根据钻探成孔过程中的实际地层情况，首先确定过滤器的长度和位置，然后向下配制沉淀管，向上配制井管。其总长度宜高于地面0.5m左右，配制好的井管应按从下至上的顺序，逐根编号，按序排列。

(3) 探孔深：一切准备就绪后，进行孔深探测，当与井管长度不符时，一般应重新成孔。

(4) 下井管：一般采用钻机、卷扬机进行提、吊下管，按顺序逐根下入，并连接。下管时注意轻提慢放，仔细检查滤网包扎质量，并使井管居中。当上部孔壁缩径，或孔底淤塞时，禁止上下提拉和强行冲击，应通过技术措施，解决问题后缓慢放入。

过滤填砾方法如表 4.3.2-4 所示。当砾料填至预定的深度时，上部宜以黏土回填至孔口。

过滤填砾方法选择 **表 4.3.2-4**

方法	操作程序	特点	适用范围
静水填砾	填砾前彻底换浆稀释：停泵，孔口填入	简单，通过孔口返水判断填砾情况	井壁完整，地层稳定
动水填砾	边冲边填，向井管内注水，使清水从管外上返，砾料从孔口填入	砾粒清洁、均匀	井壁不稳，井较大，砾料不易投入
边抽边填	用空压机从井管内抽水，砾料从井管外填入	增大出水量，提升滤层质量，操作复杂，易坍孔	适于较完整的稳定含水层
整体下入	把砾料与滤水管安装在一起，同时下入孔中	重量大，制作复杂，但质量较好	采用黏砾，框状、笼状过滤器时使用

3. 洗井与试抽

洗井工作应在填砾后立即进行，以防井壁泥质硬化，造成洗井困难。常用的洗井方法如表 4.3.2-5 所示。试抽是在洗井达到要求后，进行单井试验性抽水，以确定单元井出水量和降深。

洗井方法选择 **表 4.3.2-5**

洗井方法	适用条件	特点
活塞洗井	适用于井管强度高的金属井管及中砂含水层	迅速、有效、简便，与其他方法配合效果更好，成本低
空压机洗井	适宜于各种深度不同涌水量的钻孔，不受井管弯曲限制	洗井能力强，能清除孔底沉淀物，安装方便，但效率较低
封闭反压洗井	适宜于泥浆钻进，井管坚固，可进行分段止水	洗井时间短，效果好，设备简单，操作方便，成本低
水泵洗井	适宜于不同深度的基岩、松散层井孔	设备简单，成本低
冲洗器洗井	适宜于松散层，不填砾料的小口径井管，非金属管	设备简单，操作方便，效果好，成本低
抽水洗井	适宜于清水钻进成孔的基岩，松散层降深较小	设备简单，易操作，效果较好，成本低
泵压反洗井	适宜于不同深度的管井，泥浆钻进成井	设备简单，操作方便，成本低
射流洗井	适宜于基岩及第四系井孔。不同深度可分段洗井	洗井时间短，分段洗井针对性强，洗井质量好，但要求操作严格
抽筒洗井	适宜于浅井，可清除孔底沉渣	简单，但洗井时间长，效果较差

4. 系统安装与运行

1) 井点降水

轻型井点系统，各个井点管通过弯联管连接到地面集水总管，并与抽水设备相连接。接通电源可进行试抽水，检查有无漏气、淤塞情况，出水是否正常，调试中排除异常和故障，如压力表读数在0.15～0.2MPa，真空度在94.3kPa以上，表明各连接系统无问题，即可投入正常使用。

正常运行应准备双电源，以保证井点持续运行。管路系统的真空度是判断井点系统良好与否的尺度，通过真空表经常观察，一般真空度应不低于55.3～66.7kPa。如真空度不够，通常是因为管路漏气，应及时修复。除测定真空度外，还可通过听、摸、看等方法来检查。

听到有上水声是好井点，无声则可能有堵塞问题；用手摸管壁应有振动感觉，冬天感觉到热，夏天感觉到凉，则为好井点，反之则为坏井点；看管路，夏天湿、冬天干的井点是好井点，反之则不然。如通过检查发现井点管淤塞得太严重，影响降水效果时，应逐个用高压水反冲洗井点管或拔除重新埋设。

2) 管井降水

管井多以单井单泵抽水，只要将管井的出水管或水泵的扬水管接入地面的排水管沟即可。

深井内安设潜水泵，可用绳索吊入到滤水管部位的深度范围内，带吸水钢管的应用起重机放入，井管口上部应固定好。设置深井泵的电动机座应设平稳，宜有止回阀，严禁逆转。潜水电动机、电缆及接头应有可靠绝缘，每台泵应配置一个独立控制开关。主电源线路沿深井排水管路设置。安装完毕应进行试抽水，满足要求后始转入正常工作。

降水施工还应在工程范围内设计和布设地层水文观测孔，管路系统的关键位置设置流量、压力参数监控传感器，构建数字化的降水运行管理系统，施工中及时检测地层水位变化和降水总管路的流量与压力记录，方便进行实时技术分析和问题处置。

4.3.3　地层冻结法

4.3.3.1　工法原理与特点

人工地层冻结工法，其基本原理是在地下开挖空间的四周松软或富含水地层中布置冻结器，然后通过冷媒剂在冻结器内循环，吸收地层热量，降低地层温度至该地下水冰点温度以下，使得融土变成坚硬和不透水的冻土，形成一个预想的冻土壁结构物，在它的保护下进行开挖和砌筑。

按冷源，可将地层冻结工法划分成常规机械压缩和直接气化两大类，如图4.3.3-1所示，常规机械压缩低温地层冻结的一般冻结发展速度10～40mm/d。

基于机械压缩制冷的人工地层冻结技术是较为常见和成熟的工法，装备系统包括了三大循环系统：

(1) 制冷剂循环：即对氟利昂、液氨等工质进行机械压缩循环，通过蒸发器构建了向地层供冷的冷源，见图4.3.3-1右边部分。

(2) 冷却系统循环：即通过清水循环，制冷压缩系统在冷凝器端把制冷做功所产生的热源交换给冷却水，把压缩机循环产生的热量消耗到大气环境中去。

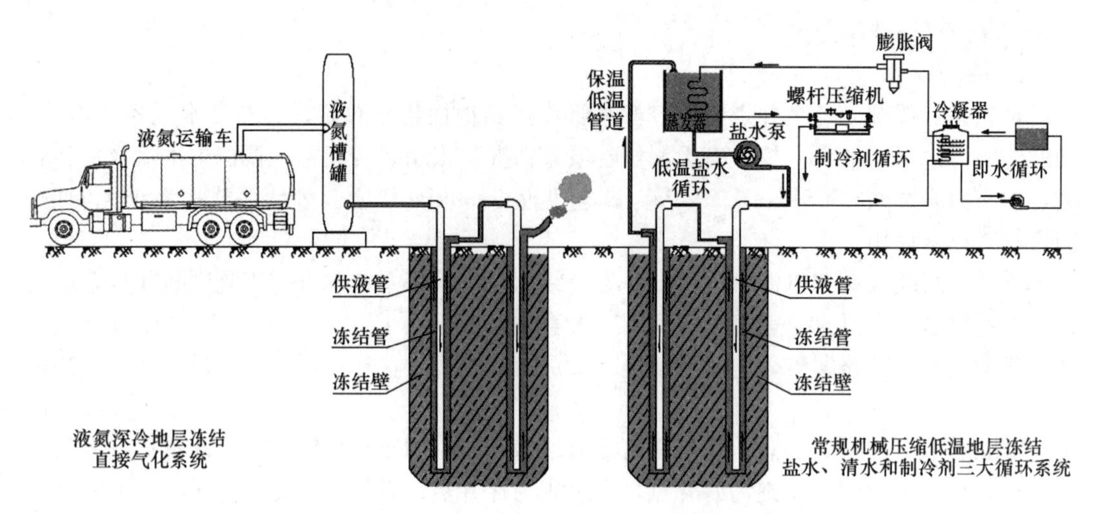

图 4.3.3-1 人工地层冻结工法原理

（3）冷媒剂循环：即利用氯化钙 $CaCl_2$ 等低温盐水溶液，传递蒸发器的冷量，并在地层中的冻结器内不断循环，吸收地层热量，实现地层降温或温度控制。

图 4.3.3-1 还展示了液氮直接气化，进行深冷地层冻结的成熟工艺。冻结器表明温度能降低至－60℃以下，地层冻结速度能提高 5～8 倍，达到 100～200mm/d。但该系统的冻结器管材是耐渗流低温的不锈钢，造价相对较高，一般应用于应急工程或者局部范围冻结。

与其他止水或地下水控制的工法相比，人工地层冻结工法有其独特优势，如封水可靠性高、加固强度高、均匀适应性好、地层复原性好、有利于绿色海绵城市建设等优点。当然，地层冻结施工技术也有其自身发展的制约因素，如用电量高、冻土墙发展速度慢、地层冻胀融沉等不足。

4.3.3.2 设计与施工

1. 冻结壁结构设计

冻结壁结构设计的施工目的有三个方向：①用于地层的承载加固和地层止水双重目标（图 4.3.3-2a）；②仅仅用于地层承载加固（图 4.3.3-2b）；③仅仅用于地层止水功能或目标（图 4.3.3-2c）。

从以上三大目的来看，冻结壁结构设计按学科内容可分为力学承载和温度场形成分析。

冻结壁结构力学设计，主要指冻结壁几何形状、结构类型和应力与变形满足地下开挖过程的安全承载要求。温度场设计是指冻结壁交圈、厚度或温度场分布满足地下工程冻结工期或结构承载能力设计要求。冻土的力学能力和温度状态密切相关，因此，科学精准分析时，应进行力学和温度的耦合分析计算。但简化方法是基于平均温度冻土力学性能进行力学和温度场分布设计。

1）冻结壁结构平均温度

与冻结器间距、排距、厚度、盐水温度有关。根据胡向东等人的研究，提出井筒或联络通道的多排冻结孔布置的如下通用公式：

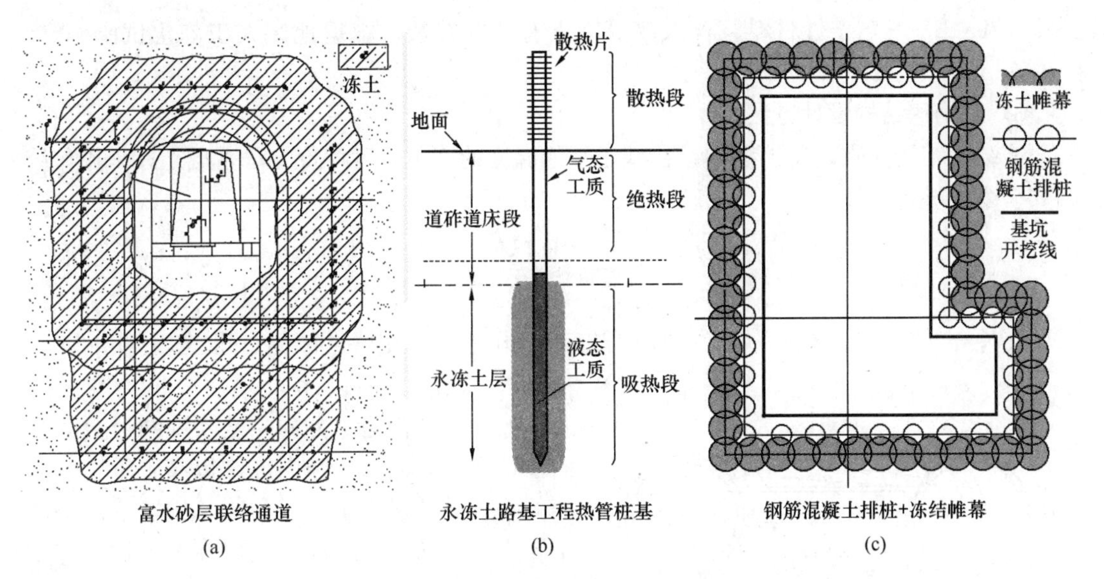

图 4.3.3-2 三大功能目标冻结壁结构设计

(a) 止水和承载加固；(b) 承载加固；(c) 止水

$$T_{cp}=\frac{\xi+(n-1)L}{2\xi+(n-1)L}\alpha t_{ct} \tag{4.3.3-1}$$

式中 α——以孔间距 l、排距 L、排数 n、开挖面至冻结管距离 ξ 等为主要因素影响下的形状系数，对于直线多排孔冻结有：

$$\alpha=(0.04n-0.2)\frac{l}{\xi}-0.03n^2+0.2n+0.56 \tag{4.3.3-2}$$

2）冻土抗压强度

冻土结构一般以抗压强度作为设计的主要参考依据。通过专项冻土试验获得。冻土抗拉强度一般是抗压强度的 1/12～1/8。冻土强度与温度呈现负相关，冻土温度越低强度越高，如图 4.3.3-3 所示。冻土极限抗压强度 σ 与冻土温度 t 的关系，如下式所示：

$$[\sigma]=A|t|+B \tag{4.3.3-3}$$

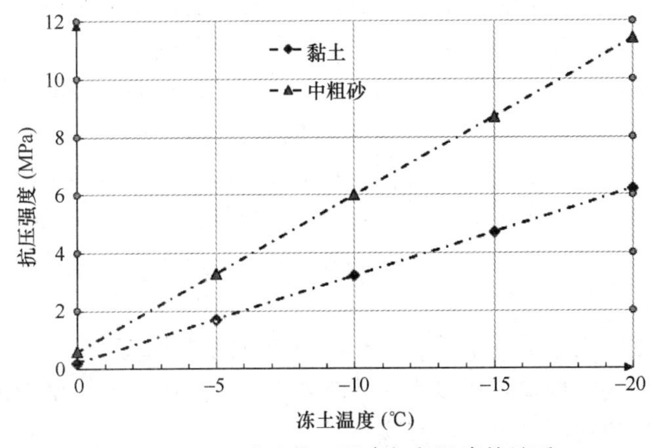

图 4.3.3-3 冻土抗压强度与负温度的关系

式中　A、B——与土性材料、含水率等因素有关的系数。根据地区人工冻土试验确定。$A=0.3\sim0.54$；$B=0.2\sim0.6$。

3）冻结壁结构设计方法

冻结壁结构是临时支护结构，在基于平均温度的冻土强度评价方法基础上，采用传统的安全系数进行设计，即：

$$\sigma_{\max} \leqslant \frac{[\sigma]}{K} \tag{4.3.3-4}$$

式中　K——抗压结构安全系数，根据工程施工的时间空间安定情况取值，一般选用1.5～2.5。

2. 冻结孔布置设计

按地下结构施工方向，地层冻结可分为竖向冻结和横向冻结。竖向冻结以布置垂直于地表的垂直冻结器为主；横向冻结则以近水平冻结孔为主，横向冻结孔一般以在地下钻孔施工为主，倾角和方位角是按设计给的要求值进行施工。

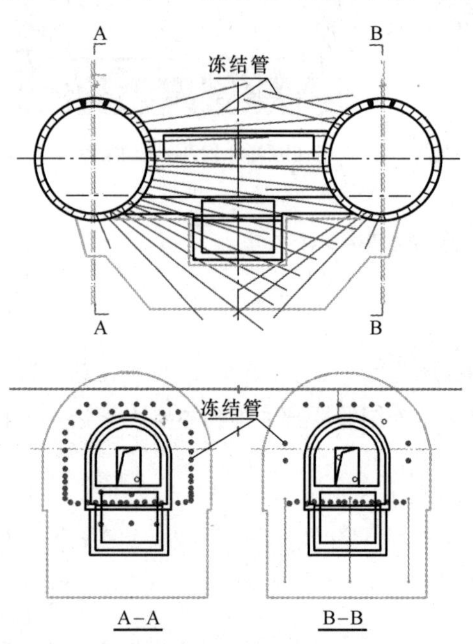

图4.3.3-4　地铁联络通道横向冻结孔布置

图4.3.3-4所示为联络通道冻结孔的布置案例。冻结孔布置参数应包括冻结孔开孔孔位、开孔间距、顶（倾）角、方位角、孔深、成孔偏斜度等；市政地下隧道冻结水平长度目前达到的单向长度水平约80～120m。冻结孔开孔间距一般0.6～1.2m；控制的最大孔间距在2m之内。

图4.3.3-5所示是一个竖井井筒冻结的冻结孔布置案例。围绕井筒中心，在周边地层中布置一圈或多圈冻结孔。基岩冻结一般设置1～2圈冻结孔，表土冻结壁较厚时，需要布置2圈以上的多圈冻结孔，孔间距1.2～1.6m，圈距2～3m，钻孔偏斜率0.2%～0.5%，最大孔间距控制在2.5～4.5m。目前，我国井筒冻结深度已经近1000m。总体而言，冻结孔钻孔间距应按设计冻结壁厚度、冻结壁平均温度、盐水温度、积极冻结时间和冻结工期要求等确定。

市政工程中横向冻结的冻结器一般选用外径73～127mm的无缝钢管；竖向冻结深度大于50m时，一般要用到外直径108～150mm的无缝钢管。

在布置冻结孔之外，还要进行测温孔、水文孔和泄压孔的布置设计（图4.3.3-6）。

测温孔是监测地下冻结壁发展的观测孔，一般布置在最大孔间距、最大地下水流速、拐角或者复杂结构部位等。测温孔内沿着孔深设置多个测温点，通过测温数据了解各个部位冻土的发展速度。

水文孔是冻结壁结构形成的重要观测孔，用于观测基于冻土扩展作用，引起的封闭冻结壁内部水压迅速增高的现象，所以水文孔布置在含水层中，冻结壁内部。当水文孔内水压持续升高时，通常说明冻结壁已经交圈。

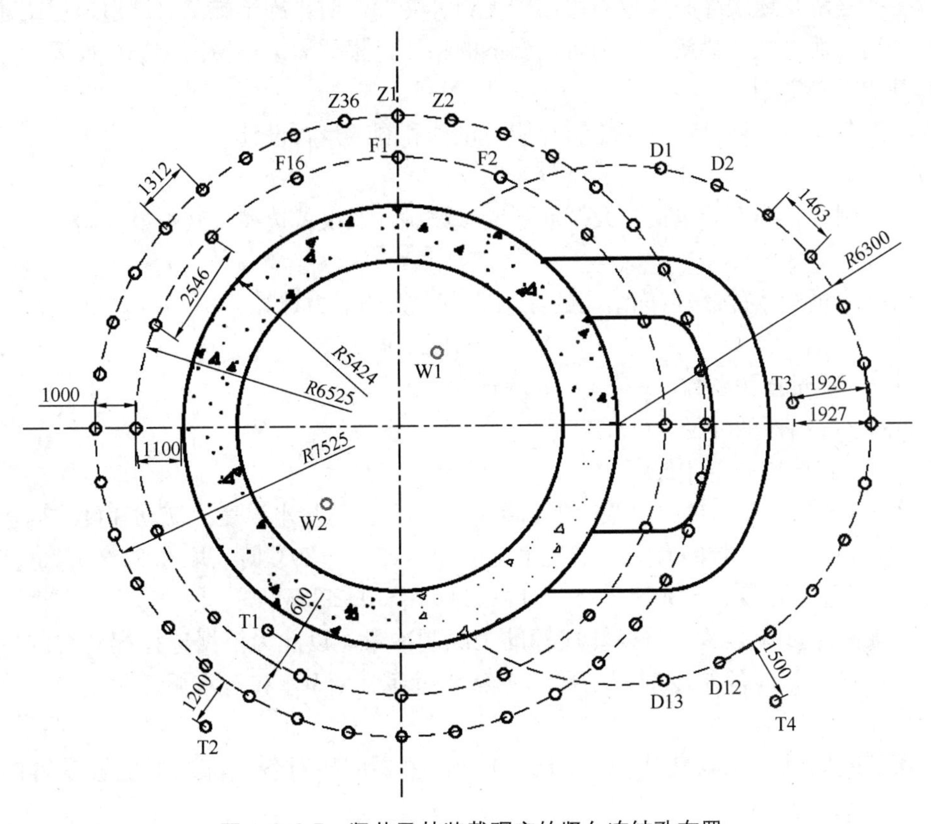

图 4.3.3-5 竖井及其装载硐室的竖向冻结孔布置

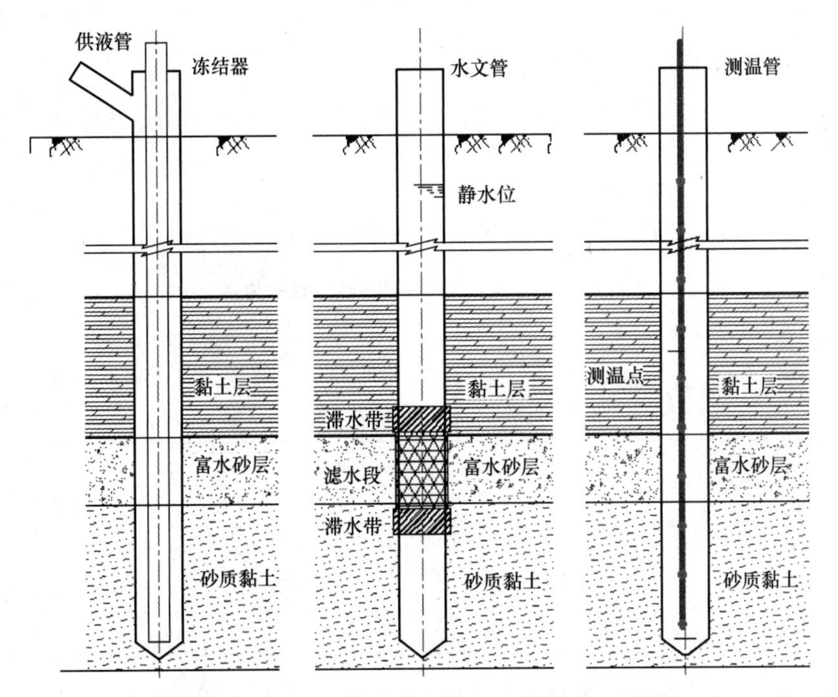

图 4.3.3-6 冻结器、水文管、测温管结构示意图

泄压孔是防止地层冻胀导致周边结构受力、变形，防止冻结施工对周边地层或建筑产生不利影响，而设置的泄放压力和防止变形的钻孔。根据周边环境需要进行设置。

3. 工艺参数设计

冻结工艺参数设计分制冷系统制冷能力设计和制冷运行设计。

1）冻结站

冻结站制冷系统设计包括三大循环系统参数设计及设备选型，其中最大制冷量是首要参数。

最大制冷量 Q_z 可按积极冻结期的冻结器最大换热能力计算：

$$Q_z = m\pi d \sum l_i \Psi \tag{4.3.3-5}$$

式中 m——冷量损失系数，一般取 1.2～1.3；

d——冻结器的外径（m）；

$\sum l_i$——冻结器的累计长度（m）；

Ψ——钢管冻结管的最大吸热能力系数（kW）。与盐水温度、流动速度、周边土体的热阻系数等有关。当盐水温度为－25～－20℃时，取 0.21～0.26kW；当盐水温度为－30～－25℃时，取 0.26～0.29kW。

将最大制冷量 Q_z放大 4 倍换算成标准工况制冷量，以此为依据选择配套的制冷压缩机组设备，进行相应的制冷剂配用量、冷媒剂循环流量 W_b 和清水循环用量 W_w 计算或验算。

冷媒剂或低温盐水流量 W_z（m^3/h）计算，主要应核对各个冻结器能够获得的盐水流量。

$$W_b = \frac{3600Q_z}{CY\Delta t} > NW_{bi} \tag{4.3.3-6}$$

式中 C——低温盐水比热［J/(kg·℃)］；

Y——低温盐水密度（kg/m^3）；

Δt——干管去回路盐水温差（℃或 K）；

N——单孔或串孔的数量；

W_{bi}——单孔或串孔盐水流量经验值，可参考以表 4.3.3-1 确定。

单孔或串孔冻结器的流量 W_{bi} 经验值 **表 4.3.3-1**

冻结器条件		单（串）孔流量（m^3/h）	备注
单（串）孔长度/深度（m）	冻结器孔内径（mm）		
30～50	50～80	＞3～5	联络通道工程
50～100	80～100	＞5～6	小型市政工程
100～200	100～115	＞6～8	大型市政和小型井筒工程
200～400	115～135	＞8～10	中型井筒工程
＞400	120～150	＞12	大型井筒工程

盐水泵和清水泵的扬程变化都不大，依据管路连接长度、管径和接头阀门接头数量等进行累计阻力验算。盐水泵的扬程为 0.3～0.5MPa，清水泵的扬程为 0.2～0.3MPa。

2）冻结壁交圈时间

对于完全止水冻结壁设计，冻结壁交圈时间是指地层中所有两两相邻的冻结圆柱发展到都能交合在一起所需的时间，一般取决于冻结孔最大孔间距。一种是采用数值方法计算，另一种是采用经验法进行计算。冻结壁交圈意味着冻结区域与外部失去了联系，初步达到了冻结壁的止水目的。

冻结壁交圈时间可根据孔间距进行经验测算，也可以建立温度场数值模型计算。

经验法计算冻结壁交圈时间：

$$T_z = \frac{L_{max}}{V_a} \tag{4.3.3-7}$$

式中 L_{max}——最大相邻孔间距（mm）；

V_a——冻土平均发展速度（mm/d）。

冻结壁扩展速度与岩土性质、含水率、冻结时间等有关，饱和黏性土的冻结速度为12～25mm/d，饱和砂土的冻结速度为20～35mm/d。饱和砂层是地层冻结的关键地层，要求地下水渗流速度在5m/d以下。当流速超过5m/d时，需要特别考虑和计算。

3）积极和维护冻结期

积极冻结时间：是指冻结壁有效厚度、平均温度能够达到设计指标的时间。积极冻结期间要求制冷站按设计的最大制冷能力运行。目前，隧道联络通道冻结壁交圈时间为20～30d，积极冻结时间一般为30～50d；而井筒的积极冻结时间为60～180d。冻结壁交圈时间和积极冻结时间与地层初始温度、地下水流速和气候条件等因素有关。

维护冻结时间：是指积极冻结工期达到后，进行地下空间开挖和结构施工的工期。维护冻结期间，制冷站的运行负荷可以根据冻结壁承载力和岩土情况等适当调整。

4. 冻结施工

全套冻结施工包括冻结孔钻进、冻结系统安装、调试运行、积极冻结和维护冻结，与维护冻结施工平行的还包括地下开挖和结构施工。每一道工序完成都有严格的质量评定，合格后，进入到下一步共性施工。

1）冻结孔施工

冻结孔钻进施工是冻结工法施工的关键之一。冻结孔及冻结器下放的施工技术质量控制参量有：钻孔开孔误差、钻孔偏斜、最大孔间距、冻结器耐压试验等。

竖向冻结的垂直孔的钻孔偏斜率为2‰～5‰，最大孔间距视冻结深度在2～4.5m，以及特殊方位偏斜控制。

横向冻结的钻孔偏斜控制比竖向冻结孔的要弱，原因是近水平冻结孔长度施工难度大，偏斜率控制到6‰以上，因此缩小了开孔间距。

冻结管通过螺纹或焊接等进行连接下放。打钻过程中进行地层、钻深、钻压和偏斜等情况记录，冻结管下放前进行打压试漏，冻结器耐盐水压力一般是工作压力的1.5～2倍，30min内无压降为合格，如稳不住压力，或发现有渗流问题，应检查并予以处置，直至合格。

2）冻结系统安装与运行

冻结系统安装包括设备管路安装、监测监控系统安装。主要工作为三大循环系统安装调试，包括冻结器、集配液干管连接、去回路管路安装，制冷机组安装，管路保温等。

图 4.3.3-7 展示了 2022 年完成的北京地铁联络通道地层冻结施工照片。

地层冻结施工运行包括岩土工作面管理和制冷冻结站管理两个方面。岩土工作面施工管理包括测温孔、水文测温、冻结管路去回路盐水温度和流量。

冻结站运行应做好三大循环记录：清水泵、盐水泵的流量、压力，制冷压缩机工质的运行循环参数，如吸气压力、温度，排气压力和温度，蒸发温度和冷凝温度等。

图 4.3.3-7　地铁隧道区间联络通道冻结施工

4.4　明盖挖施工

明挖地下工程，即从地表开始直接进行岩土开挖，获得地下空间构筑地下结构；所谓盖挖，首先构筑地表浅层内的地下建筑顶盖，恢复部分地面使用功能，然后在有建筑顶盖的前提下，进行地下岩土开挖和地下建筑构筑。为了确保安全，一般都需要借助地下岩土支护技术、桩基与桩墙技术、地下水控制技术。因此，基坑明挖或盖挖法施工是高层建筑的深基础、地下车库、地铁地下车站等地下建筑等最常见的施工方法。

4.4.1　明盖挖施工设计

明盖挖施工设计就是利用桩、墙等地下施工技术、地下水控制技术、地层支护技术、内支撑技术等进行工程设计，进行施工部署和地下工程施工过程的设计计算。地下围护结构设计的基本类型总体可分为四大类：重力坝、锚网喷边坡、板桩墙＋锚固、板桩墙＋内支撑，见表 4.4.1-1。

明盖挖支护、围护结构类型　　表 4.4.1-1

围护结构设计	重力坝	锚网喷边坡	板桩墙＋锚固	板桩墙＋内支撑
构件承载力	坝墙体	土钉、锚杆	板桩墙、锚杆	板桩墙、内支撑
稳定性验算	✓	✓	✓	✓
力学模型	重力墙 (a)	锚固土钉边坡 (b)	板桩墙+锚固 锚杆 (c)	板桩墙+内支撑 内支撑 (d)

重力坝、锚网喷边坡，是依靠重力场下岩土内抗剪强度维持稳定性，形成外抗倾覆和滑移稳定结构，如表4.4.1-1中的（a）和（b）所示；板桩墙需要依靠嵌固深度、内支撑或锚杆锚索等承载及保持平衡，如表4.4.1-1中的（c）和（d）所示。实际工程中围护结构则可能是上述几种的组合，结构更复杂。

围护结构承载能力和稳定性设计，除了采用简化经验公式计算外，还可以借助数值模型进行设计优化计算，提高设计和施工的技术水平。

除了满足承载，防止基坑大变形、垮塌和倾覆外，另一重要设计因素是要控制地下水的涌入。地下水控制一节讲述了地层疏降水、各种帷幕施工技术。

基于止水效果和技术可靠性的经验分析，冻土墙＞钢筋混凝土地下连续墙＞钢筋混凝土咬合桩墙＞水泥土搅拌咬合桩墙＞旋喷桩墙＞钢板桩。

地下连续墙和钢板桩的止水薄弱环节或风险点是在接缝处，搅拌桩墙和旋喷桩的薄弱环节在于桩间水泥土的咬合，以及地层改性均匀性和抗渗性质量。

4.4.2　无内支撑施工

深基坑内若无内支撑施工，就能极大地方便土方开挖和内部支护施工，无内支撑开挖应用到放坡、土钉墙、锚喷网支护等技术，如图4.4.2-1所示。

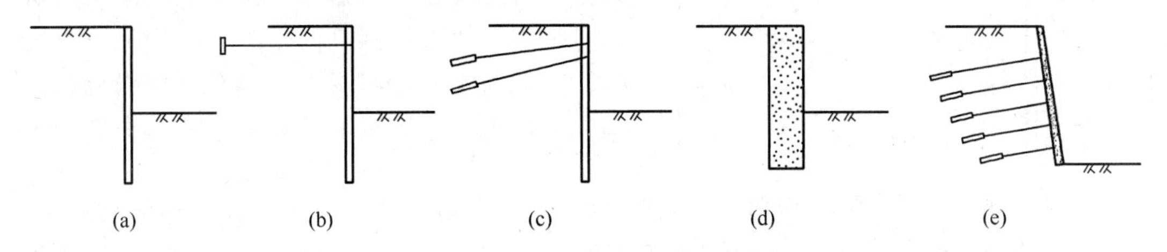

图4.4.2-1　无内支撑支护的基坑开挖
（a）悬臂式；（b）拉锚式；（c）土锚杆；（d）重力式；（e）土钉墙

无内支撑基坑施工，土方开挖深度较浅。周边支护可分为悬臂式（图4.4.2-1a）、拉锚式（图4.4.2-1b）、土锚杆（图4.4.2-1c）、重力式（图4.4.2-1d）、土钉墙（图4.4.2-1e）等几种。

4.4.2.1　盆式开挖

盆式开挖适合于基坑面积稍大、内支撑或地层拉锚作业困难，且无法放坡的基坑。它的开挖过程安排是完成四周边坡桩墙施工后，先开挖基坑中央部分，形成盆式（图4.4.2-2a），此时可利用四周留位的土坡来保证支护结构的稳定，此时的土坡相当于“土支撑”。也可到底部后，施工中央区域内的基础底板及地下室结构，形成“中心支撑点”，（图4.4.2-2b）。

在地下室结构达到一定强度后，开挖留坡部位的土方，并按“随挖随撑，先撑后挖”的原则，在支护结构与“中心岛”之间设置支撑（图4.4.2-2c），最后再施工边缘部位的地下室结构（图4.4.2-2d）。盆式开挖方法支撑用量小、费用低、盆式部位土方开挖方便，这在基坑面积很大的情况下尤显出优越性，因此，在大面积基坑施工中非常适用。但这种施工方法对地下结构需设置后浇带或在施工中留设施工缝，将地下结构分两阶段施工，对结构整体性及防水性亦有一定的影响。

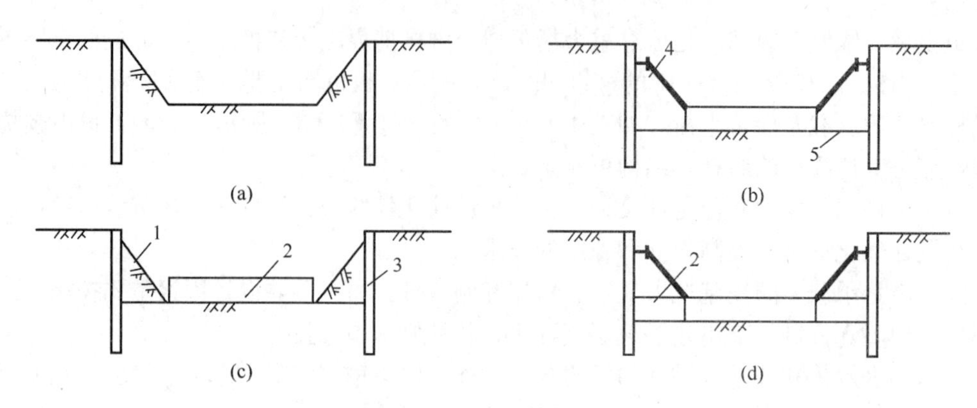

图4.4.2-2　盆式开挖方法

(a) 中心开挖；(b) 中心地下结构施工；(c) 边缘土方开挖及支撑设置；(d) 边缘地下结构施工

1—边坡留土；2—基础底板；3—支护墙；4—支撑；5—坑底

4.4.2.2　岛式开挖

当基坑面积较大，而且地下室底板设计有后浇带，或需要留设施工缝时，可采用岛式开挖的方法（图4.4.2-3）。

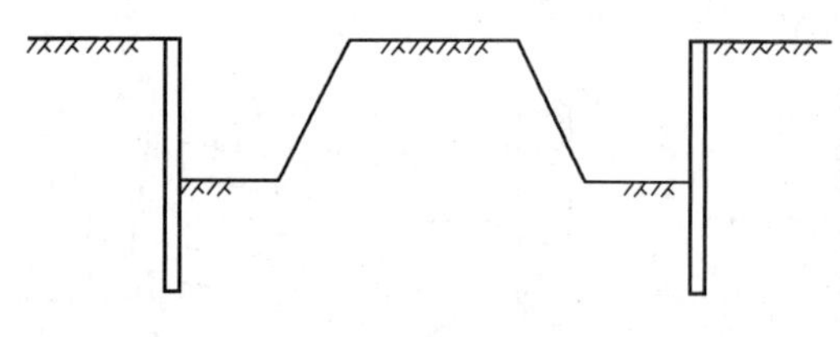

图4.4.2-3　岛式开挖方法

这种方法与盆式开挖类似，但先沿着周边开挖边缘部分的土方，将基坑中央的土方暂时留置，该土方具有反压作用，可有效地防止坑底土的隆起，有利于支护结构的稳定。必要时还可以在留土区与挡土墙之间架设支撑。在边缘土方开挖到基底以后，先浇筑该区域的底板，以形成底部支撑，然后再开挖中央部分的土方。

4.4.3　有内支撑开挖

4.4.3.1　内支撑

内撑式支护结构体系由两部分组成：一是围护结构，二是基坑内的支撑系统。

围护结构的墙壁可以是钢板桩墙、钢筋混凝土地下连续墙、钢筋混凝土桩排墙等。

内支撑按材料可分为钢支撑和钢筋混凝土支撑两大类（图4.4.3-1），具体分钢管支

(a)

(b)

图4.4.3-1　内支撑结构的两大材料类型

(a) 钢支撑；(b) 现浇钢筋混凝土支撑

撑、型钢支撑、钢筋混凝土支撑、型钢和钢筋混凝土的组合支撑等。按其受力形式可分为单跨压杆式支撑、多跨压杆式支撑、水平框架式支撑、水平桁架式支撑、斜支撑、角支撑等。

内支撑系统因基坑的复杂外形而变化，布置形式有：纵横均布井字形，纵横集中井字形，角撑、对撑结合型，周边角撑桁架型，周边环梁桁架型，竖向斜撑型，拱门型，中心环岛斜撑型（图 4.4.3-2）；可根据其功用来命名，如围檩、水平支撑、连系梁、钢立柱和立柱桩等（图 4.4.3-3）。

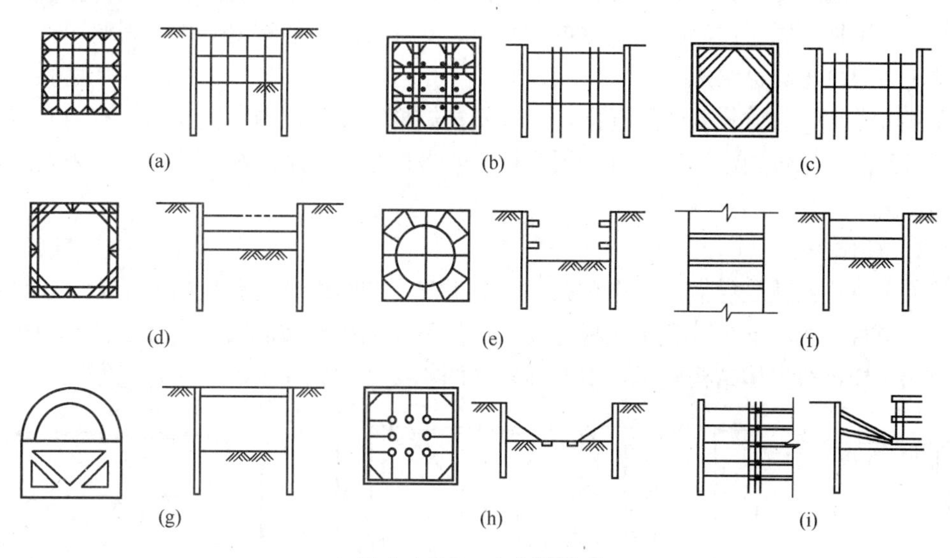

图 4.4.3-2 内支撑形式

（a）直交式；（b）井字形；（c）角撑；（d）边桁架；（e）圆环梁；（f）垂直对称布置
（g）圆拱；（h）竖向斜撑；（i）中心岛式开挖的支撑

图 4.4.3-3 混凝土内支撑系统构件

钢结构支撑具有自重轻、安装和拆除方便、施工速度快、及时性好、可重复使用等优点。因此，如有条件应优先采用钢结构支撑。钢支撑的节点构造和安装相对比较复杂，如处理不当，会引起基坑过大的位移。因此，提高节点的整体性和施工技术水平是至关重要的。

现浇混凝土支撑由于其刚度大、整体性好、布置方式灵活，可适应于不同形状的基坑，而且不会因节点松动而引起基坑的位移，施工质量相对容易得到保证，所以使用面也较广。但是混凝土支撑在现场需要较长的制作和养护时间，不能立即发挥支撑作用，需要一定的等待工期。同时，混凝土支撑拆除麻烦，支撑材料不能重复利用，因此，应发展装配式预应力混凝土支撑结构。

在基坑较深、土质较差的情况下，一般支护结构需在基坑内设置支撑。有内支撑支护的基坑土方开挖比较困难，其土方分层开挖主要考虑与支撑施工相协调。接下来阐述顺作和逆作工法。

4.4.3.2 顺作法

基坑顺作法，就是凭借基坑围护技术，自上向下全断面开挖基坑内的土方，并分层做内支撑，交替开挖和支护，直至底板标高，再从下往上依次做底板、内外墙体和顶板，和地面建筑一样进行主体结构施工，直至地表（图 4.4.3-4）。

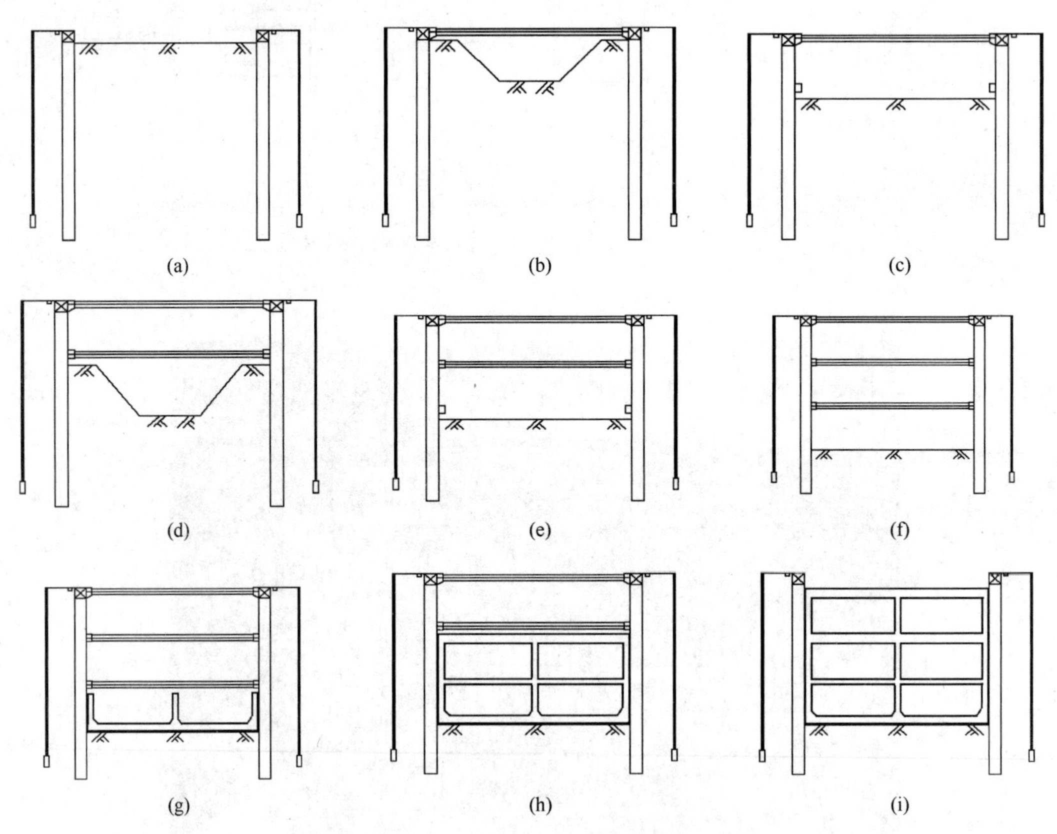

图 4.4.3-4 顺作法结构施工顺序

(a) 第一层土方开挖；(b) 第一道内支撑盆式开挖；(c) 下第一道围檩；(d) 地下第二道内支撑盆式开挖；(e) 第二道围檩；(f) 开挖到地板；(g) 底板与侧墙砌筑；(h) 拆支撑做地下第二层；(i) 完成地下结构

顺作法具有施工简单方便、快捷经济、安全可靠等优点；缺点是关键工期占用长，场地和空间要求大，对周围环境的影响较大。

顺作法，需要做好对基坑地下围护结构和地下水的控制，防止突水涌砂，以及土体坍塌。不同围护结构和开挖方法有不同的适用条件，方案选择时应作相应的技术分析和设计计算。

根据设计方案，顺作法开挖时一般遵循分层、分段、分区，对称、限时开挖的原则。

土方开挖到各分层位置时，应及时施作钢管支撑或土钉墙；土方开挖过程中及时封堵边墙上的渗漏点，并注意保护坑内降水井，确保降水、排水系统正常运转；基坑开挖过程中严禁超挖，开挖时掏槽放坡不得大于安全坡度，对可能受暴雨冲刷的放坡采用喷水泥浆封闭的保护措施，严防滑坡。

基坑开挖做到无水条件下进行，在开挖过程中，做好降水和地下水控制施工，确保水位在基坑底 500mm 以下，并及时排除基坑内积水。

4.4.3.3　逆作法

逆作法施工，是边向下开挖，在满足一层建筑空间时，边立即构筑本层结构和建筑物，逐渐交替底将地下建筑结构自上往下逐层施工的工艺方法（图 4.4.3-5）。

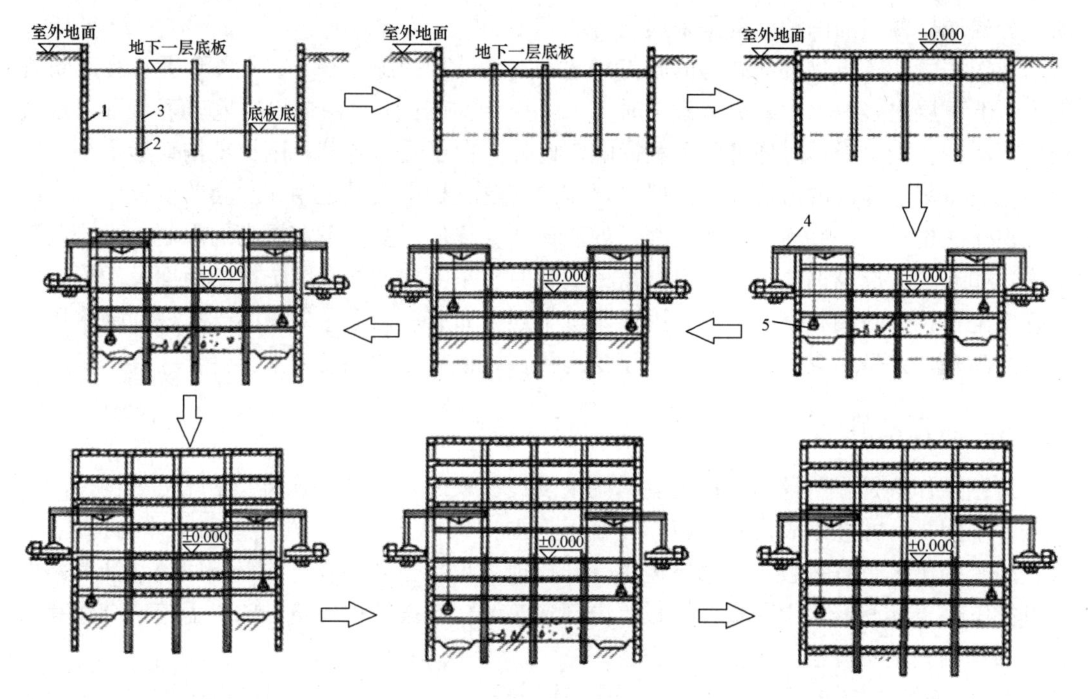

图 4.4.3-5　地下建筑逆作法施工流程

1—地下室连续墙支护结构；2—立柱桩；3—中立柱；4—专用挖掘机；5—挖土抓斗

首先沿建筑物地下室轴线或周围施工地下连续墙或其他支护结构，同时建筑物内部的有关位置浇筑或打下中间支承桩和柱，并以此作为施工期间于底板封底之前承受上部结构自重和施工荷载的支撑。然后施工地面一层的梁板楼面结构，兼作为地下连续墙刚度很大的支撑，随后逐层向下开挖土方和浇筑各层地下结构，直至底板封底。

采用逆作法进行基坑施工的同时，由于地面一层的楼面结构已完成，为地面上部结构施工创造了条件，所以可同时向上逐层进行地上结构的施工。如此地上、地下同时进行施工，直至工程结束。

逆作法是一项近年发展起来的新兴的基坑支护技术。它是施工高层建筑多层地下室和其他多层地下结构的有效方法。在美、日、德、法等国家，已广泛应用，取得了较好的效果。例如：日本的读卖新闻社大楼，地上 9 层，地下 6 层。采用逆作法施工，总工期只用了 22 个月，与日本采用传统施工方法施工的类似工程相比，缩短了 6 个月工期。又如美国芝加哥的水塔广场大厦，75 层、高 203m，4 层地下室，用 18m 深的地下连续墙和 144 根大直径灌注桩作为中间支承柱，采用逆作法进行施工，当该工程地下室结构全部完成时，主楼上部结构已施工至 32 层。

逆作法按地面首层设置的条件，可分为敞开式逆作法、盖挖逆作法、暗挖逆作法；按逆作所占项目比例来划分，可分为全逆作、半逆作、部分逆作和分层逆作。

全逆作法：当逆作地下结构的同时还进行地上结构的施工，则称为全逆作法。

半逆作法：当仅逆作地下结构而并不同步施工地上结构时，则称为半逆作法。

部分逆作法：部分结构采用顺作法，部分结构采用逆作法的地下施工方法。

分层逆作法：此方法主要是针对四周围护结构，采用分层逆作，不是一次整体施工完成。分层逆作四周的围护结构是采用土钉墙。

逆作法可使建筑物上部结构的施工和地下基础结构的施工平行、立体作业，在建筑规模大、上下层次多时，大约可节省工时 1/3。由于其施工作业在封闭的地表下，可以最大限度地减少扬尘，降低对环境的不利影响。此外，由于受力合理，围护结构变形量小，因而逆作法对邻近建筑的影响亦小。所以，在深基坑支护中大量运用，社会效益较好。

逆作法也存在一些不足需要克服，如逆作法支撑位置受地下室层高的限制，无法调整高度，如遇较大层高的地下室，有时需另设临时水平支撑或加大围护墙的断面及配筋。由于挖土是在顶部封闭状态下进行，因而基坑中还分布有一定数量的中间支承柱和降水用井点管，尚缺乏小型、灵活、高效的小型挖土机械，使挖土的难度增大。

4.4.4 盖挖法施工

盖挖逆作法是在明挖内支撑基坑基础上发展起来的，通过连续墙、钻孔桩等构建围护结构和中间桩，并在地表设置盖板，在盖板、围护保护下进行土方开挖和主体结构施工。盖挖施工的工艺过程一般是：修筑边墙→开挖地表顶部土体→修筑顶盖→回填并恢复路面→开挖下部土体→修筑中隔板和底板等内部建筑结构。按结构建筑方向，盖挖法结构有逆作与顺作两种施工方法。

4.4.4.1 盖挖逆作法

盖挖逆作施工过程可概括为：一柱、二盖、三板、四墙、五底，如图 4.4.4-1 所示。

一柱：先施作边柱（桩）护壁（摩擦桩或条形基础桩），同时施作结构钢管柱（或混凝土柱）。

二盖：将盖板置于边桩和中柱之上。为了使边桩连成一体，于边桩上设冠梁。这里盖板的概念，实际上是由周边梁结构和柱上纵横梁结构及盖板结构均置于地膜之上（此时结构已倒挂于桩柱上）而组成的梁板结构。

三板：开挖负一层土方后，施作中隔板地膜，在地膜上绑扎中隔板钢筋（梁板结构），

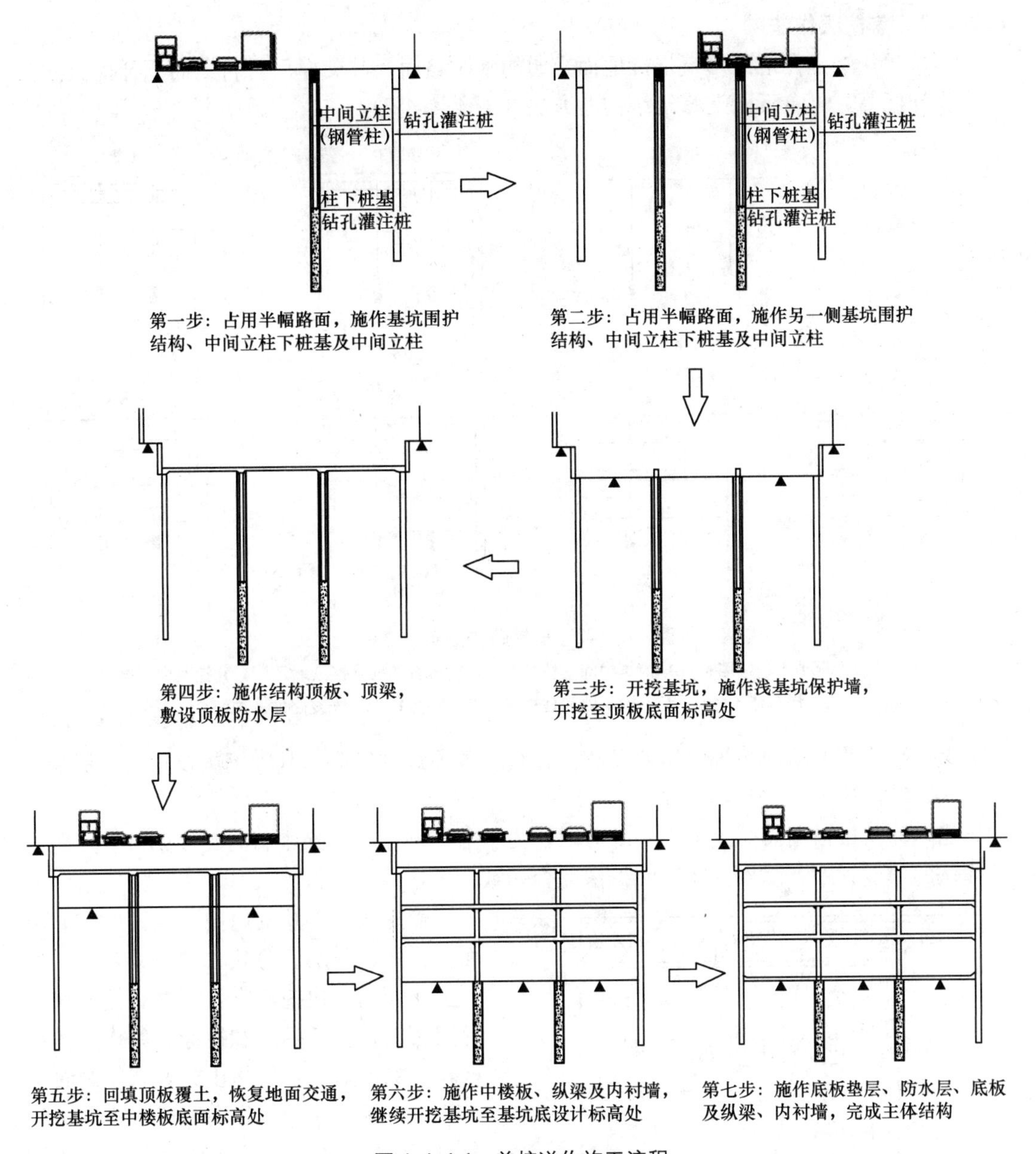

图 4.4.4-1 盖挖逆作施工流程

浇筑中隔板混凝土。(注：利用出入口或风道位置，紧贴车站结构设置竖井，破桩开马头门进入车站负一层)

四墙：用不带动力的移动式边墙支架（专门设计）逐层浇筑边墙混凝土。(注：此时作用于边桩上的部分荷载转移至边墙)

五底：在完成负一层土方、中板、边墙后施作车站的负二层土方、底板及边墙。

盖挖逆作法没有太复杂的技术，它是由若干简单的、原始的技术，通过巧妙的、有机的组合，从而形成的一套完整的甚至于是完美的施工工法。

4.4.4.2　盖挖顺作法

盖挖顺作法是在地面修筑维持地面交通的临时路面及其支撑后，自上而下开挖土方至坑底设计标高，再自下而上修筑结构的方法（图 4.4.4-2）。

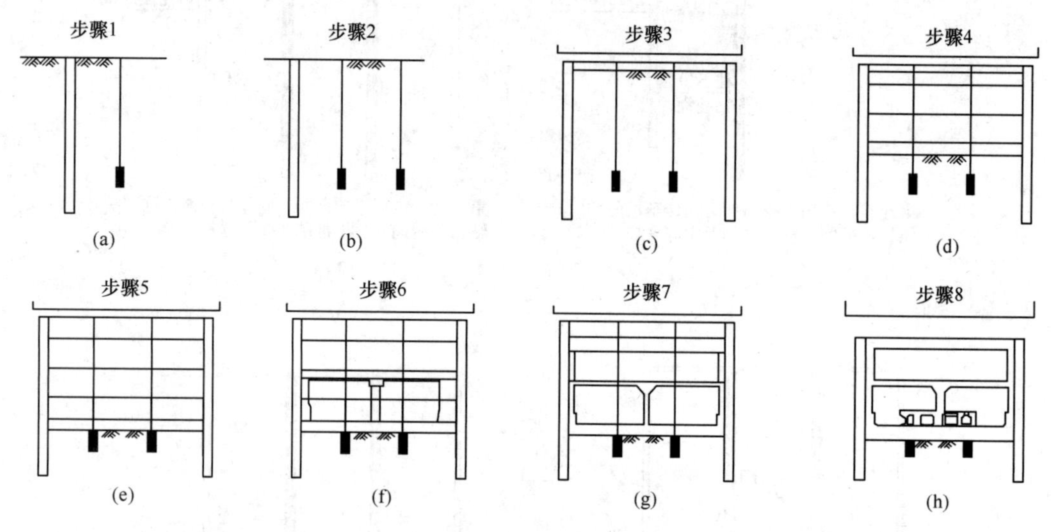

图 4.4.4-2　盖挖顺作法施工流程

（a）构筑左侧地下连续墙；（b）构筑中间支撑桩；（c）构筑右侧地下连续墙；（d）开挖及内支撑；（e）构筑建筑底板；（f）构筑墙和柱；（g）构筑顶板；（h）恢复路面及内装修

盖挖顺作法的路面系统由钢梁及路面盖板、围护结构组成，其中钢梁及路面盖板为临时结构，车站施工完成后需拆除。

当路面盖板根据需要仅铺设一部分时，为半盖挖顺作法。除了临时路面系统外，盖挖顺作法的作业程序、结构方案与明挖法完全一致。

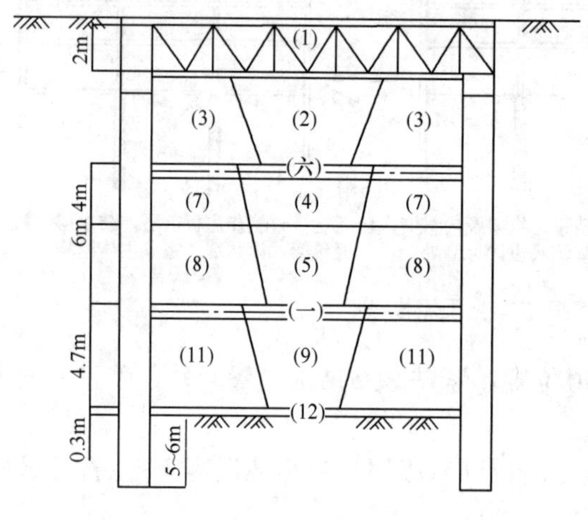

图 4.4.4-3　土方开挖分部施工顺序图

盖挖法施工总的原则是：做好临时路面，分区、分层、分块、分段、对称、均衡土体开挖，快挖快支，严禁超挖，快速封闭底板，合理拆撑和换撑，施作主体结构，拆除覆盖板，回填土方，恢复路面。

土方施工采用“纵向分段、横向分幅分块、竖向分层分部”的方式进行。土方开挖顺序如图 4.4.4-3 所示。

主体结构采用分段施工，首先要满足结构分段施工技术要求和构造要求，同时结合施工能力和合同工期要求确定。施工节段的划分原则如下：

（1）施工缝设置于两中间柱之间纵梁弯矩、剪力最小的地方，即纵向柱跨的 1/4～1/3 处。

（2）施工节段的划分要与楼层楼梯口、电梯口预留孔洞及侧墙上的人行通道和电力、电缆廊道位置错开。

（3）施工节段的长度一般控制在 8～12m，特殊地段除外。

4.4.5 半明半盖

半盖挖半明挖是借助明挖和暗挖的技术优势，又克服明挖和暗挖的缺点，实现地下工程的快速高效、绿色环保施工。

图 4.4.5-1 所示为半明半盖顺作法施工案例。其是在干线道路的左右两侧分期交替封路，分别采用盖挖和明挖的方式修建地下建筑的施工工法。具体步骤如下：

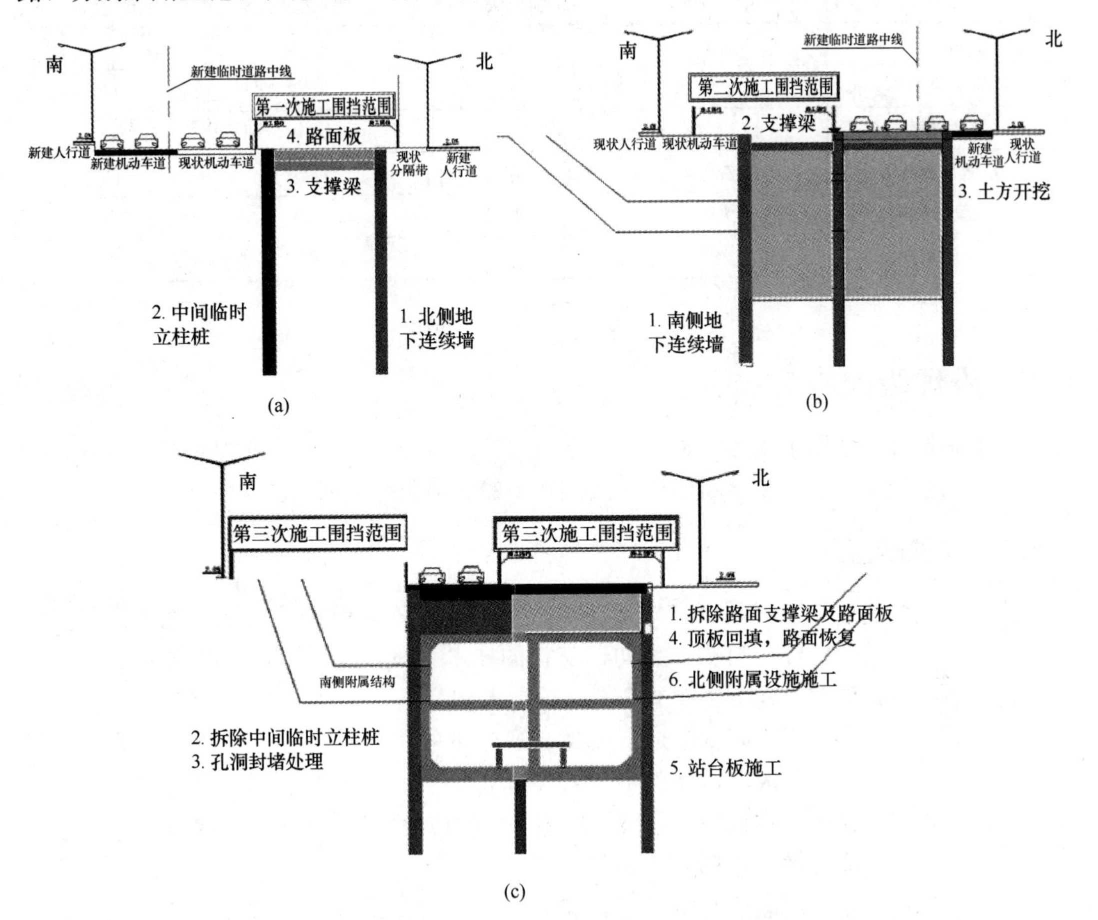

图 4.4.5-1 半盖挖半明挖及装配式施工流程

（a）第一阶段；（b）第二阶段；（c）第三阶段

第一阶段：南侧新建两个机动车道，将道路疏解至南侧双向车道。围挡北侧，施工北侧地下连续墙（桩墙）、中间临时钻孔桩及北侧临时路面系统（图 4.4.5-1a）。

第二阶段：北侧新建两个机动车道，交通疏解至北侧车道，围挡南侧施工（图 4.4.5-1b）。

施工南侧地下连续墙（桩墙）及南半幅支撑梁。在连续墙、中间柱、盖板、内支撑保护下，进行车站主体土方开挖，土方完成后进行车站主体结构施工。主体结构施工完毕后，进行顶板防水施工、南半幅支撑梁拆除及南侧顶板回填施工；同时安排南侧附属设施进行施工。

第三阶段：南侧顶板之上恢复机动车道，南侧部分和北侧同时围挡，并进行主体和附属设施的施工（图 4.4.5-1c）。北侧进行主体施工，包括路面系统的破除、中间临时桩的破除、主体孔洞的封堵及内部结构的施工。

明盖挖，半明半盖，有利于地下建筑向装配化施工方向发展，有利于智能化和现代工业化发展，有利于缩短工期，提高质量，提高绿色环保施工水平。

现将本节明盖挖工法作一些简单对比，见表 4.4.5-1。

各施工方法分析比较　　**表 4.4.5-1**

比较项目	明挖法	盖挖法	明盖挖法	暗挖法
成本	低	较高	适中	高
施工速度	快	较慢	较快	缓慢
劳动强度	高	适中	适中	高
机械化程度	较高	高	较高	低
环境及管线影响性	大	小	较小	大
交通影响性	大	小	小	小

4.5　浅埋暗挖施工

浅埋暗挖法是适用于浅埋隧道和地下空间施工的暗挖工法，一般地被归类于矿山法的市政地下工程施工，泛指非全断面连续机械施工的非明盖挖法施工。

4.5.1　浅埋暗挖法

浅埋暗挖修建地下工程是以良好地层或改良地层条件为前提，以控制地表沉降为重点，以钢格栅等预制构件和喷锚作为初期支护的技术手段，遵循“18 字”原则，采用多种辅助工法，进行隧道及地下空间的开挖支护施工。

浅埋暗挖法代表着新中国城市地下轨道交通建设的起步发展，1984 年首先在北京延庆军都山隧道黄土段试验成功，又于 1986 年在北京复兴门地铁折返线工程中进一步发展和创立，实现了拆迁少、不扰民、不破坏环境下的城市地下隧道和车站的施工。

浅埋暗挖一般应遵循的“18 字”方针是：

（1）管超前：指采用超前导管注浆防护，实际上就是采用超前预加固支护的各种手段，提高工作面的稳定性，防止围岩松弛和坍塌。

（2）严注浆：在超前预支护后，立即压注水泥砂浆或其他化学浆液，填充围岩空隙，使隧道周围形成一个具有一定强度的结构体，以增强围岩的自稳能力。

（3）短开挖：即限制一次进尺的长度，减少对围岩的松动。

（4）强支护：在浅埋的松软地层中施工，初期支护必须十分牢固，具有较大的刚度，以控制开挖初期的变形。

（5）快封闭：在台阶法施工中，如上台阶过长时，变形增加较快，为及时控制围岩松弛，必须采用临时仰拱封闭，开挖一环，封闭一环，提高初期支护的承载能力。

（6）勤量测：对隧道施工过程进行经常性的量测，掌握施工动态，及时反馈，是浅埋暗挖法施工成败的关键。

浅埋暗挖法的应用范围广，施工安排灵活。如区间隧道、大跨度渡线段隧道、通风道、出入口和竖井的修建；多跨、多层大型车站的修建。

浅埋暗挖施工工序，可划分为破岩、支护、排渣和运输等；按施工主次性质可分为主体工序和辅助工序。主体工序主要指占用工作面且不可缺失的工序，如开挖和支护施工等，辅助工序指服务于主体的施工，有时需要，有时并不需要的工作，如小导管注浆和管棚施工等。

1. 挖掘施工

挖掘施工一般分为人工挖掘、机械挖掘、钻爆挖掘三种。在城市，由于振动和空气冲击波等有较大干扰，钻爆法施工受限，需要采取特殊减震技术，因此较多采用人工或机械挖掘。随着机械化、自动化发展，浅埋暗挖施工技术和效率正在优化提升之中。

2. 初期支护

初期支护是指开挖过程中或者之前对开挖周边的围岩进行的加固和衬砌支护，初期支护施工的关键是及时性。初期支护可按时间顺序分次进行，如喷射混凝土、网喷支护、格栅网喷等初期支护，如图 4.5.1-1 所示，小导管注浆、管棚施工如图 4.5.1-2 所示。

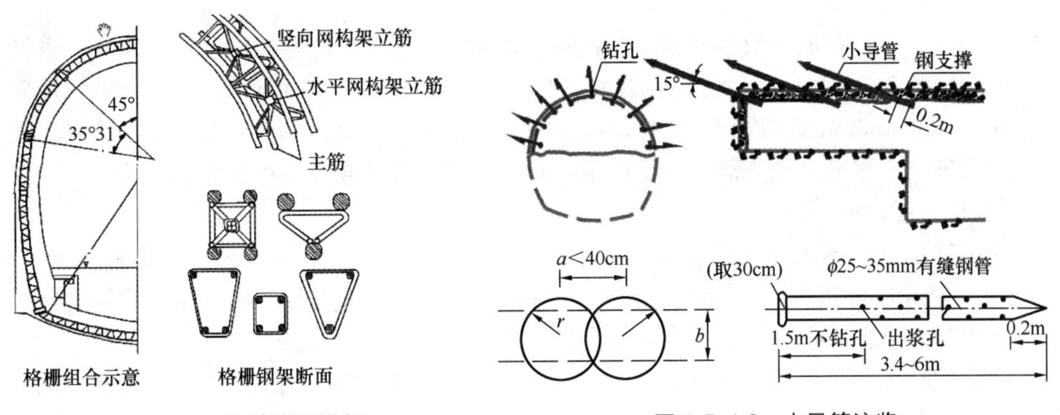

图 4.5.1-1 钢筋格栅拱架

图 4.5.1-2 小导管注浆

(1) 网喷：挂网和喷射混凝土支护，如同边坡支护中的网喷施工技术。

(2) 钢拱架：用型钢、钢筋格栅拱架及时进行架棚支护，提高初支的强度和刚度，施作要及时，控制地表沉降效果好。

(3) 锚杆：常用锚杆有预应力或无预应力的砂浆锚杆或树脂锚杆。要求：一是抗拉力不应小于 150kN；二是水泥砂浆强度不低于 M20，应密实灌满；三是锚杆必须安装垫板，垫板应与喷射混凝土面密贴。

(4) 机械预切槽衬砌法：就是在空间（隧道）开挖前，沿开挖周边根据初衬厚度切一定深度的槽，然后在切槽里面浇筑和架设支架，形成超前支护。

3. 装渣运输

隧道内装渣机械选型受地下空间限制，一般有挖斗式、蟹爪式、立爪式、铲斗式等四种。

出渣可采用有轨和无轨两种运输系统和设备，常用的轨道运输车辆有斗车、梭式矿车；无轨运输可以采用电动柴油汽车。地下渣土运输到出入竖井处存渣场，夜间转运至指定卸渣场。

4. 二次衬砌

二次衬砌是指在初期支护下围岩变形基本稳定后，进行二次支护，服务地下工程支护储备、建筑防水和建筑安装。二次支护与初期支护设置防排水设施。与一般隧道衬砌不同，一般通过监控、量测，掌握初期支护及工作面动态，提供信息，指导二次衬砌施作时机，这是浅埋暗挖法施工与一般隧道衬砌施工的主要区别。

衬砌模板种类主要有临时木模板或金属定型模板，更多情况则使用衬砌台车。对模板的要求主要是衬砌所使用的模板、墙架、拱架均应式样简单、拆装方便、表面光滑、接缝严密。混凝土配制、搅拌、运输和振捣成型应符合相关混凝土施作规范。

5. 辅助工序

地层注浆是常见的辅助工序。在施工中，在砂卵石地层中宜采用渗入注浆法；在砂层中宜采用劈裂注浆法；在黏土层中宜采用劈裂或电动硅化注浆法；在淤泥质软土层中宜采用高压喷射注浆法。注浆材料应具备：良好的可注性，固结后有强度、抗渗、稳定、耐久、收缩小和无毒，注浆工艺简单、方便、安全等性能。

1）小导管帷幕注浆

小导管注浆支护的一般要求如下：钢管直径为40～50mm，钢管长为3～5m，钢管钻设注孔间距为100～150mm，钢管沿拱的环向布置间距为300～500mm，钢管沿拱的环向外插角为50～150mm，钢管沿隧道纵向的搭接长度为1000mm。小导管注浆宜采用水泥浆或水泥砂浆。浆液必须充满钢管及周围空隙，注浆量和注浆压力由试验确定。

2）长管棚超前支护

所谓管棚，就是把一系列直径为70～600mm的钢管（长度亦较长，一般都在20～40m），外插角不能过大（一般不大于5°），沿隧道外轮廓线或部分外轮廓线，顺隧道轴线方向依次打入开挖面前方的地层内，以支撑来自外侧的围岩压力。

管棚的纵向加固作用是明显的，为了实现“纵向成梁、横向成拱”的理想空间加固效果，且避免泥水从管棚之间的空隙坍落到开挖空间内，一般都要在管棚内注浆加固地层。

4.5.2 中小断面施工

掌握上述浅埋暗挖地下施工的各项工序技术和工艺特点，基于施工的时空作用影响，可进一步进行施工方案部署，从小跨度，逐渐向大跨度空间施工发展，如表4.5.2-1所示。

中小断面空间的开挖方法 表4.5.2-1

开挖方法	横断面示意	纵断面示意
全断面法	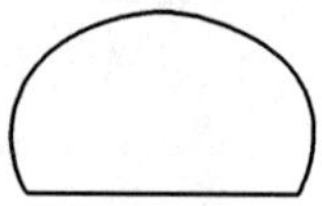	
下导洞超前法	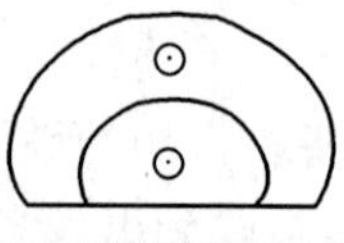	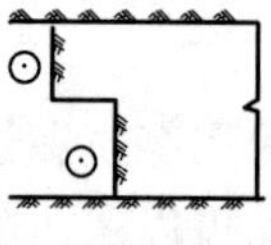

续表

开挖方法	横断面示意	纵断面示意
台阶法	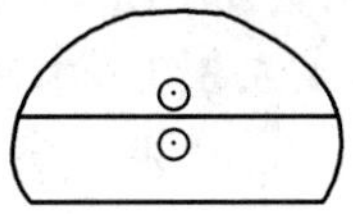	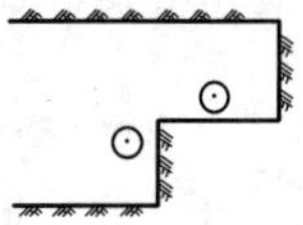
环形开挖预留核心土法	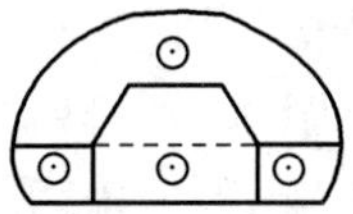	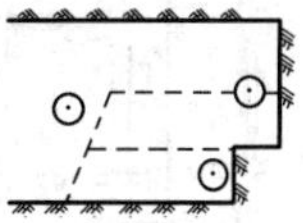
双侧壁导坑法	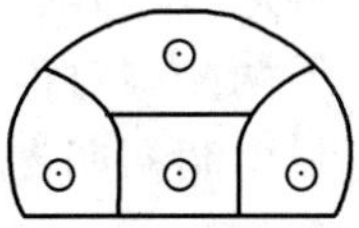	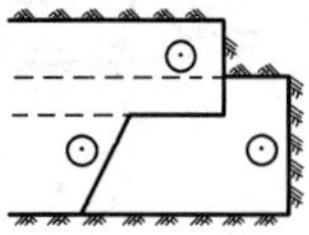
中洞法	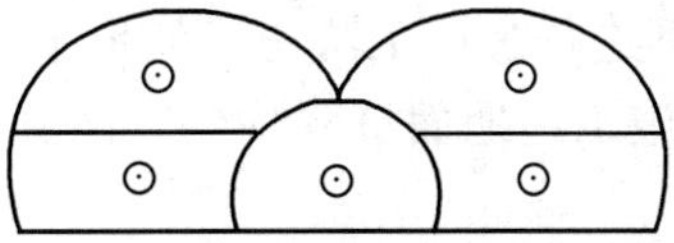	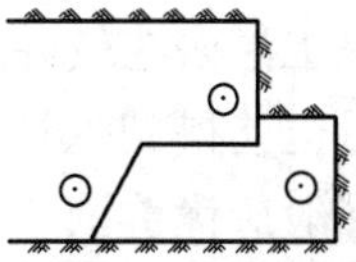
中隔壁法（CD法）	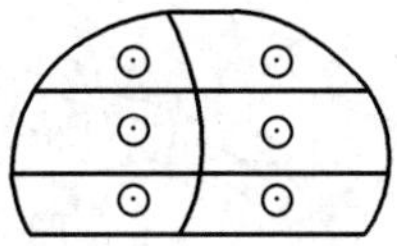	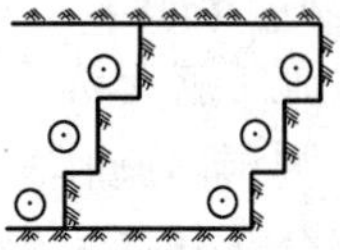
交叉中隔壁法（CRD法）	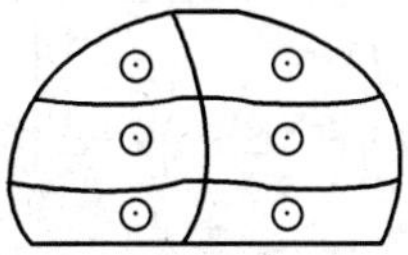	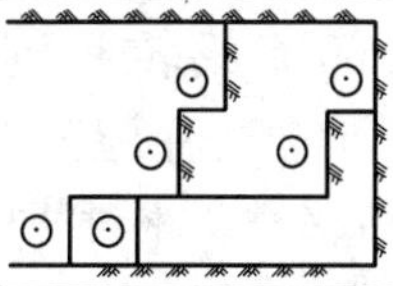

表4.5.2-2所示是对各种开挖方法的适应性进行对比，供施工方案选择时参考。

开挖部署选用分析表 **表4.5.2-2**

方案部署	适用条件	沉降	工期	防水	拆初支	造价
全断面法	地层好，跨度≤8m	一般	最短	好	无	低
正台阶法	地层较差，跨度≤12m	一般	短	好	无	低
上半断面临时封闭正台阶法	地层差，跨度≤12m	一般	短	好	小	低
正台阶环形开挖法	地层差，跨度≤12m	一般	短	好	无	低
单侧壁导坑正台阶法	地层差，跨度≤14m	较大	较短	好	小	低
中隔壁法（CD法）	地层差，跨度≤18m	较大	较短	好	小	偏高
交叉中隔壁法（CRD法）	地层差，跨度≤20m	较小	长	好	大	高
双侧壁导坑法（眼镜法）	小跨度，可扩成大跨	大	长	差	大	高

4.5.3 超大断面施工

对于暗挖地铁车站、地下商业街等，经常出现跨度超过20m，长度上百米地下大空间的施工问题，大跨度暗挖施工地层稳定性问题的极限挑战。应充分利用地下各种桩、墙、拱施工技术，地层加固技术和地下水控制技术，合理部署开挖方案。这里阐述几种高效可靠的施工技术和工法，如中洞法、侧洞法、柱洞法及PBA法。

4.5.3.1 中洞法施工

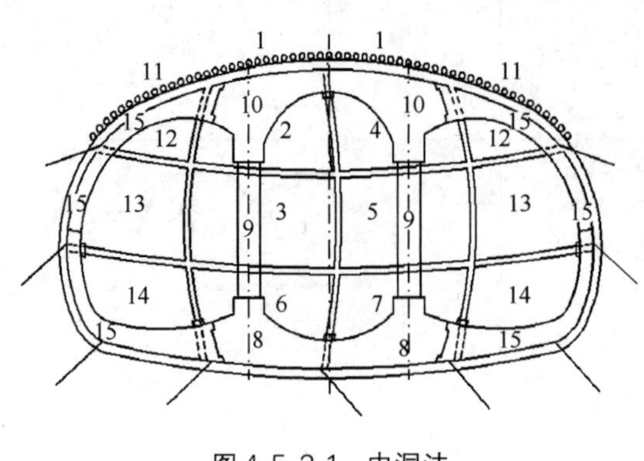

图4.5.3-1 中洞法

中洞法施工就是先开挖中间部分，故称之为中洞法。在中洞内施作梁、柱结构，再进行两侧空间开挖施工，如图4.5.3-1所示。由于中洞的跨度较大，施工中一般采用CD法、CRD法或眼镜法等进行施作。中洞法施工工序尽管复杂，但两侧洞对称施工，比较容易解决侧压力从中洞初期支护转移到梁柱上时产生的不平衡侧压力问题，施工引起的地面沉降较易控制。该工法多在较好的地下水控制下进行。该工法施工的地下空间较大，施工方便，混凝土质量也能得到保证。采用该工法施工，地面沉降均匀，两侧洞的沉降曲线不会叠加，所以一般应优选该工法方案。

4.5.3.2 侧洞法施工

侧洞法施工就是先开挖两侧部分，称之为侧洞，在侧洞内施作梁、柱结构，然后再开挖中间部分，并通过侧洞初期支护，逐渐将中洞顶部荷载转移到梁、柱上，如图4.5.3-2所示。这种施工方法，在处理中洞顶部荷载转移时，相对于中洞法，难度要大一些。

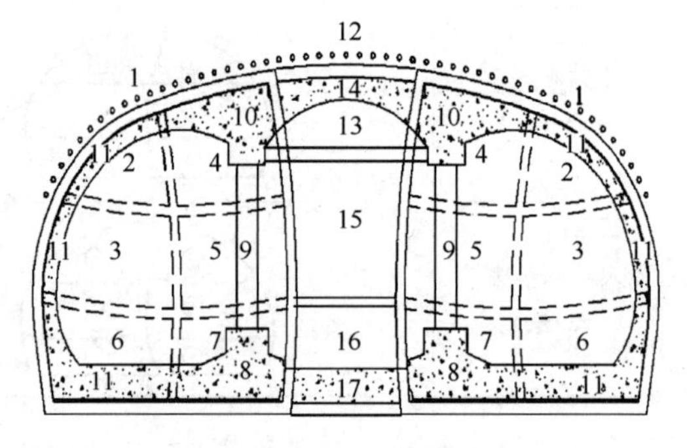

图4.5.3-2 侧洞法

两侧洞施工时，中洞上方土体经受多次扰动，形成危及中洞的上小下大的梯形或三角形松动体。该土体直接压在中洞顶上，施工若不够谨慎就可能发生坍塌。采用该工法施工引起的中部地面的沉降也较大，而中洞法则不会出现这种情况。

4.5.3.3 柱洞法施工

柱洞法施工中，先在地下两立柱位置施作小导洞，可用台阶法开挖，当小导洞做好后，在洞内再做底梁、立柱和顶梁，形成一个细而高的纵向结构，如图4.5.3-3所示。该工法的关键是如何确保两侧开挖后初期支护能同步作用在顶纵梁上，且柱子左右水平力要保持基本均等，这种力的平衡和力的转换，交织起来是较困难的技术问题。增设强有力的临时水平支撑是解决该问题的一个关键技术。其次，可利用碎片石、素混凝土或三合

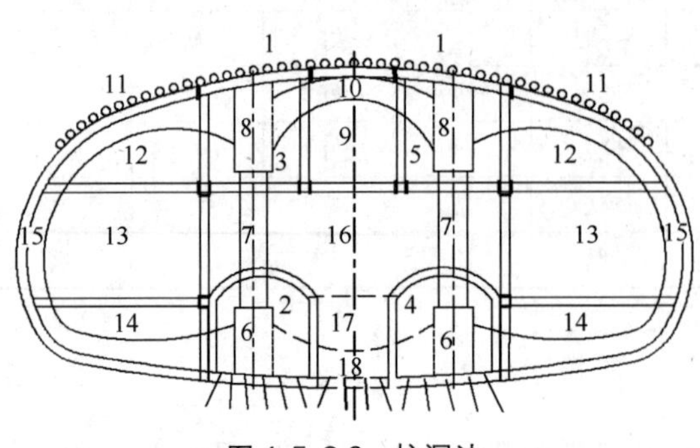

图4.5.3-3 柱洞法

土密实回填，依靠回填物给予支持，这样左边和右边施工不同步导致的水平荷载也能转移到立柱纵梁上，这样做虽能确保施工安全，但造价较高。

4.5.3.4 PBA 法施工

PBA 工法就是利用桩（Pile）、梁（Beam）、拱（Arch）的结构力学原理，进行地下大跨度空间工程建设，方法是：先开挖多个小导洞，在洞内制作挖孔桩。柱完成后，再施作顶部拱梁结构，然后在拱梁柱的保护下施工其余部分。实际上就是将盖挖法施工的挖孔桩梁柱等转入地下进行，因此该工法也称为地下式盖挖法，如图 4.5.3-4 所示。

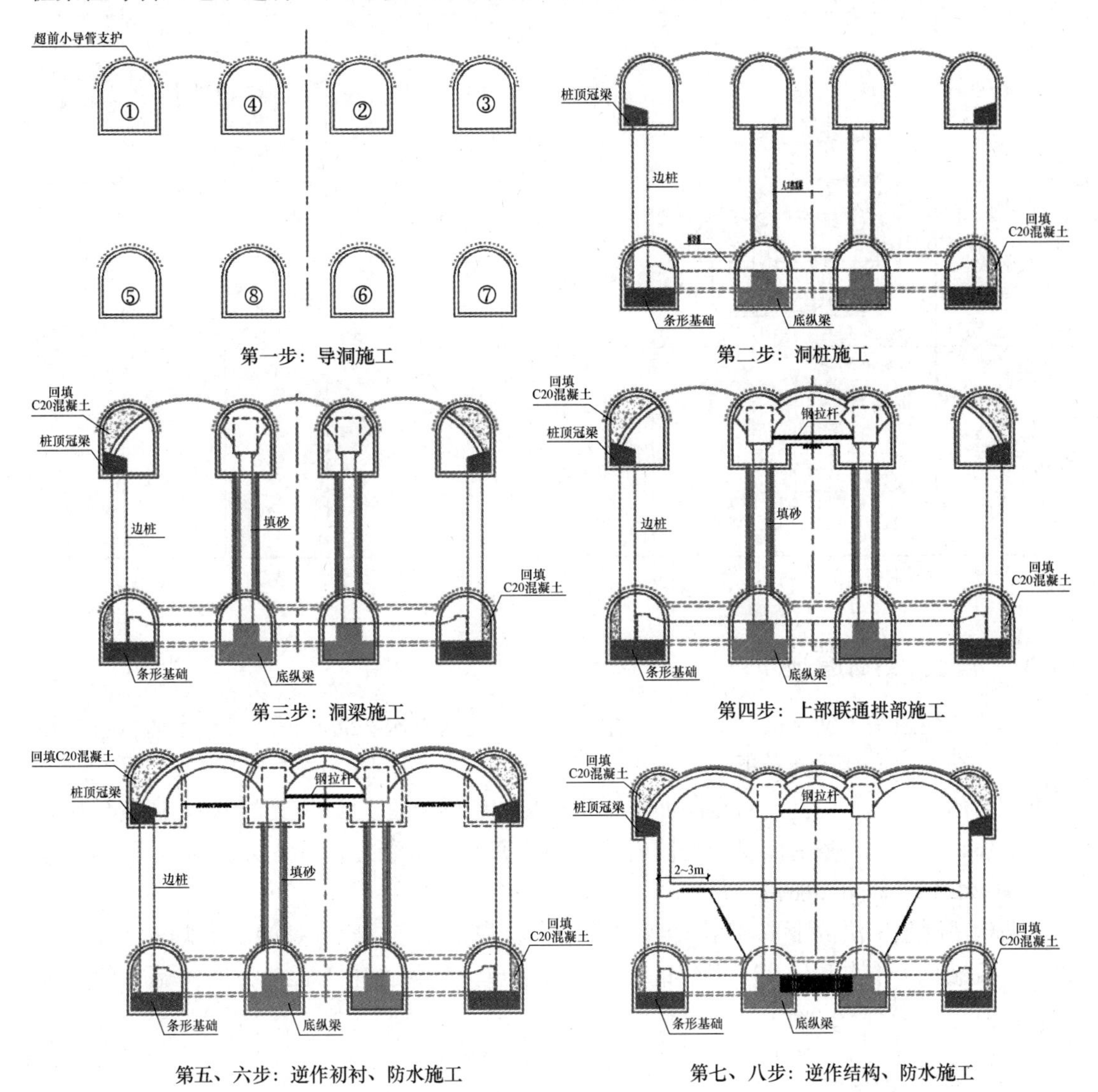

图 4.5.3-4 PBA 工法

该工法施工工序较多，在地下洞内挖孔做桩，工作环境很差，施工质量较难保证。地下扣拱施工时，跨度较大，安全性稍差。应大力开发机械化、工具化、装配化施工技术。

表 4.5.3-1 所示是对各种施工工法的适应性进行对比，以供施工方案部署时参考。

方案部署适应性对比分析表 表 4.5.3-1

方案部署	示意图	结构与适用地层	沉降	工期	防水	初衬拆除量	造价
中洞法	2 1 2	单层三跨 稳定岩土	小	长	一般	大	较高
侧洞法	1 3 2	单层三跨 稳定岩土	大	较长	一般	大	较高
柱洞法	2 2 2 / 1 1 1 1 / 3 3 3	双层三跨 松软表土	大	很长	差	中	高
PBA 法	①②①② ⑤ / ③④③④ ⑥	双层三跨 松软表土	小	很长	差	中	高

4.6 盾构法隧道施工

盾构法隧道是英文 shield tunnel 的中文翻译，是基于掩护筒原理开发出了盾构机，在地下进行全断面连续的隧道掘进，支护、排渣等系列工序作业。这种工法狭义上是针对松软富含水的浅表土。但基于对全断面连续机械化掘砌的隧道工法的广义理解，还应包括敞开式护盾，即包括开挖后能自稳定的岩体，即使有地下水干扰，后者又被称为 TBM，即 Tunnel Boring Machine 的缩写。

盾构法隧道工法源于 19 世纪初叶的英国，盾构法隧道早期也是始于手掘式，经历半机械、机械化、半自动化 200 多年的发展，已经成为现代土木工程地下空间施工的超级利器。

4.6.1 构造与选型

城市隧道地下工程采用的盾构法施工系统概貌如图 4.6.1-1 所示。首先，需要在即将建造的隧道一端构筑竖井或基坑，术语称始发井。盾构机在始发井内安装就位。打开洞门始发，继而顶进开挖，不断破土排渣，管片支护，向隧道的另一端推进，直到达到接收竖井，即完成一个区段的隧道施工。

盾构机设备构造，从机头到机尾，可简单划分成前盾、中盾和盾尾三大部分，又称为

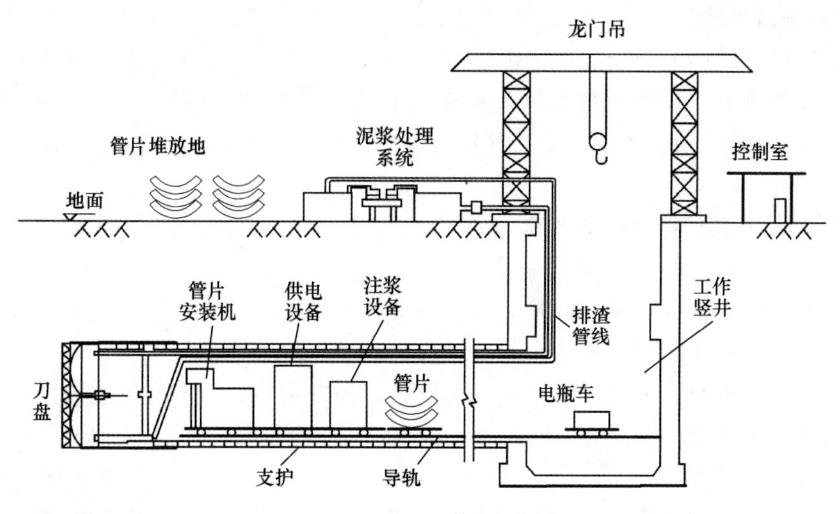

图 4.6.1-1 盾构隧道施工示意图

切口环、支撑环、盾尾，如图 4.6.1-2 所示。盾构隧道工法原理，即利用泥浆或土压平衡原理，确保工作面水土稳定，借助盾壳掩护人机、刀盘等设备进行土体开挖切割。机械自动化的排渣和衬砌平行，通过千斤顶顶推力，沿着周边轴向推进，刀盘边旋转边前进，周而复始地进行隧道全断面推进施工。

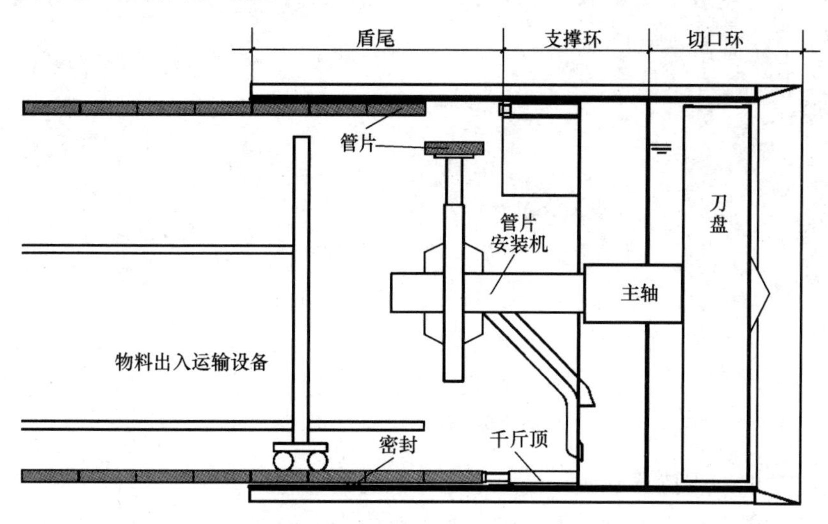

图 4.6.1-2 盾构机构成概图

盾构装备系统装备复杂，按功能可划分为：控制系统、液压系统、电力系统、通风空调系统、密封润滑系统、隧道导向系统、报警系统等。盾构机机械设备按主要功能，有盾构壳、刀盘、支撑环、刀盘驱动、主轴承、人闸仓、推进油缸、管片安装机、螺旋输送机或皮带输送机、盾尾、机掘浆液循环管路；其他还包括服务于盾构工作要求的运输设备、地层注浆设备、空调设备系统等辅助或后配套设备等。但盾构的机头部分可简化理解为切口环、支撑环和盾尾三部分，机头内的关键部件为刀盘、刀盘支撑轴、管棚安装机器、千斤顶、盾尾密封等。

4.6.1.1 刀盘与刀具

刀盘是机械化盾构的掘削部件，主要由刀盘体、刀具、输送泡沫及膨润土的管路等零部件组成。刀盘体为钢结构机械部件，用于各种刀具的安装。不同部位刀具安装功能不同。刀具按形状和功能可分为滚刀、切刀、边缘刮刀、仿形刀、保径刀、先行刀、中心刀等。

刀盘结构形式主要有面板式和辐条式两大类（图 4.6.1-3）。其选择与即将掘进的地层条件有关。

（1）面板式：刀盘开口率相对较小，面板直接支撑土体，具有挡土功能，有利于切削面稳定，但在开挖黏土层时，易发生刀具粘连，影响开挖效率的情况。

（2）辐条式：刀盘开口率大，渣土不易堵塞，流动通畅，主要利用土仓压力保持开挖面稳定，但中途更换刀具时的安全性较差。

刀盘具有三大功能：

（1）开挖功能。刀盘旋转时，刀具切削隧道开挖面土体，对开挖面的岩土层进行开挖，开挖后的渣土通过刀盘的开口进入土仓。

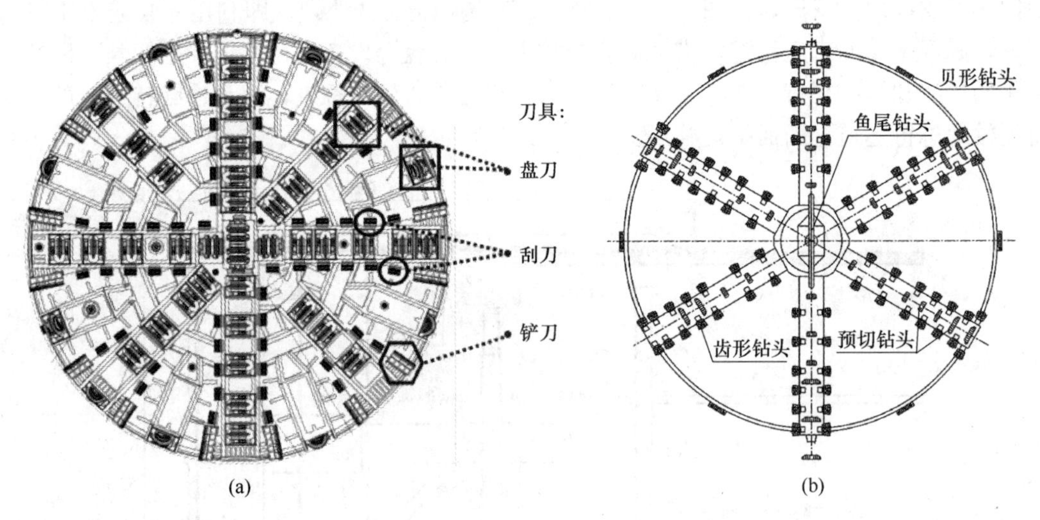

图 4.6.1-3 刀盘主要类型

（a）面板式刀盘；（b）辐条式刀盘

（2）稳定功能。支持开挖面，具有稳定开挖面的功能。

（3）搅拌功能。对于土压平衡盾构，刀盘对土仓内的渣土进行搅拌，使渣土具有一定的塑性、流动性，并在一定程度上具有避免形成“泥饼”的作用。

刀盘驱动分为中心轴支撑式、中间支撑式和周边支撑式，如图 4.6.1-4 所示。

刀盘结构应根据即将施工的地质条件进行设计，并获得较高的施工安全保障、高效的掘进效率。刀盘设计时，应充分考虑刀盘的结构形式、支撑方式、开口率、开口大小和分布、刀具的布置等因素。

4.6.1.2 盾尾与密封

封闭式盾构，在盾尾部分设置密封和同步注浆系统（图 4.6.1-5）。盾尾密封系统是富水不稳定地层盾构掘进的保障系统的关键之一。

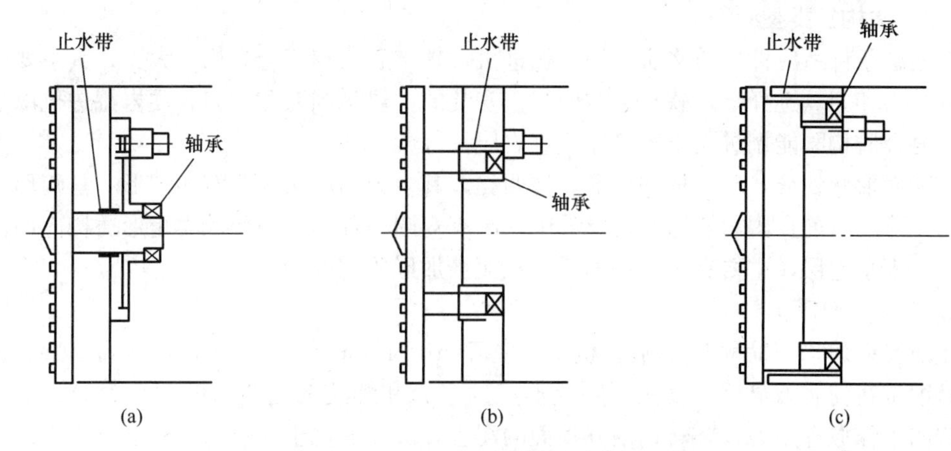

图 4.6.1-4 盾构机按驱动轴位置分类示意图

(a) 中心轴支承式；(b) 中间支承式；(c) 周边支承式

盾构法隧道施工所发生的安全事故常常在盾尾。铰接式盾构的盾尾密封系统包括铰接密封和盾尾密封。盾尾止水采用钢丝刷密封装置，是集弹簧钢、钢丝刷及不锈钢金属网于一体的结构。盾尾油脂泵向每道钢丝刷密封之间供应油脂，以提高止水性能，见图 4.6.1-5。

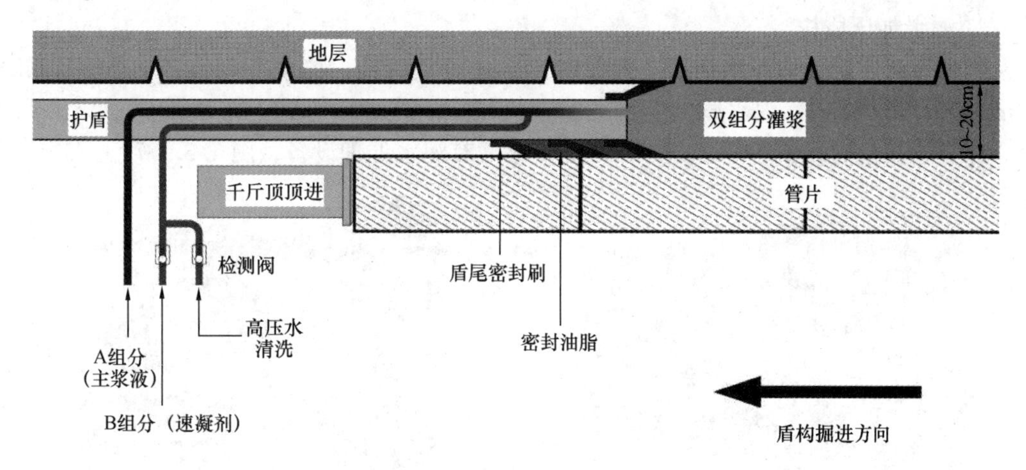

图 4.6.1-5 盾尾与同步注浆机构细部

同步注浆系统主要有以下三个目的：

(1) 及时填充盾尾后的建筑空隙，平衡管片周围水土，有效地控制地表沉降；

(2) 凝结的浆液作为盾构衬砌的第一道防水屏障，防止地下水向管片内泄漏；

(3) 有利于盾构姿态调整和控制，使管片与周围岩体一体化，保持衬砌的稳定。

4.6.1.3　盾构机类型

按地层条件适应性，盾构机分硬岩掘进机、软土盾构和复合盾构三大类。其主要区别在刀盘结构和刀具选择上。软土盾构的刀盘安装的主要是刮刀和切刀，硬岩掘进机以滚刀为主。复合盾构既能掘进表土，又能掘进岩层。

按断面形状划分，有圆形和异形盾构两类，其中异形盾构主要有多圆形、马蹄形、类矩形和矩形、目前在国内轨道交通建设中，已有双圆马蹄形、矩形和类矩形盾构应用。

对于表土地层，主要有土压平衡盾构和泥水加压盾构两种。

1. 土压平衡盾构

土压平衡盾构（简称EPB盾构机，英文Earth Pressure Balance Tunneling Machine），主要特征是在前盾刀盘后面设置了隔板形成的土仓和螺旋输送机（图4.6.1-6）。土压平衡盾构的工作原理是刀盘旋转切削开挖面的泥土，破碎的泥土通过刀盘开口进入土仓，泥土落到土仓底部后，通过螺旋输送机运到皮带输送机上，然后输送到停在轨道上的渣车上。

土压平衡盾构的开挖面支护原理是依靠松动的渣土料作为支护材料。土层应具有良好的塑性，较低的剪切强度和较小的渗透性。除软黏土外，一般土壤不完全具有这种特性，应进行改良。改良的方法通常借助泥浆润滑土块，膨润土、CMC（羧甲基纤维素钠）、聚合物或泡沫等是泥浆主要的掺入料或外加剂。

2. 泥水加压盾构

泥水加压盾构也称泥水加压平衡盾构（简称SPB盾构，英文Slurry Pressure Balance Tunneling Machine）。泥水盾构的特征是在机械式盾构的前部通过隔板设置形成了泥水仓，以及其相应的泥浆输送管路，在地面上还配有泥水处理设备（图4.6.1-7）。

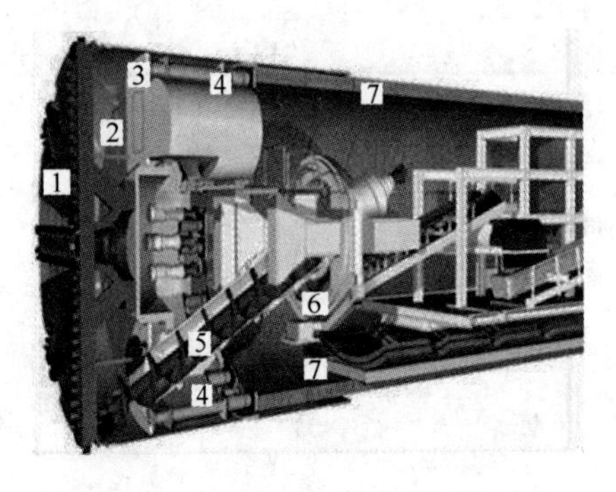

图4.6.1-6　土压平衡盾构

1—刀头（盘）；2—开挖舱；3—舱隔板；4—千斤顶；5—螺旋运输机；6—管片安装机；7—钢筋通管片

图4.6.1-7　泥水平衡盾构

1—刀头（盘）；2—开挖舱；3—舱隔板；4—泥浆供回管；5—气垫；6—管片安装机；7—钢筋混凝土管片

泥水平衡盾构的开挖面支护原理是采用膨润土悬浮液（俗称泥浆）作为支护材料，在开挖面上用泥浆形成不透水的泥膜，通过泥浆循环的流量和压力调整，一方面平衡作用于开挖面的土压力和水压力，另一方面实现排渣和冷却刀盘。开挖的土砂以泥浆形式输送到地面，通过泥水处理设备进行分离，分离后的泥水进行质量调整，再回输送开挖面。

泥水盾构最初是针对洪积砂土交错出现的特殊地层。由于泥水对开挖面平衡作用明显，因此在软弱的淤泥质土层、松动的砂土层、砂砾层、卵石砂砾层、砂砾和坚硬土的互层等地层中均适用。目前，泥水加压盾构工法对地层的适用范围正不断扩大，通过外加剂改良泥浆的辅助，使得泥水盾构几乎适应所有地层。

图 4.6.1-8 所示是这两大类盾构适应的地层分析，主要依据土颗粒分布曲线来界定土压平衡和泥水平衡盾构的适用性。

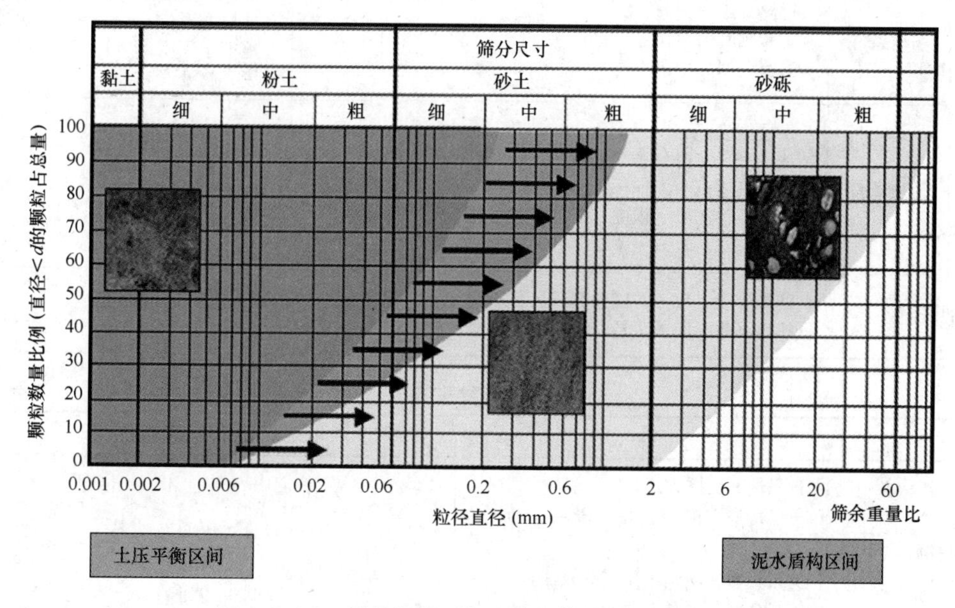

图 4.6.1-8 盾构机类型与土体颗粒统计规律关系图

4.6.2 选型与设计

盾构法隧道施工，其施工组织设计应针对工程条件，开展设备选项和定制。因为每一项工程的条件和场地都是变化的，建造要求也不尽相同。因此，选型设计是盾构法隧道的重要方面，选项依据内容有：工程地质与水文地质条件、隧道断面设计形状和尺寸、隧道埋深、地下障碍物、地下管线及构筑物、地面建筑物、地表隆沉要求等，经过技术、经济比较后确定。选型目的是满足隧道断面形状与尺寸，保障工程项目安全顺利实施，实现工期目标和最佳技术经济。

4.6.2.1 选型主要原则

（1）适用性原则：主要包括盾构机类型和型号与隧道线路地质条件的适应性，以及盾构机断面形状与尺寸的适用性。

（2）先进性原则：包括两方面的含义，一是比较在不同种类盾构技术中所处的先进性，二是比较在同一种类盾构中，具体设备配置与功能的技术先进性。

（3）经济合理性原则：所选择的盾构机，在满足施工安全、质量标准、环境保护要求和工期要求的前提下，其综合施工成本合理，或技术经济性高。

盾构选型对比表详见二维码 4.6.2。

二维码4.6.2

4.6.2.2 选型基本流程

盾构机选型的基本流程分五步，即①策划调查→②可行性分析→③方案初选→④方案比较→⑤最终决策。策划所需做的项目如表 4.6.2-1 所示，可行性分析如表 4.6.2-2 所示。

策划调查表内容 表 4.6.2-1

项目		内容	项目	内容
调查	场地条件	道路等级、交通状况； 工程临时用地状况； 河流、湖泊状况	环境条件	噪声、振动； 地层变形； 地下水利用； 废弃物处理
	地质条件	土层构成； 地下水（水位分布、水质）； 有害气体； 土的工程性质（强度、变形特性、透水性等）	障碍物	地上、地下构筑物； 埋设物； 地下废弃构筑物； 其他
设计条件		隧道形状、尺寸；隧道延长；覆土深度； 线形（最小曲线半径、平面曲线与竖曲线、坡度）；工期		

可行性分析表 表 4.6.2-2

项目	内容	项目	内容
开挖面稳定	① 自稳性和支撑方式； ② 土层构成（隧道延长范围内各种土比例）； ③ 透水系数、间隙水压、含水率； ④ 土的硬度（N值，压缩强度）； ⑤ 颗粒分辨；卵砾石粒径（长径×短径）	环境保护	地下水污染、枯竭； 噪声、振动； 景观、交通
地层变形	影响范围、水平与垂直变形、邻近构筑物	其他	障碍物及弃土处理、弃土运输、施工用地

4.6.2.3 选型参数计算

1. 盾构外径

$$D = D_0 + 2(\delta + t) \tag{4.6.2-1}$$

式中 D_0——管片外径（mm）；

t——盾尾壳体厚度（mm）；盾构厚度根据其尺寸及所受的地层压力而定，在满足强度、刚度的条件下，尽可能地小；类比国内同类工程的实际经验；

δ——盾尾间隙（mm），$\delta = \delta_1 + \delta_2$；

δ_1——盾构在曲线上施工和修正蛇行时必须的最小富余量：

$$\delta_1 = \frac{1}{2}\left[\left(R - \frac{D_0}{2}\right) - \sqrt{\left(R - \frac{D_0}{2}\right)^2 - L^2}\right] \tag{4.6.2-2}$$

L——盾尾覆盖的衬砌长度；

R——最小曲线半径（mm）；

δ_2——管片组装时的富余量，考虑到管片本身的尺寸误差、拼装的精度、盾尾的偏移等，通常要再取一定的富余量。根据各国相近尺寸盾构机外径常用的盾尾间隙取用，常用 20～40mm。

2. 机头质量

盾构机质量是盾壳、刀盘、推进油缸、管片安装机、人仓、运输机等的总和。一般地，可按盾构机直径进行估算：泥水平衡：$W = (45 \sim 65)D$，土压平衡：$W = (55 \sim 70)D$。

3. 壳体长度 L

壳体长度的初步确定，与切口环、支撑环、盾尾长度及管片宽度等有关，也与盾构机的灵敏度有关。

$$L = \xi D = L_a + L_b \tag{4.6.2-3}$$

式中 ξ——经验系数：$D \leqslant 3.5$m 时，$\xi = 1.2 \sim 1.5$；3.5m$<D \leqslant 9$m 时，$\xi = 0.8 \sim 1.2$。$D > 9$m 时，$\xi = 0.7 \sim 0.8$；

L_a——前盾和中盾长度，前端到铰链的长度，一般 $L_a = 0.75D$；

L_b——盾尾计算：$L_b = L_i + C + L_s + C' + L_p$；

L_i——安装千斤顶的长度，$L_i = 350 \sim 450$mm；

L_s——管片宽度，一般 $L_s = 1200 \sim 1500$mm；

L_p——安装盾尾密封材料的长度，取 $L_p = 865$mm；

C——管片组装的余量，$C = 500$mm；

C'——其他余量，$C' = 25 \sim 50$mm。

4. 盾构机横截面受力分析

截面受力分析按图 4.6.2-1 计算：

$$\begin{cases} P_e = \gamma h + P_0 \\ P_{01} = P_e + G/DL \\ P_1 = kP_e \\ P_2 = k(P_e + \gamma D) \end{cases} \tag{4.6.2-4}$$

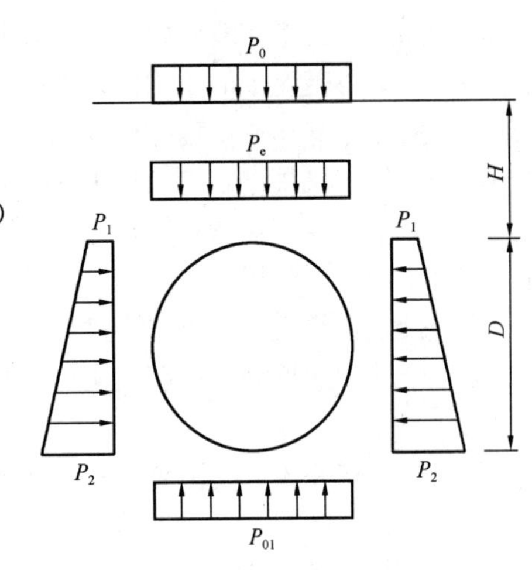

图 4.6.2-1 盾构受力计算简图

式中 k——水平侧压力系数；

h——上覆土体厚度（m）；

γ——土的重度（t/m^3）；

G——盾构机重量；

D——盾构机外径（mm）；

L——盾构机长度（mm）；

P_0——地面上置荷载，$P_0 = 2$t/m^2；

P_{01}——盾构机底部的均布压力（MPa）；

P_1——盾构机拱顶处的侧向水土压力（MPa）；

P_2——盾构机底部的侧向水土压力（MPa）。

5. 盾构机推力计算

盾构机的推力主要由以下五部分组成：

$$F = F_1 + F_2 + F_3 + F_4 + F_5 \tag{4.6.2-5}$$

式中 F_1——盾构机外壳与土体之间的摩擦力（kN）；

F_2——刀盘上的水平推力引起的推力（kN）；

F_3——切土所需要的推力（kN）；

F_4——盾尾与管片之间的摩擦力（kN）；

F_5——后方台车的阻力（kN）。

6. 盾构的扭矩计算

盾构设备扭矩由以下九部分组成：

$$M = M_1 + M_2 + M_3 + M_4 + M_5 + M_6 + M_7 + M_8 + M_9 \quad (4.6.2\text{-}6)$$

式中 M_1——刀具的切削扭矩（kN·m）；

M_2——刀盘自重产生的旋转力矩（kN·m）；

M_3——刀盘推力载荷产生的旋转力矩（kN·m）；

M_4——密封装置产生的摩擦力矩（kN·m）；

M_5——刀盘前表面上的摩擦力矩（kN·m）；

M_6——刀盘圆周面上的摩擦力矩（kN·m）；

M_7——刀盘背面的摩擦力矩（kN·m）；

M_8——刀盘开口槽的剪切力矩（kN·m）；

M_9——刀盘土腔室内的搅动力矩（kN·m）。

4.6.3 盾构施工

盾构施工一般分为始发、正常掘进和接收三个阶段。

盾构始发，是指在盾构始发工作竖井内利用反力架和临时组装的负环管片等设备或设施，将处于始发基座上的盾构推入端头加固土体，然后进入地层原状土区段，并沿着设计线路掘进的一系列作业过程。始发掘进距离通常为50～100m，此阶段也可进一步细化分为洞口土体加固段掘进、初始掘进两个阶段。

始发结束后要拆除临时管片、临时支撑和反力架，分体始发时还要将后续台车移入隧道内，以便后续正常掘进。

盾构接收，是指盾构在掘进过程中由原状土进入到竖井端头加固土体区域，然后将盾构推进至竖井的围护结构处后，从竖井外侧破除井壁进入竖井内接收台架上的一系列作业过程。

距接收工作井较近的距离通常为50～100m，到盾构机坐落到接收工作井内的接收基座上为止，此阶段亦可进一步细化，分为到达掘进、接收两个阶段。

4.6.3.1 洞口土体加固

无论盾构出发还是到达，都需要事先对洞门处基坑竖井的围护结构钢筋混凝土墙进行切割拆除。因此，应对洞口土体进行地层加固，常用的处理方法有：深层搅拌桩，高压旋喷桩，降水法，冷冻法，化学注浆法，SMW工法。主要目的是：

（1）确保拆除工作井洞口围护结构时洞口土体稳定，防止地下水流入。

（2）拆除工作井洞口围护结构时，控制周边地层变形，防止对施工影响范围内的地面建筑及地下管线与构筑物等造成破坏。

（3）盾构掘进通过加固区域时，防止盾构机周围的地下水及土砂流入工作井。

（4）盾构掘进通过加固区域时，防止盾构机掘进对施工影响范围内的地面建筑及地下管线与构筑物等造成破坏。

4.6.3.2 盾构始发

1. 盾构始发模式

盾构始发有两种模式：整机始发和分体始发，分体始发也称为延长管线始发。

（1）整机始发模式：指盾构机整机均放在车站底板上组装并连接，始发掘进时整机整体向前移动的方式。始发阶段管片、材料、渣土均从出土口吊运。

整机始发要求车站站台层结构施工完成的长度能够容纳整机摆放，一般须 75m。另外，离端头 75m 左右处预留出土口。地面提供管片堆放和出土起重机行走的场地。

（2）延长管线始发模式：始发时将后配套车架放在地面，主机吊放到井下，通过主机和车架之间的延长管线提供主机前进的电、气、液等动力。待掘进约 60 环后，拆除延长管线和负环管片，将后配套车架和连接桥吊放到洞内和主机连接，进入正常掘进状态。

2. 洞门密封

洞口密封的施工分两步进行，第一步：在始发车站（竖井）围护结构的施工工程中，做好始发洞门预埋件的埋设工作，要特别注意的是在埋设过程中预埋件必须与车站结构钢筋连接在一起；第二步：在盾构正式始发之前，应先清理完洞口的渣土，再完成洞口密封的安装。

洞口密封按种类有压板式和折叶式两种，其中折叶式越来越被人们所认可。洞门密封系统的作用是在始发过程中不造成水土及同步注浆流失，由洞门圈、钢环、帘布橡胶板、扇形翻板组成。洞门防水密封装置安装顺序为：洞门圈预埋钢环→帘布橡胶板→折页压板→垫圈→螺母。

在安装帘布橡胶板前先检查螺栓丝扣，同时必须确保螺栓栓接牢固；螺栓检查合格后，安装帘布橡胶板；帘布橡胶板安装完成后安装折页压板，折页压板外侧加垫圈并以螺母栓接固定折页压板，施工时必须确保螺母栓接牢固，防止盾构始发后同步注浆的浆液泄漏。

盾构始发时，注意洞门圈下部不要有土体及杂物影响扇形翻板的翻转，并在橡胶帘布上涂抹黄油，减小帘布与盾壳的摩擦力，避免帘布破损，影响洞门密封效果。

3. 始发支撑体系安装

始发支撑体系安装包括基座（托架）、反力架、导轨装置等安装工作。基座是用于盾构始发、接收等姿态的支撑装置；反力架是将盾构推进反力传递到竖井或车站衬砌结构和基础上，并服务于标准环的定位，为盾构后配套台车（或系统）提供通行空间；导轨是指在始发基座前端与洞门之间设置的轨道。导轨焊接在始发洞门内的预埋钢板与始发基座上，导轨支撑一般采用型钢或者钢筒，导轨的作用是克服刀盘导致盾构机重心前移引起的“栽头”问题（图 4.6.3-1）。支撑系统可用钢结构或钢筋混凝土制作。

始发支撑体系除了为盾构机提供工作井内的支托外，还为负环管片提供约束和支撑。基座及反力架为盾构施工提供了导向作用，应确保盾构中心、隧道中心、洞口密封中心三心合一。

4. 盾构机组装调试

整机始发的盾构机组装包括：后配套拖车下井→组装设备桥→吊装输送机→吊装和组装前体与中体→组装刀盘→安装管片安装机、盾尾→ 组装输送机→设备连接、安装反力架→完成组装、负环管片安装，准备调试。若由于始发井长度尺寸限制，后配套可以采取长管线连接。

负环管片是指在竖井内盾构衬砌中，于盾构始发阶段为盾构机前进传递所需推力的构件。负环管片在盾尾利用拼装机进行拼装，管片后端环面与反力架端面接触，前端环面与

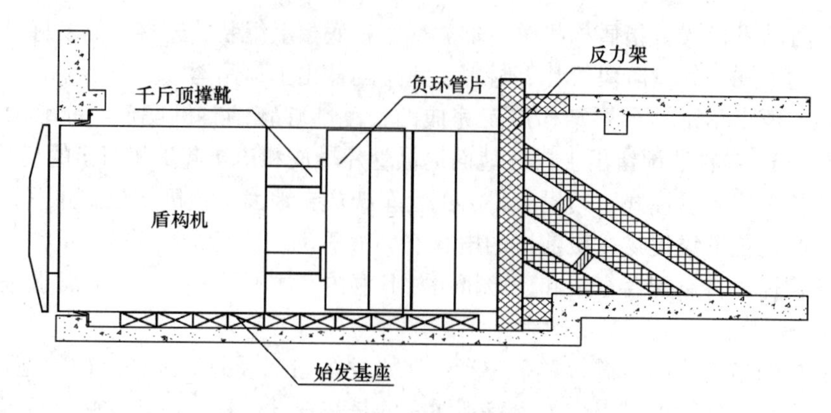

图 4.6.3-1 盾构始发支撑体系示意图

盾构推进千斤顶撑靴接触，将推力传递到反力架上，为盾构机前进间接提供推力。

第一环负环管片拼装成圆后，用 4～5 组推进油缸缓慢推进，完成管片的后移。随着管片相对盾体后移，管片慢慢脱离盾尾，需在脱出管片与始发基座之间用钢楔及方木楔子楔紧，并用型钢支撑将其固定，以避免成型管片的下沉和失圆。

负环管片一般采用闭口环拼装，需有渣土及材料吊装孔；也可采用开口环拼装方式，开口负环管片采用通缝拼装，上半圆不拼装管片，预留上部吊装作业空间，但须在上部架设临时支撑以传递盾构机上部推力。

在始发的过程中，当刀盘旋转削切土体时，将产生较大的扭矩，有可能会带动盾体一起转动，从而影响盾构机姿态及管片拼装质量。为防止此类现象的发生，始发前，在盾体上焊接不少于两道楔形钢板，邻近于始发基座两侧轨道，作为防盾构机侧滚的装置，防侧滚装置在盾体完全进入区间隧道内后进行割除。

调试分空载调试和负载调试两种模式。

1）空载调试

盾构机组装完毕后即可进行空载调试。空载调试的目的主要是检查设备是否能正常运转。调试内容为：配电系统、液压系统、推进系统、润滑系统、注脂系统、冷却系统、控制系统、导向系统、注浆系统、渣土改良系统、驱动系统等运行是否正常以及校正各种仪表。

2）负载调试

空载调试完成并证明盾构机满足初步要求后，即可进行盾构机的负载调试。负载调试的目的是检查各种管线及密封设备的负载能力，对空载调试不能完成的项目进一步完善，以使盾构机的各个工作系统和辅助系统达到满足正常要求的工作状态。

5. 洞门凿除

在洞门破除之前需打设水平探孔，若发现透水现象，应立即将探水孔塞住，并进行盾构始发端头加固处理。

为保证始发井支护结构的稳定性，凿洞需分两阶段进行。第一阶段在端头井土体加固检验合格、水平探孔打设后开始凿除，盾构始发设施下井前完成。第二阶段在盾构机组装调试好和其他始发准备完成后快速进行。

开凿前，搭设双排脚手架。由上往下分层凿除。首先，分两层凿除洞门混凝土，先破除外侧保护层混凝土，暴露外排钢筋，然后割去外排钢筋；其次，分三层破除内侧混凝土，直至暴露内侧钢筋；最后，在盾构机刀盘抵达混凝土桩前约 0.5m 时停止掘进，然后再将余下的钢筋割掉，打穿剩余围护结构，并检查确定无钢筋。洞门破除施工严格按照先外后内、先上后下的顺序逐步将破除的混凝土清理至洞门两侧，在盾构机顺利顶进洞门后再进行混凝土渣清理。

6. 盾构试掘砌

试掘进是指盾构机的适应性掘进，主要寻求四个适应：

(1) 盾构机控制系统、机械结构相互间的磨合，设备自适应性。

(2) 操作人员与盾构机操作功能系统使用的磨合，人机适应性。

(3) 盾构机功能系统对地质的适应性，简称地适应性。

(4) 盾构设备全功能与环境空间的适应性。

完成盾构试掘进的标志：

(1) 基本掌握盾构机在当前地层的掘进技术，明晰掘进参数的设置和相互关系，即能够通过掘进参数来调控盾构姿态、隧道偏差、地面沉降、管片姿态。

(2) 盾构机的所有系统设备负载运行和功能正常。

(3) 盾构机的推进力反力完全由隧道管片与土体摩阻力承担，反力架不受推力的反作用。

(4) 盾构机及后配套台车完全进入隧道内，机车编制完成。

4.6.3.3 盾构掘进

盾构掘进的控制目的是确保开挖面稳定的同时，构筑隧道结构、维持隧道线形、及早填充盾尾空隙。因此，开挖控制、一次衬砌、线性控制和注浆构成了盾构掘进的四要素。施工前必须根据地质条件、隧道条件、环境条件、设计要求等，在试验的基础上，确定具体的控制内容与参数；施工中根据包括监控量测的各项数据调整控制参数，才能确保实现施工安全、施工质量、施工工期与施工成本预期目标，下面以密闭式盾构简要介绍掘进技术。

盾构掘进控制的具体内容见表 4.6.3-1。

盾构掘进控制内容 **表 4.6.3-1**

控制要素		内容	
开挖	泥水式	开挖面稳定	泥水压、泥水性能
		排土量	排土量
	土压式	开挖面稳定	土压、塑流化改良
		排土量	排土量
		盾构参数	总推力、推进速度、刀盘扭矩、千斤顶压力等
线形		盾构姿态、位置	倾角、方向、旋转
			铰接角度、超挖量、蛇行量
注浆		注浆状况	注浆压力、注浆量
		注浆材料	稠度、泌水、凝胶时间、强度、配比
一次衬砌支护		管片拼装	椭圆度、螺栓紧固扭矩
		防水	漏水、密封条压缩量、裂缝
		隧道中心位置	偏差量、直角度

1. 开挖控制

开挖控制的根本目的是保持开挖面稳定。土压式盾构与泥水式盾构的开挖控制内容略有不同。

1）土压、泥水加压式控制

(1) 土压式盾构，以土压和塑流化改良控制为主，辅以排土量、盾构参数控制。

(2) 开挖面的土压（泥水压）控制值，按“地下水压（间隙水压）＋土压＋预备压”设定。

预备压用来补偿施工中的压力损失，土压式盾构通常取 10～20kN/m²，泥水式盾构通常取 20～50kN/m²。

(3) 计算土压（泥水压）控制值时，一般沿隧道轴线取适当间隔（例如 20m），按各断面的土质条件，计算出上限值和下限值，并根据施工条件在其范围内设定。土体稳定性好的场合取低值，地层变形小的场合取高值。

上限值：P_{max}＝地下水压＋静止土压＋预备压

下限值：P_{min}＝地下水压＋（主动土压或松弛土压）＋预备压

为使开挖面稳定，实测的土压（泥水压）变动要小。

2）泥土的塑流化改良控制

(1) 土压式盾构掘进时，在细颗粒土含量低于 30%或砂卵石地层，必须加泥或泡沫等改良材料，以提高塑性流动性和止水性。一般使用的改良材料有矿物系（如膨润土泥浆）、界面活性系（如泡沫）、高吸水树脂系和水溶性高分子系四类（我国目前常用前两类），可单独或组合使用。

(2) 选择改良材料一般考虑以下因素：①透水系数；②地下水压；③水离子电性；④是否泵送排土；⑤加泥（泡沫）设备空间（地面、隧道内）；⑥掘进长度；⑦弃土处理条件；⑧费用（材料价格、注入量、材料消耗、用电量、设备费等）。

3）泥水式盾构的泥浆性能控制

泥水式盾构掘进时，泥浆起着两方面的重要作用：一是依靠泥浆压力在开挖面形成泥膜或渗透区域，开挖面土体强度提高，同时泥浆压力平衡了开挖面的土压和水压，达到了开挖面稳定的目的；二是泥浆作为输送介质，担负着将所有挖出土砂运送到工作井外的任务。因此，泥浆性能控制是泥水式盾构施工的最重要因素之一。泥水式盾构以泥水压和泥浆性能控制为主，辅以排土量控制。

泥浆的性能包括：相对密度、黏度、pH、过滤特性和含砂率。

4）排土量控制

单位掘进循环，开挖土量 Q，一般按一环管片宽度为一个掘进循环，按下式计算：

$$Q=(\pi/4)\cdot D^2\cdot S_t \tag{4.6.3-1}$$

式中 Q——开挖土计算体积（m³）；

D——盾构外径（m）；

S_t——掘进环长度（m）。

当使用仿形刀或超挖刀时，应计算开挖土体积增加量。

土压式盾构的出土运输（二次运输）一般采用轨道运输方式。土压式盾构排土量的控制方法分为重量控制与容积控制两种。重量控制有检测运土车重量、用计量漏斗检测排土量等控制方法。容积控制一般采用比较单位掘进距离开挖土砂运土车台数的方法和根据螺旋输送机转数推算的方法。我国目前多采用容积控制方法。

泥水式盾构排土量控制有两种方法：一是容积控制；二是干砂量（干土量）控制。

容积控制方法如下，监测单位掘进循环送泥量 Q_1 与排泥量 Q_2，按下式计算排土体积 Q_3：

$$Q_3 = Q_2 - Q_1$$

式中 Q_3——排土体积（m^3）；

Q_2——排泥流量（m^3）；

Q_1——送泥流量（m^3）。

对比 Q_3 与 Q，当 $Q > Q_3$ 时，一般表示泥浆流失（泥浆或泥浆中的水分渗入土体）；$Q < Q_3$ 时，一般表示涌水（由于泥水压较低，地下水涌入）。正常掘进时，泥浆流失现象居多。

干砂量控制方法是：检测单位掘进循环送泥干砂量 V_1 与排泥干砂量 V_2，按下式计算排土干砂量 V_3：

$$V_3 = V_2 - V_1$$

当 $V > V_3$ 时，一般表示泥浆流失；当 $V < V_3$ 时，一般表示超挖。

2. 支护控制

盾构隧道的一次支护主要是预制衬砌结构，钢筋混凝土或型钢等制造的块体构件，组装成圆形衬砌，称此块体构件为管片。

由于盾构向前推进时，刚刚安装的管片要承受千斤顶推进的反力，同时要承受地层给予的压力。故一次衬砌应能立即承受施工荷载和永久荷载，并且有足够的刚度和强度；具有足够的耐久性能；同时要满足装配工艺要求，安全、简便，构件能互换。

管片间的连接大多数用螺栓连接，其他还有销钉和凹凸结构连接。管片的宽度通常是指沿着隧道纵向的尺寸，按宽度，目前一般有 1.2m 和 1.5 两种类型，长度是沿着隧道周长的弧长，决定着一圈一次支护的管片块数。6m 直径的管片一般为 7 块。通常管片分为标准块（代号为 A 或 B）、临近块（代号为 L 或 B）、封闭块（代号为 F 或 K）；一般是临近块 2 块，封闭块 1 块，所以标准块数$=N-2-1$。

根据隧道净直径大小、管片厚度，一般管片有沿隧道纵轴的纵向连接和与纵轴垂直的环向连接。通过长期的试验、实践和研究，管片的连接方式经历了从刚性到柔性方式的过渡。

1）拼装方法

（1）拼装成环方式：盾构掘进结束后，迅速拼装管片成环，除特殊场合外，大多采用错缝拼装。在纠偏或曲线施工的情况下，有时采用通缝拼装。

（2）拼装顺序：一般从下部的标准（A 型）管片开始，依次左右两侧交替安装标准管片，然后拼装邻接（B 型）管片，最后安装楔形（K 型）管片。

（3）盾构千斤顶操作：拼装时，若盾构千斤顶同时全部缩回，则在开挖面土压的作用下盾构会全部后退，开挖面将不稳定，管片拼装空间也将难以保证。因此，随管片拼装顺序分别缩回千斤顶非常重要。

（4）紧固连接螺栓：先紧固环向（管片之间）连接螺栓，后紧固轴向（环与环之间）

连接螺栓。采用扭矩扳手紧固，紧固力取决于螺栓的直径与强度。

（5）楔形管片的安装方法：楔形管片安装在邻接管片之间，为了不发生管片损伤、密封条剥离，必须充分注意正确地插入楔形管片。为了方便插入楔形管片，可装备能将相邻管片沿径向向外顶出的千斤顶，以增大插入空间。拼装径向插入型楔形管片时，楔形管片有向内的趋势，在盾构千斤顶推力作用下，其向内的趋势加剧。拼装轴向插入型楔形管片时，管片后端有向内的趋势，而前端有向外的趋势。

（6）复紧连接螺栓：一环管片拼装后，利用全部盾构千斤顶均匀施加压力，充分紧固轴向连接螺栓。盾构继续掘进后，在盾构千斤顶推力、脱出盾尾后土（水）压力的作用下衬砌产生变形，拼装时紧固的连接螺栓会松弛。为此，待推进到千斤顶推力影响不到的位置后，用扭矩扳手再一次紧固连接螺栓，再紧固的位置随隧道外径、隧道变形、管片种类、地质条件等而不同。

2）真圆保持

管片拼装成真圆，并保持真圆状态，对于确保隧道尺寸精度、加快施工进度与止水性及减少地层沉降非常重要。管片从盾尾脱出后，到注浆浆体硬化到某种程度的过程中，多采用真圆保持装置。

3）管片拼装误差及其控制

管片拼装时，若管片连接面不平行，导致环间连接面不平，则拼装中的管片与已拼管片的角部呈点接触或线接触，在盾构千斤顶推力作用下，发生破损。为此，拼装管片时，各管片连接面要拼装整齐，连接螺栓要充分紧固。另外，盾构掘进方向与管片环方向不一致时，盾构与管片发生干涉，将导致管片损伤或变形。伴随管片宽度增加，上述情况增多。为防止管片损伤，预先要根据曲线半径与管片宽度对适宜的盾构方向控制方法进行详细研究，施工中对每环管片的盾尾间隙认真监测，并对隧道线形与盾构方向严格控制。在盾构与管片发生干涉的场合，必须迅速改变盾构方向、消除干涉。

盾构纠偏应及时连续，过大的偏斜量不能采取一次纠偏的方法，纠偏时不得损害管片，并保证后一环管片的顺利拼装。

4）楔形环的使用

除盾构沿曲线掘进必须使用楔形环外，在盾构与管片有产生干涉趋势的情况下也使用楔形环。

3. 注浆控制

注浆是利用管片外压浆工艺向管片与围岩之间的空隙注入浆液的地层加固工艺。注浆应根据所建工程对隧道变形及地层沉降的控制要求选择同步注浆或壁后注浆，一次压浆或多层压浆。

1）注浆、压浆目的

每环管片拼装完成后，随着盾构的推进，衬砌与洞体之间出现空隙。如不及时充填，地层应力释放后，会产生变形。其结果是发生地表沉降、邻近建筑物沉降、变形或破坏等。注浆的主要目的是防止地层变形，形成有效防水层，均匀管片受力等。

2）注浆材料的性能

一般对注浆材料的性能有如下要求：①流动性好；②注入时不发生离析；③具有均匀的高于地层土压的早期强度；④良好的填充性；⑤注入后体积收缩小；⑥阻水性高；⑦适

当的黏性，以防止从盾尾漏浆或向开挖面的回流；⑧不污染环境。

3）一次注浆

一次注浆分为同步注浆、即时注浆和后方注浆三种形式，要根据地质条件、盾构直径、环境条件、注浆设备的维护控制、开挖断面的制约与盾尾构造等充分研究确定。

（1）同步注浆：在空隙出现的同时进行注浆、填充空隙的方式，分为从设在盾构的注浆管注入和从管片注浆孔注入两种方式。前者，其注浆管安装在盾构外侧，存在影响盾构姿态控制的可能性，每次注入若不充分洗净注浆管，则可能发生阻塞，但能实现真正意义上的同步注浆。后者，管片从盾尾脱出后才能注浆，为与前者区分，可称作半同步注浆。

（2）即时注浆：一环掘进结束后从管片注浆孔压注的方式。

（3）后方注浆：掘进数环后从管片注浆孔注入的方式。一般盾构直径大或在冲积黏性土和砂质土中掘进，多采用同步注浆；而在自稳性好的软岩中，多采用后方注浆的方式。

4）二次注浆

以弥补一次注浆缺陷为目的的注浆。二次注浆主要解决：①补足一次注浆未充填的部分；②补充浆体收缩引起的体积变小；③以防止周围地层松弛范围扩大为目的的补充。

以上述①、②为目的的二次注浆，多采用与一次注浆相同的浆液；若以③为目的，则多采用化学浆液。

5）注浆量与注浆压力

注浆控制分为压力控制与注浆量控制两种。仅采用一种控制方法不能充分达到目的，一般同时进行压力和注浆量控制。

注浆量除受浆液向地层渗透和泄漏影响外，还受曲线掘进、超挖和浆液种类等因素影响，并不能准确确定，一般根据空隙体积 V 及注入率 α 来估算注浆量 Q：

$$Q = \alpha V$$

注入率 α 与浆液特性、土质及施工损耗等因素有关，基于经验确定。

注浆空隙量 V 计算：

$$V = \pi \frac{(D_s^2 - D_0^2)}{4} S \tag{4.6.3-2}$$

式中 D_s——开挖外径（m）；

D_0——管片外径（mm）；

S——掘进速度（mm/s）。

注浆压力应根据土压、水压、管片强度、盾构形式与浆液特性综合判断决定，但施工中通常基于施工经验确定。从管片注浆孔注浆，注浆压力一般取 0.1～0.3MPa。注浆压力和注浆量要经过一定的反复试验确认。

4. 线形控制

盾构隧道的线路线形控制是通过盾构姿态控制使构建的衬砌结构几何中心线线形顺滑，且位于偏离设计中心线的容许误差范围内。

1）掘进控制测量

随着盾构的掘进，对盾构及衬砌的位置进行测量，以把握偏离设计中心线的程度。测量项目包括：盾构的位置、倾角、偏转角、转角及盾构千斤顶的行程、盾尾间隙和衬砌位置等。基于上述测量结果，作图画出盾构及衬砌与设计中心线的位置关系，直接预测下一环的盾构掘进偏差十分重要。

2）方向控制

掘进过程中，主要对盾构倾斜度及其位置以及拼装管片的位置进行控制。盾构方向（偏转角和倾角）修正依靠调整千斤顶使用数量进行。若遇到硬地层或曲线掘进，要进行大的方向修正的场合，需采用仿形刀向调整方向超挖。此时，盾尾间隙减小，管片拼装困难，为确保盾尾间隙，必须进行方向修正。盾尾间隙大大减小的情况下，要拼装楔形管片，以确保盾尾间隙。

盾构转角修正可采取刀盘向盾构偏转同一方向旋转的方法，利用产生的回转反力进行修正。

4.6.3.4 盾构到达

盾构到达前，应做好下接收端部土体加固和效果评价，盾构隧道轴线应测量并作调整，并降低推进速度，控制地层和地表变形；要完成洞门破除及密封安装等关键工作。整个过程要做到“四个到位”和“三个尽快”。

“四个到位”是端头加固到位、洞口密封止水到位、盾构接收架安装到位、洞里井内联络到位；“三个尽快”是尽快将盾构机推入井内、尽快完成管片止水、尽快注浆充填管片外周空隙。

1. 接收基座安装

接收基座的构造同始发基座，接收基座在准确测量定位后安装。同时，接收基座安装一般较设计高程低 2～3cm，便于盾构机顺利推进上接收基座。

接收基座的轨面标高应适应盾构姿态，为保证盾构刀盘贯通后拼装管片有足够的反力，可考虑将接收基座的轨面坡度适当加大。接收基座定位放置后，采用 I25 的工字钢对接收基座前方和两侧进行加固，防止盾构推上接收基座的过程中，接收基座移位。

2. 洞门破除

洞门破除的时间一般安排在盾构进入接收端头加固区后。当盾构逐渐靠近洞门时，加强对地表沉降的监测，并控制好推进时的土压力，在盾构切口距封门 500mm 时，停止盾构推进，尽可能出空平衡仓内的泥土使切口正面的平衡压力降到最低值，以确保洞门破除的施工安全，到达口处洞门混凝土破除方式与上文所提到的始发阶段洞门破除方式相同。

为保证始发井或接收井支护结构的稳定，凿洞分两阶段进行。第一阶段在端头井土体加固检验合格、水平探孔打设后开始凿除，盾构始发设施下井前完成。第二阶段在盾构机组装调试好和其他始发准备完成后快速进行。

开凿前，搭设双排脚手架，由上往下分层凿除。洞门凿除顺序为：首先将开挖面钢筋凿出裸露并用氧焊切割掉，然后继续凿至迎土面钢筋外露为止。当盾构机刀盘抵达混凝土桩前约 0.5m 时停止掘进，然后再将余下的钢筋割掉，打穿剩余围护结构，并检查确定无钢筋。

3. 止水安装

盾构接收洞门止水装置安装方法与始发止水装置基本相同，区别于始发止水装置的是，接收止水装置的翻板端部设置 3cm 直径的钢绳套箍。在盾构到达前用直径不小于 1cm 的钢丝绳穿入，两端设置卡扣，用捯链固定在结构墙上焊接的吊耳上，捯链要预留一段拉紧量，在盾构接收通过时，通过拉紧钢绳两端使帘布橡胶板紧紧包裹住盾构机壳或管片，防止漏水漏砂。

4. 接收推进

在接收基座安装固定后，盾构可慢速推上接收基座。在通过洞门临时密封装置时，为防止盾构刀盘和刀具损坏帘布橡胶板，在刀盘和橡胶板上涂抹黄油。

在最后 10～15 环管片拼装中要及时用纵向拉杆将管片连接成整体，以免在推力很小或者没有推力时管片之间松动。

盾构在接收基座上推进时，每向前推进 2 环拉紧一次洞门临时密封装置，通过同步注浆或二次注浆系统注入速凝浆液填充管片外环形间隙，保证管片姿态正确。

5. 洞门密封

若接收阶段水文地质条件较好，盾尾同步注浆及地下水砂封堵良好，盾构接收过程中管片与土体之间空隙不会出现涌水涌砂。在拼装接收环管片后，可快速将盾构机推出洞门上接收架，同时快速采用弧形钢板焊接连接管片与洞门钢环，并封堵管片与洞门之间空隙，确保密封效果。

若水文地质情况较差，或者盾尾注浆未能有效隔断地下水等情况下，在接收环管片拼装完成后再拼装一环管片，拉紧洞门临时密封装置，使帘布橡胶板与管片外弧面密贴，通过管片注浆孔对洞门圈进行注浆填充。在确保洞口注浆密实，洞门圈封堵严密后，拆除最后一环管片，清理洞门，采用弧形钢板焊接接收管片与洞门钢环，或直接施工井接头等。

思考与练习题

一、术语与名词解释

地基、地基处理、CFG 桩、边坡支护、基坑、锚杆、土钉墙、基坑支护、搅拌桩、灌注桩、地下连续墙、SMW 工法、内支撑、冠梁、腰梁、重力式水泥土墙、咬合桩墙、降水、井点降水、管井降水、截水帷幕、人工地层冻结、积极冻结期、冻结壁交圈、维护冻结、水文孔、测温孔、盾构法、盾构始发、盾构接收、管片、壁后注浆、沉管法、地下防水工程、防水等级、刚性防水层、柔性防水层、初期支护、二次支护

二、问答题

［1］ 什么是桩基基础？按材料、施工方法、抗载荷设计，桩有哪些种类？

［2］ 预制桩按施工方法有哪些种类？

［3］ 什么是灌注桩？按成孔方法有哪些施工方法？

［4］ 泥浆循环的作用是什么？什么是正循环、反循环钻进？

［5］ 什么是 CFG 桩？什么是 SMP 桩？二者有何区别？

［6］ 地下墙有哪些种类？地下墙有何作用？

［7］ 简述地下连续墙的工艺流程。

［8］ 地下连续墙挖槽钻机按破土的方式有哪几种类型？

［9］ 钢板桩墙有哪些截面形式？有哪些施工方法？

［10］ 什么是钢筋混凝土桩墙？简述咬合桩墙的基本构筑方法。

［11］ 什么是 SMW 工法？什么是 TRD 工法？二者有什么异同？

［12］ 什么是基坑工程？规范规定了几个分级？

[13] 列举常见地下工程种类，地下工程施工的特点。

[14] 地下水在基坑施工时会产生哪些危害(或风险)?

[15] 什么是管涌，什么是流砂？试分析产生流砂的外因和内因，试述防治流砂的途径和方法。

[16] 降水井的涌水量计算需要区分哪几种井型?

[17] 根据施工原理，降低地下水位有哪些工艺方法?

[18] 试述轻型井点的布置方案和设计步骤。

[19] 列举深基坑常见的围护方案。

[20] 基坑开挖的工艺有哪些?

[21] 什么是基坑顺作法、逆作法施工？各有哪些优缺点?

[22] 基坑工程有哪些相关的施工安全事故?

[23] 什么是地下工程的矿山法施工？什么是浅埋暗挖施工？什么是新奥法施工?

[24] 什么是盖挖法施工？又有哪些类型?

[25] 什么是盾构法施工？简述一般的工艺流程。

三、网上冲浪学习

[1] 静压桩、钻孔灌注桩、搅拌桩施工流程视频。

[2] SMW、钢筋混凝土地下连续墙施工视频。

[3] 咬合桩深基坑开挖支护视频。

[4] 盾构法、沉管法隧道施工视频。

第5章 铺设与地面路轨工程

路基是道路和轨道工程的基础，相应的上部建设分别是路面工程和轨道工程，共同特征是在地面蜿蜒起伏、线性延伸的土木工程设施，尽管施工使用的材料、构件和设备都截然不同，但施工作业过程都可以用“铺设”一词加以概括。

5.1 道路分类与构造

古代交通运输以马车或木舟等为工具，狭义的交通是以陆地走道和河海水道为建造对象，现代社会的公路、铁路发展则以高速路轨发展为代表。

5.1.1 纵向线性构造

道路是供各种无轨车辆和行人通行的工程设施，是一种带状的三维空间人工构造物，如图 5.1.1-1 所示。按服务区域和重要性，道路可划分为公路、城市道路、厂矿道路、林区道路及乡村道路等。公路用来连接城市、乡村和工矿基地之间，主要为汽车提供通行，同时具备一定技术标准和设施。

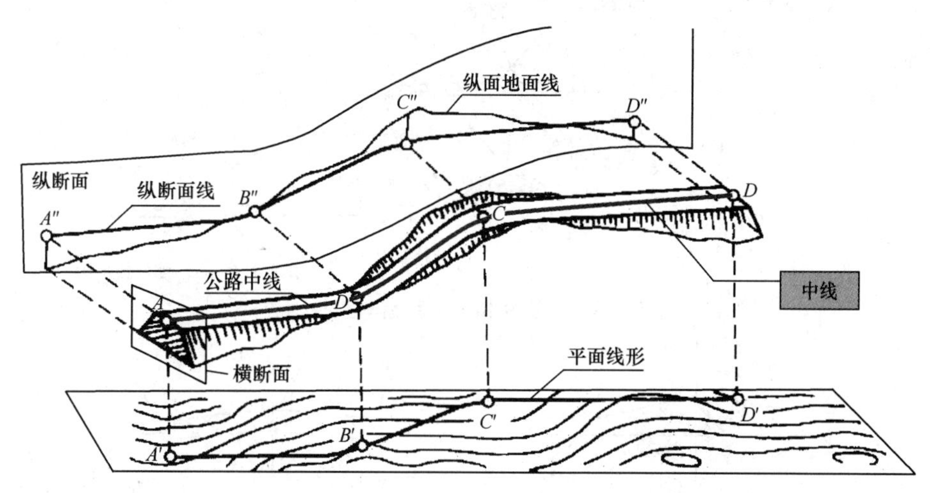

图 5.1.1-1 公路的平面、纵断面及横断面

纵向线路体系结构由地基、路基、路面、桥梁、隧道、涵洞与特殊结构、排水及防护以及特殊构造物等组成。

道路主要通过线形和结构两部分来描述。道路线形组成，即指道路的几何组成，是指道路中线的空间几何形状和尺寸，它构成了道路的路线，这一空间线形投影到平、纵、横三个方向而分别绘制成反映其形状、位置和尺寸的图形，即公路的平面图、纵断面图和横断面图。空间线形通常是用线形组合、透视图法、模型法来进行研究。

路线平面图是道路中线在水平面上的投影，是反映路线在平面上的形状、位置及尺寸的图形。路线平面线由直线和曲线构成，曲线有圆曲线和缓和曲线两种。缓和曲线是曲率连续变化的曲线，以确保车辆快速通行的平稳安全。四级公路可不设缓和曲线，其他公路应设缓和曲线。平面曲线应连续顺适，并与地形地物相适应，与周围环境相协调。

沿道路中线竖直剖切而展成的平面叫路线纵断面，反映道路中线在断面上的形状、位置及尺寸的图形叫路线纵断面图。纵断面中的道路设计曲线也是由直线和竖曲线组成的，直线也有上坡和下坡之分，用坡度表述。竖曲线要设置在直线的坡度转折处，有凹有凸，需要起伏和缓、平顺过渡。

5.1.2 横向剖面结构

沿道路中线上任一点所作的法向剖切面叫横断面，横断面结构一般由地基、路基、路面三大部分组成。路面两侧有路肩和侧沟，路面的两侧路基、地基又因地形设有诸多结构，如坡顶、护坡、上下坡面、坡底、截排水沟，如图 5.1.2-1 所示。

按路面和路基的上下结构关系，一般可分为全铺式和槽式铺设两类，如图 5.1.2-2 所示。

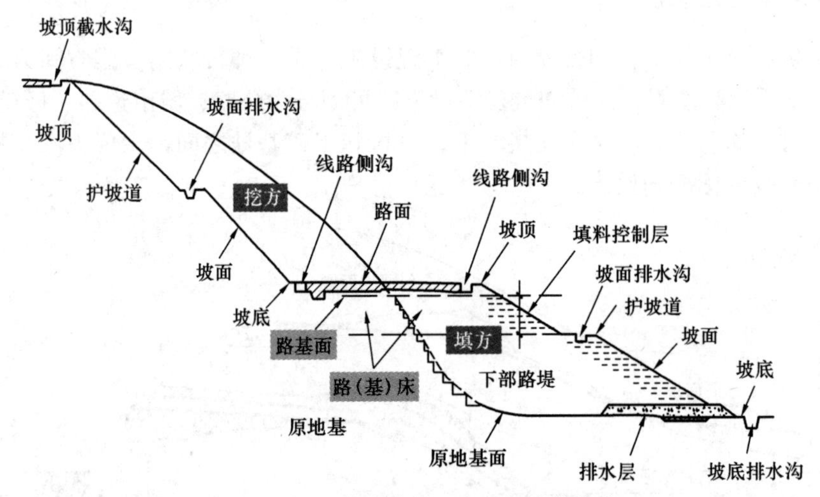

图 5.1.2-1 道路横断面路面与路基构成

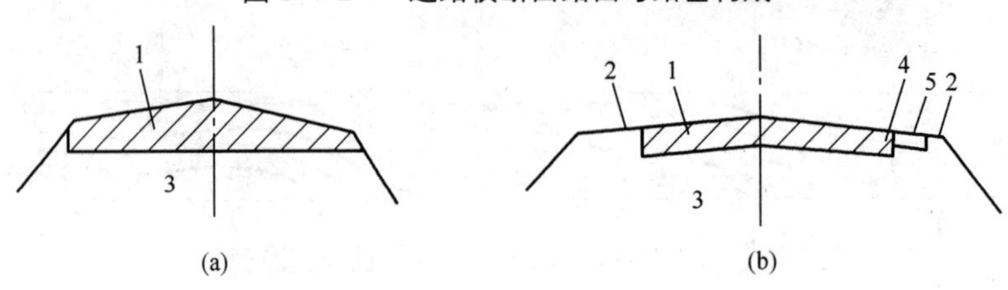

图 5.1.2-2 路面与路基关系图

(a) 全铺式；(b) 槽式

1—路面；2—土路肩；3—路基；4—路缘石（测石）；5—加固路肩（硬路肩）

从横断面看，道路结构总体由路基和路面构成，普通路面结构部分又划分为面层、基层、垫层，更高级路面结构可更细地划分为面层、联结层、基层、底基层和垫层，如图 5.1.2-3 所示。道路施工分层进行。

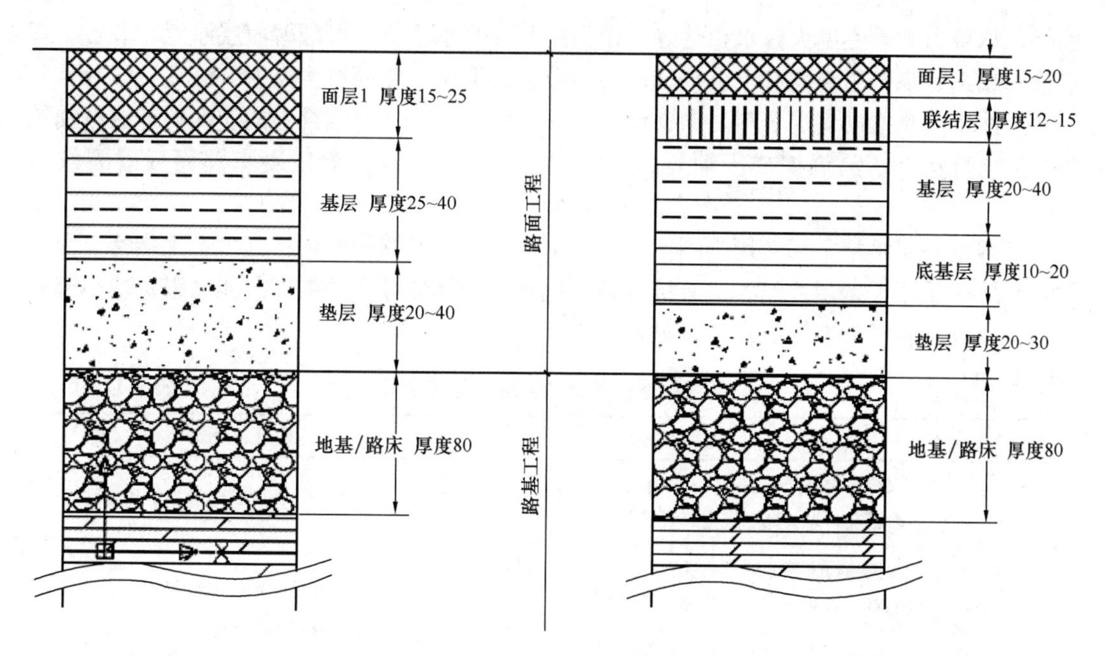

图5.1.2-3 路面结构图

1. 垫层

路面垫层是直接铺设在路基上的结构。垫层材料分为两类：一类可选用粗砂、砂砾、碎石、煤渣、矿渣等粒料类；另一类是水泥、石灰、煤渣结合料的稳定类垫层。各级公路的排水垫层应与边缘排水系统相联结，垫层宽度方向应铺筑到路基边缘，并与边沟下的渗沟相联结。垫层的主要功能是：

（1）改善土基路基的湿度和温度状况；

（2）将上部基层传下的车辆荷载应力进一步扩散，减小对土基产生的应力和变形作用；

（3）具有一定的防排水性能，避免因路面渗水导致路基过湿；

（4）能阻止路基土挤入基层中，影响基层结构的性能。

2. 基层、底基层

路面的基层设置在垫层之上，面层之下，并与面层一起将行车荷载的作用传递给垫层、土基等起主要承重作用的层次。基层材料必须有足够的强度、水稳性、扩散荷载的能力。在基层下部分化出一个次要承重作用的结构层，称之为底基层。底基层也应该具有足够的强度和水稳性。

按结合料类型，基层、底基层分为无结合料（或称粒料）类、无机结合料类、有机结合料类和水泥混凝土类等四类；按结构可划分为骨架密实结构、骨架孔隙结构、悬浮密实结构、均匀密实结构四种；按力学刚性表现分为刚性路基、半刚性路基、柔性路基、半柔性路基四类。

刚性基层是指普通混凝土、碾压混凝土、贫混凝土等材料铺筑的路面基层，具有刚度大、强度高、稳定耐久、排水性好等特点。

半刚性路面是指无机结合料稳定土铺筑而成的板体基层，具有一定的抗弯强度，整体性好，承载力大，刚度大，水稳性好。作为路面的主承重层，可减薄面层厚度，节省工程造价；缺点是易产生温缩和干缩，从而会导致沥青混凝土路面产生反射裂缝。

柔性基层是指沥青混合料、沥青灌入式碎石以及不加任何结合料的粒料类等材料铺筑的基层，特点是不易温缩或干缩开裂，能有效抑制或减少沥青混凝土路面反射裂纹的产生。

半柔性基层是指下部使用半刚性材料，上部使用柔性路面材料；其力学性能特点介于柔性基层和半刚性基层之间，具有抗疲劳性能好、板体性强、分散荷载能力强、减小土基应力等特点。各类型基层的使用参见表 5.1.2-1。

基层类型及其交通荷载等级和层位 **表 5.1.2-1**

分类	路基材料	适用交通荷载等级和层位
无机结合料稳定类	水泥稳定级配碎石或砾石、水泥粉煤灰稳定级配碎石或砾石、石灰粉煤灰稳定级配碎石或砾石	各交通荷载等级的基层和底基层
	水泥稳定未筛分碎石或砾石、石灰粉煤灰稳定未筛分碎石或砾石、石灰稳定未筛分碎石或砾石	轻交通荷载等级的基层、各交通荷载等级的底基层
	水泥稳定土、石灰稳定土、石灰粉煤灰稳定土	
粒料类	级配碎石	重及重以下交通荷载等级的基层、所有底基层
	级配碎石、未筛分碎石、天然砂砾、填隙碎石	中等和轻交通荷载等级的基层、所有底基层
沥青结合料类	密级配沥青碎石、半开级配沥青碎石、开级配沥青碎石	极重、特重和重交通荷载等级的基层
	沥青贯入碎石	重及重以下交通荷载等级的基层
水泥混凝土类	水泥混凝土和贫混凝土	极重、特重交通荷载等级的基层

3. 面层

道路面层是直接同车行轮胎和大气接触的表面层，它承受较大的行车荷载的垂直力、水平力和冲击力的作用，同时还受到降雨的浸蚀和气温变化作用。面层应该具有足够的结构强度，良好的温度稳定性，耐磨、抗滑、平整和不透水性。

修筑面层所用的材料主要有：水泥混凝土、沥青混凝土、沥青碎（砾）石混合料、砂砾或碎石掺土或不掺土的混合料以及块料等。根据现行规范，路面面层的类型及选用可参见表 5.1.2-2。

路面面层的类型（按材料分） **表 5.1.2-2**

面 层 类 型	适 用 范 围
沥青混凝土	高速公路、一级公路、二级公路、三级公路、四级公路
水泥混凝土	高速公路、一级公路、二级公路、三级公路、四级公路
沥青贯入、沥青碎石、沥青表面处治	三级公路、四级公路
砂石路面	四级公路

沥青路面是指在矿质材料中，采用各种方式掺入沥青材料组成的混合料修筑而成的各类型路面，统称为沥青路面。沥青路面可按表面结构强度原理、品质材料和施工方法等三种方法分类。按沥青面层强度构成原理可分为密实型、嵌挤型和嵌挤密实型三大类。按面层的使用品质可分为沥青混凝土（AC）路面、沥青碎石（AM）路面、沥青玛𤧛脂碎石（SMA）路面、沥青贯入式路面、沥青表面处治路面等类型。此外，近年来采用的新型路面结构有多碎石沥青混凝土（SAC）路面、大粒径沥青混凝土（LSAM）路面、开级配排水式抗滑磨耗层（OGFC）路面等。按施工方法，可分为层铺法、厂拌法和路拌法三种。

沥青路面的面层可由一层或多层组成，表面层应平整、抗滑、密实、抗裂、耐久。面层应具有高温抗车辙、抗剪切、密实、不透水、耐疲劳开裂的性能。

水泥混凝土路面，顾名思义，即以水泥混凝土作面层的路面，配筋或不配筋，它包括普通混凝土路面（又称素混凝土路面）、钢筋混凝土路面、连续配筋混凝土路面、钢纤维混凝土路面、复合式路面、碾压水泥混凝土路面、水泥混凝土预制块路面等。

5.2 路面铺设

我国地缘辽阔，地理和气候复杂，为了更好地建设我国的公路，经过长期研究，我国根据各地自然区域的筑路特性，制定了公路自然区划标准。中国公路自然区划图。

5.2.1 基层、底基层施工

不同的路面结构类型有不同的承载和行驶性能，面层与基层应相互适应。

5.2.1.1 基层的结构技术要求

基层是道路结构的主要承重层，要求其在行车荷载作用下，不会产生残余变形，更不允许产生剪切或弯拉破坏。

基层要具有良好的稳定性，即良好的水稳性和温度稳定性。水稳性主要指受地表水渗透、地下水影响时，基层强度变化幅度较小的性能；温度稳定性指环境温度上升或下降时，基层结构膨胀或收缩等体积变化大小的特征。

1. 沥青路面类

沥青路面类的基层应为面层施工机械提供稳定的行驶面和工作面，能增加道路的整体强度和面层的疲劳抗力，防止或减轻面层裂缝的出现，可以缓解土基不均匀冻胀或不均匀体积变形对面层的不利影响。因此，沥青路面的基层，首先应与面层匹配，形成足够的强度、刚度和水稳性等力学性能；其次还应保证基层表面的平整度，和面层结合的性能。

2. 混凝土路面类

水泥混凝土路面的基层应能起到连续、均匀支承弹性地基的作用，以使路面板得到可靠的支撑；且通过较厚的刚性路面板极大地扩散荷载，克服混凝土路面板的变形能力差、抗弯拉强度小等不利的脆性因素。因此，混凝土路面要求基层应有足够的厚度和宽度，且保持较高的厚度均匀性和平整度。

上述两大类路面，不能涵盖当今路面技术的发展，路面铺设工艺上也是林林总总，由于篇幅限制，本教材仅限于两类基层和沥青混凝土路面的铺设施工，其他路面基层及面层的铺设施工可参考相应资料。

5.2.1.2 稳定类基层施工

半刚性基层在我国应用极广，占到一般公路基层用量的85%，特点是强度高、承载力大、水稳性好、板体性强。无机结合料稳定土可充分利用当地的砂石材料，取材方便、广泛，且有较多的施工经验。

1. 铺设试验段

高速公路、一级公路以及在特殊地区或采用新技术、新工艺、新材料进行路基施工时，应采用不同的施工方案做试验路段。进行试验的目的，一是为了优化施工工艺，二是检验施工设备的可靠性，三是制订可行的施工组织计划，四是制订好切实可行的质量控制措施。试验路段的位置应选择在地质条件、断面形式均具有代表性的地段，路段长度不宜小于100m。主要解决的技术和参数问题有：(1) 集料最佳配合比例；(2) 一次铺设厚度和长度；(3) 确定松铺系数；(4) 标准施工方法。

2. 施工准备

(1) 下承层准备：就是进行路基工程的交工验收，包括施工质量标准文件的验收，现场勘察排水等设施、相关道路尺寸、相关质量检验等。

(2) 施工放样：确定道路中线，直线段每隔20m设置中桩，曲线段每隔10～15m设置中桩。两侧路肩边缘外0.3～0.5m的位置设指示桩，水准测量，标出水泥稳定土层的边缘设计标高及松铺厚度的位置。

3. 施工方法

半刚性基层、底基层施工分厂拌法和路拌法两大类，宜优先使用厂拌法。

厂拌法施工是在中心拌合厂（场）用强制式拌合机、双转轴浆叶式拌合机等拌合设备将原材料拌合成混合料，然后运至施工现场进行摊铺、碾压、养生等工序作业的施工方法。低等级路面施工或无拌合设备时，也可用路拌机械或人工在现场分批集中拌合，之后再进行其他工序的作业。

1) 厂拌法

水泥稳定土基层较多采用厂拌法施工，即集中厂拌、汽车运输、摊铺机摊铺等机械化作业。施工流程如图5.2.1-1所示。

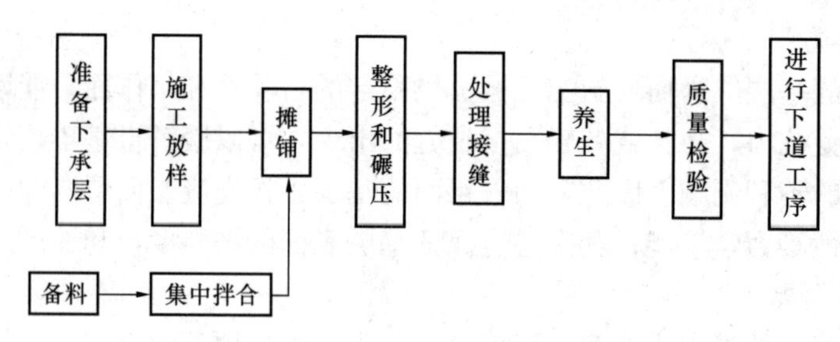

图5.2.1-1 厂拌法路基施工流程图

(1) 施工放样（中桩、边桩、钢丝线施放）

根据已经批准的施工图、已复核的导线点及加密导线点进行中桩、边桩、高程控制点施放，确定施工范围。

钢钎设置：根据路线中线桩和边桩，在中线桩和边桩外侧20cm处打上钢钎（即挂线杆）并挂上钢丝，原则上一般要求直线段每10m，曲线段每5m设置一个钢钎；拉线分段长度控制在50～70m为宜，钢丝用紧线器拉紧固定，以拉直不下垂为准。

（2）集中拌合

在正式拌制基层混合料之前，必须先调试所用的厂拌设备，并经验收合格后方可实施，保证混合料的配比达到规定的要求。

在拌制过程中加强材料和含水率的检测频率。

用于运输基层材料的车辆在开工前应进行检查，装料前应将货箱清洗干净，拌合料运输过程中应进行覆盖。

（3）上料摊铺

基层摊铺在经过验收合格的底基层上进行，摊铺前应对底基层顶面进行洒水预湿，如底基层验收合格，未及时进行基层施工，由于车辆行驶或雨水冲蚀造成底基层损坏的，应重新整修、进行验收。

自卸车上料时，由专人指挥控制车辆，严禁车辆卸料时磕碰和剐蹭摊铺机。

建议采用两台摊铺机梯队作业全幅摊铺，两台摊铺机前后间距不超过20m为宜，摊铺速度控制在1.5m/min为宜，摊铺机尽量做到匀速前进，连续摊铺；基层顶面标高采用两侧挂钢丝、机载横坡仪进行控制。

摊铺机后面应设专人消除粗细集料离析现象，对局部离析部位采用级配料替换，摊铺过程中，及时检测含水率，水分不足时及时补水，采用钢卷尺随时监测松铺厚度、摊铺宽度，发现问题及时调整。

（4）整形碾压

压路机应跟随摊铺机碾压，压路机和摊铺机的距离应控制在50m内，避免摊铺后基层表面含水率下降导致碾压后出现松散现象。碾压分为初压、复压和终压三个阶段，初压和复压由钢轮压路机进行，终压由胶轮压路机进行，具体每阶段机械组合、碾压遍数及速度等根据试验段结果执行。

碾压顺序：由外侧向中心进行碾压，超高段由内侧向外侧进行碾压，每道碾压轮迹应重合至少1/3轮宽。禁止压路机在已完成或正在碾压的路段上掉头或急刹车。碾压时，采用钢卷尺、平整度尺随时监测碾压厚度及平整度。

（5）接缝处理

横向接缝，靠近摊铺机、当天未压实的混合料，可与第二天摊铺的混合料一起碾压，但应注意此部分混合料的含水率。必要时，应人工补充洒水，使其含水率达到规定的要求。

纵缝必须垂直相接，不应斜接，如采用一台摊铺机半幅施工，靠边缘的30cm左右难以压实，而且形成一个斜坡，在摊铺后一幅时，应先将未完全压实部分和不符合路拱要求部分挖松并补充洒水，待后一幅混合料摊铺后一起进行整平和碾压。

（6）养生与交通管制

每段碾压完成并经压实度检查合格后，应立即开始养生。保湿养生周期应不少于7d，之后再铺筑上层。铺筑上层时，撒少量水泥或水泥浆。底基层养生7d后，方可铺筑基层。用7～10cm厚湿砂或草帘洒水进行覆盖养生。水泥稳定类基层采用沥青乳液进行养生，沥青用量0.8～1kg/m^3。进行交通管制，限制重型车辆经过。养生期结束，应先清扫基层，并立即喷洒透层沥青。

(7) 基层验收

检验项目包括压实度、弯沉、纵断面高程、中线偏位、宽度、平整度、厚度、横坡。

2) 路拌法

石灰稳定土路面底基层常常采用路拌法施工。路拌法要求配料准确，混合料必须均匀，没有粗细颗粒离析的现象。在最佳含水率时，充分碾压，按重型击实标准控制的压实度不小于96%。施工流程如图5.2.1-2所示。施工工艺要点如下。

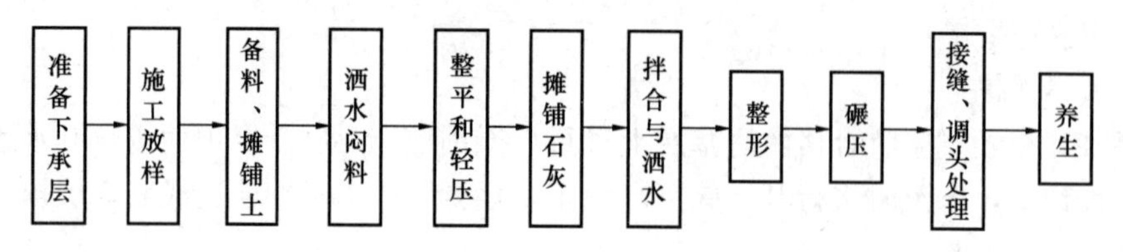

图5.2.1-2 石灰稳定土路面底基层的施工流程

(1) 下承层准备与测量放样

施工前对下承层按质量验收标准进行验收，并精心加工整形。之后，恢复中线。

(2) 备料和混合料拌合

使用的原材料应符合质量要求，采集土和砂砾需要提前备料，闷料应将材料选择合理场地分开堆放备用，石灰应选择公路两侧宽敞、临近水源且地势较高的场地集中堆放。

混合料拌合工程中含水率应控制在最佳含水率左右，当石灰稳定塑性指数大于黏土时应采用两次拌合。如为石灰稳定级配碎石或砂砾时，应先将石灰和需添加的黏性土拌合均匀，然后均匀地摊铺在级配碎石或砂砾层上，再一起进行拌合。级配碎石所用石料的压碎值不大于30%。生石灰块应在使用前7～10d充分消解，消石灰宜过孔径10mm的筛，并应尽快使用。

(3) 混合料摊铺

采用推土机及刮平机按试验路段所确定土的松铺系数进行摊铺。

(4) 整平碾压

混合料摊铺、整形后，按规定的压实方法进行压实；在平曲线段，压路机由内侧向外侧碾压。路面两侧，多碾压2～3遍。在碾压过程中，如有“弹簧”、松散、起皮等现象，要及时翻开重新拌合，或用其他方法处理，使其达到质量要求。

(5) 接缝

同日施工的两工作段的衔接处，应采用搭接形式。前一段拌合和整形后，留5～8m不进行碾压。后一段施工时，应与前段留下未压部分一起再进行拌合。

(6) 洒水养生

洒水养生时间不少于7d，未铺基层时，除洒水养生车辆外，禁止其他车辆通行。

5.2.1.3 粒料类基层施工

粒料类基层是由一定级配的矿质集料经拌合、摊铺、碾压，当强度符合规定时得到的基层。分嵌挤型和密实型两大类，嵌挤型粒料有泥结碎石、泥灰结碎石和填隙碎石等；密实型分级配碎（砾）石和符合级配要求的天然砂砾等。

粒料类混合料按粗细料组分大小可划分为三种状态或性状，如图5.2.1-3所示。粒料类基层的分类及适用范围：

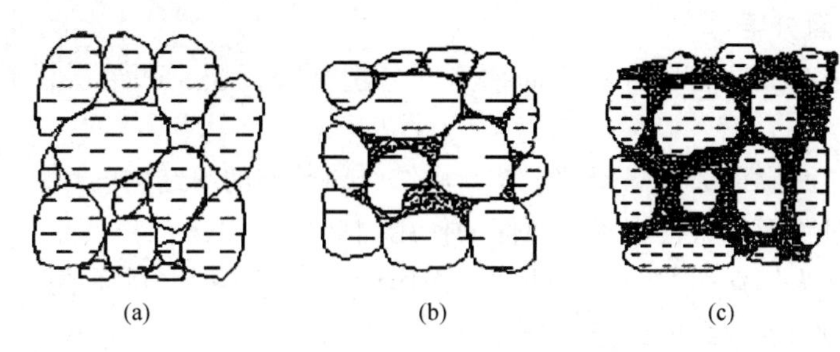

图 5.2.1-3 粒料类混合料分类

(a) 不含或含很少细料；(b) 含适当细料；(c) 含大量细料

(1) 级配碎石适用于各级公路的基层和底基层。

(2) 级配砾石、级配碎砾石可用作二级及以下公路基层，也可用于各级的底基层。

(3) 填隙碎石适用于各级公路的底基层和三、四级公路基层。

粒料类基层、底基层的施工除养护时间要求外，其他可参照半刚性基层、底基层的施工执行。

5.2.1.4 垫层施工

垫层根据设置的目的可细分为稳定层、隔离层、防冻层和辅助层，故所用材料强度要求不一定很高，但水稳性、隔热性、吸水性一定要好。垫层的施工方法与同类材料的基层相同，其材料应满足各种垫层的要求，以达到设置目的。

1. 垫层设置要求

(1) 地下水位高，排水不良，路基经常处于潮湿、过湿状态的路段。

(2) 排水不良的土质路堑，有裂隙水、泉眼等水文条件不良的岩石挖方路段。

(3) 季节性冰冻地区中湿、潮湿，可能产生冻胀而需设置防冻层的路段。

(4) 基层或底基层可能受到路基细粒土污染以及路基软弱的路段。

2. 垫层材料和厚度

(1) 垫层材料可选用粗砂、砂砾、碎石、煤渣等粒料以及水泥或石灰煤渣稳定粗粒土、石灰粉煤灰稳定粗粒土等。

(2) 若采用粗砂和砂砾时，通过 0.074mm 孔径筛孔的颗粒含量不应大于 5%；采用煤渣时，粒径小于 2mm 的颗粒含量不宜大于 2%。

(3) 路基顶面可设土工合成材料隔离层，以防止软地基污染粒料底基层、垫层，也可隔断地下水的影响。

(4) 垫层应与路基同宽，最小厚度为 15cm。

5.2.2 沥青路面施工

沥青路面是用沥青材料作为结合料粘结矿料修筑面层，与各类基层和垫层所组成的路面结构。沥青面层由沥青和一定级配的矿料及外加剂搅拌而成，沥青提高了混合料的粘结力，级配矿料有一定的内摩擦角，故压实成型后的沥青混合料有一定的强度与稳定性。跟水泥混凝土路面相比，沥青路面具有表面平整、接缝少、行车舒适、振动小、噪声低、施工速度快等优点，其是我国高等级公路的主要路面形式。

5.2.2.1 沥青路面分层

沥青路面更精细的功能划分，从面往里，分别为磨耗层、联结层、透层、黏层、封层等。

（1）磨耗层：面层顶部用坚硬的细粒料和结合料铺筑的薄结构层。其作用是改善行车条件，防止行车对路面的磨损，延长路面的使用周期。

（2）联结层：为加强面层与基层的共同作用或减少基层裂缝对面层的影响，而设在基层上的结构层，为面层的组成部分。

（3）透层：是指为使沥青面层与非沥青材料基层结合良好，在基层上喷洒液体石油沥青、乳化沥青、煤焦油产品而形成的透入基层表面一定深度的薄层。

（4）黏层：是为了加强路面沥青层与沥青层之间、沥青层与水泥混凝土路面之间的粘结而洒布乳化沥青或液体石油沥青而形成的沥青材料薄层。黏层的施工质量非常关键，其对上下层的粘结起着非常重要的作用。黏层油通常采用乳化沥青或改性的乳化沥青，由于慢裂的乳化沥青在洒布后流淌严重，用快裂的乳化沥青作黏层油较为合适。

（5）封层：为封闭表面空隙、防止水分侵入而在沥青面层或基层上铺筑的有一定厚度的沥青混合料薄层。铺筑在沥青面层表面的称为上封层，铺筑在沥青面层下面、基层表面的称为下封层。

按沥青路面施工的技术原理，可分为：

（1）沥青表面处治：用沥青和集料按层铺法或拌合法铺筑而成的厚度不超过3cm的沥青路面（喷洒沥青→洒布集料→压实）。

（2）沥青贯入：用沥青和集料按层铺法铺筑而成，厚度一般为4～8cm的沥青路面（粗集料→喷洒沥青→洒布填隙细集料→压实）。

（3）乳化/溶剂沥青碎石：以常温熔融的沥青和嵌挤结构的集料冷拌或热拌，凝结而成的路面。

（4）热拌沥青碎石：以沥青和嵌挤结构集料热拌铺筑的路面（沥青混合料拌合→摊铺→压实）。

（5）沥青混凝土：以沥青和密实结构集料热拌铺筑而成的路面。

（6）沥青玛琋脂碎石路面：是指用沥青玛琋脂碎石混合料作面层或抗滑层的路面。沥青玛琋脂碎石混合料（Stone Mastic Asphalt，简称SMA）是以间断级配为骨架，用改性沥青、矿粉及木质纤维素组成的沥青玛琋脂为结合料，经拌合、摊铺、压实而形成的一种构造深度较大的抗滑面层。SMA路面具有抗滑耐磨、孔隙率小、抗疲劳、高温抗车辙、低温抗开裂的优点，是一种全面提高密级配沥青混凝土使用质量的新材料。适用于高速公路、一级公路和其他重要公路的表面层。

5.2.2.2 沥青路面用材料

沥青路面的材料包括沥青、矿料、填料和纤维稳定剂等。沥青混凝土应经过科学配置，以符合相应强度和稳定性指标要求。

1. 沥青

路面用沥青称为道路石油沥青，此外还有改性沥青、乳化沥青、改性乳化沥青、液体石油沥青。

沥青的选用应依据公路等级、气候条件、交通条件、路面类型及在结构层中的层位及受力特点、施工方法等进行，并应结合当地的使用经验，和经技术论证后确定。沥青的PI值、60℃动力黏度及10℃延度可作为选择性指标。道路石油沥青按沥青中的蜡含量分为A、B、C三个等级，适用范围可参考表5.2.2-1。

道路用石油等级及其适用范围 **表5.2.2-1**

石油等级	适用范围参考
A级	适合各个等级的公路，适用于任何场合和层次
B级	① 高速、一级公路沥青下面层及以下层次，二级及二级以下公路的各个层次； ② 用作改性沥青、乳化沥青、改性乳化沥青、稀释沥青的基质沥青
C级	三级及三级以下公路的各个层次

改性沥青是指掺入橡胶、聚氨酯等材料，用于改善沥青的路用性质，如提高黏附性、抗老化性、高温稳定性、低温抗裂性、耐疲劳性。改性沥青等同于沥青A级和B级使用。

乳化沥青指石油沥青与水在乳化剂、稳定剂等的作用下经乳化加工制得的均匀的沥青产品，也称沥青乳液。乳化沥青适用于沥青表面处治路面、沥青贯入式路面、冷拌沥青混合料路面，修补裂缝，喷洒透层、黏层与封层等。改性乳化沥青分喷洒型和拌合型，前者适用于粘层、封层、桥面防水粘结层，拌合型适用于改性稀浆封层和微表处置。

液体石油沥青是指用汽油、煤油、柴油等溶剂将石油沥青稀释而成的沥青产品，也称轻制沥青或稀释沥青。液体石油沥青适用于透层、黏层及拌制冷拌沥青混合料。煤沥青中T-1、T-2适用于各种等级公路的各种基层上的透层，其他等级不符合喷洒要求时可稀释使用；T-5、T-6、T-7适合三级及三级以下的公路铺筑表面处治或贯入式沥青路面；由于安全问题一般不推荐采用煤焦油作透层油。

2. 矿料

矿料分粗集料和细集料。粗集料包括碎石、破碎砾石、筛选砾石、钢渣、矿渣等，但高速公路和一级公路不得使用筛选砾石和矿渣；细集料包括天然砂、机制砂、石屑。应洁净、干燥、无风化、无杂质，并有适当的颗粒级配。

3. 填料

沥青混合料的矿粉或称为填料，必须采用石灰岩或岩浆岩中的强基性岩石等憎水性石料经磨细得到，原石料中的泥土杂质应除净。

粉煤灰作为填料使用时，用量不得超过填料总量的50%，粉煤灰的烧失量应小于12%，与矿粉混合后的塑性指数应小于4%，其余质量要求与矿粉相同。高速公路、一级公路的沥青面层不宜采用粉煤灰作填料。拌合机的粉尘可作为矿粉的一部分回收使用。但每盘用量不得超过填料总量的25%，掺有粉尘填料的塑性指数不得大于4%。

4. 纤维稳定剂

沥青混合料中掺加的纤维稳定剂宜选用木质素纤维、矿物纤维等。矿物纤维宜采用玄武岩等矿石制造，易影响环境及造成人体伤害的石棉纤维不宜直接使用。

5.2.2.3 透层、黏层施工

透层和黏层都是由专用的设备加工制作，并通过沥青洒布车进行喷洒的。喷洒前，需要进行表面清理、试验检测，合格后，在严格的交通管制和疏导下进行。

1. 透层施工要求

(1) 沥青路面各类基层都必须喷洒透层油，沥青层必须在透层油完全渗透入基层后方可铺筑。基层上设置下封层时，透层油不宜省略。气温低于10℃或大风或即将降雨时不得喷洒透层油。

(2) 根据基层类型选择渗透性好的液体沥青、乳化沥青、煤沥青作透层油，喷洒后通过钻孔或挖掘确认透层油渗透入基层的深度宜不小于5mm（无机结合料稳定集料基层）至10mm（无机结合料基层），并能与基层联结成为一体。

(3) 透层油通过调节稀释剂的用量或乳化沥青的浓度得到适宜的黏度，基质沥青的针入度通常不宜小于100。透层用乳化沥青的蒸发残留物含量允许根据渗透情况适当调整，当使用成品乳化沥青时可通过稀释得到要求的黏度。透层用液体沥青的黏度通过调节煤油或轻柴油等稀释剂的品种和掺量经试验确定。

(4) 透层油的用量通过试洒确定，正式施工前须进行试验段施工。

(5) 用于半刚性基层的透层油宜紧接在基层碾压成型后表面稍变干燥、但尚未硬化的情况下喷洒。在无结合料粒料基层上洒布透层油时，宜在铺筑沥青层前1～2d洒布。

(6) 透层油宜采用沥青洒布车一次喷洒均匀，使用的喷嘴宜根据透层油的种类和黏度选择，沥青洒布车喷洒不均匀时宜改用手工沥青洒布机喷洒。洒布应符合规范要求。

(7) 喷洒透层油前应清扫路面，遮挡防护路缘石及人工构造物，避免污染；透层油必须洒布均匀，有花白遗漏时应人工补洒，喷洒过量的立即撒布石屑或砂吸油，必要时适当碾压。透层油洒布后不得在表面形成能被运料车和摊铺机粘起的油皮，透层油达不到渗透深度要求时，应更换透层油稠度或品种。

(8) 透层油洒布后的养生时间随透层油的品种和气候条件由试验确定，确保液体沥青中的稀释剂全部挥发，乳化沥青渗透且水分蒸发，然后尽早铺筑沥青面层，防止工程车辆损坏透层。

透层施工工艺流程如图5.2.2-1所示。

2. 黏层施工要求

符合下列情况之一时必须喷洒黏层油：

1) 双层式或三层式热拌热铺沥青混合料路面的沥青层之间。

2) 水泥混凝土路面、沥青稳定碎石基层或旧沥青路面层上加铺沥青层。

3) 路缘石、雨水口、检查井等构造物与新铺沥青混合料接触的侧面。

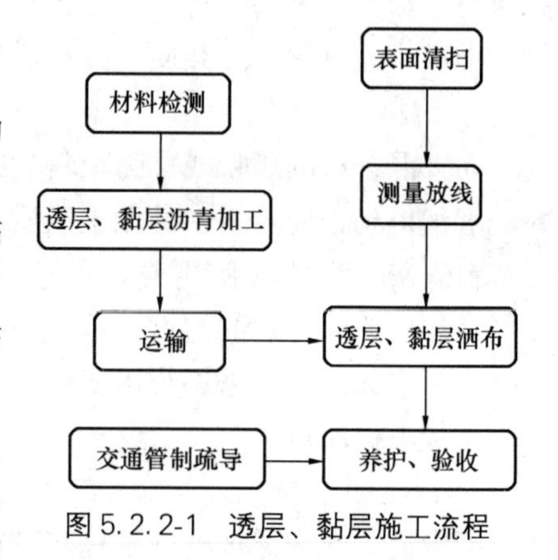

图5.2.2-1　透层、黏层施工流程

黏层与透层的施工工艺流程，参见图5.2.2-1。黏层油宜采用快裂或中裂乳化沥青、改性乳化沥青，也可采用快、中凝液体石油沥青，其规格和质量应符合本规范的要求，所使用的基质沥青标号宜与主层沥青混合料相同。

黏层油的品种和用量，应根据下卧层的类型通过试验段确定，洒布量应符合规范要求。

黏层油宜采用沥青洒布车喷洒，并选择适宜的喷嘴，洒布速度和喷洒量保持稳定。当采用机动或手摇的手工沥青洒布机喷洒时，必须由熟练的技术工人操作，均匀洒布。气温低于10℃时不得喷洒黏层油，寒冷季节施工不得不喷洒时可以分成两次喷洒。路面潮湿时不得喷洒黏层油，用水洗刷后需待表面干燥后喷洒。

喷洒的黏层油必须成均匀雾状，在路面全宽度内均匀分布成一薄层，不得有洒花漏空或成条状，也不得有堆积。喷洒不足的要补洒，喷洒过量处应予刮除。喷洒黏层油后，严禁运料车外的其他车辆和行人通过。

黏层油宜在当天洒布，待乳化沥青破乳、水分蒸发完成，或稀释沥青中的稀释剂基本挥发完成后，紧跟着铺筑沥青层，确保黏层不受污染。

5.2.2.4　热拌沥青混合料路面

1. 试验段与场地布置

正式开工前，应根据计划使用的机械设备和设计的混合料配合比铺筑试验路段，以确定合适的拌合时间和温度、摊铺温度和速度、压实机械的合理组合、压实温度及压实方法、松铺系数、合适的作业段长度等。试验路的长度应根据试验目的确定，通常在100～200m。

由于拌合机工作时会产生较大的粉尘、噪声等污染，再加上拌合厂内的各种油料及沥青为可燃物，因此拌合厂的设置应符合国家有关环境保护、消防安全等规定，一般应设置在空旷、干燥、运输条件好的地方。

热拌沥青路面的施工工艺流程如图5.2.2-2所示。

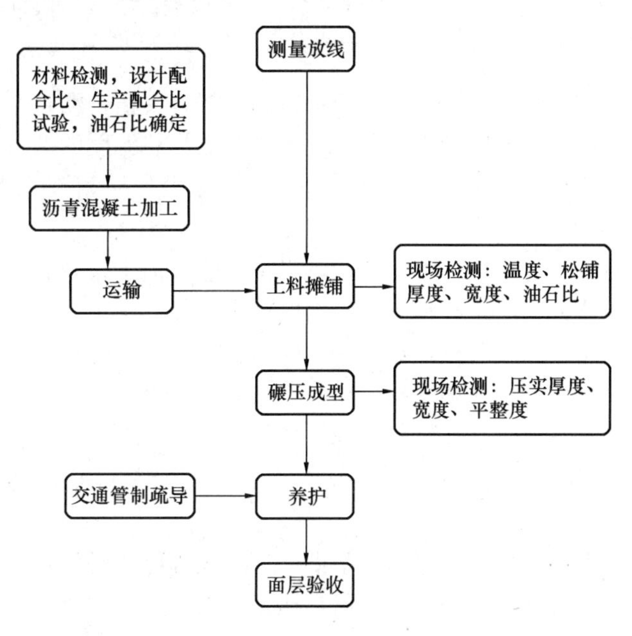

图5.2.2-2　面层施工流程

2. 混合料的拌制

应根据工程量和工期选择拌合设备的生产能力和移动方式（固定式、半固定式和移动式）。目前使用较多的是生产率在300t/h以下的拌合设备。用于拌制沥青混合料的拌合站有间歇式和连续式两种，区别在计量混合料材料重量方式。

间歇式计量混合料各种材料的重量是在每盘拌合时，而连续式则是在计量各种材料之后连续不断地把材料送进拌合器中进行拌合。高速公路和一级公路的沥青混凝土宜采用间歇式拌合机进行拌合。国内用间歇式的拌合机较多，主要在于国内碎石场生产碎石时，碎石的级配变动较大，用间歇式的拌合机更有利于沥青混合料的质量控制。

热拌沥青混合料必须在沥青拌合厂（站）采用专门搅拌设备拌合。沥青搅拌设备是将各个有相对独立性的单元连接起来，形成一个以搅拌器为中心的系统。这些单元主要包括：冷料仓、干燥滚筒、燃烧器、热骨料提升机、振动筛、计量系统、成品料仓、沥青加热系统、除尘系统、粉料系统、控制系统、气动系统等，如图 5.2.2-3 所示。

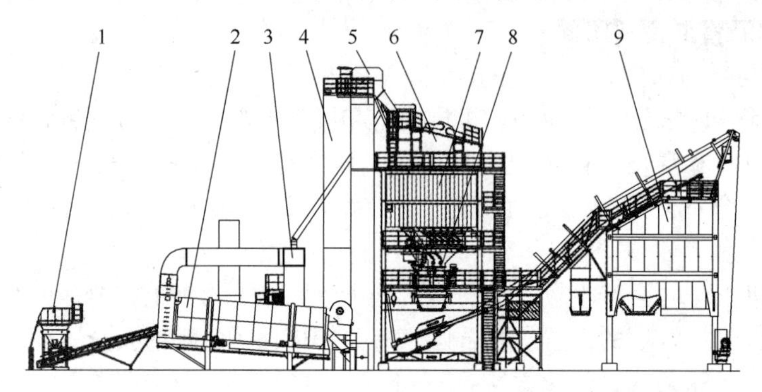

图 5.2.2-3 沥青搅拌系统

1—冷料仓；2—干燥滚筒；3—除尘系统；4—粉料系统；5—热骨料提升机；6—振动筛；7—热骨料仓；8—计量搅拌系统；9—成品料仓

沥青混合料的拌制及施工温度要严格控制以确保拌合质量。沥青与矿料的加热温度应调节至能使混合料达到出厂温度的规定要求，超过规定加热温度的沥青混合料由于部分老化应禁止使用。

3. 混合料的运输

（1）热拌沥青混合料宜采用较大吨位的运料车运输，但不得超载运输，或急刹车、急弯掉头对透层、封层造成损伤。运料车的运力应稍有富余，施工过程中摊铺机前方应有运料车等候。对高速公路、一级公路，宜待等候的运料车多于 5 辆后开始摊铺。

（2）运料车每次使用前后必须清扫干净，在车厢板上涂一薄层防止沥青粘结的隔离剂或防粘结剂，但不得有余液积聚在车厢底部。从拌合机向运料车上装料时，应多次挪动汽车位置，平衡装料，以减少混合料离析。运料车运输混合料宜用苫布覆盖，保温、防雨、防污染。

（3）运料车进入摊铺现场时，轮胎上不得沾有泥土等可能污染路面的脏物，否则宜设水池洗净轮胎后进入工程现场。沥青混合料在摊铺地点凭运料单接收，若混合料不符合施工温度要求，或已经结成团块、已遭雨淋的不得铺筑。

（4）摊铺过程中运料车应在摊铺机前 10～30cm 处停住，空挡等候，由摊铺机推动前进，开始缓缓卸料，避免撞击摊铺机。在有条件时，运料车可将混合料卸入转运车经二次拌合后向摊铺机连续均匀地供料。运料车每次卸料必须倒净，尤其是对改性沥青或 SMA 混合料，如有剩余，应及时清除，防止硬结。

4. 混合料的摊铺

(1) 热拌沥青混合料应采用沥青摊铺机摊铺，在喷洒有黏层油的路面上铺筑改性沥青混合料或 SMA 时，宜使用履带式摊铺机。摊铺机的受料斗应涂刷薄层隔离剂或防粘结剂。

(2) 铺筑高速公路、一级公路沥青混合料时，一台摊铺机的铺筑宽度不宜超过 6m (双车道) 至 7.5m (3 车道以上)，通常宜采用两台或更多台数的摊铺机前后错开 10～20m 成梯队方式同步摊铺，两幅之间应有 30～60mm 宽度的搭接，并躲开车道轮迹带。上下层的搭接位置宜错开 200mm 以上。

(3) 摊铺机开工前应提前 0.5～1h 预热熨平板，使其不低于 100℃。铺筑过程中应选择熨平板振捣或夯锤压实装置适宜的振动频率和振幅，以提高路面的初始压实度。熨平板加宽连接应仔细调节至摊铺的混合料没有明显的离析痕迹。

(4) 摊铺机必须缓慢、均匀、连续不间断地摊铺，不得随意变换速度或中途停顿，以提高平整度，减少混合料的离析。摊铺速度宜控制在 2～6m/min 的范围内。对改性沥青混合料及 SMA 混合料宜放慢至 1～3m/min。当发现混合料出现明显的离析、波浪、裂缝、拖痕时，应分析原因予以消除。

(5) 沥青路面施工的最低气温应符合要求，寒冷季节遇大风降温，不能保证迅速压实时不得铺筑沥青混合料。热拌沥青混合料的最低摊铺温度根据铺筑层厚度、气温、风速及下卧层表面温度按规范执行。每天施工开始阶段，宜采用较高温度的混合料。

5. 混合料的碾压

1) 压实成型的沥青路面应符合压实度及平整度的要求。

2) 沥青混凝土的压实层最大厚度不宜大于 100mm，沥青稳定碎石混合料的压实层厚度不宜大于 120mm。但当采用大功率压路机且经试验证明能达到压实度时，允许增大到 150mm。

3) 沥青路面施工应配备足够数量的压路机，选择合理的压路机组合方式及初压、复压、终压 (包括成型) 的碾压步骤，以达到最佳碾压效果。高速公路铺筑双车道沥青路面的压路机数量不宜少于 5 台。施工气温低、风大、碾压层薄时，压路机数量应适当增加。

4) 压路机应以慢而均匀的速度碾压，压路机的碾压速度应符合表 5.2.2-2 的规定。压路机的碾压路线及碾压方向不应突然改变而导致混合料推移。碾压区的长度应大体稳定，两端的折返位置应随摊铺机前进而推进，横向不得在相同的断面上。

压路机碾压速度 (单位：km/h) **表 5.2.2-2**

压路机类型	初压		复压		终压	
	适宜	最大	适宜	最大	适宜	最大
钢筒式压路机	2～3	4	3～5	6	3～6	6
轮胎压路机	2～3	4	3～5	6	4～6	8
振动压路机	2～3 (静压或振动)	3 (静压或振动)	3～4.5 (振动)	5 (振动)	3～6 (静压)	6 (静压)

5) 压路机的碾压温度应符合规范的要求，并根据混合料种类、压路机、气温、层厚等情况经试压确定。在不产生严重推移和裂缝的前提下，初压、复压、终压都应在尽可能

高的温度下进行。同时，不得在低温状况下反复碾压，使石料棱角磨损、压碎，破坏集料嵌挤。

6）沥青混合料的初压应符合下列要求：

（1）初压应紧跟摊铺机后碾压，并保持较短的初压区长度，以尽快使表面压实，减少热量散失。对摊铺后初始压实度较大，经实践证明采用振动压路机或轮胎压路机直接碾压无严重推移而有良好效果时，可免去初压直接进入复压工序。

（2）通常宜采用钢轮压路机静压1～2遍。碾压时应将压路机的驱动轮面向摊铺机，从外侧向中心碾压，在超高路段则由低向高碾压，在坡道上应将驱动轮从低处向高处碾压。

（3）初压后应检查平整度、路拱，有严重缺陷时进行修整乃至返工。

7）复压应紧跟在初压后进行，并应符合下列要求：

（1）复压应紧跟在初压后开始，且不得随意停顿。压路机碾压段的总长度应尽量缩短，通常不超过60～80m。采用不同型号的压路机组合碾压时宜安排每一台压路机作全幅碾压，防止不同部位的压实度不均匀。

（2）密级配沥青混凝土的复压宜优先采用重型的轮胎压路机进行搓揉碾压，以增加密水性，其总质量不宜小于25t，吨位不足时宜附加重物，使每一个轮胎的压力不小于15kN，冷态时的轮胎充气压力不小于0.55MPa，轮胎发热后不小于0.6MPa，且各个轮胎的气压大体相同，相邻碾压带应重叠1/3～1/2的碾压轮宽度，碾压至要求的压实度为止。

（3）对以粗集料为主的较大粒径的混合料，尤其是大粒径沥青稳定碎石基层，宜优先采用振动压路机复压。厚度小于30mm的薄沥青层不宜采用振动压路机碾压。振动压路机的振动频率宜为35～50Hz，振幅宜为0.3～0.8mm。层厚较大时选用高频率大振幅，以产生较大的激振力，厚度较薄时采用高频率低振幅，以防止集料破碎。相邻碾压带重叠宽度为100～200mm。振动压路机折返时应先停止振动。

（4）当采用三轮钢筒式压路机时，总质量不宜小于12t，相邻碾压带宜重叠后轮的1/2宽度，并不应少于200mm。

（5）对路面边缘、加宽及港湾式停车带等大型压路机难于碾压的部位，宜采用小型振动压路机或振动夯板作补充碾压。

8）终压应紧接在复压后进行，如经复压后已无明显轮迹时可免去终压。终压可选用双轮钢筒式压路机或关闭振动的振动压路机碾压不宜少于2遍，至无明显轮迹为止。

6. 接缝

1）沥青路面的施工必须接缝紧密、连接平顺，不得产生明显的接缝离析。上下层的纵缝应错开150mm（热接缝）或300～400mm（冷接缝）以上。相邻两幅及上下层的横向接缝均应错位1m以上。接缝施工应用3m直尺检查，确保平整度符合要求。

2）纵向接缝部位的施工应符合下列要求：

（1）摊铺时采用梯队作业的纵缝应采用热接缝，将已铺部分留下100～200mm宽暂不碾压，作为后续部分的基准面，然后作跨缝碾压以消除缝迹。

（2）当半幅施工或因特殊原因而产生纵向冷接缝时，宜加设挡板或加设切刀切齐，也可在混合料尚未完全冷却前用镐刨除边缘留下毛槎的方式，但不宜在冷却后采用切割机作纵向切缝。加铺另半幅前应涂洒少量沥青，重叠在已铺层上 50～100mm，再铲走铺在前半幅上面的混合料，碾压时由边向中碾压留下 100～150mm，再跨缝挤紧压实。或者，先在已压实路面上行走碾压新铺层 150mm 左右，然后压实新铺部分。

（3）高速公路和一级公路的表面层横向接缝应采用垂直的平接缝，以下各层可采用自然碾压的斜接缝，沥青层较厚时也可采用阶梯形接缝，参见图 5.2.2-4。其他等级公路的各层均可采用斜接缝。

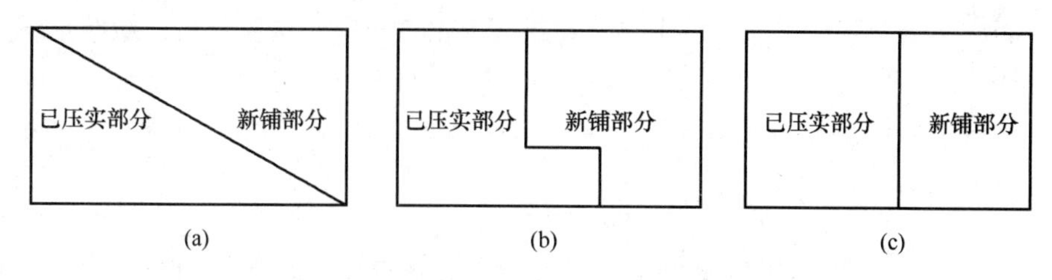

图 5.2.2-4 横向接缝的几种形式

（4）斜接缝的搭接长度与层厚有关，宜为 0.4～0.8m。搭接处应洒少量沥青，混合料中的粗集料颗粒应予剔除，并补上细料，搭接平整，充分压实。阶梯形接缝的台阶经铣刨而成，并洒黏层沥青，搭接长度不宜小于 3m。

（5）平接缝宜趁尚未冷透时用凿岩机或人工垂直刨除端部层厚不足的部分，使工作缝成直角连接。当采用切割机制作平接缝时，宜在铺设当天混合料冷却但尚未结硬时进行。刨除或切割不得损伤下承层，渣土泥水必须冲洗干净，待干燥后涂刷黏层油。铺筑新混合料接头时应使接槎软化，压路机先进行横向碾压，再纵向碾压成为一体，充分压实，连接平顺。

7. 开放交通及其他

1）热拌沥青混合料路面应待摊铺层完全自然冷却，混合料表面温度低于 50℃后，方可开放交通。需要提早开放交通时，可洒水冷却降低混合料温度。

2）沥青路面雨期施工应符合下列要求：

（1）注意气象预报，加强工地现场、沥青拌合厂及气象台站之间的联系，控制施工长度，各项工序紧密衔接。

（2）运料车和工地应备有防雨设施，并做好基层及路肩排水。

（3）铺筑好的沥青层应严格控制交通，做好保护，保持整洁，不得造成污染，严禁在沥青层上堆放施工产生的土或杂物，严禁在已铺沥青层上制作水泥砂浆。

5.2.2.5 沥青表面处治与封层

1. 表面处治处置

沥青表面处治是我国早期沥青路面的主要类型，广泛用于砂石路面行车性等级的提高。但由于沥青表面处治层很薄，一般不起提高强度的作用，其主要作用是抵抗行车的磨耗、增强防水性、提高平整度、改善路面的行车条件等。沥青表面处治适宜在干燥和较热的季节施工，并应在雨期及日最高温度低于 15℃到来以前半个月结束，使表面处治层通过开放交通压实并成型稳定。

沥青表面处治可采用拌合法或层铺法施工，采用层铺法施工时按照洒布沥青及铺撒矿料的层次多少分为单层式、双层式和三层式。单层式为洒布一次沥青，铺撒一次矿料，厚度为1～1.5mm；双层式为洒布两次沥青，铺撒两次矿料，厚度为2～2.5mm；三层式为洒布三次沥青，铺撒三次矿料，厚度为2.3～3mm。施工工艺应按下列步骤进行：

(1) 清扫基层，洒布第一层沥青。沥青的洒布温度根据气温及沥青标号选择，石油沥青宜为130～170℃，煤沥青宜为80～120℃，乳化沥青在常温下洒布，加温洒布的乳液温度不得超过60℃。前后两车喷洒的接槎处用铁板或建筑纸铺1～1.5m，使搭接良好。分几幅浇洒时，纵向搭接宽度宜为100～150mm。洒布第二、三层沥青的搭接缝应错开。

(2) 洒布主层沥青后应立即用集料撒布机或人工撒布第一层主集料。撒布集料后应及时扫匀，达到全面覆盖、厚度一致、集料不重叠、也不露出沥青的要求。局部有缺料时适当找补，将多余集料扫出。两幅搭接处，第一幅洒布沥青应暂留100～150mm宽度不洒布石料，待第二幅一起洒布。

(3) 洒布主集料后，不必等全段洒布完，立即用6～8t的钢筒双轮压路机从路边向路中心碾压3～4遍，每次轮迹重叠约300mm。碾压速度开始不宜超过2km/h，以后可适当增加。

(4) 第二、三层的施工方法和要求应与第一层相同，但可以采用8t以上的压路机碾压。

单层式和双层式沥青表面处治的施工程序可参照三层式的施工工序进行。

乳化沥青表面处治应待破乳、水分蒸发并基本成型后方可通车；而沥青表面处治在碾压结束后即可开放交通，并通过开放交通补充压实，成型稳定。在通车初期应设专人指挥交通或设置障碍物控制行车，限制行车速度不超过20km/h，严禁畜力车及铁轮车行驶，使路面全部宽度均匀压实。沥青表面处治应注意初期养护。当发现有泛油时，应在泛油处补撒与最后一层石料规格相同的嵌缝料并扫匀，过多的浮料应扫出路外。

2. 封层

封层是为封闭表面空隙、防止水分侵入而在沥青面层或基层上铺筑的有一定厚度的沥青混合料薄层。铺筑在沥青面层表面的称为上封层；铺筑在沥青面层下面、基层表面的称为下封层。

上封层是起封闭水分和抵抗车轮磨耗作用的层次，实际上也是表面处治的一种。根据情况可选择乳化沥青稀浆封层、微表处治、改性沥青集料封层、薄层磨耗层或其他适宜的材料。铺设上封层的下卧层时必须彻底清扫干净，对车辙、坑槽、裂缝进行处理或挖补。

下封层宜在基层表面喷洒透层油后铺筑。下封层宜采用层铺法进行表面处治或稀浆封层法施工，稀浆封层可采用乳化沥青或改性乳化沥青作结合料。下封层的厚度不宜小于6mm，且做到完全封水。对于在多雨潮湿地区的高速公路、一级公路的沥青面层空隙率较大，有严重渗水可能或铺筑基层不能及时铺筑沥青面层而需通行车辆时采用。

稀浆封层，是指用适当级配的石屑或砂、填料（水泥、石灰、粉煤灰、石粉等）与乳化沥青、外掺剂和水，按一定比例拌合而成的流动状态的沥青混合料，将其均匀地摊铺在路面上形成的沥青封层。

3. 微表处置

将用适当级配的石屑或砂、填料（水泥、石灰、粉煤灰、石粉等）与聚合物改性乳化沥青、外掺剂和水，按一定比例拌合而成的流动状态的沥青混合料，均匀地摊铺在路面上形成的沥青封层。

微表处置主要用于高速公路及一级公路的预防性养护以及填补轻度车辙，也适用于新建公路的抗滑磨耗层。稀浆封层一般用于二级及二级以下公路的预防性养护，也适用于新建公路的下封层。稀浆封层和微表处置必须使用专用的摊铺机进行摊铺。单层微表处置适用于旧路面车辙深度不大于15mm的情况；超过15mm时必须分两层铺筑，或先用V形车辙摊铺箱摊铺；深度大于40mm时不适宜微表处置。

5.2.3 水泥混凝土路面施工

水泥混凝土路面施工工艺流程如图5.2.3-1所示。

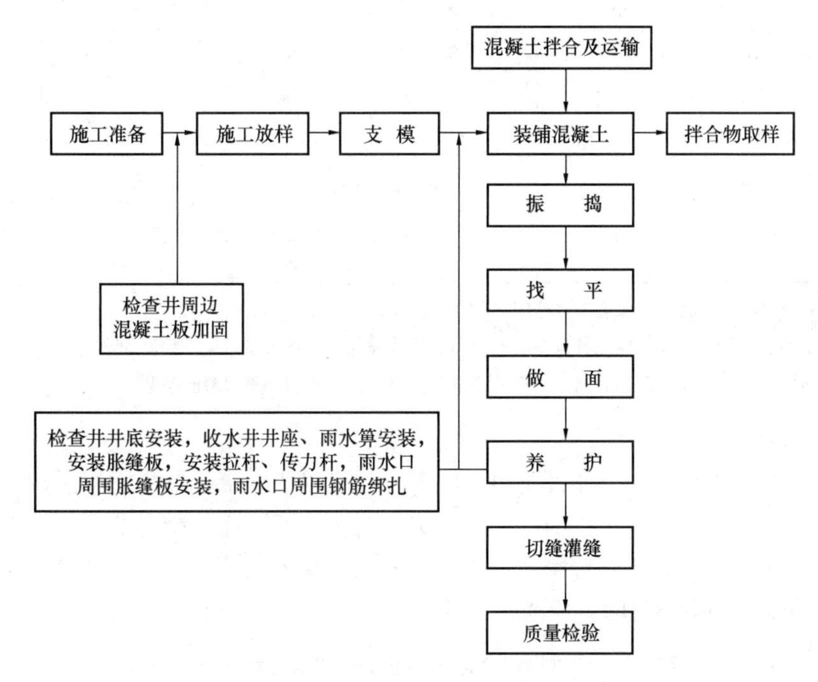

图5.2.3-1 水泥混凝土路面工程施工流程

1. 施工准备

施工准备包括材料、设备、场地、技术和组织准备。

施工组织包括技术交底、下承层准备、拌合站设置、原材料储备、交通导行等。

（1）开工前，建设单位应组织设计、施工、监理单位进行技术交底。施工单位应进行详细的施工组织设计，对施工、试验、机械、管理等岗位的技术人员和各工种工人进行培训。

（2）施工单位应根据设计文件，测量校核平面和高程控制桩，复测和恢复路面中心、边缘全部基本标桩，测量精确度应满足相应规范的规定。

（3）各种桥涵、通道等构筑物应提前建成，确有困难不能通行时，应有施工便道。施工时应确保运送混凝土的道路基本平整、畅通，不得延误运输时间或碾坏基层或桥面。施工中的交通运输应配备专人进行管制，保证施工的有序、安全进行。

（4）摊铺现场和搅拌场之间应建立快速有效的通信联络，及时进行生产调度和指挥。

（5）拌合站宜设置在摊铺路段的中间位置。搅拌场内部布置应满足原材料储运、混凝土运输、供水、供电、钢筋加工等使用要求，并尽量紧凑，减少占地。拌合站的供料能力须符合现场摊铺的要求。

2. 施工机具选择

根据公路等级的不同，混凝土路面的施工宜符合表 5.2.3-1 规定的机械装备要求。

与公路等级相适应的机械装备 **表 5.2.3-1**

摊铺机械装备	高速公路	一级公路	二级公路	三级公路	四级公路
滑模摊铺机	✓	✓	✓		○
轨道摊铺机	▲	✓	✓	✓	○
三辊轴机组	○	▲	✓	✓	✓
小型机具	×	○	▲	✓	✓
碾压混凝土机械		○	✓	✓	▲
计算机自动控制 强制搅拌楼（站）	✓	✓	✓	▲	○
强制搅拌楼（站）	×	○	▲	✓	✓

注：1. 符号含义：✓应使用；▲有条件使用；○不宜使用；×不得使用。
2. 各等级公路均不得使用体积计量、小型自落滚筒式搅拌机，严禁使用人工控制加水量。
3. 碾压混凝土亦可用于高速公路、一级公路复合式路面的下面层和贫混凝土基层。

3. 浇筑成型

和其他混凝土工程类似，路面混凝土浇筑经过立模板、绑钢筋、混凝土运输、振捣整平成型等。所不同的是路面工程的纵向尺寸大，且大面积暴露，受季节影响较大。

不同摊铺工艺的混凝土拌合物从搅拌机出料到运输、铺筑完毕的允许最长时间应符合表 5.2.3-2 的规定。不满足时，应通过试验加大缓凝剂或保塑剂的剂量。

混凝土拌合物出料到运输、铺筑完毕的允许最长时间 **表 5.2.3-2**

施工气温 * （℃）	到运输完毕允许最长时间（h）		到铺筑完毕允许最长时间（h）	
	滑模、轨道	三轴、小机具	滑模、轨道	三轴、小机具
5～9	2	1.5	2.5	2
10～19	1.5	1	2	1.5
20～29	1	0.75	1.5	1.25
30～35	0.75	0.5	1.25	1

注：* 指施工时间的日间平均气温，使用缓凝剂延长凝结时间后，本表数值可增加 0.25～0.5h。

应根据施工进度、运量、运距及路况，选配车型和车辆总数。总运力应比总拌合能力略有富余，确保新拌合混凝土在规定时间内运到摊铺现场。

1）混凝土的摊铺

根据其铺筑工艺不同，又可分为小型机具或三辊轴机组铺筑、滑模机械铺筑、轨道摊铺机铺筑和碾压混凝土等方法。

小型机具或三辊轴机组铺筑是指采用固定模板，人工布料，手持振动棒、振动板、振动梁或整平机振实，滚杠、修整尺、抹刀整平的混凝土路面施工工艺。

滑模式摊铺机施工，是将各作业装置装在同一机架上，通过位于模板外侧的行走装置随机移动滑动模板，就能按照要求使路面挤压成型，并可实现多种功能的摊铺，如路肩、路缘石等。滑模式摊铺机的特点是不需要轨道，整个摊铺机的支架支撑在液压缸上，可以通过控制系统上下移动以调整厚度，一次完成摊铺、振捣、整平等多道工序。

轨道式摊铺机施工的整套机械系统在轨道上推进，是以轨道为基准控制路面标高。轨道和模板同步安装，统一调整定位，将轨道固定在模板上，既作路面侧模，也是每节轨道的固定基准座。

碾压混凝土路面是指采用沥青摊铺机或平地机摊铺，振动压路机和轮胎压路机碾压成型的路面。它的平整度稍差，多用于复合式路面结构的下层，上层为普通或钢纤维混凝土，或在碾压混凝土路面上加铺沥青磨耗层。直接作为面层，它只适用于车速低的中、低等级道路。

2）混凝土振捣、整平

（1）摊铺好的混凝土拌合物，应随即用插放式和平板振动器均匀地振实。塑性的商品混凝土可省去平板振实工序。

（2）插入式振动器的有效作用深度一般为 18～25cm。振实宜采用 2.2kW 的平板振动器（采用真空吸水工艺时可用功率较小的平板振动器）。振平可用 1.1kW 的平板振动器。

（3）振捣时，应先用插入式振动器的模板（或混凝土板壁）边缘、角隅处初振或全面积顺序初振一次。同一位置振动时不宜少于 20s。插入式振动器的移动间距不宜大于其作用半径的 1.5 倍，其至模板的距离应不大于作用半径的 0.5 倍，并应避免碰撞模板和钢筋。然后，再用平板振动器全面振捣，板与板间宜重叠 10～20cm。同一位置的振捣时间，当水灰比小于 0.45 时宜不少于 30s，当水灰比大于 0.45 时宜不少于 15s，以不再冒出气泡并泛出水泥砂浆为准。如有条件，最好再用小功率平板振动器全面振平一次。

（4）混凝土拌合物全面振捣后，再用振动梁进一步拖拉振实并初步整平。振动梁往返拖拉 2～3 遍，使表面泛浆并赶出气泡。振动梁移动速度要缓慢均匀，不许中途停顿，前进速度以 1.2～1.5m/min 为宜。凡有不平之处，应及时辅以人工挖填补平。补填时宜用较细的拌合物，但严禁用纯砂浆填补。

（5）最后用无缝钢管滚杠进一步滚揉表面，使表面进一步提浆，调匀调平。

3）面层接缝、抗滑

由于一年四季气温的变化，混凝土板会产生不同程度的膨胀和收缩。而在一昼夜中，白天气温升高，混凝土板顶面温度比底面高，这种温度梯度会形成板中部隆起的趋势。夜间气温降低，板顶面温度比底面低，会使板的周边和角落产生翘起的趋势。这些变形会受到板与基础之间的摩阻力和粘结力，以及板的自重和车轮荷载等的约束，致使板内产生过大的应力，会造成板的开裂、断裂或拱胀等破坏。为了避免这些缺陷的产生，混凝土路面必须设置横向接缝和纵向接缝。横向接缝垂直于行车方向，共有缩缝、胀缝和施工缝三种；纵向接缝平行于行车方向。

（1）缩缝施工

普通混凝土路面横向缩缝宜等间距布置，不宜采用斜缝。不得不调整板长时，最大板长不宜大于 6m，最小板长不宜小于板宽。

在中、轻交通的混凝土路面上，横向缩缝可采用不设传力杆假缝型，如图 5.2.3-2（a）所示。

在特重和重交通公路、收费广场、邻近胀缝或路面自由端的三条缩缝应采用假缝加传力杆型。缩缝传力杆的施工方法可采用前置钢筋支架法或传力杆插入装置（DBI）法，支架法的构造如图 5.2.3-2（b）所示。钢筋支架应具有足够的刚度，传力杆应准确定位，摊铺之前应在基层表面放样，并用钢钎锚固，宜使用手持振动棒振实传力杆高度以下的混凝土，然后机械摊铺。传力杆无防粘涂层一侧应焊接，有涂料一侧应绑扎。用 DBI 法置入传力杆时，应在路侧缩缝切割位置作标记，保证切缝位于传力杆中部。

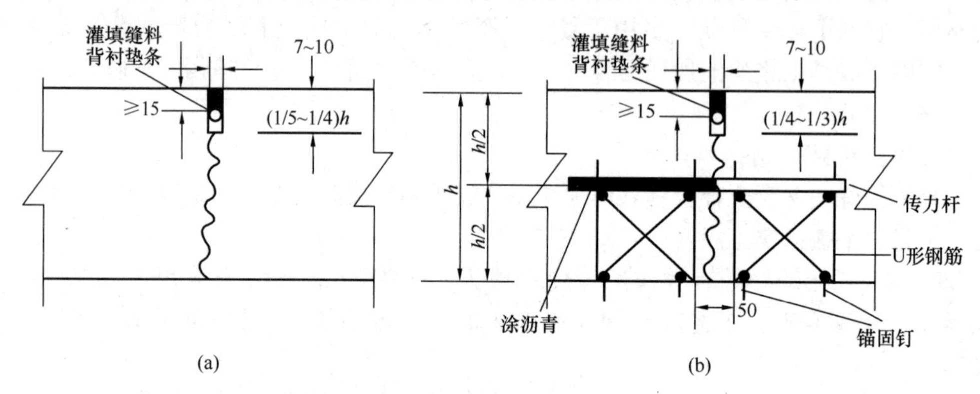

图 5.2.3-2　横向缩缝构造

（a）假缝型；（b）假缝加传力杆型

（2）胀缝施工

普通混凝土路面、钢筋混凝土路面和钢纤维混凝土路面的胀缝间距视集料的温度膨胀性大小、当地年温差和施工季节综合确定：高温施工，可不设胀缝；常温施工，集料温缩系数和年温差较小时，可不设胀缝；集料温缩系数或年温差较大，路面两端构造物间距大于等于 500m 时，宜设一道中间胀缝；低温施工，路面两端构造物间距大于等于 350m 时，宜设一道胀缝。

普通混凝土路面的胀缝应设置胀缝补强钢筋支架、胀缝板和传力杆，胀缝构造如图 5.2.3-3所示。钢筋混凝土和钢纤维混凝土路面可不设钢筋支架。胀缝宽 20～25mm，使用沥青或塑料薄膜滑动封闭层时，胀缝板及填缝宽度宜加宽到 25～30mm。传力杆一半以上长度的表面应涂防粘涂层，端部应戴活动套帽，套帽材料与尺寸应符合规范要求。胀缝板应与路中心线垂直，缝壁垂直；缝隙宽度一致；缝中完全不连浆。

胀缝应采用前置钢筋支架法施工，也可预留一块面板，高温时再铺封。前置法施工，应预先加工、安装和固定胀缝钢筋支架，并在使用手持振动棒振实胀缝板两侧的混凝土后再摊铺。宜在混凝土未硬化时，剔除胀缝板上部的混凝土，嵌入（20～25)mm×20mm 的木条，整平表面。胀缝板应连续贯通整个路面板宽度。

（3）施工缝处理

每天摊铺结束或摊铺中断时间超过 30min 时，应设置横向施工缝，其位置宜与胀缝或缩缝重合。确有困难不能重合时，施工缝应采用设螺纹传力杆的企口缝形式。横向施工缝应与路中心线垂直。横向施工缝在缩缝处采用平缝加传力杆型，如图 5.2.3-4 所示。

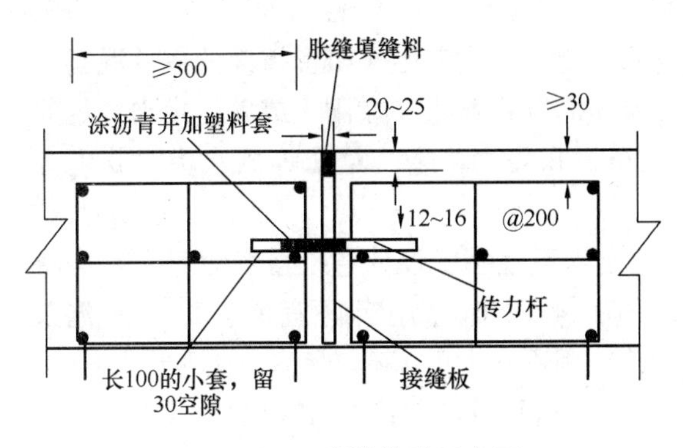

图 5.2.3-3 胀缝构造示意图

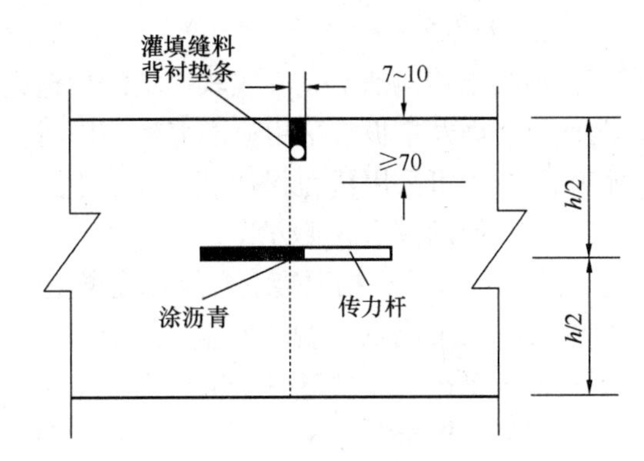

图 5.2.3-4 横向施工缝构造示意图

（4）纵向接缝

当一次铺筑宽度小于路面和硬路肩总宽度时，应设纵向施工缝，位置应避开轮迹，并重合或靠近车道线，构造可采用平缝加拉杆型。当所摊铺的面板厚度大于等于 260mm 时，也可采用插拉杆的企口型纵向施工缝。采用滑模施工时，纵向施工缝的拉杆可用摊铺机的侧向拉杆装置插入。采用固定模板施工方式时，应在振实过程中，从侧模预留孔中手工插入拉杆。

当一次摊铺宽度大于 4.5m 时，应采用假缝拉杆型纵缝，即锯切纵向缩缝，纵缝位置应按车道宽度设置，并在摊铺过程中用专用的拉杆插入装置插入拉杆。

钢筋混凝土路面、桥面和搭板的纵缝拉杆可由横向钢筋延伸穿过接缝代替。钢纤维混凝土路面切开的假纵缝可不设拉杆，纵向施工缝应设拉杆。

插入的侧向拉杆应牢固，不得松动、碰撞或拔出。若发现拉杆松脱或漏插，应在横向相邻路面摊铺前，钻孔重新植入。当发现拉杆可能被拔出时，宜进行拉杆拔出力（握裹力）检验。

4）抗滑构造与施工

混凝土摊铺完毕或精平表面后，宜使用钢支架拖挂 1～3 层叠合麻布、帆布或棉布，洒水湿润后作拉毛处理。布片接触路面的长度以 0.7～1.5m 为宜，细度模数偏大的粗砂，拖行长度取小值；砂较细时，取大值。人工修整表面时，宜使用木抹。用钢抹修整过的光面，必须再作拉毛处理，以恢复细观抗滑构造。

当日施工进度超过 500m 时，抗滑沟槽制作宜选用拉毛机械施工，没有拉毛机时，可采用人工拉槽方式。在混凝土表面泌水完毕 20～30min 内应及时进行拉槽。拉槽深度应为 2～4mm，槽宽 3～5mm，槽间距 15～25mm。可施工等间距或非等间距抗滑槽，衔接间距应保持一致。

特重和重交通混凝土路面宜采用硬刻槽，凡使用圆盘、叶片式抹面机精平后的混凝土路面、钢纤维混凝土路面必须采用硬刻槽方式制作抗滑沟槽。为降低噪声宜采用非等间距刻槽，尺寸宜为：槽深 3～5mm，槽宽 3mm，槽间距在 12～24mm 之间随机调整。硬刻槽后应随即将路面冲洗干净，并恢复路面的养生。

新建路面或旧路面抗滑构造不满足要求时，可采用硬刻槽或喷砂打毛等方法加以恢复。

5）养生

混凝土路面铺筑完成或软作抗滑构造完毕后应立即开始养生。机械摊铺的各种混凝土路面、桥面及搭板宜采用喷洒养生剂同时保湿覆盖的方式养生。在雨天或养生用水充足的情况下，也可采用覆盖保湿膜、土工毡、土工布、麻袋、草袋、草帘等洒水保湿养生方式，不宜使用围水养生方式。

养生时间应根据混凝土弯拉强度增长情况而定，不宜小于设计弯拉强度的80%，应特别注重前7d的保湿（温）养生。一般养生天数宜为14～21d，高温天不宜少于14d，低温天不宜少于21d。掺粉煤灰的混凝土路面，最短养生时间不宜少于28d，低温天应适当延长。

混凝土板养生初期，严禁人、畜、车辆通行，在达到设计强度的40%后，行人方可通行。在路面养生期间，平交道口应搭建临时便桥。面板达到设计弯拉强度后方可开放交通。

6）特殊条件措施

水泥混凝土路面施工质量受环境因素影响较大，对高温、低温季节及雨期施工应考虑其特殊性，确保工程质量，制订专项方案和措施。详见二维码5.2.3。

二维码5.2.3

5.3 轨道分类与构造

现代轨道交通的发展起源于19世纪初期英国，以机车为动力，以钢导轨、钢轮滚动为特征的铁路运输技术。轨道交通狭义上专指轮轨式运输方式，但广义的铁路运输尚包括磁悬浮列车、胶轮等非钢轮行进的方式，和现代隐形轨道等运输方式。

铁路运输与公路运输相比，其优点是运输能力大、安全可靠、速度较快、成本较低、对环境污染较小，基本不受天气的影响，能源消耗远低于航空和公路运输，是现代运输体系中的主干力量。

5.3.1 轨道分类分级

轨道运输按其运输服务的对象和环境不同，总体分类如图5.3.1-1所示。

1. 铁路运输分类分级

我国铁路采用两轨国际标准，轨距是1435mm，简称为准轨或普轨。相比于普轨，铁路术语还有米轨和宽轨。

我国传统铁路时代的等级划分是依据在路网中的地位而定的，即根据铁路线在铁路网中的作用来划分级别，分为国铁、地铁。经过130多年的发展，我国目前按运行速度划分为常速、中速、准高速或快速、高速、特高速5个级别，对应时速分别为100～120km，120～160km，160～200km，200～400km，400km以上。

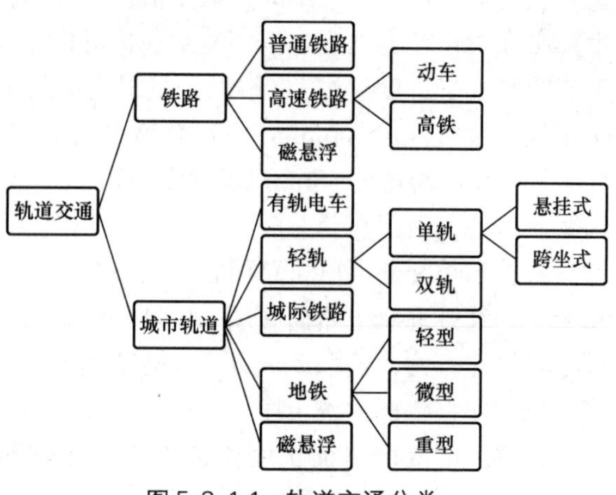

图5.3.1-1 轨道交通分类

根据时速等级三分法划分为普通铁路、快速铁路和高速铁路，按客货取向划分为客运专线、客货共线、货运专线。

2. 城市轨道分类分级

城市轨道在利用轨道运输的优势时，还应满足城市运输的环境条件：

(1) 线路多经过居民区，对噪声和振动的控制较严；

(2) 行车密度大，运营时间长；

(3) 一般采用直流电机牵引，以轨道作为供电回路；

(4) 曲线段占的比例大，曲线半径比常规铁路小。

城市轨道按运量也分为大、中、小三类；按建造的空间可划分为地下、地面、高架三大类；按车轮车轨的材料分，有钢轮钢轨和胶轮混凝土轨两种；钢轨根据重量和运能又分为轻轨和重轨，轨道 60kg/m 以上的被称为重轨，50kg/m 及以下的为轻轨；轨道运输按导向方式分为人工驾驶导向、轮轨导向和导向轮导向三种；按运输技术特征分，有有轨电车、地铁、轻轨和各种新型能源轨道系统。

(1) 有轨电车（Tramcar）：有轨电车是在无轨汽车公交基础上发展起来的，与无轨运输公交混编，共用道路和交通信号，行驶速度慢，架线影响市容。

(2) 地铁（Subway）：是轴重相对较重，单方向高峰输送能力在 3 万人次/h 以上的城市轨道交通系统。地铁运输的优点是：运速快，运量大，准点，干扰小，占用地面空间小；缺点是：造价高，工期长。

(3) 轻轨（Light Rail Transit）：是在有轨电车基础上发展起来的，由电气牵引，轮轨导向，列车或车辆编组，运行在专用行车道上的中运量城市轨道交通系统。输送能力介于地铁和有轨列车之间，为 15000～30000 人/h。行驶速度可达 30km/h。按轻轨运量和轴重选择，轻轨可细分为准地铁与新型有轨电车两类。

(4) 其他各种新型能源轨道系统：其他新型系统还有单轨交通、磁悬浮、自动导向运输（AGT，Automated Guideway Transit）、城际快轨等。

5.3.2 轨道线路构造

轨道也是线性建筑设施，按三个方向的投影，分线路平面、纵断面和横断面。

线路平面即为轨道线路的中心线在平面上的投影，由圆曲线、直线和缓和曲线构成，如图 5.3.2-1 所示。缓和曲线是指平面线形中在直线和圆形曲线之间，或者两个半径相差较大、转向相同的圆曲线之间的连接曲线，根据设计时速、轨道超高、曲率半径等因素进行设计。

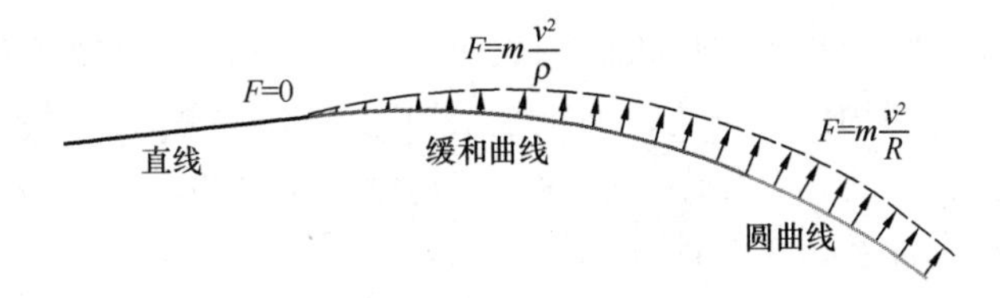

图 5.3.2-1 线路平面

轨道线路纵断面线路是中心线展直后在铅锤面上的投影，由平道、上下坡道及竖曲线组成，如图 5.3.2-2 所示。线路坡度是指轨面的升降梯度值，用千分比数值表示，上坡为正，下坡为负。竖曲线是连接相邻坡道间的曲线，以变坡点为交接点。因缓和纵向变坡点处的行车动量变化较大而对轨道产生附加冲击载荷，因此应将竖曲线和平面缓和线结合起来作合理优化设计，以确保行车视距，提高乘车舒适度和方便地下排水等。

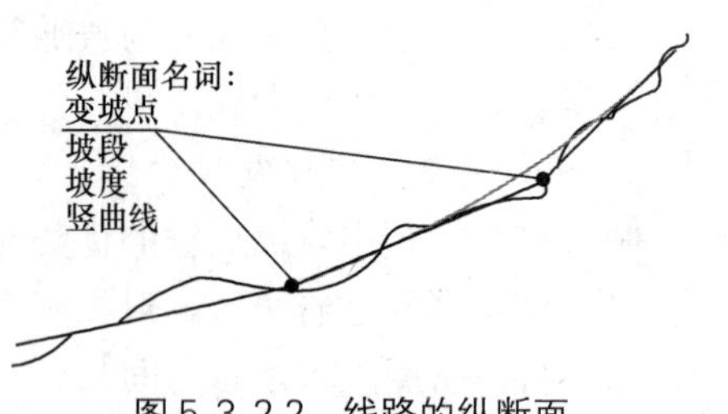

图 5.3.2-2 线路的纵断面

轨道线路在横断面上也划分成上部结构和下部结构，其形式和构造因其类别，或所处的地上、地下或高架的位置而略有变化。上部结构一般都是由轨道和轨下基础构成；地面轨道的下部结构由路基和侧沟组成。轨道工程因上、下部结构的差异，分别构成了轨道路基工程和轨道铺设工程。

5.3.3 轨道构成与结构

轨道是建造在路基上，引导机车车辆运行的工程设施，它直接承受列车荷载并向下部基础传递。轨道应保证机车车辆在规定的最大载重和最高速度下运行时，具有足够的强度、稳定性和合理的修理周期。

轨道由钢轨、轨枕、连接零件、道床、防爬器、轨距拉杆、道岔、道砟等组成，如图 5.3.3-1 所示。

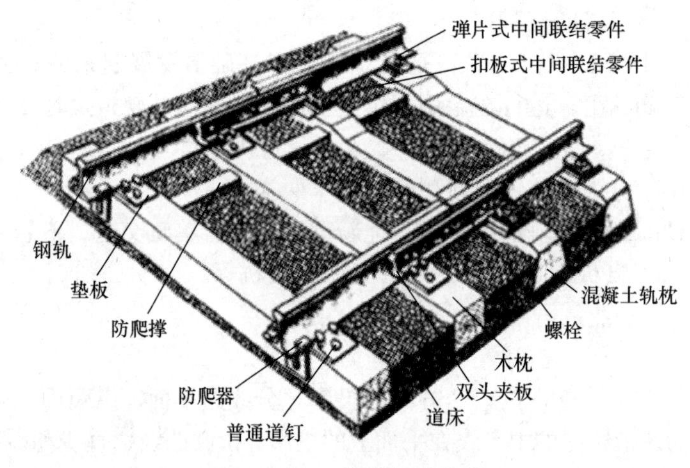

图 5.3.3-1 轨道组成构件

1. 钢轨

钢轨是由钢材制作的细长工字形构件，如图 5.3.3-2 所示。钢轨的功能：一是直接承受列车载荷并将其传递到扣件、轨枕、道床至结构底板（例如路基或桥梁）中；二是依靠钢轨头部内侧与车辆轮缘的相互作用，引导列车前进。钢轨要求有足够的承载能力、抗弯强度、断裂韧性、稳定性及耐腐蚀性。

普通铁路钢轨长度一般有 25m 和 12.5m 两种。轨道交通线路上的钢轨需要连成长轨条，钢轨与钢轨的纵向连接依靠钢轨接头来实现（图 5.3.3-3），通过特殊焊接和施工工艺形成的无缝钢轨，长为 1～2km 以上，并能做到全路段的超长无缝连接，是高速铁路建设的关键技术之一。

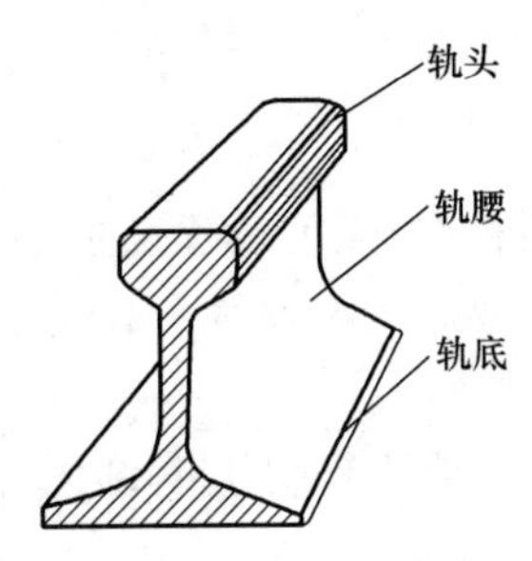

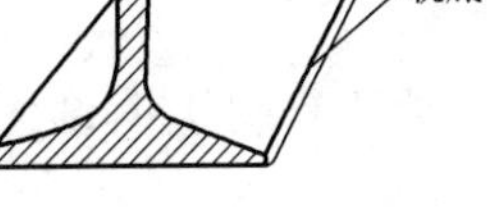

图 5.3.3-2 钢轨构成

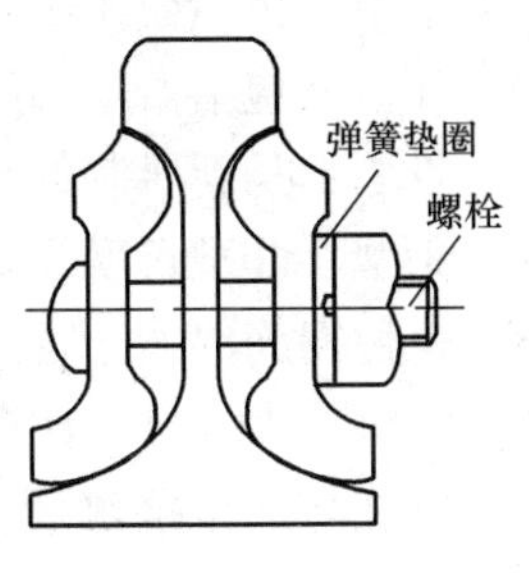

图 5.3.3-3 钢轨的连接和接头

2. 轨枕

轨枕是支撑钢轨的构件，它的作用是保持轨距和方向，将钢轨对它的各向压力传递到道床上。使用扣件把轨枕和钢轨连在一起形成“轨道框架”，增加了轨道结构的横向刚度。轨枕按制作材料可分为：木轨枕、钢筋混凝土轨枕和钢轨枕三种；按构造和铺设方法分为：横向轨枕、纵向轨枕和短轨枕；按使用目的分为：用于一般区间的普通轨枕，用于道岔地区的岔枕，用于无砟桥梁上的桥枕；按结构形式分为：整体式、组合式、半枕、宽轨枕等。

混凝土轨枕按底面承载设计，分Ⅰ、Ⅱ和Ⅲ型，Ⅰ型中间不承载，Ⅱ型中间部分承载，Ⅲ型为全部承载，如图 5.3.3-4 所示。

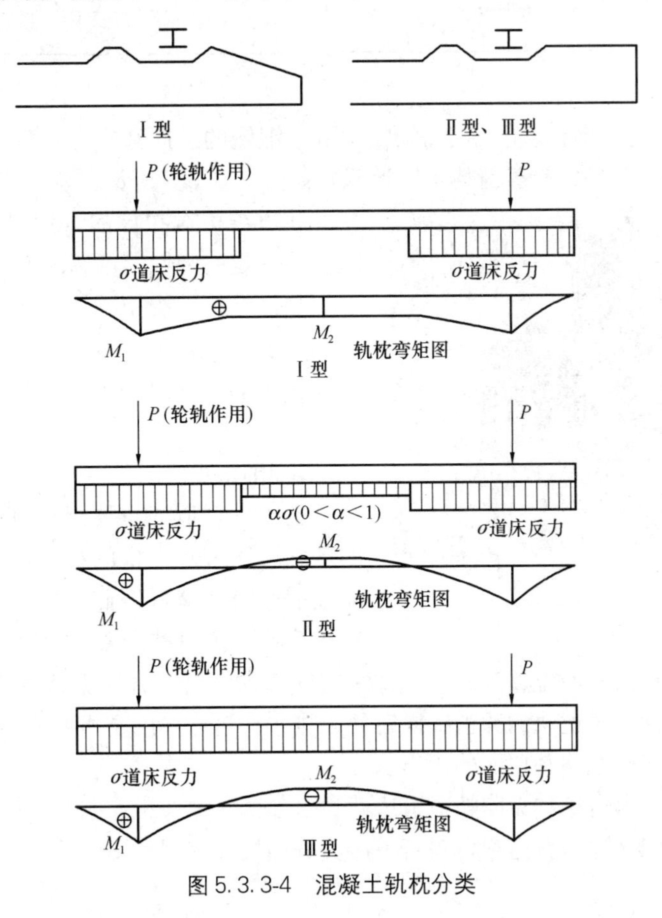

图 5.3.3-4 混凝土轨枕分类

Ⅰ型：包括弦15B、弦61A、弦65B、69、79、S-1和J-1型。

Ⅱ型：包括S-2、J-2、YⅡ-F、TKG-Ⅱ型等。

Ⅲ型：是新研制的与75kg/m钢轨配套的混凝土轨枕。

Ⅰ型、Ⅱ型长度2.5m，Ⅲ型长度2.6m（有挡肩、无挡肩两种），强度也逐渐加强。还有一种钢筋混凝土宽轨枕（又称轨枕板），宽度约为普通轨枕的两倍，支承面积比普通混凝土轨枕大一倍，使道床的应力大为减小。

轨枕与道床接触面上的摩阻力增大，提高了轨道的横向稳定性，有利于铺设无缝线路。

宽轨枕密排铺设，枕间空隙用沥青混凝土或不同等级的混凝土浇筑填实和封塞，道床顶面全部覆盖起来，防止雨水及脏污渗入道床内部，从而有效地保持道床的整洁，延长道床的清筛周期，减少作业次数，节省养护费用，适合于车站、线路维修条件差的长大隧道等地段使用（表5.3.3-1）。

混凝土宽轨枕与普通轨枕参数对比 **表5.3.3-1**

参数	普通混凝土轨枕	混凝土宽轨枕	两者差别
轨枕长度	2.6m	2.4m	−0.2m
轨枕宽度	30cm	57cm	27cm
支撑面积	5700cm^2	10260cm^2	+80%
轨枕头区	570cm^2	830cm^2	+45%

3. 扣件

该构件的作用是固定钢轨于正确位置，阻止钢轨的横向和纵向位移，防止钢轨倾翻，并提供适当弹性，确保钢轨载荷传递给道床，如图5.3.3-5所示。

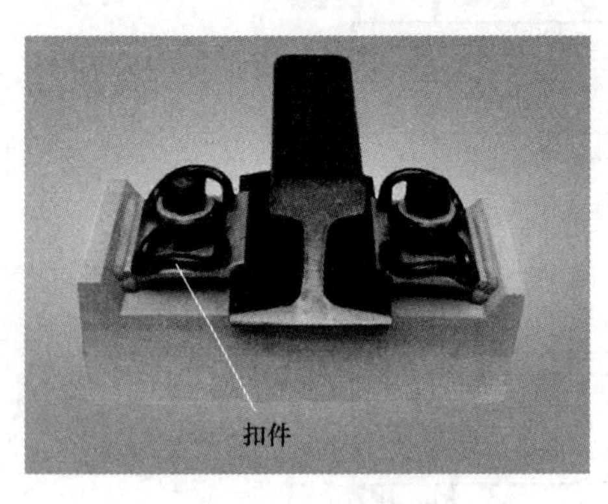

图5.3.3-5 钢轨扣件

轨道结构对扣件的一般要求有：足够的扣压力，一定的弹性、可调高度和轨距。

扣件的种类按扣压件有刚性和弹性之分；按承轨槽区有有挡肩和无挡肩之分；按轨枕、垫板及扣压件的联结方式有不分开式和分开式之分。

4. 道床

道床是轨道的重要组成部分，是轨道框架的基础。道床通常指的是铁路轨枕下面，路基面上铺设的石碴（道砟）垫层。其主要作用是支撑轨枕，把轨枕上部的巨大压力均匀地传递给路基面，并固定轨枕的位置，阻止轨枕纵向或横向移动，在大大减少路基变形的同时，还缓和了机车车辆轮对钢轨的冲击，同时便于排水。道床厚度是指直线上钢轨或曲线上内轨中轴线下轨枕底面至路基顶面的距离。

道床分有砟轨道道床和无砟轨道道床两种，如图5.3.3-6所示。

有砟轨道道床又称碎石道床，碎石道床又分面层和底层，不同等级铁路选用的碎石有不同标准。

(a)

(b)

图 5.3.3-6　道床分类
(a) 有砟轨道道床；(b) 无砟轨道道床

根据材料性能将碎石道砟分为一级和二级。碎石道砟的技术参数有：反映道砟材质的参数，如抗磨耗、抗冲击、渗水、抗风化、抗大气腐蚀等，为道砟材质的鉴定提供了法定依据；反映道砟加工质量的参数。

(1) 岩石路基，渗水土质路基及级配碎石路基基床，均铺设单层碎石道床。

(2) 非渗水路基应设置双层道床（图 5.3.3-7），其中上层为碎石道砟，又称为面砟；下层为垫层，又称为底砟。道床底砟是重要的道床支承结构，其主要作用有：①隔断碎石道砟与路基面的直接接触，可防止路基面因道砟颗粒的挤入而破损；②阻止路基的细微颗粒直接渗入上层道砟；③降低雨水的下渗速度，防止雨水对路基面的浸蚀，并有截断底层下毛细水作用的功能。

道床的总厚度应能防止路基土挤起，以限制引起道砟袋的变形发生。正常情况下，道床需要 30～50cm 厚度，最小厚度应不小于 15～30cm。

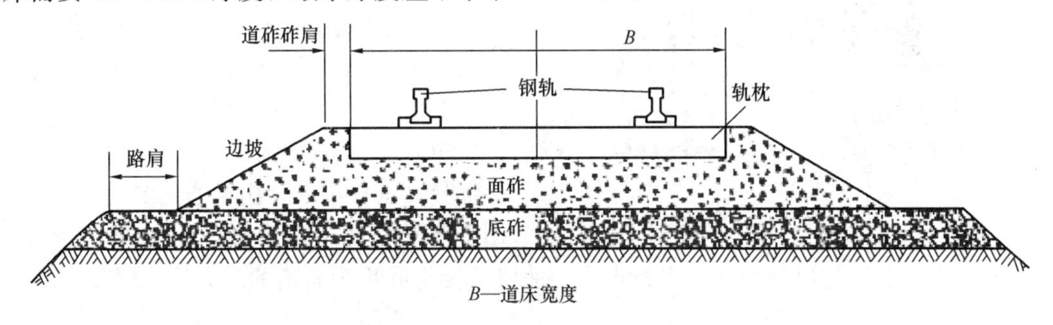

图 5.3.3-7　双层道床结构图

道床肩宽指道床宽出轨枕两端的部分。道床顶面宽度与轨枕长度及道床肩宽有关，道床肩宽应保证足够的道床横向阻力，以保持道床的稳定性。

道床边坡的稳定主要取决于道砟材料的内摩擦角和黏聚力，和道床肩宽有一定的关系。道砟材料的内摩擦角越大，黏聚力越高，边坡的稳定性就越好。增大肩宽可以容许采用较陡的边坡，而减小肩宽则必须采用较缓的边坡。无缝线路轨道砟肩应使用碎石堆高 15cm，堆高道砟的边坡坡度应采用 1∶1.75。

选用何种道砟材料，应根据铁路运量、机车车辆轴重、行车速度，并结合成本和就地取材等条件来决定。我国铁路干线上使用碎石道砟，在次要线路上可使用卵石道砟、炉砟道砟。

5. 道岔

道岔是机车车辆从一股轨道转入或越过另一股轨道时必不可少的线路设备，是铁路轨道的一个重要组成部分，如图 5.3.3-8、图 5.3.3-9 所示。地铁与轻轨线路上常用的是普通单开道岔，占全部道岔总数的 95%以上；正线道岔用于设有渡线和折返线的车站，通过设置道岔来实现车辆的转线；车场线道岔设在停车场，车辆段内通过道岔与走行线连接。

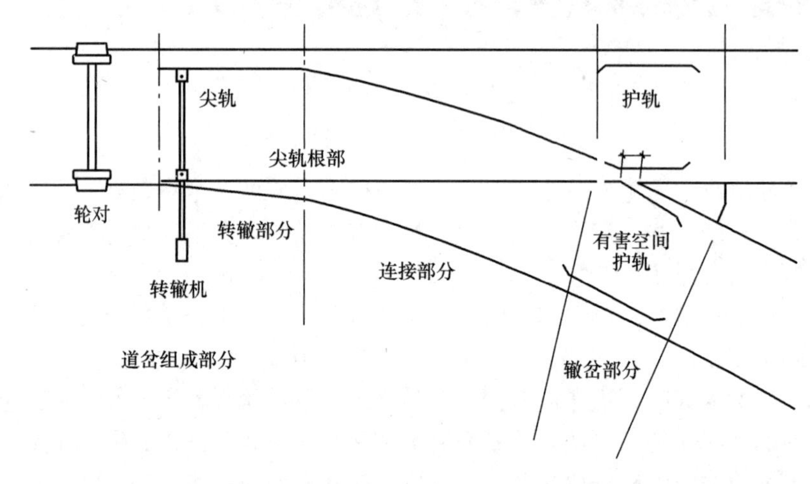

图 5.3.3-8 道岔构成

图 5.3.3-9 道岔实物图

道岔有多种形式，常用的线路连接有各种类型的单式道岔和复式道岔（对称和三开）。线路的交叉有直角交叉道岔和菱形交叉道岔；线路的连接与交叉进行组合，又有交分道岔和交叉渡线道岔等。

单开道岔由转辙器、辙叉及护轨、连接部分和岔枕组成。由于道岔具有数量多、构造复杂、使用寿命短、限制列车速度、行车安全性低、养护维修投入大等特点，与曲线、接头并称为轨道的三大薄弱环节。

5.3.4 无砟轨道

无砟轨道是为克服有砟轨道容易变形，维护频繁、平稳性差、振动大等缺点而开发出的新型轨道形式，其技术特征就是用整体轨道板道床代替传统有砟轨道中的轨枕和散粒体碎石道床，其他结构与有砟轨道基本一致，仍然由钢轨、轨枕、扣件、道床、道岔等部分组成。无砟轨道适合于高速铁路、城市轨道、高架桥轨道、地铁隧道、石质隧道等轨道运输，其中高速铁路的列车时速能够达到 200～350km 以上。无砟轨道发展应以构造简单、结构稳定、弹性适宜、变形可控、易于修复、坚固耐用、经济合理为方向。

无砟轨道技术发展起源于 20 世纪 60 年代的日本，但 21 世纪初在我国得到迅速发展，一举使得中国成为世界第一的高速铁路或无砟轨道大国。目前，无砟轨道已不仅仅服务于高速铁路，也正在城市轨道交通中应用发展，已经形成庞大的体系，分类也日趋复杂。例如，根据下部结构的类型，无砟轨道可分为路基上无砟轨道、隧道内无砟轨道和桥上无砟轨道三大类。按钢轨支承方式，可分为点式和连续式；按支承扣件方式，可分为有轨枕和无轨枕；按轨枕支承方式，可分为埋入式、嵌入式和支承式；按道床板材料，可分为混凝土和沥青混凝土；按道床板施工方式，可分为预制式和现浇式。我国国内高速铁路常用类型及其应用见表 5.3.4-1。

无砟轨道结构类型及应用概况 **表 5.3.4-1**

结构类型		应用线路
预制板式	CRTS Ⅰ型	沪宁城际、哈大、广深客专等
	CRTS Ⅱ型	京沪、沪杭、沪昆、合福等客专
	CRTS Ⅲ型	盘营、京沈客专、武汉城际等
现浇整体式	双块式	武广、郑西等
	轨枕埋入式	武广、郑西、哈大等

5.4 轨道铺设

5.4.1 有砟轨道铺设

新建铁路有砟轨道施工一般采用一次铺设跨区间无缝线路的“流水作业法”，如图 5.4.1-1所示。

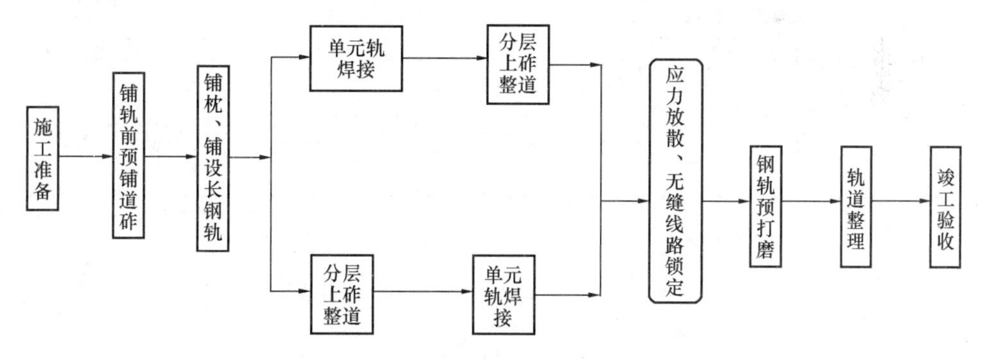

图 5.4.1-1 有砟轨道施工基本流程

1. 铺轨准备工作

铺轨工程是一项时间紧、任务重、劳动强度大的多工种联合作业。在铺轨中，各个环节是互相衔接、互相影响的，所以必须事先做好以下各项铺轨前的准备工作：

（1）施工调查及编制实施性施工组织设计。

（2）筹建铺轨基地。

（3）其他准备工作还有路基的修整、线路测量和预铺道砟。

2. 预铺道砟

底砟摊铺前检查路基工程，要求路基基床表层平面应平整、密实。铺轨前的预铺道砟流程如图 5.4.1-2 所示。

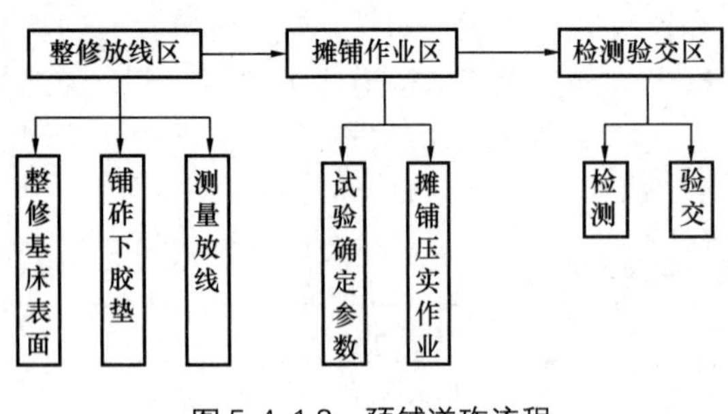

图 5.4.1-2 预铺道砟流程

3. 轨排组装

轨排组装是在铺轨基地将钢轨、轨枕用连接零件连成轨排，然后运到铺轨工地进行铺设，是机械化铺轨的重要组成部分。为了保证基地组装轨排的质量，防止组装中发生差错，组装时必须仔细地按照事先编制的轨排组装作业计划表进行。轨排生产计划表应及时根据实际铺设里程进行调整。

轨排组装的作业方式可分为活动工作台和固定工作台两种，活动工作台作业方式组装轨排又分为单线往复式和双线循环式两种。作业方式不同，使用的机具设备和作业线的布置也不同。因此，在轨排组装前，应根据具体情况确定作业方式。

1）活动工作台

（1）单线往复式

单线往复式轨排组装作业过程：将人员和所需机具按工序的先后固定在相应的工作台位上，用若干个可以移动的工作台组成流水作业线，依靠工作台往复移动传递轨排，按组装顺序流水作业，直到轨排组装完毕，如图 5.4.1-3 所示。

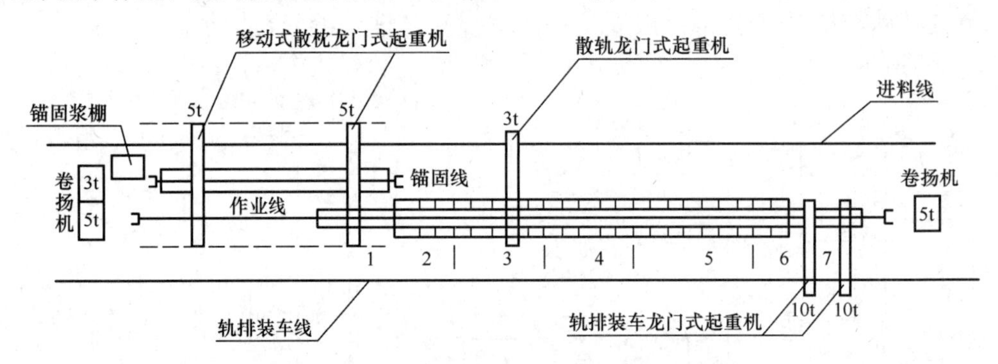

图 5.4.1-3 单线往复式轨排组装作业示意图

在组装中，工作台的往复移动，是由设在工作台两侧的起落架配合进行的。每完成一个工序，工作台就前移一个台位，并由起落架将轨排顶起，工作台退回至原位，然后下降起落架，轨排即留在下一工序的工作台上。这样每完成一个工序，工作台车就前后往复一次，起落架也相应升降一次，保证了轨排组装的连续性。

单线往复式作业方式，既节省拼装作业场地，也节省拼装所需设备和劳动力，有利于实现轨排组装全面机械化，这对地形狭小、场地受限制时较为适宜。

（2）双线循环式

双线循环式组装轨排的过程是：轨排组装分设在两条作业线上完成。在第一条作业线上完成其规定的几道工序后，经横移坑横移到第二条作业线上，继续作业，直到轨排组装完毕、装车。空的工作台经另一横移坑再横移到第一作业线上，继续循环作业，每一循环完成一个轨排的组装。横移坑内有横移线路以及横移台车，横移时可用人力移动或卷扬机牵引。

双线循环式作业方式，可将各工序组成循环流水作业线，从而改善工作条件，提高工作效率。但该作业方式要求场地比较宽阔，因而受到一定的限制。

2）固定工作台

固定工作台作业方式，是将组装作业线划分为若干个作业台位。作业时，各工序的人员和所需机具沿各个工作台位完成自己工序的作业后依次前移，而所组装的轨排则固定在工作台上不动，并在这一台位上完成全部工序。当沿作业线组装完第一层轨排后，又在第一层轨排上面继续依次组装第二层轨排，到第三层轨排后，人员再转移到另一条作业线的台位上，继续组装。

由于固定工作台作业方式所组装的轨排是固定不动的，仅仅是人员和机具沿工作台移动，所以作业线的布置比较简单，只需在组装作业线上划分一下固定工作台的台位，每一台位长约 26m，而台位的多少和作业线的长短，可根据铺轨任务量的大小和铺设日进度的需要来决定。

3）轨排组装过程

以活动工作台作业方式中的单线往复作业方式组装轨排为主，组装过程如下：吊散轨枕→硫磺锚固→匀散轨枕→吊散钢轨→上配件、紧固→质量检查→轨排装车。

4. 轨排运铺

1）轨排运输

轨排运输车主要有滚筒车和平板车两类，通常是从铺轨基地运到铺轨现场采用平板车运输，而轨排在现场的喂送，则采用滚筒车的方式。

（1）滚筒车

滚筒车一般由 60t 的平板车组成，车面上左右两侧各装滚筒 11 个，相距 1～1.2m 装一个，由两辆滚筒平板车合装一组轨排，每组 6～7 层。滚筒车布置如图 5.4.1-4 所示。

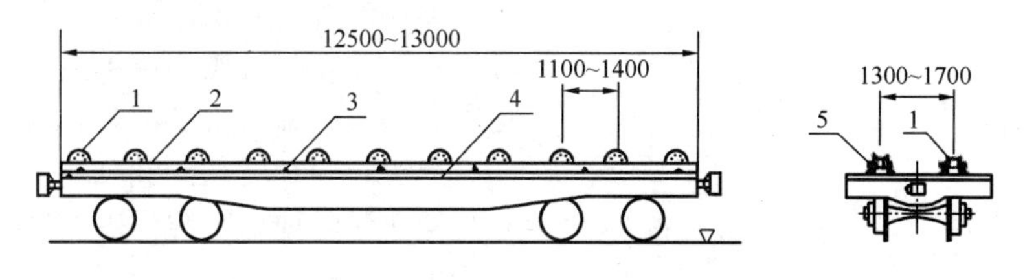

图 5.4.1-4　滚筒车

1—滚轮；2—旧钢轨；3—垫梁扣件；4—车地板；5—垫梁

用滚筒车装运轨排，必须在滚筒上面安放拖船轨，以承受运输排垛的重量。为了避免轨排在运输过程中前后窜动，两辆平板车之间的车钩应设停止缓冲器，拖船轨的头部靠滚筒处设有止轮器。装载高度应保障行车和作业安全。

（2）平板车

用无滚筒平板车运送轨排时，每 6 扇轨排为一组，装在两个平板车上，7 组编一列。在换装站或铺轨现场各设两台 65t 的倒装龙门架，将轨排换装到有滚筒的平板车上，供铺轨机铺轨。轨排装车不得超载超限，上下层摆正，轨排对齐。

平板车运输轨排优点较多，无须制造大量滚筒，减少拖船轨距杆、止轮器数量，捆扎工作量减少，运输速度可达 30km/h，节省人力和费用。

2）轨排铺设

目前，我国新建普通铁路采用换铺法进行长钢轨铺设中的轨排铺设作业，大多采用铺轨机进行施工，少数情况下也有采用龙门架进行的。铺轨机一般是指能在自己所铺的轨道上进行作业的铺轨机械。无论采用哪种类型的铺轨机铺轨，当轨排已经运到铺轨机后端时，其作业程序基本相同，过程如下：

倒装轨排→将轨排组拖拉进主机→铺轨机对位→吊运轨排→轨排对位、落铺轨排→吊轨小车回位→联结接头及吊铺第二排轨→补上夹板螺栓→粗拨线路保证铺轨作业顺利进行。

3）人工铺轨

人工铺轨为传统铺轨方法，现多适用于零星铺轨作业及既有线改造工程，其作业程序也并非固定不变，在基本过程相对固定的前提下，可据现场情况，适当调整各工序的先后顺序，还可组织流水作业、平行作业等。基本过程如下：

材料装车→轨料散布→散配件→补上接头螺栓→上扣件→初步修整线路及质量检查。

5. 上砟整道

上砟整道就是将道砟铺入轨道达到设计要求的道床断面，并使轨道各部分符合竣工验收技术标准的要求，主要包括采砟、运砟、卸砟、上砟、起道、整道等作业。上砟整道的工作量大，作业内容多，标准要求高，而且多在有工程列车运行的情况下进行，干扰较大，因此必须严格按照上砟整道的有关规定组织施工。

上砟整道是和铺轨作业密切配合进行的，线路铺通后，大量工程列车通行。因此，线路铺轨后要抓紧进行上砟整道工作，迅速稳定线路，提高线路质量，以提高列车运行速度，保证行车安全，加快工程列车周转，加速铺轨施工。

1）采备及卸砟

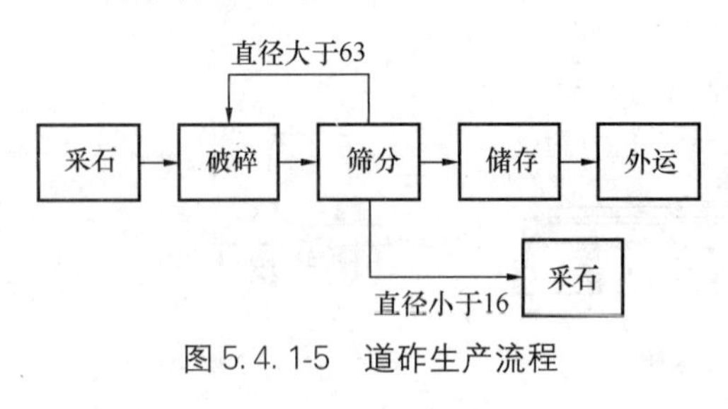

图 5.4.1-5 道砟生产流程

道砟采备可用人工或机械钻眼，爆破法开采片石，并用机械化或半自动机械化方法加工。其生产流程如图 5.4.1-5 所示。

当运砟列车运行到铺砟现场后，即行卸砟。卸砟时应据列车装砟数与线路所需道砟数，先确定卸车地段，然后按设计要求将道砟分层均匀卸于线路两侧的路肩上和轨枕盒内。单层道床厚度不大于 25cm 者一次布卸完成；道床厚度大于 25cm 者，按设计要求分层卸砟，每两层砟之间应经过 5～10 对列车压实。

2）整道

整道是将卸在线路两侧的道砟铺到轨道内，并将轨道逐步整修到设计标高和规定的断面形状，并达到稳定程度。整道作业有机械整道和人工整道两种方法。机械整道与人工整道相比，既可减轻劳动强度，又可加快施工速度，提高作业质量，因此应尽可能采用机械整道。

整道施工流程如图5.4.1-6所示，线路上砟整道分4～5次完成：

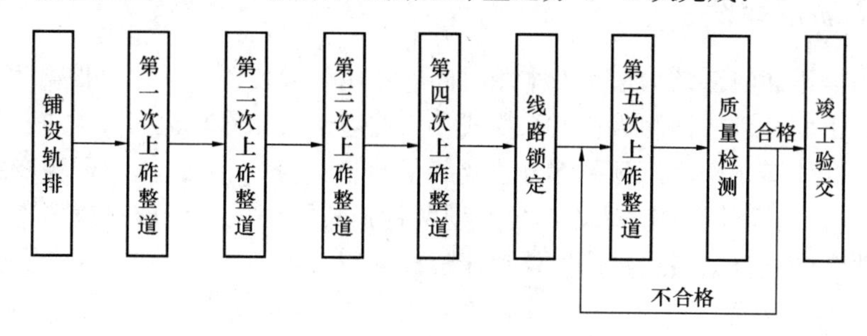

图5.4.1-6　整道施工流程

第一次上砟整道：在铺设轨排之后立即进行，风动卸砟车卸砟，上砟量为总上砟量的40%，人工配合与小型捣固机具整道，起道量为80～100mm，目标是消除反超高、空吊板、三角坑等影响行车安全的隐患，保障工程列车的行车安全，同时保证枕底有一定厚度的道砟，为大型养路机械施工提供条件。

第二次上砟整道：上砟量为总上砟量的40%，大型养路机械整道，起道量为60～80mm，目标是使线路初步平顺，初步稳定。

第三次上砟整道：上砟量为总上砟量的10%，起道量为60～80mm，大型养路机械整道，目标是使轨道进一步抬高，曲线地段外股超高基本成型，线路基本平顺，道床基本稳定。

第四次上砟整道：上砟量为总上砟量的10%，起道量为30～50mm，大型养路机械整道，目标是使轨面达到设计高程，线路平顺，道床稳定，使轨道几何尺寸和道床参数满足线路锁定的要求。

第五次精细整道：上砟整道在线路锁定后进行，为线路的最后一次上砟整道，属精细整道，起道量20mm左右，目标是消除线路局部的少量不平顺，使线路完全达到设计文件和验收规范的要求，直线平直、曲线圆顺。

经4～5次整道，全面地对线路进行检测，检测主要项目有轨面高程、中线偏位、轨道几何尺寸、道床参数、曲线外股超高、竖直线等，所有检测项目均应达到最终稳定状态标准，否则需继续整道直至合格。

6. 放散、锁定及整理

应力放散是指无缝线路某一区段的轨条中存在着与设计不符的温差力时，将其消除并重新按设计要求锁定钢轨的作业。

无缝线路锁定：由于施工时未按设计锁定轨温锁定钢轨，或断轨后重焊，或维修不当等原因造成锁定轨温与设计不符，或锁定轨温不明，都可能导致出现过大的温差力，发生胀轨、跑道或断轨事故，须重新调整锁定轨温。

轨道整理就是在规定的作业轨温范围内，应对线路进行精细调整，使其达到验交标准；对不符合设计要求的道床断面进行整修，匀好石砟，堆高砟肩，拍拢夯实；加强焊缝相邻六根轨枕的找平及捣固工作；调整轨距、扣配件及轨枕；测取钢轨的爬行量，复核锁定轨温；缓和曲线、竖曲线区段应调整圆顺。

5.4.2 无砟轨道铺设

无砟轨道因不同轨道结构形式而采用不同的专用铺设装备和工艺。根据我国广泛应用的轨道结构，下面分别按预制板式、双块式、长枕埋入式无砟轨道三大类进行讲解。

双块式无砟轨道采用工厂预制部分轨枕（承轨槽部分），并组排，现场浇筑道床形成整体道床板，分为CRTS Ⅰ型 、CRTS Ⅱ型两种；长枕埋入式无砟轨道采用工厂预制整条轨枕并组排，现场浇筑道床形成整体道床板。

1. 板式无砟轨道施工

采用工厂预制的板式轨道板，从引进应用，到自主创新，形成了我国的板式三大系列无砟轨道：CRTS Ⅰ型、CRTS Ⅱ型、CRTS Ⅲ型轨道板及其铺设方法和工艺技术。

1）CRTS Ⅰ型板

CRTS Ⅰ型无砟轨道，其轨道板单元结构，如图 5.4.2-1 所示，分为平板式和框架式两种形式。

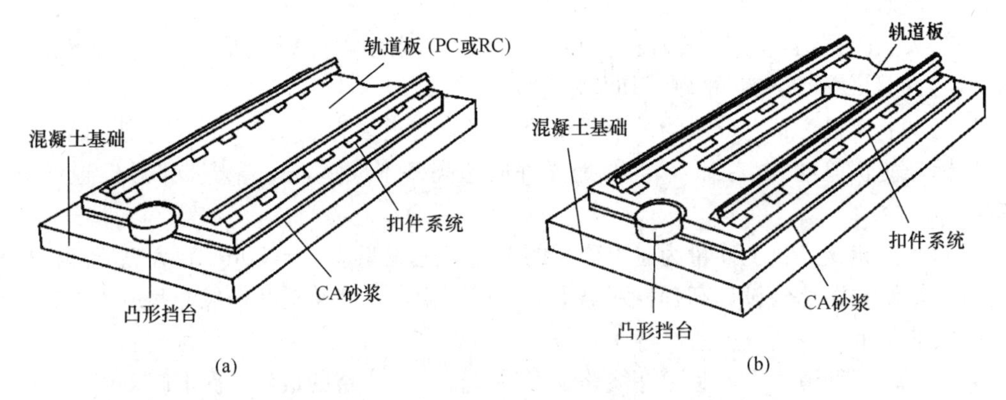

图 5.4.2-1 单元板式无砟轨道结构示意图

（a）平板式；（b）框架式

无砟轨道主要包括：底座与凸形挡台、水泥乳化沥青砂浆（或叫 CA 砂浆）、轨道板、扣件、充填式垫板、钢轨。

CRTS Ⅰ型轨道板的特点是：单元式轨道板，板与板之间不连接，板缝不填充，通过设置凸形挡台限位（周围填充树脂）。标准板有 6 种规格，长度分别为 5600mm、4962mm、4856mm（4856A 梁端）、4330mm、3685mm、3060mm。

按预制工艺和受力特征，Ⅰ型轨道板可分为预应力平板（P）、预应力框架板（PE）和钢筋混凝土框架板（RF）。预应力平板及预应力框架板采用后张法制作部分预应力混凝土结构；钢筋混凝土框架板采用普通钢筋混凝土结构。配筋按截面中心对称布置，轨道板内预埋扣件绝缘套管和轨道板起吊用套管。

考虑到在不同地区、不同环境的使用要求，选择适用于不同线下基础的预应力平板、框架板，非预应力平板、框架板以及减振板等类型。其中，预应力平板主要用于寒冷地区，框架板主要用于温暖地区，且可以节约轨道板的混凝土和水泥乳化沥青砂浆用量，同时还可以减缓日温差引起的板的翘曲，实际应用中可根据不同地区气候环境条件进行选型。

CRTS Ⅰ型板式无砟轨道是将工厂化预制的高精度轨道板铺设在浇筑好的钢筋混凝土底座上。当轨道板的空间位置状态精准调控到位后，在轨道板与底座之间的间隙内，灌注CA砂浆，厚度为50mm左右，从而构成轨道板下全面支承的结构。轨道板的纵横向约束是靠支承层底座的凸形挡台提供，凸形挡台分为圆形和半圆形，高度为250mm，半径均为260mm（图5.4.2-2）。

底座和凸形挡台混凝土强度等级为C40，现场浇筑应设置伸缩缝，施工缝的宽度为20mm，采用聚乙烯塑料板填充并用沥青软膏或聚氨酯密封。伸缩缝对应凸形挡台中心并绕过凸形挡台，凸形挡台伸缩缝设置与行车方向有关；底座在路基面现场构筑并分段设置，每4块轨道板长度底座设置伸缩缝；在梁面现场浇筑底座按单元设置，每块轨道板长度的底座设置1道伸缩缝，底座范围内梁面不设防水层和保护层，轨道中心线2.6m范围内的梁面在梁场预制时已进行拉毛处理，梁体采用预埋套筒植筋与底座连接。

路基与桥梁的过渡处设置钢筋混凝土搭板或采取其他加强措施，以保证混凝土底座连续铺设。CRTS Ⅰ型板式无砟轨道线路曲线超高均在底座上设置，采用外轨抬高方式，并在缓和曲线区段完成过渡（图5.4.2-3）。

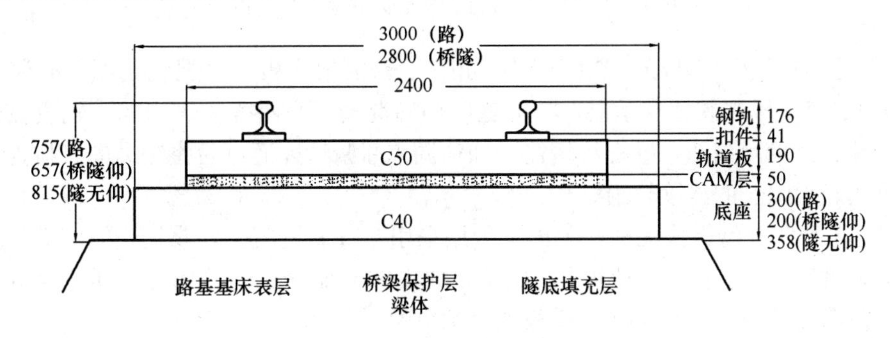

图5.4.2-2 CRTS Ⅰ型板式无砟轨道横断面图

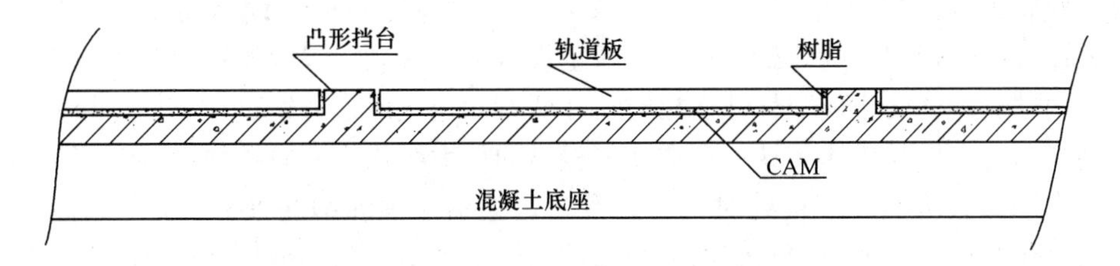

图5.4.2-3 CRTS Ⅰ型板式无砟轨道纵断面图

单元板式无砟轨道一般采用线间运输轨道法施工，一般由轨道板的运输与铺设、轨道板的调整、CA砂浆的拌制及灌注三大部分工艺流程组成。

2）CRTS Ⅱ型板

CRTS Ⅱ型板式无砟轨道是采用线路纵向可连接的预制轨道板，通过水泥乳化沥青砂浆调整层将预制轨道板铺设在现场摊铺的混凝土支承层或现浇钢筋混凝土底座板上，并适应ZPW-2000轨道电路要求的纵连板式无砟轨道结构形式，如图5.4.2-4所示，分为无挡肩和有挡肩两种形式。无挡肩轨道板配套使用无挡肩弹性分开式扣件；有挡肩轨道板配套使用弹性不分开式扣件和承轨台打磨技术。CRTS Ⅱ型轨道板单元标准长度为6.45m，施工时具有板块安装的工艺特征，运行时具有类似宽枕的纵向平稳性特性。

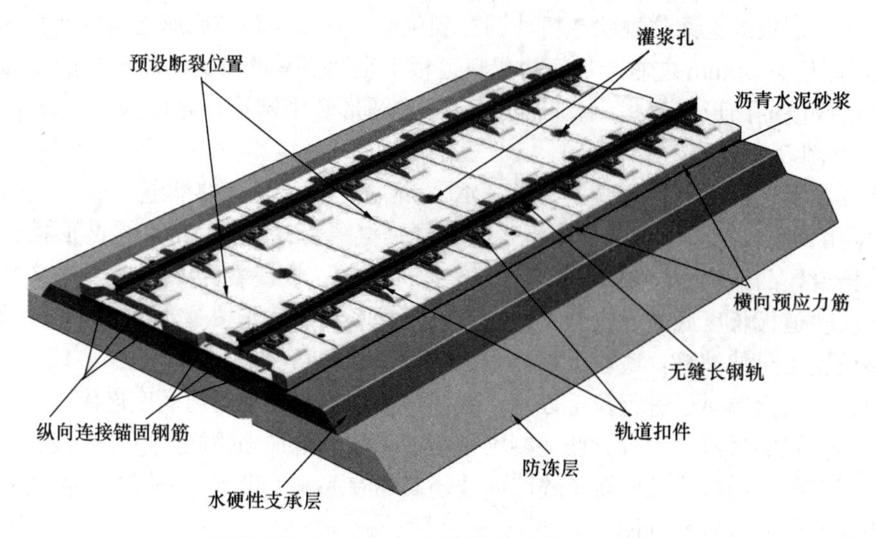

图 5.4.2-4 CRTS Ⅱ型板式无砟轨道结构图

CRTSⅡ型板式无砟轨道一般由钢轨、扣件、预制轨道板、水泥乳化沥青砂浆填充层（CA 砂浆）、路基段水硬性支承层、桥隧道段钢筋混凝土底座等主体构成。轨道板采用横向先张法预制，单元端部布置螺纹钢筋，经精调和灌浆后，通过后张法纵向张拉连接，形成一个贯通、无限长的连续轨道结构。

路基上 CRTSⅡ型板式无砟轨道的支承层采用 C15 素混凝土，直接连续浇筑在路基基床表层上，且每 5m 左右设一深度约 105mm 的横向伸缩缝。切缝应在支承层浇筑后 12h 内完成。横向伸缩缝不得与单元轨道板的缝隙重叠。

桥面上底座采用 C40 以上的钢筋混凝土按单元浇筑，轨道板与底座间设“两布一膜”滑动层，底座板两侧设侧向挡块（图 5.4.2-5）。为适应底座板连续结构受力，在桥梁两端路基上设置摩擦板和端刺，施工期间在桥上设置临时端刺，以限制底座板中的应力及温度变形；两端刺间的底座板跨梁缝连接时，在桥梁固定支座上方通过在梁体上设置的预埋钢筋，使得剪力齿槽与梁体固结，形成底座板纵向传力结构，两侧挡块限制底座板横向位移。列车水平荷载传至底座板处时，通过滑动传至梁端预埋钢筋（剪力销）和剪力齿槽处，再通过预埋钢筋（剪力销）和剪力齿槽传至固定支座。除了剪力齿槽部位外，底座板与梁面之间铺设“两布一膜”滑动层形成底座板与梁面可相对滑动的状态，在梁端一定（1.45m）范围内，为减小梁体转动对底座板的影响，铺设具有一定刚度的高强度挤塑板。

路基上和桥面上的轨道板现场铺设施工方法基本相同，具体流程如图 5.4.2-6 所示。

CRTS Ⅱ型板式无砟轨道的技术特点和优势在于通长的纵连结构方式，整体性强，纵向刚度均匀，线路平顺性好，保证高速列车运行的平稳性和舒适性；桥梁地段底座板与梁面间设滑动层，减少桥梁结构变形对轨道结构的影响。但缺点是施工环节多，工艺较复杂，造价较高；CA 砂浆填充层厚度较薄，灌注质量较难控制，耐久性有待研究；由于是整体式纵连结构，即使是结构局部出现病害也较难整治处理。

3）CRTS Ⅲ型板

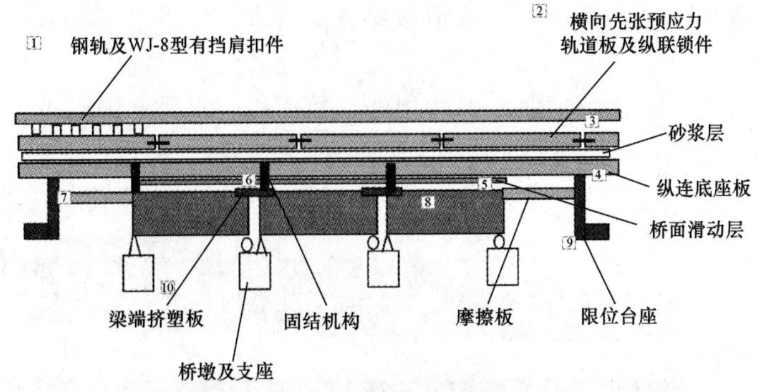

图 5.4.2-5 CRTS Ⅱ型无砟轨道纵向结构图（桥梁段）

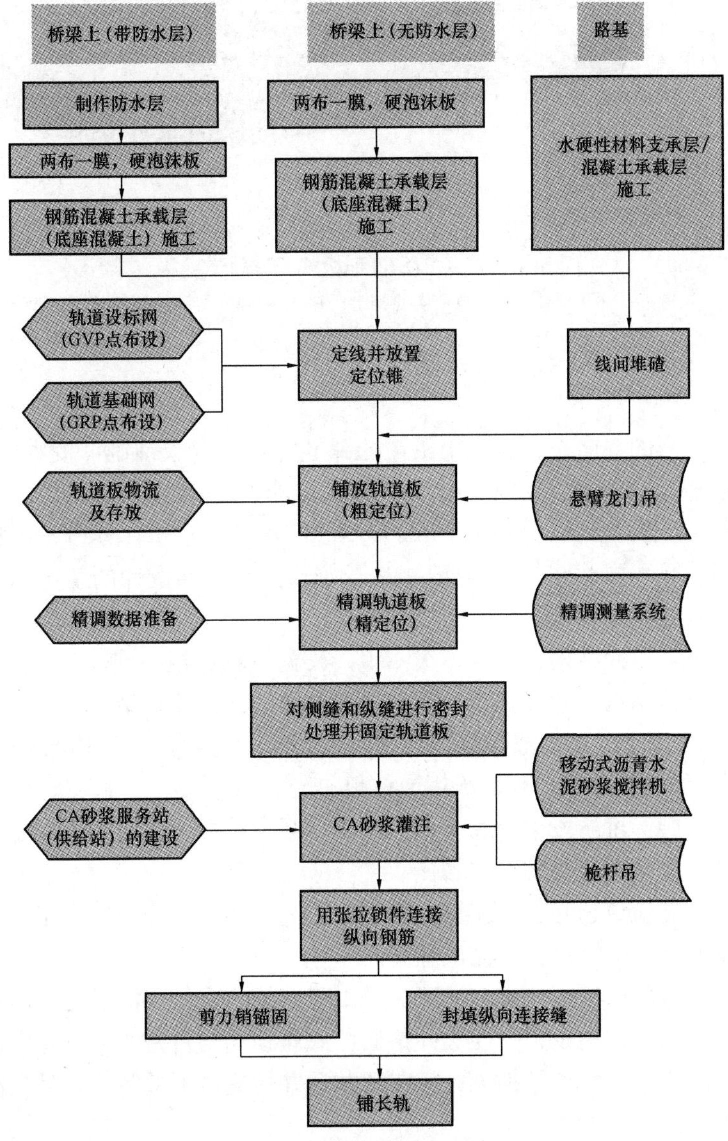

图 5.4.2-6 CRTS Ⅱ型板式无砟轨道铺设流程

CRTS Ⅲ型板式无砟轨道是根据国外板式轨道结构优缺点，结合我国的自身实践积累，完全自主开发成功的一种新型无砟轨道板结构，是基于“双块式受力，Ⅰ型板制造，Ⅱ型板施工”的理念。

CRTS Ⅲ型板式无砟轨道由钢轨、弹性扣件、轨道板、自密实混凝土、隔离层、钢筋混凝土底座板等部分组成（图 5.4.2-7）。

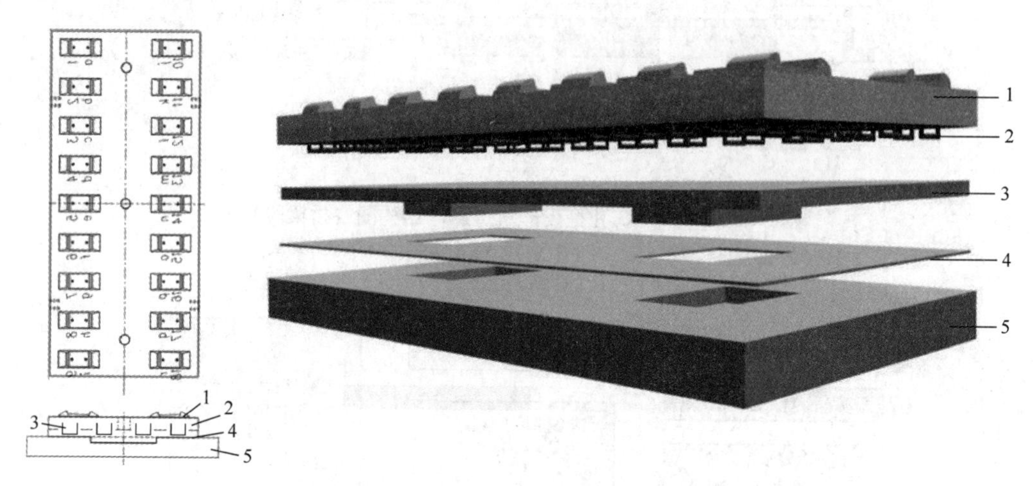

图 5.4.2-7 CRTS Ⅲ型板式无砟轨道结构
1—轨道板；2—门形筋；3—自密实混凝土；4—中间隔离层；5—底座板/支承层

钢轨：60kg/m、U71MnG、100m 定尺。

扣件：WJ-8B 型。

轨道板：带挡肩的双向先张预应力混凝土结构，C60 等级预制，板底露出门形钢筋。标准轨道板长度 5600mm、4925mm、4856mm，非标准轨道板长度 3710mm，厚度 200mm。特殊板有三种规格，分别为 P3710、P5600A、P4925B，分为先张板和后张板两种形式。这种板型是我国 2009 年从成灌铁路开始自主研发和设计的新产品。单元式轨道板为分块结构，板与板之间不连接，板缝不填充。

自密实混凝土：单元结构，强度等级 C40，长宽与轨道板相同，厚 90mm，浇筑后与轨道板形成了复合板结构，适应 ZPW-2000 轨道电路的无砟轨道结构形式。

隔离层：4mm 厚土工布全范围覆盖自密实混凝土，底座凹槽四周与自密实混凝土之间设置 8mm 厚的弹性缓冲垫，弹性板用泡沫板包裹。

底座板或支承层：桥隧段单元底座板为钢筋混凝土结构，强度等级 C40；路基段支承层为水硬性材料，力学性能达到 C15 以上。

超高设置：无砟轨道超高在底座板上设置，超高值通过曲线外侧底座板加高实现。直线段与曲线段由缓和曲线过渡衔接完成超高。

每块轨道板对应的底座板顶面上设置 2 个限位凹槽，自密实混凝土充填层灌注时形成对应的凸台，限位凹槽四周设置弹性缓冲垫层，底座顶面与自密实混凝土底面之间设置隔离层。其功能主要为承受轨道结构纵、横向荷载，并传递至下部结构，且缓冲列车冲击对轨道结构的影响。

自密实混凝土充填层通过预制轨道板底面预埋的门形钢筋与轨道板粘结成整体。它集砂浆和混凝土两种材料的优点于一体，具有粘结强度高、流动性及耐久性好等优点，按0.2mm控制裂纹，并满足最小配筋率的要求进行结构设计。其主要功能是支承和调整轨道板，消除部分施工误差，增强轨道结构整体性。轨道板与自密实钢筋混凝土形成复合结构，在桥梁段轨道板按单元结构铺设及单元独立受力，路基和隧道段按单元结构铺设，运行时纵连受力。

路基段底座板（图5.4.2-8），按每2～3块道床板设置1个伸缩缝；隧道段底座板每3～4块道床板设置1个伸缩缝；桥梁段则对应每1块道床板就设置1个伸缩缝。伸缩缝宽20mm，仅在伸缩缝位置设置传力杆，传力杆采用8根直径36mm的光面钢筋，长度为500mm。

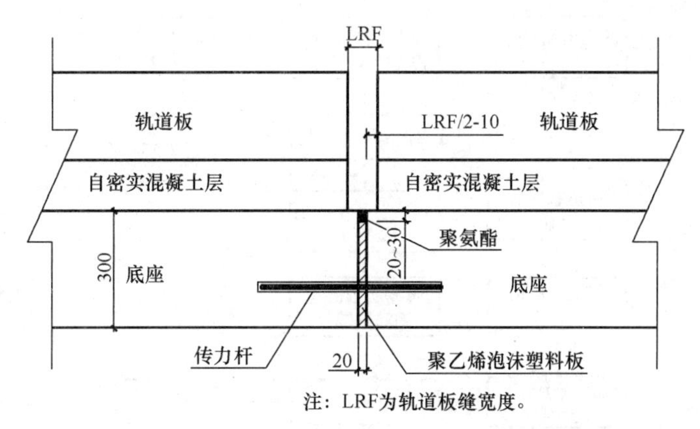

图5.4.2-8　底座板（支承层）伸缩缝细部构造

桥梁段，特别是大跨度连续梁，在梁端会产生很大的伸缩力，因此需要对连续梁两端每隔4块底座板，在相邻简支梁靠近连续梁的一块底座板上进行加强处理，对此范围内的进行凿毛处理，凿毛见新面为75%，在凹槽四周设置环形箍筋。根据设计，桥梁地段底座通过梁面预埋套筒设置剪力筋方式与桥面连接。

当路基、桥梁、隧道及过渡段等主体施工完成且沉降变形经评估满足无砟轨道铺设条件后，即可开始无砟道床混凝土底座或支承层施工。当底座或支承层完成且强度达到75%后，便可开展道床板施工。施工工艺流程详见图5.4.2-9。

CRTS Ⅲ型板的技术优势为力学模型及受力状态清晰；自密实混凝土层代替CA砂浆起支承和调整作用，能消除部分施工误差；通过门形筋与轨道板连接成为复合板，通过配置钢筋增强轨道结构的整体性；复合板和底座板之间设置隔离层，并通过凹槽凸台结构限位，凹槽周边铺设弹性垫板提供柔性约束，传力体系明确；底座板通过预埋钢筋与梁面连接，形成稳定受力体；上下板层间用土工布隔离，有利于特殊情况下结构的养护维修；施工工艺较简单，结构耐久性大大提高。

2. 双块式无砟轨道施工

双块式无砟轨道是一种现场浇筑轨道建筑，国内现行CRTS Ⅰ型和CRTS Ⅱ型两种类型。主要区别在于施工工艺的不同。Ⅰ型双块式无砟道床主要采用轨排支撑架法施工，在现场通过浇筑混凝土将轨枕埋入到混凝土道床板中；Ⅱ型双块式无砟道床采用振动嵌入法施工，将轨枕“振入”到混凝土道床板中，使轨枕与混凝土道床板成为一个整体的无砟

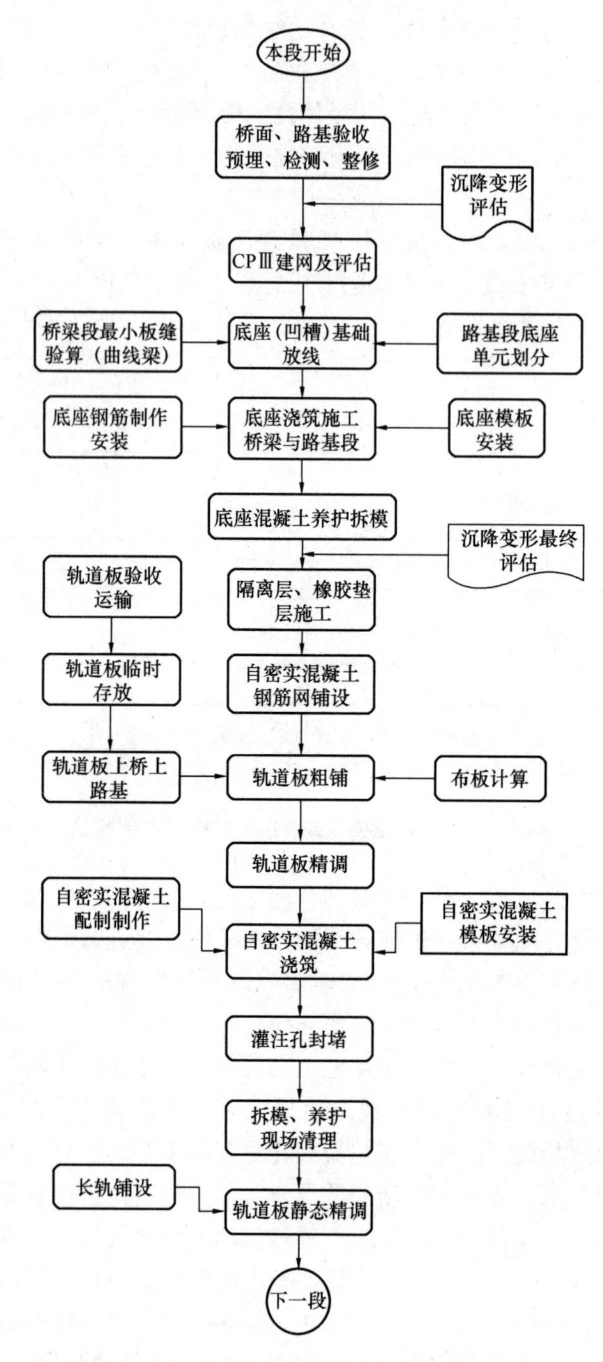

图 5.4.2-9 CRTS Ⅲ型板式无砟轨道铺设流程

轨道结构形式。双块式无砟轨道施工都基于专用机械化设施。双块式无砟轨道结构如图 5.4.2-10所示。

双块式无砟轨道经过多年发展已经基本成型，按照下部基础的不同，可以分为路基段双块式无砟轨道、桥梁段双块式无碎轨道和隧道内双块式无砟轨道。为了更好地适应下部基础条件，双块式无砟轨道以“桥上单元、路基连续”的结构理念进行设计，即桥梁上采

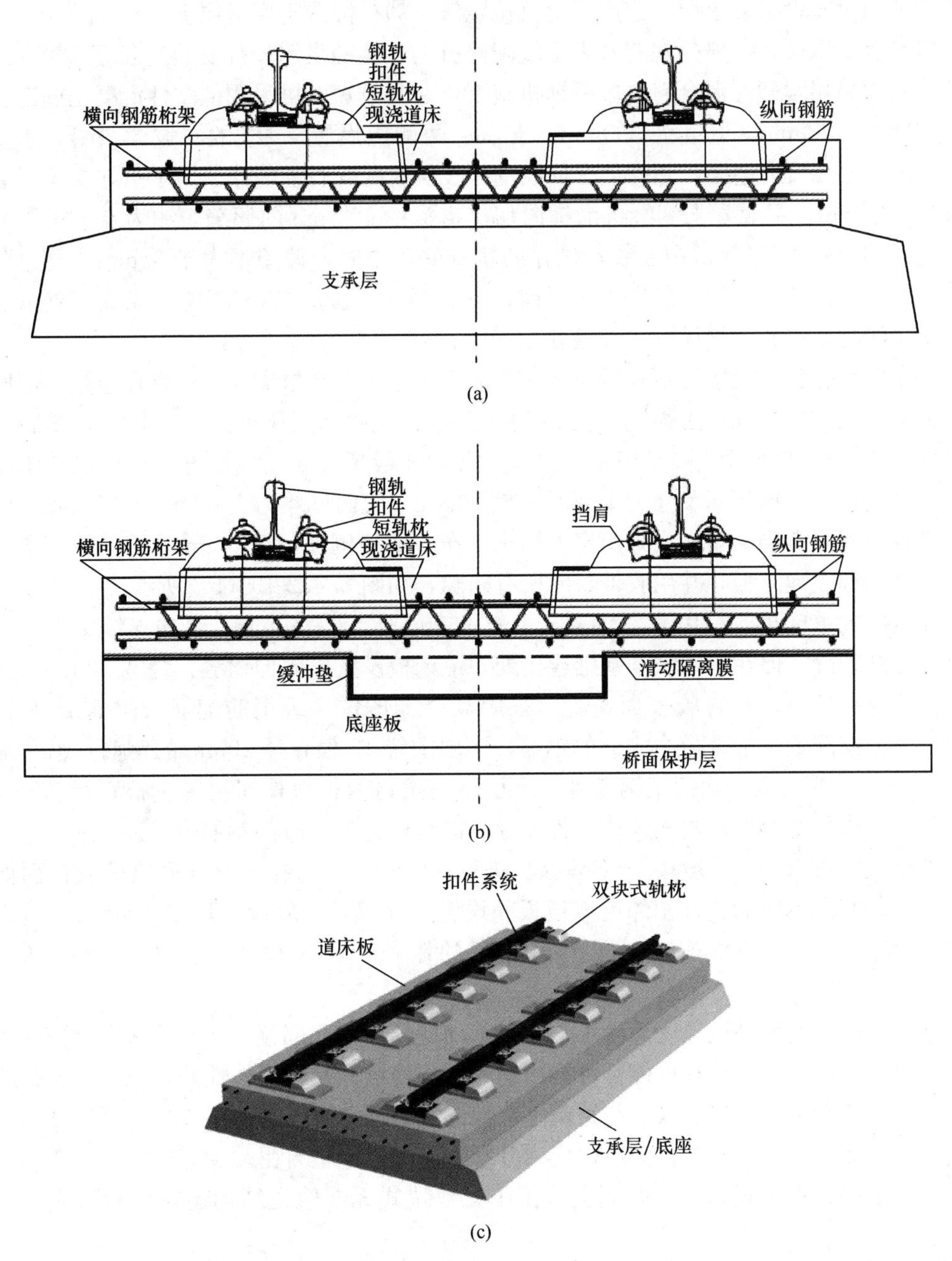

图 5.4.2-10 双块式无砟轨道结构

(a) 路基段双块式无砟轨道；(b) 桥梁段双块式无砟轨道；(c) 双块式无砟轨道 3D 图

用单元式，路基上采用连续式。桥梁段由定位埋入双块短枕后现浇的单元道床板、隔离层、底座板、保护层等构成，轨道板与底座之间接触通过凹凸块限位，且由“两布一膜”实现上下隔离；路基段定位埋入双块短枕后直接在支承层上连续现浇道床板，在经过拉毛处理的支承层上实现二者层间粘结无隔离，层间粘结约束良好，二者共同承受温度和列车荷载作用；隧道内的无砟轨道结构与路基地段基本相似，纵向连续铺设，不同点在于隧道内轨道结构没有设置支承层，道床板是直接绕筑于仰拱混凝土回填层上。

路基段支承层，一般是在路基表层级配碎石上连续铺设水硬性材料。长于200m的路基段，必须采用水硬性混合料滑模摊铺机施工，路基较短时可采用低塑性混凝土施工。支承层宽度为3400mm，厚度为300mm，支承层两侧边设置3∶1的斜坡，如图5.4.2-10(a)所示。曲线段设超高，超高值全部在基床表层级配碎石上施作。为了引导支承层裂缝扩展，每隔5m，用混凝土锯缝机沿横向切1道深约105mm的假缝，约为支承层厚度的1/3，假缝断面垂直于轨道中心线，设在两轨枕的正中间，偏差不大于30mm，要避免处于轨枕下方。假缝的切割一般在支承层铺设后的5h内完成。当一班施工完成，支承层须设置施工缝时，将施工缝设置在假缝处。

桥梁段底座板，直接浇筑在桥面上或桥面保护层上，与桥面体通过钢筋连接。底座采用钢筋混凝土结构（混凝土强度等级C40），宽度、长度与道床单元板一致；直线底座板厚度为210mm，曲线段超高在底座上设置，缓和曲线超高采用线性过渡；每块底座设置两个限位凹槽，凹槽顶面尺寸为1022mm×700mm，底面尺寸为1000mm×678mm；底座顶面设置中间隔离层，隔离层采用聚丙烯土工布；凹槽侧面铺设8mm厚的弹性垫层，弹性垫层周围铺设泡沫板，并用胶带封闭所有间隙，如图5.4.2-10(b)所示。

路基段的道床板，采用C40混凝土，宽2800mm，厚240mm，纵向连续铺设，因此会有自由细裂缝。但在不同线下基础连接处，道床板设置横向伸缩缝，缝宽20mm，采用橡胶泡沫材料填充，密封胶表面密封。采用双层HRB335级钢筋配筋（图5.4.2-10a），沿纵向，上层配置9根直径20mm的钢筋，下层配置12根直径20mm的钢筋，纵向配筋率为0.93%；横向上，除桁架钢筋外，上层钢筋按每两根轨枕间设置1根直径为16mm的钢筋、下层按每两根轨枕间及枕下各设置1根直径为16mm的钢筋设计。

桥梁上的道床板，一般按5～8m纵长进行单元划分，直接浇筑在底座板或桥面保护层上；与路基段不同的是，相邻道床板板间设置伸缩缝，伸缩缝宽度取100mm。道床板通过下凸台与底座凹槽实现对单元道床板的限位，层间设置土工布进行隔离，如图5.4.2-10(b)所示。

隧道段内，由于环境温度浮动小、衬砌基础变形小、底部整体性好等特点，道床板结构采用单元或连续式对结构性能都可行。但考虑到连续式结构整体性好，施工方便，所以隧道内道床板较多采用连续式，与路基上双块式无砟轨道结构性能一致。相较于桥梁上，隧道双块式无砟轨道具有结构简单、应力分布合理、道床板自由端少等优点，但道床板结构破坏后维修、更换较困难。路基上采用单元双块式无砟轨道结构还在创新研究，使用较少。

为了满足ZPW-2000谐振式轨道电路的应用需求，无砟轨道道床板内部的钢筋需进行绝缘处理，保证轨道电路传输长度的要求。无砟轨道的道床板内的钢筋网一般采用绝缘卡进行绝缘设置。

双块式轨枕都是工厂化精准生产的。双块式Ⅰ型轨枕主要有WG-Ⅰ、SK-1、SK-2型，分别配置Vossloh300-1U、WJ-7A、WJ-8A型扣件；双块式Ⅱ型轨枕分别配置Vossloh300-1U和WJ-8两种扣件类型。其整个施工流程如图5.4.2-11所示。

双块式无砟轨道具有以下优点：

（1）主体结构简单：主体结构为简单道床板和支承层（底座），没有调整层（如板式

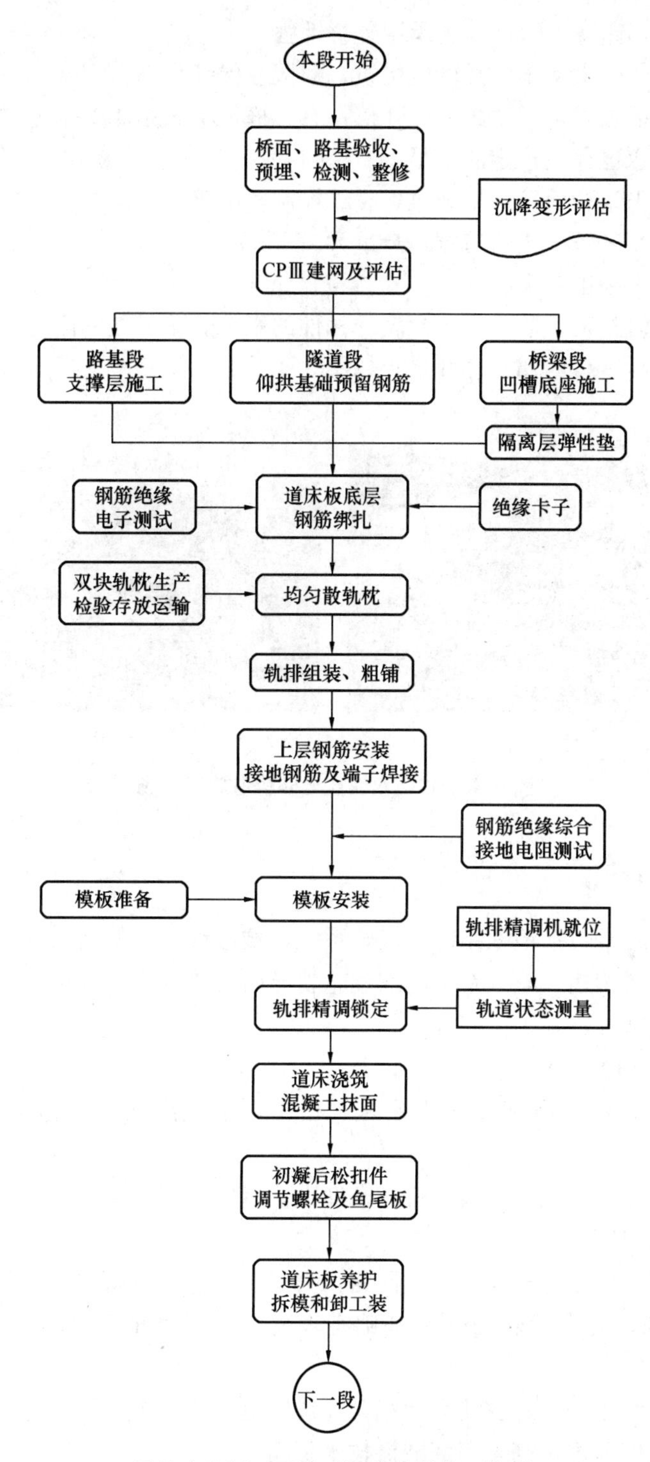

图 5.4.2-11 双块式无砟轨道施工流程

轨道的 CA 砂浆），均为常规的浇筑施工工艺，工艺技术利于掌握，质量容易控制。

（2）预制性好：预制件较小，预制精度高，工艺简单，运输吊装方便。

（3）对线下基础适应性强。“桥上单元、路基和隧道连续”，桥梁上吸收了 CRTS Ⅲ

型板式道床的优点，路隧上道床与支承层复合性强。

(4) 耐久性好。轨道基本为混凝土构筑，耐久性保证率高。

(5) 造价低。平板式是双块式的 1.3 倍左右，框架板式是 1.2 倍左右。

双块式无砟轨道也存在一定的不足：

(1) 新老混凝土结合面易产生裂纹，裂纹控制较困难。

(2) 轨道结构宽度较板式轨道宽，自重大。

(3) 现场混凝土施工量大。

(4) 采用工具轨施工，质量受工具轨、扣件的影响。工具轨的刚度、热膨胀性等影响轨道精度。有关实际工程的照片和效果，如图 5.4.2-12 所示。

(a)

(b)

图 5.4.2-12 双块式无砟轨道施工现场

5.4.3 城市轨道铺设

城市轨道交通通常包括地铁系统、轻轨系统、城市铁路、单轨系统、磁悬浮列车、有轨电车等。本节主要阐述以电气牵引的双钢轮轨导向轨道系统，这是地铁、轻轨等系统较为主流的轨道铺设施工方式。

1. 城市整体轨道特殊性

城市轨道交通线路一般穿越城市区域，相比较于铁路轨道，存在以下复杂性和特殊性。

(1) 维修时间受限：轨道交通的行车密度大，运营时间长，留给区间轨道结构的维护和维修作业的时间很短。

(2) 电力牵引。以走行轨作为供电回路：为了减小因电流漏泄（或称迷流）而造成周围金属设施的腐蚀，要求钢轨与轨下基础有较高的绝缘性能，这就不同于一般的铁路基础。

(3) 线路的曲线半径小，占比大：小半径线路运行速度也受限，轨道磨损大，轨道结构建造平顺性和精度要求更高，耐磨减振技术更高。

(4) 振动和噪声的环境控制要求高：稠密的居民区、机关、学校、医院、高精技术产业等城市敏感区域对振动和噪声控制的要求更高、更严。除了车辆结构采取减振措施以外，还要修筑噪声屏障，轨道结构也要采取减振措施，以最大限度地减少振动与噪声对周边环境的不良影响。

(5) 施工和运行的空间比较狭小，条件差：地下隧道内铺设轨道，空间狭长和黑暗；高架桥的轨道自重不能大，影响到高架结构设计和投资；地面拥挤，影响交通。

从道床结构来看，有砟和无砟的轨道结构在城市轨道中都是存在的，但随着城市发展，无砟轨道成为主流。无砟轨道在城市轨道系统中则较多指整体道床，是指用混凝土等胶结材料浇筑的整体性的道床结构。

轨枕在城市轨道中的结构更为丰富多样，除了常见的横向铺设的轨枕，还有纵向铺设的轨枕，框架形和直梯子形的轨枕等。从材料来看，目前以钢筋混凝土轨枕为主体，分普通型和预应力型；按轨枕长度和结构有整体式、组合式、短枕式等区分（图 5.4.3-1）；轨道结构按轨枕和轨道板铺设工艺，可分为装配式、现场浇筑式（或称为灌注式）；按道床和轨枕的结构关系可分为无枕轨、短枕式、长枕式、钢筋桁架式整体道床和单元板式整体道床，或轨枕式、支承块式、单元板式整体道床。图 5.4.3-2 介绍了几种典型的城市轨道结构。

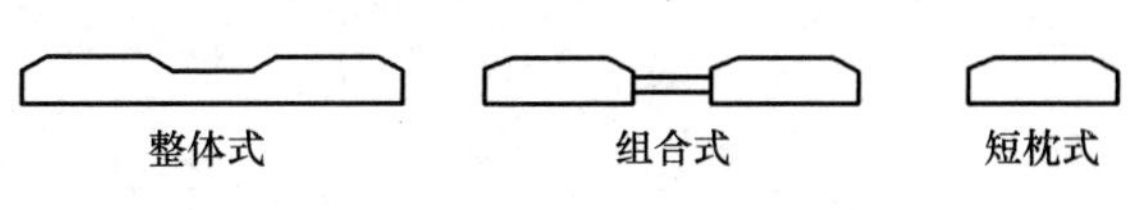

图 5.4.3-1 城市轨道交通的轨枕类型

(1) 轨枕式：轨枕式就是把预制好的混凝土枕或短木枕与混凝土道床浇筑成一整体，其最大的特点是施工速度快，精度易保证，如图 5.4.3-2 (a) 所示。

(2) 支承块式：支承块式实际上是把工厂预制的钢筋混凝土支承块或木枕与混凝土道床浇筑成一体，是世界各国较多应用的一种形式。这种形式整体性及减振性能较差，比轨枕式的灌注方式简单，成本较低，施工精度较易保证，如图 5.4.3-2 (b) ～图 5.4.3-2 (d) 所示。弹性支承块式整体轨道结构是一种低振动（LVT）轨道结构，可以用于有一般减振要求的Ⅰ类地区，如居民区、行政机关区、医院学校区、商业服务区等。该轨道结构使轮轨动力在钢轨上经过分配后传到轨下胶垫得到第一次减振，再经过支承块传送到块下胶垫进行第二次减振，这样振动的高频成分及其幅值在得到了相当的衰减后，传递给隧道或者路基基础。

(3) 整体灌注式：整体灌注式是现场连续灌注混凝土基床或纵向承轨台，简称为 PACT 型轨道。它具有结构简单、建筑高度较小等优点，施工时需要采用刚度较大的模架，如图 5.4.3-2 (e) 所示。

(4) 浮置板式：是一种特殊的减振轨道，由钢轨、结构扣件、浮置板、弹性支座、混凝土等组成。它是将钢轨通过扣件固定在浮置轨道板上，弹性支座用弹簧和阻尼橡胶垫制作。

按抗振或噪声控制，分为中等减振轨道、高减振轨道。

2. 支承块式整体道床铺设

支承块式整体道床是无砟轨道的一种精度和质量要求较高的城市轨道设施，具有少维修或免维修的特点。弹性支承块式整体道床是一种具有较高减振效果的轨道结构，主要由钢筋混凝土道床、橡胶套靴及块下橡胶垫板、支承块、弹条式可调扣件、钢轨等组成，如图 5.4.3-3 所示。

1) 结构参数

支承块采用钢筋混凝土结构，混凝土强度等级为 C50 承轨面设 1∶40 轨底坡，块体内设置预埋铁座与扣件系统连接；支承块主要形式尺寸为 680mm（长）×290mm（宽）×230mm（高）。

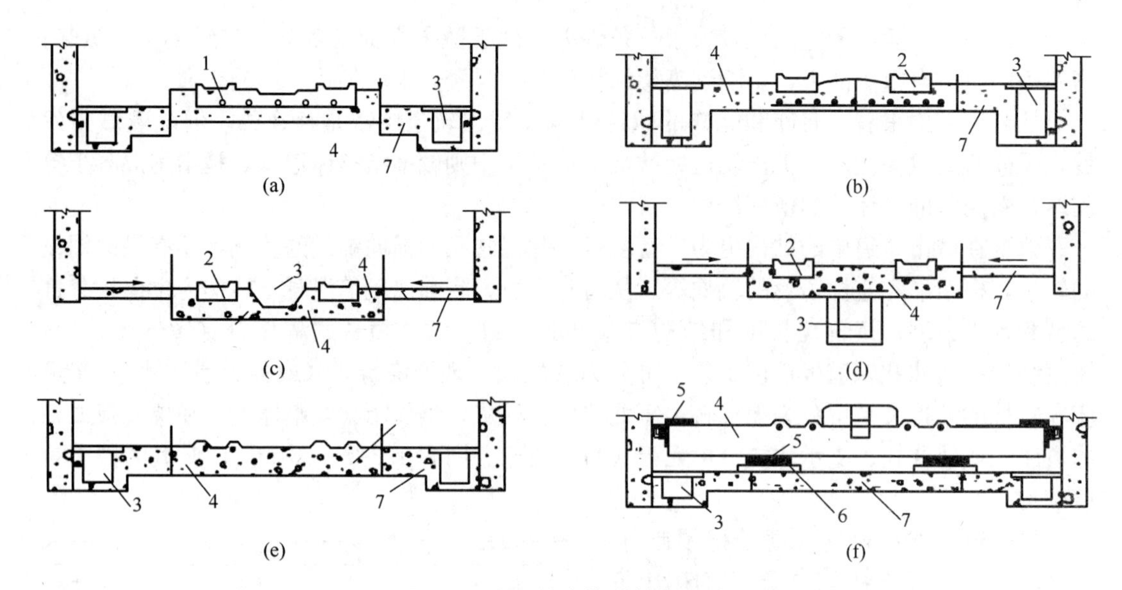

图 5.4.3-2　城市轨道结构类型

1—长轨枕；2—支撑块；3—集水沟；4—轨道板；5—橡胶和弹簧；6—基墩；7—支承层/底座/基础

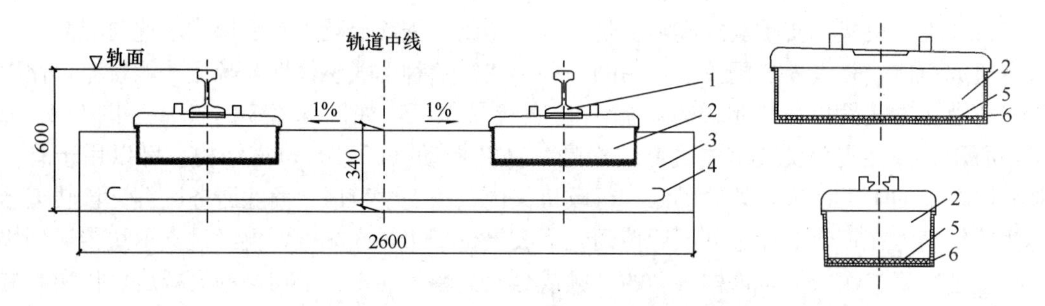

图 5.4.3-3　弹性支承块式整体道床断面示意图

1—钢轨道；2—预埋铁座支承块；3—混凝土道床；4—钢筋网；5—橡胶垫板；6—橡胶套靴

重载弹性支承块式无砟轨道用微孔橡胶垫板是通过调整橡胶内部微孔的大小和疏密来提供适宜的刚度，同时避免垫板本身由于煤灰污染而影响刚度值。微孔橡胶垫板静刚度值为 70～100kN/mm，主要形式尺寸为 674mm（长）×284mm（宽）×12mm（厚）。

重载弹性支承块式无砟轨道用橡胶套靴的作用是包裹支承块和块下弹性垫板，方便施工和维修，同时提供轨道侧向（横向和纵向）适宜的弹性。橡胶套靴侧面静刚度为 200～250kN/mm，主要形式尺寸为 684mm（长）×297mm（宽）×178mm（深）。

道床板宽 2800mm，道床板直接浇筑于隧道仰拱上，采用双层配筋，混凝土设计强度为 C40。道床板表面设 1%的“人”字形排水坡，距离洞口大于 200m 范围以内采用连续浇筑，距洞口不大于 200m 道床采用分块浇筑，每块长 12m。道床在隧道变形缝处纵向钢筋断开，并设置伸缩缝，每块道床设置一处伸缩缝，宽度为 20mm，采用聚乙烯泡沫型材板或泡沫板填缝，在表面厚度 30mm 范围内采用聚氨酯或沥青密封。

隧道内曲线超高设置在道床板上，采用外轨抬高方式。城市轨道交通一般采用半超高：内轨降低超高值的一半，外轨抬高超高值的一半；铁路道床采用全超高在圆曲线范围内外轨抬至超高值，在缓和曲线范围内外轨超高递减顺接。

2）施工流程

采用轨道排架施工的四大步骤，如图 5.4.3-4 所示。第一步：钢支墩及上下钢筋网安装；第二步：轨排架设固定，粗、精调；第三步：道床混凝土浇筑；第四步：道床抹面养护。主要设备：龙门式起重机、移动式组装平台。移动式组装平台满足轨排组装条件，设置支承块的纵横向定位块、轨排定位及支撑装置，设置走行胶轮，实现快速人工转场。轨道排架由托梁、工具轨、高程调节螺杆、轨向锁定器等组成，结构简单，操作方便，道床成型质量稳定可靠。

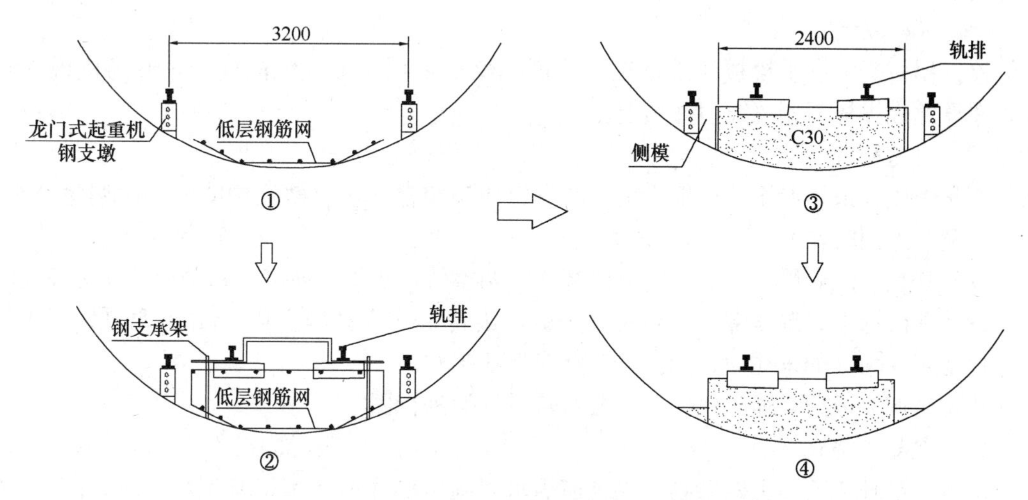

图 5.4.3-4 支承块式整体道床轨道施工主体工序流程示意图

（1）清理现场

进行道床板施工前，清除道床板范围内下部结构表面的浮渣、灰尘及杂物。在隧道内要求对基础垫层进行凿毛处理，在盾构管片支护区一般不需要进行凿毛处理。

（2）测量放线

通过 CPⅢ控制点每隔 10m 在中间层上测放出轨道中线控制点，中线应用明显的颜色标记，以轨道中心控制点为基准放出纵、横向模板边线，墨线标识。

（3）钢筋绑扎

根据道床板钢筋布置图画出道床板底层钢筋网边线及钢筋位置控制点，用钢卷尺量出底层钢筋间距，并标记；按梅花形布置预制好的混凝土垫块；布置纵、横向钢筋，所有纵横向钢筋交叉部位安装绝缘卡，并用绝缘扎丝固定。钢筋绑扎完成后，将伸缩缝横模板摆放就位。

（4）轨排组装

将弹性支承块顺序摆放到组装平台上，使用龙门式起重机将排架吊至组装平台上方对位，再用扣件将支承块与排架扣紧，即形成可供铺设的轨排。

（5）轨排架设

龙门式起重机从组装平台上吊起轨排运至铺设地点，按中线和高程粗略定位，误差控制在高程－10～0mm、中线±10mm。相邻轨排间使用夹板联结，每接头安装 4 套螺栓，初步拧紧，轨缝留 6～10mm。每组轨排按准确里程调整轨排端头位置。

采用轨向锁定器固定轨排的水平方向，轨向锁定器的一端支撑至轨排的横梁上，另一端支撑到隧道侧壁或设置在隧道底板上的钢筋棍上。

(6) 轨排粗调

利用轨道中线点参照轨排框架上的中线基准器进行排架中线的定位调整，左右调节轨向锁定器进行调整。旋动竖向支撑螺杆进行高程方向的粗调。使用轨道排架横向、竖向调整机构完成轨排的粗调工作，按照先中线后水平的顺序循环进行，粗调后的轨道位置误差控制在高程−5～−2mm、中线±5mm。粗调后，相邻两排架间用夹板联结，接头螺栓按顺序拧紧。

(7) 模板安装

检查模板平整度及模板清洗情况，涂刷隔离剂，顺序铺设纵向模板，并与横模板连接，架设模板撑杆，调整线型并锁定。

(8) 轨道精调

调整中线：采用专用开口扳手调节左右轨向锁定器，调整轨道中线，一次调整 2 组，左右各配 2 人同时作业。

调整高程：用套筒扳手，旋转竖向螺柱，调整轨道水平、超高。粗调后顶面标高应略低于设计顶面标高。调整螺柱时要缓慢进行，旋转 120°为高程变化 1mm，调整后用手检查螺柱是否受力。如未受力，则拧紧调整附近的螺柱。

轨排精调完成后，通过轨向锁定器对轨道排架进行固定。

(9) 混凝土浇筑

浇筑前清理浇筑面上的杂物，浇筑前洒水润湿后的底座上不得有积水。浇筑前 6h 内在轨枕表面洒水 3～4 次。用防护罩覆盖轨枕、扣件。检查轨排上各调整螺杆是否出现悬空。检查接地端子位置和标高是否满足设计要求。

浇筑混凝土前，进行轨道几何参数的复核，超过允许偏差应重新调整。

直卸浇筑时，混凝土运输车溜槽转至待浇筑的轨排上方，下料口离轨顶 0.5～1m，开启阀门下料。下料过程中须注意及时振捣和防止污染，下料应均匀、缓慢，不得冲击轨排。

当采用泵送时，橡胶泵管口应在轨排上方且下料方向基本垂直于轨排。通过移动下料管控制混凝土标高。

(10) 振捣、抹面、成型

混凝土浇筑的同时进行振捣作业，混凝土动固采用 4 个振动器人工进行振捣，作业时分前后两区间隔 2m 捣固，前区主要捣固下部钢筋网和支承块底部，后区主要捣固支承块四周与底部。捣固时应避免捣固棒接触排架和支承块，遇混凝土多余或不足时及时处理。

表层混凝土振捣完成后，及时修整、抹平混凝土裸露面，为防止混凝土表面失水产生细小裂纹，在混凝土初凝前进行二次抹面，抹面时严禁洒水润面，并防止过度操作影响表层混凝土的质量。抹面过程中要注意加强对轨道下方、支承块四周等部位的施工。加强对表面排水坡的控制，确保坡度符合设计要求，表面排水顺畅，不得积水。抹面完成后，及时清刷钢轨、轨枕和扣件，防止污染。

混凝土初凝后，松开支承螺栓 1/4～1/2 圈，同时松开扣件和鱼尾板螺栓，避免温度变化时钢轨伸缩，对混凝土造成破坏。

(11) 道床养护

混凝土浇筑完成后，采取土工布覆盖洒水，并在其上覆盖塑料薄膜的养护方式。洒水次数根据天气情况定，确保混凝土表面能保持充分的潮湿状态。

(12) 轨排、模板拆除

当道床板混凝土达到一定强度，首先顺序旋升螺柱支腿 1～2mm；然后，松开轨道扣件，顺序拆除排架，拆卸模板；最后，经过确认扣件全部松开后，用龙门式起重机吊起排架运至轨排组装区清理待用，进入下一循环施工。安排专人负责对拆卸的模板、排架及配件等用毛刷进行清洁处理，配件集中储存在集装箱中，备下次使用。

3. 长枕埋入式整体道床铺设

长枕埋入式整体道床主要由整体式穿孔钢筋混凝土轨枕和道床组成。

1) 轨道结构

图 5.4.3-5 所示分别为铺设于高架桥上和隧道内的长枕埋入式无砟轨道。它是由 60kg/m 钢轨、WJ2 型扣件、WCK 型轨枕、混凝土道床板、隔离层（或弹性垫层）及混凝土底座等部分组成。采用轨排支撑架法由下到上施工，制造和施工简单易行，但现场混凝土施工量大。

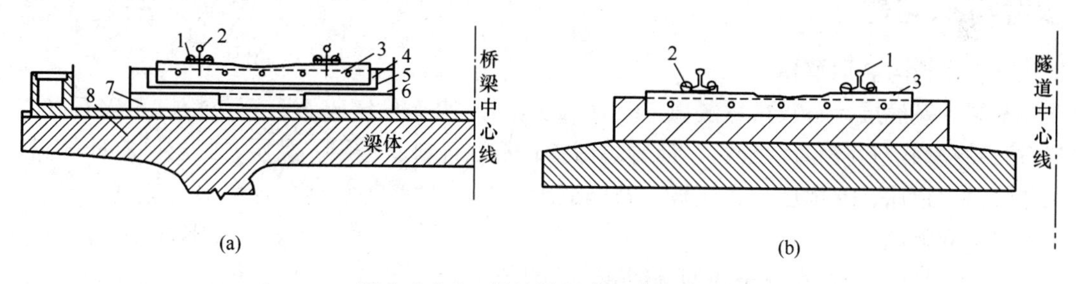

图 5.4.3-5 长枕埋入式无砟轨道图

(a) 高架桥上；
1—弹性扣件；2—钢轨；3—穿孔混凝土轨枕；
4—填充混凝土；5—槽形道床板；6—隔离层；
7—混凝土底座；8—桥梁体

(b) 隧道内
1—弹性扣件；2—钢轨；3—穿孔混凝土轨枕

(1) 混凝土道床的灌筑是长枕埋入式无砟轨道施工中的一道重要工序，应根据轨道铺设延长、工期要求、施工方法、机具设备及动力设施等情况，结合桥隧路主体工程（梁体与桥面、隧底与仰拱、堤体与基床）通盘安排，循序进行。

(2) 桥上无砟轨道的施工应在梁体预应力张拉结束后 60d 且桥梁主体工程完成后进行。隧道无砟轨道的施工应在隧道贯通后进行。如必须在贯通前施工时，应保持与贯通面有足够的距离，以保证贯通后调整中线误差时符合规定。路基上无砟轨道的施工应在路基强化、工后沉降后方可进行。

(3) 为保证施工质量，各道工序之间应保持适当距离，并有机衔接与配合。基底处理工作宜在施工准备阶段完成，如需与道床平行作业，则应远离道床混凝土灌筑地段至少 200m。长枕轨排组装一次应同时安装 3～4 或 4～5 榀支撑架。轨排架设地段应超前轨排高低、方向、轨距调整地段至少 50m，而调整地段又应超前道床混凝土灌筑地段至少 25m。

(4) 为提高施工效率，应就地设置长枕轨排组装台、固定或移动式混凝土搅拌站，做好施工组织设计，安排好施工进度图表，培训施工队伍。

2）施工流程

长枕埋入式无砟轨道轨排支撑架法施工工序流程：施工准备→基标测设→基础处理→绑扎底座钢筋网（连接）→底座混凝土灌筑（混凝土配制与运输）→底座混凝土抹平、养生→铺设隔离层或弹性垫层→铺设道床板下层钢筋→轨排就位、架设支撑架（长枕轨排的组装与运输）→铺设道床板上层钢筋形成钢筋网架→轨排中线、高低、方向的调整定位→道床板混凝土灌筑→抹面、整修、养生→轨排支撑架拆除、清洗→模板拆卸、清洗→短轨焊接→长轨精调→施工竣工验收。

施工准备包括配齐钢轨、穿孔轨枕、扣件、水泥、砂石等材料和龙门起重机、轨排组装台、混凝土搅拌站等机具设备。绑扎底座钢筋网包括与基础预埋钢筋网连接。底座混凝土灌筑包括模板、机具准备与安装，混凝土配制与运输。轨排就位及架设支撑架包括支撑架准备、长枕轨排的组装与运输。道床板混凝土灌筑包括模板准备与安装，混凝土配制与运输。

思考与练习题

一、术语与名词解释

基层、基底层、石灰粉煤灰稳定土（二灰土）、水泥稳定碎石、石灰粉煤灰碎石（二灰石）、级配碎石、沥青混合料、沥青玛瑞脂碎石混合料、透层、黏层、封层、有砟轨道、无砟轨道、道床、支承层、底座板、整体道床。

二、问答题

[1] 道路工程对路基路面的基本要求是什么？

[2] 半刚性基层的原材料试验项目及质量要求有哪些？为什么有这些要求？

[3] 级配碎石基层与级配砾石基层有何不同？它们的原材料的质量要求有哪些？

[4] 水泥稳定类材料、石灰稳定类材料、二灰稳定类材料做路面基层、底基层时，它们的适用范围如何？

[5] 简述二灰土作为底基层对原材料的要求。

[6] 简述二灰碎石采用厂拌机铺的施工工艺及注意事项有哪些。

[7] 简述基层施工完毕应进行的竣工检查验收有哪些。

[8] 简述水泥稳定砂砾基层施工的工艺流程及施工技术要点。

[9] 简述对路面基层质量评定的要求。

[10] 沥青路面结构为什么要分层？主要分几层？

[11] 沥青路面的优缺点是什么？其主要类型有哪些？

[12] 轨道结构主要包括哪些部分？各有什么作用？

[13] 我国铁路轨道的类型有哪些？轨枕的类型有哪些？

[14] 什么是有砟轨道、无砟轨道？

[15] 简述我国高速铁路国产无砟轨道结构主要有哪几种型号？

[16] 简述 CRTS Ⅲ型板式无砟轨道构成。

[17] 简述 CRTS Ⅰ型双块式无砟轨道构成。

［18］ 城市轨道铺设的特殊性有哪些？常见的有哪些城市整体道床结构？

三、网上冲浪学习

［1］ 道路基层施工流程视频。

［2］ 沥青路面铺设施工视频。

［3］ 混凝土路面铺设施工视频。

［4］ CRTS Ⅱ、CRTS Ⅲ型板式无砟轨道铺设视频。

［5］ CRTS Ⅰ、CRTS Ⅱ型双块式无砟轨道铺设视频。

［6］ 支撑块式、长枕埋入式城市轨道铺设视频。

第6章　吊装与地上建筑工程

随着工业现代化发展，土木工程施工也越来越朝着工业化的模式发展，即建筑构件模块化、工厂预制化、现场装配化、队伍专业化、组织流水化，减少了污染，加快了施工进度，实现和发展了土木工程施工的绿色可持续发展目标。“吊装”正在取代传统的“砌筑”成为现代建筑施工的主要作业过程。

6.1　吊装与建筑工业化

地上土木工程，诸如高楼高耸结构物、桥梁等，都只须直接架设即可。传统的劳动密集型施工工艺逐渐淘汰，取而代之的是工业化发展，更像机器设备的组装一样，装配式结构设计、吊装工艺施工技术成为地上土木建筑发展的主流方向。

6.1.1　建筑工业化

建筑工业化的基本内容是：采用先进适用的技术、工艺和装备，科学、合理地组织施工，发展和提高土木施工的机械自动化、专业化水平，减少繁重、复杂的手工劳动和湿作业；发展建筑构配件、制品、设备生产，形成适度的规模经营，为建筑市场提供各类建筑使用的系列化的通用建筑构配件和制品；制定统一的建筑模数和重要的基础标准，合理解决标准化和多样化的关系问题，建立和完善产品标准、工艺标准、企业管理标准、工法等，不断提高建筑的标准化水平。

装配式结构体系按主要建筑材料的选择，可分为装配式木结构、装配式钢结构、装配式钢筋混凝土结构、装配式组合结构。建筑工业化方向，一是发展预制装配式的建筑，二是发展现浇或现浇与预制相结合的建筑。

装配式钢筋混凝土结构体系，按装配建造程度，分为全装配式结构和整体装配式结构。整体装配式混凝土建筑按结构类型，又有如图 6.1.1-1 所示划分。

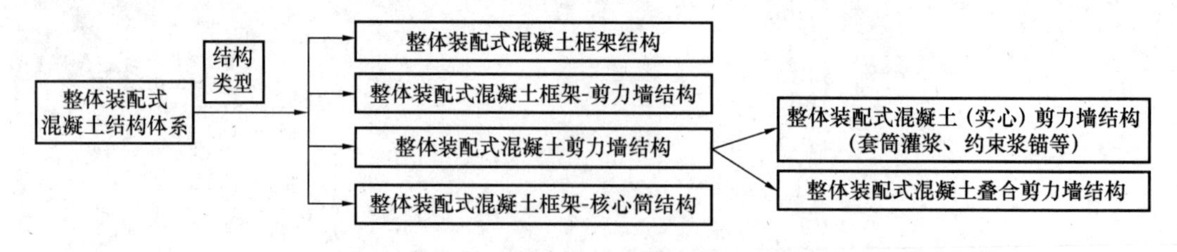

图 6.1.1-1　整体装配式混凝土结构分类

装配式建筑是从建筑单元划分，构件、部件的设计开始，并应落实到现场施工工艺技术上，使得能够满足建筑的使用和受力抗震性能要求。施工建造技术关键体现在构件、部件的连接技术所能达到的结构性能方面。

装配率是衡量工业化建筑所采用工厂生产的建筑部品的装配化程度。一般是指在工业化建筑中预制构件、建筑部品的数量（或面积）占同类构件或部品总数量（或面积）的比率。

6.1.2 PS装配连接技术

PS是预制钢结构（Prefabricated steel Structure）的英文缩写，建筑钢构件之间常用的连接有焊接和螺栓连接，其他不常用的还有铆接等。

1. 预拼装

基于工程的诸多复杂因素，要求工程结构在出厂前进行预拼装。检查螺栓连接节点板各部位尺寸，用试孔器检查板叠孔的通过率。如错孔在3mm以内，一般都用铰刀铣或锉刀锉孔，其孔径扩大不超过原孔径的1.2倍；如错孔超过3mm，一般用焊条焊补堵孔或更换零件，不得采用钢块填塞。

预拼装检查合格后，对上、下定位中心线、标高基准线、交线中心点等应标注清楚、准确；对管结构、工地焊接连接处，除应标注上述标记外，还应焊接一定数量的卡具、角钢或钢板定位器等，以便按预拼装结果进行安装。

钢结构构件预拼装的允许偏差详细见二维码6.1.2-1。

2. 焊接法

1）焊接接头形式

二维码6.1.2-1

建筑钢结构中常用的焊接方法分为熔化接头和电渣焊接头两类。在电弧焊中，接头分为对接接头、角接接头、T形接头和搭接接头等形式，如表6.1.2-1所示。

焊接接头形式 表6.1.2-1

序号	名称	图示	接头形式	特点
1	对接接头		不开坡口，V、X、U形坡口	应力集中较小，有较高的承载力
2	角接接头		不开坡口	适用厚度在8mm以下
			V、K形坡口	适用厚度在8mm以下
			卷边	适用厚度在2mm以下
3	T形接头		不开坡口	适用厚度在30mm以下的不受力构件
			V、K形坡口	适用厚度在30mm以上的只承受较小剪应力构件
4	搭接接头		不开坡口	适用厚度在12mm以下的钢板
			塞焊	适用于双层钢板的焊接

在上述各种形式的焊接接头中，为了提高焊接质量，较厚的构件往往要开坡口，目的是保证电弧能深入焊缝的根部，确保焊透、清除熔渣和获得较好的焊缝形态。

2）焊缝形式

按施焊的空间位置分，焊缝形式可分为平焊缝、横焊缝、立焊缝及仰焊缝四种，如图6.1.2-1所示。平焊操作简单，质量稳定；横焊时，由于熔体的重力作用，焊缝的上侧易产生咬边，下侧则产生焊瘤或未焊透等缺陷；立焊焊缝成型更加困难，易产生咬边、焊瘤、夹渣、表面不平等缺陷；仰焊时，则常出现未焊透、凹陷等质量问题。

按焊缝的结合形式分，有对接焊缝、角焊缝和塞焊缝三种，如图 6.1.2-2 所示。

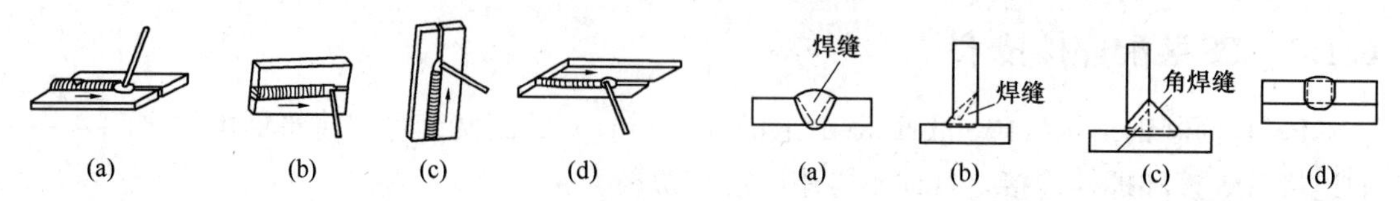

图 6.1.2-1　按施焊的空间位置划分的焊缝

（a）平焊；（b）横焊；（c）立焊；（d）仰焊

图 6.1.2-2　按焊缝的结合形式划分的焊缝

（a）对接焊缝；（b）T形对接焊缝；（c）角焊缝；（d）塞焊缝

3）钢材的可焊性

钢材的可焊性表现在焊接作业容易与否、焊接时不发生裂纹或有害缺陷的几率大小、焊接后接头的性能等，可焊性和母材的化学机械性能有关。

4）焊接工艺参数

选择手工电弧焊的焊接工艺参数主要有焊条直径、焊接电流、电弧电压、焊接层数、电源种类及极性等。

（1）焊条直径

焊条直径的选择主要取决于焊件厚度、接头形式、焊缝位置和焊接层次等因素。在一般情况下，可根据表 6.1.2-2 按焊件厚度选择焊条直径，并倾向于选择较大直径的焊条。另外，在平焊时，直径可大一些；立焊时，所用焊条直径不超过 5mm；横焊和仰焊时，所用直径不超过 4mm；开坡口多层焊接时，为了防止产生未焊透的缺陷，第一层焊缝宜采用直径为 3.2mm 的焊条。

焊条直径与焊件厚度的关系（mm）　　**表 6.1.2-2**

焊件厚度	≤2	3～4	5～12	>12
焊条直径	2	3.2	4～5	≥15

（2）焊接电流

焊接电流过大或过小都会影响焊接质量，所以其选择应根据焊条的类型、直径、焊件的厚度、接头形式、焊缝的空间位置等因素来考虑，其中焊条直径和焊缝的空间位置最为关键。在一般钢结构的焊接中，焊接电流大小（I）与焊条直径平方（d^2）成正比关系（$I=10d^2$）。另外，立焊时，电流应比平焊时小 15%～20%；横焊和仰焊时，电流应比平焊时小 10%～15%。

（3）电弧电压

根据电源特性，由焊接电流决定相应的电弧电压，分长、短弧焊。电弧长则电弧电压高，电弧短则电弧电压低。一般要求电弧长小于或等于焊条直径的称之为短弧焊。在使用酸性焊条焊接时，为了预热某些部位或降低熔池温度，有时也将电弧稍微拉长进行焊接，即所谓的长弧焊。

（4）焊接层数

焊接层数应视焊件的厚度而定。除薄板外，一般都采用多层焊。焊接层数过少，每层焊缝的厚度过大，对焊缝金属的塑性有不利的影响。施工中每层焊缝的厚度不应大于4～5mm。

（5）电源种类及极性

直流电源电弧稳定，飞溅少，焊接质量好，一般用在重要的焊接结构或厚板大刚度结构的焊接上。其他情况下，一般首先考虑交流电焊机。

根据焊条的形式和焊接特点的不同，利用电弧中的阳极温度比阴极高的特点，选用不同的极性来焊接各种不同的构件。用碱性焊条或焊接薄板时，采用直流反接（工件接负极）；而用酸性焊条时，通常采用正接法（即工件接正极）。

3. 螺栓连接

1）普通螺栓连接

一般普通钢结构用普通螺栓、螺柱连接，普通螺栓用低碳钢、中碳钢、低合金钢制造，常用的有六角螺栓、双头螺栓和地脚螺栓等。

六角螺栓，按其头部支承面大小及安装位置尺寸分大六角头与六角头两种；按制造质量和产品等级则分为A、B、C三级。

A级螺栓通称精制螺栓，B级螺栓为半精制螺栓。A、B级适用于拆装式结构或连接部位需传递较大剪力的重要结构的安装中。C级螺栓通称为粗制螺栓，由未加工的圆杆压制而成，适用于钢结构安装中的临时固定，或只承受钢板间的摩擦阻力。对于重要的连接，采用粗制螺栓连接时必须另加特殊支托（牛腿或剪力板）来承受剪力。

双头螺栓（又称螺柱），多用于连接厚板和不便使用六角螺栓连接的地方，如混凝土屋架、屋面梁悬挂单轨梁吊挂件等。

地脚螺栓分为一般地脚螺栓、直角地脚螺栓、锤头螺栓和锚固地脚螺栓。一般地脚螺栓和直角地脚螺栓是浇筑混凝土基础时，预埋在基础之中用以固定钢柱的。锤头螺栓是基础螺栓的一种特殊形式，一般预埋在基础内用以固定钢柱。锚固地脚螺栓是在已成型的混凝土基础上，经钻孔后再浇筑固定的一种地脚螺栓。

普通螺栓在连接时的要求，详见二维码6.1.2-2。

2）高强度螺栓

二维码6.1.2-2

高强度螺栓是用优质碳素钢或低合金钢材料制成的一种特殊螺栓，它是继铆接之后发展起来的新型钢结构连接形式，具有安装简便、迅速、能装能拆、承压高、受力性能好、安全可靠等优点。因此，高强度螺栓普遍应用于大跨度结构、工业厂房、桥梁结构、高层钢框架结构等重要结构。本书主要介绍以下两种类型的螺栓连接。

（1）高强度六角头螺栓

钢结构用高强度大六角头螺栓为粗牙普通螺纹，分为8.8S和10.9S两种等级，一个连接副为一个螺栓、一个螺母和两个垫圈。高强度螺栓连接副应同批制造，保证扭矩系数稳定，同批连接副扭矩系数平均值为0.11～0.15，其扭矩系数标准偏差应不大于0.01。

（2）扭剪型高强度螺栓

钢结构用扭剪型高强度螺栓一个连接副为一个螺栓、一个螺母和一个垫圈，它适用于摩擦型连接的钢结构。连接副紧固轴力见表6.1.2-3。

扭剪型高强度螺栓连接副紧固轴力 表 6.1.2-3

d (mm)		16	20	22	24
每批紧固轴力的平均值(kN)	公称	111	173	215	250
	最大	122	190	236	275
	最小	101	157	195	227
紧固轴力变异系数 λ		λ=标准偏差/平均值<10%			

6.1.3 PC装配连接技术

PC是precast concrete的英文缩写。混凝土预制的主要构件有：预制实心柱、预制剪力墙、预制内隔墙、预制楼梯、预制阳台、预制外墙板，还有叠合类的梁、墙、楼板，夹芯保温墙板等。

预制混凝土框架结构中连接部位较多，施工方法大致可分为干连接和湿连接。干连接是在现场通过螺栓连接或焊接，没有灌浆、坐浆和浇筑混凝土过程。干连接工艺包括牛腿连接、钢板连接、螺栓连接、焊接连接、机械套筒连接等。

湿连接是指在连接的两构件之间浇筑混凝土或灌注水泥浆。为确保连接的完整性，浇筑混凝土前，两构件伸出钢筋或螺栓应进行焊接、搭接或机械连接。在通常情况下，湿连接是预制结构连接中常用且便利的方式，结构整体性能更接近于现浇混凝土。湿连接工艺包括普通现浇连接、底模现浇连接、浆锚连接、预应力技术后浇连接、灌浆拼装等。

1. 浆锚连接

这是基于对混凝土植筋或锚固原理进行的施工工艺，通过钻孔，植锚钢筋，并通过胶结材料连接钢筋和混凝土材料。这种浆锚接头可利用波纹管提供约束和增强粘结力(图6.1.3-1)。

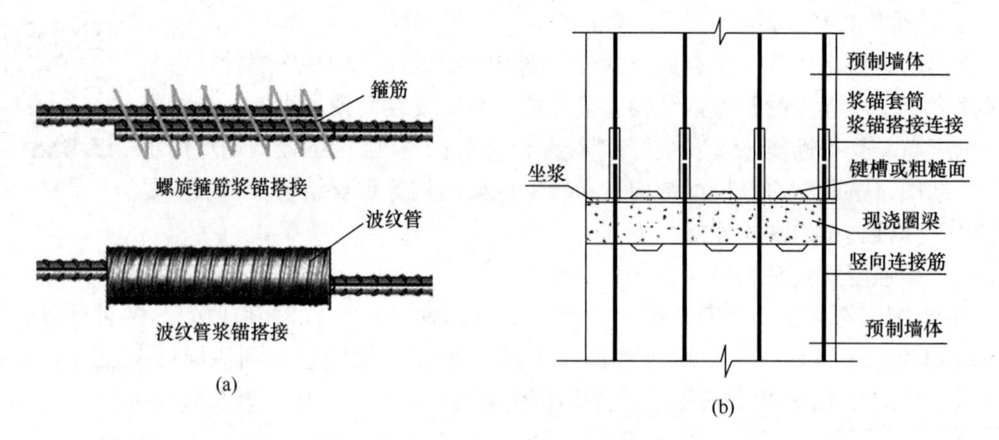

图6.1.3-1 浆锚连接与应用

(a) 两种浆锚连接照片；(b) 浆锚连接的实际应用

这种接头形式一般用于柱与柱、梁和梁等节点连接，孔径一般为4倍螺栓直径，孔深为350～750mm，预制和现场钻孔。

2. 套筒灌浆连接

将带肋钢筋插入内腔带沟槽的钢筋套筒，然后灌入专用高强、无收缩灌浆料，达到高于钢筋母材强度的连接效果。其结构图如图 6.1.3-2 所示，分半套筒灌浆连接和全套筒灌浆连接两种。实际应用如图 6.1.3-3 所示。

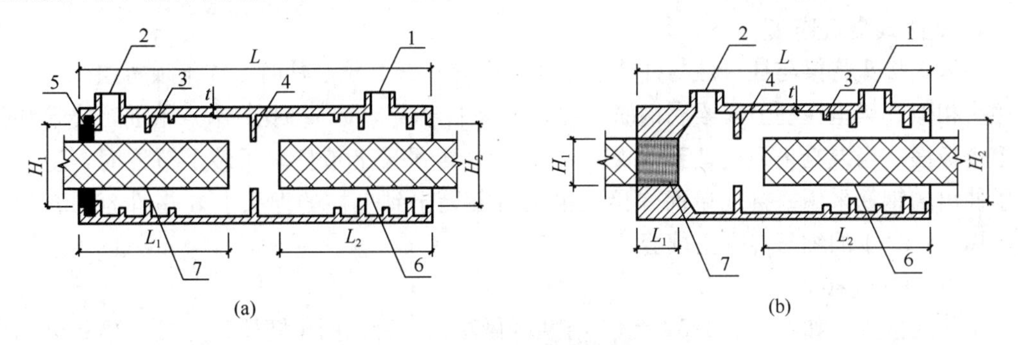

图 6.1.3-2 钢筋套筒灌浆连接

(a) 全套筒灌浆连接；(b) 半套筒灌浆连接

1—灌浆孔；2—排浆孔；3—剪力槽；4—钢筋限位挡板；5—封浆橡胶环；6—预留插入钢筋；7—预制端钢筋

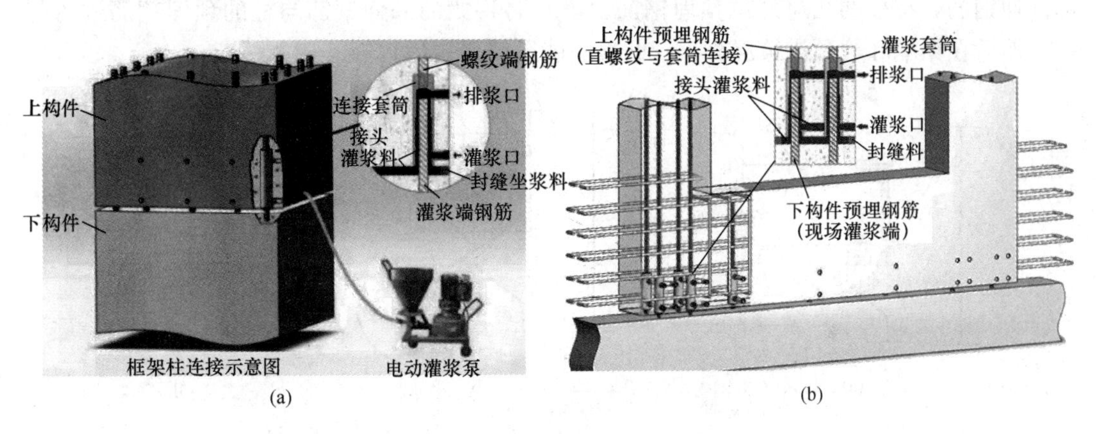

(a) (b)

图 6.1.3-3 套筒灌浆连接应用

(a) 梁柱连接；(b) 墙板连接

3. 榫结构连接

常用的是榫接头，如图 6.1.3-4 所示，多层建筑物装配式结构中的柱有单根柱、T 形柱、十字形柱等。柱与柱的接头应保证柱与柱之间纵轴压力、弯矩和剪力的相互传递。

预制柱时，上下柱都向外伸出一定长度的钢筋，上节柱的下端做成突出的混凝土榫头状。吊装柱子时，使上下柱伸出的钢筋对准，用坡口焊加以焊接。再用高强度等级水泥或微膨胀水泥拌制的细石混凝土进行灌注。上层构件的吊装，必须在接头混凝土强

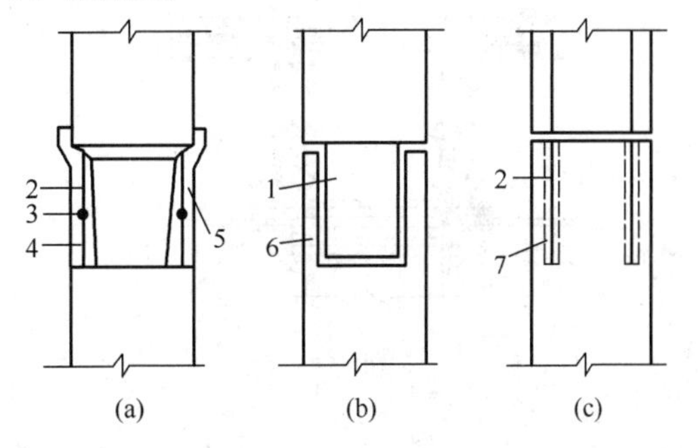

图 6.1.3-4 柱接头形式

(a) 榫式；(b) 插入式；(c) 浆锚式

1—榫式；2—上柱外伸钢筋；3—坡口焊；4—下柱外伸钢筋；5—后浇接头混凝土；6—下柱杯口；7—下柱预留孔洞

度达到设计强度的75%后才能进行。

吊装上节柱时，将上节柱榫头插入下节柱杯口，然后用水泥砂浆灌浆浇筑成整体。这种接头吊装方便，不须电焊，适合于小偏心受压柱。若为大偏心受压柱，则必须采取相应的构造措施，防止受拉边产生裂缝。

4. 整体式浇筑连接

整体式接头将梁与柱、柱与柱节点整体浇筑在一起。预制柱时，柱子须每层一节，与榫接头相似。梁坐在柱上，梁底钢筋按锚固要求上弯或焊接，绑扎好节点箍筋，浇筑混凝土至楼板面。当混凝土强度达到 $10kN/mm^2$ 后，再吊装上节柱。吊装上节柱时，上、下柱子伸出的钢筋采用搭接或单面焊接，再浇筑混凝土到上柱的榫头上方并留35mm的空隙，用1∶1∶1的细石混凝土填缝。

5. 牛腿式连接

牛腿式接头，如图6.1.3-5所示，有两种做法。一种是明牛腿刚性连接：预制梁和柱时，在相应的接头部位预埋钢板。吊装时将梁直接搁在柱上，用连接钢板与预埋钢板进行坡口焊接，再用细石混凝土填缝，此接头不承受弯矩。另一种是暗牛腿刚性连接：在梁端部外伸钢筋，在柱的相应部位预埋钢筋。吊装时将梁的外伸钢筋与柱的预埋钢筋进行焊接，然后在梁端和柱顶浇筑混凝土。此接头能承受弯矩。

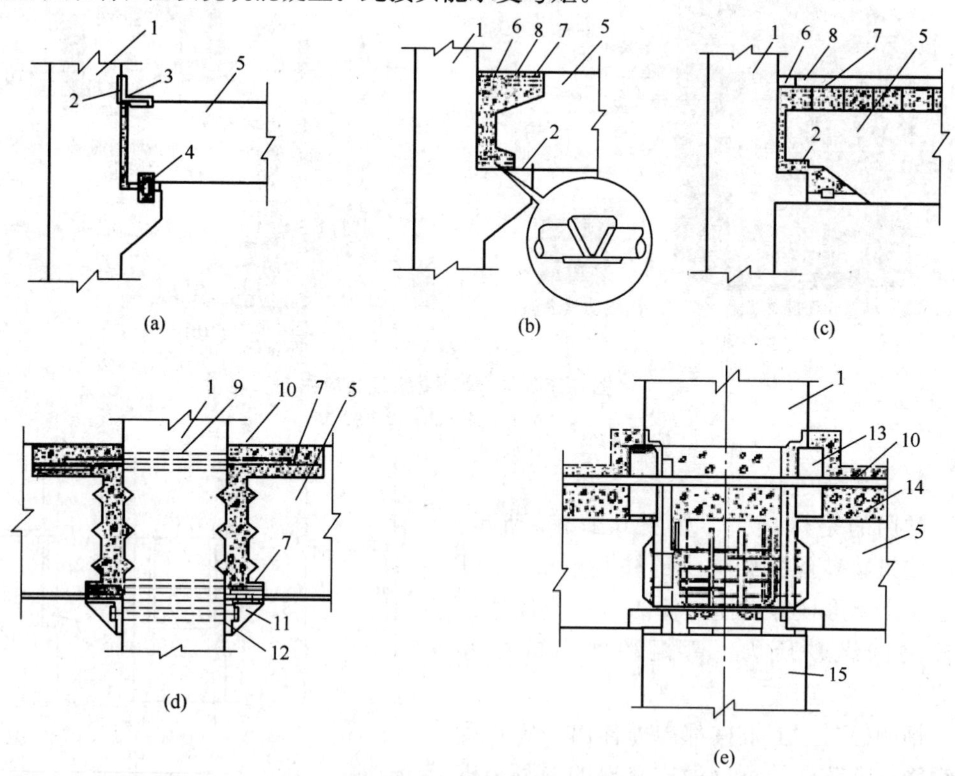

图6.1.3-5　柱与梁接头形式

（a、b）明牛腿刚性接头；（c）暗牛腿刚性接头；（d）齿槽式接头；（e）整体式接头

1—柱；2—预埋铁板；3—贴焊角钢；4—贴焊钢板；5—梁；6—柱的预埋钢筋；7—梁的外伸钢筋；8—坡口焊；9—预留孔；10—负筋；11—临时牛腿；12—固定螺栓；13—钢支座；14—叠合层；15—下柱

6. 后浇带连接

在装配式混凝土结构工程中，后浇混凝土整体连接是通过伸出的箍筋将预制构件与后浇的混凝土叠合层连成一体，再通过节点处的现浇混凝土以及其中的配筋，使梁与柱或梁与梁、梁与板连成整体，使得装配式结构达到现浇结构效果（表 6.1.3-1）。

预制混凝土结构后浇带连接形式列表 **表 6.1.3-1**

类型	示意图	说明
叠合框架梁后浇段	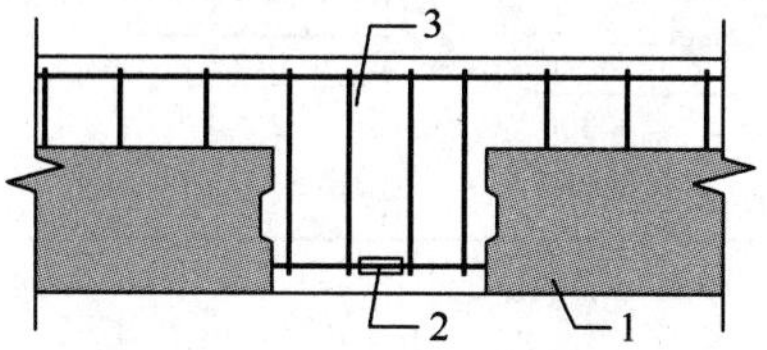	1—预制梁； 2—钢筋连接接头； 3—后浇段钢筋
主次梁后浇（端部）节点	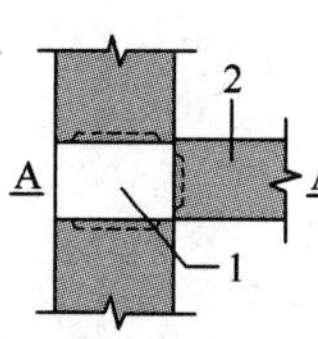 平面 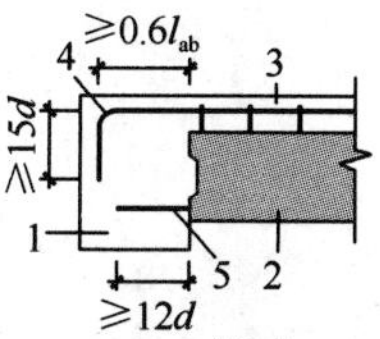　A-A剖面	1—后浇段； 2—次梁； 3—后浇混凝土层； 4—次梁上部纵向钢筋； 5—次梁下部纵向钢筋
主次梁后浇（中间）节点	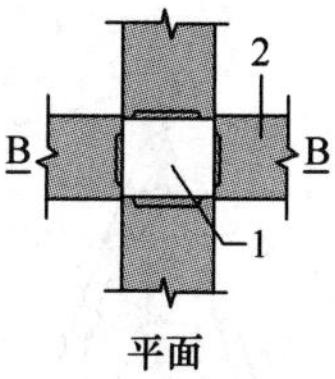 平面 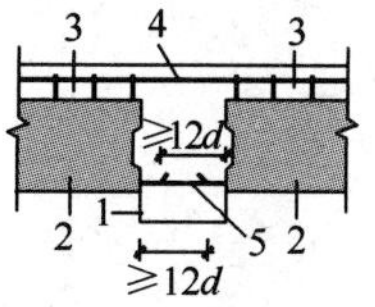　B-B剖面	
预制柱及叠合梁框架顶层中节点构造	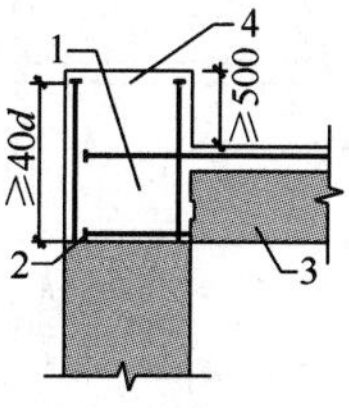 (a) 柱向上伸长 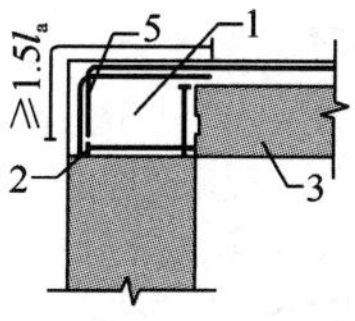　(b) 梁柱外侧钢筋搭接	1—后浇节点； 2—纵筋锚固； 3—预制梁； 4—柱延伸段； 5—梁柱外侧钢筋搭接
预制柱及叠合梁框架顶层边节点构造	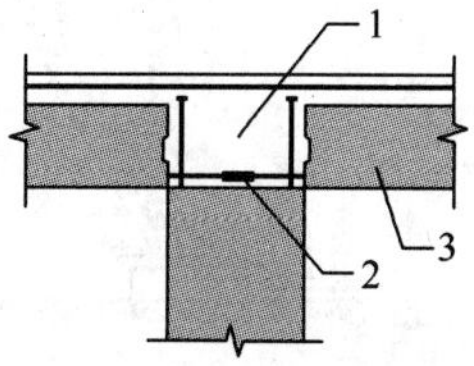 (a) 梁下部纵向受力钢筋连接 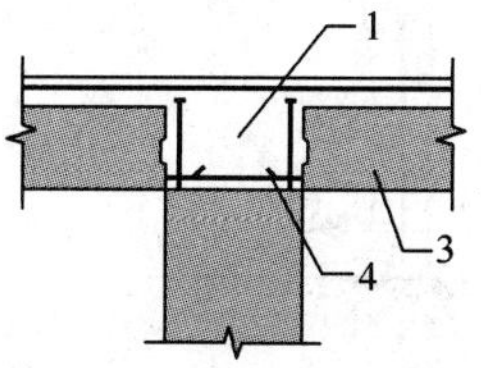　(b) 梁下部纵向受力钢筋锚固	1—后浇节点； 2—纵筋锚固； 3—预制梁； 4—柱延伸段

续表

类型	示意图	说明
预制剪力墙竖向接缝的连接	2；1；b_f 且≥300；b_w；b_f 且≥300；b_f b_w 且≥300 (a) 有翼墙 b_f 且≥300；1；2；b_w；b_f b_w 且≥300 (b) 转角墙	1—后浇段； 2—预制剪力墙

6.2 起重吊装设备

6.2.1 起重吊装设施

1. 桅杆式起重机

桅杆式起重机可分为：独脚把杆（图 6.2.1-1a）、人字把杆（图 6.2.1-1b）、悬臂把杆（图 6.2.1-1c）和牵缆式桅杆起重机（图 6.2.1-1d）。

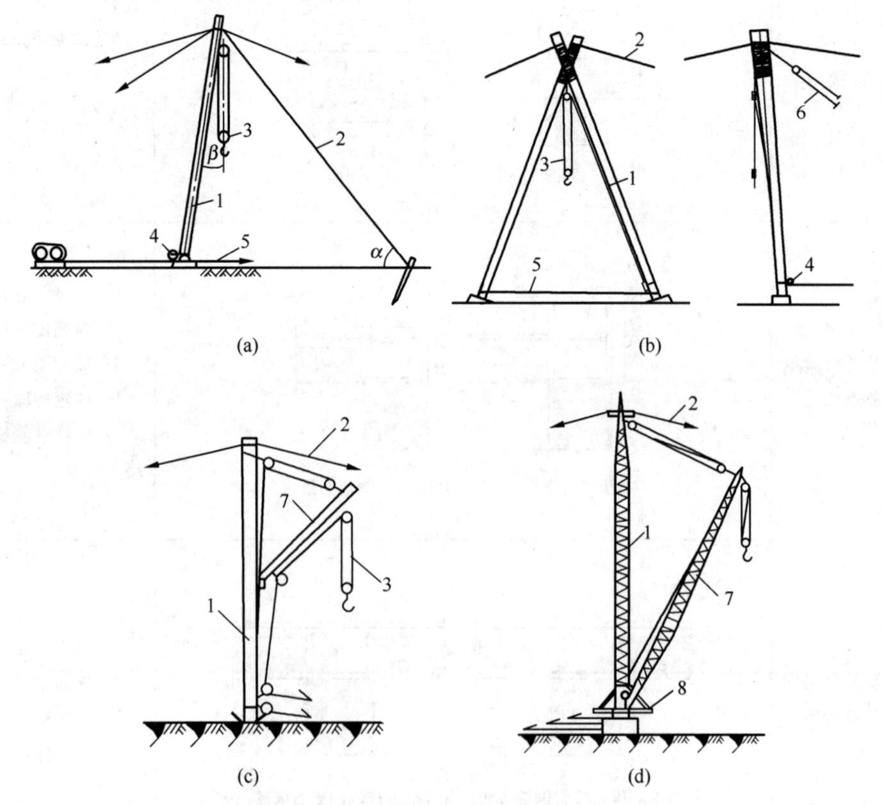

图 6.2.1-1 桅杆式起重机

1—把杆；2—缆风绳；3—起重滑轮组；4—导向装置；5—拉索；6—主缆风绳；7—起重臂；8—卷扬机

桅杆式起重机具有制作简单、装拆方便、起重量大（可达 1000kN 以上）、受地形限制小等特点。但灵活性较差，工作半径较小，移动较困难，使用较多的缆风绳。

2. 履带式起重机

履带式起重机是一种具有履带行走装置的转臂起重机，主要由底盘、机身和起重臂三部分组成（图 6.2.1-2）。常用的起重量为 100～500kN，目前最大起重量达 3000kN，最大起重高度达 135m。由于履带接地面积大，起重机能在较差的地面上行驶和工作，可负载移动，并可原地回转，故多用于单层工业厂房及旱地桥梁等结构吊装。但其自重大，行走速度慢，远距离转移时需要其他车辆运载。土木工程中常用的履带式起重机主要有 W1-50 型、W1-100 型、W1-200 型等，其具体技术参数及工作性能曲线见二维码 6.2.1。

3. 汽车式起重机

二维码6.2.1

汽车式起重机是一种将起重作业部分安装在汽车通用或专用底盘上，具有载重汽车行驶性能的轮式起重机。根据吊臂结构，可分为定长臂、接长臂和伸缩臂三种，前两种多采用桁架结构臂，后一种采用箱形结构臂。根据动力，可分为机械传动、液压传动和电力传动三种。

现在普遍使用的多为液压伸缩臂汽车式起重机，液压伸缩臂一般有 2～4 节，最下（最外）一节为基本臂，吊臂内装有液压伸缩机构控制其伸缩。

图 6.2.1-3 所示为汽车式起重机的外形，由起升、变幅、回转、吊臂伸缩和支腿机构等组成，全为液压传动。

汽车式起重机作业时必须先打支腿，以增大机械的支承面积，保证必要的稳定性。因此，汽车式起重机不能负荷行驶。

汽车式起重机的主要技术性能有最大起重量、整机质量、吊臂全伸长度、吊臂全缩长度、最大起升高度、最小工作半径、起升速度、最大行驶速度等。

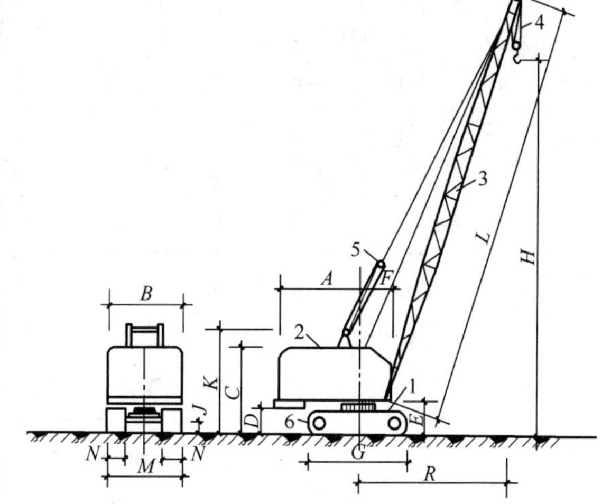

图 6.2.1-2 履带式起重机

1—底盘；2—机棚；3—起重臂；4—起重滑轮组；5—变幅滑轮组；6—履带

A、B—外形尺寸符号；L—起重臂长度；H—起升高度；R—工作幅度

4. 爬升式塔式起重机

爬升式塔式起重机又称内爬式塔式起重机，通常安装在建筑物的电梯井或特设的开间内，也可安装在筒形结构内，依靠爬升机构随着结构的升高而升高，一般是每建造 3～8m，起重机就爬升一次。塔身自身高度只有 20m 左右，起重高度随施工高度而定。

爬升机构有液压式和机械式两种，图 6.2.1-4 所示是液压爬升机构，由爬升梯架、液压缸、爬升横梁和支腿等组成。爬升梯架由上、下承重梁构成，两者相隔两层楼，工作时用螺栓固定在筒形结构的墙或边梁上，梯架两侧有踏步。其承重梁对应于起重机塔身的四根主肢，装有 8 个导向辊子，在爬升时起导向作用。塔身套装在爬升梯架内，顶升液压缸的缸体铰接于塔身横梁上，而下端铰接于活动的下横梁中部。塔身两侧装支腿，活动横梁

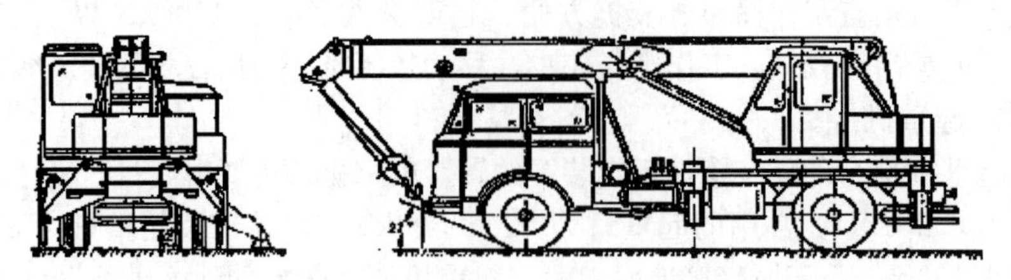

图 6.2.1-3 汽车式起重机外形

两侧也装支腿，依靠这两对支腿轮流支撑在爬梯踏步上，使塔身上升。

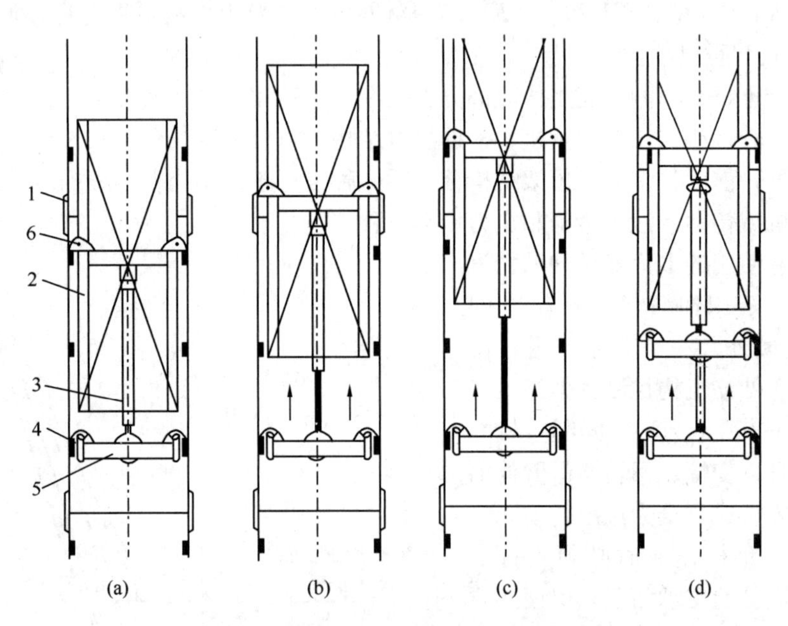

图 6.2.1-4 爬升式塔式起重机的爬升过程

(a)、(b) 下支腿支承在踏步上，顶升塔身；

(c)、(d) 上支腿支承在踏板上，缩回活塞杆，将活动横梁提起

1—爬梯；2—塔身；3—液压缸；4、6—支腿；5—活动横梁

爬升式塔式起重机的优点是：起重机以建筑物作支承，塔身短，起重高度大，而且不占建筑物外围空间，缺点是司机作业往往不能看到起吊全过程，需靠信号指挥；施工结束后拆卸复杂，一般需设辅助起重机拆卸。

5. 附着式塔式起重机

附着式塔式起重机又称自升塔式起重机，直接固定在建筑物或构筑物近旁的混凝土基础上，随着结构的升高，不断自行接高塔身，使起重高度不断增大。为了塔身稳定，塔身每隔 20m 高度左右用系杆与结构锚固。

附着式塔式起重机多为小车变幅，因起重机装在结构近旁，司机能看到吊装的全过程，自身的安装与拆卸不妨碍施工过程。

1）顶升原理

附着式塔式起重机的自升接高目前主要是利用液压缸顶升，采用较多的是外套架液压缸侧顶式。图 6.2.1-5 所示为顶升过程的五个步骤。

2）技术性能

图 6.2.1-6 所示为 QT4-10 型附着式塔式起重机。其最大起重量为 100kN，最大起重力矩为 1600kN·m，最大幅度为 30m，装有轨轮，也可固装在混凝土基础上。

附着式塔式起重机的主要技术性能有：吊臂长度、工作半径、最大起重量、附着式最大起升高度、起升速度、爬升机构顶升速度及附着间距等。

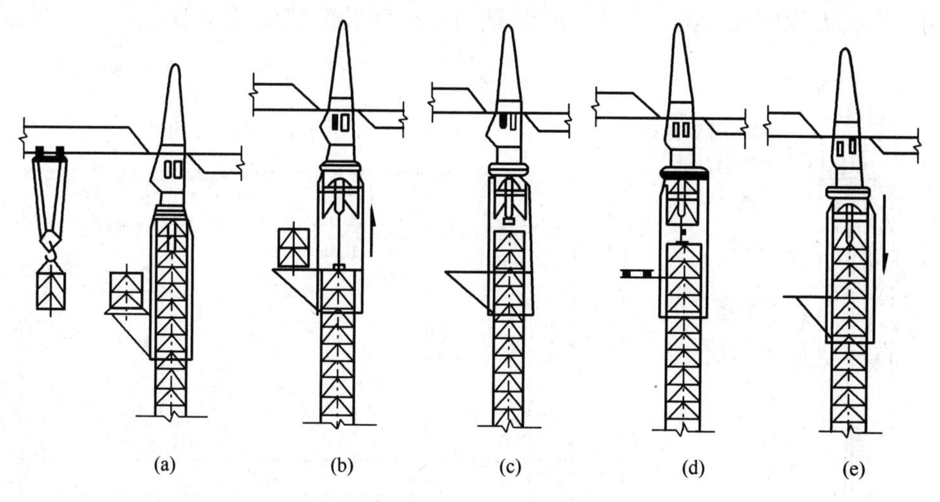

图 6.2.1-5 附着式塔式起重机的顶升过程

（a）准备；（b）顶升塔顶；（c）推入塔身标准节；（d）安装塔身标准节；（e）塔顶与塔身联成整体

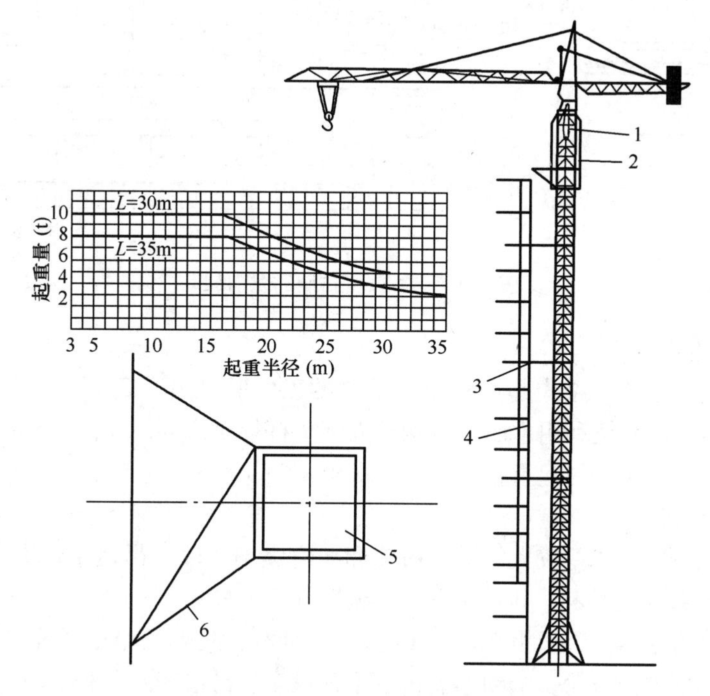

图 6.2.1-6 QT4-10 型附着式塔式起重机

1—液压千斤顶；2—顶升套架；3—锚固装置；4—建筑物；5—塔身；6—附着杆

6. 其他形式的起重机

1）龙门架（龙门扒杆、龙门式起重机）

龙门架是一种最常用的垂直起吊设备。在龙门架顶横梁上设行车时，可横向运输重物或构件；在龙门架两腿下缘设有滚轮和铁轨时，可在轨道上纵向运输；如在两腿下设能转向的滚轮时，可进行任何方向的水平运输。龙门架通常设于构件预制场，或设在桥墩顶、墩旁用于安装大梁构件。图 6.2.1-7 所示是利用公路装配式钢桥桁节（贝雷）拼制的龙门架。

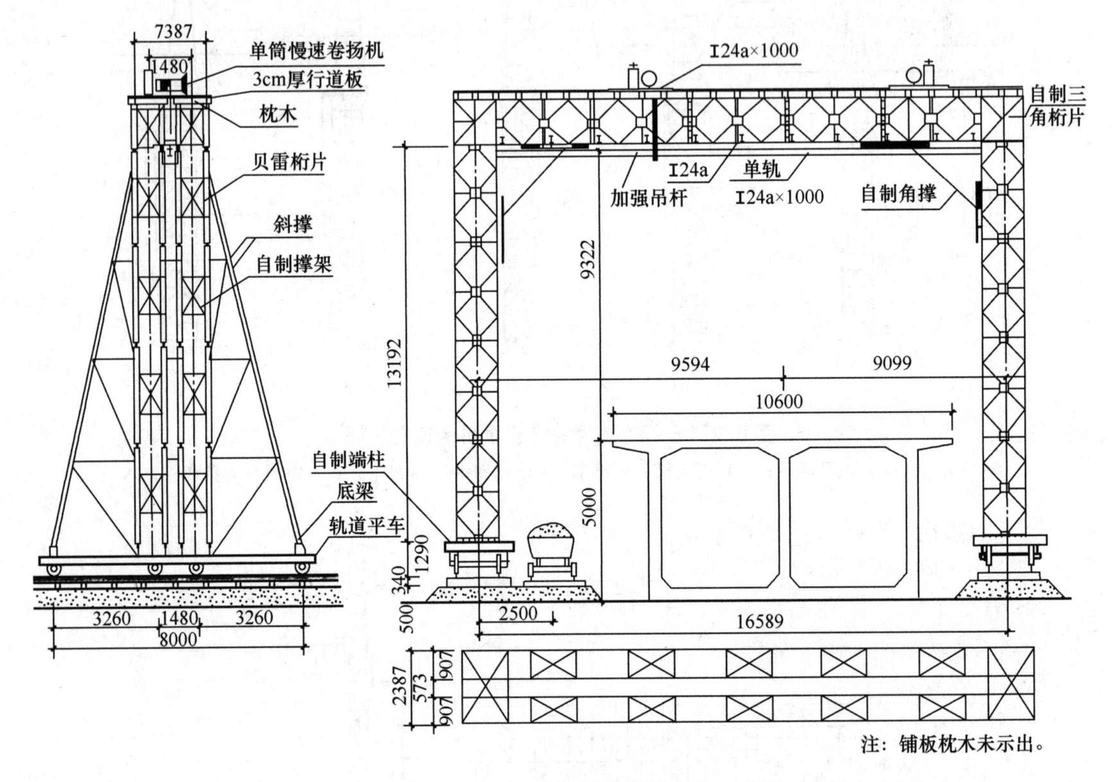

图 6.2.1-7 贝雷拼制的龙门架

2）浮式起重机

在通航河流上建桥，浮式起重机船是重要的工作船（图 6.2.1-8）。常用的浮式起重机有铁驳轮船浮式起重机和用木船、型钢及人字扒杆等拼成的简易浮式起重机。我国目前使用的最大浮式起重机船的起重量已达 5000kN。

3）缆索起重机

缆索起重机适用于高差较大的垂直吊装和架空纵向运输，吊运量从数十吨至数百吨，纵向运距从几十米至几百米。其布置方式参见图 6.2.1-9。

缆索起重机由主索、天线滑车、起重索、牵引索、起重及牵引绞车、主索地锚、塔架、缆风绳、主索平衡滑轮、电动卷扬机、手摇绞车、链滑车及各种滑轮等部件组成。在吊装拱桥时，缆索吊装系统除了上述各部件外，还有扣索、扣索排架、扣索地锚、扣索绞车等部件。

图 6.2.1-8 浮式起重机船

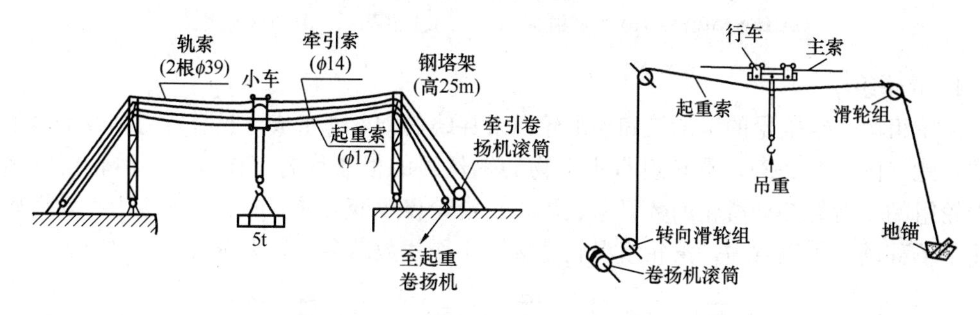

图 6.2.1-9 缆索起重机及起重索构造

4）架桥机

架桥机是架设预制梁（构件）的专用设备。铁路常用的 32m 以下及公路常用的 50m 以下的混凝土简支 T 形梁，通常采用预制安装法施工，为此需要专用架桥机。如今，大型预制箱梁也经常采用架桥机架设。常用架桥机类型有：大型桁架式架桥机，导梁式架桥机，辅助导梁式架桥机。

6.2.2 索锚机具

索锚机具包括卷扬机、钢丝绳、锚碇、滑轮组、横吊梁等。

1. 卷扬机

卷扬机又称绞车，是用卷筒缠绕钢丝绳或链条提升或牵引重物的轻小型起重设备，一般绞车的滚筒直径大于 2m。

按驱动方式可分手动卷扬机和电动卷扬机。按轴结构分有同轴和非同轴卷扬机，同轴卷扬机也称微型卷扬机。按牵引速度有慢速和快速之分，慢速一般指 7～12m/min。用于结构吊装的卷扬机多为电动卷扬机。

电动卷扬机主要由电动机、卷筒、电磁制动器和减速机构等组成。快速电动卷扬机主要用于垂直运输和打桩作业；慢速电动卷扬机主要用于结构吊装、钢筋冷拉、预应力筋张拉等作业。选用卷扬机的主要技术参数是卷筒牵引力、钢丝绳的速度和卷筒容绳量。

2. 钢丝绳

起重吊装中，钢丝绳用于悬吊、牵引或捆缚重物。它是由许多根直径为 0.4～2mm，抗拉强度为 1200～2200MPa 的钢丝按一定规则捻制而成。

3. 锚碇

锚碇又叫地锚，是用来固定缆风绳和卷扬机的，它是保证系缆构件稳定的重要组成部分，一般有：螺栓锚、立桩锚、水平锚和压重锚（图 6.2.2-1）。

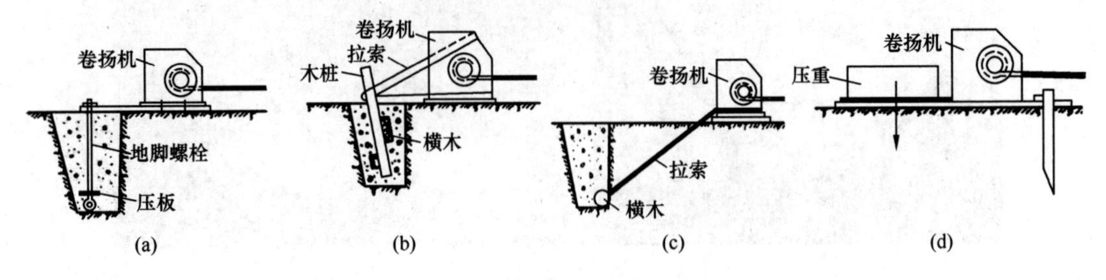

图 6.2.2-1　锚碇

(a) 螺栓锚固法；(b) 立桩锚固法；(c) 水平锚固法；(d) 压重锚固法

4. 滑轮组

滑轮组由一定数量的定滑轮和动滑轮以及穿绕的钢丝绳组成，具有省力和改变力的方向的功能（图 6.2.2-2）。滑轮组负担重物的钢丝绳的根数称为工作线数，滑轮组的名称以滑轮组的定滑轮和动滑轮的数目来表示。定滑轮仅改变力的方向、不能省力，动滑轮随重物上下移动，可以省力，滑轮组滑轮越多、工作线数越多，省力越大。

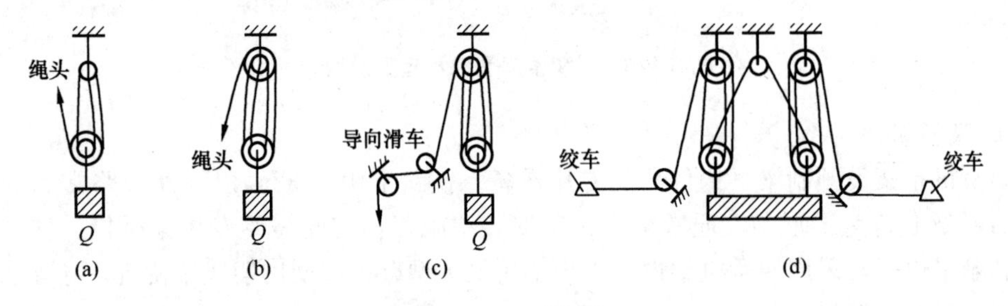

图 6.2.2-2　滑轮组

(a) 跑头从动滑轮引出；(b) 跑头从定滑轮引出；
(c) 有导向滑轮的滑轮组；(d) 双联滑轮组

5. 横吊梁

横吊梁常用于柱和屋架的吊装，用横吊梁吊柱易使柱身保持垂直，便于安装；用横吊梁吊屋架可降低起吊高度，减少吊索的水平分力对屋架的压力。常用横吊梁如图 6.2.2-3 所示。

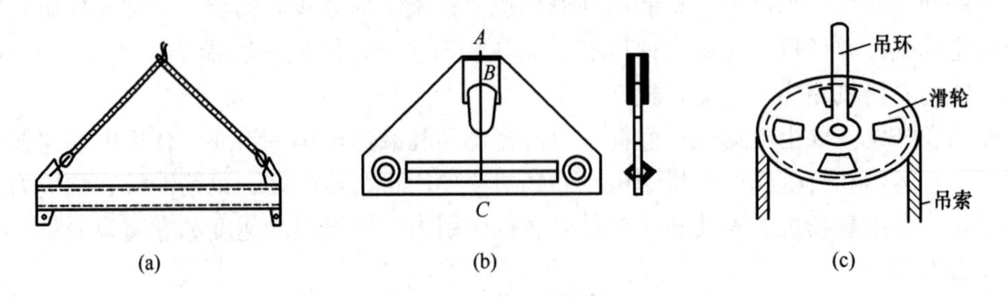

图 6.2.2-3　横吊梁

(a) 钢管横吊梁；(b) 钢板横吊梁；(c) 滑轮横吊梁

6.3　工业厂房吊装

工业厂房构成了现代工业建筑吊装工艺的技术基础。

6.3.1　吊装部署

构件吊装前准备工作包括：清理及平整场地；铺设道路、水电管线；准备吊索和吊具；构件运输和堆放；拼装加固；检查弹线编号；基础弹线找平。

1. 构件运输和堆放

预制构件如柱、屋架、梁、桥面板等一般在现场或工厂预制。在条件许可的情况下，预制时尽可能采用叠浇法，重叠层数由地基承载能力和施工条件确定，一般不超过 4 层，上下层间应做好隔离层，上层构件的浇筑应等到下层构件混凝土达到设计强度的 30%以后才可进行，整个预制场地应平整夯实，不可因受荷、浸水而产生不均匀沉陷。

1）构件运输

工厂预制的构件须在吊装前运至工地，构件运输宜选用载重量较大的载重汽车和半拖式或全拖式的平板拖车，将构件直接运到工地构件堆放处。

对构件运输时的混凝土强度要求是：如设计无规定时，不应低于设计的混凝土强度标准值的 75%。应确定好在运输过程中构件的支承方法和运行速度，以防构件受损和变形（图 6.3.1-1）。

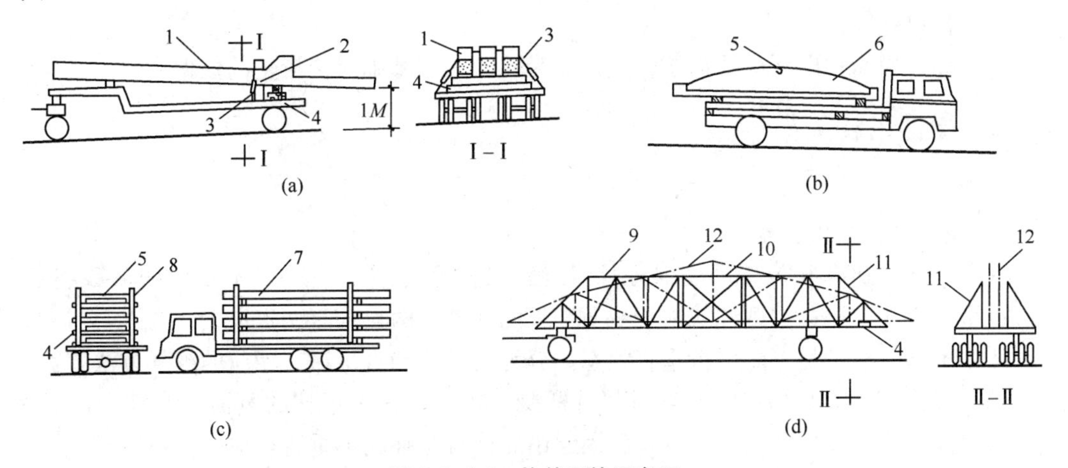

图 6.3.1-1　构件运输示意图

（a）运输柱子；（b）运输吊车梁；（c）运输屋面板；（d）运输屋架

1—柱子；2—捯链；3—钢丝绳；4—垫木；5—钢丝；6—吊车梁；7—屋面板；8—木杆；9—钢拖架首节；10—钢拖架中间节；11—钢拖架尾节；12—屋架

2）构件堆放

预制构件的堆放应考虑便于吊升及吊升后的就位，特别是大型构件，如房屋建筑中的柱、屋架、梁、面板等，应设计好构件堆放的布置图，优化搬运工作量，减少起重设备负荷的开行。

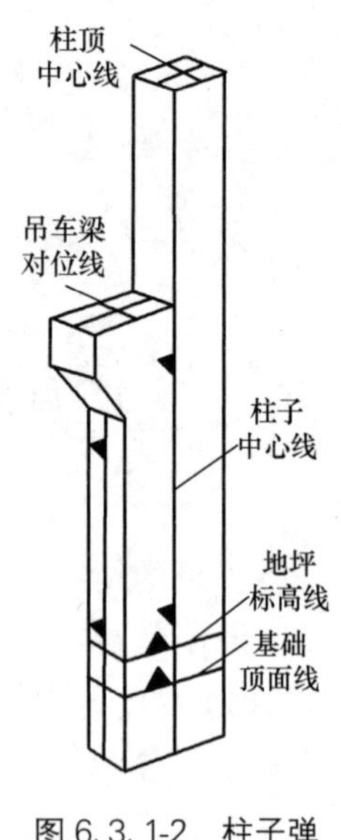

图 6.3.1-2 柱子弹线示意图

2. 构件的检查、弹线和编号

构件检查的内容：①构件的型号、数量、外形尺寸。②预埋件、预留孔的位置及质量。③外观质量和构件强度等。④构件吊装时的强度：柱为设计强度标准值的 75%以上，梁、屋架为 100%；预应力孔道灌浆强度不低于 5MPa 时才可吊装。

构件的弹线

构件的弹线为构件吊装对位校正提供依据。

（1）柱子弹线：柱身的三个面弹出安装中心线、基础顶面线、地坪标高线、厂房的 50 线；柱顶和牛腿顶面弹出屋架及吊车梁的安装中心线（图 6.3.1-2）。

（2）屋架弹线：屋架上弦顶面上弹出几何中心线，并由跨度中起向两端分别弹出天窗架、屋面板的安装定位线；在屋架两端弹出厂房轴线作为安装基准线。

（3）吊车梁弹线：在吊车梁端面及顶面弹出几何中心线。

3. 基础弹线找平

调整杯底标高是为了保证柱吊装后牛腿顶面标高的准确性。

首先，测量出柱脚至牛腿顶面的实际长度 L 和杯底的实际标高 h；其次，按牛腿顶面的设计标高 h' 计算出杯底标高应调整的高度为 $\Delta h=h-h'-L$。并在杯口内标出，施工时用 1∶2 的水泥砂浆或细石混凝土将杯底抹平至标志处。

基础杯口弹线

基础杯口顶面弹出厂房的纵横轴线，作为柱子吊装基础对位校正的依据。

6.3.2 构件吊装工艺

1. 柱子

1）柱子的绑扎和起吊

柱身绑扎点和绑扎位置，要保证柱身在吊装过程中受力合理，不发生变形和裂断。中、小型柱绑扎一点；重型柱或配筋少而细长的柱绑扎两点甚至两点以上。

按柱吊起后柱身是否能保持垂直状态，分为斜吊法和直吊法。相应的绑扎方法有：

斜吊绑扎法（图 6.3.2-1）：它对起重杆要求较小，它用于柱的宽面抗弯能力满足吊装要求时。此法无须将预制柱翻身，但因起吊后柱身与杯底不垂直，对线就位较难。

直吊绑扎法（图 6.3.2-2）：它适用于柱宽面抗弯能力不足，必须将预制柱翻身后窄面向上，以增大刚度，再绑扎起吊。此法因吊索需跨过柱顶，需要较长的起重杆。

2）柱的吊升

柱的起吊方法，按柱在吊升过程中柱身运动的特点，分为旋转法和滑行法；按采用起重机的数量，有单机起吊和双机起吊之分。单机起吊的工艺如下。

（1）旋转法

起重机边起钩、边旋转，使柱身绕柱脚旋转而逐渐吊起的方法，称为旋转法（图 6.3.2-3）。其要点是保持柱脚位置不动，并使柱的吊点、柱脚中心和杯口中心三点共圆。其特点是柱吊升中所受振动较小，但构件布置要求高，占地较大，对起重机的机动性要求高，要求能同时进行起升与回转两个动作。

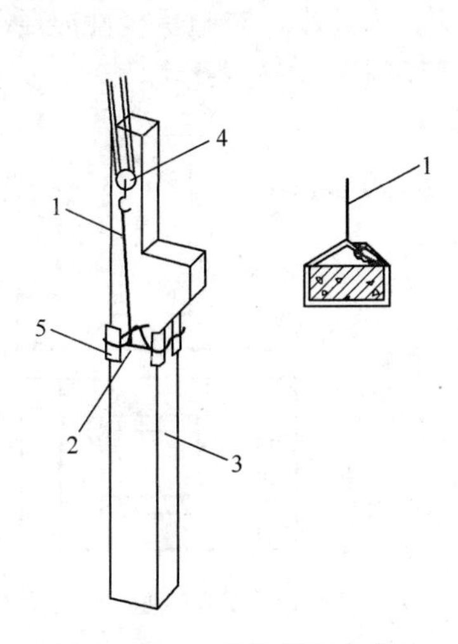

图 6.3.2-1 柱的斜吊绑扎法

1—吊索；2—活络卡环；
3—柱；4—滑车；5—方木

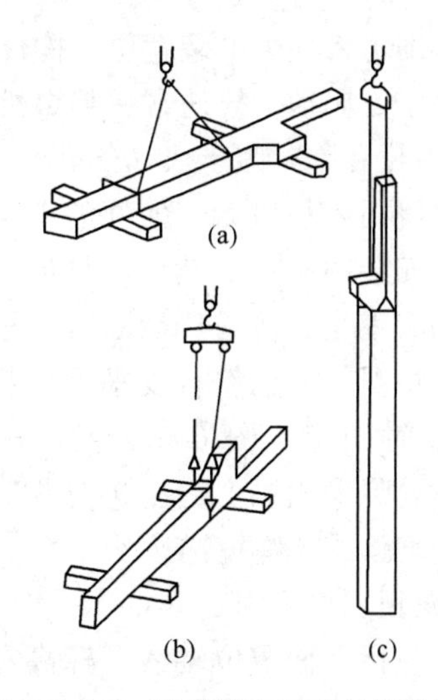

图 6.3.2-2 柱的翻身及直吊绑扎法

(a) 柱翻身时绑扎法；(b) 柱直吊时绑扎法；(c) 柱的吊升

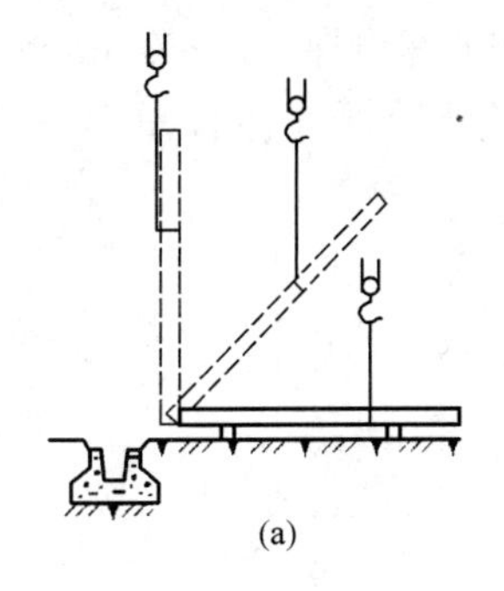

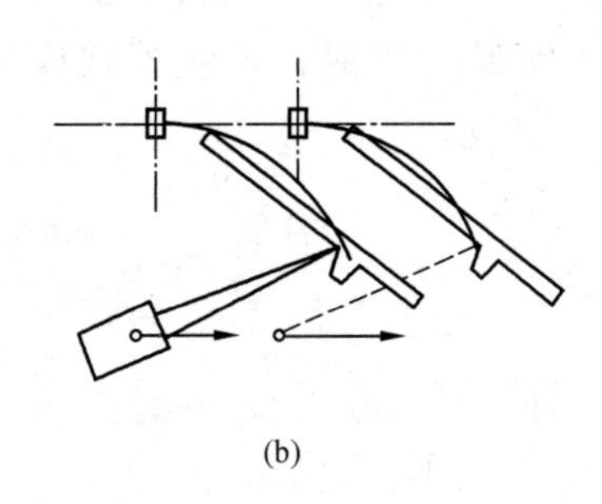

图 6.3.2-3 旋转法吊柱示意图

(a) 柱吊升过程；(b) 柱平面布置

(2) 滑行法

起吊时起重机不旋转，只起升吊钩，使柱脚在吊钩上升过程中沿着地面逐渐向吊钩位置滑行，直到柱身直立的方法，称为滑行法（图 6.3.2-4）。其要点是柱的吊点要布置在

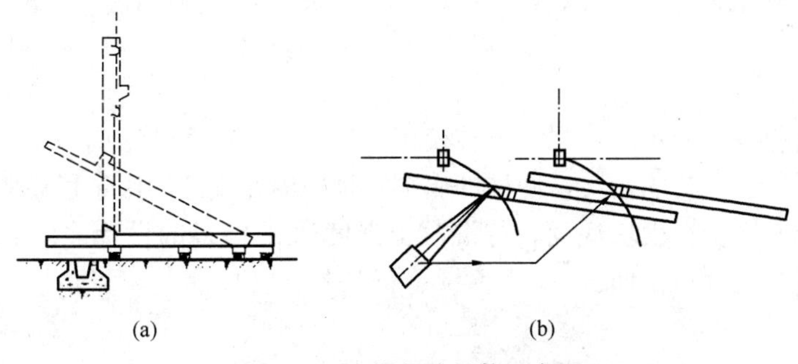

图 6.3.2-4 滑行法吊柱示意图

(a) 柱吊升过程；(b) 柱平面布置

杯口旁，并与杯口中心两点共圆弧。其特点是起重机只需起升吊钩即可将柱吊直，然后稍微转动吊杆，即可将柱子吊装就位，构件布置方便、占地小，对起重机性能要求较低，但滑行过程中柱子受振动。故通常在起重机及场地受限时，才采用此法。

3）柱的对位和临时固定

混凝土柱脚插入杯口后，使柱的安装中心线对准杯口的安装中心线，然后将柱四周八只楔子打入以临时固定，待松钩后观察柱子沉至杯底后的对中情况。若已符合要求即可将楔块打紧，使其临时固定（图 6.3.2-5）。吊装重型、细长柱时，除采用以上措施进行临时固定外，必要时，增设缆风绳拉锚。

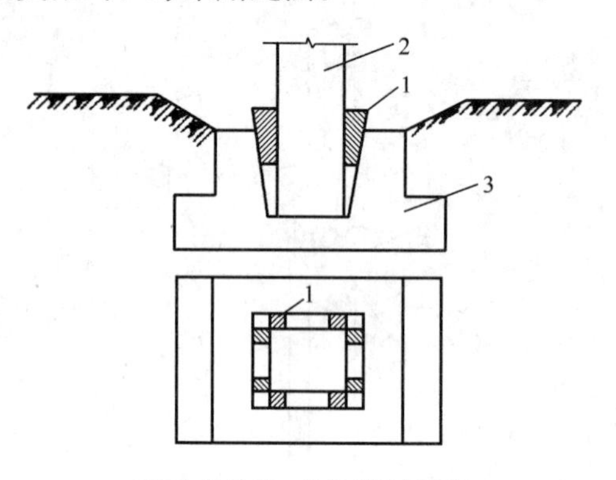

图 6.3.2-5 柱的临时固定

1—楔块；2—柱子；3—基础

4）柱的校正和最后固定

柱的校正包括平面定位轴线、标高和垂直度的校正。柱平面定位轴线在临时固定前进行对位时，已校正好。混凝土柱标高则在柱吊装前调整基础杯底的标高予以控制，在施工验收规范允许的范围以内进行校正。标高块用无收缩砂浆、立模浇筑，强度不低于 30N/mm²，其上埋设厚 16～20mm 的钢面板。而垂直度的校正可用经纬仪观测和钢管校正器或螺旋千斤顶（柱较重时）进行校正。如图 6.3.2-6、图 6.3.2-7 所示。

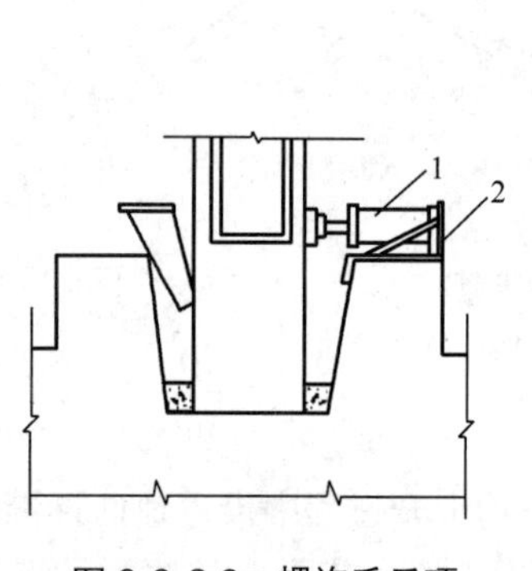

图 6.3.2-6 螺旋千斤顶

1—螺旋千斤顶；2—千斤顶支座

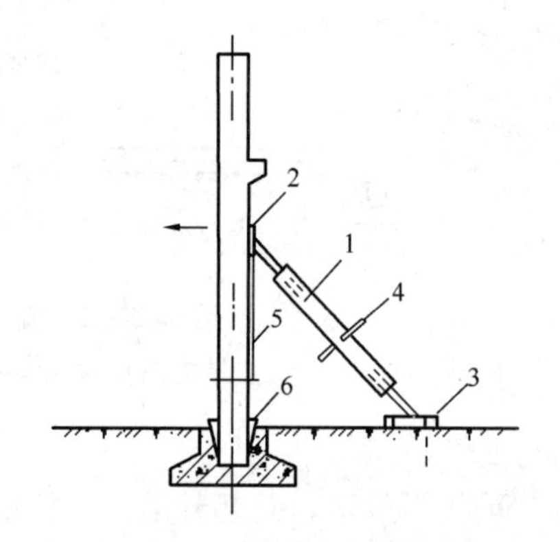

图 6.3.2-7 钢管支撑斜顶法

1—钢管；2—头部摩擦板；3—底板；4—转动手柄；5—钢丝绳；6—卡环

校正完成后应及时固定。待混凝土柱校正完毕，即在柱底部四周与基础杯口的空隙之间，浇筑细石混凝土，捣固密实，使柱的底脚完全嵌固在基础内用于最后固定。浇筑工作分两次进行。第一次浇至楔块底面，待混凝土强度达到 25%的设计强度后，拔去楔块再第二次灌注混凝土至杯口顶面。

2. 吊车梁

吊车梁一般用两点绑扎，对称起吊（图 6.3.2-8）。就位时要使吊车梁上所安装准线对准牛腿顶面弹出的轴线。吊车梁较高时，应与柱牢固拉结。

吊车梁的校正多在屋盖吊装完毕后进行。吊车梁校正的内容包括平面位置、垂直度和标高。吊车梁的标高取决于柱牛腿标高，在柱吊装前已经调整，如仍存在偏差，可待安装吊车梁轨道时进行调整。吊车梁的垂直度可用垂球检测，偏差在支座处加薄钢板垫平。吊车梁的平面位置的校正，主要是校核吊车梁的纵向轴线，常用通线法和平移轴线法进行校正。

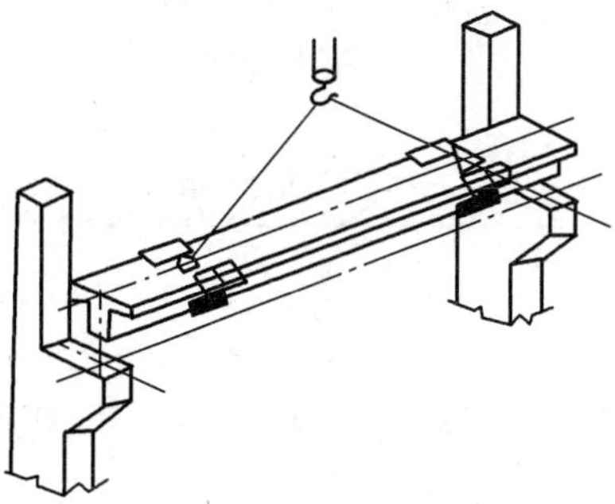

图 6.3.2-8 吊车梁吊装

3. 屋架

1）屋架的翻身扶直

屋架一般都为平卧生产，吊装前必须先翻身扶直。由于屋架平面刚度差，翻身中易损坏，18m 以上的屋架应在屋架两端用方木搭设井字架，高度与下一榀屋架上平面同，以便屋架扶直后搁置其上。扶直方法有正向扶直和反向扶直，应尽可能采用正向扶直。

24m 以上的屋架当验算抗裂度不够时，可在屋架下弦中节点处设置垫点，使屋架在翻身过程中下弦中节点始终着实。扶直后，下弦的两端应着实、中部则悬空，因此中垫点的厚度应适中（图 6.3.2-9）。屋架高度大于 1.7m 时，应加绑木、竹或钢管横杆，以加强屋架平面刚度（图 6.3.2-10）。

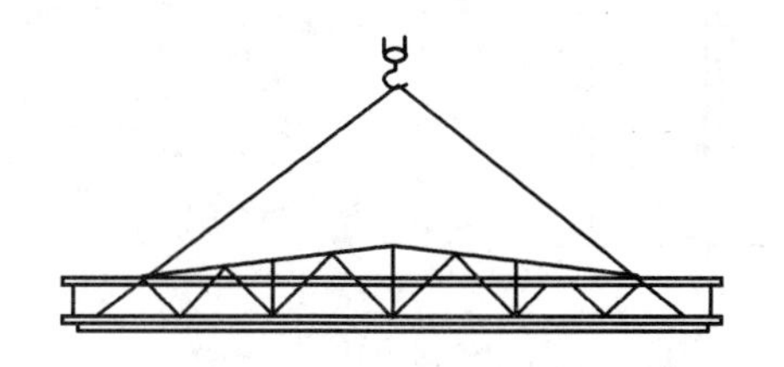

图 6.3.2-9 屋架设置中垫点的翻身扶直

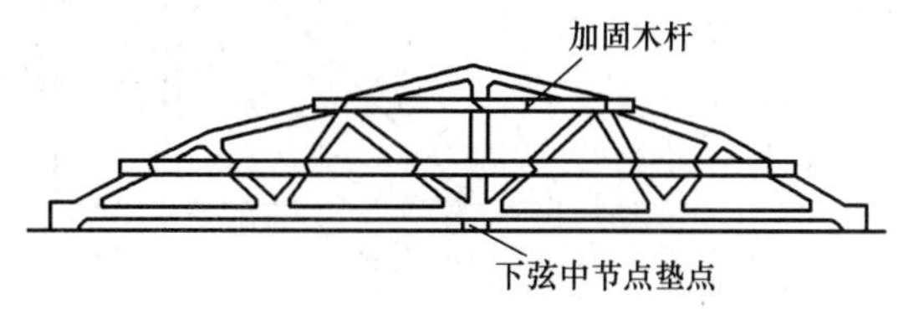

图 6.3.2-10 屋架的绑扎加固方法

2）屋架绑扎

对平卧叠浇预制的屋架，吊装前先要翻身扶直，然后起吊移至预定地点堆放。扶直时的绑扎点一般设在屋架上弦的节点位置上，最好是起吊、就位时的吊点。屋架的绑扎点和绑扎方式与屋架的形式和跨度有关，其绑扎的位置及吊点的数目一般由设计确定。如吊点与设计不符，应进行吊装验算。屋架绑扎时吊索与水平面的夹角 α 不宜小于 45°，以免屋架上弦杆承受过大的压力使构件受损。通常跨度小于 18m 的屋架可采用两点绑扎法，大于 18m 的屋架可采用四点绑扎法，如屋架跨度很大或因加大 α 角，使吊索过长，起重机的起重高度不够时，可采用横吊梁。图 6.3.2-11 所示为屋架绑扎方式示意图。

3）屋架吊升

屋架起吊前，应在屋架上弦自中央向两边分别弹出天窗架、屋面板的安装位置线和在屋架下弦两端弹出屋架中线的同时，在柱顶上弹出屋架安装中线，屋架安装中线应按厂房的纵横轴线投上去。其具体做法，既可以每个柱都用经纬仪投，也可以用经纬仪只将一跨四角柱的纵横轴线投好，然后拉钢丝弹纵横线，用钢尺量间距弹横轴线。如横轴线与柱顶截面中线差过大，则应逐间调整。

在屋架吊升至柱顶后，使屋架两端两个方向的轴线与柱顶轴线重合，屋架临时固定后

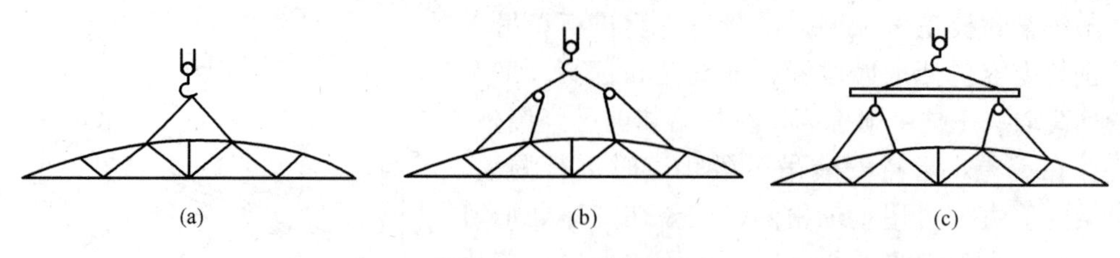

图 6.3.2-11 屋架绑扎

(a) 屋架两点绑扎（跨度≤18m）；(b) 屋架四点绑扎（跨度 18～24m）；(c) 用横吊梁四点绑扎（跨度 30～36m）

起重机才能脱钩。

4）屋架的就位和临时固定

屋架一般高度大、宽度小，受力平面外刚度很小，就位后易倾倒。因此，屋架就位的关键是使屋架端头两个方向的轴线与柱顶轴线重合后，及时进行临时固定。

第一榀屋架的临时固定必须可靠，因为它是单片结构，侧向稳定性差；同时，它是第二榀屋架的支撑，所以必须做好临时固定。一般采用四根缆风绳从两边把屋架拉牢。其他各榀屋架可用屋架校正架（工具式支撑）临时固定在前面一榀桁架上。第一榀屋架和其他屋架就位临时固定的示意图如图 6.3.2-12 所示。

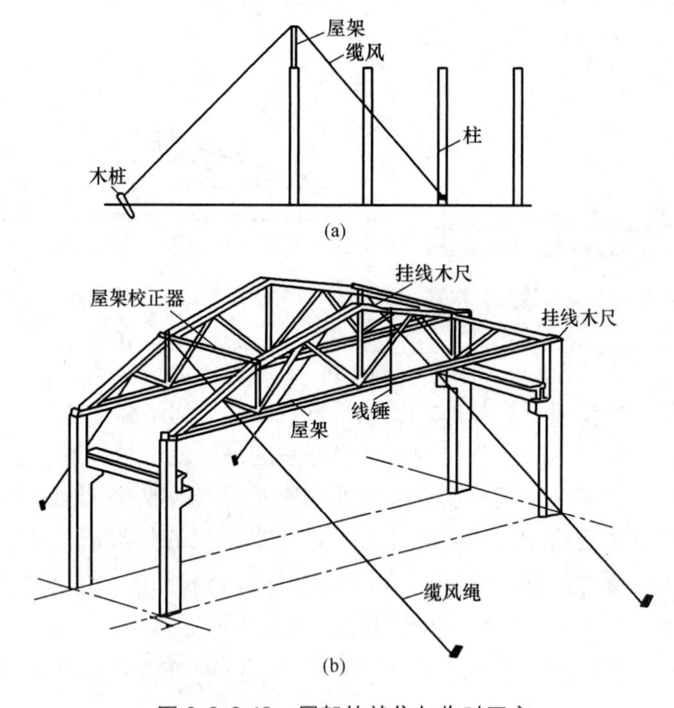

图 6.3.2-12 屋架的就位与临时固定

(a) 第一榀屋架用缆风绳临时固定；(b) 其他屋架的临时固定

5）屋架的校正与最后固定

如图 6.3.2-13 所示，屋架主要校正垂直偏差。如建筑工程的有关规范规定：屋架上弦（在跨中）通过两个支座中心的垂直面偏差不得大于 $h/250$（h 为屋架高度）。检查时，可用线坠或经纬仪，用经纬仪检查时，将仪器安置在被检查屋架的跨外，距柱横轴线为

a，然后，观测屋架上弦所挑出的三个挂线木卡尺上的标志（一个安装在屋架上弦中央，两个安装在屋架上弦两端，标志距屋架上弦轴线均为 a）是否在同一垂直面上，如偏差超出规定数值，则转动屋架校正器上的螺栓进行校正，并在屋架端部支承面垫入薄钢片。校正无误后，立即用电焊焊牢作为最后固定，电焊焊接时应在屋架两端的不同侧同时施焊，以防因焊缝收缩导致屋架倾斜。

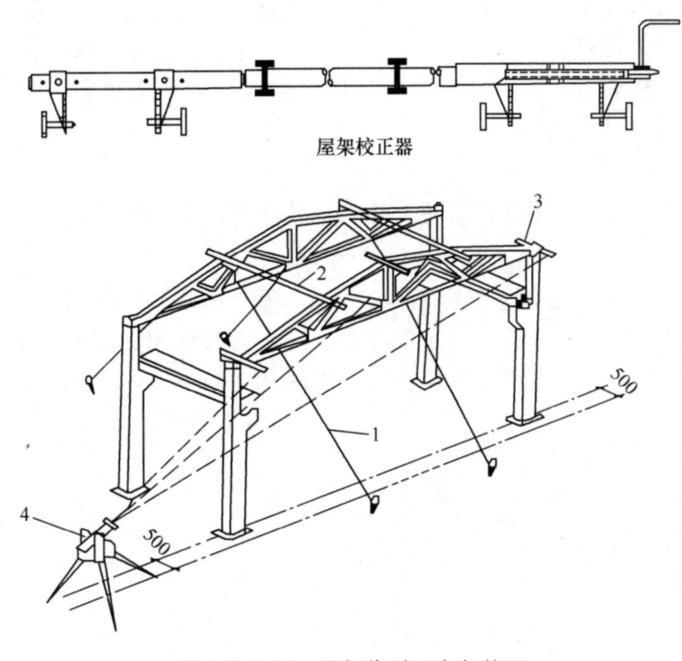

图 6.3.2-13　屋架临时固定与校正

1—缆风绳；2—屋架校正器；3—卡尺；4—经纬仪

4. 天窗架、屋面板

1）天窗架

天窗架常单独吊装，也可与屋架拼装成整体同时吊装。单独吊装时，应待屋架两侧屋面板吊装后进行，采用两点或四点绑扎，并用工具式夹具或圆木进行临时加固。

2）屋面板

屋面板多采用一钩多块叠吊或平吊法，以发挥起重机的效能。吊装顺序：由两边檐口开始，左右对称逐块向屋脊安装，避免屋架承受半跨荷载。屋面板对位后应立即焊接牢固，每块板不少于三个角点焊接。

6.3.3　吊装方案

单层工业厂房结构吊装方案的内容主要包括：结构吊装方法的选择，起重机械的选择，起重机的开行路线及构件的平面布置等。确定吊装方案时应考虑结构形式、跨度、构件的重量及安装高度和工期的要求，同时要考虑尽量充分利用现有的起重设备。

1. 起重机选择

起重机的选择包括：起重机的类型选择、起重机型号的选择和起重机数量的确定。

1）起重机的类型选择

选择起重机类型需综合考虑的因素：结构的跨度、高度、构件重量和吊装工程量；施工现场条件；工期要求；施工成本要求；本企业或本地区现有起重设备状况。

一般来说，吊装工程量较大的单层装配式结构宜选用履带起重机；工程位于市区或工程量较小的装配式结构宜选用汽车起重机；道路遥远或路况不佳的偏僻地区吊装工程则可考虑独脚或人字扒杆或桅杆式起重机等简易起重机械。

2）起重机型号的选择

选择原则：所选起重机的三个参数，即起重量 Q、起重高度 H、工作幅度（回转半径）R，均须满足结构吊装要求。

2. 吊装流程方法

单层工业厂房的结构吊装流程方法有分件吊装法和综合吊装法两种。

1）分件吊装法

起重机每开行一次，仅吊装一种或两种构件。第一次开行，吊完全部柱子，并完成校正和最后固定工作；第二次开行，安装吊车梁、连系梁及柱间支撑等；第三次开行，按节间吊装屋架、天窗架、屋面支撑及屋面板等（图 6.3.3-1）。

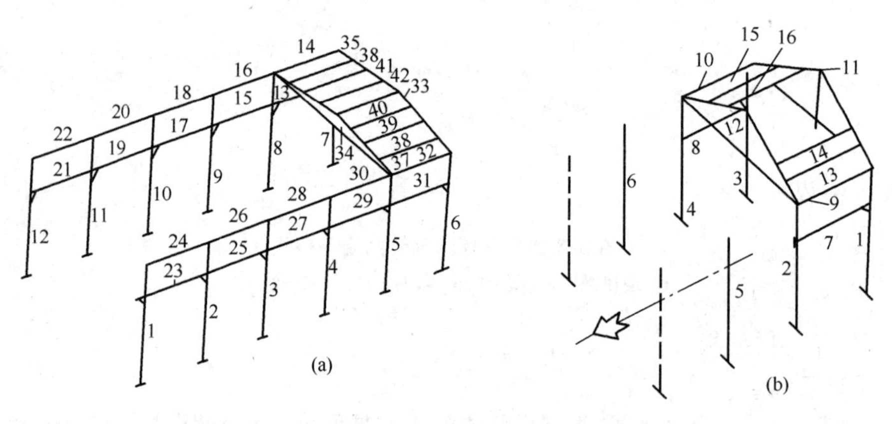

图 6.3.3-1 结构吊装方法

（a）分件吊装的顺序；（b）综合吊装的顺序

分件吊装的优点是构件可分批进场，更换吊具少，吊装速度快；缺点是起重机开行路线长，不能为后续工作及早提供工作面。

2）综合吊装法

综合吊装法是将多层房屋划分为若干施工层，起重机在每一施工层只开行一次，先吊装一个节间的全部构件，再依次安装其他节间等。待一层全部安装完再安装上一层构件。

综合吊装法的优点是起重机开行路线短，停机次数少，能及早为下道工序交出工作面。缺点是索具更换频繁，影响吊装效率；校正及固定的时间紧，误差积累后不易纠正；构件供应种类多变，平面布置杂乱，不利于文明施工。

3. 停机位与开行路线

由于分件吊装速度快，一般情况都采用分件吊装法，其起重机停机位及开行路线如图 6.3.3-2 所示。吊装柱时，则应视跨度大小、构件尺寸、重量及起重机性能，可沿跨中开行或跨边开行。

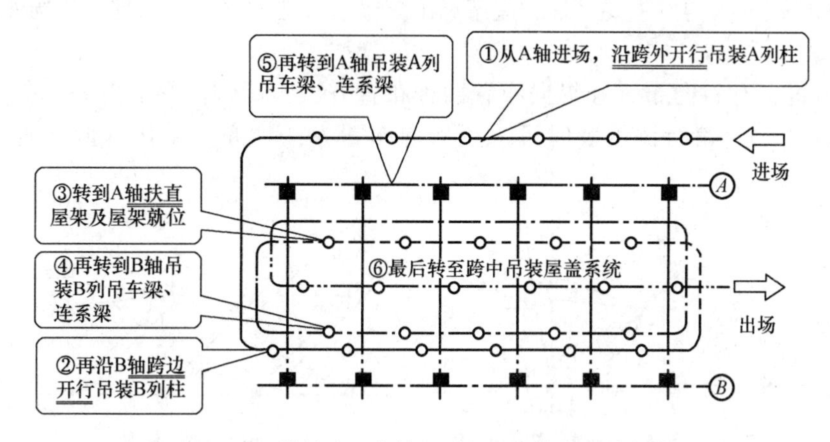

图 6.3.3-2 某单跨厂房的起重机开行路线及停机位置

当柱布置在跨外时，起重机一般沿跨外开行，停机位置与跨边开行相似。

1）沿跨中开行

起重半径 R，厂房跨度 L，a 为起重机中心距离排柱线的垂直距离，b 为柱子间距。

吊装柱子，当半径 $R \geqslant L/2$ 时，选择起重机沿跨中开行，每个停机位可吊两根柱子，如图 6.3.3-3（a）所示；当 $R \geqslant \sqrt{(a/2)^2+(b/2)^2}$ 时，则可吊四根柱子，如图 6.3.3-3（b）所示。

2）沿跨边开行

当 $R < L/2$ 时，起重机沿跨边开行，每个停机位可吊一根柱子，如图 6.3.3-4（a）所示；当 $R \geqslant \sqrt{a^2+(b/2)^2}$ 时，则可吊两根柱子，如图 6.3.3-4（b）所示。

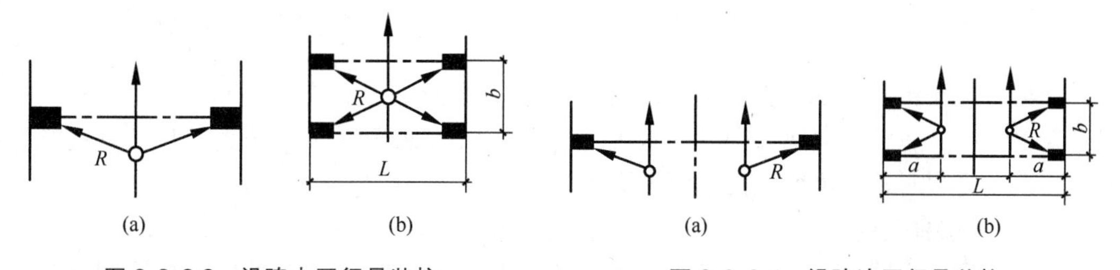

图 6.3.3-3 沿跨中开行吊装柱　　图 6.3.3-4 沿跨边开行吊装柱

吊装柱子时具体停机位及开行路线如图 6.3.3-2 中路线①②所示。吊车梁与连系梁，起重机大多沿跨边开行。具体停机位及开行路线如图 6.3.3-2 中路线④⑤所示。屋架扶直就位沿跨边开行，其具体停机位及开行路线如图 6.3.3-2 中路线②所示。吊装屋架及屋面板时，起重机大多沿跨中开行，其具体停机位及开行路线如图 6.3.3-2 中路线⑥所示。

6.3.4 构件平面布置

单层厂房现场预制构件的布置是一项重要工作，合理布置可避免构件在场内的二次搬运，充分发挥起重机械的效率。

需在现场预制的构件主要是柱、屋架和吊车梁，其他构件可在构件厂或场外制作。

1. 柱

柱的布置：有斜向布置和纵向布置两种布置方法。旋转法吊装时采用斜向布置方法（图 6.3.4-1）；滑行法吊装时可采用斜向布置方法，亦可采用纵向布置方法（图 6.3.4-2）。

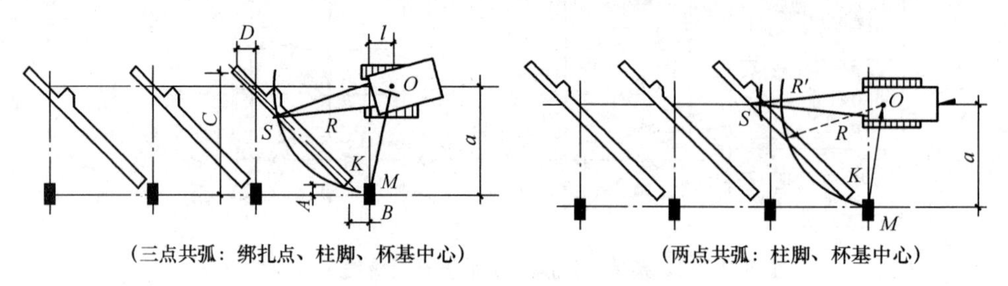

图 6.3.4-1 旋转法吊装柱的平面布置方式

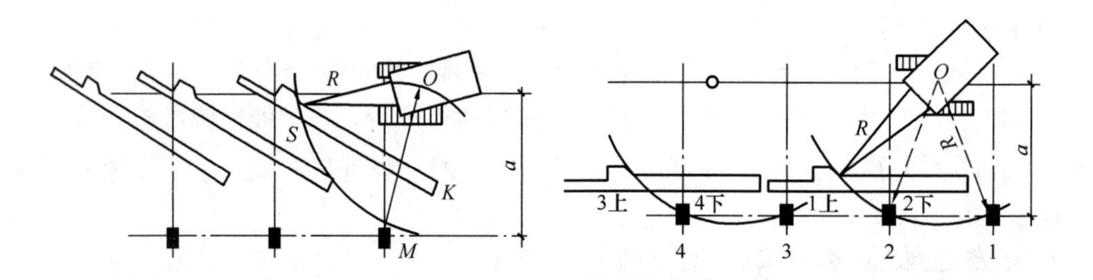

图 6.3.4-2 滑行法吊装柱的平面布置方式

2. 屋架

1）屋架预制布置

屋架一般在跨内平卧叠浇预制，每叠 3～4 榀，布置的方式有斜向布置、正反斜向布置及正反纵向布置三种，如图 6.3.4-3 所示。斜向布置便于屋架的扶直就位，宜优先采用，当现场受限时，方可考虑其他两种形式。

2）屋架扶直就位

屋架扶直后立即进行就位。屋架的预制位置与就位位置均在起重机开行路线的同一侧，称为同侧就位；需将屋架由预制的一边转至起重机开行路线的另一边时，称为异侧就位，如图 6.3.4-4 所示。

屋架扶直后立即进行就位，可以采用斜向布置、纵向布置两种方式。

（1）屋架斜向布置

屋架一般靠柱边斜向布置，屋架离开柱边的净距不小于 20cm，考虑起重机尾部的安全回转距离 A+0.5m（起重机尾部的安全回转距离）不宜布置构件，P、Q 两虚线间即为屋架的就位范围。P-P、Q-Q 线为屋架的端部所在位置，H-H 线为屋架就位后的中点所在位置，O 为起重机的停机位置，M 为相应屋架安装后的中点位置，如图 6.3.4-5 所示。

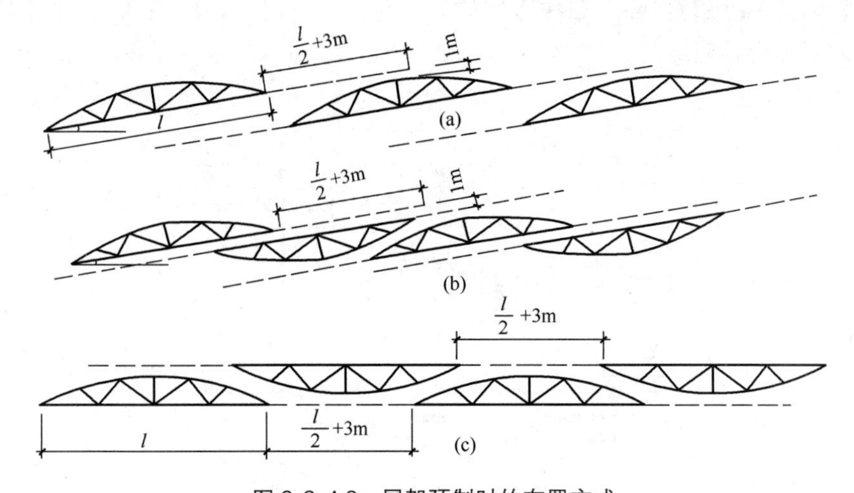

图 6.3.4-3 屋架预制时的布置方式

（a）斜向布置；（b）正反斜向布置；（c）正反纵向布置

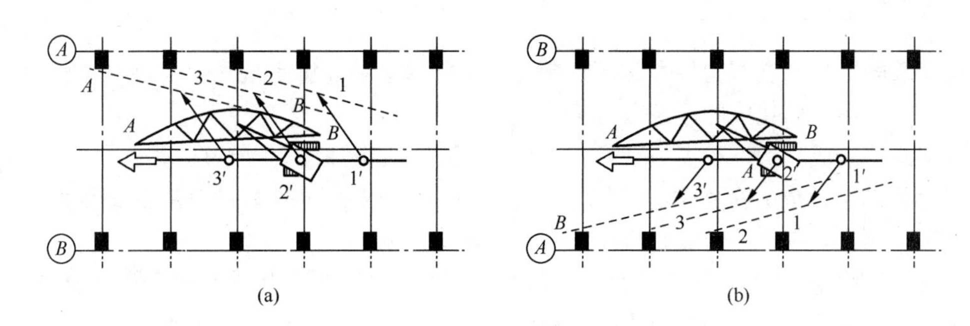

图 6.3.4-4 屋架就位示意图

（a）同侧就位；（b）异侧就位

（2）屋架纵向布置

屋架纵向布置一般以 4～5 榀为一组靠柱边顺轴纵向布置，如图 6.3.4-6 所示。

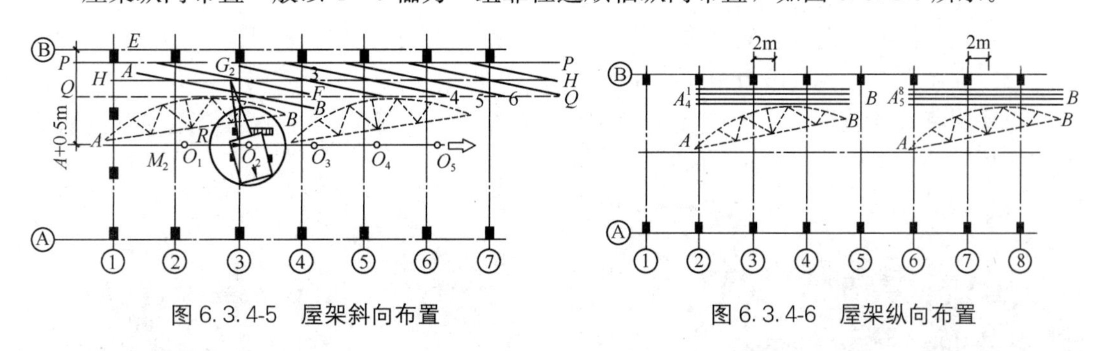

图 6.3.4-5 屋架斜向布置

图 6.3.4-6 屋架纵向布置

3. 吊车梁、连系梁、屋面板

吊车梁、连系梁的就位位置，一般在其安装位置的柱列附近，跨内跨外均可。依编号、吊装顺序进行就位和集中堆放。有条件时也可采用随运随吊的方案，从运输车上直接起吊。

屋面板以 6～8 块为一叠，靠柱边堆放。在跨内就位时，约后退 3～4 个节间开始堆放；在跨外就位时，应后退 2～3 个节间，如图 6.3.4-7 所示。

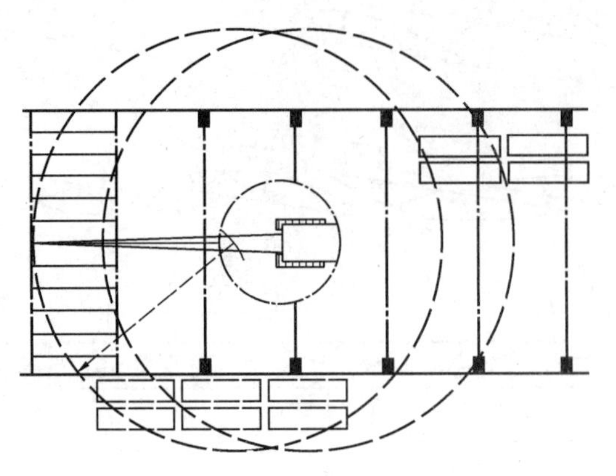

图 6.3.4-7 屋面板吊装就位布置

6.4 装配式建筑施工

将建筑的部分或全部构件在工厂预制完成，然后运输到施工现场，将预制构件通过可靠的连接方式组装而建成的建筑，称为装配式建筑。

装配式建筑成品构件种类一般有：外墙墙板、内墙隔板、叠合板、叠合梁、空调板、阳台、设备平台、凸窗以及楼梯。预制装配式构件的产业化，所有预制构件全部采用在工厂流水加工制作，制作的产品直接用于现场装配。

在设计过程中，运用 BIM 技术，模拟构件的拼装，减少安装时的冲突。部分外墙 PC 结构采用套筒植筋、高强灌浆施工的新技术施工工艺，增加了 PC 结构的施工使用率，提高了施工效率。

6.4.1 构件运输与堆场

1. 预制构件的运输

（1）预制混凝土构件运输宜选用低平板车，并采用专用托架，构件与托架绑扎牢固。

（2）预制叠合楼板、阳台板宜采用平放运输，堆放层数不超过 6 层（图 6.4.1-1）；外墙板宜采用竖直立放运输（图 6.4.1-2）；柱应采用平放运输，当采用立放运输时应防止倾覆；预制叠合梁构件运输时，平放不宜超过 2 层。

图 6.4.1-1 PC 预制叠合楼板平放运输

图 6.4.1-2 PC 预制叠合墙板立放运输

(3) 搬运托架、车厢板和预制混凝土构件间应放入柔性材料，构件应用钢丝绳或夹具与托架绑扎，构件边角或锁链接触部位的混凝土应采用柔性垫衬保护。

(4) 构件运输到现场后，应按照型号、构件所在部位、施工吊装顺序分别设置存放场地，存放场地应在起重机工作范围内。

(5) PC阳台、PC空调板、PC楼梯、设备平台采用平放运输，放置时构件底部设置通长木条，并用紧绳与运输车固定。阳台、空调板可叠放运输，叠放块数不得超过6块，叠放高度不得超过限高要求，阳台板、楼梯板不得超过3块。

(6) 运输预制构件时，车启动应慢，车速应匀速，转弯变道时要减速，以防墙板倾覆。

2. 预制构件堆放的要求

(1) 现场存放时，应按吊装顺序和型号分区配套堆放。堆垛尽量布置在塔式起重机工作面35m范围内；堆垛之间宜设宽度为0.8～1.2m的通道。

(2) 水平分层堆放时，按型号码垛，每垛不准超过6块，根据各种板的受力情况选择支垫位置。最下边一层垫木必须通长，层与层之间垫平、垫实，各层垫木必须在一条垂直线上。

(3) 构件堆放场地必须坚实、稳固，排水良好，以防止构件产生裂纹和变形。靠放时，区分型号，沿受力方向对称靠放。

(4) 墙板采用槽钢支架进行竖放。墙板搁支点应设在墙板底部两端处，堆放场地须平整、结实。搁支点可采用柔性材料，堆放好以后要采取临时固定措施。场地做好临时围挡措施，防止塔式起重机碰撞倾倒，导致堆场内PC构件形成多米诺骨牌式倒塌。本堆场采用交错有序的堆放方式，板间留出一定间隔。

3. 预制构件进场验收

预制构件进场时须对每块构件进行验收，主要针对构件外观和规格、尺寸。构件外观要求：外观质量上不能有严重的缺陷，且不应有露筋和影响结构使用性能的蜂窝、麻面和裂缝等现象。规格、尺寸要求和检验方法按规范执行。

6.4.2 施工工艺流程

建筑施工的总流程如图6.4.2-1所示。下面重点介绍几个关键构件的吊装分流程。

1. 墙板安装流程

测量放线→吊具制作→复核预留筋→放置钢垫片→墙板吊装就位→临时支撑固定→调整→灌浆→现浇加强部位钢筋绑扎→现浇模板支设→混凝土浇筑→墙板板缝处理→检查验收。

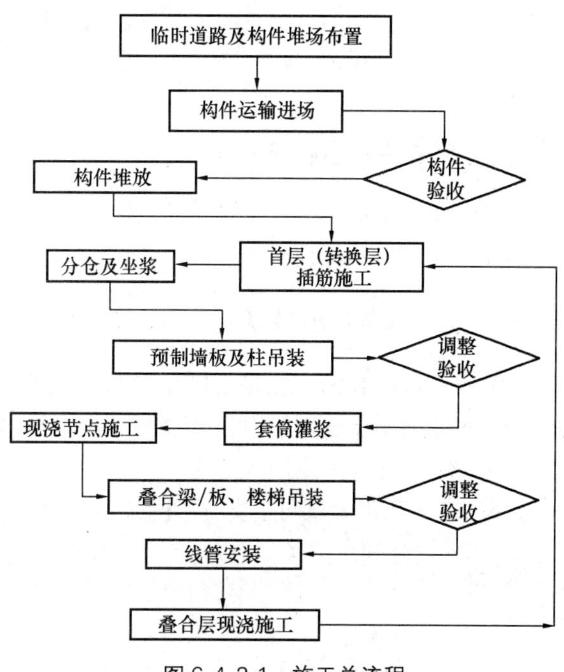

图6.4.2-1 施工总流程

2. 叠合梁安装流程

测量放线→安装叠合梁底支座→叠合梁吊装就位→调整复测→叠合梁节点钢筋绑扎→节点模板支设→混凝土浇筑→检查验收。

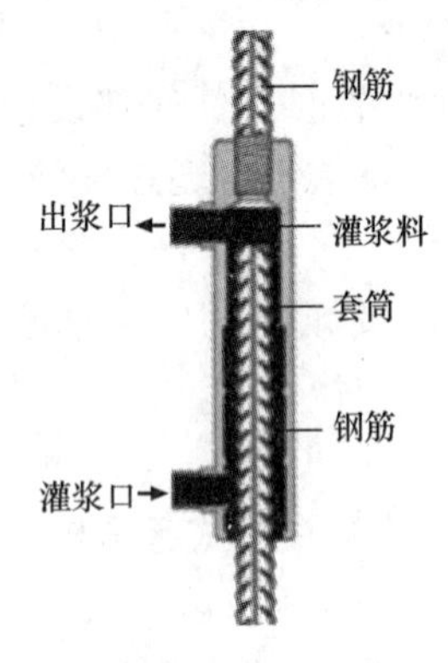

图 6.4.2-2 半灌浆套管连接

3. 叠合板、阳台板安装流程

测量放线→板底支撑安装→叠合板吊装就位→预制叠合板校正→叠合板现浇带拼缝处理→水电线路敷设→叠合板上层钢筋绑扎→墙板钢筋定位卡具放置→混凝土浇筑→检查验收。

4. 预制楼梯安装流程

测量放线→楼梯找平施工→预制楼梯吊装就位→楼梯梯段校正→灌浆连接→检查验收。

5. 连接关键技术

主要构件装配采用半灌浆套管连接（图 6.4.2-2），半灌浆连接通常是上端钢筋采用直螺纹、下端钢筋通过灌浆料与套筒进行连接。一般可用于预制剪力墙、框架柱主筋连接，所用套筒为 GT/CT 系列灌浆直螺纹连接套筒。半灌浆套管连接工艺流程如图 6.4.2-3 所示。

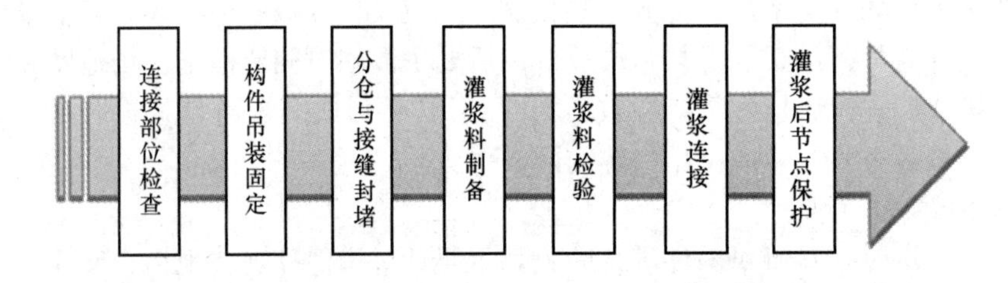

图 6.4.2-3 半灌浆套管连接工艺流程

6.5 大跨网架结构吊装

大跨网架常用的安装方法：①分条或分块吊装法。②整体吊装法。③高空滑移法。④整体提升法。⑤整体顶升法。

6.5.1 分条（块）吊装法

分条或分块吊装法，就是把网架分割成条状或块状单元，然后分别吊装就位拼成整体的安装方法。适用于分割后刚度和受力状况改变较小的网架。

1. 分条吊装法

图 6.5.1-1 所示为双向正交方形网架，采用分条吊装的实例。该网架平面尺寸为 45m×45m，重 52t，分割成三条吊装单元，就地错位拼装后，用两台 40t 的汽车式起重机抬吊就位。

2. 分块吊装法

图 6.5.1-2 所示为斜放四角锥网架采用分块吊装实例。该网架平面尺寸为 45m×

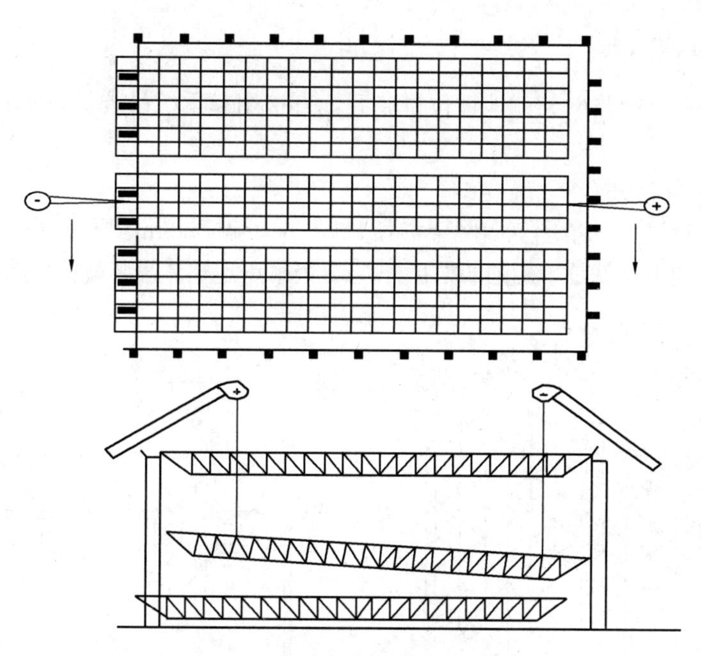

图 6.5.1-1 正交方形网架分条吊装

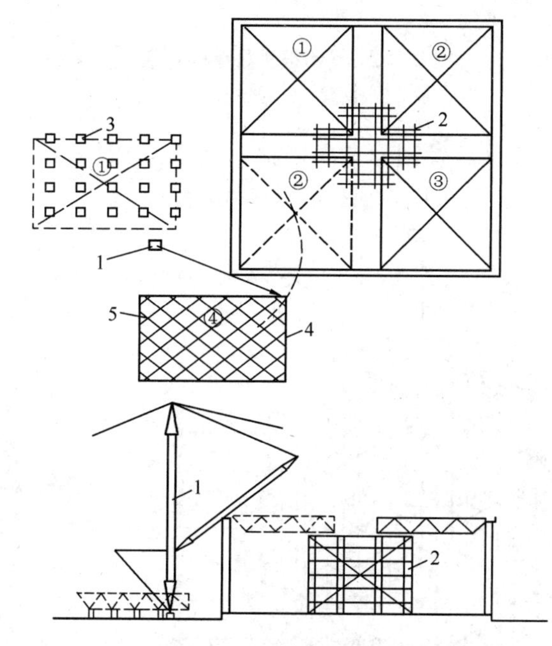

图 6.5.1-2 四角锥网架分块吊装

1—悬臂把杆；2—井字架；3—拼装砖墩；4—临时封闭杆；
5—吊点；①～④—网架分块编号

36m，从中间十字对开分为四块（每块之间留出一节间），每个单元尺寸为 15.75m×20.25m，质量约为 12t，用一台悬臂式扒杆在跨外移动吊装就位。就位时，利用网架中央搭设的井字架作临时支撑。

6.5.2 整体吊装法

整体吊装法，是指将网架就地错位拼装后，直接用起重机吊装就位的方法。适用于各种类型的网架。

1. 集群扒杆吊装法

例如，某体育馆为八角形三向网架，长 88.67m，宽 76.8m，质量为 360t，支承在周边 46 根钢筋混凝土柱上，就是采用的四根扒杆，32 个吊点，整体吊装就位（图 6.5.2-1）。

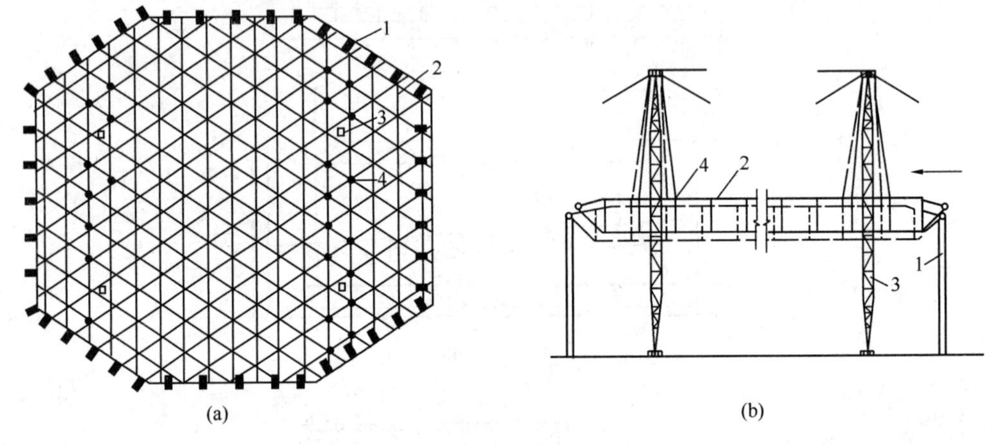

图 6.5.2-1 四根扒杆整体吊装

1—柱；2—网架；3—扒杆；4—吊点

图 6.5.2-2 所示为上海体育馆圆形三向网架，直径为 124.6m，质量为 600t，支承在周边 36 根钢筋混凝土柱上，是采用六根扒杆整体吊装。

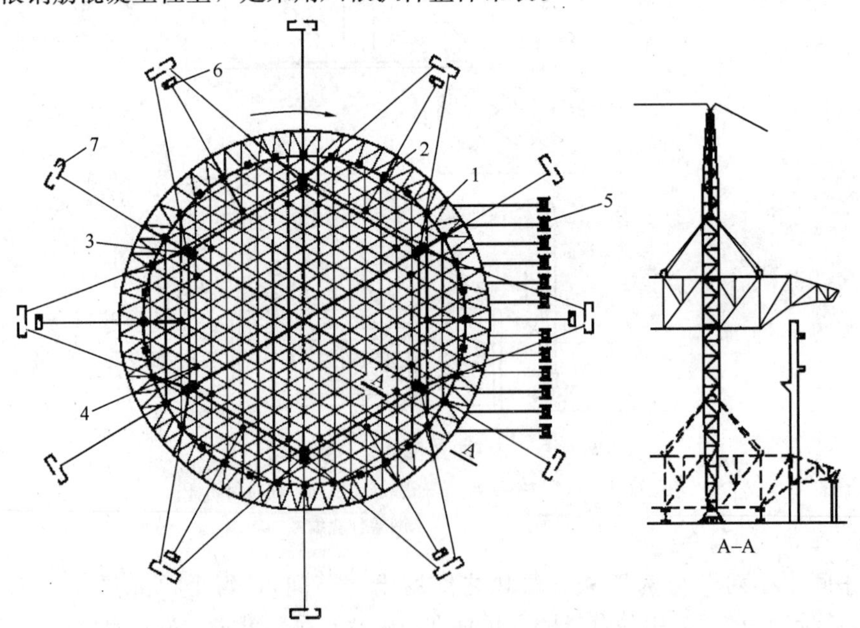

图 6.5.2-2 六根扒杆整体吊装

1—柱；2—网架；3—扒杆；4—吊点；5—起重卷扬机；6—校正卷扬机；7—地锚

2. 多机抬吊法

图 6.5.2-3 所示为某俱乐部 40m×40m 的双向正交斜放网架，重 55t，则是采用的四台履带起重机抬吊就位。

6.5.3 高空滑移法

高空滑移法，按滑移方式分逐条滑移法和逐条积累滑移法两种；按摩擦方式又分为滚动式和滑动式滑移两类。适用于正方四角锥、两向正交正方四角锥等网架。

1. 逐条滑移法

某剧院舞台屋盖 31.51m×23.16m 的正方四角锥网架，就是用两台履带起重机，将在地面拼装的条状单元分别吊至特制的小车上，然后用人工撬动逐条滑移至设计位置。就位时，先用千斤顶顶起条状单元，撤出小车，随即下落就位（图 6.5.3-1）。

2. 逐条积累滑移法

某体育馆斜放四角锥网架为 45m×45m，采用的是逐条积累滑移法施工（图 6.5.3-2）。先在地面拼装成半跨的条状单元，然后用悬臂扒杆吊至拼装台上组成整跨的条状单元，再进行滑移。当前一单元滑出组装位置后，随即又拼装另一单元，再一起滑移。如此，每拼装一个单元就滑移一次，直至滑移到设计位置为止。

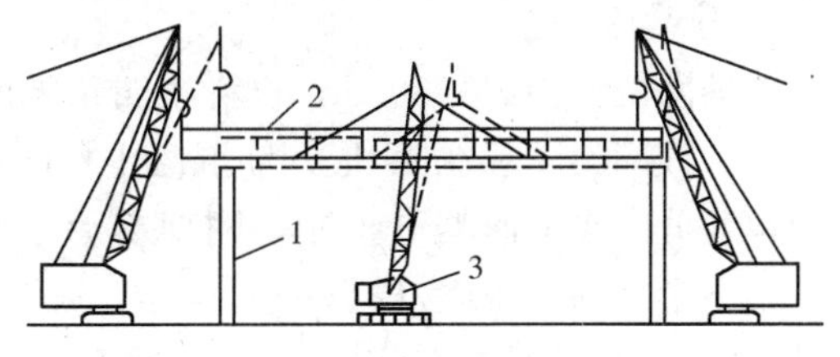

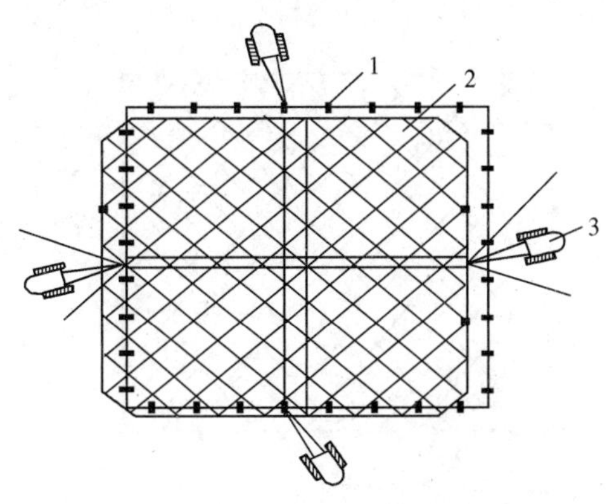

图 6.5.2-3 四台履带式起重机整体吊装

1—柱；2—网架；3—履带式起重机

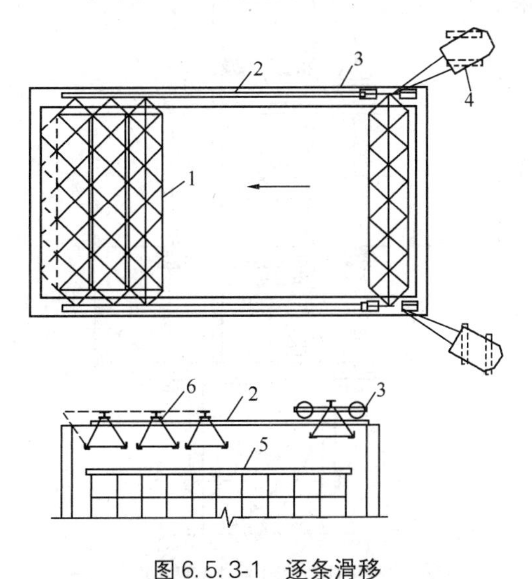

图 6.5.3-1 逐条滑移

1—网架；2—轨道；3—小车；4—履带式起重机；5—脚手架；6—后装的杆件

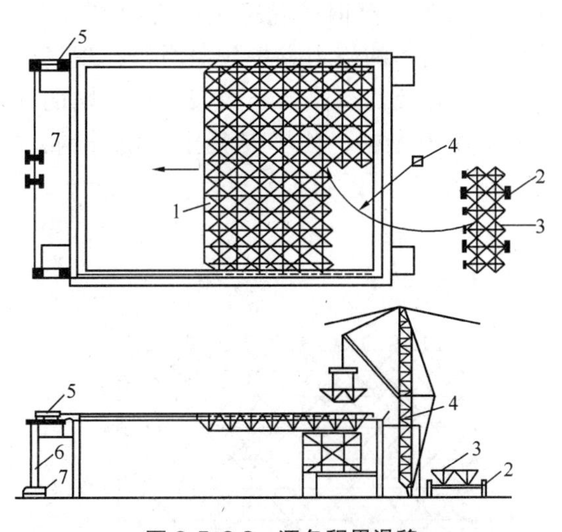

图 6.5.3-2 逐条积累滑移

1—网架；2—拖拉架；3—网架分块单元；4—悬臂扒杆；5—反力架；6—卷扬机；7—脚手架

6.5.4 整体提升法

整体提升法适用于周边支承及多点支承网架。

1. 升梁抬网法

如某网架为 44m×60.5m 的斜放四角锥网架，质量为 116t，就是采用升梁抬网的施工方案。该网架支承在 38 根钢筋混凝土柱的框架上（图 6.5.4-1a），事先将框架梁按结构平面位置分间在地面架空预制，网架支承于梁的中央，每根梁的两端各设置一个提升吊点，梁与梁之间用 10 号槽钢横向拉结，升板机安放在柱顶，通常吊杆与梁端吊点连接，在升梁的同时，梁也抬着网架上升（图 6.5.4-1b）。

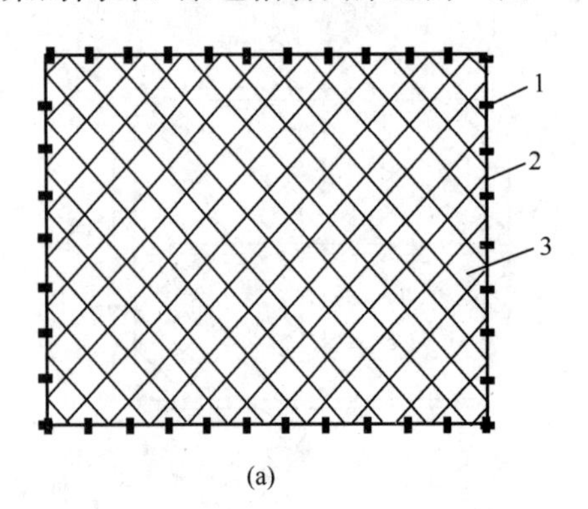

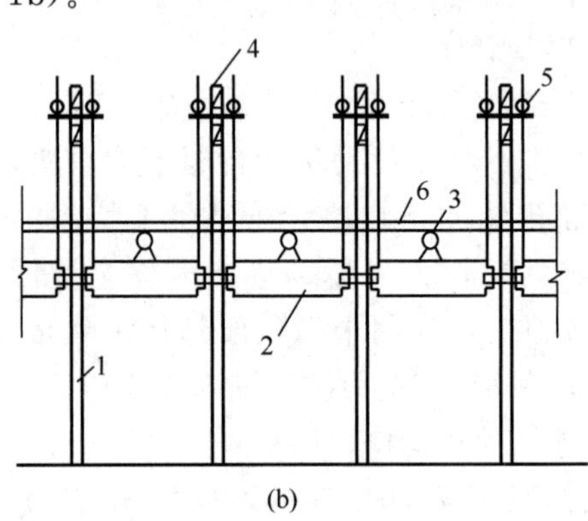

图 6.5.4-1 升梁抬网法

(a) 网架平面图；(b) 升梁抬网工艺

1—柱；2—框架梁；3—网架；4—工具柱；5—千斤顶；6—屋面

2. 升网提模法

某风雨球场为 40m×60m 的斜放四角锥网架，周边支承于劲性钢筋混凝土柱上（图 6.5.4-2）。采用升网提模的施工方案，即网架在现场就地拼装后，用升板机整体提升网架，在升网的同时提升柱子模板，浇筑柱子混凝土，使升网、提模、浇柱同时进行（图 6.5.4-3）。

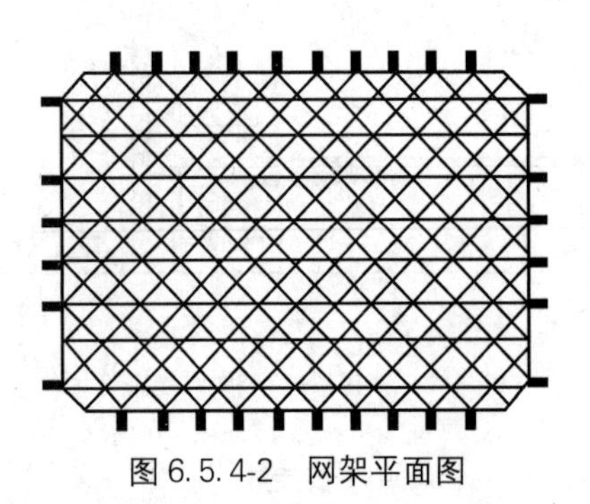

图 6.5.4-2 网架平面图

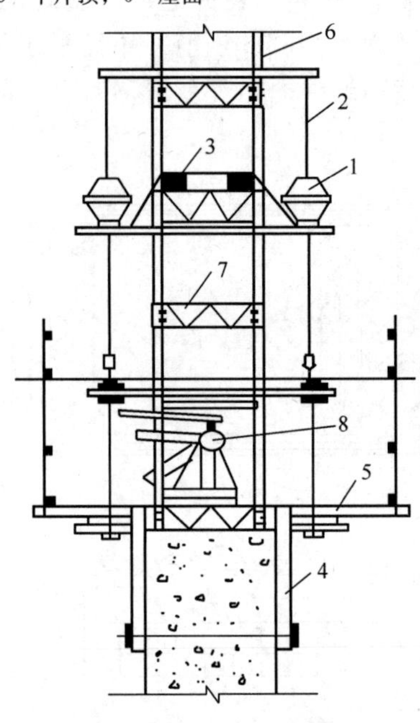

图 6.5.4-3 升网提模

1—千斤顶；2—螺杆；3—承重销；4—柱子模板；5—操作平台；6—角钢支柱；7—桁架式缀板；8—网架支座

3. 滑模升网法

图 6.5.4-4 所示为滑模升网的施工方法。网架支承在钢筋混凝土框架柱上，利用框架液压滑模同步、匀速、平稳的特点，作为整体提升网架的功能；利用网架的整体刚度和平面空间，作为框架滑模的操作平台。在完成框架滑模施工的同时，随之也就将网架提升就位。

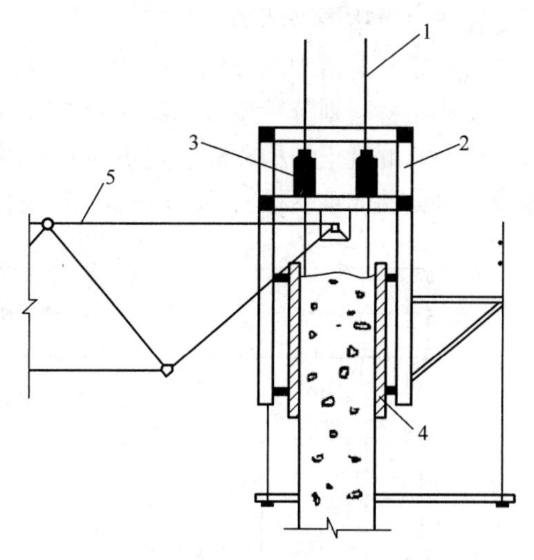

图 6.5.4-4 滑模升网法
1—支承杆；2—拉升架；3—液压千斤顶；4—模板；5—网架

6.5.5 整体顶升法

适用于支点较少的多点支承网架。

整体顶升是将网架在地面拼装后，用千斤顶整体顶升就位的施工方法。网架在顶升过程中，一般用结构柱作临时支承，但也有另设专门支架或枕木垛的。图 6.5.5-1 所示为用结构柱作临时支承的顶升顺序，图 6.5.5-1(a) 所示为用千斤顶顶起搁置于十字架的网架；图 6.5.5-1(b) 所示为移去十字架下的垫块，装上柱的缀板；图 6.5.5-1(c) 所示为将千斤顶及横梁移至柱的上层缀板，便可进行下一顶升循环。

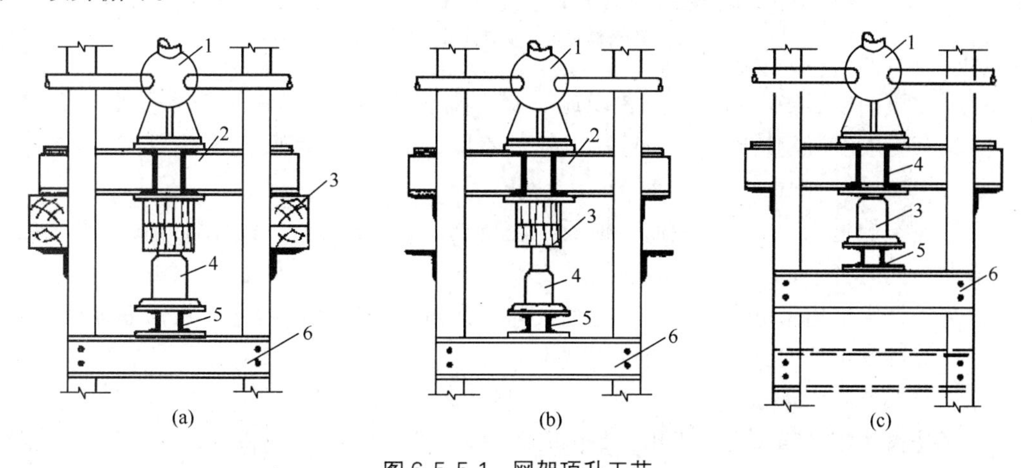

图 6.5.5-1 网架顶升工艺
1—网架；2—十字架；3—垫块；4—千斤顶；5—横梁；6—柱的缀板

6.6 高耸高层技术

6.6.1 类型与特点

高耸结构，指的是高度较大、横断面相对较小的结构，以水平荷载（特别是风荷载）为结构设计的主要依据。根据其结构形式，可分为自立式塔式结构和拉线式桅式结构，所以高耸结构也称塔桅结构。

高层建筑是指10层以上的住宅及总高度超过24m的公共建筑和综合建筑。高层建筑结构按使用材料划分主要有钢筋混凝土结构、钢结构、钢-钢筋混凝土组合结构等三大类，其中以钢筋混凝土结构在高层建筑中的应用最为广泛。高层建筑按结构体系，划分为框架体系、剪力墙体系、框架-剪力墙体系和筒体体系（图6.6.1-1）。

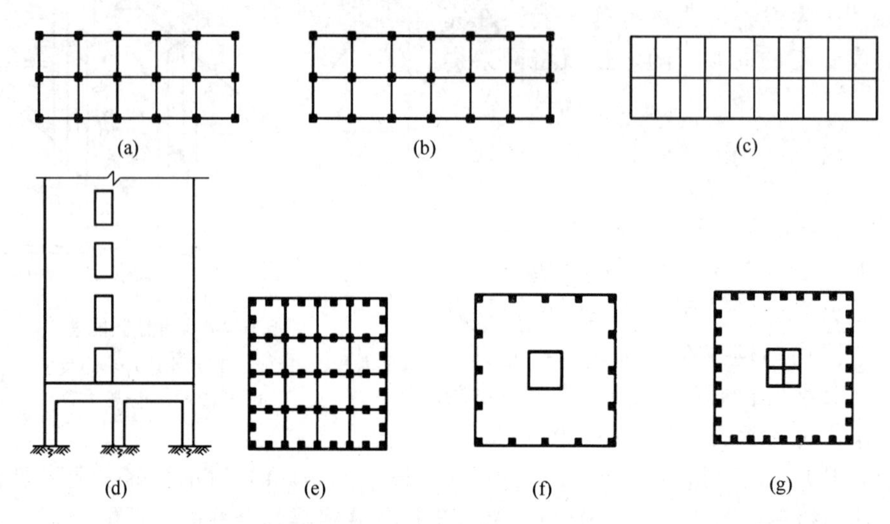

图6.6.1-1 高层建筑结构体系

（a）框架；（b）框架-剪力墙；（c）剪力墙；（d）框支；
（e）组合筒；（f）框-筒；（g）筒中筒

高层建筑的楼层多，高度大，要求施工具有高度的连续性，施工技术和组织管理复杂，除具有一般多层建筑施工的一些特点外，还具有以下施工特点。

1. 工程量大，工序多，配合复杂

高层建筑的施工，土方、钢筋、模板、混凝土、砌筑、装修、设备管线安装等工程量都要增大，同时工序多，十多个专业工种交叉作业，组织配合十分复杂。同时，由于工程量大引起对技术提出了更高的要求，比如大体积混凝土裂缝控制技术、粗钢筋连接技术、高强度等级混凝土技术、新型模板应用技术等。

2. 施工准备工作量大

高层建筑体积、面积大，需用大量的各种材料、构配件和机具设备，品种繁多，采购量和运输量庞大。施工需用大量的专业工种、劳动力，须进行大量的人力、物力以及施工技术准备工作，以保证工程顺利进行。同时，由此引起的施工场地狭小一般也是施工中遇到的瓶颈，如何有效分配、调整施工现场平面布置，以保证施工的顺利进行，也考验施工企业的现场管理水平。

3. 施工周期长，工期紧

高层建筑单栋工期一般要经历2～4年，平均2年左右，结构工期一般为5～10d一层，短则3d一层，常常是两班或三班作业，工期长而紧，且须进行冬、雨期施工。为保证工程质量，应有特殊的施工技术措施，需要合理安排工序，才能缩短工期，减少费用。同时，还需制订一系列安全防范措施和预案，以保证安全生产。

4. 建筑结构复杂，施工技术难

现代社会越来越追求个性化，高层建筑也是如此，于是，很多构造独特、复杂的建筑应运而生，成为城市一道亮丽的风景线。例如，上海外滩标志性建筑，如上海中心大厦、上海东方明珠电视塔、上海环球金融中心、上海金茂大厦等。但这些建筑都不同于一般的高层建筑，不仅海拔高，而且设计都很复杂。因此，对于高层建筑不仅设计困难，而且在施工中对技术要求高，这就需要我国建筑行业不断创新施工技术要点，从而同时保证高层建筑的外观和质量。

5. 基础深，基坑支护和地基处理复杂

高层建筑基础一般较深，大多为 1～4 层地下室，土方开挖、基坑支护、地基处理以及深层降水，安全和技术上都很困难、复杂，直接影响着工期和造价，采用新技术较多，如逆作法、复合地基成套技术等。

6. 高处作业多，垂直运输量大

高层建筑一般为 45～80m，甚至超过 100m，高处作业多，垂直运输量大，施工中要处理好高空材料、制品、机具设备、人员的垂直运输，合理地选用各种垂直运输机械，妥善安排好材料、设备和工人的上下班及运输问题，用水、用电、通信问题，甚至垃圾的处理等问题，以提高工效。

7. 层数多、高度大、安全防护要求严

高层建筑层数多、高度大，一般施工场地较窄，常采取立体交叉作业、高处作业多，需要做好各种高空安全防护措施，通信以及防水、防雷、防触电等。为保证施工操作和地面行人安全，不出各类安全事故，相应地也要求增加安全措施费用。

8. 结构装修、防水质量要求高，技术复杂

为保证结构的耐久性，美化城市环境，对高层建筑主体结构和建筑物立面装饰标准要求高；基础和地下室墙面、厨房、卫生间的管道和防水都要求不出现任何渗漏水；对土建、水、电、暖通、燃气、消防的材质和施工质量要求都相应提高。施工必须采用有效的技术措施来保证，特别是常采用大量的新技术、新工艺、新材料和新机具设备及各种工艺体系，施工精度要求高，施工技术十分复杂。

9. 平行流水、立体交叉作业多，机械化程度高

高层建筑标准层多，为了扩大施工面，加速工程进度，一般均采用多专业工种，多工序平行流水、立体交叉作业；为提高工效，大多采用机械化施工，比一般建筑施工配合复杂，需要解决好多工种、多工序的立体交叉配合及纵、横向各方面的关系问题，以保证施工按计划节奏的合理进行。

综上所述，高层建筑施工从建筑施工技术上讲与多层和小高层没有本质的区别。关键环节是地下工程施工质量控制、基坑支护，因为地下是千变万化的，而地上则是千篇一律。

6.6.2 高层模架系统

超高层建筑施工的模板及围护系统有：①翻模系统；②滑模系统；③爬模系统；④顶模系统。

1. 翻模系统

翻模是采用传统大模板，以混凝土结构作为支承主体，上层模板支撑在下层模板上，当下部混凝土达到强度并拆除后安装到上层，循环交替上升。分为塔式起重机翻模和液压翻模两种，前者工作平台支撑于钢模板的牛腿支架或横竖肋背带上，通过塔式起重机来提升模板及工作平台；后者工作平台与模板是分离的，工作平台支撑于提升架上，模板的提升靠固定于混凝土结构主筋上的捯链来完成，如图 6.6.2-1 所示。薄壁空心墩翻模施工详见二维码 6.6.2-1。

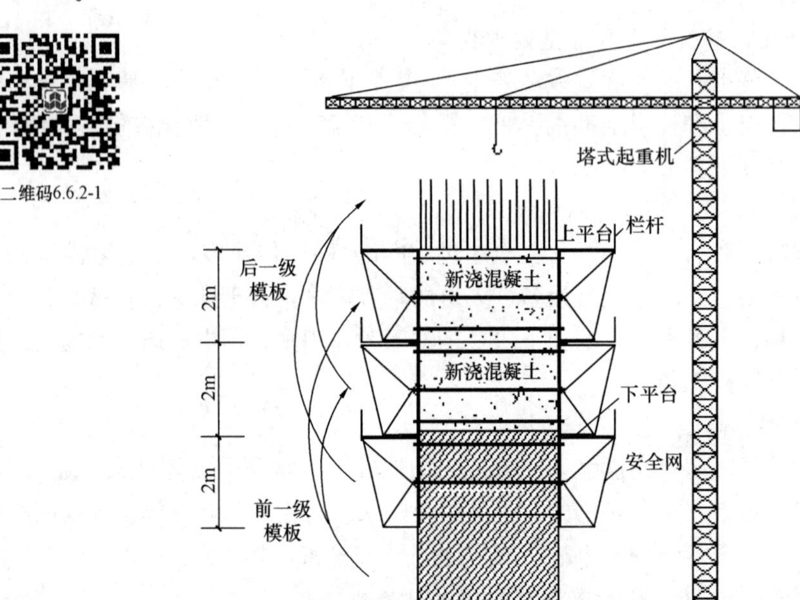

图 6.6.2-1 高墩翻模施工示意图

2. 滑模系统

滑模系统，是依靠混凝土早强技术，做到边浇筑混凝土，边滑行模板。具体工艺原理是预先在混凝土结构中埋置圆钢（称之为支承杆），利用千斤顶与提升架将滑升模板的全部施工荷载转至支承杆上，待混凝土具备规定强度后，通过自身液压提升系统将整个装置沿支承杆上滑，模板定位后又继续浇筑混凝土并不断循环的一种施工工艺。

该装置由模板系统、操作平台系统和液压提升系统三大系统组成，如图 6.6.2-2 所示。

滑模施工技术是混凝土工程中机械化程度高、施工速度快、场地占用少、安全作业有保障、综合效益显著的一种施工方法。

滑模施工工艺较广泛地应用于钢筋混凝土的筒壁结构、框架结构、墙板结构。对于高耸筒壁结构和高层建筑的施工，效果尤为显著。

目前，常见主要用于烟囱、矿井、仓壁等工程施工，也可用于超高层核心筒竖向墙体施工。

3. 爬模系统

爬模是综合大模板与滑升模板工艺特点的一种施工方法。爬模主要由爬升装置、外组

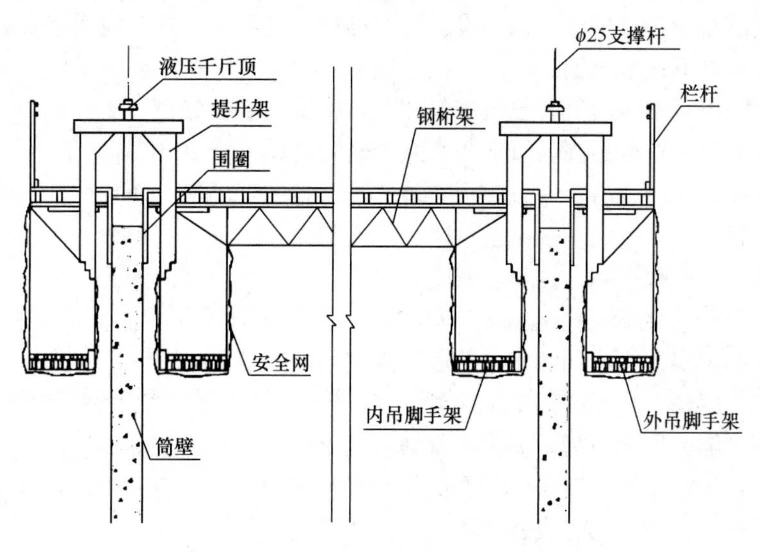

图 6.6.2-2 圆筒仓滑模系统示意图

合模板、移动模板支架、上爬架、下吊架、内爬架、模板及电器、液压控制系统等部分构成。工艺原理如图 6.6.2-3 所示。

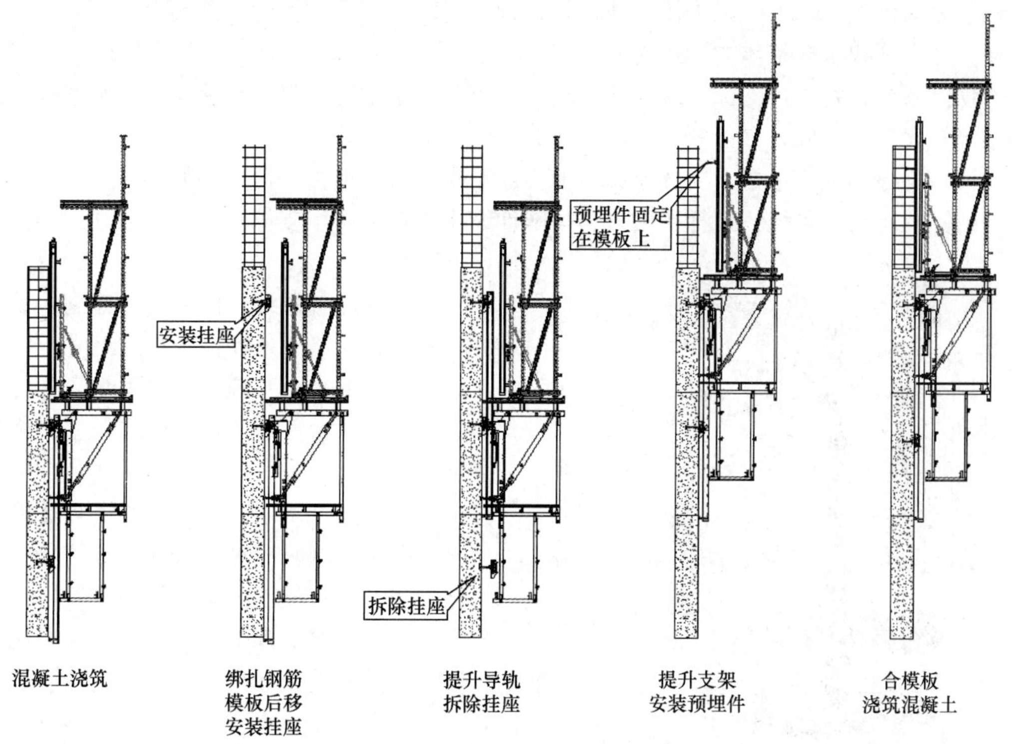

图 6.6.2-3 爬模系统施工工艺原理

液压自爬模板工艺原理为：自爬模的顶升运动通过液压油缸对导轨和爬架交替顶升来实现，导轨和爬模架互不关联，两者之间可进行相互运动，当爬模架工作时，导轨和爬模架都支撑在埋件支座上，两者之间无相对运动，见图 6.6.2-3。

爬模系统由专业厂家生产，构件设计为标准件，可厂家租赁，使用完毕后厂家可以回收。其特点包括以下几个方面：

（1）液压爬模可整体爬升，也可单榀爬升，爬升稳定性好；

（2）操作方便，安全性高，可节省大量工时和材料；

（3）爬模架一次组装后，一直到顶不落地，节省施工场地，而且减少了模板，特别是面板的碰伤损毁；

（4）液压爬升过程平稳、同步、安全；

（5）提供全方位的操作平台，施工单位不必为重新搭设操作平台而浪费材料和劳动力；

（6）结构施工误差小，纠偏简单，施工误差可逐层消除；

（7）爬升速度快，可以提高施工速度；

（8）模板自爬，原地清理，大大降低塔式起重机的吊次。

总体来说：爬模系统具有操作简便灵活、爬升安全平稳、速度快、模板定位精度高、施工过程中无须其他辅助起重设备的特点。

4. 顶（提）模系统

在建筑物施工面上布置钢桁架平台，在下面悬挂挂架、模板和围护系统，采用支撑钢柱、上下支撑梁和设置在上下支撑梁端头的伸缩牛腿等，将顶模系统所有荷载有效地传递到核心筒墙体。在施工中，采用大吨位、长行程的双作用油缸作为顶升动力，提升钢桁架平台，并实现和模板整体的同步提升。

顶模系统主要由：支撑系统、液压动力系统、控制系统、钢平台系统、模板系统、挂架系统六大部分组成，参见图 6.6.2-4。

（1）支撑系统：包括上支撑箱梁、下支撑箱梁、支撑钢柱、可伸缩的小牛腿。

（2）液压动力系统：包括主油缸、牛腿伸缩小油缸，每个支撑点有 1 个主油缸和 8 个小油缸。

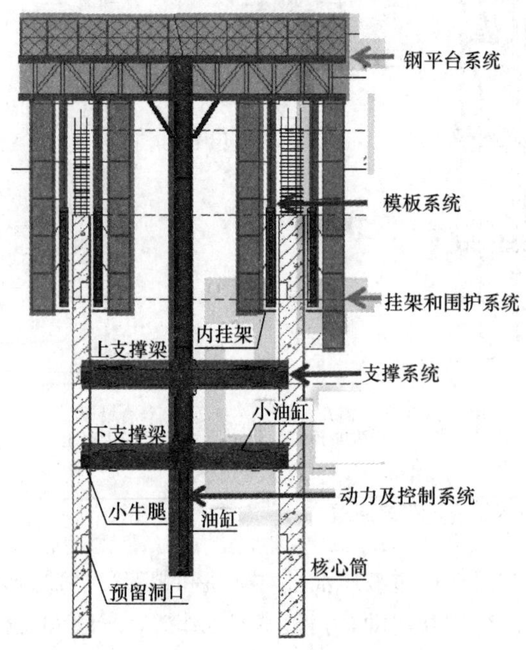

图 6.6.2-4　顶（提）模系统组成图

（3）控制系统：由油泵、控制台、控制电路、油路、各种控制阀门组成。

（4）钢平台系统：为型钢组合焊接的桁架式钢平台，通常由一、二、三级桁架组成。

（5）模板系统：由定型大钢模板组成，模板配制时应充分考虑到结构墙体变化，制订模板配制方案，原则是每次变截面时，只需要取掉部分模板，不需要在现场作大的拼装或焊接。

顶（提）模系统的支撑点数量为 3～4 个，配以液压电控系统可以实现各支撑点的精确同步顶升，在整体性、安全性、施工速度方面均具有较大的优势。

（1）顶（提）模系统用于超高层建筑核心筒施工，顶模系统可形成一个封闭、安全的作业空间，模板、挂架、钢平台整体顶升，具有施工速度快、安全性高、机械化程度高等优点。

(2) 与爬模系统等相比较，顶（提）模系统支撑点低，位于待施工楼层下 2～3 层，支撑点部位混凝土经过较长时间的养护，强度高，承载力大，安全性好。

(3) 顶（提）模系统采用钢模可提高模的周转次数，模板配制时充分考虑到结构墙体的各次变化，制订模板的配制方案，原则是每次变截面时，只需要取掉部分模板，不需要在现场作大的拼装或焊接。

(4) 与爬模相对比，顶（提）模系统无爬升导轨，模板和脚手架直接吊挂在钢平台上，可方便实现墙体变截面的处理，适应超高层墙体截面多变的施工要求。

(5) 精密的液压控制系统、计算机控制系统，使顶模系统实现了多油缸的同步顶升，具有较大的安全保障。

(6) 施工速度快，每次顶升作业用时仅为 2～3h，模板挂架标准化，随系统整体顶升，机械化程度高，可创造 2～3d/层的施工速度（主要视工程量大小有所不同）。

(7) 顶（提）模系统钢平台整体刚度大，承载力大，平台承载力达 10kN/m^2，测量控制点可直接投测到钢平台上，施工测量方便。

(8) 大型布料机可直接安放在顶模钢平台上，材料可大吨位（由钢筋吊装点及塔式起重机吊运力而确定）直接吊运放置到钢平台上，顶模系统可方便施工，提高效率，减少塔式起重机吊次，是爬模等其他类似系统所无法比拟的。

采取内外框筒一同施工的工艺，为尽可能加快施工进度，模板支撑体系可考虑采用新型模板体系，如：可调立杆盘扣式满堂脚手架，铝合金模板系统等快拆体系。

5. 智能升降平台

高层施工智能升降平台（High-rise construction intelligent lifting platform）也可称为可自动升降的脚手架，指施工现场为工人操作并解决垂直和水平运输搭设的外围防护设施，是我国创新的自带动力和自行升降的建筑脚手架机械装备。在高层建筑施工脚手架领域，中国首创的高层升降平台居世界领先水平，引领着高层建筑脚手架技术的发展。

高层施工智能升降平台由纯钢材制作，外围防护网由双层钢丝网制作，有效减少高空坠落事故率，杜绝火灾发生。架体与楼体直接由全封闭定型脚手板连接，如同室内作业，如图 6.6.2-5 所示。自爬升模板施工详见二维码 6.6.2-2。

二维码6.6.2-2

升降平台具有超强适用性和通用性：可简便快捷地通过塔式起重机附臂；不影响施工电梯、卸料平台的安装和使用；不仅适用于规范建筑结构，也适用于不规整的异形建筑结构；适用于圆弧面建筑结构；适用于有较多转角的建筑结构；适用于有空中花园、阳台错层变化等的建筑结构；适用于原导座式升降脚手架适用的所有建筑结构。

施工平台与传统脚手架相比有十大优点：①采用全封闭钢网、全封闭定型脚手板。②消除了危险搭设作业。③有效减少了高空坠落事故率。④实现了脚手架作业的机械化。⑤升降运行和安全监控实现智能化。⑥不占用塔式起重机，一次吊装自动提升。有利于提高其他工序工效，有助于加快施工进度。⑦提升了工地形象。⑧安全可靠，管理省心。⑨节能减排效果惊人。用升降平台施工一栋楼节约的钢材，其生产时产生的碳排量相当于

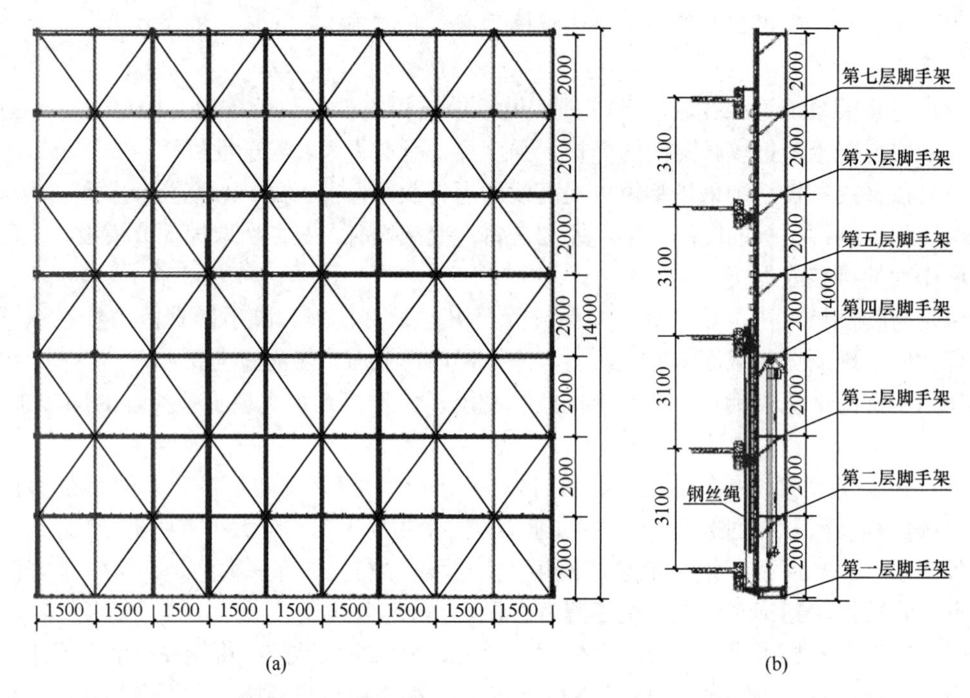

图 6.6.2-5 智能升降平台

(a) 立面；(b) 侧立面

300 亩林地一年吸收的二氧化碳。⑩全自动机械式非能动安全装置，突破性解决了升降脚手架的防坠问题。全封闭结构紧凑，适应恶劣环境，杜绝人为因素。免操作、检查和维护，故障率极低，寿命长。

6.6.3 钢混凝土复合构筑技术

超高层建筑结构由于承受垂直荷载与水平风荷载及地震的共同作用，其高度越高，水平荷载作用效应的影响就越大，对结构设计来讲，选用一种具有适当刚度的结构体系则是设计的关键。表 6.6.3-1 所示为不同高度的建筑常用的抗侧力结构体系。

不同高度的建筑常用的抗侧力结构体系　　表 6.6.3-1

建筑高度（m）	常用抗侧力结构体系
＜100	框架，剪力墙
100～200	剪力墙，框架-核心筒
200～300	框架-核心筒，框架-核心筒-伸臂桁架
300～400	框架-核心筒-伸臂桁架，筒中筒
400～600	筒中筒-伸臂桁架，巨型框架-巨型桁架-巨型斜撑组合体

为了发挥钢结构和钢筋混凝土结构各自的优越性，由两者结合形成的钢-钢筋混凝土混合结构成为超高层建筑的重要发展趋势。这一结构体系发挥了钢结构自重轻、强度高、使用空间大、施工速度快与钢筋混凝土结构刚度大、造价低等优点，是一种很好的结构体系，在高层建筑结构设计中得到了越来越广泛的应用。

目前，国内 400m 以上的超高层建筑均采用多重结构体系抵抗水平荷载，巨型柱、巨型斜撑、巨型桁架构成的三维巨型框架结构、钢筋混凝土核心筒结构，有上海金茂大厦（1997 年，421m）、上海中心大厦（2014 年，632m）等。构成核心筒和巨型结构柱之间相互作用的伸臂钢桁架等越来越多地被采用。阿联酋迪拜哈利法塔下部采用了钢筋混凝土结构、上部采用了钢结构的全新结构体系：30～601m 为钢筋混凝土剪力墙体系，601～828m 为钢结构，其中 601～760m 采用带斜撑的钢框架。

1. 高性能钢的应用

超高层建筑结构中高性能钢的应用随着建筑物高度的不断增加，普通抗拉强度为 400 和 490MPa 的高层建筑用钢已不能满足要求，在 20 层的建筑中，抗拉强度由 490MPa 提高到 590MPa 可节约钢材 20％，抗拉强度达 590～780MPa 已成为高强度建筑用钢的新趋势。图 6.6.3-1 所示为高性能建筑用结构钢材的总体发展趋势。

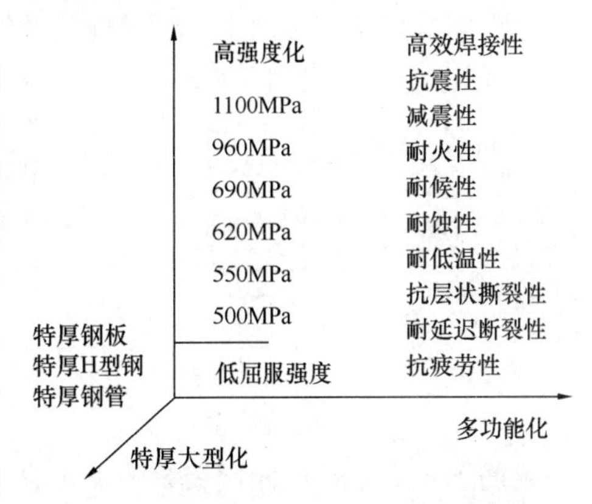

图 6.6.3-1 高性能建筑用钢趋势

国内超高层建筑的几种结构类型详见二维码 6.6.3-1。

2. 型钢混凝土构件施工

在混凝土梁、柱中布置各种型钢，在型钢钢骨的周围配置钢筋，经混凝土浇筑填充形成型钢混凝土组合结构。但在该结构的实施中，由于钢骨的存在，型钢混凝土组合结构梁柱节点处的钢筋处理复杂，处理不当易造成施工隐患。

二维码6.6.3-1

1）钢构件预制、安装施工

钢构件预制、安装施工工艺流程如图 6.6.3-2 所示。

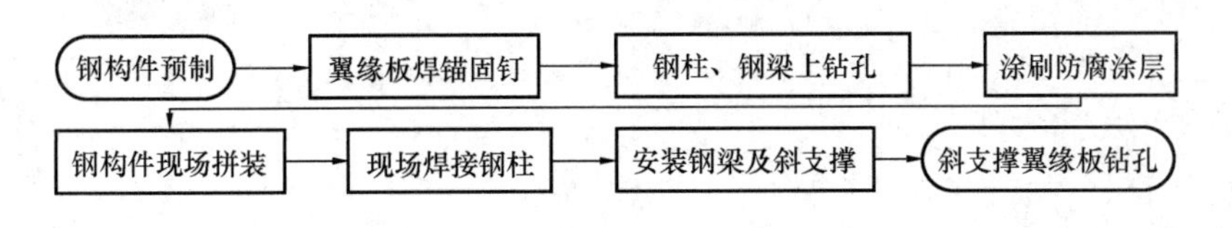

图 6.6.3-2 钢构件预制、安装施工工艺流程

《型钢混凝土组合结构构造》图集中条文要求：钢混凝土柱中型钢的截面形式可采用焊接 H 形轧制型钢或 H 形、十字形、箱形焊接型钢。

钢构件均在工厂化预制车间内制作，采用埋弧自动焊接技术按设计要求的技术参数组焊。钢柱腹板箍筋预留孔及钢梁翼缘板主筋预留孔在预制工厂内经过精确定位后钻孔。预制构件出厂前应进行防腐处理再运至施工现场，钢柱及抗剪栓钉均应按设计要求的材料涂刷表面防腐涂层，防腐涂层宜选用聚氨酯类涂膜，具有良好的混凝土附着力。

钢柱、钢梁及斜支撑按《钢结构工程施工规范》GB 50755—2012 的要求现场安装，结构主筋穿过斜支撑翼缘板的预留孔现场钻孔，便于避免安装误差。由于预留孔为斜向穿过孔洞，采用磁力钻机钻孔前，应预制小型钢制带倾角吸附平台，将吸附平台固定在斜支撑翼缘板上，钻孔时磁力钻机吸附在平台上作业，应注意上下翼缘板预留孔中心线保证通线。

2）钢筋加工、安装施工

主筋进场后摆放过程中应在中部加垫木，避免塌腰。主筋有弯折的应弃用，因为主筋安装过程中需穿过结构钢梁腹板预留孔，精度要求较高，因此必须加工调直。

内箍筋分节点区和非节点区两套加工方案，因此箍筋加工前应分位置编号、放样，应特别注意节点区中部拉钩筋的两端弯钩，一端为直角弯钩，另一端为135°弯钩。

节点区箍筋应在竖向主筋焊接前安装完毕。外箍筋分段穿过型钢预留孔后焊接闭合，同一平面焊接接头不应超过50%（图6.6.3-3）。

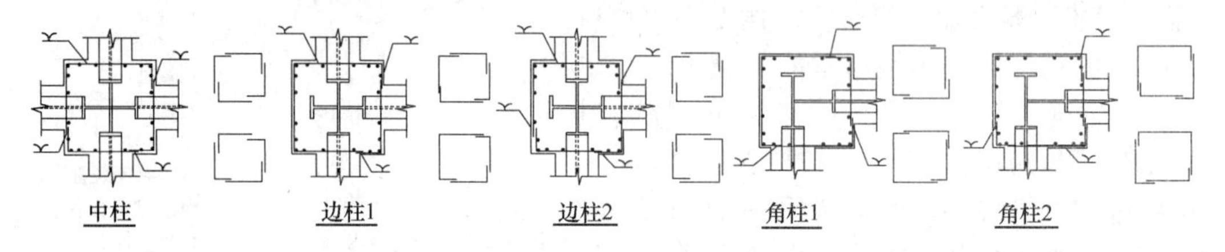

图6.6.3-3　箍筋分段安装示意图

钢筋加工完毕，应涂刷聚氨酯类防腐涂层后安装。节点区内箍筋由直角弯钩端穿过钢柱腹板预留孔，节点区箍筋应100%绑扎牢固，如图6.6.3-4所示。非节点区箍筋可以预先套在主筋上落在柱根部，主筋焊接完毕后按设计间距串筋、绑扎。上下两层箍筋水平方向上连接点应错开绑扎，如图6.6.3-5所示。钢筋穿过的位置，型钢上应按设计及规范相关要求焊接补强板。

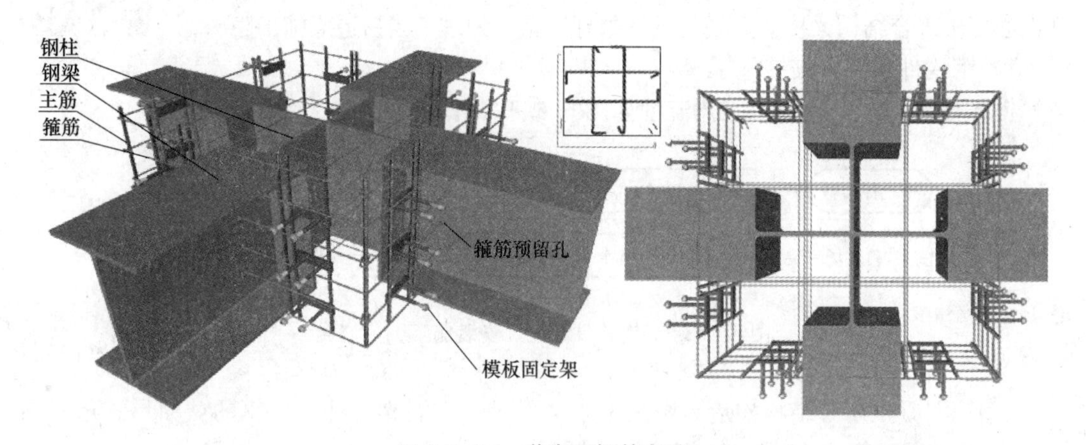

图6.6.3-4　节点区钢筋安装

3）模板安装施工

型钢混凝土柱中的钢柱阻挡模板加固用对拉螺栓穿过的空间，因此模板竖向中轴线部位无法用对拉螺栓加固，可用模板固定架将模板和结构钢筋拉紧，整体加固，如图6.6.3-6所示。

将单侧模板裁成两片，加工过程中切割出钢梁翼缘板插槽，安装过程中将两片模板插到钢梁翼缘板上。节点区模板加固木方横向设置，与钢梁同向受力，模板固定架分别安装在钢梁两侧与加固钢管、主筋锁紧，外侧用井字钢管架与钢梁连接固定。钢梁上、下模板

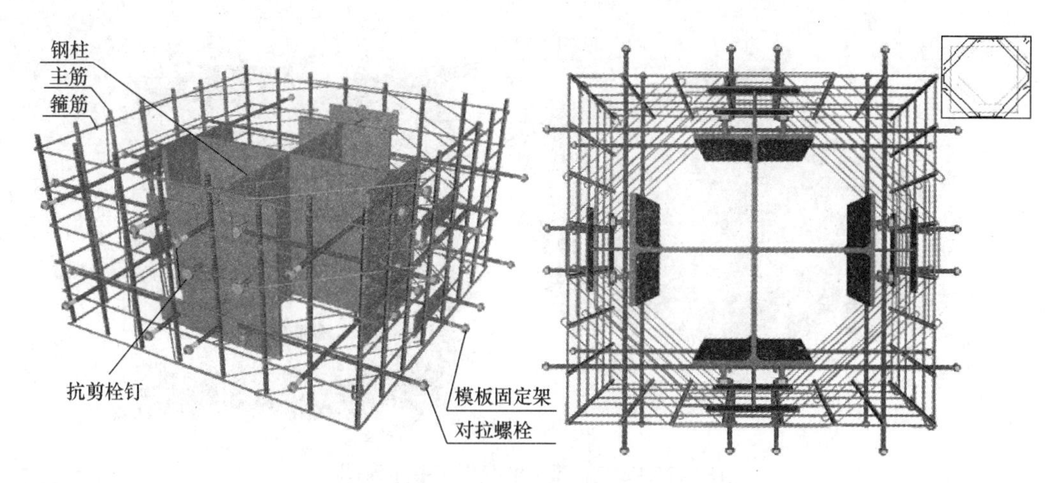

图 6.6.3-5 非节点区钢筋安装示意图

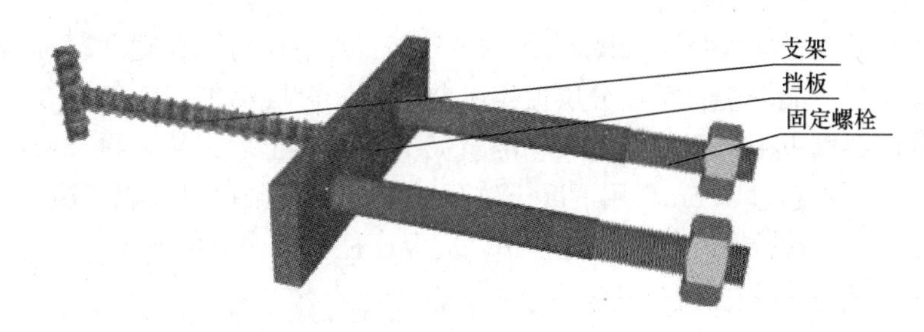

图 6.6.3-6 模板固定架

拼接处用模板固定架锁紧（图 6.6.3-7）。

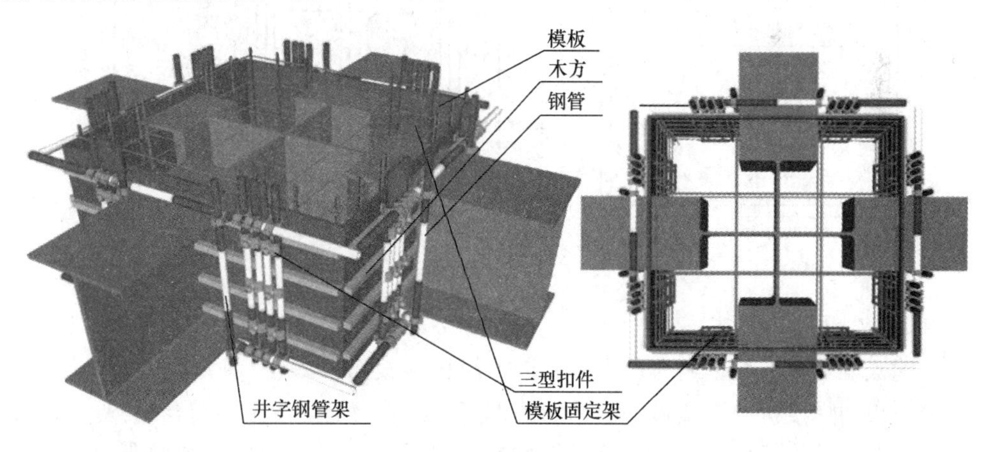

图 6.6.3-7 节点区模板安装示意图

非节点区模板加固木方竖向设置，与钢柱同向受力，模板固定架用于模板中部不能使用对拉螺栓加固区域，按计算间距安装，与加固钢管、主筋锁紧（图 6.6.3-8）。模板两边区域用对拉螺栓加固，与柱两侧加固钢管分别锁紧。模板固定架尾部焊接支架，支架顶在钢柱翼缘板上，加强模板体系整体稳定性。模板安装完毕后，应使用密封条对模板与型钢接触部位进行密封。用密封条封闭模板接缝，防止混凝土浇筑过程中漏浆。

图 6.6.3-8 非节点区模板安装示意图

4）混凝土浇筑施工操作要点

混凝土浇筑采用分区振捣，如图 6.6.3-9 所示。振捣前，应计算振捣影响区范围，选择合适的振捣设备。混凝土宜采用分层振捣工艺施工，分层高度不宜超过 3m。一次浇筑高度超高时，应在模板中部留置振捣口，浇筑完下层混凝土后封堵，再浇筑上层混凝土。一次投料振捣高度不超过 1.5m，用混凝土体积控制高度，振捣时间以混凝土表面无气泡泛出为准，设专人监控。混凝土浇筑过程中，应保证柱截面内分区振捣，避免漏振。

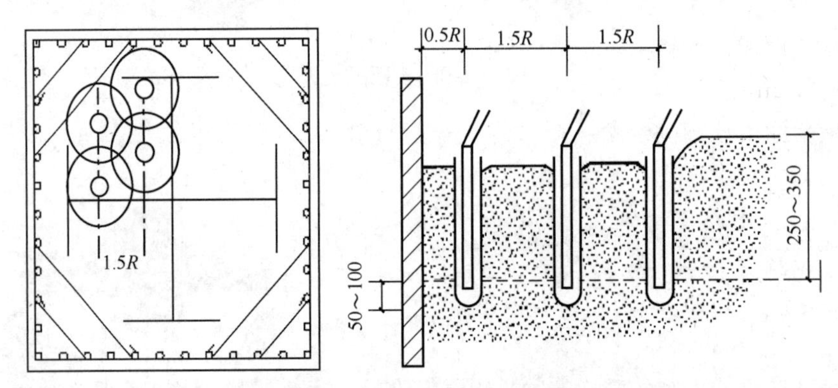

图 6.6.3-9 分区振捣示意图

3. 钢板剪力墙施工

劲性钢板墙又称混凝土组合剪力墙（以下简称钢板墙），是在剪力墙墙体内加设一道钢板，钢板表面焊接抗剪连接件，与原墙体钢筋共同受力而形成整体组合结构。与普通剪力墙结构及全钢结构相比，具有自重低、抗剪性能强、承载力高、造价降低 20%～30% 等优点。

其施工工艺为：施工准备→钢板放样、加工→钢板定位→钢板吊装组合→钢板固定→钢板焊接→对拉螺栓安装焊接→墙体钢筋绑扎及暗柱、暗梁钢筋处理→墙体模板安装、加固→混凝土浇筑施工→拆模养护。

1）定型钢板放样、加工

（1）依据吊装设备不同吊臂长度下的吊装能力，确定单片钢板尺寸。单片钢板重量不得超过相应工况下起重机的起重能力。可绘制现场起重机吊运范围的示意图，测量钢板墙在不同位置的吊臂长度，计算其吊运能力，如图 6.6.3-10 所示。

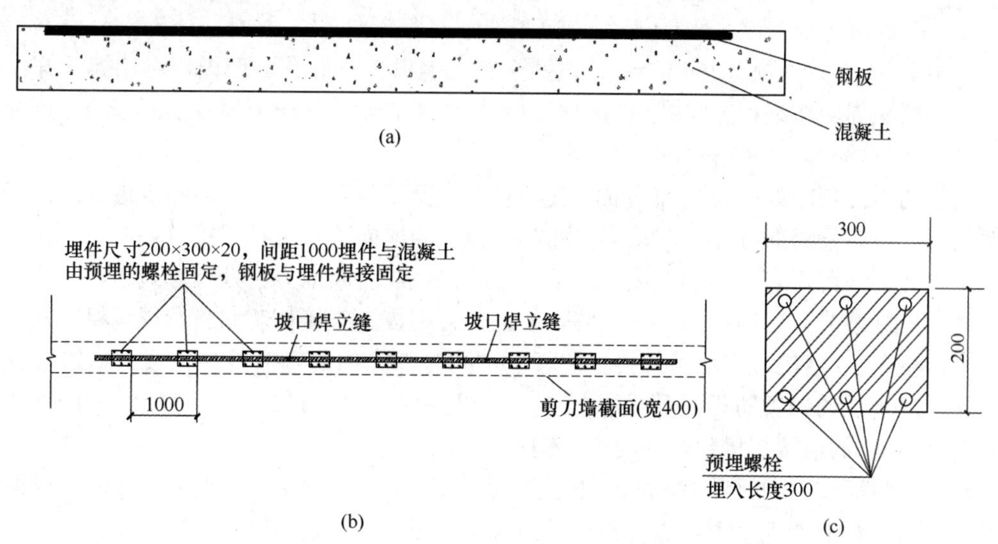

图 6.6.3-10 测量放线钢板定位安装

(a) 钢板起始标高处埋设预埋件的剖面图；(b) 钢板安装平面图；(c) 埋件大样图

(2) 减少钢板的焊缝长度是保证钢板在焊接过程中降低翘曲变形的主要手段，钢板尺寸可按高度每 2m 为一段、长度依据墙体长度和起重机吊运能力合理裁割。

(3) 依据施工方案提供模板对拉螺栓直径、间距和暗梁、暗柱箍筋具体位置，在钢板出厂前完成钢板表面钻孔和焊接肋板焊接，便于现场调整。

2) 型钢板定位

钢板面长边必须在楼层地板上固定牢固，保证钢板在混凝土浇筑前的稳定性。在钢板起始标高处埋设预埋件。

3) 型钢板吊装

吊运前首先对加工制作完成的钢板板面按设计要求进行栓钉及端头板焊接。然后对钢板依据不同位置进行编号，按顺序进行吊装、拼接。

4) 型钢固定

对每块钢板要拉设缆风绳作为临时固定。缆风绳可选用直径不小于 14mm 的钢丝绳，拉结间距不大于 2m。

5) 型钢板焊接

对校正合格后的钢板依次进行水平缝及竖向缝焊接。厚板焊接采用根部手工焊封底、半自动焊中间填充、面层手工焊盖面的焊接方式。带衬板的焊件全部采用 CO_2 气体保护半自动焊焊接。每一层高最后一块钢板要求突出下一层的楼面上 1～2m，便于下一层钢板的拼接施工。焊接条件包括以下几个方面：

(1) 手工电弧焊作业风力大于 5m/s 和 CO_2 气体保护焊作业风力大于 2m/s 时，未设置防风棚或没有防风措施的部位严禁施焊作业。阴雨天气露天严禁进行焊接施工。

(2) 厚板焊接施工时，需对焊口两侧区域进行预热，宽度为1.5倍焊件厚度以上，且不小于100mm。当外界温度低于常温时，应提高预热温度15～25℃。

(3) 若焊缝区空气湿度大于85%，应采取加热除湿处理。采用直径12mm钢筋，以水平间距600mm、竖向间距450mm，按照交底在钢板上打好孔。现场将对拉螺栓穿过钢板，并将螺栓焊接在钢板上，螺栓与钢板相交的根部节点两面均须焊接牢固，禁止点焊。

6) 墙体钢筋绑扎及暗柱、暗梁处理

钢筋的施工顺序如下：暗柱钢筋绑扎→对暗柱箍筋与钢板上的竖向肋板进行焊接→墙体钢筋绑扎→暗梁钢筋绑扎→对暗梁箍筋与钢板上的横向肋板进行焊接。

对于剪力墙钢板安装影响下造成的暗柱、暗梁箍筋切断地方的处理方式：

暗柱及柱墙节点：确定暗柱（柱墙）位置，在钢板上直接加工肋板，现场将暗柱（柱墙）箍筋按照10倍搭接焊倍数焊接在肋板上，同时部分内部箍筋可加工成开口箍形式进行绑扎。对于现场钢板肋板位移偏差较大时，可采用与箍筋同规格、直径的钢筋加工L形，满足10倍的搭接焊倍数，同时连接钢板和箍筋。

暗梁：将墙体内的暗梁箍筋与钢板上的水平肋板焊接$10d$单面焊接，或$5d$双面焊接。完成后将焊渣清理干净，进行自检及验收，合格后方可进行下道工序。

7) 模板安装、加固

因钢板将墙体一分为二，同时楼层高度底层达到8m，在钢板两侧混凝土浇筑时的侧压力较大，容易导致墙体内型钢板的位移、墙体模板鼓模或损坏，因此必须加强对拉螺栓的焊接，通过对拉螺栓调节好型钢板的位置，以紧固螺母固定。

8) 混凝土施工

混凝土浇筑时采用布料机对墙体两侧均匀下料，钢板两面混凝土浇筑时的高度差不得大于500mm，并加强混凝土的振动。选用直径30mm以下的小直径混凝土振动棒进行振动及模板外部以辅助振动器振捣。在混凝土浇筑过程中禁止拆除钢板的固定锚索，保证钢板在墙体内的准确位置。

4. 钢管混凝土

钢管混凝土是指在钢管中填充混凝土而形成，且钢管及其核心混凝土共同承受外荷载作用的结构构件。

钢管混凝土主要应用于结构的受压构件即结构柱中，构件在受力过程中，钢管可以有效地约束其核心混凝土，从而延缓其受压时的纵向开裂；核心混凝土的存在可以有效地延缓或避免钢管过早地发生局部屈曲。这样，两种材料互相弥补了彼此的弱点，充分发挥了各自的长处，从而使钢管混凝土具有很高的承载力，圆钢管混凝土杆件的受压承载力可达到钢管与混凝土柱体单独承载力之和的1.7～2倍。

1) 钢管混凝土柱类型

根据钢管混凝土柱截面形状的不同可以分为圆形钢管混凝土柱、方形钢管混凝土柱、矩形钢管混凝土柱、多边形钢管混凝土柱、空心钢管混凝土柱等（图6.6.3-11）。其中，圆形钢管混凝土柱由于其受力性能好、加工成型方便，因此在实际工程中应用最为广泛。

根据钢管和混凝土的组合关系，钢管混凝土柱还可以分为内填型、内填外包型和空心圆管型。同时，内填型钢管混凝土柱根据核心混凝土内部是否配筋，还可以分为配筋内填型钢管混凝土柱和不配筋内填型钢管混凝土柱。

圆钢管采用焊接圆钢管、热轧无缝钢管，不宜采用螺旋焊管。矩形钢管可采用焊接钢管，也可以采用冷成型矩形钢管。直接承受动荷载或低温环境下的外露结构，不宜采用冷弯矩形钢管。钢管内的混凝土强度等级，根据承载力的要求与钢管钢号相匹配，采用C30～C80。宜采用自密实混凝土。

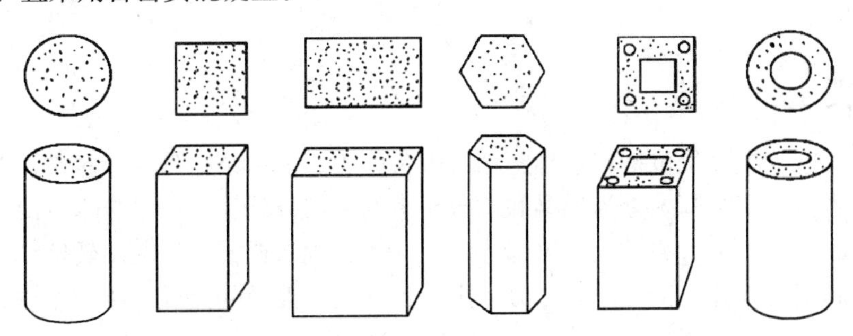

图 6.6.3-11 钢管混凝土柱类型

直径大于 2m 的圆形钢管混凝土构件和边长大于 1.5m 的矩形钢管混凝土构件，一般管内混凝土有配筋或采用微膨胀混凝土以防止核心混凝土在水化硬化过程中收缩，与钢管壁脱离，影响钢管与混凝土协同工作的性能。

钢管混凝土有高抛法和顶升法两种浇筑工艺。钢管混凝土柱与钢筋混凝土梁的连接节点形式是影响钢管混凝土柱浇筑工艺的关键，常用的节点形式有“环梁-环形牛腿梁柱”“环梁-抗剪环梁柱”“纵筋贯通式-环形牛腿梁柱”“外包混凝土-搭接板焊接梁柱”四种。钢管混凝土常见节点结构二维码 6.6.3-2。

二维码6.6.3-2

2）高抛浇筑法

高抛自密实混凝土浇筑工艺是选用高流态自密实混凝土，通过一定的抛落高度，充分利用混凝土坠落时的动能及混凝土自身的优异性能达到密实的效果。高度超过 9m 时需要辅助串筒浇筑。这种方法从顶部浇筑操作简便，混凝土成本较低。主要适用于钢管高度不高、管径较大、节点不很复杂的钢管混凝土浇筑中，特别适用于符合以上条件的塔楼地下或非标准层的钢管柱浇筑。

缺点是钢管结构复杂、纵横隔板较多的柱子浇筑困难，隔板下或结构转弯处不易密实，整个浇筑质量不易保证；钢管内部栓钉遇到下落的混凝土容易造成浆石分离，导致混凝土匀质性差；管顶上部浮浆层也较厚。浇筑需要紧跟钢管柱安装进度，混凝土浇筑与钢结构有交叉作业，需要搭设施工平台进行混凝土浇筑，占用施工关键线路和塔式起重机的使用次数，操作面要搭设操作平台，工作面小、安全性较差。

3）顶升浇筑法

泵送顶升法是利用混凝土输送泵的泵送压力将自密实混凝土由钢管柱底部灌入，从下向上流动，直至注满整根钢管柱的一种混凝土免振捣施工方法。主要是利用 U 形管压强相等的原理，通过一定的压力将能够自由流动的液体压入钢管中，混凝土液面自下而上上升，可以有效防止钢管内隔板下方的空洞，而且还可以透过竖向隔板预留的空洞，进入其他空腔，并保持同一标高、同时上升。

泵送顶升法的优点在于对于复杂节点位置混凝土的浇筑质量可靠性较高，混凝土匀质性好，无浮浆，浇筑质量容易保证，尤其适宜内部结构复杂的钢管混凝土结构；混凝土浇筑与钢柱安装互不影响，不占用关键工序，与钢结构无交叉作业，可以一次顶升 3～4 层；施工人员在楼面上作业，安全风险低。

缺点是要求用高质量的免振自密实混凝土，成本较高；操作相对复杂，需要特殊接口。

6.7 桥梁上部建造

桥梁工程施工的过程包括：基础施工、墩台施工、上部结构施工。基础及墩台施工见前面相关内容。上部结构划分为桥梁和桥墩桥塔两大部分施工，桥塔技术可沿用高层建筑的建造原理和工艺技术，关键是桥梁部分，工法上有现浇或预制拼装、转体或顶推、单向或双向悬臂施工、逐孔施工等原理之分，重要辅助工法涉及陆路或水路的运输、起重装备技术等。

6.7.1 架梁法

主梁通常在施工现场的预制场或在桥梁厂内预制，运至桥头或桥孔下。梁、板构件的架设方法：陆地架设、浮式起重机架设、利用导梁或塔架、缆索的高空架设等。

1. 陆地架设法

如图 6.7.1-1 所示，陆地架设法分为以下四类：

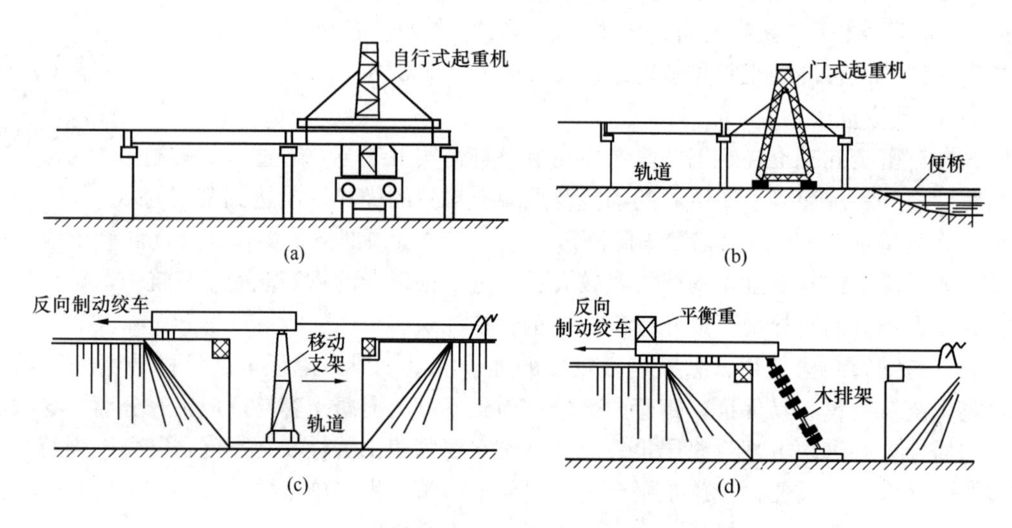

图 6.7.1-1 陆地架设法

(a) 自行式起重机架梁；(b) 跨墩门式起重机架梁；(c) 摆动排架架梁；(d) 移动支架架梁

(1) 自行式起重机架梁：桥不高，且场内可设置行车便道时的中、小跨径桥梁。

(2) 跨墩门式起重机架梁：桥不太高、孔数较多、沿桥墩两侧易于铺设轨道时。

(3) 摆动排架架梁：用于小跨径桥梁。

(4) 移动支架架梁：用于高度不大的中、小跨径桥梁。

2. 浮式起重机架设法

如图 6.7.1-2 所示，包括：①浮式起重机船架梁；②固定悬臂浮式起重机架梁。

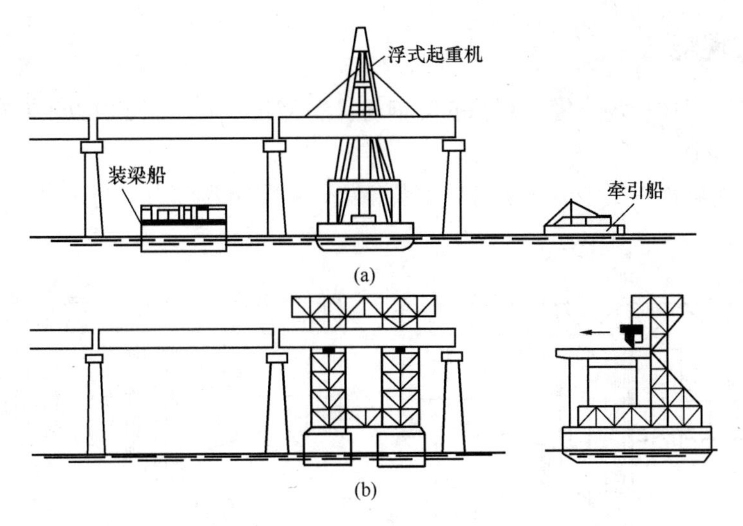

图 6.7.1-2 浮式起重机架设法

(a) 浮式起重机船架梁；(b) 固定悬臂浮式起重机架梁

3. 高空架设法

高空架设法适用于架设中、小跨径的多跨简支梁桥，其优点是不受水深和墩高的影响，并且在作业过程中不阻塞通航。

1) 联合架桥机架梁（图 6.7.1-3）

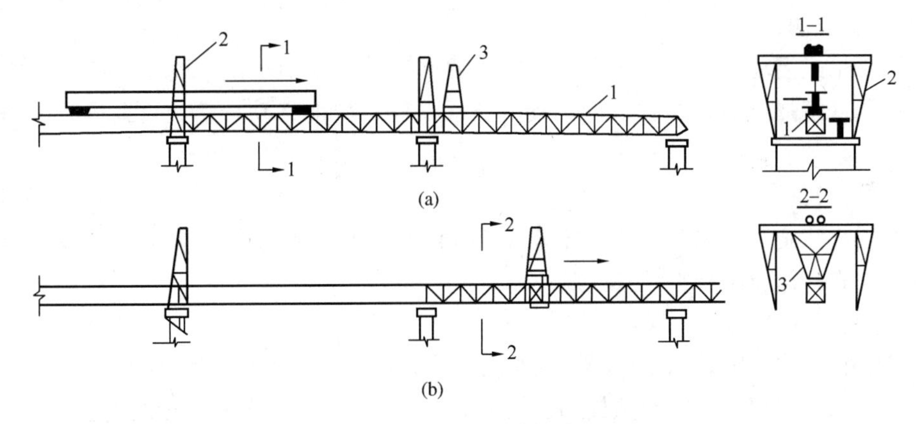

图 6.7.1-3 联合架桥机架梁

1—钢导梁；2—门式起重机；3—托架

2) 闸门式架桥机架梁（图 6.7.1-4）

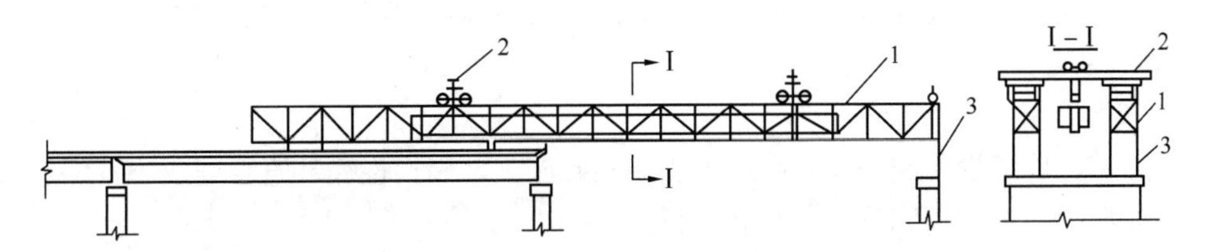

图 6.7.1-4 闸门式架桥机架梁

1—安装梁；2—起重横梁；3—可伸缩支腿

6.7.2 支架现浇法

支架现浇法即在现场支模、制作安装钢筋、浇筑混凝土。主要有以下几种工法。

1. 悬臂现浇法

在墩柱两侧对称平衡地分段浇筑或安装箱梁，并张拉预应力钢筋，逐渐向墩柱两侧对称延伸，如图 6.7.2-1 所示。

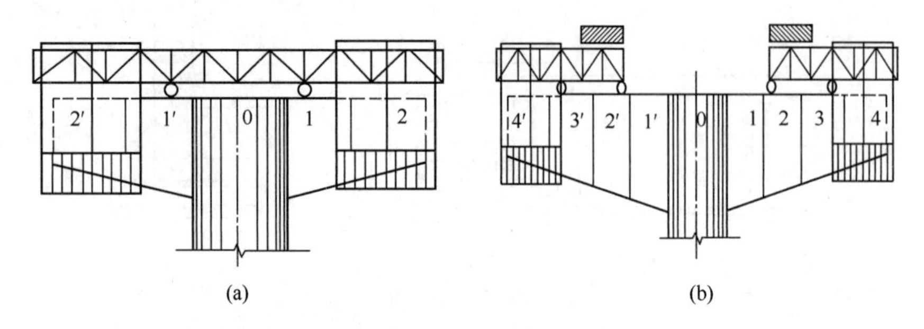

图 6.7.2-1 悬臂现浇法

(a) 挂篮联结，保持平衡；(b) 挂篮分离，压重平衡

1）特点与适用范围

跨间不须搭设支架；设备、工序简单；多孔结构可同时施工，工期短；能提高桥梁的跨越能力；施工费用低。主要应用于建造预应力混凝土悬臂梁桥、连续梁桥、斜拉桥、拱桥。

2）施工方法

利用悬吊式活动脚手架（挂篮），在墩柱两侧对称平衡地浇筑梁段（2～5m）；待梁段混凝土达到规定强度后，张拉预应力筋并锚固，然后向前移动挂篮，重复进行下一梁段施工。

3）主要设备

悬臂现浇法施工的主要设备是挂篮（可沿轨道行走的活动脚手架），挂篮主要有梁式挂篮、斜拉式挂篮及组合斜拉式挂篮。

4）工艺流程

挂篮前移就位→安装箱梁底模→安装底板及肋板钢筋→浇筑底板混凝土→安装肋、顶模板及肋内预应力管道→安装顶板钢筋及顶板预应力管道→浇筑肋顶板混凝土→养护、拆模→穿筋、张拉→孔道压浆。

5）施工要点

一般采用快凝水泥配制的 C40～C60 混凝土，30～36h 可达 30MPa；每段施工周期 7～10d；防止底板开裂：底板与肋板、顶板同时浇筑；使用活动模板梁预防变形，如图 6.7.2-2所示。

2. 逐孔现浇法

采用一套施工设备或一、二孔施工支架逐孔施工，周期性循环直至完成。其优点为施工单一标准化、工作周期化、工程费用低。

施工方法主要包括临时支撑组拼预制节段法、移动支架现浇法、移动模架现浇法（移动悬吊模架、支撑式活动模架）和整孔吊装或分段吊装法。

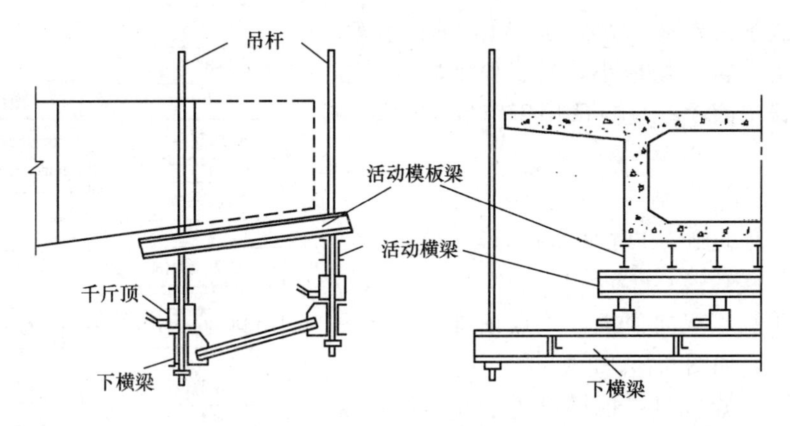

图 6.7.2-2 活动模板梁

1）使用落地式移动支架逐孔现浇（图 6.7.2-3）

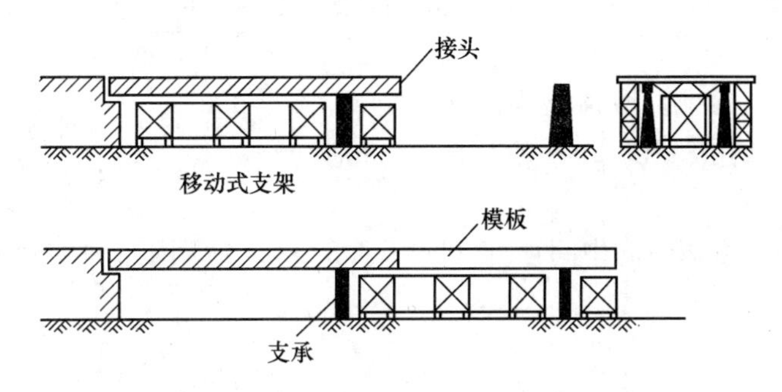

图 6.7.2-3 落地式移动支架逐孔现浇

2）使用梁式移动支架逐孔现浇（图 6.7.2-4）

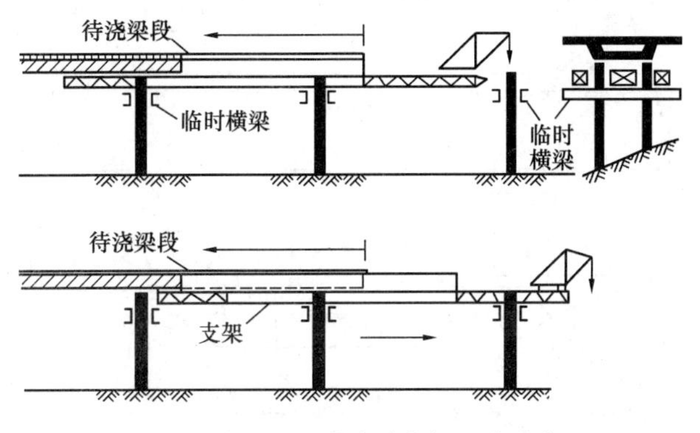

图 6.7.2-4 梁式移动支架逐孔现浇

6.7.3 变位法

1. 顶推法

在桥台后面的引道上或刚性好的临时支架上，预制箱形梁段（10～30m）2～3 个，施加施工所需预应力后向前顶推，接长一段再顶推，直到最终位置。再调整预应力，将滑道支承移置成永久支座。特点为无须大量脚手架；可不中断交通；占用场地小，易于保证质量、工期、安全；设备简单。主要适用于跨度不大的等高连续梁桥。

1）施工工序

顶推施工法的施工工序如图 6.7.3-1 所示。

2）施工方法

有单向顶推、双向顶推，单点顶推、多点顶推等工艺方法，如图 6.7.3-2 所示。

（1）单向单点顶推：顶推设备设在一岸桥台处；前端安装钢导梁（0.6～0.7 倍跨径，减少悬臂负弯矩）（图 6.7.3-2a）。适用于：跨度 40～60m 的多跨连续梁桥（跨度大时，中间设临时支墩）。

（2）按每联多点顶推：墩顶上均设顶推装置；前后端均安装导梁（图 6.7.3-2b）。适用于：特别长的多联多跨桥梁。

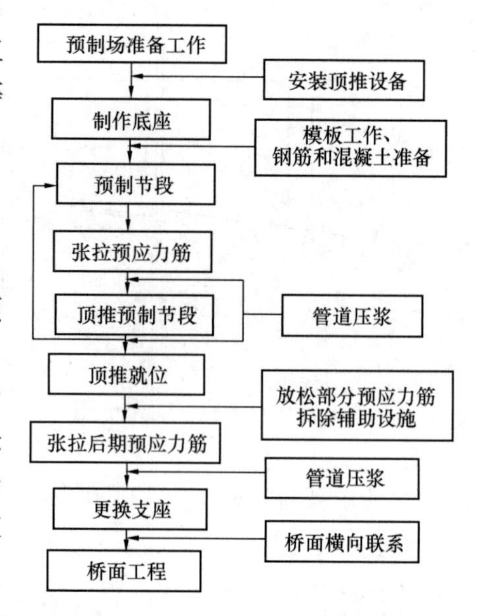

图 6.7.3-1 顶推施工法的施工工序

（3）双向顶推：由两岸向中间顶推（图 6.7.3-2c）。适用于：中跨大且不设临时支墩的连续梁桥。

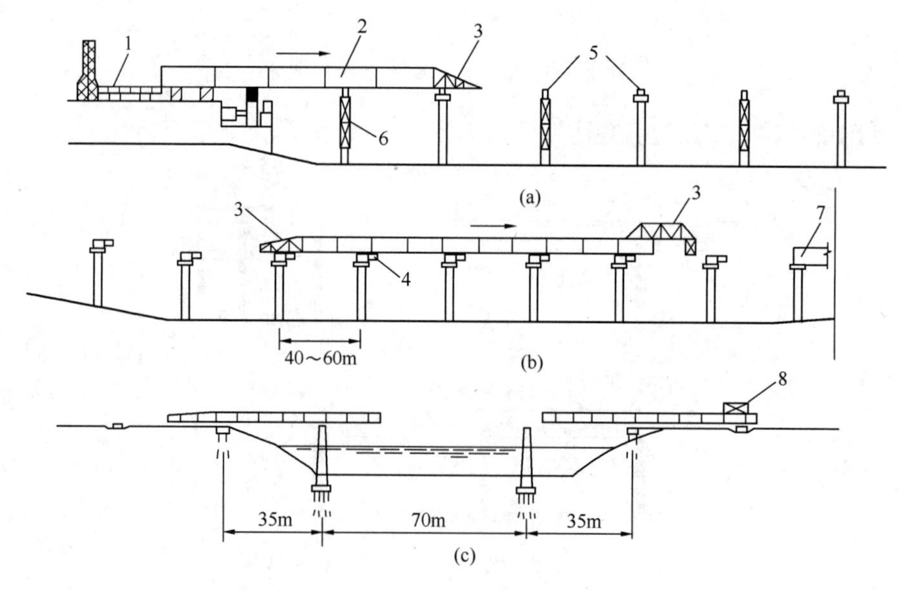

图 6.7.3-2 顶推法

（a）单向单点顶推法；（b）按每联多点顶推法；（c）双向顶推法

1—制梁场；2—梁段；3—导梁；4—千斤顶装置；5—滑道支承；6—桥墩；7—已架完的梁；8—平衡重

3）顶推设备

（1）千斤顶

① 推头式

先安装在桥台上竖向顶起后水平推进，再安装在桥墩上。竖顶落下后水平拉进（图 6.7.3-3）。

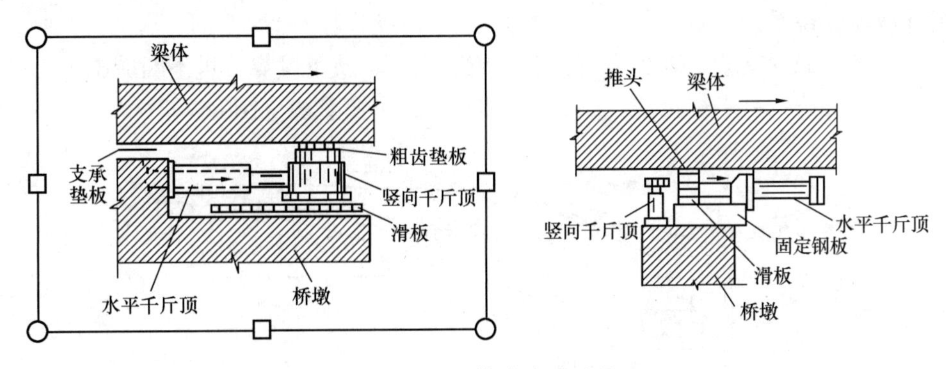

图 6.7.3-3 推头式千斤顶

② 拉杆式

拉杆式千斤顶（图 6.7.3-4）布置在墩（台）顶部、主梁外侧，拉杆与箱梁腹板上的锚固器连接，拉动、回油、逐节拆卸拉杆。特点：施工速度快（不须竖顶反复顶梁和落梁）。

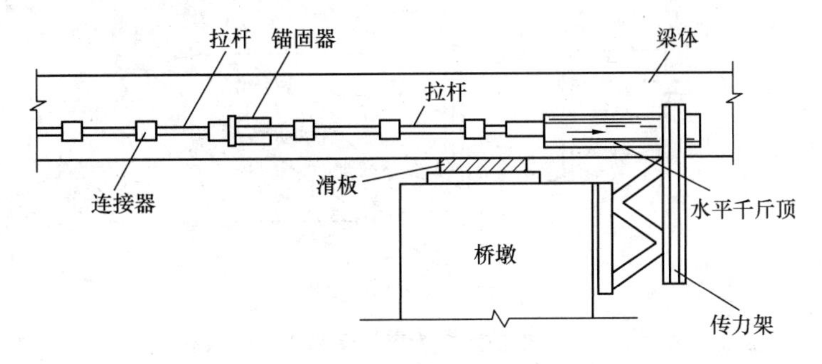

图 6.7.3-4 拉杆式千斤顶

（2）滑道

由设置在墩顶的混凝土滑台、不锈钢板、滑板（氯丁橡胶、聚四氟乙烯）组成（图 6.7.3-5）。摩擦系数为 0.02～0.05。

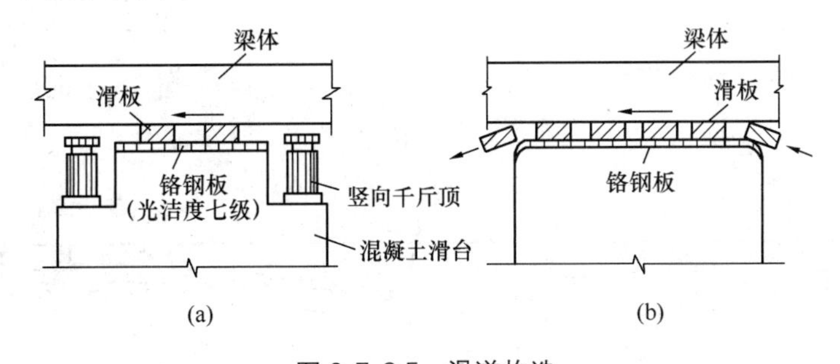

图 6.7.3-5 滑道构造

（a）有竖顶的滑道；（b）连续滑移的滑道

4）顶推工艺

制梁→顶推→调整、张拉、锚固部分预应力筋→灌浆→封端→安装永久性支座。

2. 转体法

在河流两岸，利用地形或简便支架预制半桥，分别将两个半桥转体合拢成桥，主要适用于单孔或三孔桥梁。

(1) 特点：减少支架，减少高空作业，施工安全、质量可靠，可不断航施工。

(2) 施工方法：有平衡重法（图 6.7.3-6）和无平衡重法（图 6.7.3-7）。

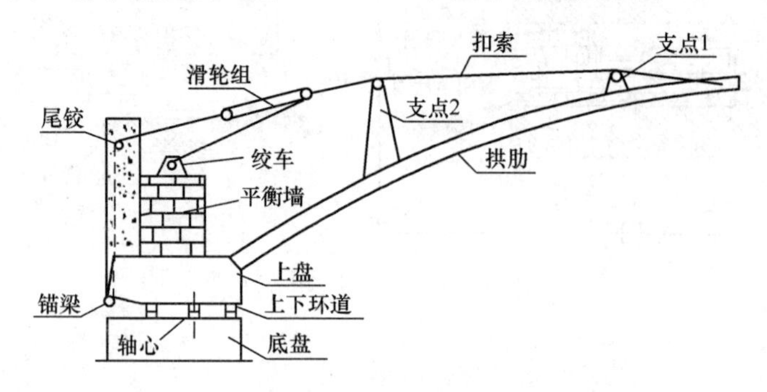

图 6.7.3-6 拱桥有平衡重法转动体系一般构造

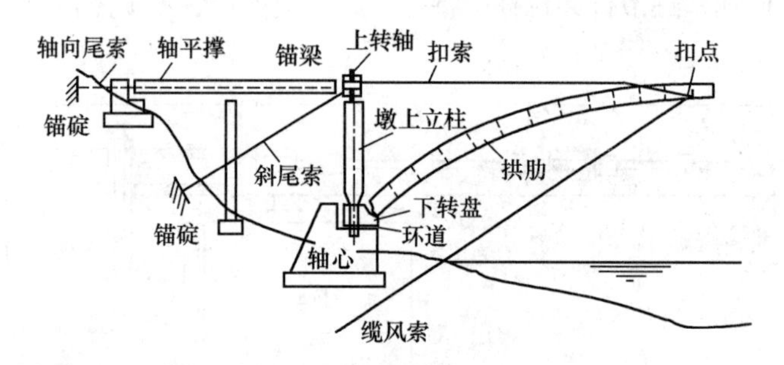

图 6.7.3-7 拱桥无平衡重法转动体系一般构造

6.7.4 悬臂拼装法

在工厂或桥位附近分段预制，运至架设地点后，用活动起重机等在墩柱两侧对称均衡地拼装就位，并张拉预应力筋。重复进行下一梁段施工。施工要点如下。

1. 块件制作

块件长度取决于运输、吊装设备能力，一般 1.4～6m，最佳 35～60t；尺寸准确、接缝密贴，预留孔道对接顺畅，可间隔浇筑，如图 6.7.4-1 所示。

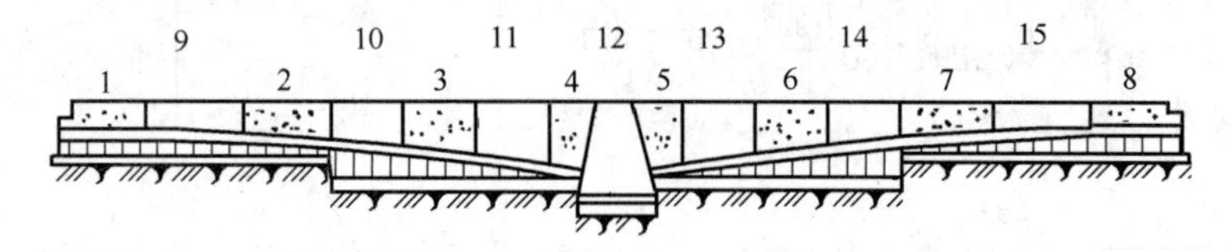

图 6.7.4-1 块件预制（间隔法）

2. 吊运与拼装

1) 运输

场内运输（门式起重机、平车）→装船（起重机）→浮运。

2）吊装

块件的拼装根据施工现场的实际情况采用不同的方法。常用的方法有自行式起重机拼装、门式起重机拼装、水上浮式起重机拼装、高空悬拼等。

图 6.7.4-2(a) 所示水中桥上伸臂起重机，是用沿轨道移动的伸臂起重机进行悬拼的示意图；图 6.7.4-2(b) 所示是用拼拆式活动起重机进行悬拼的示意图；图 6.7.4-2(c) 所示是用缆索起重机吊运和拼装块件的示意图。

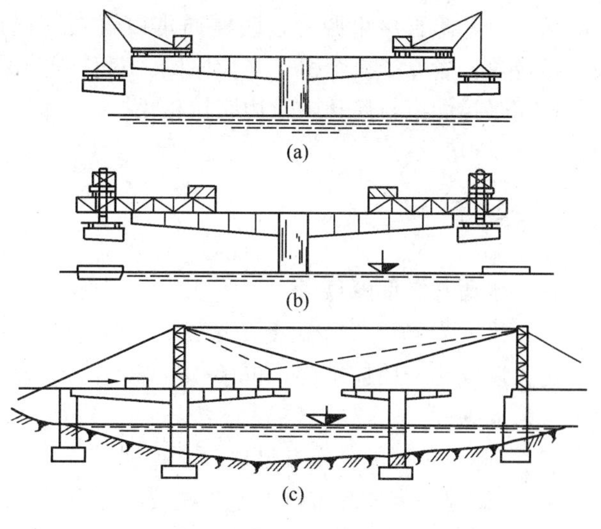

图 6.7.4-2 水上高空吊装

3）拼接缝形式

悬拼过程中的接缝形式有湿接缝、干接缝、半干接缝和胶接缝等几种。

图 6.7.4-3(a) 所示为湿接缝，块件的拼装位置易调整，接头的整体性好；

图 6.7.4-3(b) 所示为干接缝，易渗水，目前很少采用；

图 6.7.4-3(c) 所示为半干接缝，便于调整悬臂的位置；

图 6.7.4-3(d)～图6.7.4-3 (f) 所示为胶接缝，胶粘剂一般采用环氧树脂，涂胶前应将混凝土表面烘干，胶缝加压被挤出的胶粘料应及时刮干净，此法在悬臂拼装中应用最广。

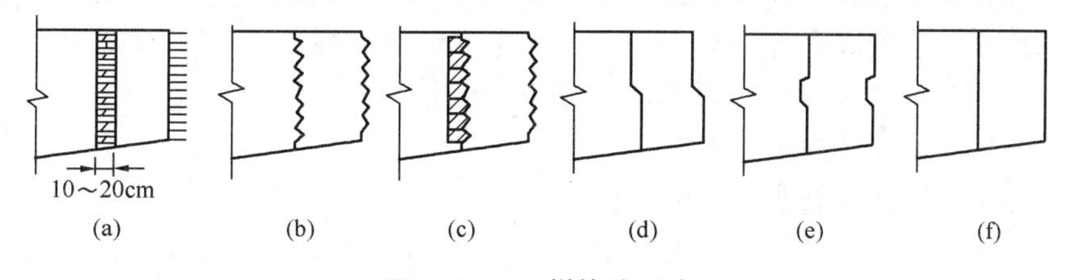

图 6.7.4-3 拼接缝形式

4）穿束张拉

穿束张拉的特点为较多地集中于顶板部位，两侧长度对称于桥墩，参见图 6.7.4-4。

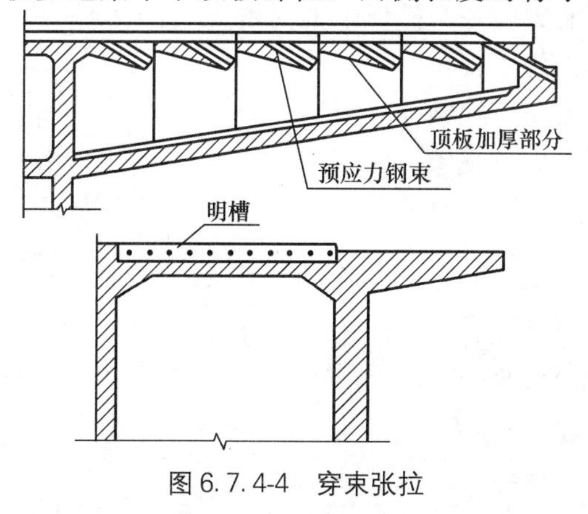

图 6.7.4-4 穿束张拉

有明槽穿束和暗管穿束两种，明槽通常设置在穿锚锯齿板上。暗管穿束方法，60m以下人工推送，长者卷扬机牵引。张拉原则：对称于箱梁中轴线，两端同时张拉。先边肋，后中肋；先张拉肋束，后从中至边张拉板束。

思考与练习题

一、术语与名词解释

起重机、卷扬机、装配率、湿连接、干连接、叠合梁、叠合板、高层建筑、高耸建筑、剪力墙结构、筒体结构、框架-核心筒结构、大体积混凝土、贝雷梁、桥墩、桥台。

二、问答题

[1] 起重机械的种类有哪些？试说明其优缺点及适用范围。

[2] 试述履带式起重机的起重高度、起重半径与起重量之间的关系。

[3] 单层工业厂房结构安装方案的主要内容是什么？是如何确定的？

[4] 单层工业厂房结构安装中起重机械如何选择？

[5] 单层工业厂房中构件的平面布置应考虑哪些问题？

[6] 柱子吊装前应进行哪些准备工作？

[7] 屋架的排放有哪些方法？要注意哪些问题？

[8] 构件的平面布置应遵守哪些原则？

[9] 试说明旋转法和滑行法吊装时的特点及适用范围。

[10] 分件安装法和综合安装法各有什么特点？简述其优缺点及适用范围。

[11] 什么是装配式建筑？按结构材料分类，装配式建筑可以分为哪些？

[12] PC有哪些预制构件？有哪些装配连接技术？

[13] 简述高层建筑的施工特点和难点。

[14] 简述高层建筑有哪些模架模板系统。

[15] 简述大跨网架结构的分条（块）吊装法的划分原则、特点。

[16] 简述桥梁上部结构常见施工方法分类。

三、网上冲浪学习

[1] 高层建筑塔式起重机安装、使用和拆除作业视频。

[2] 爬模、滑模、翻模、顶升模板施工视频。

[3] 预制装配式建造施工视频。

[4] 悬臂式挂篮桥梁施工视频。

[5] 架桥机桥梁吊装施工视频。

第 7 章　统筹组织与智慧建造

社会发展已经迈入工业 4.0 时代，一个以云计算、大数据、物联网、移动互联网、智能制造为基础的新工业时代。而另一方面，人类面临“人口爆炸”“气候变暖”“环境污染”等诸多挑战，于是“智慧地球”“智慧城市”等诸多热点探索应时而生，“绿色建筑行动方案”“智慧建造”等新政策、新理念产生，并极大地影响和促进了土木工程的设计、施工和管理发展。

7.1　统筹与组织的概念

土木工程施工是对人类社会的健康发展有极其重要影响的人类生产活动。要践行人与自然的和谐共生，土木工程人员应尊重自然规律、人类发展规律，应掌握本学科的基本理论、技术，解决本领域存在的问题和挑战。

7.1.1　工程特征和复杂性

不同于其他人类生产产品，土木工程产品是一种非常特殊的公共产品，会深刻影响到社会经济和环境发展，土木工程师要熟悉和深刻理解土木工程产品或设施的特点或特征，以此树立事业正确的价值观和行动指南。

1. 土木工程产品特点

1）产品空间位置的固定性

位置固定性是土木工程产品与一般工业产品的最大区别。任何土木工程产品都是在选定的地点上建造使用，建造中和建成后一般不能移动。土木工程产品在所建地一直发挥作用。

2）产品的多样性

土木工程产品都是基于市场中客户需求的独特设计产品，这一属性决定了产品的多样性。表现在产品的结构和功能、造型和外饰、空间和配置等多样性。这种多样性特点决定了土木工程产品不能像一般工业产品那样进行批量生产。

3）产品体形庞大

土木工程产品是交通、生产与生活的设施，与其他工业产品相比，大多体积庞大，占有广阔的空间，排他性很强。因为其对城市的形成影响很大，必须服从城市或社会的规划要求。

4）产品的高值性

能够发挥投资效用的任一项土木工程产品或设施，在其生产过程中都耗用了大量的材料、人力、机械及其他资源，不仅实物形体庞大，而且造价高昂。土木工程产品的高值性也使其关系到社会各个方面的重大经济利益，同时也会对宏观经济产生重大影响。

2. 施工过程特点

1）土木工程产品生产的流动性

一方面，由于土木工程产品是在固定地点建造的，生产者和生产设备要随着土木工程建造地点的变更而流动，要求土木工程产品生产企业具有弹性和适应性。

2）土木工程产品生产的单件性

土木工程产品的多样性决定了土木工程产品生产的单件性。每项土木工程产品都是按照建设单位的要求进行设计与施工的。施工建造者应因时因地制订出可行的施工组织方案。

3）土木工程产品的生产过程具有综合性

土木工程产品的建成涉及勘测、设计、业主筹建、建造企业实施、监理单位监督等，生产过程复杂，这就决定了其生产过程具有很强的综合性。

4）土木工程产品生产受外部环境影响较大

土木工程产品一般都露天作业，不具备在室内生产的条件，受到地质、气候、环境和社会组织等复杂条件影响。这一特点要求土木工程产品生产者提前进行原始资料调查，制订合理的季节性施工措施、质量保证措施、安全保证措施等，科学组织施工，使生产有序进行。

5）土木工程产品的生产过程具有连续性

土木工程产品是持续不断的劳动过程的成果。整个生产过程由诸多前后左右关联的工序组成，存在关键线路控制。关键线路上的工作，是一个不可间断的、完整的周期性生产过程，它要求在各阶段、各环节、各项工作都必须有条不紊地组织起来，在时间上不间断，空间上不闲置。要科学组织、精心统筹施工。

6）土木工程产品的生产周期长

土木工程产品的体积庞大，决定了其生产周期长，长期大量占用和消耗人力、物力和财力。其漫长的过程中，将遭遇各种条件变化，出现不同新问题、新挑战。故应科学地不断化解矛盾，解决问题，排除万难，达到目的。

3. 工程复杂艰巨性

由上土木工程产品特征和生产特点可知，土木工程的施工过程是十分复杂和艰巨的。国内外历史上失败的案例也数不胜数，有的因设计施工问题导致坍塌事故，导致触目惊心的人员伤亡和经济损失，例如美国塔科马海峡大桥建成不久后因共振问题而坍塌。有的引发严重生态环境破坏，例如意大利瓦伊昂水电大坝，坐落于阿尔卑斯山，但自从大坝修筑成功以来，在周围地区就经常发生山体滑坡以及泥石流等事件。起初人们并没有在意，但是在1963年的10月9日，瓦伊昂大坝内突然涌进了2.6亿m^3的砂石，整个大坝立刻土崩瓦解，总共造成了超过2000人死亡。土木工程的复杂艰巨性表现在以下方面：

（1）产品的固定性和其生产的流动性，构成了空间安排与时间分布的矛盾主体性。

（2）产品多样性和复杂性直接构成了对技术经济挑战的前沿性。

（3）施工的长周期和综合性导致地缘和社会等政治经济问题的全面性。

总之，应对土木工程的复杂性和艰巨性，应有更高的战略定位，顺应大势，驾驭时代高科技发展，引领土木工程施工健康发展。

4. 工程施工管理模式

工程施工管理模式是指工程项目实施过程中，在政府制度节制下，项目各参与方之间所形成的各种关系的总和。随着我国改革开放的不断深化，工程项目呈现大型化、复杂化、投资多元化、国际化的趋势，国内外土木工程市场的竞争越来越激烈，对工程项目管理水平的要求越来越高，工程管理模式在不断发展中，对具体项目管理模式的特点、方式和风险等的认知和操作是工程项目成败的关键之一。分析我国工程建设现状，按具体情况分析，项目管理常见模式如下：

第一种模式：公开招标确定承包合同，业主长期参与投资的建设工程。以大型房地产开发项目和市政工程项目为代表，这些项目的施工周期长，在施工过程中，存在诸多不确定因素，在此期间，业主和承包商需要保持长期的合作关系，双方必须保持充分的理解和信任，从而可以签订长期的项目组合管理和实施合同。

第二种模式：不适合公开招标的建设工程或者邀请招标的建设工程，譬如军事工程、涉及国家安全的工程、工期特别紧张的工程等。某些项目可采用邀请招标的方式，总承包将部分项目合法分包给其他施工单位，分担进度压力。这种模式需要前期有良好的合作关系。

第三种模式：不确定因素比较多的复杂建设工程。这些工程的组成和技术工艺复杂，存在诸多的不确定因素，一般的工程管理模式，不能够有效消除工程争议和合同索赔问题，反而会影响业主和承包商之间的关系。这种管理的模式，能够保持总承包商和业主之间的良好关系，避免工程不必要的争端和合同索赔问题，促使合作各方共同目标的实现。

第四种模式：国际金融组织贷款的建设工程。以国际公开招标的方式，邀请国外的承包商参与，由于投资数额巨大，因此采用工程项目组合管理的模式，更容易为外国承包商所接受，能较好地控制建设工程的目标实现。

工程项目还可从承包内容或融资运行等方面来定义模式，概括起来有DBB、CM、Partnering、DB、MC、BOT、EPC、PMC、PFI、PPP等（表7.1.1-1）。

常见工程管理模式代号和定义一览表 **表7.1.1-1**

序号	代号	定义
1	DBB	Design-Bit-Build：业主可通过自由选择设计人员和监理单位，有效地控制设计要求；通过招标竞争价格，以确保业主的利益。该模式强调工程项目的实施必须按设计一招标一建造的顺序方式进行
2	CM	Construction Management：由业主委托CM单位，以一个承包商身份，有条件地“边设计、边施工”来进行施工管理，直接指挥施工活动；承包商与业主通常采用“成本加利润”的承发包模式
3	Partnering	Partnering：是一种在业主、承包方、设计方、供应商等各参与者之间为了达到彼此目标，满足长期的需要，以实现未来竞争优势的一种合作战略
4	DB	Design-Build：在项目的初始阶段，业主邀请数家有设计和施工资格的承包商，根据业主的要求，提出初步设计和成本概算，中标的承包商将负责该项目的设计和施工
5	MC	Management Construction：业主与MC公司签订合同，MC公司再与分包商签订合同，MC公司既应提供管理服务，又要向业主提出保证最大工程费用。如果最后的结算超过GMP，则由MC公司赔偿；如果低 于GMP，则节约的投资归业主所有

续表

序号	代号	定义
6	BOT	Build-Operate-Transfer：项目所在国政府或所属机构通过特许权协议将某个项目交给本国公司或者外国公司进行融资、建设、经营、维护，直至特许期结束时将该设施完整地移交给政府或所属机构
7	EPC	Engineering Procurement Construction：也叫交钥匙工程模式，业主首先经咨询公司研究拟建项目的基本要求，并以总价合同为基础，选定一家设计建造总承包商对整个项目的成本负责，承包商可提供从项目策划开始至竣工移交的全套服务
8	PMC	Project Management Consultant：即项目管理承包，指项目管理承包商代表业主对工程项目进行全过程、全方位的项目管理，包括进行工程的整体规划、工程招标、选择EPC承包商，对设计、采购、施工、试运行进行全面管理，但一般不直接参与项目具体工作
9	PPP	Public-Private-Partnership：公私合伙制模式，指公共部门通过与私营部门建立伙伴关系提供公共产品或服务的一种合作模式

7.1.2 施工组织与统筹

土木工程产品生产需要精心的施工组织设计和任务实施，施工过程应实现项目的工期、成本和质量三大目标，这就需要进行施工组织和统筹安排。

1. 施工组织

所谓施工组织是指对即将或正在进行的工程项目进行层层的任务分解，并确定各子项的分工内容、施工工艺方法，明确空间位置及行动路线，设定开竣工时间界限等。这样就将一个充满复杂随意性的施工问题转变为一个个过程简明、成本和时间可控的产品过程或工作，然后将这些诸多过程，依据工艺和组织逻辑，系统地排列组合统筹起来，即形成工程计划，并系统实施完成，从而实现工程目标。

下面用五个英文疑问单词来阐释施工组织的内容：

（1）进行任务分解，即要回答要做什么的问题，用 What 开头。回答该项产品或设施建造需要做事情，开展哪些活动。

（2）回答如何施工，用 How 开头。用什么材料（Material）、方法（Method）、设备（Machine）去实施。这是有关施工技术和工艺方面的问题。

（3）回答由谁施工，即用 Who 开头。通过开展招标投标、议标等活动落实该项任务，其中重要的是签署各种协议和合同，确定责、权、利相匹配的责任人，完成任务分配。

（4）确定各项工作在哪儿开展，用 Where 开头。安排和确定各项工作进行的场所，施工队伍的进出场，各项施工的开始和竣工。

（5）确定何时施工，用 When 开头，即进行各项工期安排，确定各个分项和整个工程的开始和结束时间，研究各项任务或分项工作之间的时间参数关系，计算出相关参数。

回答和落实以上问题的解决就是一种基于统筹的施工组织安排。将参与工程的人员、发生的时间、空间，三者置于统筹思想的核心，致力于将工程项目的成功、目标的优化和可持续循环发展进行统一，开展生产建设活动。

2. 统筹理论

“统筹”思想是我国传统红色文化中的一支瑰宝，是一门带有中华文化基因的数学和管理科学的交叉学科。“统筹”一词只是在近代才开始出现，特别是新中国成立后我国社会主义建设的政府和企事业单位公文和学术研究者中开始频繁出现。统筹学学者朱国林等指出：作为具有中华文化基因的“统筹”，可溯源于古历法中的“三统历”，即“三统者，天施、地化、人事之纪也”。这表明，中国先民们早已意识到“人、时、空”的统一问题。从古代《周易》《黄帝内经》等典籍中，也可以看出先民们“天人合一”的思想。

我国享誉世界的数学家华罗庚教授最初发现当今运筹学数学理论能高度契合中国优秀文化传统思想，提出创立“统筹学”及其理论研究。在20世纪60～80年代，深入我国的工矿农林企业，身体力行地进行实践性发展，并概括提出了“大统筹，理数据，建系统，策发展”的“统筹学”十二字诀。

统筹学研究如何在实现整体目标的全过程中施行统筹管理的有关理论、模型、方法和手段。它通过对整体目标的分析，选择适当的模型来描述整体的各部分、各部分之间、各部分与整体之间以及它们与外部之间的关系和相应的评审指标体系，进而综合成一个整体模型，用以进行分析并求出全局的最优决策以及与之协调的各部分的目标和决策。统筹学的理论与方法已渗透到了管理的许多领域。

3. 项目和任务的分解

项目的分解，依据内容、目的和特征，可以为此过程独立命名，内容庞大的可以用阶段命名，中等的可称为工序，其次的可称之为工作。

首先进行项目分解：按时间划分为计划阶段、设计阶段、施工阶段，其中施工阶段可分为施工准备阶段、正式施工阶段。在工程项目规模上，可划分为建设工程、单项工程、单位工程、分部工程、分项工程。按工程项目内容性质划分系统，例如一个矿山建设工程，分解为采矿、选矿和外部条件三个一级子系统；子系统再进一步划分为二级子系统，例如采矿工程分解为平硐溜井工程、副立井工程等，详见图7.1.2-1。以此方式可不断细化。项目分解后再进入到工作分解。

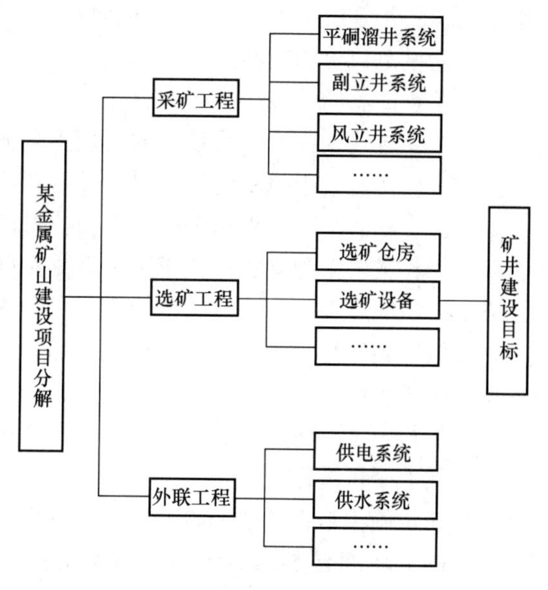

图7.1.2-1　建设项目二级分解示意图

工作的分解就是将计划任务，按需要的粗细程度划分成的一个子项目或子任务。首先，要对工作进行定义，明确其内容和技术经济参数等；其次，借助网络计划方法赋予符号表示。例如，双代号网络图中一项工作由一条箭线与其两端的节点表示，箭尾表示工作的开始，箭头表示工作的结束。

工作分解时，应掌握诸多工作或工作系统之间的逻辑关系。逻辑关系是指在工作进行时，客观上存在的一种相互制约或者相互依赖的关系，也就是工作之间的先后顺序关系。逻辑关系包括工艺逻辑关系和组织逻辑关系。

(1) 工艺逻辑关系：生产性工作之间逻辑关系是由工艺技术决定的，非生产性工作之间逻辑关系是由程序决定的。

(2) 组织逻辑关系：组织逻辑关系是工作之间由于组织安排需要或资源调配需要而规定的先后顺序关系。

网络图技术中的逻辑关系按工作先后顺序定义了紧前工作、紧后工作、平行工作三大工作关系，以便表达和绘制网络计划，如表 7.1.2-1 所示。

某金属矿建设项目任务分解表 **表 7.1.2-1**

工作编码	本工作	紧前工作	工期（d）	备注
A1	主平硐	—	600	
A2	主平硐车场	A1	150	
A3	斜石门	A2	60	
B1	副立井	—	240	
B2	副立井车场	B1	160	
A4	铺轨安装	A3、B6	240	
C1	风立井	—	390	

4. 项目和任务的整合

为有条不紊地全面展开大型建设项目的施工，业主方通常按工程构成将工程项目进行分解，组织各子系统的施工招标，分别确定施工承包商，合理配置施工资源，制订施工计划，进行建设总目标的控制。

土木工程产品的单件性生产与整体性使用的要求，决定着对施工展开方式的选择和施工任务的组织方式。土木工程项目的管理不是孤立地着眼于单位土木工程产品的质量、成本和工期，而要着眼于整个建设项目的综合功能和综合效益目标。

承包商中标后合同所界定的施工项目，可能是建设项目中的某一单项工程，也可能是几个单位工程或一个独立的单位工程。计划和项目的整合运用流水施工、网络计划等组织理论方法。组织施工时，可按依次施工、平行施工和流水施工三种方式进行组织。

(1) 依次施工是前一个施工过程完成后，后一个施工过程才开始。这是一种最基本、最原始的施工组织方式。

(2) 平行施工是将几个相同的施工过程，分别组织几个相同的工作队，在同一时间、不同的空间上平行进行。

(3) 流水施工是将拟建工程在竖直方向上划分施工层，在平面上划分施工段，然后按施工工艺的分解组建相应的专业施工队，按施工顺序的先后进行各施工层、施工段的施工。

就施工任务组织，从工程项目分解结构来考虑施工任务的安排，项目管理上要着眼于工程项目系统整合来进行项目总目标的控制。工程项目系统通过网络计划进行整合，如图 7.1.2-2所示。

5. 项目组织机构

土木工程产品是多方市场主体共同参与生产的结果。在施工现场，除承包商、监理工程师、业主代表外，大型工程还往往有设计代表、政府派驻工地的质量监督机构。施工组织管理机构构成如图 7.1.2-3 所示。

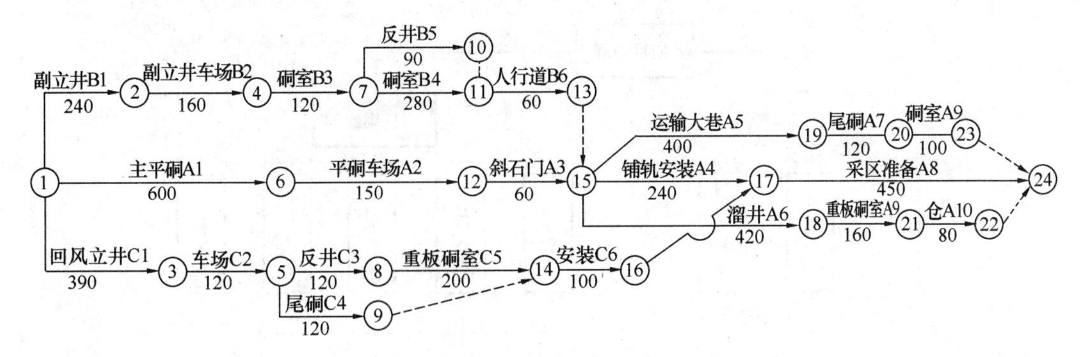

图 7.1.2-2 基于网络计划的某金属矿建设项目整合

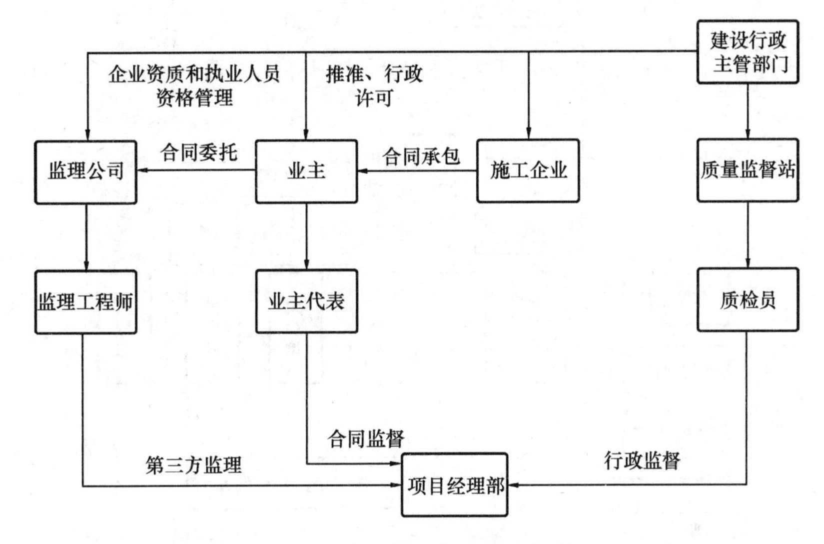

图 7.1.2-3 施工组织管理机构

1）施工组织机构设置原则

① 目的性原则；②效率性原则；③刚性与弹性原则；④管理跨度与层次的统一原则；⑤业务系统化原则；⑥与企业组织一体化原则。

2）施工项目经理部

施工项目经理部是承包商为实施特定的工程项目建设任务而组建的一次性施工项目管理组织，对内承担企业下达的各项经济指标和技术责任，对外负责全面履行工程承包合同的全部责任和义务。

项目经理部的组织模式有直线职能制（图 7.1.2-4）和矩阵制（图 7.1.2-5）两种。

3）施工项目经理

项目经理是承包企业法定授权的在施工项目上的代理人，是施工项目的最高管理者。项目经理一般应经考核认定，须取得建造师资格证书和执业印章。

根据国家法律或企业管理条例，项目经理应承担相应职责，并获得相应权利，如用人权、管理权、指挥权、分配权等。

6. 施工生产要素

生产要素是指形成生产力的各种要素，是进行物质资料生产所必须具备的因素和条

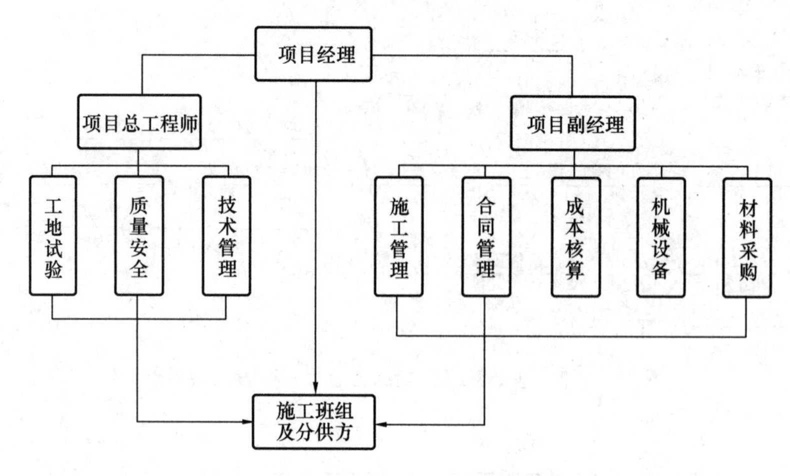

图 7.1.2-4　直线职能制项目经理部示意图

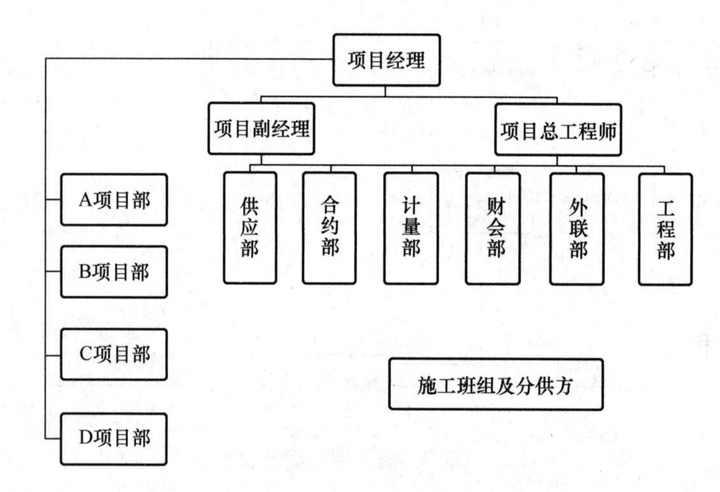

图 7.1.2-5　矩阵制项目经理部示意图

件。土木工程项目的生产要素是指生产力作用于土木工程项目的有关要素，也就是投入到土木工程项目中的劳动力、材料、机械设备、施工方法及资金等诸要素。

劳动力是生产力中最活跃的因素和条件，劳动力掌握生产技术，运用劳动手段，作用于劳动对象，形成生产力。劳动力在生产力系统中处于主导地位，是其他生产力要素的设计者和创造者。劳动力管理体制一般采取管理层与劳务作业层的“两层分离”。

土木工程劳动力用工的特点是需求量大（劳动密集）、波动性、流动性；劳动力需求特点：配套性、动态性。因此，劳动力管理的目标是优化配置和动态管理。

材料是生产力中的一个重要因素。土木工程消耗的材料、构配件品种多、数量大，对工程的质量、成本、进度和工期的影响最为重要。

机械设备作为生产工具，是劳动手段的主体，在生产力系统中，为传导劳动提供条件，是生产力发展水平的重要标志。施工生产中要做到如下三点：

（1）技术上先进、适用、安全、可靠，经济上合理及保养维护方便；

（2）优化配置：配置数量尽可能少，协同配合效率尽可能高，一机多用；

（3）动态管理：控制进出场时机，减少机械在现场的空置。

施工方案包括技术方案和组织方案，土木工程的多样性和单件性决定了施工方案既要符合土木工程施工的普遍规律，又要具有很强的项目个性。优秀的施工方案就是将土木工程的共性规律与项目个性合理统一，做到技术先进、组织合理、经济适用、安全可靠。

资金就是工程运作执行的货币，市场经济条件下只有支付一定的资金才能实现生产力的投入，保证施工项目的顺利进行。

7. 管理目标

施工管理，首先需要明确质量、工期、成本、安全四大目标，此外还有绿色和文明施工目标，如表 7.1.2-2 所示。

施工管理目标表 **表 7.1.2-2**

序号	目标内容
1	质量目标：通过工程交工验收的质量标准，合格或优良
2	工期目标：计划开工日期，计划竣工日期，施工总工期
3	成本目标：合法合规选用最佳方案；按照项目法施工，实行责任成本管理，把成本控制在合同约定的范围内
4	文明施工目标：严格按照施工组织设计及有关文明施工要求组织施工，创建文明安全工地
5	安全施工目标：达到“土木施工安全检查标准”的合格标准，杜绝发生重大安全事故
6	绿色施工目标：实现节能、节地、节水、节材和环境保护

8. 开工条件

开工前，应积极进行技术、设备、材料、场地和组织机构等多项准备工作，落实各项开工条件。对于单位工程，应具备的开工条件如表 7.1.2-3 所示。

开工条件表 **表 7.1.2-3**

序号	条件项目
1	施工图纸已经会审并有记录
2	施工组织设计已经审核批准并已进行交底
3	施工图预算和施工预算已经编制并审定
4	施工合同已签订，施工执照已经批办
5	五通一平。场地已平整，施工道路、水源、电源已接通，排水沟渠畅通，通信信号畅通，能满足施工需要
6	材料、构件、半成品和生产设备等已经落实并能陆续进场，保证连续施工的需要
7	各种临时设施已经搭设，能满足施工和生活的需要
8	劳动力安排已经落实，可以按时进场
9	施工机械设备已安排落实，先使用的已入场、已试运转并能正常使用
10	现场安全守则、安全宣传牌已建立，安全、防火的必要设施已具备

7.2 统筹数学原理

华罗庚在创建统筹学时，首先将网络技术作为一种数理工具纳入统筹学科的范畴。此外，20 世纪 60 年代西方工业化发展产生的工厂“流水线”管理理论方法也已应用到土木工程领域，两者完美结合，作为土木工程施工的基本数学原理，并期待更多发展。

7.2.1 流水组织原理

流水组织原理是一门源于工业化制造发展而产生的方法理论。

1. 流水施工概念

流水施工是一种整合整个项目过程的组织方法，和它对应的传统方法有依次施工和平行施工。这三种方式各有特点，使用范围也有所不同。从工期、效率和质量管理等方面的考察来看，流水施工组织更具优越性。如图 7.2.1-1 所示。

工程编号	分项工程名称	工作队人数(人)	施工天数(d)	施工进度(d)																										
				80																20				35						
				5	10	15	20	25	30	35	40	45	50	55	60	65	70	75	80	5	10	15	20	5	10	15	20	25	30	35
1	挖土方	8	5	■																■				■						
	做垫层	6	5		■																■				■					
	砌基础	14	5			■																■				■				
	回填土	5	5				■																■				■			
2	挖土方	8	5					■												■					■					
	做垫层	6	5						■												■					■				
	砌基础	14	5							■												■					■			
	回填土	5	5								■												■					■		
3	挖土方	8	5									■								■						■				
	做垫层	6	5										■								■						■			
	砌基础	14	5											■								■						■		
	回填土	5	5												■								■						■	
4	挖土方	8	5													■				■							■			
	做垫层	6	5														■				■							■		
	砌基础	14	5															■				■							■	
	回填土	5	5																■				■							■
劳动力动态图				8	6	14	5	8	6	14	5	8	6	14	5	8	6	14	5	32	24	56	20	8	14	28	33	25	19	5
施工组织方式				依次施工																平行施工				流水施工						

图 7.2.1-1 不同施工组织方式的进度与劳动力动态图

（1）依次施工：是指当第一个施工对象（过程）完工后开始第二个对象的施工，直到全部结束。依次施工不考虑施工过程在时间上和空间上的相互搭接。

（2）平行施工：是指相同的施工过程同时开工，同时施工，完成以后再同时进行下一个施工过程的施工方式。

（3）流水施工：是指将工程项目的全部建造过程，根据工艺特点和结构特征，在工艺上划分若干过程，在平面上划分若干施工段，在竖向上划分若干层，在组织上安排各专业队，按照一定的工艺规律和技术要求，保持最佳时间间隔，各个施工段陆续开工、平行交叉、陆续完工。各施工队（组）依次在各施工对象上连续完成各自的施工过程。整个项目施工连续、均衡、有节奏地完成。

2. 流水施工的图形表达

流水施工的表示方法一般有横道图、竖向图如图 7.2.1-2 所示，其中横道图也称“甘特图”（为英文 Gantt Chart 的音译），是最直观、常见的图形表达。

施工过程	施工进度(d)						
	2	4	6	8	10	12	14
挖基槽	①	②	③	④			
做垫层		①	②	③	④		
砌基础			①	②	③	④	
回填土				①	②	③	④
	流水施工总工期						

(a)

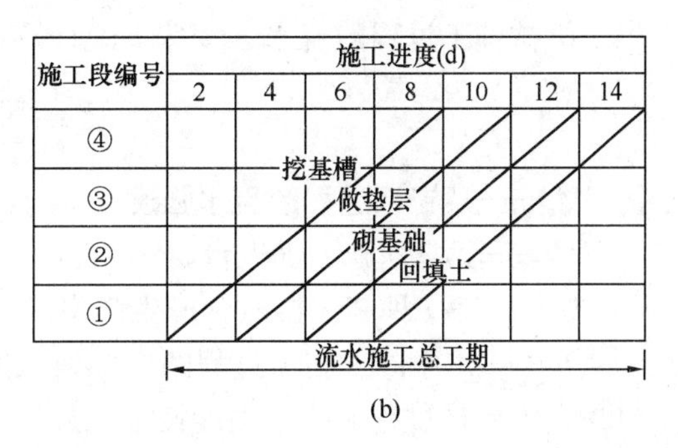

(b)

图 7.2.1-2 流水施工组织图形表述

(a) 横向指示图；(b) 竖向指示图

1）横道图

横道图也称横向指示图。用横向坐标表示时间进度，纵向坐标表示施工过程或专业施工队编号。图中各个横道线条可标注施工段号，长度表示各项工作及作业时间，所处的位置表示各项工作开始和结束时刻，以及它们之间的相互配合关系。

2）竖向图

竖向图也称竖向指示图，横向坐标仍然表示时间进度，纵向坐标表示施工段编号。图中每一根斜向线条表示一个施工过程或专业队伍在不同段上的起始时间和接续情况。

3. 流水施工的组织参数

流水施工参数是施工设计组织的重要内容，一般分为三类，分别是工艺参数、空间参数和时间参数。

1）工艺参数

工艺参数是用以表达在施工工艺上的开展顺序及其特性的参数，主要包括两个参数，分别是施工过程数和流水强度。

(1) 施工过程数

是指完成一个项目或任务所包含的子项目或子任务的施工过程数目。施工过程的划分取决于项目类型或大小。项目可以是分项工程、分部工程，也可以是单位工程、单项工程。

施工过程数通常和专业队伍数相对应。通常是一个专项过程对应一种专业队伍，即专业化施工安排或组织设计。

施工过程的数目一般用字母 n 表示。施工过程数 n 的决定或设计，与该项目的大小及复杂程度、施工方法等因素有关。如一般混合结构多层房屋的施工过程数大致可取 20～30 个。施工过程数要取得适当，过多会增加组织困难，过少就太粗糙，失去指导施工的意义。

施工过程分为主导类、制备类和运输类三大类型。占据工作面，位于关键线路上的工作为主导类，必须列入施工进度计划表。而制备类施工过程和运输类施工过程一般不占有施工对象的工作面，不影响工期，一般不列入流水施工进度计划表。

(2) 流水强度

在组织流水施工时，某一施工过程在单位时间内所完成的工程量，称为该施工过程的流水强度，或称为流水能力或生产能力，一般用 V 表示。

① 机械施工过程的流水强度按下式计算：

$$V=\sum_{i=1}^{b}R_iS_i \tag{7.2.1-1}$$

式中 V——某施工过程的流水强度；

R_i——第 i 种施工机械台数；

S_i——第 i 种施工机械台班生产率；

b——用于同一施工过程的主导施工机械总数。

② 人工操作过程的流水强度按下式计算：

$$V=R\cdot S \tag{7.2.1-2}$$

式中 V——某施工过程的流水强度；

R——每一工作队工人人数（应小于工作面上允许容纳的最多人数）；

S——每一工人每班产量。

2）空间参数

空间参数主要是指施工段数，此外还有工作面数和施工层数。

（1）施工段数

施工段是指为进行平面上的流水施工组织，将施工对象在平面上划分为若干个劳动量或工作量大致相等的施工区段，施工段数用 m 表示。每一个施工段在某一时间内只供一个施工工种使用。

（2）工作面数

工作面是指某专业工种进行施工所需的活动空间，一个施工段通常一个工作面，加快施工时也可增加工作面数量。工作面数根据专业工种的计划产量定额和安全施工技术规程确定，反映了工人操作、机械运转在空间布置上的具体要求。

在施工作业时，无论是人工还是机械都需有一个最佳的工作面空间，才能发挥其最佳施工效率。最小工作面对应安排的施工人数和机械数是最多的，它决定了某个专业队伍的人数及机械数的上限，直接影响到某个工序的作业时间，因而工作面数量确定是否合理直接关系到作业效率和作业时间。

（3）施工层数

对于多层的土木构筑物，既可水平分施工段，又可竖向分施工层，即安排竖向流水施工，用 l 来表示施工层数。

竖向一般以结构层划分施工层，有时为方便，也可以按一定的施工高度划分施工层，例如按一步脚手架的高度来划分一个施工层。

（4）施工段的划分原则

划分施工段是组织流水施工的关键。在同一时间内，一个施工段只容纳一个专业施工队施工，不同的专业施工队在不同的施工段上平行作业，所以，施工段数将直接影响流水施工的组织效果。合理划分施工段，一般应遵循以下原则：

① 各施工段的劳动量基本相等，以保证流水施工的连续性、均衡性和有节奏性，各施工段劳动量相差不宜超过10%～15%。

② 应满足专业工种对工作面的空间要求，以发挥人工、机械的生产作业效率，因而施工段不宜过多，最理想的情况是平面上的施工段数与施工过程相等。

③ 有利于结构的整体性，施工段界限应尽量与结构的变形缝或施工缝等一致。

④ 当施工对象有层间关系，且分层又分段时，划分施工段数尽量满足下式要求：

$$m > n \tag{7.2.1-3}$$

式中 m——施工段数；

n——施工过程数。

当 $m = n$ 时，施工专业队伍既能保证连续施工，又能使所划分的施工段工作面不空闲，是最理想的情况，有条件时应尽量采用这一条件。

当 $m > n$ 时，能保证施工队连续施工，但所划分的施工段工作面会出现空闲，这种安排也是允许的。实际施工时有时为满足某些施工过程的技术间歇要求，有意让工作面空闲一段时间反而更趋合理。

当 $m < n$ 时，是指施工段上安排不了每个专业队同时开展施工，施工过程或作业班组不能连续施工，出现了窝工现象，通常应力求避免这种组织安排。但有时当施工对象规模较小，确实不可能划分较多的施工段时，可与同工地或同一部门内的其他相似的工程联合，组织成大流水，以保证施工队伍连续作业，不出现窝工现象。

3）时间参数

时间参数是指用时间单位度量的组织参数，包括流水节拍、流水步距、工期、各种间歇时间等参数。

（1）流水节拍

流水节拍是指一个施工过程或作业队伍在一个施工段上持续作业的时间，用 t 表示，其大小受到投入的劳动力、机械及供应量的影响，也受到施工段的大小影响。

流水节拍的确定方式有两种：一种是根据现有能够投入的资源量等计算确定，另一种是根据工期要求进行倒算来确定。

① 根据资源实际投入量计算

其计算式如下：

$$t_i = \frac{Q_i}{S_i \cdot R_i \cdot a} = \frac{Q_i \cdot Z_i}{R_i \cdot a} = \frac{P_i}{R_i \cdot a} \tag{7.2.1-4}$$

式中 t_i——流水节拍；

Q_i——施工过程在一个施工段上的工程量；

S_i——完成该施工过程的产量定额；

R_i——参与该施工过程的工人数或施工机械台数；

a——每天工作班次；

Z_i——完成该施工过程的时间定额；

P_i——该施工过程在一个施工段上的劳动量。

② 根据工期确定流水节拍

总工期是由各个施工段工期及各个分段开工时差构成的，据此得一般估算公式：

$$t_i = \frac{T}{m + \sum_{i}^{n-1} k_i} \tag{7.2.1-5}$$

式中 T——总工期（天或月）；

k_i——施工步距（天或月），通常 n 个施工队就有 $n-1$ 个施工步距。

流水节拍的大小对工期有直接影响，通常在施工段数不变的情况下，流水节拍越小，工期就越短。当施工工期受到限制时，就应从工期要求反求流水节拍，然后用式（7.2.1-4）反求得所需的人数或机械数，同时检查最小工作面是否满足要求及人工、机械供应的可行性。

如果发现按某一流水节拍计算的人工数或机械数不能满足要求，供应不足，则可采取延长工期的方法，增加流水节拍，减少人工和机械的需求量，以满足实际的资源限制条件。如果工期不能延长，则可增加资源供应量或采取一天多班次作业以满足要求。

③ 根据专家意见进行最佳评估计算

见网络时间参数计算章节，公式（7.2.4-1）。

（2）流水步距

流水步距（k）是指相邻两个专业工作队先后进入流水施工的时间间隔，也就是在同一个施工段上前后施工队进入场地的时间差。流水步距的个数取决于参加流水的施工过程数或专业队数，如施工队数为 n，则流水步距数为 $n-1$ 个。

流水步距应根据施工工艺、流水形式和施工条件来确定，在确定流水步距时应尽量满足以下要求：

① 始终保持顺序施工，即在一个施工段上，前一施工过程完成后下一施工过程方能开始。

② 任何作业班组在各施工段上必须保持连续施工。

③ 前后两个施工过程的施工作业应能最大限度地组织平行施工。

计算流水步距的方法一般有图上分析法、分析计算法和潘特考夫斯基法三种。

（3）间歇时间

① 技术间歇

在流水施工中，除了考虑两相邻施工过程间的正常流水步距外，有时也应根据施工工艺的要求考虑工艺间合理的技术间歇（t_j）。如混凝土浇筑完成后应养护一段时间后才能进行下一道工艺，这段养护时间即为技术问题决定的，它的存在会使工期延长。

② 组织间歇

组织间歇时间（t_z）是指在施工中由于考虑施工组织的要求，对两相邻的施工过程在规定的流水步距以外增加必要的时间间隔，例如，施工人员对前一施工过程进行检测验收并为后续施工过程做出必要的技术准备工作等，如基础混凝土浇筑并养护后，施工人员必须进行主体结构轴线位置的弹线等。

（4）组织搭接时间

组织搭接时间（t_d）是指施工中由于考虑组织措施等原因，在可能的情况下，后续施工过程在规定的流水步距以内提前进入该施工段进行施工，这样工期可缩短，安排趋合理。

（5）流水工期

流水工期（T）是指一个流水施工中，从第一个施工过程（或作业班组）开始进入流水施工，到最后一个施工过程（或作业班组）施工结束所需的全部时间。

4. 流水施工组织类型

为了适应不同施工项目施工组织的特点和进度计划安排的要求，根据流水施工的特点可以将流水施工分成不同的种类进行分析和研究。

1）按照流水施工的组织范围划分

按照流水施工组织的范围不同，流水施工可以划分为以下几种。

（1）分项工程流水施工

分项工程流水施工又称为细部流水施工，是指一个专业队利用同一生产工具依次连续不断地在各个区段完成同一施工过程的工作，如模板工作队依次在各施工段上连续完成模板支设任务，即称为细部流水施工。

（2）分部工程流水施工

分部工程流水施工也称为专业流水施工，是在一个分部工程的内部各分项工程之间组织的流水施工。该施工方式是各个专业队共同完成一个分部工程的流水，如基础工程流水、主体结构工程流水、装修工程流水等。

（3）单位工程流水施工

单位工程流水施工又称为综合流水施工，是在一个单位工程内部各分部工程之间的流水施工，即为完成单位工程而组织起来的全部专业流水的总和，其进度计划即为单位工程进度计划。

（4）群体工程流水施工

群体工程流水施工又称为大流水施工，是指群体工程中各单项工程或单位工程之间的流水施工，其进度计划即为工程项目的施工总进度计划。

2）按照流水施工的节奏特征划分

根据流水施工的节奏特征，流水施工可划分为有节奏流水施工和无节奏流水施工，有节奏流水施工又可分为等节奏流水施工和异节奏流水施工，其分类关系及组织流水方式如图 7.2.1-3 所示。

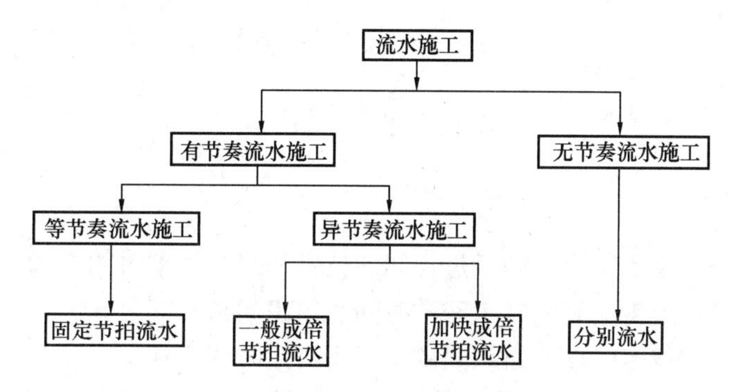

图 7.2.1-3 按流水节拍特征分类

（1）工程必须可分解为若干个施工对象（施工段）（要有批量），同一类施工对象彼此独立。

（2）每个对象可分解为若干个施工过程，且不同施工对象是相同施工过程（为专业化服务提供量化条件）。

（3）在所有施工对象上，同样的施工过程由同一专业施工队（组）承担，不同的施工过程由不同的专业施工队（组）承担，即专业化分工（组织专业队伍）。

（4）主要工程必须连续、均衡地进行；次要工程可考虑合并或其他措施。

（5）不同施工过程尽可能组织平行搭接施工。

7.2.2 流水组织案例分析

1. 固定节拍流水施工组织

固定节拍流水施工组织是指整个施工中的所有流水节拍都彼此相等的施工组织方式，即：

（1）各个施工过程在各个施工段上的流水节拍彼此相等：t_i ＝常数；

（2）各施工过程之间的流水步距彼此相等，且等于流水节拍：$t_i = k_i$ ＝常数；

（3）每个施工过程在每个施工段上均由一个专业队独立完成，即专业施工队数目为 n；

（4）各个施工过程的施工速度相等。

固定节拍流水施工的组织方法如下。

1）划分施工过程

根据施工对象的具体情况和进度计划性质，划分施工过程（n），并确定起始点和施工流向，根据施工项目的工艺逻辑关系确定施工顺序。

2）确定施工段数

（1）无技术和组织间歇时间时，可按施工段的划分原则，结合工程项目的实际情况确定施工段数（m），最少的施工段数 $m_{\min} = n$。

（2）有技术和组织间歇时间时，为保证专业施工队连续施工，应满足 $m > n$，此时，每层施工段空闲数为 $m-n$，每层空闲时间为 $(m-n)t = (m-n)k$

若一个楼层内各施工过程的技术间歇时间和组织间歇时间之和为 Z，楼层间的技术间歇时间和组织间歇时间之和为 C，为保证专业施工队连续施工，则：

$$(m-n) \times k = Z + C$$

由此，可得出每层的施工段数目 $m_{\min}$ 应满足：

$$m_{\min} = n + \frac{Z + C - \sum t_{\mathrm{d}}}{k} \tag{7.2.2-1}$$

式中 Z——施工层内各施工过程间的技术和组织间歇时间之和，$Z = \sum t_j + \sum t_z$。

C——施工层间的技术间歇时间和组织间歇时间之和。

$\sum t_j$、$\sum t_z$、$\sum t_{\mathrm{d}}$——技术间歇、组织间歇、组织搭接时间之和。

如果每层的 Z 并不相等，各层间的 C 也不均等时，应取各层中最大的 Z 和 C，则式（7.2.2-1)应改为：

$$m_{\min} = n + \frac{Z_{\max} + C_{\max} - \sum t_{\mathrm{d}}}{k} \tag{7.2.2-2}$$

3）计算流水施工工期

流水施工工期是指从第一个施工过程开始施工到最后一个施工过程完工的全部时间。

（1）无分层施工情况

无分层的流水组织的施工总工期 T 的计算公式为：

$$T = (n-1)k + t_n = (n-1)t + t_n \tag{7.2.2-3}$$

式中 t_n ——最后一个施工过程的持续时间，$t_n = mt = mk$。

根据固定节拍流水施工的特征，并考虑施工中的间歇及搭接情况，可以将式（7.2.2-3）改写为一般形式：

$$\left.\begin{aligned} T &= (n-1)k + mt + \sum t_J + \sum t_z - \sum t_d \\ T &= (m+n-1)k + \sum t_J + \sum t_z - \sum t_d \end{aligned}\right\} \tag{7.2.2-4}$$

（2）分层施工情况

有分层组织固定节拍流水施工时，其流水施工工期可按式（7.2.2-4）修正为：

$$\left.\begin{aligned} T &= (A \cdot r \cdot m + n - 1)k + mt + \sum t_J + \sum t_z - \sum t_d \\ T &= (A \cdot r \cdot m + n - 1)k + \sum t_J + \sum t_z - \sum t_d \end{aligned}\right\} \tag{7.2.2-5}$$

式中 A ——参加流水施工的同类型土木工程产品的幢数；

r ——每幢土木工程产品的施工层数；

m ——每幢土木工程产品每一层划分的施工段数；

n ——参加流水的施工过程（或作业班组）数；

4）绘制流水施工进度表

采取横道图表达流水施工组织时，需要注意的是流水步距。当某施工过程要求有技术间歇或组织间歇时，应由流水步距再加上相应的间歇时间作为开工的时间间隔进行绘制。若有平行搭接时间，则从流水步距中扣除。

【例题 7.2.2-1】 某一基坑开挖工程统计出的工作量，土方量为 460m^3，绑扎钢筋为 10.5t，浇筑混凝土为 150m^3，砖基础及回填为 180m^3。基础总长度为 370m，每个技工的最小工作面长度为 7.6m，该企业的技工和普工之比为 2∶1，试按固定节拍组织进行流水施工的参数设计（图 7.2.2-1）。

第一步：确定过程数。根据该项目的定额分析，施工过程可划分成土方挖掘、绑扎钢筋、混凝土浇筑和砖基础及回填四个过程，即 $n=4$。

第二步：划分施工段。$m=n=4$。

第三步：计算每段的劳动工作量：

基础开挖：$P = QH = \dfrac{460}{4} \times 0.51 = 59$ 工日 / 段

绑扎钢筋：$P = QH = \dfrac{10.5}{4} \times 7.8 = 20$ 工日 / 段

混凝土浇筑：$P = QH = \dfrac{150}{4} \times 0.83 = 31$ 工日 / 段

基础及回填：$P = QH = \dfrac{180}{4} \times 1.45 = 65$ 工日 / 段

第四步：计算用工数和节拍。

根据基础及回填的最大用工效率计算每个过程的用工数量：$\dfrac{370}{4 \times 7.6} \approx 18$ 工日

基础及回填的节拍：

$$65 \div 18 \approx 4\text{d}$$

施工过程	人数	流水节拍	施工进度						
			4	8	12	16	20	24	28
基槽开挖	15	4	①	②	③	④			
帮扎钢筋	5	4		①	②	③	④		
混凝土浇筑	8	4			①	②	③	④	
砖基础及回填土	18	4				①	②	③	④

图 7.2.2-1 固定节拍案例横道图

基槽开挖的用工数：

$$59 \div 4 \approx 15\text{ 人}$$

钢筋绑扎用人数：

$$20 \div 4 = 5\text{ 人}$$

混凝土浇筑用人数：

$$31 \div 4 \approx 8\text{ 人}$$

第五步：计算步距和工期：

$$k = t = 4\text{d}$$

$$T = (m + n - 1)t = (4 + 4 - 1) \times 4 = 28\text{d}$$

2. 成倍数节拍流水施工

在异节奏流水施工中，当同一施工过程在各个施工段上的流水节拍不相等但它们之间有最大公约数，即节拍之间是整数倍的关系时，每个施工过程均按其节拍的倍数关系，组织相应数目的专业队伍，充分利用工作面组织等步距成倍数节拍流水施工。

1）成倍数节拍流水施工特点

（1）同一施工过程在各个施工段上的流水节拍彼此相等，不同施工过程在同一施工段上的流水节拍之间存在一个最大公约数。

（2）各专业施工队之间的流水步距彼此相等，且等于流水节拍的最大公约数 k。

（3）专业施工队总数目大于施工过程数。

2）成倍数节拍一般流水组织

已知 n 个施工过程的流水节拍 $t_1, t_2, \cdots, t_n$。

（1）计算流水步距

$$\left.\begin{aligned} k_{i,i+1} &= t_i && \text{当}t_i \leqslant t_{i+1} \\ k_{i,i+1} &= mt_i - (m-1)t_{i+1} && \text{当}t_i > t_{i+1} \end{aligned}\right\} \tag{7.2.2-6}$$

式中 $k_{i,i+1}$ ——第 i 个和第 $i+1$ 个过程之间的流水步距。

（2）计算工期

$$T = \sum k_{i,i+1} + T_n + \sum t_{j,i,i+1} + \sum t_{z,i,i+1} - \sum t_{d,i,i+1} \tag{7.2.2-7}$$

3）成倍数节拍加快流水组织

（1）确定流水步距 k。

加快的成倍数节拍流水施工，流水步距 k 取各个节拍 t_i 的最大公约数。

（2）确定各施工过程专业队伍数：$b_i = \dfrac{t_i}{k}$，计算专业队伍总数：$n_t = \sum b_i$

（3）确定流水施工工期。

① 无分层施工时，成倍节拍流水施工的工期计算式为：

$$T = (n_t - 1)k + t_n + \sum t_J + \sum t_z - \sum t_d \tag{7.2.2-8}$$

式中　t_n ——最后一个投入到施工的作业队伍完成任务的持续时间，$t_n = mk$。

② 有分层施工：

将式（7.2.2-8）改写成：

$$T = (A \cdot r \cdot m + n_t - 1)k + \sum t_J + \sum t_z - \sum t_d \tag{7.2.2-9}$$

（4）绘制流水施工进度表。

【例题 7.2.2-2】某一项目由绑扎钢筋 t_1、支模板 t_2、浇筑混凝土 t_3 三个过程组成，三个过程的节拍分别是 $t_1 = 1$、$t_2 = 3$、$t_3 = 2$，如果按一般流水组织施工，其横道图如图 7.2.2-2所示；按加快流水组织的横道图，如图 7.2.2-3 所示。

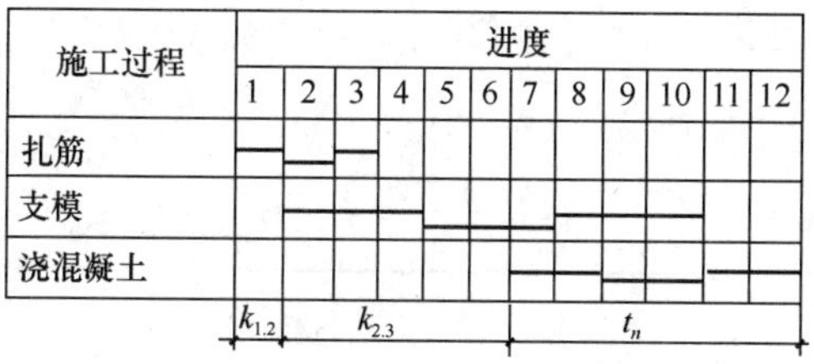

施工过程	进度											
	1	2	3	4	5	6	7	8	9	10	11	12
扎筋												
支模												
浇混凝土												

$k_{1.2}$　$k_{2.3}$　t_n

图 7.2.2-2　成倍节拍一般流水

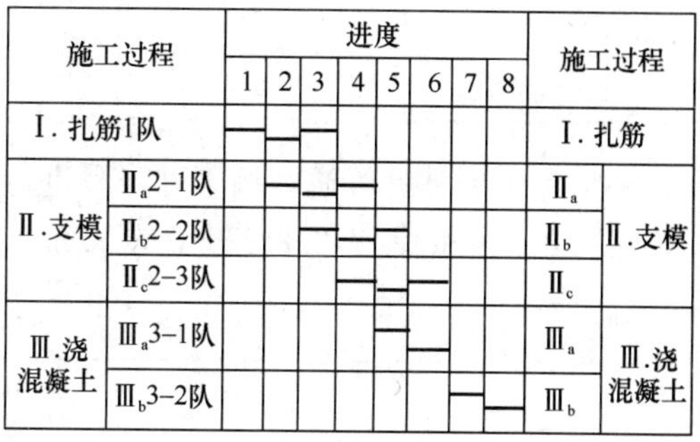

施工过程		进度								施工过程	
		1	2	3	4	5	6	7	8		
Ⅰ.扎筋1队										Ⅰ.扎筋	
Ⅱ.支模	Ⅱ$_a$2-1队									Ⅱ$_a$	Ⅱ.支模
	Ⅱ$_b$2-2队									Ⅱ$_b$	
	Ⅱ$_c$2-3队									Ⅱ$_c$	
Ⅲ.浇混凝土	Ⅲ$_a$3-1队									Ⅲ$_a$	Ⅲ.浇混凝土
	Ⅲ$_b$3-2队									Ⅲ$_b$	

图 7.2.2-3　成倍节拍加快流水

3. 分别流水施工

分别流水是指同一施工过程在各施工段上的流水节拍不全相等，不同的施工过程之间流水节拍也不相等，在这样的条件下组织施工的方式称为分别流水施工，也称为无节奏流水施工。这种组织施工的方式，在进度安排上比较自由、灵活，是实际工程组织施工最普遍、最常用的一种方法。

1）分别流水的特点

（1）每个施工过程在每个施工段上均由一个专业施工队独立完成作业，即专业施工队数目等于施工过程数。

（2）各个施工过程在各个施工段上的流水节拍彼此不等，也无特定规律。

（3）所有施工过程之间的流水步距彼此不全等，流水步距与流水节拍的大小及相邻施工过程的相应施工段节拍差有关。

（4）工期计算公式：

$$T = \sum k_{i,i+1} + t_n \tag{7.2.2-10}$$

由上式可以看到，为了满足流水施工中作业队伍的连续性，确定流水步距是关键。$k_{i,i+1}$ 的计算方法目前有图上分析法、分析计算法、潘特考夫斯基法。下面介绍潘特考夫斯基法。

2）分别流水施工设计

分别流水的设计流程是：确定流水步距→确定施工段数→确定流水施工工期→绘制进度计划表。

【例题 7.2.2-3】某钢筋混凝土框架结构施工安排6个施工过程，4个施工段，各施工过程在各施工段上的流水节拍见表7.2.2-1，试计算无节奏流水的工期和绘制横道图。

施工分段节拍参数表 **表 7.2.2-1**

施工过程编号	施工段编号			
	Ⅰ段	Ⅱ段	Ⅲ段	Ⅳ段
① 扎柱筋	4	6	6	4
② 支柱模	4	6	6	4
③ 浇柱混凝土	2	6	6	4
④ 支梁板模板	4	6	6	4
⑤ 扎梁板钢筋	4	6	6	4
⑥ 浇梁板混凝土	2	4	4	2

潘特考夫斯基计算法，按下列步骤进行：

第一步：根据表7.2.2-1建立表7.2.2-2，建立矩阵 $a_{i,j}$（6，5）。

计算表 1 **表 7.2.2-2**

列代号		施工过程	附列	施工段编号			
			0	1段	2段	3段	4段
			$a_{i,1}$	$a_{i,2}$	$a_{i,3}$	$a_{i,4}$	$a_{i,5}$
1	$a_{1,j}$	① 扎柱筋	0	4	6	6	4
2	$a_{2,j}$	② 支柱模	0	4	6	6	4
3	$a_{3,j}$	③ 浇柱混凝土	0	2	6	6	4
4	$a_{4,j}$	④ 支梁板模板	0	4	6	6	4
5	$a_{5,j}$	⑤ 扎梁板钢筋	0	4	6	6	4
6	$a_{6,j}$	⑥ 浇梁板混凝土	0	2	4	4	2

第二步：计算各施工过程由进入流水到完成该段的施工时间总和（表7.2.2-3），建立矩阵 $b_{i,j}$（6，5），矩阵元值计算：$j=1, b_{i,j}=0$，$j\neq 1$，$b_{i,j}=a_{i,j}+a_{i+1,j}$

计算表 2 **表 7.2.2-3**

列代号		施工过程	附列	施工段编号			
			0	1段	2段	3段	4段
			$b_{i,1}$	$b_{i,2}$	$b_{i,3}$	$b_{i,4}$	$b_{i,5}$
1	$b_{1,j}$	⑦ 扎柱筋	0	4	10	16	20
2	$b_{2,j}$	⑧ 支柱模	0	4	10	16	20
3	$b_{3,j}$	⑨ 浇柱混凝土	0	2	8	14	18

续表

列代号		施工过程	附列	施工段编号			
			0	1 段	2 段	3 段	4 段
			$b_{i,1}$	$b_{i,2}$	$b_{i,3}$	$b_{i,4}$	$b_{i,5}$
4	$b_{4,j}$	⑩ 支梁板模板	0	4	10	16	20
5	$b_{5,j}$	⑪ 扎梁板钢筋	0	4	10	16	20
6	$b_{6,j}$	⑫ 浇梁板混凝土	0	2	6	10	12

第三步：将前一个施工过程表列中的各持续时间，减去后一施工过程前列得持续时间，即相邻斜减，得到差值列表，增加一列，填入本行的最大值，建立矩阵 $\boldsymbol{c}_{i,j}$（5，5），矩阵元值计算：$j=1, c_{i,j}=0$，$j \neq 1, c_{i,j}=c_{i,j}-c_{i+1,j-1}$，见表 7.2.2-4。

计算表 3 **表 7.2.2-4**

列代号		施工过程	附列	施工段编号			
			0	1 段	2 段	3 段	4 段
			$c_{i,1}$	$c_{i,2}$	$c_{i,3}$	$c_{i,4}$	$c_{i,5}$
1	$c_{1,j}$	$c_{1,j+1}=a_{1,i+1}-a_{2,i}$	0	4	6	6	4
2	$c_{2,j}$		0	4	8	8	6
3	$c_{3,j}$		0	2	4	4	2
4	$c_{4,j}$		0	4	6	6	4
5	$c_{5,j}$		0	4	8	10	10
6	$c_{6,j}$						

第四步：计算各个过程之间的步距 $k_{i,i+1}=\max(c_{i,j})$；由此可得到

$k_{1,2}=\max\{c_{1,2}, c_{1,3}, c_{1,4}, c_{1,5}\}=\max\{4,6,6,4\}=6$

$k_{2,3}=\max\{c_{2,2}, c_{2,3}, c_{2,4}, c_{2,5}\}=\max\{4,8,8,6\}=8$

$k_{3,4}=\max\{c_{3,2}, c_{3,3}, c_{3,4}, c_{3,5}\}=\max\{2,4,4,2\}=4$

$k_{4,5}=\max\{c_{4,2}, c_{4,3}, c_{4,4}, c_{4,5}\}=\max\{4,6,6,4\}=6$

$k_{5,6}=\max\{c_{5,2}, c_{5,3}, c_{5,4}, c_{5,5}\}=\max\{4,8,10,10\}=10$

第五步：绘制横道图（图 7.2.2-4、图 7.2.2-5）。

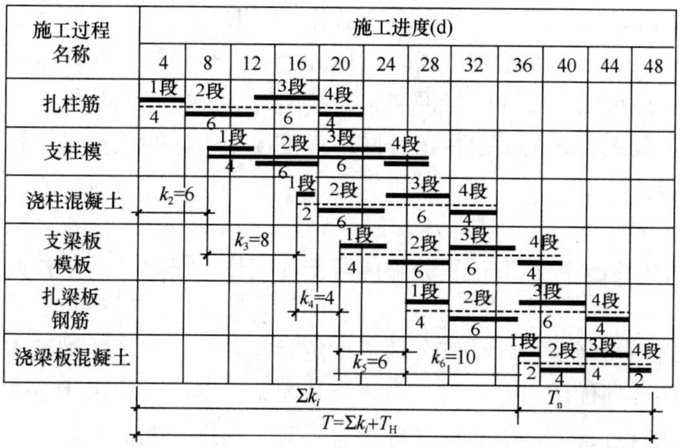

图 7.2.2-4 分别流水横道图

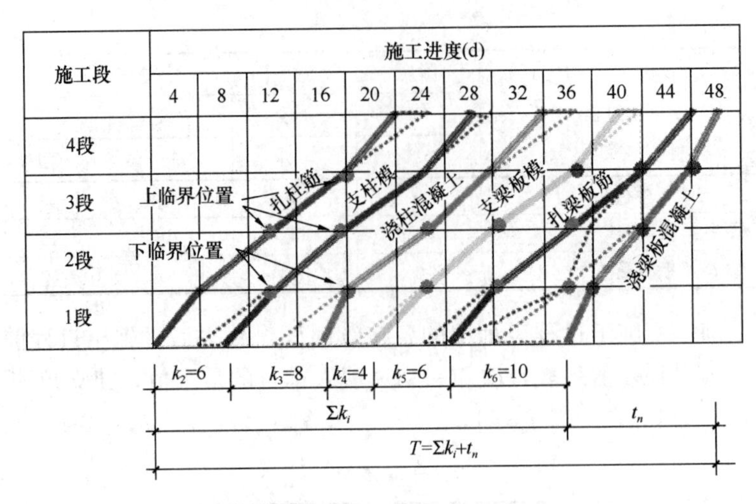

图 7.2.2-5 分别流水竖向图

网络计划技术创始于 20 世纪 50 年代的美国，20 世纪 60 年代初，我国开始在生产管理中研究推广应用，20 世纪 80 年代进入工程管理领域。1992 年我国颁布了《工程网络计划技术规程》JGJ/T 1001—1991，有了统一的技术标准，2015 年版为目前的最新修订版本。

7.2.3 网络计划原理

1. 网络计划种类

网络计划技术是应用网络图形来表达一项工程计划中各项工作的先后顺序和逻辑关系，通过对网络图进行时间参数的计算，找出关键工作和关键线路，按照一定的目标对网络计划进行优化，以选择最优方案，在计划执行过程中对计划进行有效的控制与调整，保证合理地使用人力、物力和财力。

网络计划技术种类很多。根据工作与工作之间的逻辑关系以及工作持续时间是否确定的性质，网络计划可分为肯定型网络计划［关键线路法（CPM）、搭接网络计划法］、非肯定型网络计划。根据应用目的，还有计划评审技术（PERT）、图示评审技术（GERT）、决策网络计划（DN）、风险评审技术（VERT）等。

根据施工用途，网络图和绘制方法，可划分为单代号网络，双代号网络；按时间坐标和复杂工序关系，还可以划分为时标网络、搭接网络等；按应用范围，可划分为局部工程项目网络、单位工程项目网络、总体工程网络；按优化目标的数量，可划分为单目标网络图和多目标网络图。

2. 网络计划目的

（1）把一项工程的全部建造过程分解成若干项工作，研究各项工作开展的顺序和相互制约关系。

（2）通过网络图绘制分析，计算各项工作的时间参数，找出关键工作，计算工期。

（3）通过网络计划优化，不断改进网络计划初始方案，找出最优方案。

（4）在项目执行过程中，通过网络计划技术对工程进行控制和监督，以最少的资源消耗，获得最大的经济和社会效益。

3. 双代号网络图

双代号网络图（Activity on Arrow），就是用两端点带不同编码的箭线来表达分解的不同工作，按照逻辑关系绘制在网络图中，展示工程的施工流程，而形成一个有向、有序的网状图形。

1）工作

在双代号网络图中，一项工作由箭尾表示工作的开始，箭头表示工作的结束。箭线可以画成实线和虚线，可以是直线、折线或斜线，工作名称或代号写在箭线上方，完成该工作的持续时间写在箭线的下方，如图 7.2.3-1 所示。工作、节点和线路是构成双代号网络的三个基本要素。

工作可以分为三种类型：一是需要消耗时间和资源的工作；二是只消耗时间而不消耗资源的工作，如混凝土养护、路基养生等；三是既不消耗时间，也不消耗资源的工作。前两种是实际存在的工作，第三种是人为的虚设工作，只表示相邻前后工作之间的逻辑关系，通常称其为“虚工作”，以虚箭线表示，见图 7.2.3-1。

双代号网络图中，各个工作之间存在逻辑关系，如图 7.2.3-2 所示。一般划分为四种：一是被置为当今研究的工作，称为本工作，如 B 工作，以缺省代号 $i-j$ 表示；二是紧排在本工作之前的工作，称之为紧前工作，如 A 工作；三是紧排在本工作后的工作，称为紧后工作，如 D；四是与本工作平行的工作，如 C 工作。

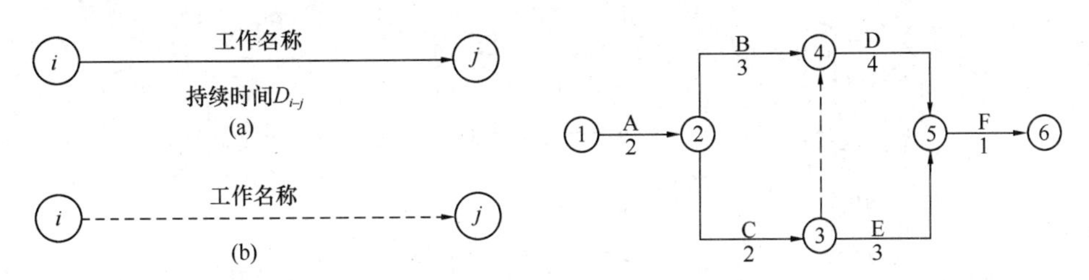

图 7.2.3-1　双代号网络工作事件图示表达法

图 7.2.3-2　双代号网络图

2）节点

双代号网络的节点也称为事件，表示前面工作结束和后面工作开始的瞬间，它不需要消耗时间和资源。节点用圆圈表示，圆圈中编整数编号。

根据节点在网络图中的位置不同，分为起点节点、中间节点和终点。起点节点是网络图的第一个节点，表示一项任务的开始，双代号网络图中，起点节点没有指向该节点的内向箭线；终点节点是网络图的最后一个节点，表示一个项目任务完成，终点节点没有从该节点出发的外向箭线；除起点节点和终点节点以外的节点均称为中间节点，中间节点具有双重的含义，既是前面工作的箭头节点，也是后面工作的箭尾节点。

3）线路

网络图中从起始节点开始，沿箭线方向连续通过一系列箭线和节点，最后到达终点节点的通路称为线路，图 7.2.3-2 所示的网络计划中线路有：①→②→③→⑤→⑦→⑧、①→②→④→⑥→⑦→⑧、①→②→③→④→⑥→⑦→⑧、①→②→③→⑤→⑥→⑦→⑧等四条线路。线路上所有工作持续时间的总和称为线路工期；其中，工期最长的线路称为关键线路。关键线路的性质：

（1）关键线路的线路时间代表整个网络计划的总工期；

（2）关键线路上的工作都是关键工作；

（3）关键线路和关键工作都没有时间储备；

（4）网络图中至少有一条关键线路；

（5）关键线路的时间缩短时就可能变成非关键线路。

非关键线路的性质：

（1）非关键线路的线路时间仅代表该条线路的计划工期；

（2）非关键线路上的工作，除了关键工作，都是非关键工作；

（3）非关键线路和非关键工作都有时间储备；

（4）网络图中除了关键线路外都是非关键线路；

（5）非关键线路的时间延长时就可能变成关键线路。

4）双代号网络图识读

识读双代号网络图，就是要掌握其绘制规则。

（1）网络图应正确反映各工作之间的逻辑关系。

（2）网络图严禁出现循环回路。如图 7.2.3-3(a) 所示，②→③→④→②为循环回路。如果出现循环回路，会造成逻辑关系混乱。

（3）网络图严禁出现双向箭头和无向箭头线，如图 7.2.3-3(b) 所示。

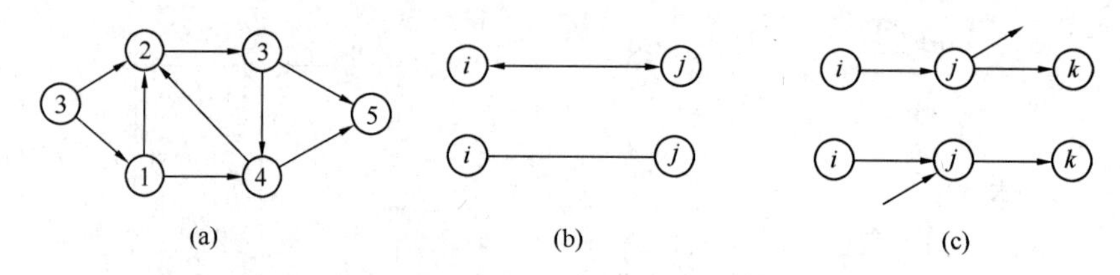

图 7.2.3-3　错误的表达方法

(a) 有循环回路；(b) 错误画法 1；(c) 错误画法 2

（4）网络图严禁出现没有箭头或箭尾节点的箭线，如图 7.2.3-3(c) 所示。

（5）双代号网络图中，一项工作只能有唯一的一条箭线和一对节点编号对应，不允许出现代号相同的两根箭线，图 7.2.3-4(a) 所示是错误的画法。①→②工作既代表 A 工作，又代表 B 工作，为了区分 A 工作和 B 工作，采用虚工作，分别表示 A 工作和 B 工作，图 7.2.3-4(b) 所示是正确的画法。

（6）在绘制网络图时，应尽可能地避免箭线交叉，如不可能避免时，应采用过桥法或指向法，如图 7.2.3-5 所示。

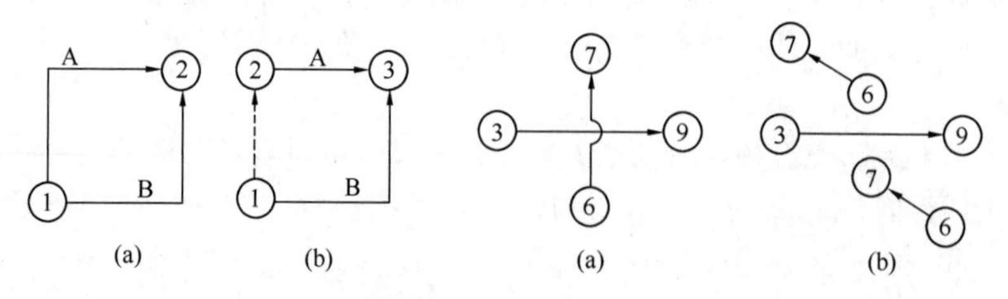

图 7.2.3-4　虚箭线的作用

(a) 错误的画法；(b) 正确的画法

图 7.2.3-5　交叉箭线的画法

(a) 过桥法；(b) 指向法

(7) 一条箭线箭尾的节点编号必须小于箭头的节点编号。

(8) 网络图中，只允许有一个起始节点和一个终点节点。

(9) 双代号网络图中的某些节点有多条外向箭线或多条内向箭线时，为使图面清楚，可采用母线法，如图 7.2.3-6 所示。

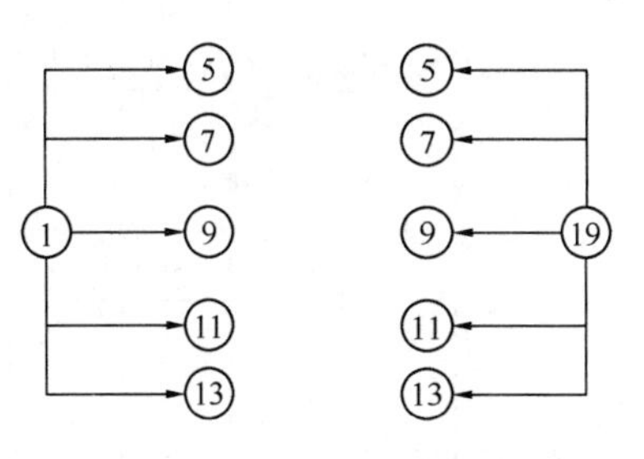

图 7.2.3-6 母线法表示

双代号网络图绘制步骤包括编制各工作之间的逻辑关系表，按逻辑关系表连接各工作之间的箭线，绘制网络图的草图并整理成正式网络图。注意：布局应条理清楚，重点突出。双代号网络图分为带时标和不带时标两类。

5) 一般双代号网络图绘制

绘制网络图需要四大步骤，分别是：①划分工作；②构建工作关系和时间表；③绘制草图；④调整和优化网络图。

绘制网络图计划的方法可分为前进法、后退法、先粗后细法、先局部后总体法四种。

前进法：就是从网络计划的起点开始，顺箭线方向，按逐节生长法绘制，直至终点节点。一般列出与本工作的紧后工作的关系后就方便网络图的绘制，但确定起始点是关键。

后退法：就是从网络计划的终点开始，逆箭线方向，按逐节生长法绘制，直至起始节点。一般列出与本工作的紧前工作的关系后就方便网络图的绘制，但确定终点是关键。

先粗后细法：就是粗略划分施工工序并绘制网络图，然后将各个工序细化，继而细化网络图。

先局部后整体法：即将整个网络图划分局部网络。如将总承包项目划分成单位工程，单位工程再划分成单项工程；将单项工程网络图绘制好后，组成单位工程网络图，再组成总网络图。

6) 双代号时标网络

简称时标网络计划，是以时间坐标为尺度编制的网络计划，画法引入横道图中的方法表示工作，清晰地把时间参数直观地表达出来，同时表明各工作之间的逻辑关系。

(1) 双代号时标网络计划必须以水平时间坐标为尺度表示工作时间。时标的时间单位应根据需要在编制网络计划之前确定，可为小时、天、周、月或季等。

(2) 时标网络计划应以实箭线表示工作，以虚线表示虚工作，以波形线表示工作的自由时差。

(3) 时标网络计划中所有符号在时间坐标上的水平投影位置，都必须与其时间参数相对应。节点中心必须对应相应的时标位置（图 7.2.3-7）。

4. 单代号网络图

单代号网络图（Activity on Node）是以节点及其编号表示工作（图 7.2.3-8），以箭线表示工作之间逻辑关系的网络图，单代号网络图逻辑思路明了，表达工作搭接逻辑关系比较方便，在工程中应用较为广泛。节点和箭线是单代号网络的两个基本要素。

1) 节点

单代号网络图中每一个节点表示一项工作，用大圆圈或矩形表示。工作代号、工作名称、持续时间等应标注在节点圈内，见图 7.2.3-8。节点必须编号，此编号即该工作代

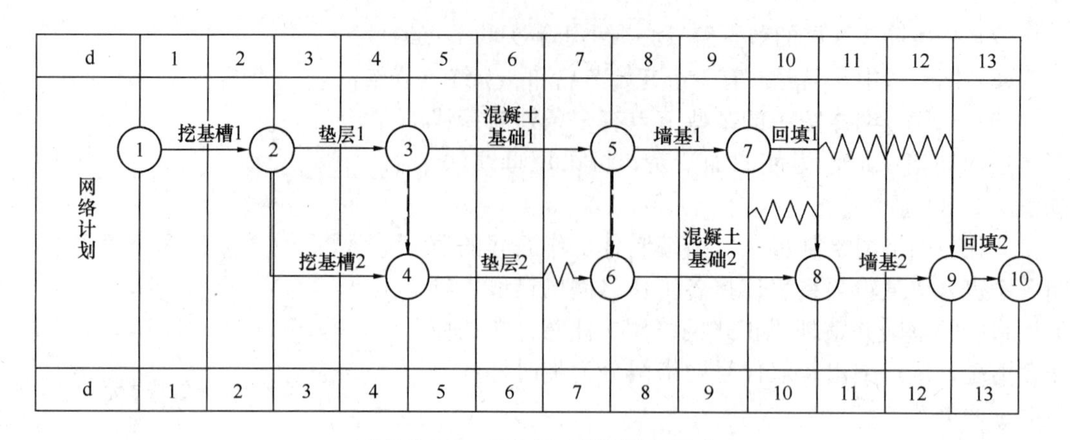

图 7.2.3-7 双代号时标网络图示意

号，由于代号只有一个，故称“单代号”。节点编号严禁重复，即一项工作只能有唯一的一个节点和唯一的一个编号。

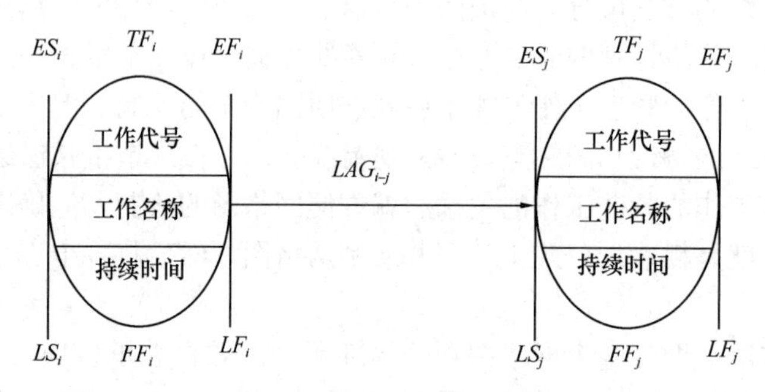

图 7.2.3-8 单代号网络图示表达

2）箭线

单代号网络图中的箭线表示紧邻工作之间的逻辑关系，全是实箭线，没有虚箭线。箭线的箭尾节点编号应小于箭头节点编号。箭线水平投影的方向应自左向右，表达工作的进行方向。

3）单代号网络图识读

绘制单代号网络图需遵循以下规则：

（1）单代号网络图必须正确表述已定的逻辑关系。

（2）单代号网络图中，严禁出现循环回路；严禁出现双向箭头或无箭头的连线；严禁出现没有箭尾节点或没有箭头节点的箭线。

（3）绘制网络图时箭线不运行交叉，当交叉不可避免时可采用过桥法和指向法绘制。

（4）单代号网络图只应有一个起点节点和一个终点节点。当有多项起点节点或多项终点节点时，应在网络图的两端分别设置一项虚工作，作为该网络图的起点和终点节点。

4）搭接关系

为了简单、直接地表达工作之间的搭接关系，使网络计划的编制得到简化，便出现了搭接网络计划。搭接网络计划一般都采用单代号网络图的表示方法，即以节点表示工作，以节点之间的箭线表示工作之间的逻辑关系和搭接关系（图 7.2.3-9）。

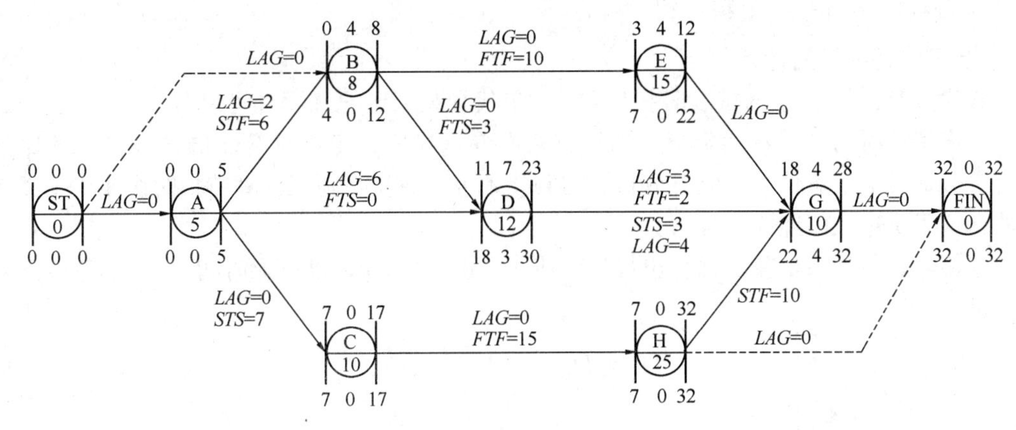

图 7.2.3-9 单代号搭接网络图

在搭接网络计划中，工作之间的搭接关系是由相邻两项工作之间的不同时距决定的。所谓时距，就是在搭接网络计划中相邻两项工作之间的时间差值。其相应参数如下。

（1）结束到开始（FTS）的搭接关系

它是指相邻两工作，前项工作结束后，经过时间间隔 FTS，后面工作才能开始的搭接关系。例如，在修堤坝时，一定要等土堤自然沉降后才能护坡，筑土堤与修护坡之间的等待自然沉降时间就是 FTS 时距。

当 FTS 时距为零时，就说明本工作与其紧后工作之间紧密衔接。当网络计划中所有相邻工作只有一种搭接关系，且其时距均为零时，实际就成纯单代号网络计划了。

（2）开始到开始（STS）搭接关系

它是指相邻两工作，前项工作开始后，经过时距 STS，后面工作才能开始的搭接关系。例如，在道路工程中，当路基铺设工作开始一段时间保证路面浇筑工作创造一定条件之后，路面浇筑工作即开始，路基铺设工作的开始时间与路面浇筑工作的开始时间之间的差值就是 STS 时距。

（3）结束到结束（FTF）的搭接关系

它是指相邻两工作，前项工作结束后，经过 FTF 时距，后面工作才能结束的搭接关系。例如，在前述道路工程中，如果路基铺设工作的进展速度小于路面浇筑工作的进展速度时，为考虑保证路面浇筑工作质量，应留有充分的工作面，否则路面浇筑工作就将无法进行。路基铺设工作的完成时间与路面浇筑的完成时间的差值就是 FTF 时距。

（4）开始到结束（STF）的搭接关系

它是指相邻工作，前项工作开始后，经过时距 STF，后面工作才能结束的搭接关系。

（5）混合搭接关系

在搭接网络计划中，除上述四种基本搭接关系外，相邻两项工作之间有时还会同时出现两种以上的基本搭接关系。

7.2.4 网络图参数计算

网络计划时间参数计算方法较多，这里讲解工作计算法、节点计算法、标号法等。需要提供计算的网络图，各个工作的持续时间或节拍，起始节点的开工时间。

1. 网络图时间参数分类

1）工作持续时间计算

双代号某工作 $i-j$ 的持续时间为 D_{i-j}，单代号某工作的持续时间为 D_i。

工作持续时间是个不确定值，估算方法有专家判断、定额计算、群体决策、类比估算、参数估算、三点估算、储备分析、仿真技术等。在流水施工计算节拍时讲述了定额计算法，这里讲述三值经验估算法。

三值经验估计法，就是估算出最乐观值 a、最悲观值 b、最可能时间值 c，然后按下列公式进行计算：

$$D_i \text{ 或 } D_{i-j} = \frac{a + 4c + b}{6} \tag{7.2.4-1}$$

2）工作时间参数

无论双代号还是单代号都共有的 4 个工作参数，分别是 2 个最早可能、2 个最迟必须的时间参数。

（1）工作最早可能开始时间：在紧前工作全部完成后，工作有可能开始的最早时刻。在双代号中用 ES_{i-j} 表示，在单代号中用 ES_i 表示。

（2）工作最早可能完成时间：在紧前工作全部完成后，工作有可能完成的最早时刻。在双代号中用 EF_{i-j} 表示，在单代号中用 EF_i 表示。

（3）工作最迟必须开始时间：在不影响整个任务按期完成或紧后工作最迟必须开始的条件下，工作最迟必须开始的时刻。在双代号中用 LS_{i-j} 表示，在单代号中用 LS_i 表示。

（4）工作最迟必须结束时间：在不影响整个项目按期完成或紧后工作最迟必须开始的条件下，工作最迟必须完成的时刻。在双代号中用 LF_{i-j} 表示，在单代号中用 LF_i 表示。

图上作业计算时，其标注如图 7.2.4-1、图 7.2.4-2 所示。

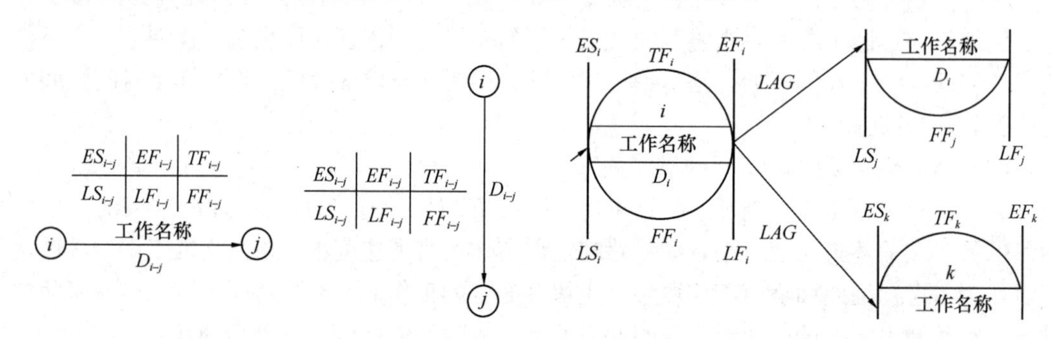

图 7.2.4-1 双代号工作时间参数表示

图 7.2.4-2 单代号工作时间参数表示

3）节点或事件时间参数

节点事件参数共两个，它们是：

（1）节点最早时间：在双代号网络计划中，以该节点为开始节点的各项工作的最早开始时间。在双代号中用 ET_i 表示。

（2）节点最迟时间：在双代号网络计划中，以该节点为完成节点的各项工作的最迟完成时间。在双代号中用 LT_j 表示。

4）时差

按时间的利用权限或用途，可将时差分为总时差、自由时差、相干时差、独立时差四种。另外，单代号网络还有一个时间参数称为时间间隔。

（1）总时差：是指不影响紧后工作最迟开始时间所具有的机动时间，或不影响工期前提下的机动时间。在双代号中用 TF_{i-j} 表示，在单代号中用 TF_i 表示。

（2）自由时差：是指在不影响紧后工作最早开始时间的前提下工作所具有的机动时间。在双代号中用 FF_{i-j} 表示，在单代号中用 FF_i 表示。

（3）相干时差：是与紧后工作共同利用的时差。在双代号中用 IF_{i-j} 表示，在单代号中用 IF_i 表示。

（4）独立时差：是紧前、紧后工作都不能利用，独自享用。在双代号中用 DF_{i-j} 表示，在单代号中用 DF_i 表示。

（5）时间间隔：单代号网络中，相邻两个工作 i、j，紧后工作 j 最早开工时间与本工作 i 最早完成时间之差，符号是 LAG_{i-j}。

5）工期

计算工期：根据网络计划的时间参数计算得出的工期 T_c；

要求工期：任务委托人所要求的工期 T_r；

计划工期：在要求工期和计算工期的基础上综合考虑需要和可能而确定的工期 T_p。

当有了规定工期时： $$T_p \leqslant T_r \quad (7.2.4\text{-}2)$$

当没有规定工期时： $$T_p \leqslant T_c \quad (7.2.4\text{-}3)$$

6）时间参数汇总（表 7.2.4-1）

网络计划时间参数汇总表 **表 7.2.4-1**

序号	参数名称		参数定义或其数学表达式	网络表示方法	
				双代号	单代号
1	持续时间		D_{i-j} 或 $D_i = \frac{a+4c+b}{6}$ (7.2.4-1)	D_{i-j}	D_i
2	工期	计算工期	根据网络计划时间参数计算而得到的工期	T_c	
3		要求工期	任务委托人所提出的指令性工期	T_r	
4		计划工期	根据要求工期和计算工期所确定的作为实施目标的工期	T_p	
5	最早可能开始时间		$ES_{i-j} = \max\{ES_{h-i} + D_{h-i}\} = \max\{EF_{h-i}\}$，$ES_{0-j} = 0$	ES_{i-j}	ES_i
6	最早可能完成时间		$EF_{i-j} = EF_{i-j} + D_{i-j}$	EF_{i-j}	EF_i
7	最迟必须开始时间		$LS_{i-j} = \min\{EF_{j-k} - D_{j-k}\} = \min\{ES_{j-k}\}, LS_{i-n} = T_p$	LS_{i-j}	LS_i
8	最迟必须完成时间		$LF_{i-j} = LS_{i-j} - D_{i-j}$	LF_{i-j}	LF_i
9	总时差		$TF_{i-j} = \min\{LS_{j-k} - EF_{i-j}\} = LS_{i-j} - ES_{i-j} = LF_{i-j} - EF_{i-j}$	TF_{i-j}	TF_i
10	自由时差		$FF_{i-j} = \min\{ES_{j-k} - EF_{i-j}\}$；$FF_{i-n} = TF_{i-n}$	FF_{i-j}	FF_i
11	节点的最早时间		$ET_i = \max\{EF_{h-i}\} = ES_{i-j}$	ET_i	
12	节点的最迟时间		$LT_j = \min\{LS_{j-k}\} = LF_{i-j}$	LT_i	
13	时间间隔		$LAG_{i-j} = ES_j - EF_i = LS_j - LF_i$	LAG_{i-j}	

注：当节点编号 $i=0$ 代表起始阶段，$i=n$ 代表终结点。

网络计划的事件参数计算的首要目的，一是获得网络计算工期，二是找出关键线路和关键工作，三是为网络优化作准备。已知条件是一张完备的网络图，内含齐全的各个分解工作的持续事件即可。总工期计算跟项目的起始时间没有直接关系，尽管任何工程跟季节或时间都是相关的，这另需讨论；起始时间可以设定，但有的网络有个规定工期或截止日期，从而影响到计算方法，这直接进入到计划或优化问题了；如果要进行优化分析，就需要对各种时差问题进行分析，并需要给出各个工作的人、机、电信息数据。不同的网络图，其原理不同，计算方法会有简便、麻烦之分，理解难易之分，或因人而异。下面的计算方法，主要是帮助理解时间各个参数的定义或内涵，并能内化于心，提高工程计划或组织的实际能力，解决实际工程问题。

2. 双代号网络参数计算

1）工作计算法

工作计算法就是以网络计划中的工作为对象，直接计算各项工作的时间参数，包括最后一个工作的时间参数，它包含了最重要的计算工期。按照计算方向，可以分正向计算和反向计算两种。这里的关键是起始节点和终点节点，辨认的方法是：起始节点只有箭尾，终点节点只有箭头；网络图一般横向布置，箭线方向水平投影总体是从左向右。

正向计算，即从左向右进行分析计算。首先计算各项工作的最早可能时间，直至最后结束工作，最后一项工作的最迟必须完成时间就是计算工期，并可得到关键线路和关键工作，关键工作的总时差为零，这是最常见的计算方法。

反向计算，首先是根据要求或规定工期，从终点节点开始，从左向右地反向，计算出各个工作的时间参数，直到起始节点。这种倒算，处在关键线路上接近起始节点的工作时间参数有可能出现负值，说明规定工期比计算工期短，这需要调整网络图中关键线路工作持续时间，但这不影响计算原理，一般也不用考虑这一情况，只要找出网络的最长线路即可。最长时间线路就是关键线路，线路上的工作就是关键工作。若规定工期大于计算工期，关键线路上工作总时差有的就不等于零，就不能按总时差等于零来判断关键工作和关键线路。

正向计算的步骤如下。

（1）计算各工作的最早开始时间（ES_{i-j}）和最早完成时间（EF_{i-j}）

最早时间参数计算顺序为由起始节点开始，顺着箭线方向，总体从左向右计算，直至终点节点，采用“加法”原理计算。

① 计算各工作的最早开始时间 ES_{i-j} 有两种情况：

第一种特殊情况是没有紧前工作的，从起始节点出发，相应工作最早开始时间为零。

$$ES_{i-j} = 0 \tag{7.2.4-4}$$

第二种是一般情况，有若干项紧前工作，该工作的最早开始时间应为其所有紧前工作的最早完成时间的最大值，即：

$$ES_{i-j} = \max\{ES_{g-i}\} \tag{7.2.4-5}$$

式中　工作 $g-i$ 泛指工作 $i-j$ 的紧前工作。

② 计算各工作最早完成时间

工作最早完成时间为工作 $i-j$ 的最早开始时间加其作业时间，即：

$$EF_{i-j} = ES_{i-j} + D_{i-j} \tag{7.2.4-6}$$

（2）确定网络计划的计划工期

从左到右完成所有工作计算，至终点，获得初始计算工期。

$$T_c = \max(ES_{i-n} + D_{i-n}) = \max(EF_{i-n}) \tag{7.2.4-7}$$

然后根据网络计划的计划工期按式（7.2.4-2）或式（7.2.4-3）确定计划工期 T_p。

（3）计算各工作的最迟开始时间（LS_{i-j}）和最迟完成时间（LF_{i-j}）

最迟时间参数受到紧后工作和结束节点的制约，计算顺序为由终点节点开始逆着箭线方向，用减法和取最小值的方法计算至起始节点，综合情况见以下计算公式：

$$\left.\begin{aligned} LF_{i-n} &= T_p \\ LF_{i-j} &= \min\{EF_{j-k} - D_{j-k}\} = \min\{ES_{j-k}\} \\ LS_{i-j} &= LF_{i-j} - D_{i-j} \end{aligned}\right\} \tag{7.2.4-8}$$

至此，所有工作时间参数就计算完毕，每项工作获得四个工作参数，可以进行下一步每项工作范围和时差分析。每项工作的工作范围 $S_{i-j} = LF_{i-j} - ES_{i-j}$。图 7.2.4-3 所示为双代号工作的各种时间关系图。

（4）各工作总时差的计算

① 总时差的计算方法：

总时差的计算公式为：

$$\begin{aligned} TF_{i-j} &= S_{i-j} - D_{i-j} = LF_{i-j} - ES_{i-j} - D_{i-j} \\ &= LF_{i-j} - EF_{i-j} = LS_{i-j} - ES_{i-j} \end{aligned} \tag{7.2.4-9}$$

② 关于总时差的结论：

根据 T_p 和 T_c 的大小关系，关键工作的总时差可能出现三种情况：

当 $T_p = T_c$ 时，关键工作的 $TF = 0$；

当 $T_p > T_c$ 时，关键工作的 TF 均大于 0；

当 $T_p < T_c$ 时，关键工作的 TF 有可能出现负值。

关键工作是施工过程中重点控制的对象，根据 T_p 和 T_c 的大小关系及总时差的计算公式，总时差最小的工作为关键工作，因此，关键工作的说法有四种：总时差最小的工作；当 $T_p = T_c$ 时，$TF = 0$ 的工作；$LF - EF$ 差值最小的工作；$LS - ES$ 差值最小的工作。

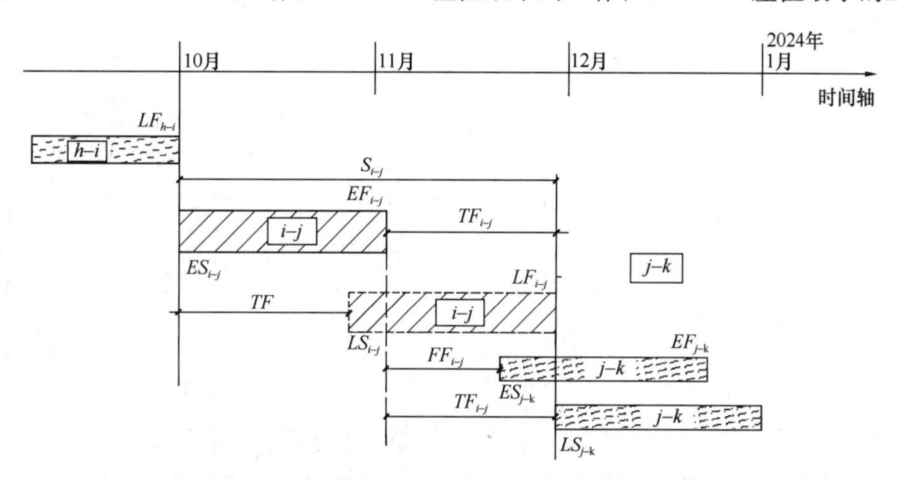

图 7.2.4-3　双代号网络中各个工作时间参数的图形表达

③ 在双代号网络图中，关键工作的连线为关键线路。

④ 在双代号网络图中，当 $T_p = T_c$ 时，$TF = 0$ 的工作相连的线路为关键线路。

⑤ 在双代号网络图中，总时间持续最长的线路是关键线路，其数值为计算工期。

⑥ 关键线路随着条件变化会转移，关键工作拖延，则工期拖延，因此，关键工作是重点控制对象；关键工作拖延时间即为工期拖延时间；关键工作提前，则工期提前时间不大于该提前值。如关键工作拖延 10d，则工期延长 10d；关键工作提前 10d，则工期提前不大于 10d。

关键线路的条数：网络计划至少有一条关键线路，也可能有多条关键线路。随着工作时间的变化，关键线路也会发生变化。

（5）自由时差的计算

根据自由时差概念，在不影响紧后工作最早开始的前提下，工作 $i-j$ 的工作范围如图 7.2.4-3 所示，因此，自由时差的计算公式为：

$$FF_{i-j} = \min\{ES_{j-\mathrm{k}} - EF_{i-j}\} \tag{7.2.4-10}$$

对于以终点节点为工作的自由时差，则有：

$$FF_{i-n} = TF_{i-n} \tag{7.2.4-11}$$

自由时差的性质：

① 自由时差是线路总时差的分配，一般自由时差小于等于总时差，即：$FF_{i-j} \leqslant TF_{i-j}$。

② 在一般情况下，非关键线路上各个工作的自由时差之和等于该线路上可供利用的总时差的最大值。

③ 自由时差本工作可以利用，不属于线路所共有。

【例题 7.2.4-1】某项目进行工作分解，各个工作的持续时间和紧前工作关系，见表 7.2.4-2。请计算该项目的工作参数、工期、总时差和自由时差。

例题的工作分解、逻辑关系、时间参数计算 **表 7.2.4-2**

本工作	持续时间（d）	紧前工作	紧后工作	ES	EF	LS	LF	TF	FF
1—2	2	—	2—3，2—4	0	2	1	3	1	0
1—3	5	—	3—5，3—4	0	5	0	5	0	0
2—3	2	1—2	3—5，3—4	2	4	3	5	1	1
2—4	2	1—2	4—5，4—6	2	4	9	11	7	7
3—4	6	1—3，2—3	4—5，4—6	5	11	5	11	0	0
3—5	3	1—3，2—3	5—6	5	8	10	13	5	3
4—5	0	3—4，2—4	5—6	11	11	13	13	2	0
4—6	5	3—4，2—4	—	11	16	11	16	0	0
5—6	3	3—5	—	11	14	13	16	2	2
计算工期	16d								

④ 最早可能时间计算：

$ES_{1-2} = ES_{1-3} = 0$，$EF_{1-2} = 0+2 = 2$，$EF_{1-3} = 0+5 = 5$；

$ES_{2-3}=ES_{2-4}=2$，$EF_{2-3}=2+2=4$，$EF_{2-4}=2+2=4$；

$ES_{3-4}=ES_{3-5}=\max\{EF_{1-3},EF_{2-3}\}=5$，$EF_{3-4}=5+6=11$；

$ES_{3-5}=5+3=8$；$ES_{4-5}=ES_{4-6}=\max\{EF_{2-4},EF_{3-4}\}=11$，

$EF_{4-5}=11+0=11$，$EF_{4-6}=11+5=16$；

$ES_{5-6}=\max\{EF_{3-5},EF_{4-5}\}=11$，$EF_{5-6}=11+3=14$

⑤ 工期：

$T_{c}=\max\{EF_{4-6},EF_{5-6}\}=16$

⑥ 最迟必须时间计算：

$LF_{4-6}=16,LS_{5-6}=16-5=11$；$LF_{5-6}=16,LS_{5-6}=16-3=13$；

$LF_{4-5}=13,LS_{4-5}=13-0=13$；$LF_{3-5}=13,LS_{3-5}=13-3=10$；

$LF_{3-4}=12,LS_{3-4}=11-6=5$；$LF_{2-4}=11,LS_{3-5}=11-2=9$；

$LF_{2-3}=5,LS_{3-4}=5-2=3$；$LF_{2-3}=5,LS_{2-3}=5-2=3$；

$LF_{1-2}=3,LS_{1-2}=3-2=1$

⑦ 总时差：

根据定义和公式（7.2.4-9），总时差有两种计算方法。

一种是不管正、逆向，直接由两个最迟时间分别减去最早时间获得：

$T_{1-2}=EF_{1-2}-ES_{1-2}=1-0=LF_{1-2}-LS_{1-2}=3-2=1$

另一种方法需要逆着箭线方向计算，用紧后工作最迟必须开工时间的最大值减去本项目最早可能完成时间。

⑧ 自由时差：

自由时差的计算见公式（7.2.4-10），为避免手工计算出错，可用电子表格 Excel 计算，见表 7.2.4-2。

计算结果绘制在双代号网络图上，参见图 7.2.4-4。

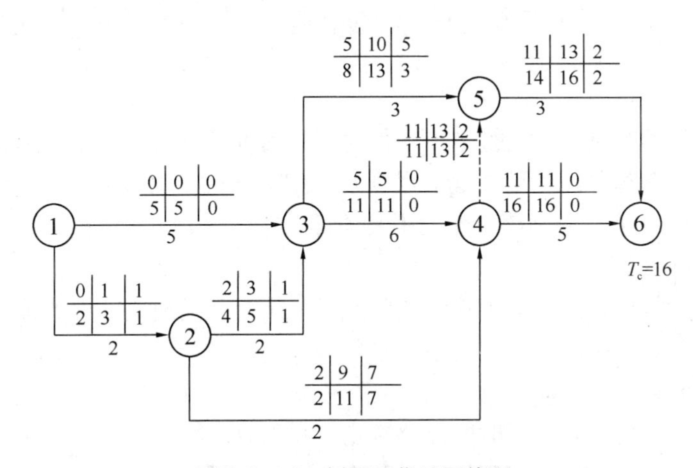

图 7.2.4-4　例题双代号网络图

2）节点计算法

节点计算法先计算网络计划中各个节点的最早时间和最迟时间，然后再据此计算各项工作的时间参数和网络计划的计算工期。计算中，一般用 ET_i 表示 i 节点的最早时间，用

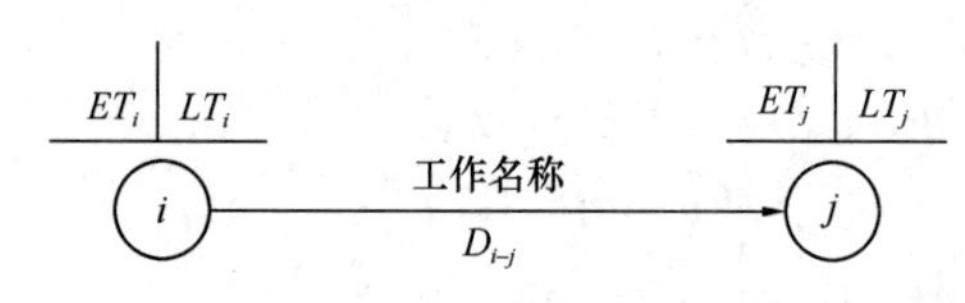

图 7.2.4-5 节点计算法标注方法

LT_i 表示 i 节点的最迟时间，标注方法如图 7.2.4-5 所示。

(1) 计算节点的最早时间

节点最早时间的计算应从网络计划的起始节点开始，顺着箭线方向依次进行，其计算步骤如下：

① 网络计划起始节点，如未规定最早时间时，其值等于零，即：

$$ET_1 = 0 \tag{7.2.4-12}$$

② 其他节点的最早时间等于所有箭头指向该节点工作的起始节点最早时间加上其作业时间的最大值，即：

$$ET_j = \max\{ET_i + D_{i-j}\} \tag{7.2.4-13}$$

(2) 确定计算工期与计划工期

网络计划的计算工期等于网络计划终点节点的最早时间，若未规定要求工期，网络计划的计划工期应等于计算工期，即：

$$T_{\mathrm{p}} = T_{\mathrm{c}} = ET_n \tag{7.2.4-14}$$

(3) 计算节点的最迟时间

当网络计划终点节点的最迟时间等于网络计划的计划工期，即：

$$LT_n = T_{\mathrm{p}} \tag{7.2.4-15}$$

当其他节点的最迟时间等于网络计划的计划工期，即：

$$LT_i = \min\{LT_j - D_{i-j}\} \tag{7.2.4-16}$$

3) 关键节点与关键线路

(1) 关键节点

在双代号网络计划中，关键线路上的节点称为关键节点。关键节点的最迟时间与最早时间的差值最小。当计划工期与计算工期相等时，关键节点的最迟时间必然等于最早时间。

(2) 关键工作

关键工作两端的节点必为关键节点，但两端为关键节点的工作不一定是关键工作。当计划工期与计算工期相等，利用关键节点判别关键工作时，必须满足 $ET_i + D_{i-j} = ET_j$ 或者 $LT_i + D_{i-j} = LT_j$，否则该工作就不是关键工作。

(3) 关键线路

双代号网络计划中，由关键工作组成的线路一定为关键线路。由关键节点连成的线路不一定是关键线路，但关键线路上的节点必然为关键节点。

4) 工作时间参数的计算

根据节点的最早时间和最迟时间能够判定工作的六个时间参数。

工作的最早开始时间等于该工作开始节点的最早时间，即：

$$ES_{i-j} = ET_i \tag{7.2.4-17}$$

工作的最早完成时间等于该工作开始节点的最早时间与其持续时间之和，即：

$$EF_{i-j} = ET_i + D_{i-j} \tag{7.2.4-18}$$

工作的最迟开始时间等于该工作完成节点的最迟时间与其持续时间之差，即：

$$LS_{i-j}=LT_j-D_{i-j} \tag{7.2.4-19}$$

工作的最迟完成时间等于该工作完成节点的最迟时间，即：

$$EF_{i-j}=LT_j \tag{7.2.4-20}$$

工作的总时差等于其工作时间范围减去其作业时间，即：

$$TF_{i-j}=LT_j-ET_i-D_{i-j} \tag{7.2.4-21}$$

工作的自由时差等于其终点节点与起始节点的最早时间差值减去其作业时间，即：

$$FF_{i-j}=ET_j-ET_i-D_{i-j} \tag{7.2.4-22}$$

5）节点标号法

标号法是一种可以快速确定计算工期和关键线路的方法，工程中应用非常广泛。它利用节点计算法的基本原理，对网络计划中的每一个节点进行标号，标号包括节点最早时间和这个最早时间对应的上一节点，然后利用标号值确定网络计划的计算工期和关键线路。

标号法工作的步骤如下（图 7.2.4-6）：

（1）从开始节点出发，顺着箭线用加法计算节点的最早时间，并标明节点时间的计算值及其来源节点号。

（2）终点节点最早时间值为计算工期。

（3）从终点节点出发，依源节点号反跟踪到开始节点的线路为关键线路。

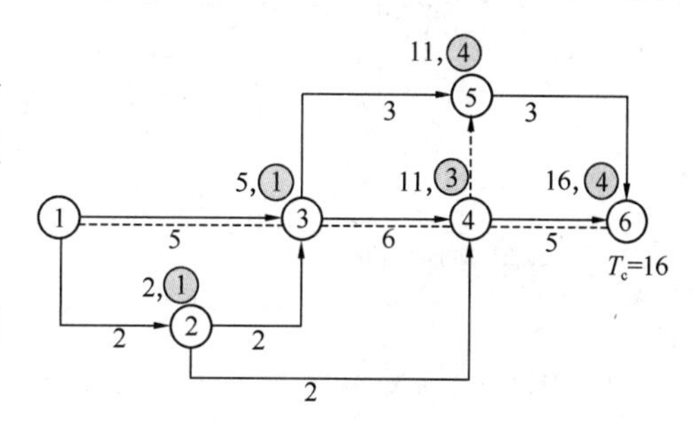

图 7.2.4-6 节点标号法

6）时标网络图形法

时标网络计划一般按最早时间编制，其绘制方法有间接绘制法和直接绘制法。

所谓间接绘制法，是指先根据无时标的网络计划草图计算其时间参数并确定关键线路，然后在时标网络计划图中进行绘制。在绘制时应先将所有节点按其最早时间定位在时标网络计划图中的相应位置，然后再用规定线型，实箭线、波纹线和虚箭线按比例长度绘出工作和虚工作。当某些工作箭线的长度不足以到达该工作的完成节点时，须用波形线补足，箭头应画在与该工作完成节点的连接处。

直接绘制法是不计算网络计划时间参数，直接在时间坐标上进行绘制的方法。其绘制步骤和方法可归为如下绘图口诀："时间长短坐标限，曲直斜平利相连，画完箭线画节点，节点画完补波线"。

（1）时间长短坐标限：箭线的长度代表着具体的施工持续时间，受到时间坐标的制约。

（2）曲直斜平利相连：箭线的表达方式可以是直线、折线或斜线等，但布图应合理，直观清晰，尽量横平竖直。

（3）画完箭线画节点：工作的开始节点必须在该工作的全部紧前工作都画完后，定位在这些紧前工作全部完成的时间刻度上。

（4）节点画完补波线：某些工作箭线的长度不足以达到其完成节点时，用波形线补足，箭头指向与位置不变。

图 7.2.4-7 所示的是一般双代号时标网络计划。根据绘图口诀及绘制要求，按最早时间参数不经计算直接绘制的时标网络计划图，有关时间参数可直接识读出来。

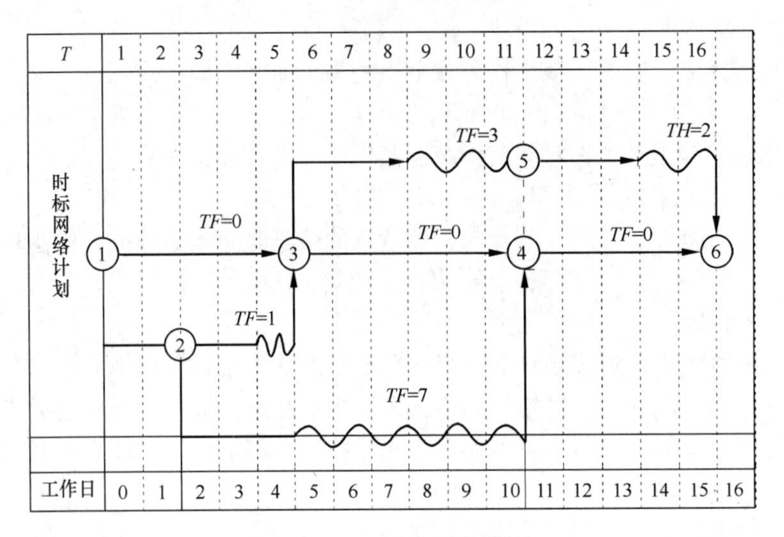

图 7.2.4-7 时标网络图识读

(1) 最早开始时间

$$ES_{i-j} = ET_i \tag{7.2.4-23}$$

开始节点或箭尾节点（左端节点）所在位置对应的坐标值，表示最早开始时间。

(2) 最早完成时间

$$EF_{i-j} = ES_{i-j} + D_{i-j} \tag{7.2.4-24}$$

用实线右端坐标值表示最早完成时间。若实箭线抵达箭头节点（右端节点），则最早完成时间就是箭头节点（右端节点）中心的时标值；若实箭线达不到箭头节点（右端节点），则其最早完成时间就是实箭线右端末端所对应的时标值。

(3) 计算工期

$$T_c = ET_n \tag{7.2.4-25}$$

终点节点所在位置与起始节点所在位置的时标值之差表示计算工期。

(4) 自由时差 FF_{i-j}

波形线的水平投影长度表示自由时差的数值。

(5) 总时差

总时差识读从左向右，逆着箭线，其值等于本工作的自由时差加上其各紧后工作的总时差的最小值。计算公式如下：

$$TF_{i-j} = FF_{i-j} + \min[TF_{j-k}] \tag{7.2.4-26}$$

式中 TF_{j-k} ——工作 $i-j$ 的各紧后工作的总时差。

(6) 关键线路

自终点节点逆着箭线方向朝起点箭线方向观察，自始至终不出现波形线的线路为关键线路，图 7.2.4-7 中，关键线路为①→③→④→⑥。

(7) 最迟时间参数

最迟必须开始时间

$$LS_{i-j} = ES_{i-j} + TF_{i-j} \tag{7.2.4-27}$$

最迟必须完成时间

$$LF_{i-j}=EF_{i-j}+TF_{i-j}=LS_{i-j}+D_{i-j} \tag{7.2.4-28}$$

3. 单代号网络参数计算

单代号网络计划与双代号网络计划只是表现形式不同，它们所表达的工作时间参数完全一样。工作的各时间参数表达如图 7.2.4-8 所示。

1）计算工作的最早开始时间和最早完成时间

工作最早开始时间和最早完成时间的计算应从网络计划的起始节点开始，顺着箭线方向按节点编号从小到大的顺序依次进行。

（1）网络计划起始节点所代表的工作，其最早开始时间未规定时取值为零。

$$ES_1=0 \tag{7.2.4-29}$$

（2）工作的最早完成时间应等于本工作的最早开始时间与其持续时间之和，即：

$$EF_i=ES_i+D_i \tag{7.2.4-30}$$

（3）其他工作的最早开始时间应等于其紧前工作最早完成时间的最大值，即：

$$ES_j=\max\{EF_j\} \tag{7.2.4-31}$$

（4）网络计划的计算工期等于其终点节点所代表的工作的最早完成时间。

$$T_c=EF_n \tag{7.2.4-32}$$

式中 EF_n ——终点节点 n 的最早完成时间。

2）计算相邻两项工作之间的时间间隔

相邻两项工作之间的时间间隔 $LAG_{i,j}$ 是指其紧后工作的最早开始时间与本工作最早完成时间的差值，即：

$$LAG_{i,j}=ES_j-EF_i \tag{7.2.4-33}$$

3）确定网络计划的计划工期

网络计划的计算工期 $T_c=EF_n$。假设未规定要求工期，则其计划工期就等于计算工期。

4）计算工作的总时差

工作总时差的计算应从网络计划的终点节点开始，逆着箭线方向，按节点编号从大到小的顺序依次进行。

（1）网络计划终点节点 n 所代表的工作的总时差 TF_n 应等于计划工期与计算工期之差，即：

$$TF_n=T_p-T_c \tag{7.2.4-34}$$

当计划工期等于计算工期时，该工作的总时差为零。

（2）其他工作的总时差应等于本工作与其各紧后工作之间的时间间隔加该紧后工作的总时差所得之和的最小值，即：

$$TF_i=\min\{LAG_{i,j}+TF_j\} \tag{7.2.4-35}$$

5）计算工作的自由时差

（1）网络计划终点节点 n 所代表工作的自由时差 FF_n 等于计划工期与本工作的最早完成时间之差，即：

$$FF_n=T_p-EF_n \tag{7.2.4-36}$$

式中 EF_n ——终点节点 n 所代表的工作的最早完成时间。

（2）其他工作的自由时差等于本工作与其紧后工作之间时间间隔的最小值，即：

$$FF_i = \min\{LAG_{i,j}\} \tag{7.2.4-37}$$

6）计算工作的最迟开始时间和最迟完成时间

工作的最迟开始时间等于本工作最早开始时间与其总时差之和，即：

$$LS_i = ES_i + TF_i \tag{7.2.4-38}$$

工作的最迟完成时间等于本工作的最早完成时间与其总时差之和，即：

$$LF_i = EF_i + TF_i \tag{7.2.4-39}$$

7）单代号网络计划关键线路的确定

（1）利用关键工作确定关键线路

如前所述，总时差最小的工作为关键工作，将这些关键工作相连，并保证相邻两项关键工作之间的时间间隔为零而构成的线路就是关键线路。

（2）利用相邻两项工作之间的时间间隔确定关键线路

从网络计划的终点节点开始，逆着箭线方向依次找出相邻两项工作之间时间间隔为零的线路，就是关键线路。

（3）用总持续时间确定关键线路

在肯定型网络计划中，线路上工作总持续时间最长的线路为关键线路（图 7.2.4-8）。

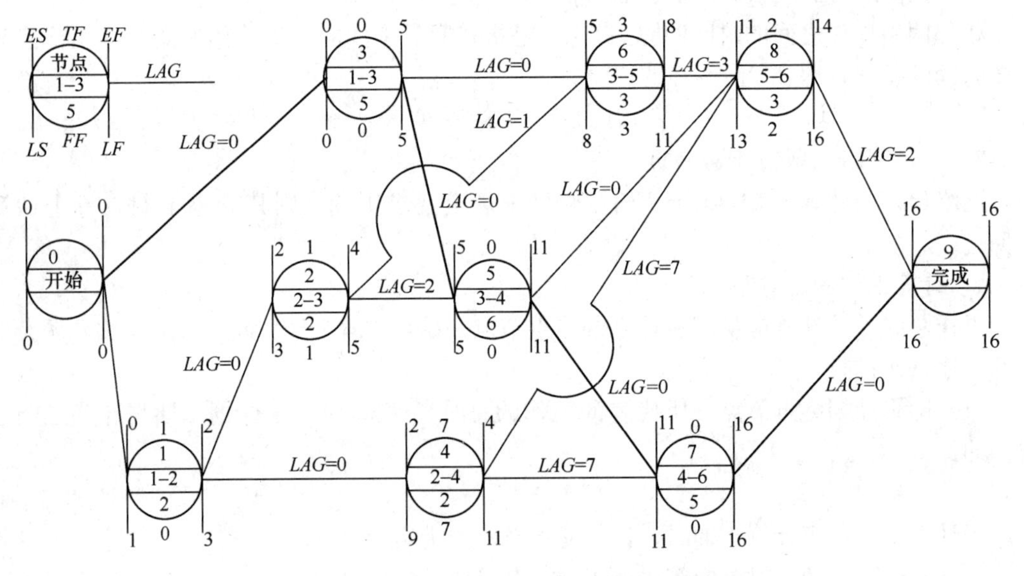

图 7.2.4-8 【例题 7.2.4-1】的单代号网络图

7.2.5 网络优化

网络计划优化，就是在满足既定约束条件的情况下，按某一目标，通过不断调整寻求最优网络计划方案的过程。网络计划优化包括工期优化、费用优化和资源优化。

1. 工期优化

所谓工期优化是指网络计划的计算工期不满足要求工期时，通过压缩关键工作的持续时间以满足要求工期的过程。若仍不能满足要求，需调整方案或重新审定要求工期。

1）压缩关键工作考虑的因素

（1）压缩对质量、安全影响不大的工作；

（2）压缩有充足备用资源的工作；

（3）压缩增加费用最少的工作，即压缩直接费费率或赶工费费率或优选系数最小的工作。

2）压缩方法

（1）当只有一条关键线路时，在其他条件均能保证的情况下，压缩直接费费率或赶工费费率或优选系数最小的关键工作；

（2）当有多条关键线路时，应同时压缩各条关键线路相同的数值，压缩直接费费率或赶工费费率或优选系数组合最小；

（3）由于压缩过程中非关键线路可能转为关键线路，切忌压缩“一步到位”。

2. 费用优化

费用优化又称工期成本优化，是指寻求工程总成本最低时的工期方案，或按要求工期寻求最低成本的计划安排的过程。

1）工程费用与工期的关系

工程总费用由直接费和间接费组成。直接费由人工费、材料费、机械费、措施费等组成。施工方案不同，直接费也就不同。如果施工方案一定，工期不同，直接费也不同。直接费会随着工期的缩短而增加。间接费包括管理费等内容，它一般随着工期的缩短而减少。工程费用与工期的关系如图 7.2.5-1 所示，由图 7.2.5-2 可知当确定一个合理的工期，就能使总费用达到最小，这也是费用优化的目标。

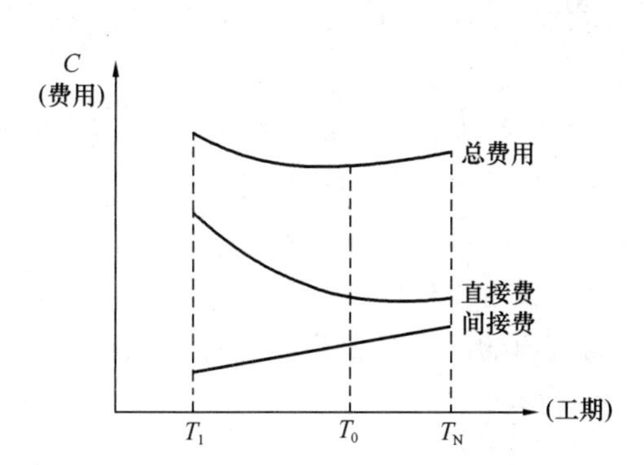

图 7.2.5-1 费用工期定性关系

T_1—最短工期；T_0—最优工期；T_N—正常工期

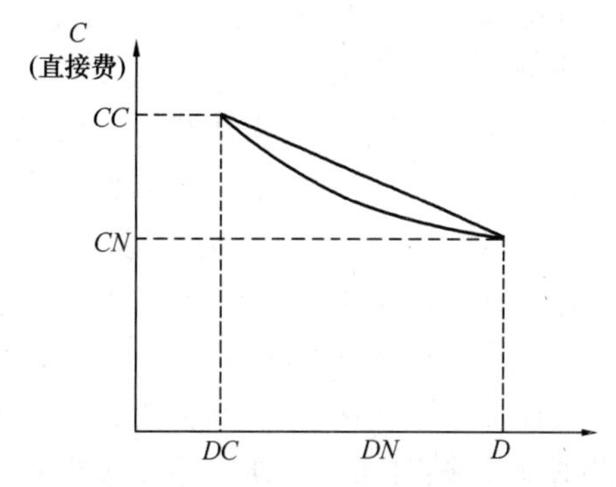

图 7.2.5-2 直接费用与持续时间的定性关系

CC—按最短（极限）持续时间完成工作时所需的直接费；

CN—按正常持续时间完成工作时所需的直接费

2）工作直接费与持续时间的关系

由于网络计划的工期取决于关键工作的持续时间，为了进行工期优化必须分析网络计划中各项工作的直接费与持续时间的关系，它是网络计划工期成本优化的基础。工作的直接费随着持续时间的缩短而增加，如图 7.2.5-1 所示。

为简化计算，工作直接费与持续时间之间的关系被近似地认为是一条直线关系。工作的持续时间每缩短单位时间而增加的直接费称为直接费用率，直接费用率可按公式

(7.2.5-1) 计算：

$$\Delta C_{i-j}=\frac{CC_{i-j}-CN_{i-j}}{DN_{i-j}-DC_{i-j}} \tag{7.2.5-1}$$

式中 ΔC_{i-j} ——工作 $i-j$ 的直接费用率；

CC_{i-j} ——按最短（极限）持续时间完成工作 $i-j$ 时所需的直接费；

CN_{i-j} ——按正常持续时间完成工作 $i-j$ 时所需的直接费；

DN_{i-j} ——工作 $i-j$ 的正常持续时间；

DC_{i-j} ——工作 $i-j$ 的最短（极限）持续时间。

3）费用优化方法

费用优化的基本思路是不断地在网络计划中找出直接费用率（或组合直接费用率）最小的关键工作，缩短其持续时间，同时考虑间接费用随工期缩短而减少的数值，最后求得工程总成本最低时的最优工期安排或按要求工期求得最低成本的计划安排。

按照上述基本思路，费用优化可按以下步骤进行：

(1) 按工作的正常持续时间确定计算工期和关键线路。

(2) 计算各项工作的直接费用率。

(3) 当只有一条关键线路时，应找出组合直接费用率最小的一项关键工作，作为缩短持续时间的对象；当有多条关键线路时，应找出组合直接费用率最小的一组关键工作，作为缩短持续时间的对象。

(4) 对于选定的压缩对象（一项关键工作或一组关键工作），首先要比较其直接费用率或组合直接费用率与工程间接费用率的大小，然后再进行压缩。压缩方法有：

① 如果被压缩对象的直接费用率或组合直接费用率大于工程间接费用率，说明压缩关键工作的持续时间会使工程总费用增加，此时应停止缩短关键工作的持续时间，在此之前的方案即为优化方案。

② 如果被压缩对象的直接费用率或组合直接费用率等于工程间接费用率，说明压缩关键工作的持续时间不会使工程总费用增加，故应缩短关键工作的持续时间。

③ 如果被压缩对象的直接费用率或组合直接费用率小于工程间接费用率，说明压缩关键工作的持续时间会使工程总费用减少，故应缩短关键工作的持续时间。

(5) 当需要缩短关键工作的持续时间时，其缩短值的确定必须符合下列两条原则：

① 缩短后工作的持续时间不能小于其最短持续时间。

② 缩短持续时间的工作不能变成非关键工作。

(6) 计算关键工作持续时间缩短后相应的总费用。

优化后工程总费用＝初始网络计划的费用＋直接费增加费－间接费减少费用。

(7) 重复上述 (3)～(6) 步，直至计算工期满足要求工期或被压缩对象的直接费用率或组合直接费用率大于工程间接费用率为止。

(8) 计算优化后的工程总费用。

3. 资源优化

资源是指完成一项计划任务所需投入的人力、材料、机械设备和资金等。完成一项工程任务所需要的资源量基本上是不变的，不可能通过资源优化将其减少。实际资源优化的目的是通过改变工作的开始时间和完成时间，使资源按照时间的分布更符合优化目标，或适应季节性和市场波动变化。

在通常情况下，网络计划的资源优化分为两种，即“资源有限，工期最短”的优化和“工期固定，资源均衡”的优化。前者是通过调整计划安排，在满足资源限制的情况下，使工期延长最小的过程，而后者是通过调整计划安排，在工期保持不变的条件下，使资源需用量尽可能均衡的过程。资源优化计算适合于采用计算机技术高效完成。

7.3 统筹组织设计

施工组织设计就是为完成具体施工任务创造必要的生产条件、制订先进合理的施工工艺所作的规划设计，是指导一个工程项目施工准备工作和具体施工活动的技术经济文件，是施工项目管理的行动纲领和重要手段。它的基本任务是根据国家对建设项目的要求，确定经济合理的规划方案，对拟建工程在人力和物力、时间和空间、技术和组织上，作出全面而合理的安排，以保证按照规定，又好、又快、又省、又安全地完成施工任务。

7.3.1 统筹组织原理

统筹理论指出：统筹对象由主体、客体和环境三部分组成，且相互之间及其各自内部要素间都有内在的必然联系，也有各自的演进取向。应构建主体、客体和环境完整的价值体系，多着眼于对价值关系的判断和认定研究发展趋势。在统筹活动中，应重点研究和运用“结构匹配原理、活性协同原理、差异平衡原理、全息聚合原理、互补互促原理、协调发展原理”等。

1. 重视组织结构及其匹配性，掌握和利用其组成效用规律

基于工程施工的流动性和产品地域性，工程组织面临组织结构因事、因时和因地而发生复杂变化。例如，工程施工的外部组织涉及业主、设计、监理、环保等组织结构，内部涉及上级主管职能部门和专业队伍，但这些组织关系会受国内与国外、南方与北方、民族与宗教因素影响而发生变化。作为组织者应主动了解内外的组织结构，主动调整内部结构以适应外部环境。施工前应进行部门功能的有效对接，技术的、行政的和管理的，有利于解决组织结构之间的矛盾，提高业务进展效率。

2. 掌握内外环境及其协同性，发挥其环境适应规律作用

工程施工受气候、地理、社会和经济发展水平等多因素和条件影响，决定了工程施工面临复杂变化的内外环境。例如，在外部环境方面，西北沙漠地区，水资源宝贵，生态脆弱，施工组织面临节水和保护生态问题；在城市闹区，企业面临交通拥挤、时空受限等困难条件。企业应适应内外部环境变化，协调人员，改进组织结构，尊重地方习俗和劳动制度，遵守当地法律法规，依照各项工程选择规程、规范。

3. 基于广差异全相容规律，构建高效全信息管理系统

工程项目差异的广度，既包括整体意义上的时间差异、空间差异、人群差异，还包括人、时、空匹配关系和其价值上的差异；既有静态差异，也有动态差异。全相容指统筹对象中的差异成分都必有共存于一体的相容因素存在。

广差异全相容规律体现在人、时、空三要素的联系与变化趋势，包括对人的个体和群体差异的广泛搜索；对空间的相容机会全面吸收和风险威胁尽力排除。在实践中，人、

时、空条件只有经过广差异和全相容的双重考虑，才有可能为统筹所利用。

充分利用现代先进传感、互联网、人工智能、5G/6G、BIM技术等，创建现代全信息高效平台。监控和协同的三大差异包括：①对于人的个体差异、群体差异、需求差异和供给差异的利用；②对于不同的时间因素，包括时机、时差、时效和时节的利用；③对于不同的空间，包括地理空间、物质空间、心理空间、形象空间和运作空间的利用。

事实上，人、时、空条件的匹配应从一个广义、动态的角度去理解。对此，统筹就需要对人、时、空的差异范围和相容程度作深入的分析，以便于对机会的利用、对风险和威胁的规避。

4. 充分利用差异平衡原理，制订科学有节奏的施工计划

差异平衡，作为统筹的一条原理，表现在为处理人与自然、人与人的关系上，都有差异平衡的问题就需要解决。在竞争领域，从整体上看，每一项社会行为无不遇到差异与平衡的问题，各行业、各单位、各部门的主事者，无不都在本职岗位上，认识和判别差异，寻求新的平衡。

在工程项目组织过程中，制订流水施工计划是科学的方法，但施工过程和施工段的划分上，不仅涉及工作量和利益划分，还事关各个施工队伍的专业化水平的高低，二者对工程安全、质量和进度的影响是无处不在的。建立有节奏的生产计划，一方面应尽量减少分别流水在利益和责任匹配上的不均衡；另一方面，应建立科学合理的生产安排，形成互帮互学、互促共进，以及“传帮带”“赶帮超”的宽松、和谐局面。

通过编制施工组织设计，可以根据施工的各种具体条件制订拟建工程的施工部署、施工方案，确定施工顺序、施工方法、劳动组织和技术组织措施；可以确定施工进度，保证拟建工程按照预定的工期完成；可以在开工前了解到所需材料、机具和人力的数量及使用的先后顺序；可以合理安排临时构筑物，并和材料、机具等一起在施工现场作合理的布置；可以使我们预计到施工中可能发生的各种情况，从而事先做好准备；还可以把工程的设计与施工、技术与经济、前方与后方、整个施工单位的施工安排和具体工程的施工组织更紧密地联系起来，把施工中的各单位、各部门、各阶段、各个构筑物之间的关系更好地协调起来。实践证明，充分做好前期准备工作，是确保建设项目完成的基础。一个高水平的施工组织设计，可以起到统筹全局、提高预见性、掌握主动权、调动各个方面积极性的作用，使建设项目能高速、优质、低耗地建成投产。

7.3.2 设计类型

施工组织设计从编制依据、编制时间、编制对象、编制单位和指导作用方面看，可以分为施工组织总设计、单位工程施工设计、分部（分项）工程施工设计三类。

1. 施工组织总设计

它是以整个建设项目或民用单位项目群为对象编制的，目的是要对整个工程的施工进行通盘考虑、全面规划，用以指导全场性的施工准备和有计划地运用施工力量，开展施工活动。其作用是确定拟建工程的施工期限、施工顺序、主要工法、各种临时设施的需要量及现场总的布置方案等，并提出各种技术物质资源的需要量，为进一步搞好施工准备工作创造条件。在现阶段，施工组织总设计是在扩大初步设计批准后，依据扩大初步设计文件和现场施工条件，由总承包单位组织编制的。

2. 单位工程施工设计

它是以单项工程或单位工程为对象编制的，通常也称单位工程施工组织设计，是用以直接指导单位工程或单项工程施工的技术文件。它在施工组织总设计和施工单位总的施工部署的指导下，具体地安排人力、物力和土木安装工程的进行，是施工单位编制作业计划和制订季度施工计划的重要依据。单位工程施工设计是在施工图设计完成后，以施工图为依据，由工区（工程处）或施工队组织编制的。

3. 分部（分项）工程施工设计

它是以某些特别重要的和复杂的或者缺乏施工经验的分部（分项）工程，如复杂的基础工程、特大构件的吊装工程、大量土石方工程等，或冬、雨期施工等为对象编制的专门的、更为详尽和针对性的施工设计文件。

施工组织总设计是对整个建设项目施工的通盘规划，是带有全局性的技术经济文件，因此，应首先考虑和制订施工组织总设计，作为整个建设项目施工的全局性的指导文件。然后，在总的指导文件规划下，再深入研究各个单位工程，对其中的主要土木建造物分别编制单位工程的施工设计。就单位工程而言，对其中技术复杂或结构特别重要的分部分项工程，还需要根据实际情况编制若干个分部分项工程的施工设计。

在编制施工组织总设计时，可能对某些因素和条件尚未预见到，而这些因素或条件的改变可能影响整个部署。所以，在编制了各个局部的施工设计之后，有时还需要对全局性的施工组织总设计作必要的修正和调整。

7.3.3 设计原则

根据我国工程施工组织与管理中积累的大量经验和教训，为了充分发挥施工组织设计的作用，在编制施工组织设计和施工组织工作中，应当遵循下面几条基本原则。

1. 贯彻执行基本建设各项制度，坚持基本建设程序

我国关于基本建设的制度有对基本建设项目必须实行严格的审批制度、施工许可制度、从业资格管理制度、招标投标制度、总承包制度、发承包合同制度、监理制度、土木安全生产管理制度、工程质量责任制度和竣工验收制度等。这些制度为建立和完善土木市场的运行机制、加强土木活动的实施与管理，提供了重要的法律依据，必须认真贯彻执行。

建设程序，是指建设项目从决策、设计、施工到竣工验收整个建设过程中各个阶段及其先后顺序。各个阶段有着不容分割的联系，但不同的阶段有不同的内容，既不能相互代替，也不许颠倒或跳跃。实践证明，凡是坚持建设程序，基本建设就能顺利进行，就能充分发挥投资的经济效益；反之，违背了建设程序，就会造成施工混乱，影响质量、进度和成本，甚至对建设工作带来严重的危害。因此，坚持建设程序，是工程建设顺利进行的有力保证。

2. 严格遵守国家和合同规定的工程竣工及交付使用期限

对总工期较长的大型建设项目，应根据生产或使用的需要，安排分期分批建设、投产或交付使用，以期早日发挥建设投资的经济效益。在确定分期分批施工的项目时，必须注意使每期交工的项目可以独立地发挥效用，即主要项目同有关的辅助项目应同时完工，可以立即交付使用。

3. 合理安排施工程序和顺序

土木工程产品的特点之一是产品的固定性，这使得土木工程施工各阶段工作始终在同一场地上进行。没有前一段的工作，后一段就不可能进行，即使它们之间交叉搭接地进行，也必须严格遵守一定的程序。施工程序反映了客观规律的要求，其安排应符合施工工艺，满足技术要求，有利于组织立体交叉、平行流水作业，有利于对后续工程施工创造良好的条件，有利于充分利用空间、争取时间。

4. 尽量采用国内外先进施工技术，科学地确定施工方案

先进的施工技术是提高劳动生产率、改善工程质量、加快施工进度、降低工程成本的主要途径。在选择施工方案时，要积极采用新材料、新设备、新工艺和新技术，努力为新结构的推行创造条件；要注意结合工程特点和现场条件，使技术的先进适用性和经济合理性相结合；还要符合施工验收规范、操作规程的要求和遵守有关防火、保安及环卫等规定，确保工程质量和施工安全。

5. 采用流水施工方法和网络计划技术安排进度计划

在编制施工进度计划时，应从实际出发，采用流水施工方法组织均衡施工，以达到合理使用资源、充分利用空间、争取时间的目的。

网络计划技术是当代计划管理的有效方法，采用网络计划技术编制施工进度计划，可使计划逻辑严密、层次清晰、关键问题明确，同时便于对计划方案进行优化、控制和调整，并有利于电子计算机在计划管理中的应用。

6. 贯彻工厂预制和现场预制相结合的方针，提高土木工程工业化程度

土木工程技术进步的重要标志之一是土木工程工业化，在制订施工方案时必须注意根据地区条件和构件性质，通过技术经济比较，恰当地选择预制方案或现场浇筑方案。确定预制方案时，应贯彻工厂预制与现场预制相结合的方针，努力提高土木工程工业化程度，但不能盲目追求装配化程度的提高。

7. 充分发挥机械效能，提高机械化程度

机械化施工可加快工程进度，减轻劳动强度，提高劳动生产率。为此，在选择施工机械时，应充分发挥机械的效能，并使主导工程的大型机械（如土方机械、吊装机械）能连续作业，以减少机械台班费用的同时，还应使大型机械与中、小型机械相结合，机械化与半机械化相结合，扩大机械化施工范围，实现施工综合机械化，以提高机械化施工程度。

8. 加强季节性施工措施，确保全年连续施工

为了确保全年连续施工，减少季节性施工的技术措施费用，在组织施工时，应充分了解当地的气象条件和水文地质条件。尽量避免把土方工程、地下工程、水下工程安排在雨期和洪水期施工，避免把混凝土现浇结构安排在冬期高空作业，避免把结构吊装安排在风期施工。对那些必须在冬、雨期施工的项目，则应采用相应的技术措施，既要确保全年连续施工、均衡施工，更要确保工程质量和施工安全。

9. 合理地部署施工现场，尽可能地减少暂设工程

在编制施工组织设计及现场组织施工时，应精心地进行施工总平面图的规划，合理地部署施工现场，节约施工用地；尽量利用正式工程、原有土木建筑物及已有设施；以减少各种临时设施；尽量利用当地资源，合理安排运输、装卸与储存作业，减少物资运输量，避免二次搬运。

7.3.4 主体内容

在施工组织设计中，必须根据不同工程的特点和要求，根据现有的和可能争取到的施工条件，从工程实际出发，统筹安排各项生产要素的组合。尽管施工组织设计的种类不同，其粗细程度和侧重点也有所不同，但基本内容是一致的。概括起来，施工组织设计主要包括的内容有以下方面。

1. 工程概况

在工程概况中扼要地说明本工程项目的性质、规模、建设地点、结构形式、建筑面积、施工工期、施工力量、施工条件、建造成本和质量要求等情况；本地区的气象、地形、地质和水文情况；劳动力、材料、机具和构配件的供应情况。

2. 施工部署或施工方案

根据工程特点，结合人、财、物等的供应条件，全面部署施工任务；安排施工顺序，确定主要工种，根据工程的施工方法选择相应的机械设备；并对各种可行的施工方案，进行定量技术经济分析和比较，选择最佳方案。

3. 施工进度计划

施工进度计划是施工方案在时间上的安排。采用计划方法，规划好工程项目的工期、成本、资源，以达到预定目标；同时，安排好各项资源计划和施工准备工作计划。全部工程任务能否按期完工，或部分工程能否提前交付使用，主要取决于施工进度计划的安排；而施工进度计划的制订又必须以施工准备、场地条件，以及劳动力、机械设备、材料的供应能力和施工技术水平等因素为基础。反过来，各项施工准备工作的规模和进度、施工平面的分期布置、各项业务组织的规模和各种资源的供应计划等，又必须以施工进度计划为根据。所以，施工进度计划是施工组织设计中的关键环节。

4. 施工平面图

施工平面图是施工方案及进度计划在空间上的布置。它要求规划设计好为生产和生活服务的各项业务组织，并在施工现场范围内将拟建土木建筑物、构筑物、道路管网以及服务于生产和生活的各项临时设施在空间上进行全面、合理的布置，这些通常以施工总平面图的形式表达出来，是施工组织设计的一项基本任务。

5. 主要技术经济指标

技术经济指标反映施工组织设计的编制水平，用以对施工方案及其部署的技术经济效益进行全面考虑。一般可用施工工期、生产效率、质量、成本、安全、材料节约量等指标来表示。

施工组织设计的几项内容是有机地联系在一起的，既相互依存又彼此制约。因此，在编制施工组织设计时，要抓住核心问题，同时处理好各方面的相互关系。

7.4 智慧引领建造

智慧地球、智慧城市、智慧矿山——相应地必将需要智慧设计、智慧建造、智慧工地、智慧管理、智慧施工、智慧运营。

7.4.1 统筹组织态势

在工程中需要加强与多学科的联系，借鉴统筹与谋略、统筹与管理、统筹与系统、统筹与运筹等学术思想的交流经验，并在工程过程或工作中，让统筹思想形成统领、系统和实践性的态势。

1. 统领性态势在于科学、合理

正确的领导才能发挥统筹思想的引领作用。反之则不然。一旦形成统筹的领导态势，就能势如破竹，事半功倍。这一正确态势的形成在于科学合理。我国基建在各个行业的发展就有诸多案例。例如，中国的高铁建设，其次坚持改革开放和独立自主的方针是正确的态势，其次采取引进、消化吸收东西方发达国家的先进技术，再次立足自主，不断进行开发。这种正确的科学技术道路，使得中国在短短十几年就站到了国际高铁发展的前沿，在一带一路建设中发挥了巨大的引领作用。

2. 系统性态势在于仿真、优化

对于工程管理，统筹和系统是解决问题的两个不同的视角。系统工程学的理论体系、方法论目前在世界范围内已经较为普及和完善；而统筹学，作为土生土长的中国式交叉学科，虽然不乏传统哲学、军事和工程案例予以支撑，但其发展不是简单地更换视角，不是基于西方丛林法则的竞争理念，而是一种更高的境界，是基于人与自然的共生共享的发展理念。在工程中让统筹思想发挥出系统性态势，在于发展对工程目标的不断优化，借助于现代高效技术，大力发展基于数字化、自动控制、数值仿真等的工程孪生建造技术。

现代土木工程正在工业化，少人自动化，但不是意味着人的需用量和作用会逐渐降低。土木工程仍然是人力密集型的人类活动，但需要更多高素质的“工人”，从事大量的工前、工中、工后的虚拟建造工作，交付工作和运营工作。不仅系统内在不断优化，而且向系统外也在进行系统优化的升级。

3. 实践性态势在于安全、质量

工程建造永远是质量为本，安全第一。所以，统筹要以落实工程产品质量和施工安全保驾护航，不是虚无缥缈的空洞理论，需要眼见为实，实践为王，亦可操作性为指南。

在统筹的观念下，安全和质量并不是一对矛盾的两个方面，而是统一体，互为保障，二者不存在重要性排序问题，应在工程实施中予以统筹研究，统筹计划和统筹安排，获得统筹兼顾的结果。

安全和质量是统筹研究的核心、统筹计划的内容。无论是问题讨论、方案部署、技术研究的数值仿真，还是工程全过程的数字孪生，都是从人、空间、时间三大方面围绕解决工程产品质量和安全的核心展开。

安全和质量是统筹安排的主体和统筹兼顾的成果。在工程实施过程中，将安全和质量问题的研究成果落实到具体安排上，在工程中予以实施，获得收益是其必然成果。

7.4.2 迈上数字孪生

土木工程技术与数字技术的融合，促进了土木工程的数字产业化。

BIM（Building Information Model 的缩写）即建筑空间内部信息模型，GIS（Geographic Information System 或 Geo－Information System 的缩写）提供建筑物所在的外部

空间信息，二者融合建立了具有更加海量信息的数据模型，结合物联网（IoT，Internet of Things）实现了全域实时互联互通。

接着，数字化进入更高级阶段，迈上数字孪生（DT，Digital Twin）新平台（表 7.4.2-1）。DT= GIS ＋ BIM ＋ IOT，又称数字镜像或数字化映射，集成多学科、多尺度、多参量，现实物理与数字世界的互映射，同步再现全生命周期的土木工程。

数字孪生技术的特征 **表 7.4.2-1**

序号	部分认识	理想特征	维度
1	数字孪生是三维模型； 数字孪生是物理实体的拷贝； 数字孪生是虚拟样机	多：多维（几何、物理、行为、规则）、多时空、多尺度； 动：动态、演化、交互； 真：高保真、高可靠、高精度	模型
2	数字孪生是数据/大数据； 数字孪生是 PLM； 数字孪生是 Digital Thread ； 数字孪生是 Digital Shadow	全：全要素、全业务、全流程、全生命周期； 融：虚实融、多源融、异构融； 时：更新实时、交互实时、响应实时	数据
3	数字孪生是物联平台； 数字孪生是工业互联网平台	双：双向连接、双向交互、双向驱动； 跨：跨协议、跨接口、跨平台	连接
4	数字孪生是仿真； 数字孪生是虚拟验证； 数字孪生是可视化	双驱动：模型驱动＋数据驱动； 多功能：仿真验证、可视化、管控、预测、优化控制等	服务、功能
5	数字孪生是纯数字化表达或虚体； 数字孪生与实体各自独立	异：模型因对象而异、数据因特征而异；服务/功能因需求而异	物理

迈上数字孪生平台，即实现孪生建造，实质上是在践行运用数字孪生技术。

从技术角度看：数字孪生建造是集成数字化标识、自动化感知、网络化连接、普惠化计算、智能化控制、平台化服务等通信技术、新型测绘技术、地理信息技术、3D 建模技术、仿真推演技术及其他行业技术的综合技术支撑体系，通过在数字空间再造一个与物理的土木工程施工匹配、对应的数字施工，实现土木工程施工全要素数字化、虚拟化、全状态、实时化、可视化，运行管理协同化、智能化，实际施工与数字施工虚实交互、平行运转。

从本质上看：数字孪生建造通过融合先进的信息和工业技术，构建强大的施工全过程的数字底板，以模型、数据和工具等为手段，为整个施工赋能，实现施工过程的模拟、监控、诊断、预测、仿真和控制，解决土木工程施工过程中的复杂性和不确定性问题，实现施工过程安全和质量有保障，优化资源配置，实现工期目标和最佳成本。

从功能角度看：数字孪生建造一方面通过全域数字化实现由实入虚，映射并监测施工过程状态，同时运用数据分析进行仿真决策；另一方面通过软件赋能和远程控制，实现由虚入实、精准操控、智能优化的工程施工。数字孪生建造的运行机理如图 7.4.2-1 所示。

钢筋水泥的物理世界与网络空间的数字世界孪生并行，通过数据采集、数据建模、可视化等技术实现由实入虚；数字世界通过静态和动态数据精准映射、表征物理世界，使物理世界在数字世界镜像再现，在数字世界通过多源数据分析、建模、仿真、推演洞察物理

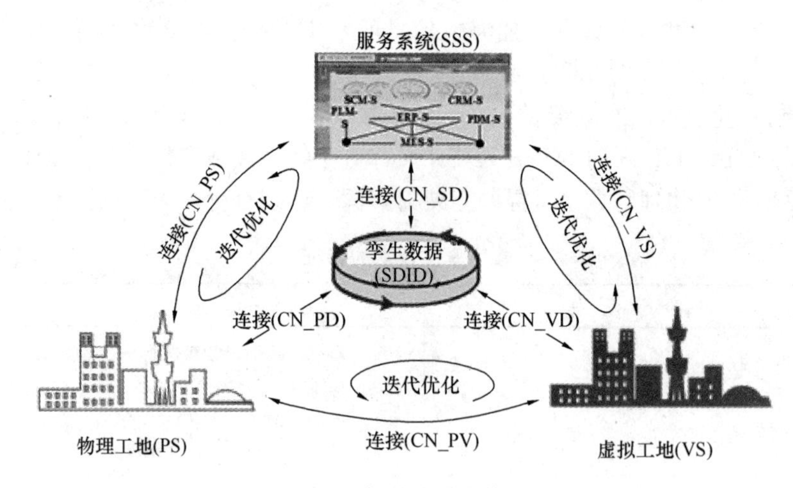

图 7.4.2-1 智慧建造的数字孪生

世界的运行态势，预测发展趋势，进行决策优选，进而操控物理世界，实现由虚入实，对物理世界进行反向控制，促进物理空间中城市资源要素的优化配置；之后再度由实入虚，以数据驱动决策；再由虚入实，不断优化城市的运行治理，最终形成具有深度学习能力、虚实融合、迭代进化、自我成长的城市发展新形态。

从数字孪生建造与智慧建造的关系来看：一方面，数字孪生建造是实现新型智慧建造的一种路径。数字孪生建造本质上是一种技术创新，或者说是智慧建造的一种实现方式，是智慧建造的一个侧面。另一方面，数字孪生建造也是土木工程施工数字化转型的理想目标，是构建真正意义上智慧建造的起点，构成了智慧建造在技术赋能上的核心支撑。

7.4.3 走向智慧建造

智慧建造到底是什么？是当今社会发展的时代召唤！

人与自然从来就不是“征服与被征服”的关系，100 多年前，恩格斯向全人类提出：“我们不要过分陶醉于我们人类对自然界的胜利，对于每一次这样的胜利，自然界都会对我们进行报复”。

西方国家引领了世界的前三次工业革命，但“机器工业化”时代依从的是丛林法则，激发了竞争关系，导致了人类社会的一系列生态环境问题。工业 4.0 代表的是兴起的信息时代，世界未有之大变局，东方文明正在勃发，绿色可持续发展、人类命运共同体，凸显出东方“人与自然和谐共生”的中国智慧。而中国特色社会主义建设探索出的“统筹”智慧，已经展示在国际舞台中心。

三峡大坝，一个世纪可持续发展能源工程，可防洪减灾、提供绿色可持续能源，实现了近代中国革命先驱孙中山、毛泽东等一代伟人的夙愿，彰显了中国人艰苦卓绝地建设新中国过程中自力更生、不畏艰险的革命奋斗精神（图 7.4.3-1）。

21 世纪中国智慧建造已经亮出了一张张新名片。

历时 7 年建造的“港珠澳大桥”，被誉为人类第七大奇迹，2017 年诞生在港珠澳大湾区。一次就突破世界纪录的 5.5km 外海沉管隧道，海洋生态得以保护，水陆交通得以保障，国土统一下的“一国两制”得以彰显；碧海蓝天、高楼林立、美丽绝伦的山海地貌，

图 7.4.3-1 三峡大坝

蜿蜒曲折的交通线一览无余。展示了中国土木工程师的胆识和创造力，彰显了中华民族勇于挑战和不怕困难的决心和意志（图 7.4.3-2）。

图 7.4.3-2 港珠澳大桥

历时 4 年新建投入运营的“北京大兴国际机场”，北距天安门 46km、南距千年之城雄安新区 55km、东距天津市区 75km，4F 级国际机场、世界级航空枢纽（图 7.4.3-3）。

2019 年 10 月 27 日，北京大兴国际机场航空口岸正式对外开放，实行外国人 144h 过境免签、24h 过境免办边检手续政策。截至 2021 年 2 月，北京大兴国际机场航站楼面积为 78 万 m^2；民航站坪设 223 个机位；2025 年即可满足旅客吞吐量 7200 万人次、货邮吞吐量 200 万 t、飞机起降量 62 万架次的使用需求。

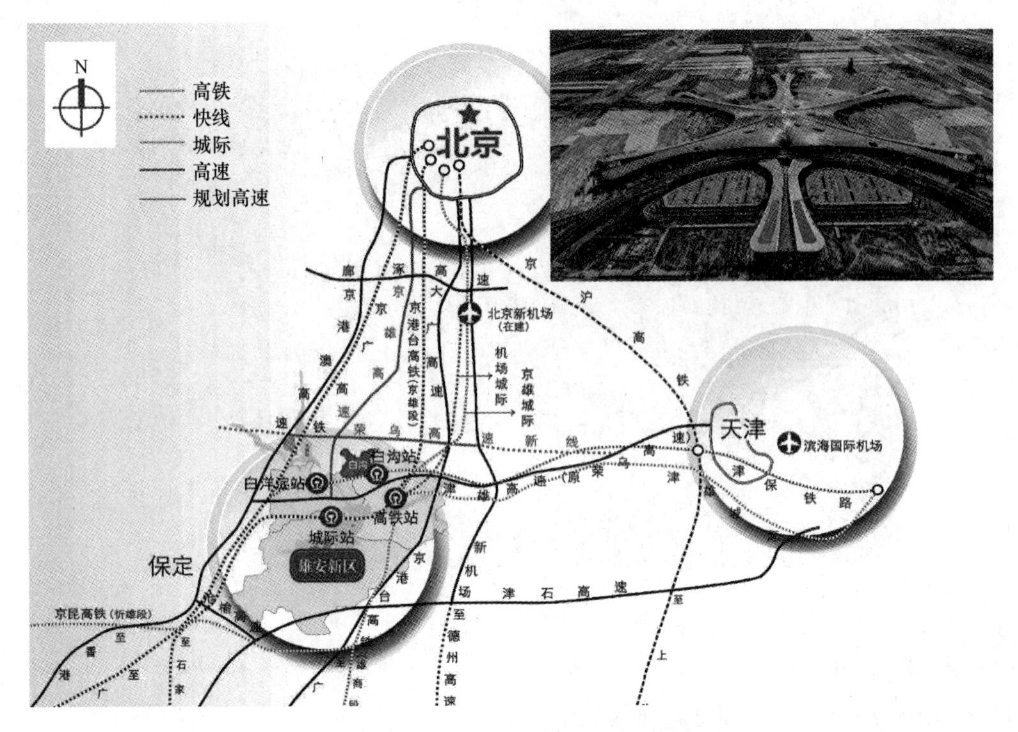

图 7.4.3-3 大兴机场及其区域位置

从大兴机场到雄安新区，背靠京津冀，智慧建造、智慧城市、智慧元素赫然显现。

先进传感、移动互联网、物联网、大数据、云计算——当今的信息时代具备了和谐解决人类发展的自身问题的能力。以“三江源生态保护”为例，基于多目标的统筹，相关的工程科学理论问题已经备受中国政府和国内外科学家和工程人员的关注。

一个个生动案例，缘自中国统筹组织管理、智慧建造结出了硕果。

已故数学家华罗庚，在创立“统筹学”之初始，提出了“大统筹、理数据、建系统、策发展”的十二字诀。认定“大统筹”的实质是要实现人、时间与空间的统一，现今则更体现了中国“人类命运共同体”理念的重要性。“大统筹”的范围越大，得到和使用的信息量越多。来到“大数据时代”，有了“人工智能”和“云计算”，“理数据”则更加快捷和便利，可以更加准确地把握信息的本质，确定哪些是可控的、哪些是可利用的、哪些是可适应的。这样目标权衡，就可以“和谐共处”，去“策发展”，由此可见，统筹思想的研究和应用，将不断地引领走向智慧建造，创造美好未来。

思考与练习题

一、术语与名词解释

建筑信息模型、模型细度、施工建筑信息模型、施工组织设计、施工组织总设计、单位施工组织设计、施工方案、施工部署、施工现场平面布置、进度管理计划、质量管理计划、安全管理计划、施工组织、施工节拍、施工步距、流水施工、流水强度、并行施工、技术间隙、组织间隙、双代号网络计划、单代号网络计划、时标网络计划、时间间隔、总时差、自由时差、关键线路、总工期。

二、问答题

[1] 土木工程产品和施工的特点有哪些?

[2] 什么是统筹? 什么是施工组织?

[3] 统筹数学原理包括哪些理论?

[4] 举例说明统筹学在施工组织管理过程中的运用。

[5] 流水施工的概念是什么? 流水施工的参数有哪些?

[6] 流水施工有什么特点? 流水施工的优点是什么?

[7] 流水施工怎么分类? 工期如何确定?

[8] 什么是网络计划? 网络计划的基本原理包括哪些方面?

[9] 什么是网络图? 试论网络图的种类和用途。

[10] 双代号网络有哪些构成要素? 其一般含义、作用有哪些?

[11] 单代号网络有哪些构成要素? 其一般含义、作用有哪些?

[12] 单代号、双代号网络计划有哪些时间参数? 如何计算?

[13] 网络计划优化有哪几类? 原理是什么?

[14] 施工准备包括哪些工作?

[15] 施工组织设计的定义与主要内容是什么?

[16] 什么是数字孪生建造?

[17] 统筹建造的十二字诀是什么? 结合时代发展，如何深化理解?

三、网上冲浪学习

[1] 视频搜索学习“沉管隧道”。

[2] 视频搜索学习“数字孪生建造”。

[3] 视频搜索“港珠澳大桥”“三峡大坝”“北京大兴国际机场”。

[4] 视频搜索“三江源，中华民族的文明摇篮”。

参 考 文 献

标准规范

第1章

[1] 中华人民共和国住房和城乡建设部．建筑工程绿色施工规范：GB/T 50905—2014[S]．北京：中国建筑工业出版社，2014.

[2] 高等学校木工程学科专业指导委员会．高等学校土木工程本科指导性专业规范[M]．北京：中国建筑工业出版社，2011.

[3] 中国土木工程学会总工程师工作委员会．绿色施工技术与工程应用[M]．北京：中国建筑工业出版社，2018.

第2章

[4] 中华人民共和国住房和城乡建设部．混凝土结构工程施工规范：GB 50666—2011[S]．北京：中国建筑工业出版社，2012.

[5] 中华人民共和国住房和城乡建设部．混凝土结构工程施工质量验收规范：GB 50204—2015[S]．北京：中国建筑工业出版社，2015.

[6] 中华人民共和国住房和城乡建设部．钢筋焊接及验收规程：JGJ 18—2012[S]．北京：中国建筑工业出版社，2012.

[7] 中华人民共和国住房和城乡建设部．混凝土泵送施工技术规程：JGJ/T 10—2011[S]．北京：中国建筑工业出版社，2011.

[8] 中华人民共和国住房和城乡建设部．砌体结构工程施工规范：GB 50924—2014[S]．北京：中国建筑工业出版社，2014.

[9] 中华人民共和国住房和城乡建设部．混凝土小型空心砌块建筑技术规程：JGJ/T 14—2011[S]．北京：中国建筑工业出版社，2012.

[10] 中华人民共和国住房和城乡建设部．建筑施工扣件式钢管脚手架安全技术规范：JGJ 130—2011[S]．北京：中国建筑工业出版社，2011.

[11] 中华人民共和国住房和城乡建设部．建筑施工门式钢管脚手架安全技术标准：JGJ 128—2019[S]．北京：中国建筑工业出版社，2019.

[12] 中华人民共和国住房和城乡建设部．建筑施工碗扣式钢管脚手架安全技术规范：JGJ 166—2016[S]．北京：中国建筑工业出版社，2017.

[13] 中华人民共和国住房和城乡建设部．建筑施工承插型盘扣式钢管脚手架安全技术标准：JGJ/T 231—2021[S]．北京：中国建筑工业出版社，2021.

[14] 中华人民共和国住房和城乡建设部．预应力筋用锚具、夹具和连接器应用技术规程：JGJ 85—2010 [S]．北京：中国建筑工业出版社，2010.

[15] 中华人民共和国住房和城乡建设部．无粘结预应力混凝土结构技术规程：JGJ 92—2016[S]．北京：中国建筑工业出版社，2016.

[16] 中华人民共和国住房和城乡建设部．砌体结构工程施工质量验收规范：GB 50203—2011[S]．北京：中国建筑工业出版社，2012.

第3章

[17] 中华人民共和国交通运输部．公路路基设计规范：JTG D30—2015[S]．北京：人民交通出版

社，2015.
[18] 中华人民共和国交通运输部．公路路基路面现场测试规程：JTG 3450—2019[S]. 北京：人民交通出版社，2019.
[19] 中华人民共和国交通运输部．公路路基施工技术规范：JTG/T 3610—2019[S]. 北京：人民交通出版社，2019.
[20] 中华人民共和国国家铁路局．铁路路基设计规范：TB 10001—2016[S]. 北京：中国铁道出版社，2017.
[21] 中华人民共和国国家铁路局．铁路路基工程施工质量验收标准：TB 10414—2018[S]. 北京：中国铁道出版社，2019.
[22] 中华人民共和国国家铁路局．高速铁路路基工程施工质量验收标准：TB 10751—2018[S]. 北京：中国铁道出版社，2019.

第 4 章

[23] 中华人民共和国住房和城乡建设部．建筑地基基础工程施工质量验收标准：GB 50202—2018 [S]. 北京：中国建筑工业出版社，2018.
[24] 中华人民共和国住房和城乡建设部．建筑基坑支护技术规程：JGJ 120—2012[S]. 北京：中国建筑工业出版社，2012.
[25] 中华人民共和国住房和城乡建设部．建筑深基坑工程施工安全技术规范：JGJ 311—2013[S]. 北京：中国建筑工业出版社，2014.
[26] 中华人民共和国住房和城乡建设部．建筑与市政工程地下水控制技术规范：JGJ 111—2016[S]. 北京：中国建筑工业出版社，2017.
[27] 中华人民共和国住房和城乡建设部．建筑桩基技术规范：JGJ 94—2008[S]. 北京：中国建筑工业出版社，2008.
[28] 中华人民共和国住房和城乡建设部．盾构法隧道施工及验收规范：GB 50446—2017 [S]. 北京：中国建筑工业出版社，2017.

第 5 章

[29] 中华人民共和国交通运输部．公路工程技术标准：JTG B01—2014[S]. 北京：人民交通出版社，2015.
[30] 中华人民共和国交通运输部．公路沥青路面施工技术规范：JTG F40—2004[S]. 北京：人民交通出版社，2005.
[31] 中华人民共和国交通运输部．公路水泥混凝土路面施工技术细则：JTG/T F30—2014[S]. 北京：人民交通出版社，2014.
[32] 中华人民共和国交通运输部．公路路面基层施工技术细则：JTG/T F20—2015[S]. 北京：人民交通出版社，2015.
[33] 中华人民共和国国家铁路局．铁路轨道工程施工质量验收标准：TB 10413—2018[S]. 北京：中国铁道出版社，2019.

第 6 章

[34] 中华人民共和国住房和城乡建设部．高层建筑混凝土结构技术规程：JGJ 3—2010[S]. 北京：中国建筑工业出版社，2011.
[35] 中华人民共和国住房和城乡建设部．高层民用建筑钢结构技术规程：JGJ 99—2015[S]. 北京：中国建筑工业出版社，2016.

[36] 中华人民共和国住房和城乡建设部．装配式混凝土建筑技术标准：GB/T 51231—2016 [S]. 北京：中国建筑工业出版社，2017.

[37] 中华人民共和国住房和城乡建设部．装配式钢结构建筑技术标准：GB/T 51232—2016 [S]. 北京：中国建筑工业出版社，2017.

第 7 章

[38] 中华人民共和国住房和城乡建设部．工程网格计划技术规程：JGJ/T 121—2015[S]. 北京：中国建筑工业出版社，2015.

[39] 中华人民共和国住房和城乡建设部．建筑施工组织设计规范：GB/T 50502—2009[S]. 北京：中国建筑工业出版社，2009.

教材

[40] 张国联，王凤池．土木工程施工[M]. 北京：中国建筑工业出版社，2004.

[41] 沈祖炎．土木工程概论[M]. 北京：中国建筑工业出版社，2009.

[42] 杨广庆，刘树山，刘田明．高速铁路路基设计与施工[M]. 北京：中国铁道出版社，1999.

[43] 李向国．高速铁路技术[M]. 北京：中国铁道出版社，2005.

[44] 尤晓暐．现代道路路基路面工程[M]. 北京：北京交通大学出版社，2010.

[45] 张晓东．铁道工程[M]. 北京：中国铁道出版社，2012.

[46] 周晓军，周佳媚．城市地下铁道与轻轨交通[M]. 成都：西南交通大学出版社，2016.

[47] 李世华，李智华．城市轨道工程技术交底手册[M]. 北京：中国建筑工业出版社，2011.

[48] 康玉梅，张国联．土木工程施工[M]. 北京：中国建筑工业出版社，2020.

[49] 朱勇年．高层建筑施工[M]. 北京：中国建筑工业出版社，2019.

[50] 吴刚，潘金龙．装配式建筑[M]. 北京：中国建筑工业出版社，2019.

[51] 毛鹤琴. 土木工程施工[M]. 5 版．武汉：武汉理工大学出版社，2018.

[52] 孙震，穆静波．土木工程施工[M]. 北京：人民交通出版社，2004.

[53] 李忠富，周智．土木工程施工[M]. 北京：中国建筑工业出版社，2018.

[54] 杨宗放，李金根．现代预应力工程施工[M]. 北京：中国建筑工业出版社，2008.

[55] B.S. 布兰查德．工程组织与管理[M]. 北京：机械工业出版社，1985.

[56] 华罗庚．统筹方法评话及补充[M]. 北京：中国建筑工业出版社，1965.

[57] 朱国林. 统筹学[M]. 北京：时事出版社，2010.

[58] RYDEN A J. Flow production [J/OL]. Work study. 1953，2 (12)：26-31. https：//doi. org/10. 1108/eb060121.

[59] 李久林，魏来，等．智慧建造理论与实践[M]. 北京：中国建筑工业出版社，2015.

[60] EDWARD G，NAWY，P E，ENG C. Concrete construction engineering handbook [M]. New York：CRC Press，2008.

论文

[61] 周晓敏，苏立凡，贺长俊，等．北京地铁隧道水平冻结法施工[J]. 岩土工程学报，1999(3)：63-66.

[62] 周晓敏，王梦恕，张顶立，等．地层冻结技术在北京地铁施工中的应用分析[J]. 岩土工程界，2002(3)：61-64.

[63] 周晓敏，王梦恕，陶龙光，等．北京地铁隧道水平冻结和暗挖施工模型试验与实测研究[J]. 岩土工程学报，2003(6)：676-679.

[64] 周晓敏，陈建华，罗晓青．孔隙型含水基岩段竖井井壁厚度拟订设计研究[J]. 煤炭学报，2009，34(9)：1174-1178.

[65] 杨会军，王志刚，周晓敏，等．浅埋小净距群洞施工顺序优化分析[C]//中国岩石力学与工程学会工程安全与防护分会．第2届全国工程安全与防护学术会议论文集：上册．[出版地不详]：[出版者不详]. 2010：83-91.

[66] 潘旦光，周晓敏．导洞施工中群洞效应对地表沉降的影响[J/OL]. 路基工程，2014(6)：69-73. DOI：10.13379/j.issn.1003-8825.2014.06.14.

[67] 周晓敏，管华栋，张磊．基于冻结壁地层相变环境下大体积混凝土温度场研究[J/OL]. 应用基础与工程科学学报，2017，25(2)：395-406. DOI：10.16058/j.issn.1005-0930.2017.02.017.

[68] 和晓楠，周晓敏，郭小红，等．深埋隧道注浆加固围岩非达西渗流场及应力场解析[J/OL]. 中国公路学报，2020，33(12)：200-211. DOI：10.19721/j.cnki.1001-7372.2020.12.016.

[69] 才士武，周晓敏，张立刚，等．基于BIM的联络通道冻结施工应用与管理[J/OL]. 建筑经济，2021，42(S1)：240-243. DOI：10.14181/j.cnki.1002-851x.2021S1240.

[70] 林跃忠，王铁成，王来，等．三峡工程高边坡的稳定性分析[J]. 天津大学学报，2005(10)：94-98.

[71] 林跃忠，王铁成，王来．钢支撑温度应力对深基坑支护结构的影响研究[C]//天津大学．第四届全国现代结构工程学术研讨会论文集. [出版地不详]：[出版者不详]，2004：1086-1091.

[72] 林跃忠，王铁成，王来．深基坑施工的侧向位移预报模型及其应用[C]//中国力学学会结构工程专业委员会，重庆大学土木工程学院，中国力学学会《工程力学》编委会，清华大学土木工程系．第十二届全国结构工程学术会议论文集：第Ⅲ册．[出版地不详]：[出版者不详]，2003：229-232.

[73] 林跃忠．地面沉降量的灰色预测方法[J/OL]. 山东科技大学学报(自然科学版)，2000(3)：108-110. DOI：10.16452/j.cnki.sdkjzk.2000.03.033.

[74] 林跃忠，张建勋，徐伟．混凝土施工新工艺产生的问题及防治[J]. 福建建筑高等专科学校学报，2000(1)：31-33.

[75] 林跃忠，孙跃东．温度作用下基坑支护结构的计算方法[J/OL]. 山东矿业学院学报(自然科学版)，1999(1)：53-59. DOI：10.16452/j.cnki.sdkjzk.1999.01.014.

[76] 林跃忠，徐伟，吕风梧．灰色模型GM(1，1)在基坑位移预测中的应用[J]. 建筑技术，1998(2)：97-98.